CCME

当代中国数学教育丛书
丛书主编 曹一鸣

中国数学教育通史

代 钦◎著

华东师范大学出版社
·上海·

图书在版编目（CIP）数据

中国数学教育通史 / 代钦著. —上海：华东师范
大学出版社，2023
ISBN 978 - 7 - 5760 - 4540 - 6

Ⅰ. ①中… Ⅱ. ①代… Ⅲ. ①数学教学－教育史－中
国 Ⅳ. ①O1 - 4

中国国家版本馆 CIP 数据核字(2023)第 251736 号

中国数学教育通史

著　　者　代　钦
策划编辑　刘祖希
责任编辑　刘祖希
责任校对　江小华
装帧设计　卢晓红

出版发行　华东师范大学出版社
社　　址　上海市中山北路 3663 号　邮编 200062
网　　址　www. ecnupress. com. cn
电　　话　021 - 60821666　行政传真 021 - 62572105
客服电话　021 - 62865537　门市(邮购)电话 021 - 62869887
地　　址　上海市中山北路 3663 号华东师范大学校内先锋路口
网　　店　http://hdsdcbs. tmall. com

印 刷 者　上海中华商务联合印刷有限公司
开　　本　787 毫米×1092 毫米　1/16
印　　张　40.25
插　　页　4
字　　数　758 千字
版　　次　2024 年 4 月第 1 版
印　　次　2024 年 4 月第 1 次
书　　号　ISBN 978 - 7 - 5760 - 4540 - 6
定　　价　168.00 元

出 版 人　王　焰

（如发现本版图书有印订质量问题,请寄回本社客服中心调换或电话 021 - 62865537 联系）

《算经十书》　　　　　　　　　　秦九韶《数书九章》

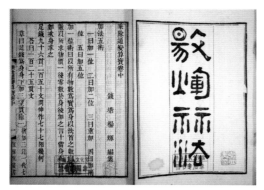
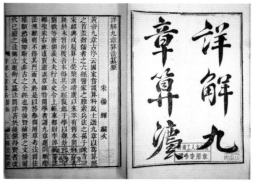

杨辉《杨辉算法》　　　　　　　杨辉《详解九章算法》

程大位《算法统宗》　欧几里得《几何原本》　　《同文算指》　　《同文算指通编》

《算法全书》　　　　　　　　　《数学启蒙》　　　　　　　　《代形合参》

《代数备旨》《形学备旨》《八线备旨》　　　　　　　《最新珠算教科书》
　　　　　　　　　　　　　　　　　　　　　　　　（甲卷上下、乙卷上下）

《最新珠算教科书》（卷上、卷中、卷下）　　　　　《最新中学教科书代数学》
　　　　　　　　　　　　　　　　　　　　　　　《最新中学教科书几何学》
　　　　　　　　　　　　　　　　　　　　　　　《最新中学教科书三角术》

《教育部审定共和国教科书新算术》

（共8册）

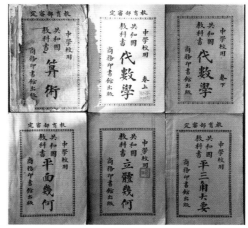

《教育部审定中学校用共和国教科书》

（共6册）

《教育部审定高等小学校实用算术教科书》

（共6册）

《新中学教科书初级混合数学》

（共6册）

《复兴初级中学教科书》
（算术、代数、几何、三角）

《复兴高级中学教科书》
（代数、几何、三角、解析几何）

《新课程标准适用复兴算术教科书》
（共4册）

陕甘宁革命根据地课本
《中级简明算术课本》
（徐特立主编，刘劲亦编）

解放区课本《中学师范适用算术》（上下册）

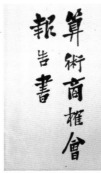

朱宪章创办的
《算学报》
（1899 年创刊）

崔朝庆《数学杂志》
创刊号（1912 年）

《算术商榷会报告书》
（1916 年）

《算术部研究报告》
第一期（1918 年）

《中等算学月刊》
（1933 年创刊，《数学通讯》前身）

何鲁《初等算学杂志》
创刊号
（1934 年）

《小学算术科教学法》
（1929 年）

《小学算术心理及教学法》
（1948 年）

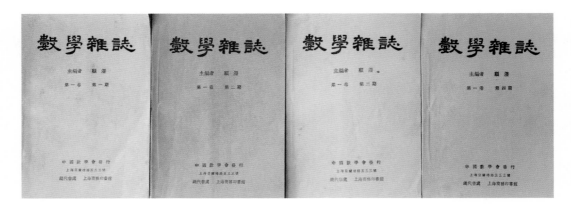

顾澄主编《数学杂志》

（第一卷共四期，1936 年创刊，《数学通报》前身）

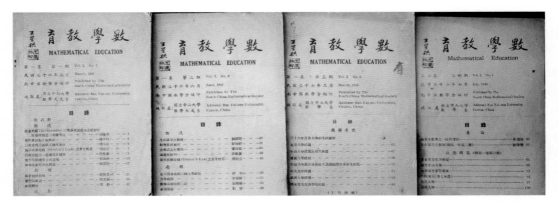

南中国数学会《数学教育》

（第一卷共四期，1947 年创刊）

《算学教育的根本问题》　《中等学校算学教学法》　《怎样解题》　《中学数学教学法》

（1934 年）　　　　（1935 年）　　　　（1948 年）　　　　（1949 年）

献给恩师科学史家李迪先生

寄语

中国古代数学言约旨远、博大精深。商高以"既方之""折矩—积矩""环而共盘"等思想与方法证明了勾股定理,思想丰富、系统、深刻,开启了定理证明之先河。中国是世界上数学主要起源地之一。中国古代数学对现代数学有源头性、根本性贡献。

中华民族是擅长数学的民族。中国古代数学对华夏文明包括物质文明与精神文明都做出卓越贡献。中华文化从根基上推崇数学。中国传统文化除了人文国学,还有数学国学。人文国学的奠基者们以数学思想阐释其核心人文思想。国学经典中蕴含着深刻的数学思想。

中国数学的探索、应用及教育历史悠久、源远流长,在中华文明发展中发挥着重要作用。孔子教"六艺",当然包括教数学。古时先贤们接受数学教育,对数学有深入认识。刘徽、秦九韶等曾指出,古者以数学"宾兴贤能",对数学"所从来尚矣",可见古时曾高度重视数学教育。

以此祝贺代钦教授《中国数学教育通史》出版。

周向宇

2024 年 4 月 17 日于中科院

序一

内蒙古师范大学代钦教授要我为《中国数学教育通史》写序，我不是数学教育家，但勾起了一段中日数学教育交往的往事。早在上个世纪80年代中，日本的横地清教授访问北京师范大学，我当时作为副校长和数学系钟善基教授接待了他。横地清教授非常热情地介绍了他在数学教育方面的研究，同时表示仰慕中国文化，希望与中国学者交流与合作，我们当然欢迎。后来他把自己收藏的上万册数学图书赠送给北师大，设立"横地清文库"，供数学教育的学者参考研究。北师大为了答谢他的捐赠，决定聘他为北师大客座教授，并给他提供每年来华在北师大专家楼的食宿。自此以后他每年来华，并以"横地清文库"名义举行多次"中日数学教育史国际讨论会"。也就是在1995年的讨论会上我认识了代钦。那时他还是一位英俊的年轻人。

横地清每年来华，我和钟善基都会与他见面，我们成了莫逆的老朋友。横地清除在北师大举行数学教育史讨论会以外，还走访东北师范大学、内蒙古师范大学等高等师范院校，与那里的数学教育的老师们建立了联系。每次讨论会，他总是带领他的团队和学生一起来参加。1996年，他把自己的学生、铃木正彦教授推荐来北师大攻读博士学位。因为当时北师大还没有数学教育专业博士授予权，于是铃木正彦挂靠在我的比较教育专业名下，由我和钟善基教授联合培养。铃木正彦于2000年毕业，获得中国教育学博士学位。

本世纪2002年、2007年、2012年，横地清教授连续在日本大阪、京都召开数学教育国际研讨会，我都被邀请参加了。我不是数学教育专家，但一辈子从事师范教育，很关心数学教师的培养，因此参加会议也会对教师队伍的建设发表点意见，当然更多的是向横地清先生学习，向与会的代表学习。

代钦教授二十多年来潜心研究中国数学教育史，先后出版了《数学教育史》《中国数学教育史》。现在即将出版的《中国数学教育通史》，更是全面地疏理和研究了从中国古代文明以来的数学及数学教育。数学教育是中华优秀文化的一部分，《中国教学教育通史》的出版，对弘扬中华优秀文化传统具有重要的意义，对数学教育的研究具有重要的学术价值。我向他表示衷心的祝贺!

写这几句,是为序。

2024 年 1 月 15 日

序二

读代钦教授所著《中国数学教育通史》，合卷第一感觉是：一部"为教育而历史"的扛鼎之作。

"以史为鉴"是颠扑不破的真理，而对于教育而言，历史的意义尤为重要。在笔者看来，教育就是要撷取人类文明几千年积淀最精粹而又为人类持续发展与创新所必需的精神财富，将其以能动的方式传授给后代。这就决定了教育从内容的选择到方式的创设都离不开历史的研究，数学教育亦不例外。

数学教育的历史研究理应涵盖中外不同地域和国家，但由于中国现代教育的起步是以学习西方为主，这方面的研究一向偏重于国外，这当然可以理解。然而毋庸讳言，这过程中也出现了忽视中国传统数学教育的情况，甚至像本书前言中所指存在认为中国传统数学教育"陈旧""落后"而全盘否定的虚无倾向。这些都不利于我国数学教育的健康发展。中国古代数学有着光辉成就，在整个中世纪，中国数学始终处于世界前列，要是说没有相应的教育支撑，是不可想象的。事实上，从《周髀算经》到《数书九章》《算法统宗》等中国传统数学经典宝库，其中蕴含的丰富的数学教育思想亟待挖掘；而通常被认为只注重伦理道德和治国之道的诸子百家学说，其中提出的许多教育理念对数学教育的指导作用也值得探讨。这是一个意义重大而又艰巨复杂的任务，本书作者勇敢地担当了这一任务，完成了自新石器时代直至民国后期中国数学教育发展的系统历史重构，揭示、阐发了中国传统数学教育的优良因素并论述了其对当今数学教育的现实意义，可以说这是本书最大的价值所在。

打开书卷，首先映入眼帘的是彩色插页上那些精美的数学教科书书影——从《算经十书》到民国时期的数学教科书与数学杂志，这恰恰显示了本书的一个重要特点——注重各时代教科书的考察与分析。教科书是数学教育的知识载体，从中可以了解一个时代数学教育的内容并窥察该时代数学教育的理念与方针。本书抓住了教科书这一重头，同时采用了案例或举例分析的方法呈现了很多珍贵数学教科书的内容和特点，这无疑是正确的研究路径。可以毫不夸张地说，本书包含了笔者迄今所见有关中国各时代数学教科书的最全面系统的信息和精辟独到的评析，其中所提取的数学教学案例和论述的数学教育思想对当今中小学数学教学具有重要的应用价值。

本书参考了包括上面所说数学教科书在内的大量第一手珍贵文献资料，其中大多数是首次被展示,它们构成了本书主要内容和结论的坚实史料基础。

本书第一章介绍新石器时代的数学教育,笔者初读时不免略感意外。一般数学教育史研究都是以国家数学教育制度的出现为起点,而本书利用大量中国考古学研究成果,以文化人类学和心理学等学科知识为指导,将人们对中国数学教育史的认识前推到新石器时代。本书最后一章则是论述革命根据地的数学教育,笔者在过去的研究中也很少读到。这首尾两章,以"新"呼应,为人们了解中国数学教育史提供了新视野。

如果说中国传统数学教育的优良因素为古代与中世纪中国数学的辉煌提供了支撑,那么明代以降中国数学之渐趋落后,部分也应该从传统教育的缺陷中寻找原因。发其优而扬之,觉其短而避之,这是我们研究传统数学教育史的宗旨。本书在这方面有清醒的认识,作者在前言中明确指出:"中国传统数学教育并不是完美无缺的,看到它的魅力和丰富多彩的同时,也要看到它的瑕疵。我们要站在历史、现在和未来的全局上,将传统与改革有机地结合起来,摈弃中国传统数学教育中的不合理因素,用新的内容、思想和方法等充实传统数学教育,循序渐进地发展传统数学教育。"在这方面,本书中特别是进入近代以后的章节,多有比较性和批判性的论述。值得我们阅读思考。

总之,本书是作者代钦教授经数十年磨砺而成的有鲜明特点的佳作。代钦是著名数学史家李迪先生的弟子,由于这层关系,笔者与他相识颇早。如果要用一个字来表达多年接触最突出印象,我选择"书"。代钦喜欢收藏书籍,为了得到一个他所珍爱的版本,常常不惜奔波与化费。他常常自豪地带着客人和朋友参观自己的藏书,从中国古代数学典籍善本到意大利达芬奇手稿全集……,令人羡慕与赞叹。代钦因此获有"内蒙古自治区藏书家"美誉,不过就他本人而言,藏书并非单纯的爱好,而是为了研习致用,是需要具有持之以恒精神的科学研究基础建设。我想,正是这些丰富的藏书,经过代钦教授锲而不舍的熔炼,成为他数学史与数学教育丰硕研究成果的源泉。

爱书、藏书、读书、用书,这是代钦教授的快意学术人生,当然不是全部。书卷之外,代钦性格阳光,为人豪爽,谈吐机智幽默。除了数学史和数学教育,他兴趣广泛,尤长摄影。每次与他一起参加学术会议或相关活动后,都能收到他发来分享的构图合理、能抓住瞬间的、清晰生动的照片。代钦把摄影与研究工作联系起来,在本书前言中深有体会地说:"一个优秀的摄影师用老式相机也能创造出令人陶醉的摄影作品。"代钦教授本人就是这样一位优秀的数学史与数学教育"摄影师",他已经贡献了许多优秀的作品,相信这部《中国数学教育通史》,一定也会为广大读者和当前的数学教育事业带来一抹阳光!

李文林

2024 年 1 月 3 日于北京中关村

目录

前言

中国数学教育发端于中国的新石器时代。中国新石器时代的先民开始创造的数学文化已有 6 000 年以上延绵不断的悠久历史。中国数学教育在 6 000 多年的历史中逐渐发展壮大,形成了具有自己特色的传统,积累和总结出了丰富而深刻的教学思想方法。中国数学教育史上曾出现许多具有世界影响力的经典数学著作、教材,如《周髀算经》《九章算术》《数书九章》《杨辉算法》等,也产生了很多富有启发意义的典型数学教学案例,这些都充分展示了中国古代的数学教学智慧,比如启发式教学、精讲多练、熟能生巧、一题多解等。明末,西方的《几何原本》《同文算指》等数学著作传入中国,开启了中国数学教育东西方文化碰撞和文明互鉴的发展道路。这一发展至清末与民国时期达到了高峰,使中国数学教育与世界接轨。

一、 对中国数学教育历史与传统的认识

意大利著名历史学家克罗齐(Benedetto Croce,1866—1952)曾经说过:"当生活的发展逐渐需要时,死历史就会复活,过去就变成现在的。""因此现在被我们视为编年史的大部分历史,现在对我们沉默不语的文献,将依次被新生活的光辉耀照,将重新开口说话。"①"因为年代学上看,不管进入历史的事实多么悠远,实际上它总是涉及现今需求和形式的历史,那些事实在当前形势下不断震撼。"②中国人自古以来就格外崇尚"温故而知新"的思想和实践,个体学习重视在温习旧知识的基础上掌握新知识;在民族和国家的发展中,中国人践行"以史为鉴",将过去的知识经验、思想方法应用于实践,达到"知新"的目的。

有些人有意识或无意识地、直接或间接地以否定中国传统数学教育为铺垫来阐述自己的"创见"。"晚近以来,所谓'传统的'中国教育方式,几乎成了'落后''陈旧'的代名词。"③这种不良现象的根源在于这些人对中国数学教育史知识的严重缺乏。传统

① [意]克罗齐.作为思想和行动的历史[M].田时纲,译.北京:中国社会科学出版社,2005:Ⅳ.
② [意]克罗齐.作为思想和行动的历史[M].田时纲,译.北京:中国社会科学出版社,2005:6.
③ 张奠宙,赵小平.中国教育是不是有"美"的一面?[J].数学教学,2012(3):50.

和现在以及未来并不是决裂的,"创新"并不意味着与"传统"的必然分离,在它们之间有着某些价值的相合之处。正如著名哲学家叶秀山先生所言:"历史包含了过去、现在、未来。不仅'过去'规定着'现在','未来'同样也影响着'现在','过去'和'未来'都在'现在'之中,'现在'不是一个几何'点',而是一个'面',人们每天都在'过去'的规范下、在'未来'的吸引下生活着、工作着。'往者'未逝,'来者'可追,'价值''意义'不是碎片,而是延伸。"①从过去、现在和未来的延续性看,"传统"和"创新"是文化更新发展之辩证运动的两个方面。我们应该站在中国传统教育的基础上寻找继承和发展的切合点、平衡点,以防止极端的做法。高明的结论若没有历史事实,那是苍白无力的。

传统是构建民族文化记忆的源泉,传统是创造的动力。所谓传统,就是世代相传的、具有自己特点的社会因素,古老的东西直接或间接地蕴含在当今的现实而继续发挥作用。无论社会变革多么激烈,思想传统是不会被彻底地改变的。虽然当今中国学校数学教育的内容几乎都是西方的,但是数学教育观、数学教与学的方式方法都延续着"尊师重道""教学相长""精讲多练"等传统,那就是在过去和现在之间具有一种割不断的血缘关系。

张奠宙先生曾经说过:"中国教育有自己之'美',我们需要民族自信,中国教师是中国优秀教育传统的守望者。"②这里我还补充一句:中国教育不仅有自己的"美",还拥有自己的"真"和"善",其"美"蕴含在"真"和"善"之中,并且以"美"的形式将"真"和"善"展示在世人面前。一言以蔽之,中国传统教育中有丰富的、具有生命力的优秀内容,它是"真""善""美"的统一,数学教育亦如此。

二、 中国历史上的数学教材

数学文化的萌芽昭示着数学教育的开始。早在新石器时代,中国先民就在自己的生产实践中开创了自己的数学文化,他们在陶器上留下了表征数字的抽象符号,以及表达几何形体或图腾思想的、具有稳定形态的几何图案,这为形成数学文化的共同记忆提供了必要条件。从这个意义上说,新石器时代的彩陶是中国最早的数学教材。

新石器时代的彩陶上数学文化以降,在甲骨文和金文中出现了数目可观的表示数字的符号,这些符号演变成了现在表示数字的汉字。这也表明甲骨文、金文中的这些数字符号就是中国汉字的起源。

---

① 叶秀山.美的哲学(重订本)[M].北京:世界图书出版公司,2010:149.
② 张奠宙,赵小平.中国教育是不是有"美"的一面?[J].数学教学,2012(3):50.

　　秦汉时期的书写材料主要是竹简或木简。目前已发现的有清华大学藏战国简《算表》、北京大学藏秦简、岳麓书院藏秦简《数》、张家山汉简《算数书》、云梦睡虎地汉简《算术》和阜阳双古堆汉简《算术书》，这些著作是当时的数学教材。尽管中国数学史研究者们将其当作重要课题来研究，但是数学教育研究者很少关注这些珍贵文献。基于此，在《中国数学教育通史》中以举例说明的方式简要地介绍了这些"简"中的典型例子，以便为读者进一步了解中国古代数学教材提供线索。

　　从汉代开始，《周髀算经》《九章算术》成为最典型的数学教材。唐高宗显庆元年（公元656年）在国子监中始设"算学馆"，有学生三十人，以李淳风等注释的十部算经作为课本[①]。"算经十书"包括《周髀算经》《九章算术》《海岛算经》《孙子算经》《张邱建算经》《五曹算经》《五经算术》《缉古算经》《缀术》《夏侯阳算经》。"算经十书"包括汉初到唐末一千年的数学名著，有着丰富多彩的内容，是了解中国古代数学必不可少的文献[②]。"算经十书"也是了解中国古代数学教育史的重要文献。

　　南宋数学家和教育家杨辉的《详解九章算法》《日用算法》《乘除通变本末》《田亩比类乘除捷法》《续古摘奇算法》（后三种合称《杨辉算法》）是宋代最具代表性的数学教材，也是数学教学理论著作。

　　明代的数学教材中最具代表性的是程大位的《算法统宗》。明末传进来的西方数学著作《同文算指》《几何原本》等仅在少数高层次的数学家之间流传，到了清代才开始逐渐地广泛传播。直到清晚期，《几何原本》成为了各种学校里普遍使用的教材，但是在不同数学教材中其内容体系略有不同。清末，数学教材以教科书名义出版发行，数学教科书以史无前例的态势发展，这一点由《中国近代中小学教科书汇编：清末卷·数学》（20卷）[③]可见一斑。清末，从日本翻译引进的西方数学教科书占主导地位，欧美次之，国人编写的教科书则更少。数学教科书在追求"最新""新式"的背景下，翻译和自编、出版和发行等方面均呈现出多样化特点。

　　民国时期，数学教育发展迅速，政治形势和各种教育思潮对数学教育产生了深刻影响。民国时期的数学教科书呈现出多样化的特点。这一时期的数学教科书经历了自编为主、翻译为辅的本土化历程。民国伊始，倡导"共和"思想的中小学"共和国教科书"出现，后来在分科主义、实用主义、融合主义和实验主义的影响下，初中数学教科书也呈现出不同特色并实现了不同阶段的历史使命。正是在这样的背景下，中国出现了

---

① 钱宝琮点校.算经十书[M].北京：中华书局，2021：点校算经十书序第1页.
② 钱宝琮点校.算经十书[M].北京：中华书局，2021：点校算经十书序第6页.
③ 代钦.中国近代中小学教科书汇编：清末卷·数学（20卷）[M].上海：上海辞书出版社，2021.

各种主义下的数学教科书。如在实用主义思潮的历史背景下，出现了北京教育图书社编辑的《高等小学校学生用实用算术教科书》（共 6 册，商务印书馆，1915 年）、陈文编写的系列教科书《实用主义中学新算术》（1916 年初版）等。1920 年代，混合主义（亦称融合主义）盛行，于是涌现出多种混合主义初中数学教科书，有程廷熙、傅种孙编《新中学教科书初级混合数学》（共 6 册，中华书局，1923—1925 年）、段育华编《新学制混合算学教科书初级中学用》（共 6 册，商务印书馆，1923—1926 年）、张鹏飞编《新中学教科书初级混合法算学》（共 6 册，中华书局，1923 年）等。1930、1940 年代，在实验主义思潮下出现了各种实验主义数学教科书，如张虹的《实验算术教科书》和汪桂荣的《初级中学实验几何学》等。1930 年代，商务印书馆出版的小学和初中的"复兴算术教科书"影响颇大。高中数学教科书方面，以分科形式教科书占主导地位，且以国人自编者居多，有条件的地方也使用外文原版教科书。

三、 中国传统数学教育的思想方法

中国传统数学教育是中国传统教育不可分割的一部分，其指导思想就是中国传统教育思想。换言之，中国传统教育思想就是传统数学教育的灵魂。这体现在传统数学教育中的"尊师重道""教学相长"等永恒的主题上。

首先，中国传统数学教育主张"教师主导、学生主体"观点，这体现在"尊师重道"上，既关注学生在教学过程中的主体地位，又强调教师的主导作用。

自古以来教师受到人们的尊敬，在伦理上具有崇高的地位。中国古代先哲们有很多精辟论述：

师严然后道尊，道尊然后民知敬学。（《礼记·学记》）

国将兴，必贵师而重傅……国将衰，必贱师而轻傅。（《荀子·大略》）

一日为师，终身为父。（《鸣沙石室佚书·太公家教》）

为学莫重于尊师。（谭嗣同《浏阳算学馆增订章程》）

尊师重道中的"重道"即提倡实事求是地传道，这是在肯定学生主体地位的基础上才能够实现的，并不是当今有些人所认为的那样，在否定学生主体地位的情况下传道。我们不能把严格要求学生和否定学生主体地位混为一谈。同时，值得提醒的是，宽松的课堂也并不等于体现了学生的主体地位。

其次，伟大的思想家、教育家孔子早在两千五百年前就提出了"教学相长"（《礼记·学记》）的思想，这里凝练了以教师为主导、以学生为主体的教学思想。一言以蔽之，"教学相长"主张教与学是互相促进的、教师与学生是互相促进的、教师的教与教师本人的学是互相促进的。"教学相长"的理念,并不主张"学生中心"或"教师中心"的二分法观点,而是积极提倡教与学的平衡与和谐。这在不同的教学场景和时间里有着不同的表达方式,如"三人行,必有我师焉"(《论语·述而》)、"是故弟子不必不如师,师不必贤于弟子。闻道有先后,术业有专攻"(韩愈《师说》)等。"教学相长"的理念一直支撑着中国传统数学教育的实践及其发展。

在学习方面,孔子强调学生的学习和思考的统一性:"学而不思则罔,思而不学则殆。"(《论语·为政》)中国有古语说:"师傅领进门,修行在个人。"这些都是提倡学生学习的主动性。

在教学方面,孔子强调教师的奉献精神:"学而不厌,诲人不倦。"(《论语·为政》)并且认为"教不严,师之惰","玉不琢,不成器"。如果学生学得不好,教师负有一定责任。所以,教师把教学中的"主导"当作自己的责任。

"教学相长"思想常常是通过师生对话讨论的方式来实现的,这类似于古希腊苏格拉底的"产婆术"。在中国古代数学教学中不乏对话讨论形式的典型教学案例,如《周髀算经》中荣方向陈子请教数学问题及勾股定理的证明方法、刘徽的"出入相补"原理及其证明思想方法、杨辉的对称性思想方法及其一题多解的探究方法、数学的歌诀教学方法等,它们展现的都是具有现代价值的教学思想方法。

四、 历史的启示

牛顿曾经说过:"如果说我看得别人更远,那是因为我站在了巨人的肩上。"这"巨人的肩"不是别的,就是欧洲科学的成就与传统。传统是基石,传统是源泉,传统具有自组织能力,能够创造新的传统。发展中国数学教育要在其传统的基础上进行创造性的转化,以创造新的传统,这是我们所面临的艰巨任务。还要在发展中接纳外国的先进经验,积极吸纳各种新思想和观点的合理成分,以保证数学教育健康发展。中国传统数学教育并不是完美无缺的,看到它的魅力和丰富多彩的同时,也要看到它的瑕疵。我们要站在历史、现在和未来的全局上,将传统与改革有机地结合起来,摒弃中国传统数学教育中的不合理因素,用新的内容、思想和方法等充实传统数学教育,循序渐进地发展传统数学教育。只有扎实地掌握传统数学教育知识,深刻地理解传统数学教育,才能更好地发展中国数学教育。认识和创造中国传统数学教育,要有良好的选择能力、判断能力和实践能力。在传统面前,广大的数学教育工作者犹如摄影师一般:当面对绚丽多彩的传统风景时,如何选景、如何调整角度和光圈、如何构图、如何曝光等均需要很高的选择能力、判断能力和实践能力。一个优秀的摄影师用老式相机也能创造出令人陶醉的摄影作品。反之,一位笨拙的摄影者即使用最新式的相机也不一定能做好这一点,他的作品除满足自己瞬间的需要外,对他人毫无吸引力。数学教育工作者亦如此,需要对传统有较全面而深刻的理解,辛勤思考、不断实践、锐意开拓,这样才能创造出数学教育更美好的明天!

参考文献

[1][意]克罗齐.作为思想和行动的历史[M].田时纲,译.北京:中国社会科学出版社,2005.

[2]张奠宙,赵小平.中国教育是不是有"美"的一面?[J].数学教学,2012(3):50.

[3]叶秀山.美的哲学(重订本)[M].北京:世界图书出版公司,2010.

[4]钱宝琮点校.算经十书[M].北京:中华书局,2021.

[5][古希腊]柏拉图.柏拉图全集(第1卷)[M].王晓朝,译.北京:人民出版社,2002.

[6]孙宏安,译注.杨辉算法[M].沈阳:辽宁教育出版社,1997.

[7]代钦.儒家思想与中国传统数学[M].北京:商务印书馆,2003.

[8]李迪.中国数学通史:上古到五代卷[M].南京:江苏教育出版社,1997.

[9]李俨,钱宝琮.李俨、钱宝琮科学史全集(第二卷)[M].沈阳:辽宁教育出版社,1998.

[10]代钦.数学教育史——文化视野下的中国数学教育[M].北京:北京师范大学出版社,2011.

[11]沈康身.中算导论[M].上海:上海教育出版社,1986.

[12]代钦.中国近代中小学教科书汇编:清末卷·数学(20卷)[M].上海:上海辞书出版社,2021.

第一章　新石器时代的中国数学教育

　　中国百余年来对新石器时代(约公元前18000年—公元前3000年)文明的考古发掘与研究成果表明,中华数学教育发端于一万年前。新石器时代的中国文明革命性飞跃的标志之一就是彩陶,它是中国最早的数学教材,是数学文化的载体。基于考古学、人类学和心理学等多学科观点对彩陶上刻画的数字符号和几何图案考察发现,其中蕴含着丰富的数学内容:(1)中国先民对数字有了初步认识并创造了一、二、三、三(四)、五等数字符号,为甲骨文、金文的数字符号奠定了基础。他们先天性数字知识的界限为三,大于三的数字为"多","多"是后天学习中掌握的数字。(2)彩陶数字符号是汉字的起源。(3)中国先民先天性几何知识的界限为三角形、四边形和圆,他们在彩陶上刻画了特殊三角形、四边形、圆,以及圆内接三角形、圆内接正方形、圆内接正五边形、五角星形等多种圆内接正多边形几何图案,其中既包含着他们经验和直觉的原始作图技巧,也蕴含着审美意识。关于以上课题深入系统的研究和有效应用对中小学数学教育具有重要的启迪作用。

第一节　考古是打开新石器时代中国数学教育史的钥匙

考古学家认为"没有考古就没有完整的人类历史"①。这句话对中国数学教育史研究具有重要的启示,即没有考古就不可能完全展示中国数学教育的历史。因为"考古工作有一个特点,便是'发掘',可以点面深入,掘到生土为止;或者挖到基石"②。近一百年的中国考古发掘和研究成果向世人展示新石器时代丰富多彩的数学文化③,这也间接地证明了中国数学教育在新石器时代已经诞生。目前,对中国新石器时代的断代有多种说法,最初认为从七八千年前开始,随着考古发掘的深入向前推进了几千年甚至上万年,认为新石器时代早期距今 9 000—12 000 年④,也有人认为公元前 18000年—公元前 7000 年进入新石器时代早期文化发展阶段⑤。总之,新石器时代的中国先民在大体相同或基本不同的自然生态环境之下"创造出了一系列具有划时代意义的成就,彼此间既具有共性,又独具特色。这些文化成就,如原始栽培稻的产生、制陶术的发明等等,成为中国新石器时代产生的契机,为此后中国新石器时代文化的发展奠定了基础并产生了深远的影响。"⑥

彩陶的制作是新石器时代的标志性发明之一,"制陶业的出现,被认为是人类社会进入新石器时代的一个基本特征。制陶业的重要性,还在于它是人类按自己的设想用人力去改变天然物质的开端。"⑦彩陶的出现,"既是大自然的恩赐,也是人类聪明才智的象征。借助水和火,人类彻底改变了泥土的性质,使其服务于自家日常生活以及艺术表达的需要。"⑧彩陶是最早将图案与器物造型完美结合的原始艺术作品。

彩陶上的几何纹样和图案,丰富多彩,直接淳朴,史前时期先民将几何思维和艺术创作有机地结合起来并表现在彩陶上。彩陶是人类文明"童年"的智慧之结晶,它是把艺术表现、技术工艺和数学思维融为一体的产物。"先史时期后半段的彩陶文化,乃是

---

① 〔德〕赫尔曼·帕辛格.考古寻踪:穿越人类历史之旅[M].宋宝泉,译.上海:上海三联书店,2019:217.
② 陆思贤.周易·天文·考古[M].北京:文物出版社,2014:2.
③ 王巍.中国考古学大辞典[Z].上海:上海辞书出版社,2022:3.
④ 张星德,戴成萍.中国古代物质文化史:史前[M].北京:开明出版社,2015:69.
⑤ 韩建业.早期中国:中国文化圈的形成和发展[M].上海:上海古籍出版社,2020:23.
⑥ 中国社会科学院考古研究所.中国考古学:新石器时代卷[M].北京:中国社会科学出版社,2010:109.
⑦ 杨泓.美术考古半世纪——中国美术考古发现史[M].北京:人民美术出版社,2015:12.
⑧ 陈平原.大圣遗音:最简中国艺术史[M].北京:生活·读书·新知三联书店,2022:28.

石器文化与殷周铜器文化之间,两时代的过渡媒介;陶器对我们人类最伟大的贡献之一,就是促使我们在文化的台阶上,迈进了这一大步!"①又如,英国著名考古学家戈登·柴尔德(Childe,Vere Gordon,1892—1957)所评价陶器那样:"这种新的工业,对于人类思想和科学的肇始具有很大的意义。"②"制陶术的采用,对于改善人类的生活、增进家庭的便利方面,在人类进步上开了一个新纪元。"③

从数学教育视角看,彩陶是中国最早的数学教材,它主要包括数字的符号表示和几何图案。这些数学知识的传授不需要教室,也不需要特定的教师,而是由他们的生活需要和追求知识的天性所决定的,并以经验和直觉领悟的方式世代相传,是一个不断创造开拓的过程。

虽然在新石器时代中国数学教育已经产生,但是在以往的教育史研究中,对新石器时代数学教育的研究罕见,只有李迪先生的相关研究④⑤中涉及一些数学内容,且未提及教育。又如,中国原始艺术研究也涉及很多几何图案等问题,但是它们的着重点是艺术造型和几何图案的艺术特征,而不是数学教育。从中国古代数学教育史的角度看,过去的研究都是从夏商周开始介绍,从未涉及新石器时代的数学教育。其原因可能有几个方面:(1)仅仅考虑有文字记录以来的数学教育;(2)将数学教育看作是由数学教育制度、制定教科书、确定教师、固定场所等诸方面的因素构成的,否则就认为不是数学教育;(3)由于研究视野等各方面的限制,中国数学教育史研究者鲜有人去学习考古学和关注考古研究的相关成果,更不可能将其与数学教育联系起来思考。事实上,"大约在一百万年以前,数学观念便与人类和文化的起源同生共长,不断发展。诚然,在悠远漫长的历史岁月中,数学进步甚微。我们在现代的数学体系和概念中仍能找到石器时代的原始人所提出的数学概念的残存物。"⑥我们会发现,中国新石器时代的数学教育已经产生并达到一定的水平,否则当时的人们不会创造出那么丰富多彩的几何造型和几何图案并世代相传。类似于中国原始艺术,我们也可以把新石器时代的数学文化叫做原始数学文化,这也是中国古代数学教育的源流。从这个意义上说,中国数学教育最晚在新石器时代已经开始了,也就是说,中国数学教育具有 8 000 年以上的历史。下面从考古学、进化论、心理学和人类学等多学科视角考察新石器时代

---

① 索予明.漆园外撷——故宫文物杂谈[M].台北:台北故宫博物院,2000:494.
② [英]戈登·柴尔德.人类创造了自身[M].安家瑗,余敬东,译.上海:上海三联书店,2012:70.
③ [美]摩尔根.古代社会(第一册)[M].杨东莼,张栗原,冯汉骥,译.北京:商务印书馆,1972:20.
④ 吴文俊,李迪.中国数学史大系:第一卷 上古到西汉[M].北京:北京师范大学出版社,1998.
⑤ 李迪.中国数学通史:上古到五代卷[M].南京:江苏教育出版社,1997.
⑥ [美]怀特.文化科学——人和文明的研究[M].曹锦清,等译.杭州:浙江人民出版社,1988:285.

的中国数学教育发展史。新石器时代尚未出现教育制度和学校以及固定的教师和教学场所,那么数学教育史研究的对象究竟是什么? 虽然没有教育制度、学校等,但是作为学习内容的数学教材是存在的,那即是作为计数和几何内容载体的彩陶。

考古学属于人文学科的领域,是历史学的重要组成部分。其任务在于根据古代人类各种活动遗留下来的实物,以研究人类古代社会的历史。实物资料包括各种遗迹和遗物,它们多埋没在地下,必须经过科学的调查发掘,才能被系统地、完整地揭示和收集。① 考古学家认为在200万年前最早的人类知识(或思想)已经产生,人类"整体智力发生了进化或者产生了基本的制作工具的思维过程——人头脑中直观的物理知识"。② 新石器时代的渔猎、农业、畜牧业生产以及生产工具的制作等一系列活动中,都需要一定的数学知识,也可以说是创造数学的过程。这些数学知识是最原始经验下被创造出来的以数与形为形态的知识。在创造和使用数学的过程中,保存数学的人类整体记忆的某种形式的教育是绝对必要的,正如莱斯特·怀特(Lester White)所说:"数学当然是文化的一部分。在继承了烹饪、嫁娶、崇拜方式的同时,每个民族还从他们的先辈或同时代的邻居那里继承了计数和计算的本领,以及其他任何数学能做到的事情……无论一个民族是否以五、十、十二或二十为单位来计数,无论他们是否有词汇来表达五以上的基本数字,无论他们是否拥有最现代和最高端的数学概念,他们的数学行为均由他们拥有的数学文化来决定。"③因此,从数学产生的那时起它的教育就开始了。

"有人以为'文明'这一名称,也可以用低标准来衡量,把文明的起源放在新石器时代中。不管怎样,文明是由'野蛮'的新石器时代的人创造出来的。现今考古学文献中,多使用'新石器革命'(Neolithic Revolution)一术语来指人类发明农业和畜牧业而控制了食物的生产这一过程。经过了这个'革命',人类不再像旧石器或中石器时代的人那样,以渔猎采集经济为主,靠天吃饭。这是人类经济生活中一次大跃进,而为后来的文明的诞生创造了条件。"④文明的进步主要依靠各方面的教育,而数学教育在其中扮演着主要角色。新石器时代文明中看到数学的起源及其创造,这就证明了当时的数学教育以某种形式存在。新石器时代,中国数学教育产生和发展,为夏商周的数学教育奠定了基础。如果没有新石器时代的数学教育,那就不存在夏商周时期更进一步发达的数学教育。新石器时代的数学教育有其独特的时代特征,犹如在母体中的胎儿一

---

① 中国社会科学院考古研究所.夏鼐文集[M].北京:社会科学文献出版社,2017:247.
② [美]布莱恩·费根.考古学与史前文明[M].袁媛,译.北京:中信出版社,2020:238.
③ [美]丹尼丝·施曼特-贝瑟拉.文字起源[M].王乐洋,译.北京:商务印书馆,2020:165.
④ 中国社会科学院考古研究所.夏鼐文集[M].北京:社会科学文献出版社,2000:411.

样,它获得生命,逐渐发育,最终诞生并茁壮成长。我们可以把这一时期的数学教育分别从数字符号的认识、几何形状的认识和几何知识的应用等方面加以研究。简单讲,就是数字表示、计算和几何知识的学习。

新石器时代,数学教育已经出现,那么数学教育有何种特征?这是必须回答的问题。回答这个问题,首先从当时的社会生活和生产劳动方式考虑教育的特征。人类在劳动中创造了各种石器和陶器,创造石器的过程中既积累知识和经验,又促进劳动和改良工具。工具水平的提升和劳动效率的提高创造更多的财富,正如恩格斯所言:"劳动是一切财富的源泉。其实,劳动和自然界在一起才是一切财富的源泉,自然界为劳动提供材料,劳动把材料转变为财富。但是劳动的作用还远不止于此。劳动是整个人类生活的第一个基本条件,而且达到这样的程度,以致我们在某种意义上不得不说:劳动创造了人本身。"[①]这里强调了劳动创造了财富和人本身。首先,这里的财富包括物质财富和精神财富,在物质财富中也包括一定程度的精神财富,如人类创造的物质财富所承载的精神的东西——各种样式、造型、图案等,而精神财富包括知识、经验、思想方法等。其次,劳动创造人本身,意味着在劳动中人的智力水平、劳动能力不断地得到提升。从考古学研究成果看,"从各地发现的文化遗址和遗物可以推断在旧石器、新石器时代,人们过群居生活,合力劳动,生产资料和生产品公有。他们建立了原始公社制度的社会,新石器时代已经定居并从事农业生产。他们在共同的生活里积累了劳动经验,创造并发展了语言,进一步发展了脑和思维能力。"[②]新石器时代的人们在共同的生活中积累经验、创造语言和文字,在此过程中,需要一种传递经验和知识的方式,那就是一种自然状态下的社会性的教育过程,简言之,"他们的教育也是属于社会教育"[③]。早在80多年前,任时先先生总结出新石器时代教育的特征[④]:(1)没有固定的学校等场所,山川旷野就是教育场所;(2)以生活习惯的经验施教;(3)生活状态作教育之课程;(4)也有一定的自然——天和精神——神的崇拜特点。当然,数学教育也有这些特征。新石器时代的教育是人类在与自然以及种类之间的生存斗争中形成的自然选择的教育,用达尔文的进化论中"适者生存"的选择理论来说明是最合适不过的。他们与自然的斗争是绝对的,但是种类之间的斗争是相对的,在实际生活中互相之间协同合作更重要。

---

① [德]恩格斯.自然辩证法[M].中共中央马克思恩格斯列宁斯大林著作编译局,译.北京:人民出版社,2018:303.
② 王逊.中国美术史[M].北京:应急管理出版社,2021:5.
③ 徐特立.徐特立文存:第五卷[M].广州:广东教育出版社,1996:272.
④ 任时先.中国教育思想史[M].上海:商务印书馆,1937:26.

第二节　新石器时代数学教育的萌芽

数学是研究客观世界数量关系和空间形式的科学。新石器时代的数学处于最原始的状态,人们对数量关系的认识就是对数字的简单认识,直觉地掌握数量的大小关系,初步地使用一些抽象符号来表示数字;人们对空间形式的认识就是对一些特殊的几何形状的初步认识,并用简化的抽象形式表征实物的几何形状,如圆、球、鱼纹等。

一、数字的认识

数量是在现实世界中的客观存在,而数字是人类对数量认识和表征的结果。"数字及数字的概念对人类而言并非与生俱来,也不是人类自然而然一定会掌握的。虽然'一系列物体'和'数量'的概念也许是独立于我们的心理体验而客观存在的,但'数字'的概念却是由人类的意识产生的。数字的发明是人类认知领域的一项伟大的创新,这一创新永久地改变了我们看待和区分数量的方式。……从婴儿时期开始,数字的概念就通过父母的温言软语进入了我们的心理体验。数字和语言一样,是我们人类在符号方面的关键性创新,二者也是高度关联的。"[1]对现实世界的观察、猎物的存放和分配、农作物的积累、物物交换等活动,都需要数数,这使人类有了初步的数量的认识。对数量的认识,促使他们用某种方法表示这些数量,如利用生活周围的事物表示数、结绳记数、刻木记数、手指计数。从新石器时代的遗存中发现的文物上的各种符号上能够看到这些。

彩陶上的各种图案,都真切地反映了当时的精神。图案都是真实生活的简单摹写,更是一种逐渐抽象的过程,经过反复的艺术提炼,它们反映了先民的审美观念和原始宗教观念,同时也反映了他们内心世界的思想感情,具有深刻的文化内涵。彩陶上的有些图案或刻痕具有符号的作用。虽然我们不能明确地知道哪些是数字符号,但是这些符号中有些与现在的汉字数字表示方法完全相同,如图 1 - 1[2]、图 1 - 2[3]、图

---

① [美]凯莱布·埃弗里特.数字起源[M].鲁冬旭,译.北京:中信出版集团,2018:7.
② 中国社会科学院考古研究所.中国考古学:新时期时代卷[M].北京:中国社会科学出版社,2010:251.
③ 中国社会科学院考古研究所.中国考古学:新时期时代卷[M].北京:中国社会科学出版社,2010:627.

1－3①。其中，图1－1和图1－2是仰韶文化陶器刻划符号，时间在公元前4900年至公元前2900年间。由"仰韶文化陶器刻划符号（摹本）"（图1－1）可以看出，"仰韶文化居民有了很明确的数字概念，陶器上彩绘刻纹要用等分方法，从有的陶器上的戳点数目分析，当时人们可能已有了十进制的知识，陶器上的简单刻划则说明当时有了记数的标记，这些标记与后来的甲骨文一脉相承。"②图1－1中的有些符号是表示数字的，如1号，2号、25号和26号应该是数字符号。"柳湾遗址彩陶符号"（图1－2）中从1号到5号的符号表示与后来甲骨文中的数字符号完全一致，甚至可以认为彩陶上符号是甲骨文的前身。图1－3是青海乐都出土的马场文化陶器上的刻划符号，这里也有表示数字的符号。图1－4③为从甘肃秦安大地湾一期文化到乐都柳湾文化中彩陶上刻划的符号系统及其对应的数字含义，序号1、2、3、4对应数字一、二、三、四，5、6对应五，7、8、9、10、11对应六、七、八、九、十，12、13、14、15、16、17、18、19对应二十、三十、四十、五十、六十、八十、九十、一百。

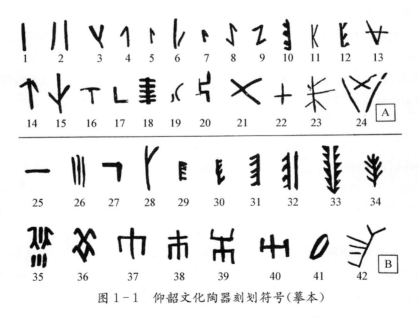

图1－1　仰韶文化陶器刻划符号（摹本）

李济先生认为："文饰与符号，完全从客观的条件说，是不容易分辨的一件事；很多彩陶的文饰，所常用的花纹与图案也许是有意义的，既有意义也许就是一种符号。但

---

① 许进雄.中国古代社会：文字与人类学的透视[M].台北：台湾商务印书馆，2013：22.

② 中国社会科学院考古研究所.中国考古学：新石器时代卷[M].北京：中国社会科学出版社，2010：251.

③ 和士华.仰韶文化中的天文星象符号[M].北京：中国社会科学出版社，2016：38－39.

图1-2　柳湾遗址彩陶符号

图1-3　马场文化陶器上的刻划符号

要证实这个推论，现在尚没有充分的材料。到了殷墟时代，已经有了文字；同时在若干铜器上也有类似文字，而似乎不常作文字用的一种符号也出现，这种符号可以说是介乎文饰与文字间的一种发展。早期的文字也只是某种符号及其附带之意义，与某种声音发生了固定的关系。殷墟陶器上所刻划的类似文字的符号或文字,最像那时铜器上的款识。""所留存的这一类符号或文字,大部分都在(陶器)唇上或外表近口的地方;少数刻在腹部,或内表,也有在足内的。这些近乎符号的文字,虽说是差不多全部都可以在甲骨刻辞上找出它们的亲属来。"①李济先生他们从大量殷墟陶片中找到有数字符号的十五件,并给出详细解释:"可以释为一的一件;可以释为三的一件;可以释为四的一件;可以释为五的四件;两个五字并排的一件;可以释为七的七件。除了两个五字并排的标本(编号8)外,都是一器一字。"②具体情况如图1-5③。

图1-4 彩陶上刻划符号的意义 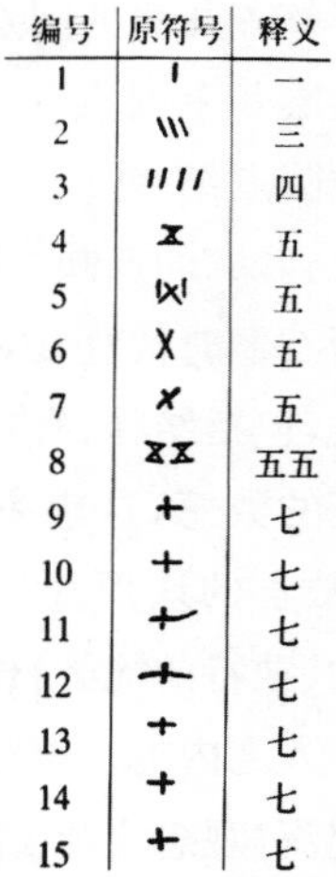　　　图1-5 数字符号与文字

上述彩陶上的刻划符号以及图1-5的数字符号与文字的总结充分说明,先民首先用符号表示头脑中感悟到的数字,这样表示数字的简单文字就自然地诞生了。其次,在族群之间的交流中,这些符号逐渐被认可,并成为他们共同的精神财富。尤其是图1-2、图1-5中的一、二、三、五的符号已定格了这四个数字的写法,直至使用到今天。但图1-2的三和图1-5的横着写的三没有能够延续下来,被四代替了。据此可以说,从新石器时代开始规范了中华数学文化的一些最基本因素。虽然学者们关于这

① 李济.李济文集(卷三)[M].上海:上海人民出版社,2006:197.
② 李济.李济文集(卷三)[M].上海:上海人民出版社,2006:198.
③ 李济.李济文集(卷三)[M].上海:上海人民出版社,2006:198.

方面的观点互相之间有所差异,但是大致上一致,在考察中国新石器时代数学教育的产生和发展时,其启示作用是不言而喻的。

上述几幅图中的符号看起来似乎颇为简单,但是学者们认为:"一个简单的记号可以代表一种思想、说明一个计划或记录一桩历史事件。然而,关于人类的语言和书写最重要的事,莫过于说话者和书写者可以从有限多组记号和符号,创造出实际上无限多组读音、说明、观念和想法。……图画是图画文字的线索,图画文字又成为表意文字的线索,不断演变,直到成为早期隐喻性诗歌和现代文字的线索。'象形文字'是与它所要表示之物相似的图画。在亚洲,这类文字成为现代汉字的基础。"①

除数字的抽象符号以外,从有些陶片上也能看到数字的表示方法,如图1-6②,半坡文化陶片上面有整齐井然的圆点的排列,如倒置金字塔形,从最上层8个圆点开始每层减少1个圆点,最后到1个圆点结束,共8层。这也反映了当时人们对数数到"8"的反映③和几何对称的认识。

图1-6　半坡遗址出土陶片

新石器时代先民对数字的认识,体现在用某种符号,包括结绳、有规则的刻画和点缀等方法记录他们的数感,这也是符号化过程。没有符号化过程,数学的认识寸步难行。正如怀特所言:"一种新的、独特的能力,即使用符号的能力,是由生物进化自然过程中产生并存在于且仅存在于人之内的。符号表达的最重要形式是清晰分明的言语。清晰的言语意味着观念的交流,观念交流意味着保存传统,保存意味着积累和进步。符号才能的出现根源于一种新的现象秩序的起源:超机体的文化的秩序。所有文明的产生并永久存在都在于符号的使用。文化或文明仅是特定动物——人——的生物学的、保存生命活动所采取的特种形式。……人类行为是符号行为;假如没有符号,便没有人类。人种的婴儿只有当他被导入和参与文化活动时,才成为人类个体。文化世界的关键和参与文化世界的方式便是——符号。"④

由上述知,新石器时代彩陶上的记数符号多为一、二、三,而四(三)和五出现的频率少。考古学家、人类学家和心理学家对这类现象进行了深入研究,并提出了各自的

① [美]约瑟夫·马祖尔.人类符号简史[M].洪万生,洪赞天,等译.南宁:接力出版社,2018:8.
② 李文林.文明之光:图说数学史[M].济南:山东教育出版社,2005:7.
③ 吴文俊,李迪.中国数学史大系:第一卷　上古到西汉[M].北京:北京师范大学出版社,1998:124.
④ [美]怀特.文化科学——人和文明的研究[M].曹锦清,等译.杭州:浙江人民出版社,1988:37.

观点,下面分别进行简要论述。

(一)考古学家的观点

1. 数字认识的先天性与后天性

新石器时代彩陶上出现的一、二、三、四(亖)、五等数字符号能够明确地说明,当时中国先民的数字学习已经从"先天性"发展到"后天性"的学习阶段。也就是说人类具有"先天性"的一、二、三的知识,但是从四开始掌握数字的知识都是在后天的学习中实现。世界上各文明发展过程中把三以上的东西(数字)叫做多个东西。在中国数学文化中更是如此,如日常用语中"事不过三"的说法也有此种含义。从更深层次的意义说,老子《道德经》中的"道生一,一生二,二生三,三生万物"的三是多的意思,因为老子没有接着说"三生四,四生五,五生万物"之类的话,以三为止。诚然,老子的一、二、三除数学的意义外,还有它的神秘意涵。新石器时代的中国先民所创造的一、二、三等数字及其符号只有数数和记数的意义,并没有神秘性。于省吾先生指出:"原始人类社会,由于生产与生活之需要,由于语言与知识之日渐进展,因而才创造出一、二、三之积画字,以代绳而备记忆。"[1]郭沫若先生也谈及这一现象,他说:"原始人的数目概念很有限,三以上就是'多'。"[2]中国先民跨过"先天性"的"三"这个坎后,其后天性学习数字的过程并不是一帆风顺的,如学习到七后又遇到一个坎。在彩陶上数字符号之后的甲骨文和金文中都出现"七"的符号。考古学家认为。这里的"七是一个绝数,就是说远古人们在相当长的一个时期内,七之后已数不下去,再数脑子就乱了,序数到此阶段"[3]。因此,在中国古代数学文化中将"七"叫做绝数。

2. 数字符号是文字的起源

考古学家认为,数字的抽象符号表示就是文字的起源[4]。新石器时代中国"彩陶和黑陶上的刻划符号应该是汉字的原始阶段"[5],有些刻划符号也是中国数字符号的起源。新石器时代数字符号的出现以及后来甲骨文的发现,说明一个事实,那就是数字符号的出现直接推动了中国文字的诞生,一言以蔽之,数字符号是文字的起源。正如于省吾先生所言:"我国古文字,当自记数字开始,记数字乃文字中之原始字。记数字由一至九分为二系而五居其中。由一至四,均为积画,此一系也;由五至九,变积画

---

① 于省吾.甲骨文字释林[M].北京:中华书局,2009:119.
② 郭沫若.郭沫若全集:考古编10[M].北京:科学出版社,2017:80.
③ 陆思贤.甲骨文金文中的数码和数学[C].呼和浩特:内蒙古文物队印,1982:8.
④ [美]丹尼丝·施曼特-贝瑟拉.文字起源[M].王乐洋,译.北京:商务印书馆,2020:165.
⑤ 郭沫若.郭沫若全集:考古编10[M].北京:科学出版社,2017:66.

为错画,此又一系也。"①著名文字学专家许进雄对国内外学者关于中国文字起源之研究综述中也证实:"中国有文字起源于结绳记事的传说。……其所打的绳结,有颜色及大小不同的种种形式,以代表不同的事物与数量。此传说指示创造文字的目的,有可能是为了帮助记忆数目,与结绳的目的一致。……也说明计数是文字书写初期的一个很重要目的。既然陶器上的记号有可能作为数目字,与文字初期的作用一致,似乎不妨承认它们已是文字了。"②可以说,彩陶上的数字符号就是中国文字的起源。

(二) 人类学家对数学认知发展的考察

从 19 世纪以来,在人类学家的调查研究中数学是不可或缺的内容之一,比如法国布留尔(Lucien Lévy-Bruhl,1857—1939)的《原始思维》、法国克劳德·列维-斯特劳斯(Claude Levi-Strauss,1908—2009)的《野性思维》等著作中都有对数字的认识、记数、计算和数字的神秘主义等内容。又如,数学史家或数学文化史研究者利用人类学研究成果对儿童数学认识的先天性、学习数学的特点等进行了富有启发性的研究工作,如美国丹齐克(Tobias Dantzig,1884—1956)的《数:科学的语言》、法国米卡埃尔·洛奈(Michael Launay,1984—　)的《万物皆数:从史前时期到人工智能,跨越千年的数学之旅》、美国凯莱布·埃弗里特(Caleb Everett)的《数字起源》、以色列兹维·阿特斯坦(Zvi Artstein)的《数学与现实世界:进化论的视角》等著作都基于人类学的研究成果论及人类早期的数学学习问题。

人类学家认为:"人的行为方式基于人对事物的知识。……人所掌握的知识可能存在三个来源:(1) 它可以来自先天机能,自父母基因遗传过来;(2) 它可以来自个体与环境互动过程中的习得;(3) 它可以通过交流而习得其他个体。"③基于这些观点,人类学家对知识进化现象的调查研究已经证实,数学的学习在语言之前,即儿童刚出生时大脑一片空白,在与环境的接触中产生数感和空间感,这个时候还没有掌握语言,但是后来语言的掌握促进了数学能力的提高。事实上,心理学家早已关注到了这一点,如西格蒙德·弗洛伊德(Sigmund Freud,1856—1939)认为:"婴儿出生时进化已经为学习准备好了大脑,但最初大脑中没有任何的信息。婴儿最初通过观察,然后通过观察和经验的组合来了解世界。……更抽象的学习随后才会出现,其中伴随

① 于省吾.甲骨文字释林[M].北京:中华书局,2009:122.
② 许进雄.中国古代社会:文字与人类学的透视[M].台北:台湾商务印书馆,2013:11 - 12.
③ [英] 莫里斯·布洛克.人类学与认知挑战[M].周雨霏,译.北京:商务印书馆,2018:15.

着语言的发展。……数学能力与一般的知识有关,最开始只是呈现出能对数学对象的正确描述。"①这里的"婴儿出生时进化已经为学习准备好了大脑"的事实类似于人类早期的进化现象,经过漫长的岁月后,已经准备好了学习的基础,这是人与其他动物的根本区别,它们不具备这种准备的条件。从人类学习数学的起源看,首先是人类的数觉的产生。"人类在进化的蒙昧时期,就已经具有一种才能,这种才能,因为没有更恰当的名字,我姑且叫它为数觉②。由于人有了这种才能,当在一个小的集合里,增加或者减去一样东西时,尽管他未曾直接知道增减,也能够辨认到其中有所变化。数觉和计数不能混为一谈。计数似乎是很晚以后才有的一种收获,……它牵涉到一种颇为复杂的心理过程。就我们所知,计数是一种人类独具的特性;另一方面,有若干种动物看来也具有一种和我们相类似的原始数觉。"③从原始数觉到计数和计算,与人类知识的进化和心理发展密不可分,即既有知识进化过程,也有心理发展过程。

人类学家根据进化论的视角,阐述了以下观点:

首先,心理学研究表明④,人类的大脑活动分为三个层次:先天的部分,被称为本能层次;控制身体日常行为的运作部分,被称为行为层次;大脑的思考部分,被称为反思层次。人类简单的算术能力是天生的,具有先天性,属于本能层次。本能层次无法进行推理,不能将现状和历史进行比较⑤。根据本能层次理论,我们可以说:"人类的算术能力是遗传的。显然,这些操作是对未开发的大脑进行的,没有用特定的语言来辅助,因此婴儿不可能与父母或朋友讨论结果。当孩子成长时,他将必须学习如何用日常语言来表达这种数学能力,并用来与父母交流。这种学习本身就是一个过程,但是简单的算术能力是婴儿天生的,而且它也不是为了各种完全不同的目的而开发的大脑的副产品。由此可以推断,简单的算术能力在进化竞争中提供了优势。这并不奇怪,对于食物的那些竞争需要数学能力,比如区分大和小,多和少,等等。甚至加法和减法,这些都给出了进化上的优势。具有这种能力的个体将比具有较低数学能力的同一物种中的其他成员更适合于竞争性的生存环境。"⑥简单的算术能力究竟"先天"或

① [以]兹维·阿特斯坦.数学与现实世界:进化论的视角[M].程晓亮,张传兴,胡兆玮,译.北京:机械工业出版社,2019:8.
② 数觉:有的翻译为数感,有的翻译数的意识.如《西方名著入门:数学》(中国商务印书馆 & 美国不列颠百科全书公司,1995)中翻译为"数意识".
③ [美]T·丹齐克.数:科学的语言[M].苏仲湘,译.北京:商务印书馆,1985:1.
④ [美]唐纳德·A诺曼.设计心理学:情感化设计[M].何笑梅,欧秋杏,译.北京:中信出版集团,2022:8.
⑤ [美]唐纳德·A诺曼.设计心理学:情感化设计[M].何笑梅,欧秋杏,译.北京:中信出版集团,2022:15.
⑥ [以]兹维·阿特斯坦.数学与现实世界:进化论的视角[M].程晓亮,张传兴,胡兆玮,译.北京:机械工业出版社,2019:11.

"天生"到什么程度？没有明确答案。

其次，人类简单的天生的或先天的算术能力局限于1、2、3，经过田野调查和实验发现"一些原始部落环境中人们仅使用数字1、2和3来描述他们的生活，并且任何更大的数量都被称为'许多'的情况（与其他部落）是一致的。如果诸如鸟类或老鼠之类的生物能够区分大于三的数字，人们会期望人类能够更好地进行计算。这个问题的答案很简单。语言在人类进化过程中发展得较晚，并强调较重要的事情与不太重要的事情相比较需要更优先的发展。这些原始部落显然清楚地知道由五个或六个对象组成的集合之间的差异，但是他们的语言还不够丰富，不足以描述它们，因为他们不需要将术语用于大于三的数字。"①人类后来的生存和生活需要，迫使他们要学习大于三的数和加减法，于是后天的学习就开始了。

（三）心理学家对历史与认知发展类似性及其符号化过程的论述

新石器时代人类的数学学习或传授数学知识的过程非常类似于儿童数学学习的早期阶段，经过漫长时间的成长以后才进入到其智力高度发达的夏商周时代。瑞士心理学家皮亚杰（Jean Piaget 1896—1980）的心理学研究表明："儿童知识的增长与科学知识的增长遵循相同的机制。……儿童思维的发展和科学的发展之间存在着类似的发展过程。"②"从一个历史时期到下一个历史时期的转变机制类似于从一个心理发生阶段到下一个心理发生阶段的转变机制。"③更具体地讲，皮亚杰认为，"人的认识起源于活动及活动内化成为可逆的运算活动④（内心活动）。它表明儿童的思维不是杂乱无章而是有组织的；在活动和具体运算之间有一个表象思维和直观思维的过渡阶段，其中符号化活动起了重要作用，它使儿童种种的感知运动图式内化为表象，并且学会了语言。"⑤这里儿童内心活动的有组织性、思维的直观性和符号化活动是至关重要的。与此类似，新石器时代先民的学习和创造知识的活动呈现以下情况：

首先，他们生产生活中的思维活动也有一定组织和群体认同倾向，其记数符号和几何图案的前后出现具有稳定性，也就约定俗成地形成了群体认同的规范性。

其次，他们的记数、几何思维活动是直观经验的，但是也有一定的抽象思维过程。

---

① ［以］兹维·阿特斯坦.数学与现实世界：进化论的视角[M].程晓亮，张传兴，胡兆玮，译.北京：机械工业出版社,2019：12.

② ［瑞士］皮亚杰.发生认识论原理[M].王宪钿，等译.北京：商务印书馆,1996：3.

③ ［瑞士］皮亚杰,R·加西亚.心理发生和科学史[M].姜志辉，译.上海：华东师范大学出版社,2005：41.

④ 运算活动：这是从数学和逻辑学借用的概念.

⑤ 中国大百科全书总编辑委员会.中国大百科全书·心理学[M].北京：中国大百科全书出版社,1991：75.

可以说,这种思维活动的前期阶段属于本能层次的认知活动,后期阶段属于反思层次阶段的认知活动。

最后,新石器时代先民的数学学习是符号化过程。他们在观察周围生活、制作陶器、储存剩余生活用品等过程中学习数学并保存数学知识。保存数学知识的关键一环就是数学的符号化,没有符号化就无法记录过去掌握的数学知识。符号化过程就是建立某种符号系统,这种符号系统为人类进一步发展提供了保证。从新石器时代遗迹中发掘出的彩陶上图案或刻划来看,很多都有皮亚杰发生认识论中的儿童具体运算阶段和符号化活动的特征。因为符号是人的本性之提示。符号化的思维和符号化的行为是人类生活中最富于代表性的特征,并且人类文化的全部发展都依赖于这些条件,这一点是无可争辩的[①]。皮亚杰发生认识论特别强调符号化活动在表象思维和直观思维的转化过程的重要性,没有符号化活动就谈不上思维的发展。皮亚杰以实验研究证实了怀特的"符号是全部人类行为和文明的基本单位"[②]的观点,这一观点来自"细胞是一切生命组织的基本单位"的发现。

虽然儿童的智力发展与科学知识的增长具有类似性,但是皮亚杰理论中的儿童是在他人指导下参与活动而掌握知识,并没有创造知识的成分,而新石器时代先民是在没有知识的情况下创造和积累知识,这是两者根本的不同之处。

二、 几何形状的认识

人类早期对几何形状的认识是天生的能力,也可以说是先天性的,或者说是本能的。本能层次以认知心理学家所谓的"模式配对"原理进行工作[③]。在人类的进化过程中,他们对几何形状的学习最先从对称的东西、圆润平滑的东西、美好的感觉和形状的"模式配对"开始。因此,人类对几何图形——圆、三角形和四边形的认识也是先天性的或者是本能的。从心理学观点看,本能地掌握的东西具有持久的稳定性,也就是说几何图形的形状和性质一直在人类共同记忆中被保留下来。我们今天使用的多种日常用品的形状中圆形、正三角形、正方形居多,它们的发现最晚也是新石器时代的1万年前。特别是,新石器时代彩陶的形状几乎都是圆形的,其上的几何图案多数为圆形、三角形和四边形,这并不是偶然的现象。

---

① [德]恩斯特·卡西尔.人论[M].甘阳,译.上海:上海译文出版社,1985:35.

② [美]怀特.文化科学——人和文明的研究[M].曹锦清,等译.杭州:浙江人民出版社,1988:21.

③ [美]唐纳德·A诺曼.设计心理学:情感化设计[M].何笑梅,欧秋杏,译.北京:中信出版集团,2022:15.

彩陶图案有大量的几何形纹饰,这是先民把自身体验到的自然现象和自己的情感用抽象的方式表达出来的结果,是伟大的原始创造。这里既有对图腾事物的抽象,也有几何的抽象,是将几何思维、艺术表现和精神满足有机融合的过程。

几何学研究的对象是空间形式,更具体地说几何学研究的对象是点、线、面和体。把点、线、面、体称为几何形状。"彩陶上的几何图案,以点、线和面等形状抽象地表现了某些自然现象或精神世界,彩陶上的这些几何图案虽然没有达到几何学的'学'的水平,但几何图案的诞生反映了人类几何思维的产生,这种几何思维具有直觉思维和抽象思维的成分,其中直觉思维占主导地位。彩陶图案表现的直觉思维没有借助尺规作图工具而通过直觉经验画出几何图案,彩陶图案的抽象思维并不是将自然现象和精神世界的具体现象实际地表现出来,而是进行简化和抽象后用几何图案形式表现出来。"①比如,鱼的图案为轴对称的三角形和菱形或中心对称的三角形和矩形,河流涡旋的图案为中心对称的图形,等等。

人类最早对形状的认识也经历了从具体到抽象的过程。中国新石器时代先民对几何形状的认识也经历了漫长的过程。有学者根据彩陶上图案的特点把几何形状的认识过程分为四个阶段,如杨泓根据陕西临潼姜寨出土半坡类型鱼纹彩陶盆的分析得出:"开始是写实的鱼形;接着将鳞纹简化,成为简化写实鱼形;接着鱼鳍消失,形体上下对称,成为图案化的鱼形;最后是发展的鱼形,各部分分解为几何图案纹。"②如图1-7。这一过程说明了人类对几何形状的逐级抽象的思维发展过程。

不同文化或不同民族早期对几何形状的认识过程都具有共同的特征,正如幼儿认识几何形状一样;但是在时间上不一定相同,可能有先后差别,甚至最早有几何认识和最晚有几何认识的文

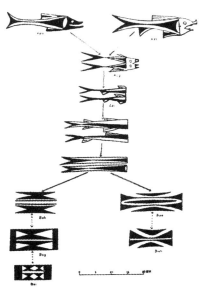

图1-7 半坡类型彩陶鱼纹图案演变示意图

化之间差别很大。在制造出背厚刃薄的石斧、尖的骨针、圆的石球、弯的弓等形状各不相同的工具时有意识或无意识地均涉及几何形状,后来出现的陶器的器形和纹饰,

---

① 代钦.中国彩陶上的数学文化[J].数学通报,2014,53(6):1-5.
② 杨泓.美术考古半世纪——中国美术考古发现史[M].北京:人民美术出版社,2015:14.

更能反映新石器时代人们具有一定的几何图形概念,如圆形、椭圆、方形、菱形、弧形、等腰三角形、正五边形、正六边形和正三角形等多种几何图形,并已注意到几何图形的对称、圆弧的等分等问题。制作这些图形必须有一定的工具和方法,工具很可能就是早期的规矩。各种工具、器皿的制作不是个体的活动,而是群体共同的活动,也是群体智慧形成的过程。这也是一种几何教育的活动。

(一) 圆的认识

从两个方面考虑新石器时代先民对圆的认识,一方面为对圆形状实物的认识,另一方面为对圆形状(图形)形成的认识。也许人类对圆形的认识及其应用要早于对直线形的认识,比如从最早的建筑来看,"圆形的建筑一般要早于矩形的。如圆形的洞穴要早于矩形的地面建筑。经常移动的游牧民族也喜欢采取较省力的圆形形式,而定居的农耕民族就多采用矩形的形式。"①

从数学美学角度看,圆是最完美的图形。数学教育家实验证明,如果让学前儿童随便画几何图形,那么儿童画圆和四边形的多,而画三角形的少。新石器时代的中国先民与现在的儿童一样,画得最多的几何图案是圆和四边形,其次是三角形。彩陶上的圆图案有单独的一个圆、三个圆或者四个圆的组合图案、同心圆的组合图案。

中国先民对圆形状的认识虽然有 8 000 年的历史,但是对圆内涵的认识只有两千多年的历史。两千五百年前,中国人对圆的内涵有了明确的认识:"圆的定义:圆,一中同长也。(《经上》)圆:规写交也。(《经说上》)"②这仅仅是文字记载,而文字记载前中国人是否对圆的内涵有明确认识无从查考。但是从考古学研究成果看,中国人对圆的初步认识及其简单应用早在新石器时代已经产生。

圆在数学文化和数学教育中有着特殊的意义,同时在认知心理和审美心理上也具有丰富的意涵。新石器时代的先民制作的各种器皿一般都呈现圆形,无不与之密切相关,如陶釜、陶罐等各种陶器,如图 1-8③,图中几何形状的名称及出土地址如下:1 号釜(城背溪)、2 号釜(枝城北)、3 号直口罐(枝城北)、4 号直口罐(孙家河)、5 号双耳罐(城背溪)、6 号支座(枝城北)、7 号支座(城背溪)、8 号支座(孙家河)、9 号圆底钵(城背溪)、10 号圆底钵(城背溪)、11 号尊(枝城北)、12 号花边口盆(枝城北)、13 号刻划纹敛口折腹双耳罐(城背溪)、14 号敛口折腹双耳罐(金子山)、15 号圈足盘(城背溪)、16 号

---

① 许进雄.中国古代社会——文字与人类学的透视[M].台北:台湾商务印书馆,2013:14.
② 梁启超.墨经校释[M].上海:商务印书馆,1926:46.
③ 中国社会科学院考古研究所.中国考古学:新石器时代卷[M].北京:中国社会科学出版社,2010:182.

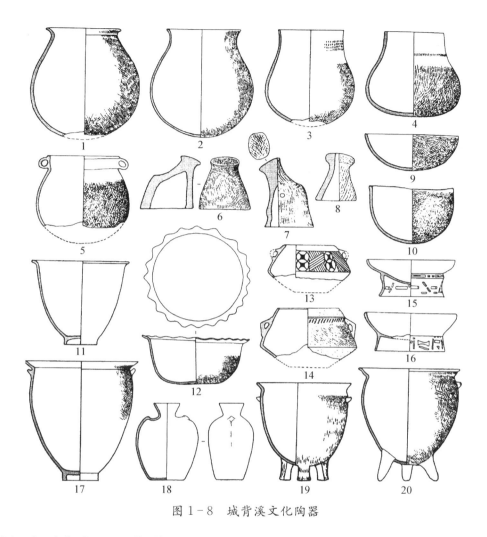

图 1-8　城背溪文化陶器

圈足盘(城背溪)、17 号尊(枝城北)、18 号小口壶(枝城北)、19 号鼎(枝城北)、20 号鼎
(枝城北)。

　　先民对圆形状有一定的认识后,他们进而考虑作圆的问题。在规则图形中圆是最
简单的图形,新石器时代人们已经找到了作圆的方法和工具,否则难以解释彩陶和其
他器皿、装饰上出现的数不胜数的圆的事实。就彩陶上的圆而言,陶釜、陶钵、陶罐的
口和底座以及部分彩陶上的装饰圆形图案,不仅是先民用某种方法作出来的,而且其
中蕴含着他们的审美、自然崇拜等各种情感和观念。如图 1-9[①]为彩陶器皿口的俯视

---

① 张明川.中国彩陶图谱[M].北京:文物出版社,2005:347 号,348 号.

图,图 1-10① 为彩陶上圆形内花纹。

图 1-9　彩陶俯视图

图 1-10　石岭下类型彩陶上圆形内花纹

圆的等分也表明新石器时代人们几何思维和方法的一大进步。从各种圆形彩陶及其上圆花纹看,单一圆的出现并不多,多为被等分的圆花纹。这说明当时人们不仅对圆有了认识,还掌握了各种等分圆的方法。如图 1-9、图 1-10 所示,有三等分圆、四等分圆和多等分圆。

彩陶上三等分圆图案最多。有些三等分花纹的等分更复杂,如甘肃马家窑同心圆彩陶的分割更具有数学意味,最外面圆被三等分,如果连接三等分点就形成一个正三

① 张明川.中国彩陶图谱[M].北京:文物出版社,2005:175.

角形,其中又作一个内接圆,最后将内接圆又三等分,具体彩陶三等分如图 1-11①,几何示意图如图 1-12。

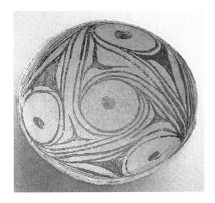
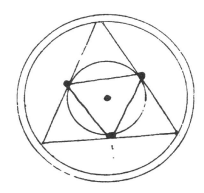

图 1-11　甘肃马家窑彩陶三等分圆　　图 1-12　甘肃马家窑彩陶三等分
　　　　　　　　　　　　　　　　　　　　　　　　　圆示意图

彩陶上四等分圆的图案数量应该在等分圆图案中居第二。如图 1-13②。

彩陶花纹除三等分圆、四等分圆以外,还有五等分、六等分、七等分、八等分、九等分圆等。

先说说彩陶上的五等分圆。人类掌握用尺规作图方法以后,制作五等分圆是很容易的事情,但对新石器时代的中国先民来讲那是一件极其困难的事情。当时的人们是凭借经验直觉地作了五等分圆,以满足他们的精神需要。图 1-14(1)③是青海省乐都县出土的彩陶(青海省考古队藏)④,俯视图为简单五等分圆,其内部图案也是简洁明

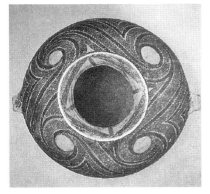

图 1-13　甘肃马家窑彩陶
四等分圆

了。图 1-14(2)是两个嵌套的圆内接正五边形,它是甘肃省永昌县鸳鸯池出土的马厂类型器物俯视图(甘肃省博物馆藏)⑤。图 1-14(3)是青海省乐都县出土的马厂类型

① 甘肃省博物馆.甘肃彩陶大全[M].台北:艺术家出版社,2000:51,82,83.
② 甘肃省博物馆.甘肃彩陶大全[M].台北:艺术家出版社,2000:103,186.
③ 刘溥.青海彩陶纹饰[M].西宁:青海人民出版社,1989:38.
④ 张明川.中国彩陶图谱[M].北京:文物出版社,2005:539.
⑤ 张明川.中国彩陶图谱[M].北京:文物出版社,2005:544.

器物俯视图(青海省考古队藏)①。图1-14(4)是青海省乐都县出土的马厂类型器物俯视图,呈现为五角星形,这是一个令人振奋的发现,因为新石器时代的先民能够作出五角星形在过去的中国数学文化研究中从未有过。

图1-14(1)

图1-14(2)

图1-14(3)

图1-14(4)

在外国的数学文化中,比如古巴比伦文化有五角星形图案,表示生生不息,繁荣强盛。在西方文化中五角星形"象征着人类,因为五角星的五个顶点分别代表了人的头部、双臂和双腿。颠倒的五角星则代表邪恶,上面的两个顶角象征魔鬼头上的两只角"②。文艺复兴时期的德国作家海因里希·科尼利厄斯·阿格里帕(Heinrich Cornelius Agrippa von Nettesheim,1486—1535)将人体设想成一个微观的世界,五角

① 张明川.中国彩陶图谱[M].北京:文物出版社,2005:539.
② [英]米兰达·布鲁斯-米特福德,菲利普·威尔金森.符号与象征[M].周继岚,译.北京:生活·读书·新知三联书店,2014:288.

星形象征人体,其五个顶角分别代表人的头、双手、双脚。如图 1-15①,五角星形的五个顶点正好对应着当时已经发现的宇宙中五颗行星的位置。分别是头对应火星,左手对应金星,右手对应木星,左脚对应水星,右脚对应土星。月亮对应男性耻骨附近。诚然,新石器时代的中国先民所作的五角星形并没有像古巴比伦和西方那样深刻的象征意义,但是它在一定程度隐含着他们的精神意蕴。我们暂且不论如何作出五角星形状,它的存在就足够让我们认真思考两个问题:其一为作五等分圆并在其中制作五角星几何图案;其二为五角星图案的审美功能。

图 1-15　五角星象征人体

再看图 1-16②,有九等分圆几何图案。除此之外,还有更多等分圆的图案,如沙井文化中的三角垂线纹圆底双耳彩陶罐就是圆的多等分,如图 1-17③。

图 1-16　甘肃彩陶九等分圆　　图 1-17　三角垂线纹圆底双耳彩陶罐

新石器时代,人们除对圆有上述认识之外,还充分利用圆点来发挥它的点缀作用。从审美角度看,圆点是美的,圆点可以装点或显示人的美,装饰或美化环境。点的运动产生直线和曲线。线条有表现力,能唤起人们的美感。先民在彩陶图案上充分发挥了

① [英]米兰达·布鲁斯-米特福德,菲利普·威尔金森.符号与象征[M].周继岚,译.北京:生活·读书·新知三联书店,2014:113.
② 甘肃省博物馆.甘肃彩陶大全[M].台北:艺术家出版社,2000:103,117.
③ 郎树德.甘肃彩陶研究与鉴赏[M].兰州:甘肃人民美术出版社,2012:145.

点的这种审美功能,如一个三角形、菱形或圆形图案所占面积过大而其内部显得空洞时就采取点缀的手法,在图形的合适位置上绘制一个点或几个点。以上所述许多图形中都能看到圆点的这种作用。

(二) 特殊立体的认识

从考古发现看,出土的新石器时代陶器的形状一般为半球体、圆柱体、圆锥体,很少见到棱锥或棱柱体。这又说明先民对以圆为基础的立体的认识及其使用较为普遍。

首先,对球的认识。考古发现,几十万年前的旧石器时代中国人已经制造了不规则的球[①]。新石器时代,中国人制造的球更多一些,如在重庆巫山大溪新石器时代遗址发现的红色空心球[②]。这也说明中国人在新石器时代对球已有较高认识,但是制作的完整球体与其他圆形容器相比少得多。原因可能是制作球的难度较大,而且在当时球形容器的使用较少,相比之下半球形或球缺形容器的使用较普遍。

其次,对球缺的认识与应用。所谓球缺是指截取球的一部分所形成的立体。先民制作球缺形状的容器也是对球的认识之延伸。球缺状的彩陶十分丰富,如图 1-18[③]、图 1-19[④]。

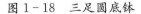

图 1-18　三足圆底钵　　　　　　　图 1-19　三足圆底钵

再次,与等分圆类似,也有很多球的等分,如图 1-18、图 1-19 的三足钵的三足,可以看作圆的三等分。从有足彩陶看,绝大多数都有三足,这说明先民在生活经验中

---

① 吴文俊,李迪.中国数学史大系:第一卷　上古到西汉[M].北京:北京师范大学出版社,1998:40.
② 吴文俊,李迪.中国数学史大系:第一卷　上古到西汉[M].北京:北京师范大学出版社,1998:41.
③ 甘肃省博物馆.甘肃彩陶大全[M].台北:艺术家出版社,2000:25.
④ 甘肃省博物馆.甘肃彩陶大全[M].台北:艺术家出版社,2000:26.

直觉地认识到不共线的三个点确定一个平面的事实,换言之,他们已经知道了"三"的稳定性作用。这也是当时人们生活环境和条件所决定的,四条腿的鼎和器皿是人类生活条件得到相当改善后才出现的。

最后,彩陶中也有圆台和棱台。多数彩陶瓶和罐为圆台,极个别的容器为棱台,如图 1-20①。

图 1-20　甘肃彩陶平行线纹瓶(左)、手纹样头形錾杯(右)

上述圆的等分或球的等分,从另一个方面更进一步证实了新石器时代的人们对数的认识的事实,即对一个整数的等分,这也许是分数观念的起源。

(三) 直线形的认识

直线形中三角形和四边形是最基本的几何图形。从学习数学的程序看,四边形是最基本的图形,即学完正方形、矩形和平行四边形的面积之后,再教授三角形面积的学习。新石器时代,先民创作的各种图案或符号中除线段(或直线)外,更多的是三角形、四边形和多边形。三角形呈现正三角形居多,四边形呈现正方形、长方形和平行四边形居多,而平行四边形的特殊情形——菱形更多。就整体而言,有规则的图案多,这也反映了人类认识几何图形的心理特点和审美意识。这方面的彩陶不计其数,它们表现直线形的方式如图 1-21②,分别是三角斜线菱形彩陶罐、折带圆点纹单耳彩陶壶、倒三角纹圆底彩陶罐。

① 甘肃省博物馆.甘肃彩陶大全[M].台北:艺术家出版社,2000:56,235.
② 甘肃省博物馆.甘肃彩陶[M].北京:科学出版社,2012:94,111,147.

图 1-21　彩陶上的等腰三角形、等边三角形、菱形

（四）对称图形的认识

对称在数学中具有重要意义，是数学美学的重要特征。自古以来，对称是人类文明发展史上孜孜以求的审美对象之一。无论在科学研究还是艺术创作中都有追求对称的倾向。在史前时期的彩陶图案中呈现对称者居多，对称的图案有轴对称和中心对称两种。彩陶图案的对称并不是偶然现象，是先民追求对称的审美意识所决定的，对他们来说，对称在彩陶艺术创作中有着特殊意义。

一般而言，对称性有两方面的含义，一是对称即意味着非常匀称和协调，二是对称性表示结合成整体的几个部分之间所具有的和谐性。优美和对称性紧密相关。从数学的观点来看，对称只不过是一类很特殊的变换，具有对称性的图形，是指在对称变换下仍变为它自身的图形。依此观之，在其他变换下不变的图形，也应该有和对称一样的美。

1. 轴对称图案

彩陶图案中，轴对称图案最多，这可能是中国先民对对称美的最早发现和创造。如图 1-22[①]，沿着图形中间作与水平面垂直的直线，就展现出图案的轴对称性。在轴对称图案表现中，蛙类、人物、鱼类的抽象表达图案较多。还有不少抽象的几何图案也显现出轴对称图形。

2. 中心对称图案

除轴对称图案之外，中心对称图案亦有很多。即在图形合适的位置取一线段，在线段上取中点就展现出对称中心。

图 1-22　陶豆

---

① 朱勇年. 中国西北彩陶[M]. 上海：上海古籍出版社，2007：248.

彩陶上的中心对称图案一般为鱼类、水流等自然事物或现象的几何抽象的表达。图1-23[1] 为更抽象的中心对称图案。

图1-23 内彩星斗纹勺　　　　图1-24 十字三角纹纺轮

3. 完全对称图案

为了表述简单起见,这里将既轴对称又中心对称的图形叫做完全对称。如图1-24[2] 就是完全对称图案。

4. 旋转变换图案

彩陶图案中还有许多旋转变换图形,旋转并不是随意地进行,旋转角一般为120°、90°等特殊角。如图1-25[3] 万字形图案为90°旋转,图1-26[4]、图1-27[5] 为120°旋转图案。

  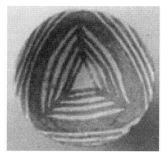

图1-25 四大圈万　　图1-26 内彩变体动物　　图1-27 内彩三角豆
　　　　字形纹　　　　　　　纹豆

① 甘肃省博物馆.甘肃彩陶大全[M].台北:艺术家出版社,2000:65.
② 甘肃省博物馆.甘肃彩陶大全[M].台北:艺术家出版社,2000:176
③ 甘肃省博物馆.甘肃彩陶大全[M].台北:艺术家出版社,2000:154.
④ 甘肃省博物馆.甘肃彩陶大全[M].台北:艺术家出版社,2000:83.
⑤ 甘肃省博物馆.甘肃彩陶大全[M].台北:艺术家出版社,2000:189.

5. 对特殊比例关系的认识

对陶罐、陶碗等彩陶的高度进行测量发现,不少彩陶呈现 $\frac{1}{2}$、$\frac{1}{3}$、$\frac{2}{3}$ 等特殊比例关系。其中,$\frac{1}{2}$ 为陶罐形状或水平带状的上下部分平分,比例值 $\frac{2}{3}$ 是黄金比例的近似值,

图 1-28 叶形纹壶

$\frac{1}{3}$ 是黄金比例的一种补充。这种观点不是我们的主观臆断,是先民按照自己身体比例直觉地制作出彩陶来,并不是他们学习了黄金分割的知识后才能够得到这种精妙绝伦的结果。这里有必要提出"直觉",它不需要说明根据什么原理造出彩陶,它是人类本能的一种超理性的创造。由于篇幅的关系,下面仅列举几个这样的彩陶,如图 1-28[①]、图 1-29[②]、图 1-30[③]。

图 1-29 旋纹壶

图 1-30 四大圈旋纹壶

数学是文明史的镜子。中华民族有五千年的光辉灿烂的文化,这是妇孺皆知的常识。然而这种常识往往给人们一种错觉——中华文化只有五千年的历史。事实上,中华文化有百万年连绵不断的发展历史[④]。最晚,中华民族早在 10 000 多年以前的新石器时代已经创造了璀璨夺目的彩陶文化,开启了人类文明史上的革命性的进步。彩陶包蕴着中国先民的科学技术、工艺美术、审美意识、思想感情。正如老子所言"道生一,一生二,二生三,三生万物",彩陶上刻划的一、二、三、三(四)、五等数字符号不仅是中

① 甘肃省博物馆.甘肃彩陶大全[M].台北:艺术家出版社,2000:141.
② 甘肃省博物馆.甘肃彩陶大全[M].台北:艺术家出版社,2000:64.
③ 甘肃省博物馆.甘肃彩陶大全[M].台北:艺术家出版社,2000:127.
④ 苏秉琦.满天星斗:苏秉琦论远古中国[M].北京:生活·读书·新知三联书店,2022:2.

国数学文化的开端,更是中国汉字的起源,也为甲骨文、金文的产生奠定了基础。彩陶是新石器时代中国"数学教材"。虽然中国先民发现数字一二三和圆、三角形、四边形是先天的,但是所创造的表示它们的方法是革命性的,为其后的数学文化和艺术的发展注入了生命之血。根据考古学研究成果,基于文化人类学、文字学、心理学和艺术学等多学科对新石器时代的中国数学教育之研究是一个重要课题,这也为夏商周时代的数学教育研究提供有益的启示。

彩陶上刻划的数字符号和几何图案是中国数学文化的"童年",每一个数字和图案的出现也隐喻着先民数学认知的产生与发展之艰难历程。对这一问题的了解和深刻认识为顺利进行幼儿数学教育乃至小学数学教育提供可靠的理论依据。

深入系统地挖掘研究中国彩陶上的数学文化,在中国中小学数学教学中融入数学文化以及培养学生民族自信心、文化自尊心等方面具有极为重要的教育价值。

参考文献

［1］［德］赫尔曼·帕辛格.考古寻踪:穿越人类历史之旅［M］.宋宝泉,译.上海:上海三联书店,2019.

［2］陆思贤.周易·天文·考古［M］.北京:文物出版社,2014.

［3］王巍.中国考古学大辞典［Z］.上海:上海辞书出版社,2022.

［4］张星德,戴成萍.中国古代物质文化史:史前［M］.北京:开明出版社,2015.

［5］韩建业.早期中国:中国文化圈的形成和发展［M］.上海:上海古籍出版社,2020.

［6］吴文俊,李迪.中国数学史大系:第一卷 上古到西汉［M］.北京:北京师范大学出版社,1998.

［7］李迪.中国数学通史:上古到五代卷［M］.南京:江苏教育出版社,1997.

［8］［美］怀特.文化科学——人和文明的研究［M］.曹锦清,等译.杭州:浙江人民出版社,1988.

［9］中国社会科学院考古研究所.夏鼐文集［M］.北京:社会科学文献出版社,2017.

［10］［美］布莱恩·费根.考古学与史前文明［M］.袁媛,译.北京:中信出版社,2020.

［11］［美］丹尼丝·施曼特-贝瑟拉.文字起源［M］.王乐洋,译.北京:商务印书馆,2020.

［12］中国社会科学院考古研究所.夏鼐文集［M］.北京:社会科学文献出版社,2000.

［13］［德］恩格斯.自然辩证法［M］.中共中央马克思恩格斯列宁斯大林著作编译局,译.北京:人民出版社,2018.

［14］王逊.中国美术史［M］.北京:应急管理出版社,2021.

［15］徐特立.徐特立文存:第五卷［M］.广州:广东教育出版社,1996.

［16］任时先.中国教育思想史［M］.上海:商务印书馆,1937.

［17］张光直.中国考古学论文集［M］.北京:生活·读书·新知三联书店,2013.

［18］中国社会科学院考古研究所.中国考古学：新石器时代卷［M］.北京：中国社会科学出版社,2010.

［19］苏秉琦.满天星斗：苏秉琦论远古中国［M］.北京：生活·读书·新知三联书店,2022.

［20］陈平原.大圣遗音：最简中国艺术史［M］.北京：生活·读书·新知三联书店,2022.

［21］中国大百科全书总编辑委员会.中国大百科全书·美术［M］.北京：中国大百科全书出版社,1990.

［22］索予明.漆园外撷——故宫文物杂谈［M］.台北：台北故宫博物院,2000.

［23］［英］戈登·柴尔德.人类创造了自身［M］.安家瑷,余敬东,译.上海：上海三联书店,2012.

［24］［美］摩尔根.古代社会（第一册）［M］.杨东莼,张栗原,冯汉骥,译.北京：商务印书馆,1972.

［25］杨泓.美术考古半世纪——中国美术考古发现史［M］.北京：人民美术出版社,2015.

［26］［美］凯莱布·埃弗里特.数字起源［M］.鲁冬旭,译.北京：中信出版集团,2018.

［27］许进雄.中国古代社会：文字与人类学的透视［M］.台北：台湾商务印书馆,2013.

［28］和士华.仰韶文化中的天文星象符号［M］.北京：中国社会科学出版社,2016.

［29］李济.李济文集（卷三）［M］.上海：上海人民出版社,2006.

［30］［美］约瑟夫·马祖尔.人类符号简史［M］.洪万生,洪赞天,等译.南宁：接力出版社,2018.

［31］李文林.文明之光：图说数学史［M］.济南：山东教育出版社,2005.

［32］于省吾.甲骨文字释林［M］.北京：中华书局,2009.

［33］郭沫若.郭沫若全集：考古编10［M］.北京：科学出版社,2017.

［34］陆思贤.甲骨文金文中的数码和数学［M］.呼和浩特：内蒙古文物队印,1982.

［35］［英］莫里斯·布洛克.人类学与认知挑战［M］.周雨霏,译.北京：商务印书馆,2018.

［36］［以］兹维·阿特斯坦.数学与现实世界：进化论的视角［M］.程晓亮,张传兴,胡兆玮,译.北京：机械工业出版社,2019.

［37］［美］T·丹齐克.数：科学的语言［M］.苏仲湘,译.北京：商务印书馆,1985.

［38］［美］唐纳德·A诺曼.设计心理学：情感化设计［M］.何笑梅,欧秋杏,译.北京：中信出版集团,2022.

［39］［瑞士］皮亚杰.发生认识论原理［M］.王宪钿,等译.北京：商务印书馆,1996.

［40］［瑞士］皮亚杰,R·加西亚.心理发生和科学史［M］.姜志辉,译.上海：华东师范大学出版社,2005.

［41］中国大百科全书总编辑委员会.中国大百科全书·心理学［M］.北京：中国大百科全书出版社,1991.

［42］［德］恩斯特·卡西尔.人论［M］.甘阳,译.上海：上海译文出版社,1985.

［43］代钦.中国彩陶上的数学文化［J］.数学通报,2014,53(6)：1-5.

［44］梁启超.墨经校释［M］.上海：商务印书馆,1926.

［45］张明川.中国彩陶图谱［M］.北京：文物出版社,2005.

［46］甘肃省博物馆.甘肃彩陶大全［M］.台北：艺术家出版社,2000.

［47］刘溥.青海彩陶纹饰［M］.西宁：青海人民出版社,1989.

［48］［英］米兰达·布鲁斯-米特福德,菲利普·威尔金森.符号与象征［M］.周继岚,译.北京：生活·读书·新知三联书店,2014.

［49］郎树德.甘肃彩陶研究与鉴赏［M］.兰州：甘肃人民美术出版社,2012.

［50］甘肃省博物馆.甘肃彩陶［M］.北京：科学出版社,2012.

［51］朱勇年.中国西北彩陶［M］.上海：上海古籍出版社,2007.

第二章　　　先秦时期的数学教育

　　本章结合中国数学史和中国教育史资料论述了夏商时期的数学教育、西周时期的数学教育及其特点，并对《周易》与数学教育、《墨经》中的数学知识与数学思想进行了较为深入的阐述，这是中国数学教育史中的重要案例。

第一节 夏商周的教育制度

夏、商、西周、春秋是我国的奴隶社会时期。奴隶制的产生,脑力劳动和体力劳动的分离,使教育最终从社会生产和生活的母体中独立出来。这一变化标志着学校的产生。从奴隶社会开始,教育才变为一种专门培养人的社会活动。学校教育便成为教育活动的主要形式,这是夏、商、周教育进入一个新阶段的标志。夏商周是我国文明时代的开端,也是我国教育的开创时期。

"世界古代的历史都是建立在土地所有制和'农业构成经济制度'基础之上的。"[①]夏、商、周的奴隶制时期有着相似的历史环境,其政权都是建立在"土地国有制"的经济基础上,办学目的是为未来培养统治人才,由此该时期表现出"学在官府""政教合一"的教育制度。

夏代创立了我国最早的学校——"序""校",主要供贵族阶层进行军事训练与养老敬老、人伦道德教育等活动,是我国官学教育活动的开端。夏代学校是我国奴隶制学校的雏形。关于夏代学校有如下记载:"夏后氏之学在上庠。"(《礼记·礼仪》)"序,夏后氏之序也。"(《礼记·王制》)。"设为庠序学校以教之,庠者养也,校者教也,序者射也,夏曰校,殷曰序,周曰庠,学则三代共之,皆所以明人伦也。"(《孟子·滕文公下》)夏序是以军事教育为重要内容的学校,夏代学校是乡学,以道德教育为主要内容,即"明人伦。"(《孟子·滕文公上》)夏代初步建立了教育管理制度,在教育管理人员方面,夏代中央一级设置司徒作为教育行政长官,主管学校的教育教化事务。同时,地方设置掌管社会教化的长官。在学生管理方面,设置了关于入学程序、管理方式、考核标准等一系列制度。夏代规定夏历二月为大学开学日期,选择吉日开学并举行开学典礼。《夏小正》载:"二月……丁亥,万用入学。"夏代采取惩戒与感化相结合的方式,《左传》中记载:"戒之用休,董之用威,劝之以《九歌》,勿使坏。"[②]人才培养与考核要"赋纳以言,明试以功,车服以庸"。[③] 可见,夏代教育虽然呈现出"官师合一""政教合一"状况,但已初步制定了教育管理制度,设置专门管理人员进行管理,可谓是制度化教育的正

---

① 毛礼锐,沈灌群.中国教育通史(第一卷)[M].济南:山东教育出版社,1985:77.
② [春秋] 左丘明.左传[M].长春:吉林大学出版社,2011:128.
③ [春秋] 左丘明.左传[M].长春:吉林大学出版社,2011:94.

式开始。

商代在继承夏代教育的基础上得到进一步发展,呈现出如下特点:一是学校类型多样、分级设置。商代继承了夏代学校"序""校""庠",并增加了"瞽宗",其中"瞽宗"为中央官学,"庠""序"为地方官学。二是开始学术交流。该时期开始与邻国学术往来,不少邻国派遣子弟前来游学。据甲骨文记载"丁酉卜,其呼有多方小子小臣,其教戒"。① 三是开始进行读、写、算的教学。该时期不仅是军事、人伦道德的教育,且逐渐开始注重文字、数术的教学。例如,有一骨片上面5行字,重复刻着从"甲子"到"癸酉"的10个干支表,其中只有一行刻得精美整齐,其余4行字迹歪歪斜斜,但中间也夹着二三字刻得较为整齐的。据专家推测,那一行整齐精美的字是教师刻的范本,另4行是学生刻的,有几个字则是在教师手把手指导之下才刻得较好。又如学习数学、天文、立法等相关内容。四是已有典册作教材,《尚书·多士》云:"惟殷先人,有典有册。"②甲骨文中有"册"字,像许多书写材料串在一起的形状。笔册工具的出现,表明商代学校已有读书习字的教学条件,这些典册可能就是商代学校教育的教材。总之,随着商代经济、政治、文字的发展,教育也不断发展。但该时期的学校教育仍为官学教育,教育仍表现出"学在官府"的特征。

西周教育继承了夏商两代的传统,将军事体育、思想道德、文化知识共同纳入教育内容之中。同时西周的教育制度沿袭了"学在官府"的特征,教育对象仅仅局限于统治阶级及其子弟,其目的在于培养合格的统治阶级管理人才,以更好地维护本阶级的利益和对国家的统治。值得一提的是,西周建立了招生与入学、考核与奖惩、视察与监督的教育管理制度。开学要求行释菜之礼,以示敬学重道。《礼记·文王世子》载:"凡始立学者,必释奠于先圣、先师及行事,必以币。凡释奠者,必有合也,有国故则否。"③西周大学有分年定期考核制度,《礼记·学记》载:"比年入学,中年考校。一年视离经辨志,三年视敬业乐群,五年视博习亲师,七年视论学取友,谓之小成。九年知类通达,强立而不反,谓之大成。"④此外,还有严格的视学制度,一年中周王定期视学4次。《玉海·学校篇》引《三礼义宗》曰:"凡一年之中,养国老有四,皆用天子视学之时。"每次视学,有隆重的仪式。《礼记·文王世子》载:"天子视学,大昕鼓徵,所以警众也。"西周时期的教育在奴隶制时期达到鼎盛,完成了从原始教育向专门的学校教育的过渡。西周的教育制度与宗法家族制度密不可分,"学在官府""官师合一""政教合一"是西周特定历

---

① 李国均,王炳照.中国教育制度通史(第一卷)[M].济南:山东教育出版社,1999:50.
② 冀昀.尚书[M].北京:线装书局,2007:192.
③ 王梦鸥.礼记今注今译(上)[M].天津:天津古籍出版社,1987:273.
④ 王云五,朱经农.新中学文库:礼记[M].北京:商务印书馆,1947:72.

史条件下的产物。但随着奴隶制社会的衰落,经济、政治、文化的变革,"学在官府"不适应于社会发展的需要,私学逐渐代替官学,"学在官府"便结束了它的历史使命。

总之,夏商周时期的教育,处于中国教育的最初萌芽和形成阶段,受人类进化及社会演进的限制,其发展比较缓慢。但作为中国教育的源头,原始社会和奴隶社会的教育不论从内容、制度,还是从教育的发展方向,都为日后中国传统教育的定型奠定了基础。

第二节　夏商的数学教育

夏商时期的数学教育内容主要是记数、计算和几何图形的制作及其应用。在甲骨上有很多记数,如有殷人用牲畜祭祀祖先时,用猪、牛、羊等祭祀的详细记录:"丁巳卜,争,贞降千牛。不其降千牛千人。"[①](《甲骨文合集》1027 正)又如,商王狩猎活动的详细记录:"乙未卜,今日王狩光,擒。允获兕二、兕二、鹿二十一、豕二、麑一百二十七、虎二、兔二十三、雉二十七。十一月。"[②](《甲骨文合集》10197)

商代已经形成了完整的十进制系统,能准确地表达个、十、百、千、万这五个十进制等级的数字,已经有一套叙述方式,尽管表述形式存在多种,但都能准确无误[③]。

中国是世界上最早采用十进位制的国家。在考古研究所编《甲骨文编》和容庚编《金文编》收集常用记数符号十三个,是一、二、三、四、五、六、七、八、九、十、百、千、万,如图 2-1。古人造字之初,根据象形、指事、会意等原则,是有寓意的。形成这些数概念的寓意是什么? 许慎《说文解字》中有一套完整的解释。

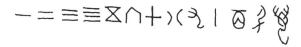

图 2-1

数码一至四,甲骨文金文均作一、二、三、三;甲骨文中还有一种直书的形式,作丨、

① 中国社会科学院考古研究所.中国考古学:夏商卷[M].北京:中国社会科学出版社,2003:372.
② 中国社会科学院考古研究所.中国考古学:夏商卷[M].北京:中国社会科学出版社,2003:373.
③ 吴文俊,李迪.中国数学史大系:第一卷　上古到西汉[M].北京:北京师范大学出版社,1998:150.

丨丨、丨丨丨、丨丨丨丨。① 四字在金文中还有作四或其他形式。它们主要是积划为数。

《说文解字》中的说明：

"一，惟初太始，道立于一，造分天地，化成万物；凡一之属皆从一。弌，古文一。"②

"二，地之数也，从偶一。凡二之属皆从二。弍，古文。"③

"三，天、地、人之道也。从三数。凡三之属皆从三。弎，古文三，从弋。"④

四，甲骨文中作"≣""ﾒﾒ""¶"，阴数也。象四分之形。凡四之属皆从四。(亖)，(籀)[古]文四。⑤

五，在甲骨文中作"X"，金文中作"X"，偶也作"乂"，甲骨文中还有作"≣"，知道它最初的形式也是积划为数。由"≣"到"X"，即由象意而达会意，在数学应用上是个进步。"X，五行也。从二，阴阳在天地之间交午也。凡五之属皆从五。X，古文五，省。"⑥

六，在甲骨文和金文中作"∧""⋀"，金文中作"⋔"。《说文解字》中说："六，《易》之数，阴变于六，正于八。从入，从八。凡六之属皆从六。"⑦

七，甲骨文金文均作"十"。丁山《数名古谊》中说："十本象当中切断形，自借为七数专名，不得不加于七，以为切断专字。"《说文解字》中说："七，阳之正也。从一，微阴从中衺出也。凡七属皆从七。"⑧

八，在甲骨文金文中均作"ﾙﾞ"，金文中作"八"，则已与隶书八字形式相似。它的最早形象是两条相背的弧线，故《说文解字》中说："ﾙﾞ，别也，象分别相背之形。凡八之属皆从八。"⑨

九，在甲骨文金文中作"乙""ﾞ""ﾝ"，像带有前螯而游动的动物。《说文解字》中说："九，阳之变也，象其屈曲究尽之形。凡九之属皆从九。""变"和"尽"说的都是终数，意思是数到九已不能再数，作为数字已是最大、最后的一个。

十，甲骨文作"丨"，金文作"丨"。于省吾《甲骨文字释林》中说："'十'字初形本为

---

① 郭沫若.郭沫若全集：考古编 3[M].北京：科学出版社，2017：695.
② 汤可敬译注.说文解字(一)[M].北京：中华书局，2018：1.
③ 汤可敬译注.说文解字(四)[M].北京：中华书局，2018：2915.
④ 汤可敬译注.说文解字(一)[M].北京：中华书局，2018：36.
⑤ 汤可敬译注.说文解字(五)[M].北京：中华书局，2018：3160.
⑥ 汤可敬译注.说文解字(五)[M].北京：中华书局，2018：3163.
⑦ 汤可敬译注.说文解字(五)[M].北京：中华书局，2018：3164.
⑧ 汤可敬译注.说文解字(五)[M].北京：中华书局，2018：3165.
⑨ 汤可敬译注.说文解字(一)[M].北京：中华书局，2018：231.

直画,继而中间加肥,后则加点为饰,又由点孳化为小横。数至十复反为一,但既已进位,恐其与'一'混,故直书之。是十与一之初形,只是纵横之别,但由此可见初民以十为进位,至为明显。"①在《说文解字》中说:"十,数之具也。一为东西,则四方中央备矣。凡十之属皆从十。"②

百甲骨文作"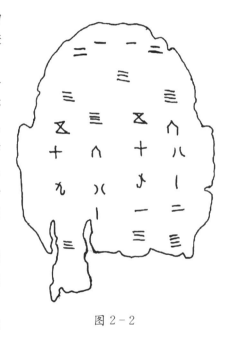",金文作"",画了一个竖高横狭的长圆,中间画一个三角符号,是表示最简化的人头。《说文解字》中说:"百,十十也,从一百。数十,百为一贯相章也。百古文百从自。"③

千在甲骨文中作""",金文作""。《说文》:",十百也,从十从人。"④

万字形状多样,甲骨文作""",金文作""等。《说文解字》中说:"萬,虫也,从厹象形。"⑤

甲骨文金文中的上述数字及其写法,均为当时的数学教育内容。至于在学校还是民间进行数学教育,目前无法确定。

甲骨文中最大的数是三万。从刻有数字一至十的甲骨片上,可以看到反复练习刻写数字的痕迹,这可能是古代传授数字的一幅图画。这种记数法便于进行算术四则运算,更便于学习、普及和应用,它比古埃及的读数字记数法、古巴比伦的六十进位值制记数法、古希腊的分级符号制记数法、古罗马的五进的简单累数制记数法等方便得多。

商代甲骨文中就有了完善的十进位值制记数法,如图2-2。这已不是单纯计数所能达到的。它是一定的记数法和数学运算的产物。由此可见,商朝已经传授和学习十进位值制记数法。

图 2-2

甲骨文上数字不仅是记数符号,还有更有趣的现象,我们现在无法确定它们的真

---

① 于省吾.甲骨文字释林[M].北京:中华书局,2009:122.
② 汤可敬译注.说文解字(一)[M].北京:中华书局,2018:464.
③ 陆思贤.甲骨文金文中的数码和数学[C].呼和浩特:内蒙古文物队,1982:12.
④ 汤可敬译注.说文解字(一)[M].北京:中华书局,2018:464.
⑤ 汤可敬译注.说文解字(五)[M].北京:中华书局,2018:3169.

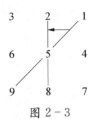

图 2-3

正含义,但有一点可以肯定,那就是追求对称性。如图 2-3,把由 1 到 9 的 9 个自然数按三横行排列,每行 3 个数字。对角线上的各 3 个数相加都得到 15,平行于对角线的四对数分别与对角线另一侧顶点上的数相加也都是 15,中间的行和列分别相加仍为 15,唯有四边各边三数相加之和不等于 15①。

又如图 2-4②,在甲骨上刻着以中线为对称的数字左右对称,但是倒数三行不对称。虽然不知道当时人们为什么制作这样的对称数字表格,但是该表格具有深刻数学文化意义。

《甲骨文合集》1656正面拓片

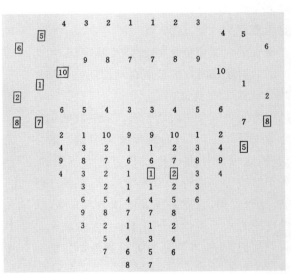

拓片释文

图 2-4

中国古代用算筹记数。中国的十进位值制记数法是世界上非常先进的记数法。古人用算筹来进行加减乘除四则运算。算筹是将几寸长的小竹棍(或用木、金属、玉制造),摆在平面上进行计算。算筹的摆布方法是按从右到左的循序纵、横相间进行,有纵式和横式两种,如图 2-5。

根据算筹的纵式和横式的不同摆布方法很清楚地表示多位数,所以进行计算时非常简便、迅速。

① 李迪.中国数学通史:上古到五代卷[M].南京:江苏教育出版社,1997:43.
② 李迪.中国数学通史:上古到五代卷[M].南京:江苏教育出版社,1997:44-45.

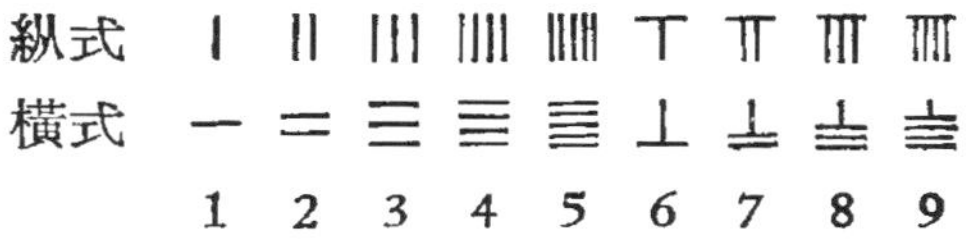

图 2-5

如何表示"零"是关键问题。如果没有零的表示方法,很难分清楚如 3005 和 35 这样的数字。用算筹表示零时在零的位置上空一个格。中国古代数学中的零是在使用算筹的过程中自然产生的,但早期没有明确的符号。

用算筹记数直观明了,算筹的使用和我国十进制记数的发展密切相关。"我国古代数学在数字计算方面有优越的成就,应当归功于遵守位值制的算筹记数法。"①令人惊奇的是仅仅用十个数字就能表示任意小的数和任意大的数。

记数时个位常用纵式,其余纵横相间,如图 2-6,表示数字 3764。

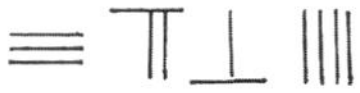

图 2-6 　　　　　　　　图 2-7

空一格表示零,如图 2-7,表示数字 3704。

由于纵横相间,又各位必定是纵式,所以空位不致看错②。

算筹记数起源很早,大约可以追溯到公元前 5 世纪③,后来写在纸上便成为算筹记数法。算筹记数法为加减乘除的运算提供了良好的条件。

后来,这种记数法逐步发展为筹算和珠算中逢十进一位的十进位值制,成了记数和计算领域的革命性发明。古代世界各国曾有十、十二、二十、六十等多种进位制,现在都统一使用十进位值制。

关于夏商时期的几何知识方面,我们可以从商代的数学工具和一些几何图案来考察。

首先,商代已经有了两种作图工具——规和矩。关于规和矩在第三章中专门讨论,兹不赘述。

其次,规和矩有了之后,能更规范地画垂直、平行、直角、正三角形、直角三角形、矩形、正方形、圆、圆内接正多边形等各种图形。夏商时期,彩陶依然存在,青铜器开始出现,所以在彩陶和青铜器上出现了丰富多彩的几何图案。这也是几何教育的重要内容。

---

① 钱宝琮.中国数学史[M].北京:科学出版社,1964:9.
② 钱宝琮.中国数学史[M].北京:科学出版社,1964:8.
③ 钱宝琮.中国数学史[M].北京:科学出版社,1964:75.

在第一章中着重论述了彩陶上的各种图案及其特征。因此,在这里不再重复与新石器时代类似的内容,仅简要介绍一些特殊的几何学特征。

夏商时期,有腿的彩陶器皿和多数有腿的青铜器有三条腿,这反映了不共线的三个点确定一个平面的几何学观念。同时,出现的一些四条腿的青铜器鼎具有追求对称性的特点。

几何图案或圆形器皿上也出现了圆的三等分、五等分(五角星)和七等分等有规则的几何图案。如图2-8①、图2-9②、图2-10③是圆的三等分图案,图2-11④、图2-12⑤是圆的五等分图案,图2-13⑥是圆的七等分图案。

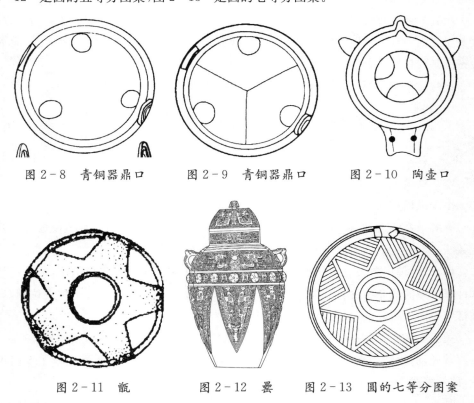

图2-8 青铜器鼎口　　图2-9 青铜器鼎口　　图2-10 陶壶口

图2-11 瓿　　图2-12 罍　　图2-13 圆的七等分图案

① 中国社会科学院考古研究所.中国考古学:夏商卷[M].北京:中国社会科学出版社,2003:244.
② 中国社会科学院考古研究所.中国考古学:夏商卷[M].北京:中国社会科学出版社,2003:244.
③ 中国社会科学院考古研究所.中国考古学:夏商卷[M].北京:中国社会科学出版社,2003:490.
④ 中国社会科学院考古研究所.中国考古学:夏商卷[M].北京:中国社会科学出版社,2003:93.
⑤ 中国社会科学院考古研究所.中国考古学:夏商卷[M].北京:中国社会科学出版社,2003:434.
⑥ 中国社会科学院考古研究所.中国考古学:夏商卷[M].北京:中国社会科学出版社,2003:550.

第三节　西周的数学教育

西周是我国奴隶制的全盛时期。西周的文化教育相当发达,礼是西周奴隶主阶级意识形态的集中表现。礼制对西周思想文化以及教育的发展影响重大,以致形成了以"尊礼"为特点的教育,并实行"诗书礼乐以造士"。

西周学校已有完备的制度,学校分两类、两级:一类为国学,一类为乡学;国学又有大学与小学两级。首先,从教育制度上看,西周已形成一定的学制系统。有设在王都的专门为贵族子弟开设,并按年龄和程度分为大小学国学和设在郊外六乡的乡学两大类,初步建立了学制系统。这时西方文明的发源地古希腊的正式学校还无从谈起。其次,西周时期已经形成了家庭教育、小学教育、大学教育等分段教育。再次,从学校的教学内容来看,西周形成了以礼、乐、射、御、书、数"六艺"为标志的学校教育内容体系,对后世我国学校教育影响深远。礼、乐、射、御是"大艺",在大学学习;书、数是"小艺",在小学学习。其中,"礼"为政治伦理课,包括奴隶制社会的宗法等级世袭制度、道德规范和礼仪。"乐"为综合艺术课,"射"与"御"为军事训练课,"书"与"数"为基础文化课。"六艺"以"礼"为中心,文武兼备,代表我国奴隶社会全盛时期的教育水平。事实上,我国夏、商、周的教育,在内容上有相承相因的关系,"六艺"是三代共同实施的教育,只是程度不同而已,到了西周正式提出了以礼、乐、射、御、书、数为内容的"六艺"教育。

"六艺"中的"数"就是数学教育。《周礼》记载说:"保氏掌恶谏,而养国子以道。乃教之六艺:一曰五礼,二曰六艺,三曰五射,四曰五奴,五曰六书,六曰九数。"(《周礼·地官司徒第二·保氏》)可以说相当全面。所谓"九数"就是算术,明确列为"国子"教育的内容。但怎样教,九数又是什么内容,当时没有留下说明,应是随时代的变迁而演变。到春秋战国时,由于数学的发展,数学教育内容便由识数和算术运算进入较高深部分,汉代人解释九数说是:"九数:方田、粟米、差分、少广、商功、均输、方程、盈不足、旁要,今有重差、夕舛、勾股。"(《周礼》郑玄注疏引郑众说)这包括了当时全部的数学内容。

在教学方法方面,孩子到一定年龄可以外出学习算术:"六年教之数与方名,……九年教之数日,十年出就外傅,居宿于外,学书计。"(《礼记·内则》)其中"数""数日"和"计"都是数学或与数学有直接关系。解释为:"六年教之数与方名,数者一至十也。方名,《汉书》所谓五方也。九年教数日,《汉志》所谓六甲也。十年学书计,六书九数也。计者数之详,十百千万亿也。"(见宋代王应麟的《困学纪闻》)《汉书·食货志》则有:"八岁入小学,学六甲、五方、书计之事。"

"六艺"中的"数"的教育和今天的数学教育有所不同。在古代是与术相联系的,所以称为术数,简称为数。今天所说的数学,古代叫做算,与术数密切相关。有的学者认为术数包括六个方面:"曰天文、曰历谱、曰五行、曰蓍龟、曰杂占、曰形法。"[①]由此可见,"六艺"中的数的教育内容是非常复杂的,包括了数学教育和宗教教育的术数。这与商代教育内容中宗教内容不可或缺有关,即所谓"龟,象也。筮,数也。"(《左传·僖公十五年》)

从周代的金文中尚未发现几何知识的记载,但从青铜器及其上面的纹样形状看到,周代人已经掌握了丰富的几何知识和应用技巧。在周代青铜器器具中已经有等边三角形、等腰三角形、长方形、圆、椭圆、梯形、弓形、圆柱、球、棱柱、圆台等形状和图案[②]。另外,用几何图案表现了云纹、雷纹、圆圈纹、三角形纹、方形纹、菱形纹、波纹和绳纹等美丽的纹样。

根据《周髀算经》记载,西周时期人们已经掌握了勾股定理的特例,即初步认识了勾三股四径五的原理,《周髀算经》中说:"昔者周公问于商高曰:'……请问数安从出?'商高曰:'数之法出于圆方。'圆出于方,方出于矩,矩出于九九八十一。故折矩以为勾广三,股修四,径隅五……故禹之所以治天下者,此数之所生也。"其中的"数之法出于圆方"反映了当时人们已经有数和形之间的转化关系。

总之,西周时期社会生产、日常生活和管理等方面以及发达的手工业、水利建设、建筑等方面都与数学教育不无关系,生产实践的需要推动了数学教育的发展,同时数学教育的发展也满足了生产实践的需要。

第四节 《周易》与数学教育

《周易》是中国古代的一部重要占筮著作,是儒家的重要经典之一,是一部古老而又灿烂的文化瑰宝,它对中国文化产生了巨大影响,被认为是中国文化的源头之一。

---

① 吕思勉.先秦史[M].上海:上海古籍出版社,1982:457.
② 吴文俊,李迪.中国数学史大系:第一卷 上古到西汉[M].北京:北京师范大学出版社,1998:192.

还可以把《周易》看作数学教材，它的内容十分丰富，既包含哲学、文学、政治、历史、道德、法律、逻辑、音律、军事等社会科学内容，也包括天文、数学、医学、生物学等内容。中国古人用它来预测未来、决策国家大事、反映当前现象，上测天，下测地，中测人事。然而这只是古人在未掌握科学方法之前所依托的一种手段，并不是真正的科学。虽然有些理解与科学相符，那是因为这个理解正好有科学合理性，但不能因此说它是科学的，只能当是一种文化。虽然《周易》不是科学，但它和数学密切相关，对中国古代数学教育有较大影响。

"数"与《周易》有着千丝万缕的联系。数字源于先民的日常生产生活，随着生产力的提高，劳动成果日益增多，为了更好地协调和稳定社会关系，消除利益分配不均而造成的社会争端，以数记事应运而生。正如《说文解字》中所记载的"数，计也"。但计数并未脱离具体的事物，例如采取"结绳计数"。随着数字在生产生活中的广泛应用，数字逐渐摆脱了具体事物而被抽象成数字符号，例如河南二里头遗址发现的"一、二、三、六、七、八"数字。但由于该时期科学极不发达，先民对一些自然现象难以做出合理解释，便产生了对天或神的崇拜，因此数字被赋予了神秘色彩，成为占筮的工具。

我们可以从两个方面来看《周易》与数学的关系，即从《周易》的八卦系统结构的数学原理和《周易》中的数学运算来认知其与数学的关系。

首先，从八卦系统结构看。易卦系统最基本的要素为阴阳概念，而阴阳概念包括阴阳的性质和状态两层意义。如果不理会阴阳的状态，只论及其性质，则可以用阳爻（—）和阴爻（－－）表示阴阳。将上述阴阳爻按照由下往上重叠三次，就形成了八卦，即"乾，坤，震，巽，坎，离，艮，兑"八个基本卦，称为八经卦。再将八经卦两两重叠，就可以得到六个位次的易卦，共有六十四卦，共有三百八十四爻，这六十四卦称为六十四别卦，每一卦都有特定的名称。《周易》经部文字说明的内容就是对六十四卦系中部分易卦的象征意义的解释以及相应的人事吉凶判定（称为占断）。《系辞上》说："易有太极，是生两仪，两仪生四象，四象生八卦。"太极"可用数学中的'一'来对应。一生为二，二生为四，……即 2^0，2^1，2^2，……可以叫做'太极级数'。"[1] 两仪，即阳阴两爻"—"和"－－"；四象，即老阳、少阳、老阴、少阴。从数学上看，从两类符号集合中任取两个有重复排列只有 4 种：$2^2＝4$，如此而已。同理，任取三个，排列只有 8 种：$2^3＝8$，这就是八卦了：

乾　坤　　　$9×3+6×3=45=9×5$

震　巽　　　$6×2+9+9×2+6=45$

---

① 吴文俊，李迪.中国数学史大系：第一卷　上古到西汉[M].北京：北京师范大学出版社，1998：198.

坎　离　　6×2＋9＋9×2＋6＝45

艮　兑　　6×2＋9＋9×2＋6＝45

前 4 个为阳卦,后 4 个为阴卦。"阳卦奇。阴卦偶。"(《系辞下》)

其次,从《周易》的具体内容看。《周易》是远古传下来的一部讲占筮(用蓍草的操作来占卜)的书,筮对数学有一定的依赖性。"龟,象也;筮,数也。"(《左传·僖公十五年》)这里认为筮是一种与数有关的活动。《周易·系辞传》提供的筮法,确实是一种计算活动。下面我们来分析一种筮法。

筮法:把 49 根蓍草随机地分为两堆(这样分实际上就决定了筮的结果),然后在其中一堆中取出 1 根不用,把两堆余下的蓍草分别 4 根一组地分组,去掉不够 4 的余数(如无余数则算余 4 根),这样加上已取出的那根,共去掉 5 根或 9 根蓍草,余下 44 根或 40 根,这个过程叫"一变";用一变余下的蓍草重复上述过程,余下 40、36 或 32 根蓍草,叫"二变";用二变余下的蓍草再重复上述过程,叫"三变",此时余下 36、32、28 或 24 根蓍草,用 4 除三变余下的蓍草数,可得 9、8、7、6 四个数之一。如果得 9 或 7,叫阳爻,用"—"表示;如果得 8 或 6,则叫阴爻,用"- -"表示。这样由三变确定了一个爻。将这一过程重复六次,得到六个爻,就确定了一个卦,这就完成了筮的操作。可根据得出的卦,利用《周易》中的卦辞爻辞预测所占卜行为的吉凶悔吝等。在占卜时,同为阳爻,由 9 得到的(老阳)与由 7 得到的(少阳)意义是不一样的;同样,由 6 得到的阴爻(老阴)和由 8 得到的阴爻(少阴)也不一样。老阴和老阳可变为相应的阳爻和阴爻,这时得到的卦就变成了另一个卦,这叫"遇之卦",所占事物的吉凶悔吝由发生变化的一爻来决定(利用《周易》的爻辞),就是说,得出不同的数有不同的占卜意义,可见筮确实是由计算确定。由于有两种爻,每卦有六个爻,因而共有 $2^6＝64$ 个卦。《周易》就是以这 64 个卦为总领,由卦象、卦名、卦辞、爻辞组成的。实际上,占筮就是不断地重复下面两种运算:

运算 1:$R_1＋R_2＝N$,$R_1－1 \equiv r_1(\mathrm{mod}\ 4)$,$R_2 \equiv r_2(\mathrm{mod}\ 4)$。

运算 2:$N \equiv N－r_1－r_2－1$。

可见,《周易》的形成、应用及发展是以数学的发展为条件的。为了使用《周易》进行占卜或指导行动,数学知识是不可缺少的。

占卜是产生于原始社会的一种原始宗教活动。由于中国古人是在古代的氏族血缘纽带尚未瓦解的情况下进入文明社会的,这使许多古老氏族社会的遗风余俗、观念习惯长期地保存、积累下来,成为一种极为强固的文化结构和心理力量。占卜就是其中之一,"王者决定诸疑,参以卜筮,断以蓍龟,不易之道也。"(《史记·龟策列传》)《左传》就记载了春秋时期许多"王者"用占卜来决定军国大事的例子。可见占卜在古代的社会生活中占有相当的地位。《周易》能成为儒家的重要经典,这也是其原因之一。但与此同时,也开始了《周易》的哲学化。庄子说:"易以道阴阳。"司马迁说:"易以道化。"指的都是《周易》逐渐转化成为一部讲思想、讲道理的书,即哲学书。实际上是人们逐渐把卦象、卦辞看作是体现了某种规律的东西,从而直接把它们作为分析事物的指导原理。这时人们利用《周易》来说理、认识世界,这就具有哲学意义了。这种用法逐渐增加,人们逐渐把《周易》中的某些爻辞、卦辞看作具有独立意义的可以引为公理、格言之类的东西,并不断赋予它们新的理论内容,《周易》就逐渐由卜筮书被改造成为哲学书[1],并且被认为是探讨天人之道即世界根本原理的学问,是探讨事物变易的法则和人生修养原则的学问[2]。《周易》中的"传"[3]都出自孔子之手[4]。《周易》后来成为儒家经典之首,成为中国古代士人的必读书,成为教育的重要课程之一。由于《周易》对数学有依赖性,所以学习《周易》的同时也要学习数学,进行经学教育的同时进行数学教育,这是中国古代数学教育的一大特色。这固然在一定程度上促进了数学教育的发展,以至于有时经学中的数学教育成为社会上重要的甚至是唯一的数学教育,但由于经学,尤其是《周易》在后来称之为"数术"的内容(其中常用的就是比附,即随意性的因果解释,是种种算命术、占星术等的基础之一),使得数学教育也受到占星术等神秘活动的影响,随着它们的兴衰而兴衰。

刘徽注《九章算术》写道"徽幼习《九章》,长再详览,观阴阳之割裂,总算术之根源。探赜之暇,遂悟其意。是以敢竭顽鲁,采其所见,为之作注",意味着刘徽是通过《周易》的阴阳之说"总算术之根源",从而明白《九章算术》之意。进一步地,刘徽在序言首句提出:"昔在包牺氏始画八卦,以通神明之德,以类万物之情,作九九之术,以合六爻之变。"[5]其中,包牺氏、八卦、九九之术、六爻等都与《周易》有密切联系。

宋朝数学家秦九韶所撰的《数书九章》分为九类,每类九题,合八十一题。其第一类为"大衍类",论及"大衍求一术"。秦九韶说:"昆仑旁薄,道本虚一,圣有大衍,微寓于《易》。奇余取策,群数皆捐,衍而究之,探隐知原。"(《数书九章》)他认为,"大衍求一术"存在于《周易》之中,只要深入研究《周易》卜筮法就能够把握。为此,该类的第一题为"蓍卦发微",问:"《易》曰:'大衍之数五十;其用四十有九';又曰'分而为二以象两,

① 马忠林,王鸿钧,孙宏安,等.数学教育史[M].南宁:广西教育出版社,2001:17.
② 马忠林,王鸿钧,孙宏安,等.数学教育史[M].南宁:广西教育出版社,2001:17.
③ 《周易》分为两部分,一部分是讲64卦的,叫"经";另一部分是对卦作阐释引申的,叫"传"(10篇文章,称为"十翼")。
④ 马忠林,王鸿钧,孙宏安,等.数学教育史[M].南宁:广西教育出版社,2001:17.
⑤ 钱宝琮点校.算经十书[M].北京:中华书局,1964:91.

挂一以象三,揲之以四以象四时',三变而成交,十有八变而成卦。欲知所衍之术及其数各几何?"(《数书九章》)根据数学家的研究这里所提出的"大衍求一术"和现代数学通常所谓的一次同余组解法相类似[1]。由此可见,秦九韶不仅从《周易》揲蓍之法中提出了数学问题,而且通过对这一数学问题的研究,引申出一次同余组的解法,并且还明确把这一解法与《周易·系辞传》的"大衍之数"联系在一起,而称之为"大衍求一术"。

元代数学家朱世杰在所撰《四元玉鉴》的"卷首"有"四象细草假令之图"一节,通过"一气混元""两仪化元""三才运元""四象会元"的概念分别给出了天元术、二元术、三元术、四元术的例题各一道,并予以解答和说明。这显然是受到《周易》的"易有太极,是生两仪,两仪生四象,四象生八卦"以及"三才"之道的影响。

明末数学家程大位所撰的《算法统宗》,把河图、洛书、伏羲易图等置于全书之首,然后介绍数学基础知识、珠算理论以及各类算题,这也许包含了借《周易》的概念统领整个数学体系的意味。

总之,在《周易》的影响之下,中国古代数学家或是把数学产生的源头归于《周易》,或是采用《周易》的概念以表达数学问题,或是对《周易》中的数学问题进行研究和引申,从而对古代数学的发展做出贡献,同时也证明了《周易》对于古代数学发展所起的积极作用。

第五节　春秋战国时期的数学教育

一、 春秋战国时期的教育制度

春秋战国时期是我国由奴隶制向封建制过渡的时期,伴随着经济、政治、文化的变革,诸侯争霸、王室衰微、奴隶制逐渐解体,打破了夏商周时期"学在官府""礼不下庶人"的制度,出现了学术下移、养士之风盛行、私学兴起、百家争鸣的局面。

(一)学术下移,养士之风盛行

春秋时期,因王室内部勾心斗角争夺王位导致王室衰微,王权下移于诸侯。最重要的是,由于铁制工具的广泛使用,提高了制简、削刻文字、纺织业的发展,书籍抄录效率大增,使得"竹帛下于庶人",给私人藏书创造了条件。此外,一些学者游历讲学,载

---

① 钱宝琮.中国数学史[M].北京:科学出版社,1964:206.

书而行,促进了学术再次下移,如墨子"南游,使卫,关(扃)中载书甚富"(《墨子·贵义》),"苏秦出游,乃夜发书,陈箧数十"(《战国策·秦策》)。正如《庄子·天下》中所描述的"其在于《诗》《书》《礼》《乐》者……其数散于天下而设于中国者,百家之学,时或称而道之"(《左传·昭公十七年》)。

西周时期,"士"是贵族最低等级,他们受过奴隶制教育,通晓"六艺"。春秋战国时期,随着奴隶制逐渐瓦解,"士"逐渐失去了原有地位和职务,部分人只能靠已掌握的"六艺"谋求生存。同时,封建制度逐渐壮大,新兴地主阶级和小生产者中涌现出一批具有知识才艺者,亦称之为"士"。士阶层在春秋战国时期上说下教、著书立说,以此扩大声望,正如《韩非子》中所言:"中牟之民弃田圃而随文学者,邑之半。"

该时期养士之风盛行,使得士阶层的人数增多、范围扩大。士的类型分为学士、策士、术士、食客,其中学士和策士、术士统称为"文士",食客为"武士"。"学士"一般指儒、墨、道、法、名、阴阳等学者;"术士"一般指具有专业技能的学者,如农、医、天、算、兵、历史、地理等方面的学者。这些学者作为士阶层的杰出代表,将学术下移于庶人,促进了该时期的科学技术发展,为封建社会科学技术的发展奠定了基础。

(二)私学兴起,百家争鸣

私学的产生是春秋战国时期经济变革和阶级斗争的必然产物[①]。春秋时期的私学是在私人讲学活动基础上产生的,后来逐渐发展、分化而形成了众多学派,以儒、墨、道、法、名、阴阳最为著称,其中儒、墨并称为"显学"。各家各派聚众讲学、咨政议政,冲破了"政教合一"的枷锁,教育从政治活动中分离出来,教师不是官吏,是专业化的教育工作者,即"师者,所以正礼也"(《荀子·修身》)。值得注意的是,该时期不仅出现了私家学派,还出现了学派间的争鸣,开启了"百家争鸣"的序幕。最早进行争鸣的学派是儒家和墨家,墨家创始人墨子"学儒者之业,受孔子之术",后因不赞成儒家"厚葬""爱有等差"等主张而创立墨家,墨家为百姓不辞辛劳周游天下,上说下教,逐渐发展成为与儒家齐名的显学。除了不同学派间的争鸣外,还有同一学派的争鸣,例如,孟子与告子关于人性问题展开了论争,孟子与荀子虽处于不同年代,但荀子在批判孟子"性善论"的基础上提出了"性恶论",通过论辩巩固提高本学派的地位。

(三)兼容并包,宽严结合

稷下学宫是"养士之风盛行"的产物,是战国时期的教育和学术中心,是"百家争

---

① 王越,杨荣春,周德昌.中国古代教育史[M].长春:吉林教育出版社,1988:43.

鸣"活动的中心与缩影。稷下学宫实行来去自由、兼容并包的原则,汇集了众多学派,他们在学宫里著书立说、讲学授徒、咨政议政、自由论辩,形成了一所集讲学、著述、育才、咨政等活动为一体的高等学府。

在教师管理上,施行自由开放的管理策略,即任由学者们自由讲学授徒、传播思想、论辩争鸣。学宫根据学者的带徒数量、声望、资历等给予不同等级的官职称号,高者被授予"上卿"之号,次者被授予"上大夫"之号,再次者为"卿""客卿""大夫"之号,其他为"稷下先生"。根据官职不同,授予不同的待遇和俸禄,如孟子出门时"后车数十乘,从者数百人"。授予淳于髡"赐之千金,革车百乘",还授予学者"高门大户""豪宅大院"等丰厚待遇,这一奖励政策激励众多学者集聚稷下学宫,著书立说,提高声望与待遇,激发了学宫的生命力和创造力。

在学生管理上,施行严格规范的管理制度。稷下学宫对学生的管理反应在《管子·弟子职》中,对尊师提出了要求,如:"先生施教,弟子是则;温恭自虚,所受是极。""先生将息,弟子皆起。敬奉枕席,问所何趾。傲衽则请,有常则否。"此外,对学生的饮食起居、仪容仪表、待人接物都有严格的要求,要求学生上课之前打扫学宫、摆好讲席等,使得学生养成自律、独立的良好习惯。但并未限制学生的自由,学生可以自由择师、自由论辩,且来去自由。

总之,稷下学宫是我国古代高等学府的光辉典范,促进了中国古代学术思想的繁荣发展,丰富了先秦时期学术思想的内容。兼容并包、宽严结合的管理制度以及自由讲学、自由论辩的教学方式为后世私学、书院的发展提供了借鉴。正如李约瑟所言:"在中国,书院的创始可追溯到这个很早的时期,其中最有名的是齐国首都的稷下书院。"[①]

二、"诸子百家"的数学教育

春秋战国时期施行"兼容并包,百家争鸣"的教育制度,使得该时期内形成众多流派,大师辈出,例如孔子、墨子、孟子、荀子、老子、管仲等学者,他们长期从事教育活动,并留下《论语》《墨经》《孟子》《荀子》《老子》《管子》等记载他们思想和活动的著作,为我们了解各家各派的教育思想提供了十分重要的资料。

(一)儒家与数学

儒家学派由孔子初创于春秋时期,战国时期得到继承和发展,分为八个流派,以孟

---

① [英]李约瑟.中国科学技术史(第一卷·第一分册)[M].北京:科学出版社,1975:199-200.

子和荀子两派最为著名。儒家学派以崇尚道德、仁、义、礼为准则,轻视科学技术,对于数学和科学没有专门的论述,但从儒学著作或儒家弟子所记录的著作中可看出其对数学和科学的态度。

1. 孔子与数学

孔子(公元前551—公元前479),字仲尼,是我国教育史上第一个将毕生精力献给教育事业的人,其倡导"有教无类",打破了"礼不下庶人"的等级制度,使得出生贫穷、地位卑微的人皆可受教育。孔子的教学内容包括"礼、乐、射、御、书、数",将《诗》《书》《礼》《乐》《易》《春秋》作为教材,孔子改编的"六经",是中国第一套较完整的教科书。[①]

孔子的数学教育思想反映在《论语》和"六经"中。《论语》是记载孔子及其弟子的教育教学实录,其中包含着一些数学基础知识,如"桔矢",孔子说:"其长尺有咫。"按周尺长19.91厘米,8寸为咫,所以这种箭长35.8厘米。

《礼记》记载"六年教之数与方名,……九年教之数日,十年出就外傅,居宿于外,学书计",表明了六岁学习计数和辨认方向,九岁学习天干地支记日法,十岁学习写字、文法和数学知识。《周易》中包含了整数的进位系统、正整数的加减法、正整数的乘除法、奇偶数的概念、勾股数、开方数等内容。

孔子虽有对数学进行论述,但内容较浅。他主张"志于道,据于德,依于仁,游于艺"(《论语·述而》),即以道为志向,以德为根据,以仁为依靠,而游憩于六艺中便可。甚至认为,数学和其他学科都是一些小道,虽有一定的可观之处,但不能走得太远,否则不能成为一个完美的君子,"虽小道,必有可观者焉;致远恐泥,是以君子不为也"(《论语·子张》)。

2. 孟子与数学

孟子(公元前327—公元前289),儒家学派的代表人之一。孟子继承和发展了孔子"重道德,轻技艺"的观点,认为纺织、机械等各种技艺均为"小人之事",应由"劳力者"去干,严厉批评其弟子"尊梓匠轮舆而轻为仁义者"(《孟子·滕王公下》)。可见,孟子轻视科学技术。

但孟子对数学亦有一定的见解,他能精确地计算事物的数量关系,提出普遍使用的数学原理"权,然后知轻重;度,然后知长短"(《孟子·梁惠王》)。他认为不用圆规和曲尺,不能画出准确的方形和圆形,"不以规矩,不能成方圆"(《孟子·离娄章句》)。还有"取长补短"的求面积法,"今滕(国),绝长补短,将五十里也"(《孟子·滕文公上》),

① 毛礼锐,沈灌群.中国教育通史(第一卷)[M].济南:山东教育出版社,1985:226.

即将一个不规则的图形，通过截长补短的方法，将其变成规则图形再求面积。还了解推算冬至日的方法"天之高也，星辰之远也，苟求其故，千岁之日至，可坐而致也"（《孟子·离娄章句》）。此外，还能将数学与实际生活相联系，"夫物之不齐，物之情也；或相倍蓰，或相十百，或相千万"（《孟子·滕文公上》），商品质量不一，价格亦不相同，有的相差一倍至五倍，有的相差十倍、百倍，更有甚者相差千倍、万倍。

3. 荀子与数学

荀子（公元前313—公元前238），先秦思想之集大成者，是战国末期最后一位传经大师[①]。其轻视科学技术与孔子、孟子一脉相承，荀子将学习者分为两类，一类为对某一技艺学有专长者，一类为精于道者。他认为"精于道者"才应该是君子学习的目标，"故君子壹于道而以赞稽物"（《荀子·解蔽》）。同样，认为"计数之术"为官人使吏之事，不可达于君子，"计数纤啬而无敢遗丧，是官人使吏之材也"（《荀子·君道》），足以看出荀子对数学的轻视态度。

（二）墨家与数学

墨子是我国先秦时期伟大的科学家和思想家，也是中国古代逻辑思想的重要奠基者之一。他创立的墨家是与儒家相对立的"有组织的团体"[②]。墨家在数学、物理、逻辑学、哲学等多领域都做出了杰出贡献。有的学者认为"墨子在科学史上的贡献，等于古代希腊"[③]。但墨家活跃在公元前5世纪上半叶到公元前3世纪末，后来就销声匿迹了。墨家思想到18世纪末才被人们重视。就数学而言，墨家在几何学方面做出了一定的贡献[④]，但是未能成为中国的传统数学的组成部分。墨家的数学思想方法虽然没有成为中国数学的传统，但他们也开辟了中国数学光辉的一页。墨家数学的产生与墨家的数学教育相关。墨家的数学思想是以严格的逻辑思想为基础的，这正如欧几里得《几何原本》是以亚里士多德的逻辑学为基础那样。基于这样的考虑，下面在简要介绍墨家的逻辑思想的基础上，论述他们的数学思想。

1.《墨经》的逻辑思想

《墨经》是中国战国后期墨家的著作，指今本《墨子》中的《经上》《经下》《经说上》《经说下》《大取》《小取》6篇。《墨经》亦称《墨辩》，主要讨论了逻辑学、数学、自然科学、道德、心理学、经济学等范畴的问题。

---

① 毛礼锐,沈灌群.中国教育通史（第一卷）[M].济南：山东教育出版社,1985：226.

② 冯友兰.中国哲学史（上册）[M].上海：华东师范大学出版社,2000：68.

③ 杨向奎.墨经数理研究[M].济南：山东大学出版社,1993：36.

④ 这里只用"一定的贡献"之说法，因为我不敢苟同有的学者的观点：墨家几何学和西方几何学相映生辉。

《墨经》在逻辑方面的贡献尤为突出。在战国时期的百家争鸣中,"辩"是思想斗争的有力武器。《墨经》中提出了论辩、论证的科学方法、原则和目的:

"夫辩者,将以明是非之分,审治乱之纪,明同异之处,察名实之理,处利害,决嫌疑","不谴是非焉。摹略万物之然,论求群言之比;以'名'举实,以'辞'抒意,以'说'出故;以类取,以类予;有诸己,不非诸人,无诸己,不求诸人。"(《墨经·小取》)

《墨经》批判惠施、公孙龙学派玩弄概念偏向的同时,还提出"辩"的原则应该是"摹略万物之然,论求群言之比",即必须反映事物的本来面貌,了解各种言论的同异;"以名举实,以辞抒意,以说出故",认为概念必须反映事物的本质属性,判断必须表达确定含义,论证必须有充分根据,而比较推理也要"以类取,以类予",只有同类事物、同类概念才能比较推论。《墨经》还具体探讨了概念的分类、判断的形式、推理的原则与方法,并把这些逻辑知识直接运用在数学、物理学等领域。《墨经》的数学知识闪烁着理性之光。一些数学知识也为逻辑论证提供了具体根据。数学和逻辑范畴是哲学的,也是科学的。"从因果关系来看,它们是科学的,从理论的还原来看,它们是哲学的。"[①]

2.《墨经》中的数学知识

《墨经》中有不少逻辑学、数学、物理学科的知识。就数学而言,有二十几条几何学的定义和命题,这些定义、命题的性质和结构与欧几里得《几何原本》中的相关内容颇相近,与以实用为目的、以算法为中心的中国传统数学极不相同。

《墨经》中的数学定义和命题如下:

(1)平行线。(《经上》)　平,同高也。(《经上》)

(2)三点共线:直,参也。(《经上》)

(3)两线段长度相等:同长,以(正)相尽也。(《经上》)　同:捷(楗)与狂(框)之同长也。(《经说上》)

(4)线段的中点:中,同长也。(《经上》)　心中,自是往相若也。(《经说上》)

(5)圆的定义:圜,一中同长也。(《经上》)　圜:规写交也。(《经说上》)

(6)正方形的定义:方,柱隅四讙也。(《经上》)　方:矩见写交也。(《经说上》)

(7)体积:厚,有所大也。惟无所大。(《经上》)

(8)点的定义:端,体之无序而最前者也。(《经上》)　端:是无间也。(《经说上》)

(9)相离关系:有閒(间),中也。(《经上》)　有閒(间):谓夹之者也。(《经说上》)

---

① 侯外庐,赵纪彬,杜国庠.中国思想通史(第一卷)[M].北京:人民出版社,1957:496.

（10）线在面之前而在点之后产生。间，不及旁也。（《经上》） 间谓夹者也。尺前于区穴而后于端，不夹于端与区内。及，非齐及之及也。（《经说上》）

（11）纑，间虚也。（《经上》） 纑虚也者，两木之间谓其无木者也。（《经说上》）

（12）重合关系：盈，莫不有也。（《经上》） 盈：无盈无厚，于石无所往而不得。（《经说上》）

（13）相交关系：撄，相得也。（《经上》） 撄：尺与尺俱不尽。端无（与）端但（俱）尽。尺与端或不尽。坚白之撄相尽，体撄不相尽。（《经说上》）

（14）相容与不相容之区别：仳，有以相撄有不相撄也。（《经上》） 仳：两有端而后可。（《经说上》）

（15）相切关系：次，无间而不撄（相）撄也。（《经上》） 次：无厚而后可。（《经说上》）

（16）时间的连续性：久，弥异时也。（《经上》） 久：古今旦莫。（《经说上》）

（17）空间的普遍性：宇，弥异所也。（《经上》） 宇：冡东西南北。（《经说上》）

（18）有穷与无穷概念具有域界边缘"能容线"与"不能容线"的分别：穷，或有前不容尺也。（《经上》） 穷：或不容尺，有穷；莫不容尺，无穷也。（《经说上》）

（19）客观变化的异时形式：始，当时也。（《经上》） 时或有久或无久。时当无久。（《经说上》）

（20）正而不可，说在抟。（《经上》） 正：九（丸），无所处而不中县（悬），抟也。（《经说上》）

（21）整体与部分（总量与分量）的关系：体，分于兼也。（《经上》） 体：若二之一，尺之端也。（《经说上》）

（22）倍的概念：倍，为二也。（《经上》） 倍：二尺与一尺，但去一。（《经说上》）

（23）记数的位置制与辩证思想：一少于二而多于五，说在建位。（《经下》）

（24）线段能分割到不能分割的"端"：非半弗斫，则不动。说在端。（《经下》）非：斫斫半，进前取也。前则中无为半，犹端也。前后取，则端中也。斫必半，毋与非半，不可斫也。（《经说下》）

3.《墨经》中的数学思想

墨家提出了二十余条数学命题，在这些数学命题中蕴含着深刻的数学思想和哲学思想。《墨经》的逻辑、数学和辩证思想是一个有机整体。用逻辑方法"以名举实，以辞抒意，以说出故"和"法所若而然"，严格地定义了圆、平行、两直线相交等概念，同时用数学的实例论证逻辑命题和哲学观点。在线段无穷分割和"一少于二而多于五"等重要命题中也蕴含着深刻的逻辑、数学和哲学思想。下面通过对墨家的几个基本定义和命题的分析阐明墨家逻辑、数学和哲学思想的深刻意义。

（1）定义方法及有关问题的商榷

一般地，墨家都遵照严格的逻辑要求给概念下定义。《墨经》中指出：

"举，拟实也。"（《经上》），"举，告以之名，举彼实故也。"（《经说上》）。

"实"是客观存在的事物，它包含属性。就数学来说，事物的形状、数量以及它们之间的关系等都是属性。属性有本质属性和一般属性之分。概念就是反映事物本质属性的思维形式，为概念下定义的目的就是揭示其内涵。"举"是概念。"拟实"就是模拟事物的属性。"告"就是揭示事物的本质属性"故"。定义概念的最好的方法就是去揭露概念的本质属性。墨家在即使不能揭露概念本质属性的情况下，也提出了三种描述性定义方式：以形貌命（以形貌来描述），以居运命（以居住的区域等来描述），以数量命（以数与量来描述）。墨家的这种定义精神和荀子的"约定俗成"①形成了鲜明的对照。即使是原始的概念，墨家也试图给出描述性定义。墨家的概念论与亚里士多德的形式逻辑的概念论颇相近。为数学概念下定义时采用了描述性定义方法、发生定义方法。如，点的定义是描述性的，圆的定义是发生性的。但《墨经》中没有严格的属加种差的定义方式。下面只选择其中的几个加以分析。

第一，《墨经》中的圆的定义。

《墨经》中圆的定义只有一个，并没有两个不同的定义。用圆的定义来解说墨家几何学的严谨性和抽象性。《墨经》中圆的定义为：

"圜，一中同长也。圜，规写交也。"

这是一个严谨的定义，与欧几里得《几何原本》中的圆之定义"所谓圆是指被一条线所包围的平面图形，即由图形内部一点向这条线所引线段皆相等"②完全一致。因为过圆心的所有线段相等，也可以说从定点（圆心）到周上的所有线段长度相等，所以说"同长也"。在定义中详细地说明了制作圆的仪器和过程："圜，规写交也。"实际上，圆的定义和制作过程只不过是一般的"法"之具体实例而已。任何几何图形的制作都有一个形成过程。墨家在生产实践中总结出来了抽象的、具有普遍意义的原则——"法"。《经上》说："法，所若而然也。"《经说上》解释说："法：意、规、圆，三也俱，可以为法。""法"就是墨家从生产实践中总结出来的模型或规则。《墨子·法仪篇》中说：

"天下从事者，不可以无法仪。……虽至百工从事者，亦皆有法。百工为方以矩，

─────────────

① 《荀子》中说："名无固宜，约之以命，约定俗成谓之宜。异于约则谓之不宜。名无固实，约之以命实，约定俗成谓之实名。"（《荀子·正名》）

② ［日］ユークリッド.ユークリッド原論［M］.東京：共立出版株式会社，1971：1.

为圆以规,直以绳,衡以水,正以县,无巧工不巧工,皆以此五者为法。"

有了某一"法"之后解决同一类的所有问题。《经下》说:

"一法者之相与也尽类;若方之相合也。说在方。"

《经说下》解释说:

"一方尽类,俱有法而异,或木或石,不害其方之相合也。尽类,犹方也,物俱然。"

在《墨子·天志中》也说到:

"今夫轮人操其规,将以量度天下之圆与不圆也,曰:中吾规者谓之圆,不中吾规者谓之不圆,是以圆与不圆,皆可得而知也。此其故何?则圆法明也。匠人亦操其矩,将以量度天下之方与不方也。曰:中吾矩者谓之方,不中吾矩者谓之不方。是以方与不方皆可得而知之,此其故何?则方法明也。"

儒家也讲规矩之法,不过儒墨两家所讲的规矩之法大相径庭,儒家的规矩之法与道德伦理有关,和数学等没有任何关系。如,孟子把规矩之法推广到道德伦理中去了,他说:

"离娄之明,公输子之巧,不以规矩,不能成方圆;师旷之聪,不以六律,不能正五音;尧舜之道,不以仁政,不能平治天下。"

"规矩,方圆之至也;圣人,人伦之至也。"(《孟子·离娄章句上》)

荀子也说:

"五寸之矩,尽天下之方。"(《荀子·不苟》)

首先,用数学的规矩之法的客观规律性来论证儒家政治伦理的合理性。如果说孟子和荀子有意识地使用了数学知识的话,那也仅仅是作为工具使用,而不是目的。

其次,围绕圆定义的界说来商榷有关问题。《墨经》中两条:"中,同长也。中:心。自是往相若也。""圜,一中同长也。圜,规写交也。"第二条是圆的定义,这是大家公认的。问题就在于关于前一条的不同理解和解释。有的学者认为这一条也是圆的定义,有的学者认为是线段中点。杨向奎认为"中,同长也。中:心。自是往相若也"是圆的界说,就是圆的定义①。侯外庐也持同样的观点②,李约瑟也提出了相同的观点③。钱宝琮认为"中"是形象的对称中心④。汪奠基认为"中"是线段的中点⑤,与钱宝琮的观点接近,但不完全一样。几何图形的对称中心的本质就是诸线段的中点,线段的中点

① 杨向奎.墨经数理研究[M].济南:山东大学出版社,1993:89.
② 侯外庐,赵纪彬,杜国庠.中国思想通史(第一卷)[M].北京:人民出版社,1957:501.
③ [英]ジョゼフ・ニーダム.中国の科学と文明(第四卷)[M].東京:思索社,1991:105.
④ 钱宝琮.中国数学史[M]北京:科学出版社,1964:17.
⑤ 汪奠基.中国逻辑思想史料分析(第一辑)[M].北京:中华书局,1961:304.

较图形对称更具有一般意义。

上述观点中,杨向奎、侯外庐、李约瑟的观点不符合逻辑。因为,其一,"中,同长也"和"一中同长也"是有根本区别的界说。汪奠基说:"此条界定线的中心,与圆的定义有区别。因为线长可以有多数截点,从而中点可以相对其截点而有不同位置,但自中点往各截点距离,则始终是相若的。谓之'相若'而不称'相等',这是较诸截点所成的两极端之中点距离而言的。"①简言之,"中"就是线段的中点。这种解释比较合理。其二,虽然《墨经》中的数学定义是比较原始的,简练的,有些是粗糙的,但其整个的逻辑指导思想较为严密。对概念下定义时都按照"以名举实,以辞抒意,以说出故;以类取,以类予"的原则进行的。因此,不可能在同一本著作中给出两种不同的定义。而且在圆的定义中明确指出了制作圆的工具和过程"圜,规写交也"。

第二,关于点的定义——"端"。

《墨经》中的点(端)的定义和《几何原本》中点的定义有本质区别。首先,"端"是数学中的点的概念;其次,"端"是生成体(物质实体)的基本元素——原子。因为《墨经》中点"端"虽然是抽象的点,但也有经验的成分。《几何原本》中的点与之不同,它是纯粹的、抽象的点,正如 H·赖欣巴哈所说:"几何知识从思维中,而不是从观察中产生的。几何真理是理性的产物。"②《墨经》中关于"端"的论述有"体也,若有端""体,分于兼也""尺之端也""是无间也"。这里的"体""端"都和点的定义之条目同义。墨家几何学的"体"是现实的和物质性的,所谓由"端"聚积起来的"体",就是实体。所以"端"以"体"言无所大(厚有所大),而只是居于形成"体"的最前列之一点。"端"若无"体",则与无同(或云无连续之序次),"端"为最前的一点,是无同于"体"了。所以谓之为"端"、无厚、无同,皆可作为就点而言的概念。

(2) 命题及其论证方式

《墨经》中的数学概念的定义和命题的提出都是创举,那是古人在长期的生产实践和辩论等智力活动中提炼出来的。《墨经》中每一个数学命题不仅有数学上的意义,而且在其背后隐藏着逻辑的和哲学的意义。数学命题不仅表明了数学对象之间的内在逻辑关系,而且为其辩论的逻辑服务,同时也包含着辩证思想。下面通过两个命题进行论述。

第一,命题:"一少于二而多于五,说在建位。五有一焉,一有五焉,十,二焉。"

首先,该命题和中国古代特有的计算工具——算筹的使用方法和十进制记数法有

① 汪奠基.中国逻辑思想史料分析(第一辑)[M].北京:中华书局,1961:304.
② [德] H·赖欣巴哈.科学哲学的兴起[M].伯尼,译.北京:商务印书馆,1966:17.

关。用算筹表示数目时有纵横之变化。在古代记一个多位数,把各位的数目从左到右横列,但各位数的筹式要纵横相间,个位数要用纵式表示,十位数要用横式表示,依次类推。所谓"一少于二",是就个位数来说的,当然个位上一要小于二;如果建位之后,十位上的一就要大于个位上的五。因此说"一少于二而多于五"。五个一相加后得五,即"五有一焉";建位后在十位上的一就是表示十,即两个五,所以说"一有五焉,十,二焉"。

其次,"五有一焉,一有五焉,十,二焉"揭示了数量之间的辩证关系,具有一定的哲理性。就同一位或者个位的数字而言,"五有一焉"表示五中有一,一包含于五中,五由一的累加而生成;同时,就不同位的数字(如一在十位,五在个位)而言,"一有五焉",即一中也包含五,五包含于一中,即十位上的一由两个五累加生成。虽然这个命题是以具体数字的形式表现出来的,但其中蕴含着一般的辩证思想,即一与多的辩证关系:一与多(五)既对立又统一,一中有多(五),多(五)中有一。墨家在数学计算等实践中认识到了一与多的辩证关系,这是从表示数字的方法上认识的。

第二,墨家关于无限分割与有限之关系的认识——极限思想。

有限与无限的关系问题是数学和哲学的永恒主题。其他经验科学中没有有限与无限的讨论,因为在有限的经验中根本就不存在无限的问题。中国最早关于有限与无限的讨论出现在名家和墨家关于时间和空间的辩论中。墨家关于无限与有限的思想,是在反驳名家的无限分割思想的过程中产生的。

惠施,战国时期哲学家,名家"合同异"学派的代表人物,宋国人,生卒年不详。他的学说散见于《庄子》《荀子》《韩非子》《战国策》《吕氏春秋》《说苑》等书中。

惠施提出了线段的无限分割思想:

"一尺之棰,日取其半,万世不竭。"(《庄子·天下篇》)

本命题既是一个数学命题,又是一个关于空间和时间无限分割的可能性所作的例证。一尺之棰的长度是有限的,但"日取其半,万世不竭"是无限的过程,也是超越有限经验的。它实际上指出了无限与有限之间的矛盾,这是中国最早的一个悖论。在数学意义上,它相当于古希腊的芝诺"二分法"悖论,即:一个运动着的物体,在达到某段路程终点之前,须先达到这段路程之半,而在达到这一半路程终点之前,又须达到这一半路程之半,依此类推,永远达不到终点。但这两个命题在物理意义上有些不同。惠施命题只涉及空间和时间;芝诺命题涉及空间、时间和运动。用数学表达式表示所取线段长度之和如下:

$$\frac{1}{2} + \frac{1}{4} + \frac{1}{8} + \cdots + \frac{1}{2^n} + \cdots.$$

他们认为这种级数之和永远也达不到 1。有的研究者认为惠施的无限分割命题中"包含了极限思想"[①]，这是错误的，无限分割和极限是不同的两个概念，所谓极限思想就能够认识到某一变量无限地接近某一固定值的事实，没有这种认识就没有极限思想。极限思想是连接古代数学与现代数学的重要纽带，它的产生是人们对"无限"采取积极态度的结果，没有这种积极态度极限思想就不会出现。惠施的无限分割命题中没有极限思想，正因为没有极限的思想，他才无法解决这种有限与无限的矛盾。惠施认为，一尺之棰虽然其长度有限，但可以无限分割下去。惠施自己也认为："不知其数而知其尽也，说在明者。"惠施的无限分割命题是属于纯粹思辨性的或者说是形而上学的。

线段能否无限分割，是最古老的问题之一。现在的数学专业的学生，容易接受线段无限分割的思想，然而在古代，情况则不同，人们很难接受这种有限与无限之间的矛盾，如巴克莱指出的那样："……有限的量或长度是由无限的部分组成之论断，其矛盾是明显的，对谁来说都是一目了然的问题。因此，不会被它轻易地教化，不可能得到具有理性的人的认同。这种事恰如异邦人被全质变化的信仰改教那样。"[②]

墨家对无限与有限问题上的态度与惠施不同，他们对无限分割的纯思辨性的东西并不感兴趣。墨家的出发点是经验或实践，他们从实践经验的观点得出物质实体可以分割到不能再分割的粒子——"端"。《墨经》中提出：

非半弗斫，则不动。说在端。（《经下》）

非：斫半，进前取也。前则中无为半，犹端也。前后取，则端中也。斫必半，毋与非半，不可斫也。（《经说下》）

墨家的"非半弗斫，则不动。说在端"之意为："不是一半就不分割，不再分割，是因为已是端点了。""非：斫半，进前取也。前则中无为半，犹端也。前后取，则端中也。斫必半，毋与非半，不可斫也"之意："分割，可以不断地向前取中以进行分割，至最前部则取中不可再分为半，这就是'端'了；分割也可以中心为基准，前后均取半割之，依次向中间靠拢分割，则端就位于原物的正中间了。分割必须取半方可，无物与非一半者，不可以分割。"

应该从数学和哲学两个方面去理解墨家的把线段分割到"端"的命题。

首先，墨家不仅看到了无限与有限的这种矛盾，也认识到解决矛盾的方法，有了极限思想的萌芽。或者说，只是意识到或直觉地认识到了分割最后能够达到再也不能分

[①] 徐希燕. 墨学研究[M]. 北京：商务印书馆，2001：63.

[②] ［美］Philip. J. Davis，Reuben Hersh. 数学的経験[M]. 東京：森北出版株式会社，1987：152.

割的"端"的可能性。这个"端"就是"体之无序而最前者",而"无间"的那个"端"中"无间"即无大小、形状的实在。墨家采用了两种分割方法,一为从某一端点开始进行"前进"之法;另一种为从前后均取半的逼近于中点的方法。无论哪一种方法最后都能达到某一确定的点或值。认识到有限与无限的对立统一,有限中包含无限,无限中也包含有限。

其次是"端"的哲学意义。墨家理论中的"端"具有古希腊哲学家留基波(Leukippos,约公元前500—约公元前400)和德谟克利特(Demokritos,约公元前460—公元前370)所创立的原子论的原子特征。他们认为世界万物是由原子与虚空构成的,原子是一种最小的、不可再分的物质微粒,其根本属性是绝对"充实性",它没有空隙,不可穿透,这就相当于墨家所讲的"无间"。虚空也是实在的存在,不过它是空的,是原子运动的场所和条件。原子的数量是无限的,它没有性质上的不同,但有大小、形状、位置和排列的差异,因而组成世界上千差万别的事物。在点的定义中已经说过,《墨经》中的"端"除数学意义外还有物质实在的特点。"端"和原子论中的原子不尽相同,"端"是没有空隙的,而原子论中的原子是有空隙的。

《墨经》中还说:

"体,分于兼也。"(《经上》)

"体:若二之一,尺之端也。"(《经说上》)

这里清楚地说明了"兼"和"体"及"尺"与端的关系。"体"是部分,"兼"是整体,整体由部分组成。"体"和"兼"是两个对立的概念。"尺"和"端"的关系就像二和一的关系一样。二由一生成[1],尺由"端"构成,"端"再也不能分割了。从比较的观点看,"体"和"兼"的关系,类似于欧几里得《几何原本》中整体与部分的关系,《几何原本》第一卷第八公理为"全体大于部分",即全体由部分组成。

总之,墨家数学理论除数学内容以外,还有朴素的唯物论思想。或者说,墨家具有用数学知识论证自己哲学观点的特点。

4. 如何评价墨家的数学理论

墨家的数学成就主要在于几何学方面,他们发现了几何学的一些重要命题。这是中国古代数学从实用转向理论的一次尝试。墨家的数学成就和他们的逻辑思想与经验主义息息相关。

---

[1] 对于"二",侯外庐先生有如下解释:一切事物未经思维上的分析而作为整个看的谓之"兼";经过思维上的分析而作为集合的全部看的谓之为"二",(这里)"二"与积"端"而成的"尺"对举,如果作数目字的"二"解,便不恰当。请见:侯外庐,赵纪彬,杜国庠.中国思想通史(第一卷)[M].北京:人民出版社,1995:506.

墨家研究越来越受到人们的重视,并取得了一系列的重要成果。随着墨学研究的盛行,也出现了对墨家数学成就的各种评价。梁启超可能是第一个比较欧几里得几何学和墨家几何学的学者,他说:"墨子年代在欧几里得之前,《经》中论形学各条,虽比不上几何原本的精密,但已发明许多定理。"①李约瑟认为《墨经》中的几何学知识是理论几何学的"幼芽",他说:"中国的数学也不是没有理论几何学的某种萌芽。这些幼芽没有得到发展是中国文化的特征之一。包含着这些幼芽的命题见于《墨经》。"②上述评价符合《墨经》的实际,《墨经》的几何学确实没有形成知识体系,也没有完全具备形成理论体系的基本条件。首先,作为研究空间形式的几何学不能没有一套最基本概念的明确定义,就如《几何原本》那样。但遗憾的是,在墨家几何学中缺乏某些基本概念的定义,如角概念的定义。没有角的概念就无法研究平面图形的全等和相似关系、圆和直线形之间的关系等重要问题。如果缺乏某些基本概念,那么要想认识几何图形的性质和一些基本关系是不可能的。其次,墨家的推理论证思想在社会政治问题以及在"别同异,明是非"等方面发挥得相当出色,但在数学方面发挥的作用是极其有限的。在《墨经》中除形象的解说以外看不到任何推理论证数学命题的迹象,墨家几何学与欧几里得几何学的差距是明显的。总之,"春秋战国时期,在数学理论上也有研究,表现出较高的抽象认识。墨子学派可为这方面的代表。……墨家的这些概念,都是试图用形式逻辑的方法给出定义,尽管有些还不大清楚,形式逻辑也不系统,但毕竟是中国历史上最早抽象研究数学的尝试。西方用形式逻辑研究数学也是在同一时代,但是西方形成了体系。"③

在中国古代科学技术史研究中,有的学者热衷于"历史的辉格式解释"方法。所谓"历史的辉格式解释",就是指那种站在今天的立场上,参照目前的标准来选择和编制历史。刘兵指出:"当我们极力追求发现中国的'世界第一'时,所参照的'标准',就是被领先了的那个参照物,恰恰就是在今天看来具有重要意义的后来的科学发现。"④在墨学研究中也存在"历史的辉格式解释"方法。有的学者把墨家几何学成就抬得过高,有的学者把墨家数学知识等同于现代数学中相应的知识。墨家数学成就无疑是中国数学史上的光辉的一页,但我们没有必要把墨家数学硬要拉进现代数学领域中来。这样不仅不能说明中国古代科学思想独特的创造性,而且使人不能够清楚地看到墨家数学的真实面貌。杨向奎认为:"墨家在数学方面的成就超出当时的世界水平,或者说,

① 梁启超.墨子学案[M].上海:商务印书馆,1921:146.
② [英]李约瑟.中国科学技术史(第三卷·数学)[M].《中国科学技术史》编译组,译.北京:科学出版社,1978:202.
③ 李迪.中国数学通史:上古到五代卷[M].南京:江苏教育出版社,1997:74-75.
④ 侯样祥.传统与超越——科学与中国传统文化的对话[M].南京:江苏人民出版社,2000:52.

是当时世界先进水平。他们已经理解变数理论,理解极限概念,他们发现了 0。"①无疑这种观点是较有创意的,也许为人们提供一种新的研究思路,但却值得商榷。仅就墨家"已经理解变数理论"来说,这是不可能的事。变数理论是在实数、函数等数学知识的基础上建立起来的,而这些知识在中国的出现是很晚的事情。又如,姜宝昌说:"(欧几里得几何学和墨家几何学)二者同为早期几何学的璀璨明珠,相映生辉。"②欧几里得几何学是已经形成体系了的西方数学的强势,而墨家几何学没有形成体系,是我们的弱势,《九章算术》才是我们的强势,我们的弱势怎么能够和人家强势"相映生辉"呢?不一定什么东西都要"东西辉映",类似的例子在其他学科中也不少。再如,《墨经》中已经有近世代数中空集概念;《中国:发明与发现的国度——中国科学技术史精华》中认为,中国人在《墨经》中提出了牛顿第一运动定理③。总之,墨家的"科学只能是当时的科学水平,而不能是近代数理或自然科学的定义。"④对于研究古代科学史以及比较古代和现代科学成就的相仿之处时,也许萨顿奖章获得者——林德伯格的观点对我们颇有益处,他指出:"如果科学史家只把过去那些与现代科学相仿的实践活动和信念作为他们的研究对象,结果将是历史的歪曲。这一歪曲之所以在所难免,因为科学的内容、形式、方法和作用都已发生了变化。这样,历史学家面对的就不是一个过去实存的历史,而是透过不完全相符的网格去看历史。如果我们希望公正地从事历史研究这一事业,就必须把历史真实本身作为我们研究的对象。这就意味着我们必须抵抗诱惑,不在历史上为现代科学搜寻榜样或先兆。我们必须尊重先辈们研究自然的方式,承认这种方式尽管与现代方法相去甚远,却仍是重要的,因为它是我们现代人理智生活的先驱。这才是理解我们现在之所以是这个样子的唯一合理途径。"⑤

中国传统数学的特点之一是实用性。它的具体表现是,把在社会实践中提出的具体问题按照一定的计算程序加以解决。它的主要根源在于中国传统的实用理性思维。墨家更注重实用性,极端地追求实际效果,然而在墨家思想中没有产生实用性的数学,相反产生了理论性的数学,这和墨家的功利主义是不相容的,需要进一步深入考察。

(三)道家与数学

老子(公元前 571—公元前 471),哲学家、教育思想家,道家学派创始人,主张"无

① 杨向奎.墨经数理研究[M].济南:山东大学出版社,1993:57.
② 姜宝昌.墨学与现代科技[M].北京:中国书店,1997:38.
③ 侯样祥.传统与超越——科学与中国传统文化的对话[M].南京:江苏人民出版社,2000:51.
④ 汪奠基.中国逻辑思想史[M].上海:上海人民出版社,1979:120.
⑤ [美]戴维·林德伯格.西方科学的起源[M].王珺,等译.北京:中国对外翻译出版社,2001:3.

为"政治。他曾为周守藏史,掌管东周王朝图书典籍,学识广博,著书《老子》,汉代以后被称为《道德经》,是用韵文写成的哲学诗。老子曾讲到"善数不用筹策"(《老子》二十七章),可见他的数学水平不低。他是第一个使数学哲学化,又使哲学数学化的教育家。①

老子提出了"道"—"数"—"万物"的数的生成模式。在这个生成模式中,他明确地强调了先天地而存在的"道"的优先意味,把那种本来还与具体现象解释相关的"天道"和"阴阳"变成了富于哲理意味的更抽象的思想,并以此笼罩和涵盖一切。把宇宙的来源想象成"道","道"是超越经验范畴的本体,它所要把握的不是一个具体对象,而是整个世界的统一性原理。"道"是无声无形,无法为人们的感官所把握的"玄而又玄"的实体。老子认为,数的来源也在于这个"玄而又玄"的"道",也要遵循这个统一原理。老子先提出:

"昔之得一者,天得一以清,地得一以宁,神得一以灵,谷得一以盈,万物得一以生,侯王得一以为天下正。其致之也,谓:天无以清将恐裂。地无以宁将恐废。神无以灵将恐歇。谷无以盈将恐竭。万物无以生将恐灭。侯王无以贵高将恐蹶。"(《老子》三十九章)

实现"一"的整体和谐统一,才有事物的发展,否则就灭亡。事物的关系保持和谐才能保证整体存在的可能性,不和谐就没有整体。所以说,这里的"一"不表示数学上的意义。但老子又提出:

"道生一,一生二,二生三,三生万物。"(《老子》四十二章)

"道生一"之"一"和上面的"一"不完全一致,它一方面表示数学意义上的"一",就是从具体事物中抽象出来的自然数 1。在历史上,有人曾经作过这样的解释,如宋代苏轼说过:"夫道非一,非二。及其与物为偶,道一而物不一。故以一名道。然而道则非一也。一与一为二,二与一为三,自是往而万物生。"②另一方面,"道生一"之"一"又表示一个和谐的整体。"道生一"也蕴含着"一"之来源的认识,在中国历史上只有老子提出过"一"的来源,再没有第二个人提出过"一"是如何产生的。"一生二"之"二"可以是数字意义上的2,即1加1就等于2。"二"也可以是雌雄、阴阳之分与合,因为"万物负阴而抱阳,冲气以为和"(《老子》四十二章)。总之,老子对数的来源及发展的认识,是数学意义上的数字、宇宙间的万物以及"玄而又玄"的"道"混合在一起。他的"一""二""三"不完全是数学意义上的对象,因为"三生万物","万物"既表示数字的大,又表

---

① 周瀚光.略论先秦数学和诸子哲学[J].复旦学报(社会科学版)增刊,1981:119-135.
② [日]儿山敬一.数理哲学[M].东京:モナス,1937:415.

示整个宇宙的宏伟庞大。老子的数生成理论的思想对后世数学家也产生过一定影响。

老子之后,庄子也提出了数如何产生和发展的观点:

"天地与我并生,而万物与我为一。既已为一矣,且得有言乎? 既已谓之一矣,且得无言乎? 一与言为二,二与一为三。自此以往,巧历不能得,而况其凡乎!"(《庄子》之"齐物论")

庄子的"一"有两个意义:其一,"一"表示一个宇宙整体,即"万物与我为一";其二,"一"表示数学意义上的一,从"一"产生"二",从"二与一"产生"三",依次下去,可以得到任意大的数字,即使是善于计算的人也不能全部算出来。

(四) 名家与数学

诸子百家中,名家被视为六大学派之一,先秦名家又被称为名辩学派,他们关注朴素辩证的思维形式,专门研究概念、命题和逻辑推理。惠施、公孙龙等为名家著名学者。惠施对于古代数学有着重要的贡献,其留下的十大命题通过《庄子·天下》篇进行了解。

"……至大无外,谓之大一;至小无内,谓之小一。无厚,不可积也,其大千里。……飞鸟之景,未尝动也。镞矢之疾,而有不行不止之时。"(《庄子·天下》)

"大一"与"小一",分别相当于数学上的无穷大与无穷小,"至大无外""至小无内""无厚不积"揭示了事物存在的无穷性和无限性,是对大小、内外、厚薄等对立范畴的辩证分析。

李约瑟(Joseph Needham,1900—1955)认为:"从中国哲学的萌芽时代起,……连续概念和无限分割概念也已为名家——清楚地表达出来——惠施的朋友们了。"[①]关于惠施的极限思想已在第 58 页介绍,这里不赘述。

(五) 管仲与数学

管仲(? —公元前 645),名夷吾,早年经商,后被齐桓公任为相。他非常重视数学在社会生活中的作用,还将数学纳入政治哲学体系范围中,将数学与治国理政结合起来,其思想主要反映于《管子》一书。

《管子》并非管仲一人所著,但保存了管仲的大量言论和思想。《管子》一书中记载了九九乘法口诀,如"五七三十五尺而至于泉,四七二十八尺而至于泉"等(《地员》),

---

① [英]李约瑟.中国科学技术史(第三卷·数学)[M].《中国科学技术史》编译组,译.北京:科学出版社,1978:316-317.

《度地》中有一些分数表示用于土地种植分配时的计算问题，如"利皆耗十分之五，土功不成。"在《地员》中还采用了"三分损益法"，据记载"凡将起五音凡首，先主一而三之，四开以合九九，以是生黄钟小素之首，以成宫。三分而益之以一，为百有八，为徵。不无有三分而去其乘，适足，以是生商。有三分，而复于其所，以是成羽。有三分，去其乘，适足，以是成角"可得出乘方和指数的概念。

管仲提出了七条法则：则、象、法、化、决塞、心术、计数，其中"计数"表示计算和数学。他不仅将"计数"列为七条法则之一，还强调了"计数"在社会生活中的作用，曾言："不明于计数，而欲举大事，犹无舟楫而欲经于水险也。""举事必成，不知计数不可。"可见，"计数"对成大事的重要性。此外，"法"指一种计量标准，"尺寸也，绳墨也，规矩也，衡石也，斗斛也，角量也，谓之法"（《管子·七法》）。又曰："不明于法，而欲治民一众，犹左书而右息之。""和民一众，不知法不可。"强调了计算对治理民众的重要性。

参考文献

［1］毛礼锐，沈灌群. 中国教育通史（第一卷）［M］. 济南：山东教育出版社，1985.

［2］［春秋］左丘明. 左传［M］. 长春：吉林大学出版社，2011.

［3］李国均，王炳照. 中国教育制度通史（第一卷）［M］. 济南：山东教育出版社，1999.

［4］冀昀. 尚书［M］. 北京：线装书局，2007.

［5］王梦鸥. 礼记今注今译（上）［M］. 天津：天津古籍出版社，1987.

［6］王云五，朱经农. 新中学文库：礼记［M］. 北京：商务印书馆，1947.

［7］中国社会科学院考古研究所. 中国考古学：夏商卷［M］. 北京：中国社会科学出版社，2003.

［8］吴文俊，李迪. 中国数学史大系：第一卷　上古到西汉［M］. 北京：北京师范大学出版社，1998.

［9］郭沫若. 郭沫若全集：考古编3［M］. 北京：科学出版社，2017.

［10］汤可敬译注. 说文解字（一）［M］. 北京：中华书局，2018.

［11］汤可敬译注. 说文解字（四）［M］. 北京：中华书局，2018.

［12］汤可敬译注. 说文解字（五）［M］. 北京：中华书局，2018.

［13］于省吾. 甲骨文字释林［M］. 北京：中华书局，2009.

［14］陆思贤. 甲骨文金文中的数码和数学［C］. 呼和浩特：内蒙古文物队，1982.

［15］李迪. 中国数学通史：上古到五代卷［M］. 南京：江苏教育出版社，1997.

［16］钱宝琮. 中国数学史［M］. 北京：科学出版社，1964.

［17］吕思勉. 先秦史［M］. 上海：上海古籍出版社，1982.

［18］马忠林，王鸿钧，孙宏安，等. 数学教育史［M］. 南宁：广西教育出版社，2001.

［19］钱宝琮点校. 算经十书［M］. 北京：中华书局，1964.

［20］王越,杨荣春,周德昌.中国古代教育史［M］.长春：吉林教育出版社,1988.

［21］［英］李约瑟.中国科学技术史(第一卷·第一分册)［M］.北京：科学出版社,1975.

［22］冯友兰.中国哲学史(上册)［M］.上海：华东师范大学出版社,2000.

［23］杨向奎.墨经数理研究［M］.济南：山东大学出版社,1993.

［24］侯外庐,赵纪彬,杜国庠.中国思想通史(第一卷)［M］.北京：人民出版社,1957.

［25］［日］ユークリッド.ユークリッド原論［M］.東京：共立出版株式会社,1971.

［26］［英］ジョゼフ・ニーダム.中国の科学と文明(第四巻)［M］.东京：思索社,1991.

［27］汪奠基.中国逻辑思想史料分析(第一辑)［M］.北京：中华书局,1961.

［28］［德］H·赖欣巴哈.科学哲学的兴起［M］.伯尼,译.北京：商务印书馆,1966.

［29］徐希燕.墨学研究［M］.北京：商务印书馆,2001.

［30］［美］Philip J. Davis, Reuben Hersh. 数学の経験［M］. 東京：森北出版株式会社,1987.

［31］梁启超.墨子学案［M］.上海：商务印书馆,1921.

［32］［英］李约瑟.中国科学技术史(第三卷·数学)［M］.《中国科学技术史》编译组,译.北京：科学出版社,1978.

［33］侯样祥.传统与超越——科学与中国传统文化的对话［M］.南京：江苏人民出版社,2000.

［34］汪奠基.中国逻辑思想史［M］.上海：上海人民出版社,1979.

［35］姜宝昌.墨学与现代科技［M］.北京：中国书店,1997.

［36］［美］戴维·林德伯格.西方科学的起源［M］.王珺,等译.北京：中国对外翻译出版社,2001.

［37］周瀚光.略论先秦数学和诸子哲学［J］.复旦学报(社会科学版)增刊,1981：119-135.

［38］沈一贯.老子通［M］.東京：東洋大学出版部藏版,1909.

［39］［日］儿山敬一.数理哲学［M］.東京：モナス,1937.

［40］梁宗巨,王青建,孙宏安.世界数学通史(下册)［M］.沈阳：辽宁教育出版社,2005.

第三章　　　秦汉南北朝的数学教育

中国是一个文明古国，也是一个古代数学大国，中国古代数学取得了举世瞩目的成就，并在历史的发展过程中形成了以算法为中心、以实用为目的、以归纳为主要方法、以问题集为主要模式的独特风格和体系。中国古代数学的这些特征直接或间接地反映在数学教育中，甚至可以说，中国古代数学和数学教育具有相同的特征。《九章算术》作为中国传统数学和数学教育的典型代表著作，充分体现了这些特征。这与古希腊数学的演绎体系和数学教育内容形成了鲜明的对照。因此，本章在对中国古代数学教育教科书之一——《九章算术》的内容、特点和影响进行分析的同时，适当地与古希腊的欧几里得《几何原本》进行比较。

刘徽是中国古代著名的数学家和数学教育家。本章也详细论述了刘徽的数学思想和数学教育思想。

《周髀算经》中蕴含着丰富而深刻的数学教育思想。本章中也展示了《周髀算经》中荣方向陈子请教数学问题的教学情境，这是中国古代数学教学的典型案例。

第一节　秦汉时期的教育制度

秦汉时期包括公元前 221 年至公元前 207 年的秦朝和公元前 202 年至公元 220 年的两汉。秦始皇统一六国,建立了中国历史上第一个中央集权制的封建国家。秦代废除分封制,施行郡县制,统一文字、度量衡,颁布了一系列有利于统一的法令,促进了国家的统一和政治的巩固。但秦朝"以法为政""以吏为师"的制度及"焚书坑儒"等事件加速了秦朝的覆灭,最终秦朝只存在了 15 年。

秦政权虽短暂,但为汉代封建统治奠定了基础。汉承秦制,施行中央集权制,在文化教育领域亦如此,施行"罢黜百家,独尊儒术"的文教政策,倡导教育的儒学化,采用儒经作为养士和取士的唯一依据。"独尊儒术"的文教政策虽标志着"百家争鸣"的结束,但并不意味着禁绝了"百家",汉代在天文历算方面取得了长足的进步。西汉时期形成了中央官学、地方官学并存的封建官学制度,建立了初等教育、中等教育、高等教育(太学)三级教育体系,以儒学为主体,官立学校为主干,兼有其他专业教育和职官教育,如"至平帝时,王莽执政,于'元始五年,征天下通知逸经、古记、天文、历算、钟律、小学、史篇、方术、本草,及以五经、论语、孝经、尔雅教授者,在所为驾一封轺传,遣诣京师。至者数千人'"(《汉书·平帝记》)。

汉代官学教育十分注重传授数学知识,"汉儒用数理讲《周易》,纬书兼讲天文历数学,因之数学成为儒学的一部分。"[①]太学中除经师讲授外,提倡自由研讨学问和向社会学者求教,做到"博通众流百家之言"(《后汉书·王充传》)。例如,大经学家郑玄曾带俸游学洛阳的太学,曾从博士第五元先通习《九章算术》《三统历》等,后跟从儒家学者学习《礼记》《左氏春秋》等,成为综合古、今经学的大师和科学造诣很深的学者。又如大科学家张衡也"入京师、观太学,遂通五经,贯六艺""尤其思于天文、阴阳、历算"。经师在讲其他经书时,如《易》《礼》等,涉及数学的仍要讲解数学,精研历法算术的经师当然更要多讲有关的数学知识。太学提倡自学,允许自由研讨、鼓励学成通才的做法造就了一批学识渊博、具有研究能力的创造性人才,为古代科学技术的发展奠定了坚实的基础。

秦朝虽以武力禁止私学,但私学禁而不绝,在秦汉之际至汉武帝元朔五年的八九

---

① 范文澜.中国通史简编(修订本第二编)[M].北京:人民出版社,1964:235.

十年间，私学教育几乎承担了全部的教育任务，使中国古代教育从未中断，古代的文化典籍、科学知识主要通过私学教育得以保存和传播。[①] 官学制度确立后，私学教育不仅未见削弱，反而更加发展，形成了官学与私学互相补充、互相促进的并存局面。私学教育不仅有儒家学派，还有道家、法家等学派，不仅有学派间传授，还有私人讲学传授，私学学生人数甚至远超官学人数。汉代的蒙学教育由私学承担，儿童除学习识字、习字外，兼习算术，而《九章算术》为私学教育的通用教材。正如《汉书·律历志》所言："数者，一、十、百、千、万也。所以兼数万物，顺性命之理也。……其法在算术，宣于天下，小学是则，职在太史，羲和掌之。"又如，张苍"秦时为柱下御史，明习天下图书计籍，由善用算律历，故汉家研律历者本张苍，苍好书，无所不观，无所不通，而尤遂律历"（《汉书·张苍传》）。东汉时期的数学教育仍然全赖私学和家学传授。又如，刘歆是我国古代研究圆周率的第一人，也是继承父业，从小对"数术方技，无所不究"。

第二节　作为数学教材的秦简

秦人重视数学知识的学习与应用，正如秦汉史专家王子今先生所言："天文历算数术也为秦人所重视。"[②]在多批出土的简牍中均包含有数学文献，秦代数学简牍文献有岳麓书院藏秦简《数》、北京大学藏秦简中数学文献（简称《算书》）等2种算书和里耶秦简、北大秦简中的九九简牍等。《数》《算书》这两部著作可能是秦朝官吏、属员们学习时使用的教材，而九九简牍是供不熟悉者查看的工具，这些简牍对后代学者了解秦代及以前的数学发展提供了非常重要的史料。

一、岳麓书院藏秦简《数》

2007年12月，湖南大学岳麓书院从香港收购了一批秦简（图3-1[③]），这批简入藏时分为大小8捆，分别用塑料膜加湿包裹，共2 098个编号简，其中较完整的简有1 300

① 毛礼锐,沈灌群.中国教育通史(第二卷)[M].济南：山东教育出版社,1995：101.
② 王子今.秦统一原因的技术层面考察[J].社会科学战线,2009(9)：222-231.
③ 萧灿,朱汉民.岳麓书院藏秦简《数》的主要内容及历史价值[J].中国史研究,2009(3)：39-50.

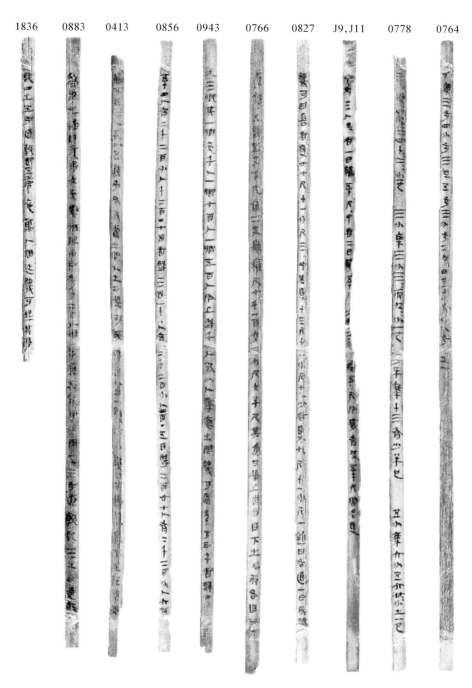

图 3-1 岳麓书院藏秦简《数》部分

余枚。2008 年 8 月香港收藏家捐赠一些简,计 76 个编号简,其中较完整者 30 余枚。整理者推测它们与上面的简属于同一批次出土。内容包含质日、司法诉讼、律令、占梦、数学、为吏之道等方面。这批秦简绝大部分为竹简,只有少量木简(30 多个编号),其中较完整简的长度大致有三种,一种约 30 厘米,一种约 27 厘米,还有一种约 25 厘米,简宽 0.5—0.8 厘米。编绳分为两种,一种是三道,即上、中、下各一道编绳;一种是两道,即在简的中间系两道编绳。①

秦简《数》共有 220 余枚(以有整理编号的简计数),每支完整竹简长约 30 厘米,有上、中、下三道编绳。文字书于竹黄一面,正文一般写在上、下编绳之间,偶有文字写在上编绳以上部位的。根据与秦简《数》并存的历谱推测,《数》的成书年代下限为秦始皇三十五年(公元前 212 年)。经过解读、比勘,整理者清理出数学简 236 个编号(其中有的可以拼缀),另有 18 枚残片。其中 0956 号简背面有"数"字,是为书名。

秦简《数》中涉及方田、粟米、衰分、少广、商功、盈不足、勾股七种内容,萧灿根据算题内容分为租税类、面积类、营军之术、合分与乘分、衡制、谷物换算类、衰分类、少广类、体积类、盈不足类、勾股类及其他类。以上算题内容共包含 80 个完整算题(现存题设条件和问题或答案,能依据简文列出算式的算题);单独成文的术 19 例;记录有谷物体积重量比率、兑换比率的简 40 枚;3 枚记录衡制的简,如:"十六两一斤。卅斤一钧。四钧一石。"②根据邹大海的算题类型分类,则分为典型算题(包括题设、提问、答案、术文)、准典型算题(题设、答案、术文)、非典型算题 3 种。③《数》中的算题大多属于非典型算题,有的缺算法,如 0955 号简"取程,禾田五步一斗,今干之为九升,问几可(何)步一斗?曰:五步九分步五而一斗"。④ 有的缺提问,有的缺题设,有的缺术文,如 1651 号简"枲税田卅五步,细枲也,高八尺,七步一束,租廿二斤八两"。⑤

二、北京大学藏秦简数学文献

2010 年初,北京大学收藏了一批由香港冯燊均国学基金会捐赠、来自海外的简牍,这批简牍初入藏时被淤泥包裹,黏为一束,外覆黑色塑料膜。另有 15 枚竹简和 2

① 陈松长.岳麓书院所藏秦简综述[J].文物,2009(3):75 - 88.
② 萧灿.岳麓书院藏秦简《数》研究[M].北京:中国社会科学出版社,2015:12 - 13,65.
③ 邹大海.中国数学在奠基时期的形态、创造与发展:以若干典型案例为中心的研究[M].广州:广东人民出版社,2022:54.
④ 萧灿.岳麓书院藏秦简《数》研究[M].北京:中国社会科学出版社,2015:28.
⑤ 萧灿.岳麓书院藏秦简《数》研究[M].北京:中国社会科学出版社,2015:38.

枚木牍散落在外置于另一容器中。经揭剥、清理,共取得竹简 762 枚(其中约 300 枚为双面书写)、木简 21 枚、木牍 6 枚、竹牍 4 枚、木觚 1 枚。同时清理出的还有骰子 1 枚、算筹 61 根以及竹简残片若干①,如图 3-2。简牍以书籍类文献为主,内容涉及秦代政治、地理、社会经济、文学、数学、医学、历法、方术、民间信仰等诸多领域,内涵之丰富在出土秦简中实属罕见。简中有两组表格形式的日历,即秦汉简牍中常见的"质日",经考证应分别属于秦始皇三十一年(前 216 年)和三十三年(前 214 年)②。此外,一枚竹简的背面发现了"卅一年十月乙卯朔庚寅"的纪年,虽然其中干支抄写有误,但这一年仍可判定为秦始皇三十一年,且简牍的字体大部分是秦隶,只有很小的部分近于篆书,由此推测这批简牍的抄写年代大约在秦始皇时期,可能出自江汉平原地区的墓葬。从竹简中《从政之经》及《道里书》之类的文献看来,这批简牍的主人应是秦的地方官吏。③

这批秦简牍中以数学材料居多,有 400 余枚竹简和一方"九九术"木牍。数学简共有竹简 4 卷,即卷三、卷七、卷八以及卷四的一部分。另外,简牍中混杂的三组竹制算筹与数学也有密切关系,应该是主人生前用来计算的工具。

竹简卷七的内容是田亩面积的计算,每简分上下两栏书写(以中间编绳为界),上栏形式为"广××步、从(纵)××步,成田××亩",下栏形式为"××步成田××亩"(其步数即上栏广、纵相乘之数),例如 7-020 号简"广六十步、从(纵)八十步,成田廿亩。四千八百步成田廿亩。"④

竹简卷八亦分上下两栏,上栏形式与卷七上栏相同,下栏则为田租的计算,包括税田面积、税率和田租数额。卷七和卷八的形式整齐划一。每简内容仅有数字的差别,而且未出现任何具体的地名、人名。显然不是当时丈量田亩、征收租税的档案记录,而应该是供人学习田亩、租税计算的一种特殊算术教材或参考书。在卷八 1 枚简的背面近上端处写有"田书"的篇题,应是这类书的专名。这两卷简册涉及的数学运算比较简单,但是对研究战国晚期至秦代的田亩、赋税制度很有帮助。⑤

竹简卷三(82 枚)以及卷四的一部分(250 余枚)的主要内容是各种数学计算方法和例题的汇编。卷四分为甲、乙两种⑥,甲种分为四部分。第一部分有 32 枚简,800 余

①　朱凤瀚,韩巍,陈侃理.北京大学藏秦简牍概述[J].文物,2012(6):65-73.
②　陈侃理.北大秦简中的方术书[J].文物,2012(6):90-94.
③　朱凤瀚,韩巍,陈侃理.北京大学藏秦简牍概述[J].文物,2012(6):65-73.
④　韩巍.北大秦简中的数学文献[J].文物,2012(6):85-89.
⑤　韩巍.北大秦简中的数学文献[J].文物,2012(6):85-89.
⑥　参考韩巍论文,将《算书》卷四分为甲、乙两种,分别称为《算书》甲种、《算书》乙种,将卷三称为《算书》丙种。

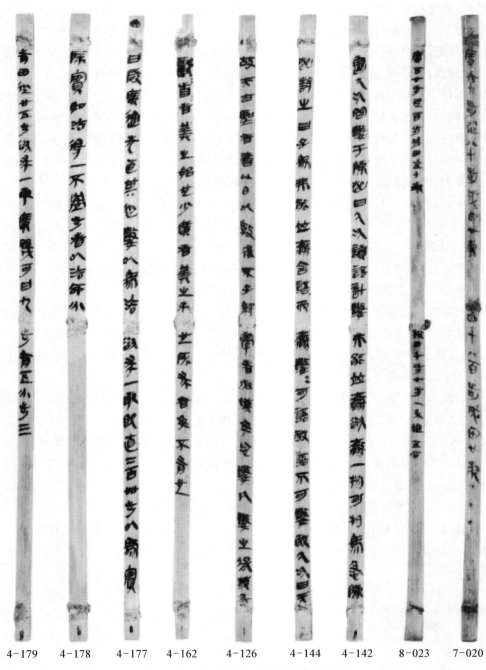

4-179　4-178　4-177　4-162　4-126　4-144　4-142　8-023　7-020

图 3-2　北京大学藏秦简《算书》部分

字,以鲁久次和陈起二人问对的形式,通过陈起的回答详尽论述了古代数学的起源、作用和意义。原无篇题,故拈篇首语暂名为《鲁久次问数于陈起》。第二部分为九九术,8枚简。第三部分是算题汇编,内容涉及田亩、租税计算,里田术,径田术,方田术,箕田术,圆田术,启广术,启从术,营军之术等。第四部分为衡制换算,包括石、钧、斤、两、笛(锚)、朱(铢)等单位的相互换算,如"一石而四钧""一钧而卅斤"等。

　　《算书》乙种由多道呈并列关系的算题组成,每道算题内部也分为算法和例题。但算题之间看不出甲种那样"以类相从"的分组。算题内容包括金、布、钱的交易比率,土方及粮食体积计算、距离计算等。每道算题都有题名,如"率""禾粟""望"等,这一点与张家山汉简《算数书》相似。

三、 秦简牍的数学算题

　　秦简中的算题涉及算术与几何领域,算术主要包括整数四则运算、分数四则运算、盈不足问题、单位换算等,几何主要包括各种田地面积计算和粮仓、墓道等立体几何体积、容积的计算等。

（一） 算术

1. 整数四则运算

　　《数》中包含整数的加、减、乘、除的"术",其中除法运算有算题"禾兑(税)田卅步,五步一斗,租八斗,今误券九斗,问几可(何)步一斗? 得曰:四步九分步四一斗。述(术)曰:兑(税)田为实,九斗为法,除,实如法一步"。[①] 该算题是一道典型算题,包含有题设、提问、答案和术文,术文中点明了除法的运算法则,依据术文列式为

$$40 \div 9 = 4\frac{4}{9} \text{（步／斗）}。$$

　　同时包含有乘除混合运算,如"取程,禾田五步一斗,今乾之为九升,问几可(何)步一斗? 曰:五步九分步五而一斗"。[②] 可得算式

$$(10 \times 5) \div 9 = 5\frac{5}{9} \text{（步）}。$$

　　此外,加减乘除混合运算亦包含在内,如"田五步,租一斗一升七分升一,今欲求一

① 萧灿.岳麓书院藏秦简《数》研究[M].北京:中国社会科学出版社,2015:33.

② 萧灿.岳麓书院藏秦简《数》研究[M].北京:中国社会科学出版社,2015:28.

斗步数,得田几可(何)?曰:四步卅九分步之十九"。① 依术计算如下

$$10 \times 5 \div \left(10 + 1 + \frac{1}{7}\right) = \frac{175}{39}(步) = 4\frac{19}{39}(步)。$$

2. 分数四则运算

《数》中包含有分数的加法、乘法、除法等运算及混合运算,《数》中"合分术"与《九章算术》中的"合分术"算法相同,合分述(术)曰:母乘母为法,子互乘□为实﹍,(实)如法得一,不盈法,以法命分。② 0685 号简有算题〔九分五﹖〕,七分六﹖合之一有六十三分廿六。根据"合分术"可列式计算

$$\frac{5}{9} + \frac{6}{7} = \frac{89}{63} = 1\frac{26}{63}。$$

《算书》甲种中包含有分数的乘法运算与"乘分术":田广八分步三,从(纵)十二分步七,问田几可(何)?曰:九十六分步之廿一。其述(术)曰:母相乘为法(4-212),子相乘为实﹍,(实)如法而一(4-213)。③"其述(术)曰"给出了分数与分数相乘的运算法则,为计算田地面积提供了便利。《数》中在田地面积计算、租税类题中均涉及分数乘法运算,如"甲〈田〉广三步四分步三,从(纵)五步三分步二,成田廿一步有(又)四分步之一"。④ 列式为

$$3\frac{3}{4} \times 5\frac{2}{3} = 21\frac{1}{4}(平方步)。$$

除了算题,还有乘法口诀,如"三分乘四分﹖,三四十﹦二﹍,(十二)分一也;三分乘三分,三﹦(三)而九﹍,(九)分一也;少半乘十,三有(又)少半也;五分乘六分,五六卅﹍,(卅)分之与也。""五分乘五分,五﹦(五)廿﹦五﹍,(廿五)分一也;四分乘五分,四五廿﹦,(廿)分一也"。⑤

《数》中也记录了多道分数除法运算的租税类算题,如"税田三步半步﹖,七步少半一斗,租四升廿四〈二〉分升十七"。⑥ 即

$$3\frac{1}{2} \div 7\frac{1}{3} = \frac{21}{44}(斗),即4\frac{17}{22}升。$$

---

① 萧灿.岳麓书院藏秦简《数》研究[M].北京:中国社会科学出版社,2015:43.
② 萧灿.岳麓书院藏秦简《数》研究[M].北京:中国社会科学出版社,2015:62.
③ 韩巍.北大秦简中的数学文献[J].文物,2012(6):85-89.
④ 萧灿.岳麓书院藏秦简《数》研究[M].北京:中国社会科学出版社,2015:49.
⑤ 萧灿.岳麓书院藏秦简《数》研究[M].北京:中国社会科学出版社,2015:64.
⑥ 萧灿.岳麓书院藏秦简《数》研究[M].北京:中国社会科学出版社,2015:42.

3. 盈不足类算题

《数》与《算书》中都含有盈不足的算法思想,例如《数》中有算题[1]:

赢不足。三人共以五钱市,今欲赏(偿)之,问人之出几可(何)钱?得曰:人出一钱三分钱二。其述(术)曰:以赢、不足互乘母。

该题是求不盈不朒之正数的例题,假设每人出 2 钱,盈 1 钱;每人出 1 钱,不足 2 钱。则依术列式为

$$\frac{2 \times 2 + 1 \times 1}{2 + 1} = \frac{5}{3} = 1\frac{2}{3} \text{(钱)。}$$

北大秦简《算书》甲种有一种特殊的"方田术"[2]:

欲方田述(术):耤(藉)方十六而有馀十六,耤(藉)方十五不足十五,即并赢(盈)、不足以为 (04-188) 法,而直(置)十五,亦耤(藉)十五令相乘殹(也),即成步;有(又)耤(藉)卅一分十五,令韦(维)乘 (04-229) 上十五,有(又)令十五自乘殹(也),十五成一,从韦(维)乘者而卅一成一,乃得从上即成, (04-100) 为田一畞。其投此用三章。 (04-099)

在"租枲"篇之后接抄的田畞算题之中,又见到一则类似的算题[3]:

田一畞,曰:方十五步不足十五步,方十六有余十六步,并赢(盈)、不足为法,不足为子, (04-216) 得曰:十五步有(又)卅一分步十五。其述(术)曰:直(置)而各相乘也,如法得一步。 (04-217)

这种算题不见于《九章算术》和岳麓书院秦简《数》,但与张家山汉简《算数书》中的"方田"非常相似[4][5]:

田一畞方几何步?曰:方十五步卅一分步十五。术曰:方十五步不足十五步,方十六步有徐(余)十六步。曰:并赢(盈)、不足以为法,不足 (185) 子乘赢(盈)母,赢(盈)子乘不足母,并以为实。复之,如启广之术。 (186)

4. 按比例分配算题

《数》中按比例分配完整算题共 18 例,单独术文 2 例,涉及共买盐、牛羊共食、军公

---

① 萧灿.岳麓书院藏秦简《数》研究[M].北京:中国社会科学出版社,2015:121.
② 韩巍.北大秦简《算书》土地面积类算题初识[M]//武汉大学简帛研究中心.简帛(第八辑).上海:上海古籍出版社,2013:29－42.
③ 韩巍.北大秦简《算书》土地面积类算题初识[M]//武汉大学简帛研究中心.简帛(第八辑).上海:上海古籍出版社,2013:29－42.
④ 彭浩.张家山汉简《算数书》注释[M].北京:科学出版社,2001:124－125.
⑤ 韩巍.北大秦简《算书》土地面积类算题初识[M]//武汉大学简帛研究中心.简帛(第八辑).上海:上海古籍出版社,2013:29－42.

爵等级分配物资、妇女共织等生活问题,现举算题①:

夫₌大夫、不更、走马、上造、公士,共除米一石,今以爵衰分之,各得几可(何)? 夫₌大夫三斗十五分斗五,不更二斗十五分斗十,走马二斗,上造一斗十五分五,公士 大半斗。述(术)曰:各直(置)爵数而并以为法,以所分斗数各乘其爵数为实₌,(实)如 法得一斗,不盈斗者,十之,如法一斗,不盈斗者,以命之。

秦朝根据军功爵的高低等级进行利益分配,该算题是将大夫、不更、走马、上造、公 士获得米的比例为 5∶4∶3∶2∶1 进行分配的,现设大夫、不更、走马、上造、公士的 "爵数"为 5、4、3、2、1,则

大夫分得米:$(10 斗 \times 5) \div (5+4+3+2+1) = 3\frac{5}{15}$ 斗,

不更分得米:$(10 斗 \times 4) \div (5+4+3+2+1) = 2\frac{10}{15}$ 斗,

走马分得米:$(10 斗 \times 3) \div (5+4+3+2+1) = 2$ 斗,

上造分得米:$(10 斗 \times 2) \div (5+4+3+2+1) = 1\frac{5}{15}$ 斗,

公士分得米:$(10 斗 \times 1) \div (5+4+3+2+1) = \frac{10}{15}$ 斗。

(二)几何

几何算题主要包括计算土地面积、测量谷物体积、计算工程土方量等。

1. 面积

岳麓书院藏秦简《数》中有关于正方形、矩形面积及边长算法、箕田(等腰梯形)面 积算法、圆面积算法等,北京大学藏秦简《算书》中包含面积算题相对更为丰富,涉及里 田术、径田术、方田术、箕田术、圆田术、启广术、启从术等。现截取部分算题如下。

岳麓书院秦简《数》中圆田面积的算法有:

周田述(术)曰:周乘周,十二成一;其一述(术)曰,半周乘半径田;即直径乘周,四 成一;半径乘周,二成一。(简[J7])

《算书》甲种:

员(圆)田述(术):半周半径相乘殹(也),田即定。其一述(术):耤(藉)周自乘殹 (也),十二成一。其一(04-185)述(术):半周以为广从(纵),令相乘殹(也),三成一。(04-186)

今有田员(圆)卅步,问几可(何)? 曰:田七十五步。程桑如此。(04-187)

---

① 萧灿.岳麓书院藏秦简《数》研究[M].北京:中国社会科学出版社,2015:79.

《算书》丙种：

圜（圆）田周卅步，令三而一为径﹦，（径）十步，田七十五步。・其述（术）曰：半周半径相乘即成。・一述（术）曰：周乘(03-016)周，十三成[一]。・一述（术）曰：径乘周，四而成一。・一述（术）曰：参（三）分周为从（纵），四分周为广，相乘即成。・述（术）(03-011)曰：径乘径，四成三。(03-017)

《数》列出了四种求圆面积的"术"，分别为：① 周长×周长÷12；② 半周×半径；③ 直径×周长÷4；④ 半径×周长÷2。《算书》甲种列出了求解圆面积的三种"术"：① 半周×半径；② 周长×周长÷12；③ 半周×半径÷3，其中①、②两种算法与《数》中②、①算法相同。《算书》丙种列出五种"术"，分别是：① 半周×半径；② 周长×周长÷13；③ 直径×周长÷4；④ $\dfrac{周长}{3} \times \dfrac{周长}{4}$；⑤ 直径×直径×$\dfrac{3}{4}$，其中《算书》丙种①与《算书》甲种①算法相同。此外，《数》与《算书》甲种的其中一术为"周乘周，十二成一"，是将圆周率看作 3，而《算书》丙种为"周乘周，十三成[一]"，此时圆周率为 $\dfrac{13}{4}$，比 3 更接近圆周率，但《算书》丙种开头提到"令三而一为径"及④⑤术均将圆周率看作 3，因此十三成[一]可能为笔误。

而周秦之际圆面积的计算公式是如何来的？萧灿对《数》中圆面积公式的推导进行了探讨①，图 3-3 是将圆面积近似为两个等腰梯形的面积之和，则圆 O 的面积可看作是梯形 $ABGH$ 加上梯形 $ABJI$ 的面积，即：

$$S_{圆O} \approx S_{梯形ABGH} + S_{梯形ABJI} = \frac{(r+2r) \times r}{2} \times 2 = 3r^2 。$$

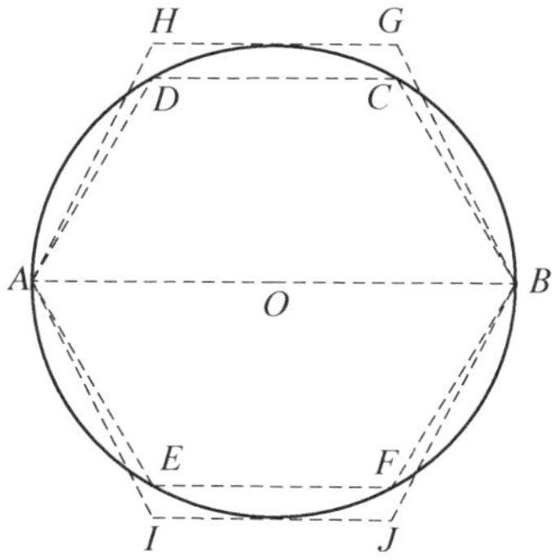

图 3-3 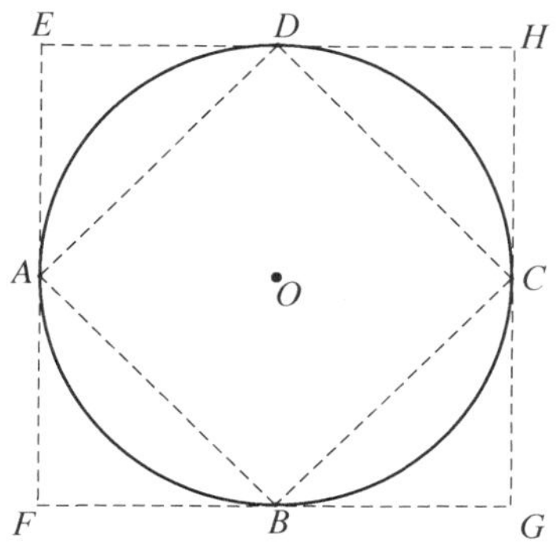   图 3-4

① 萧灿.岳麓书院藏秦简《数》研究[M].北京：中国社会科学出版社，2015：55-57.

图 3-4 是将圆的面积近似为其内接正方形和外切正方形的面积之中值,即:

$$S_{EFGH} = (2r)^2 = 4r^2 , \quad S_{ABCD} = (\sqrt{2r^2})^2 = 2r^2 ,$$

$$S_{圆O} \approx \frac{1}{2}(S_{EFGH} + S_{ABCD}) = 3r^2 。$$

岳麓书院秦简《数》中箕田(等腰梯形)面积算法(0936 号简)为:

箕田曰:并舌壿(踵)①步数而半之,以为广,道舌中丈彻壿(踵)中,以为从(纵),相乘即成积步。

算式即为

$$箕田面积 = \frac{(壿广 + 舌广)}{2} \times 正从。$$

北大秦简《算书》甲种中"箕田"的术文为:"箕田述(術):并其两广而半之,以乘従(縱),即成步叚(也)。(04-181)"②可见,《算书》甲种中将梯形的上下底成为"两广",不区分"舌""壿",郭书春先生指出,用"两广"来表述上下底,似乎是更为抽象、纯粹的数学语言。

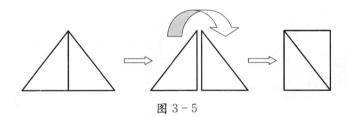

图 3-5

而三角形田面积的计算方法见于北大秦简《算书》甲种和丙种,却不见于岳麓书院秦简《数》。《算书》甲种 04-183 号简记载了:"田三匦(陋)述(术):丈其中以为从(纵),半其广,即广叚(也),以成从(纵),即成步。""匦"为"角隅","田三匦"为三角形田,韩巍推测可能为等腰三角形面积的计算。③邹大海同意此种说法,并对其进行了解释,"'半其广,即广叚(也)',意思是把田三匦的(底边)折半,作为新的广,然后用新的广与从相乘得到面积。实际为把等腰三角形的面积转化一个长方形的面积。长方形的广取原广的一半,而从不变。这个说法反映了古人获得算法的一条

① 舌、壿分别指梯形的上底与下底。
② 韩巍.北大秦简《算书》土地面积类算题初识[M]//武汉大学简帛研究中心.简帛(第八辑).上海:上海古籍出版社,2013:29-42.
③ 韩巍.北大秦简《算书》土地面积类算题初识[M]//武汉大学简帛研究中心.简帛(第八辑).上海:上海古籍出版社,2013:29-42.

思路：把原等腰三角形从中线分割成两部分，再合成一个长方形，如图 3 - 5①。

2. 体积

计算体积和容积是中国古代数学中关于立体知识的核心内容②。《数》中关于体积计算的算题共有 28 枚简，完整算题 11 例，包含长方体、截面为梯形的直棱柱体的体积计算方法，方亭、圆亭体积算法及墓道土方量等算题。

《数》中有关长方体城止的算题③：

城止深四尺，广三丈三尺，袤二丈五尺，积尺三千三百。述（术）曰：以广乘袤有（又）乘深即成∟。唯筑城止与此等。

依据术文可计算

$$体积＝深×广×袤，$$
$$体积＝4×33×25＝3\,300（立方尺）。$$

又如《数》中给出了截面为梯形的城墙体积算法④：

投投之述（术）曰：［并上］下厚而半之，以袤乘之，即成尺。算题城下后（厚）三丈，上后（厚）二丈，高三丈，袤丈，为积尺七千五百尺。

依据术文可得

$$体积＝\frac{（上厚＋下厚）}{2}×高×袤，$$
$$体积＝\frac{（20＋30）}{2}×30×10＝7\,500（立方尺）。$$

《数》中有五条关于正四棱台体计算的算题，其中两条有具体的计算方法。其中一条为："方亭，乘之，上自乘，下自乘，下壹乘上，同之，以高乘之，令三而成一。"⑤依据术文得

$$体积＝（上方^2＋下方^2＋上方×下方）×高×\frac{1}{3}。$$

该"方亭"的求积公式与《九章算术》"商功"章的方亭公式相同，说明早在秦代甚至

① 邹大海.中国数学在奠基时期的形态、创造与发展：以若干典型案例为中心的研究［M］.广州：广东人民出版社,2022：269.
② 邹大海.中国数学在奠基时期的形态、创造与发展：以若干典型案例为中心的研究［M］.广州：广东人民出版社,2022：290.
③ 萧灿.岳麓书院藏秦简《数》研究［M］.北京：中国社会科学出版社,2015：105.
④ 萧灿.岳麓书院藏秦简《数》研究［M］.北京：中国社会科学出版社,2015：105.
⑤ 萧灿.岳麓书院藏秦简《数》研究［M］.北京：中国社会科学出版社,2015：112.

先秦时期已有"方亭"的算法,该类方亭可能是谷仓、门阙、烽火台、高台建筑的台基部分或其他。

此外,《数》中还有圆台体积算法与算题:"乘圜(圆)亭之述(术)曰:下周糈之,上周糈之◻,各自乘也,以上周壹乘下周,以高乘之,卅六而成一。"[①]

$$体积 = (上周^2 + 下周^2 + 上周 \times 下周) \times 高 \times \frac{1}{36}。$$

该圆台体积公式与《算数书》《九章算术》中圆台体积算法相同,且与方亭体积算法有很大的相似性,推测为古人根据方亭体积公式推导出圆台体积公式。此外,《数》中有一道关于"除"的算题:"投除之述(术)曰:半其袤以广高乘之,即成尺数也。"[②]给出了除的体积计算公式

$$体积 = \frac{1}{2} \times 袤 \times 广 \times 高。$$

总之,岳麓书院藏秦简《数》与北京大学藏秦简《算书》一定程度上反应了先秦及秦代数学发展水平,以及《算数书》《九章算术》中的一些算题甚至有更早的算题渊源,同时发现该时期的算题重视实用的计算,很多算题与秦国各政府部门密切相关。虽《数》与《算书》并未形成专门的数学著作,但作为秦代政府官吏的数学教材,一定程度上促进了数学的发展,并为汉代数学的发展奠定了基础。

第三节　汉代数学教材

目前发现的汉代数学教材主要有张家山汉简《算数书》、《周髀算经》和《九章算术》三种,它们是官学和私学中学生的重要读本。

一、《算数书》

(一)成书年代

1983年—1984年,《算数书》竹简出土于湖北省江陵县张家山247号小型墓中。

---

① 萧灿.岳麓书院藏秦简《数》研究[M].北京:中国社会科学出版社,2015:115.
② 萧灿.岳麓书院藏秦简《数》研究[M].北京:中国社会科学出版社,2015:116.

2001 年,科学出版社出版了由彭浩整理注释的《张家山汉简〈算数书〉注释》(图 3 - 6)。根据与该书一起的入葬历谱判断,墓主生前可能为秦朝小吏,学识丰富,在县级政府中主要负责协助县令处理司法案件并管理政府财务,通晓数学。^① 据历谱记载的最后一年是西汉吕后二年(公元前 186 年),故将《算数书》的成书年代下限认定为西汉吕后二年(公元前 186 年)。由于该书中算题的形成年代不同,大部分是战国时期,少部分是西汉初年,因此,可将其出现年代追溯至战国时期。据此推断,《算数书》的成书年代比《九章算术》至少要早 3 个世纪,可谓是中国年代最早的数学著作^②。

图 3 - 6　《张家山汉简〈算数书〉注释》书影

(二) 结构特点

《算数书》是一部以计算为中心的数学问题集,全书共一卷,由近 200 枚竹简组成,每枚简长 29.6—30.4 cm,宽 0.6—0.7 cm。其中,书名"算数书"位于全书第一题的竹简背面,并在竹简顶端涂有黑色方块作为标记(如图 3 - 7^③)。该书共 69 个算题名,包含 80 个术,92 个算题。有的算题名下设 1 个算题(有的是一种算法或一类算法),有的算题名下包含 2 个及以上算题,例如,"少广"下包含 9 个算题。

《算数书》是一部传抄本,69 个算题名中,其内容与文字曾有重复出现之处。例如,"相乘"与"分乘"中均出现"乘分之术曰:母相乘为法,子相乘为实"。"糟减分"与"分当半者"中均出现分数值缩小的办法,"减分者,增其母。""诸分之当半者,倍其母……"又"羽矢""粟求米"重复出现两次,但内容与算法不同,可推测该书取材于多种数学著作。正如邹大海所认为,《算数书》本身或其母本是由来源于多种著作的材料编集在一起的撮编之作。^④

若将《算数书》按照算题类型分类,根据邹大海对算题的分类,通过整理其算题可

① 彭浩.张家山汉简《算数书》注释[M].北京:科学出版社,2001:11 - 12.

② 彭浩.张家山汉简《算数书》注释[M].北京:科学出版社,2001:扉页.

③ 彭浩.张家山汉简《算数书》注释[M].北京:科学出版社,2001:彩页一.

④ 邹大海.中国数学在奠基时期的形态、创造与发展:以若干典型案例为中心的研究[M].广州:广东人民出版社,2022:18.

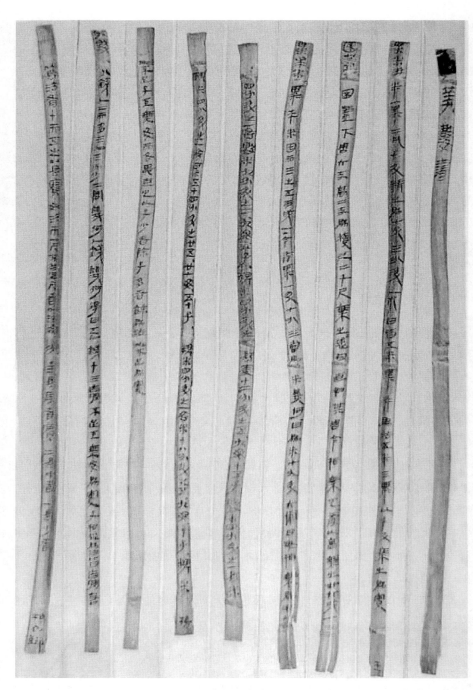

图 3-7 《算数书》部分竹简

知(见表 3-1),《算数书》中有 39 个算题属于典型算题,10 个算题属于准典型算题,20 个算题属于非典型算题。

表 3-1　《算数书》依据算题类型分类

算题类型	算题格式	算　题　名	共　计
典型算题	题设＋提问＋答案＋术文	出金、狐出關、狐皮、負米、女織、并租、金賈、春粟、铜耗(耗)、傅馬、婦織、羽矢、桼(漆)錢、缯幅、息錢、飲桼、稅田、程竹、醫、賈鹽、羍脂、取程、租吳(误)券、粟求米、米求粟、米粟并、負炭、盧唐、羽矢、行、分錢、米出錢、以朞(圜)材(裁)方、以方材朞、朞(圜)材、啟廣、啟從、里田、方田	39 个
准典型算题	题设＋答案＋术文	共買材、耗(耗)租、除、鄆都、絫、旋粟、囷蓋、朞(圜)亭、井材、大廣	10 个
非典型算题	只有题设或术文	相乘、分乘、乘、增(增)減分、分半者、分當半者、約分、合分、径分、石率、絲練、程禾、取枲程、误券、稗毀、耗、粟为米、粟求米、粟米并、少廣	20 个

(三) 内容类别

《算数书》中,内容涉及农、医、工、商等众多领域,因此,将根据算题领域、现代数学内容进行以下两种分类。

1. 根据算题涉及领域分类

《算数书》中算题与日常生活中的计算密切相关,根据其算题内容进行整理,在 69 个算题中,主要涉及数的四则运算、一般经济生活、税收计算、农田管理、田税收取、官稟发放、手工业管理、工程管理及其他管理等 9 个方面,见表 3-2[①]。其中,属于纯数学计算的共 9 个,其余内容均与社会生产、生活中的具体问题相联系。

表 3-2　《算数书》依据算题涉及领域的分类

算　题　名	涉　及　内　容	涉　及　领　域
相乘、分乘、乘、增(增)減分、分當半者、分半者、約分、合分、径分	分数四则运算、整数乘法	数的四则运算

---

① 吴朝阳.秦汉数学类书籍与"以吏为师"——以张家山汉简《算数书》为中心[J].古典文献研究,2012(15):168-188.参考的基础上略作修改.

算　题　名	涉　及　内　容	涉　及　领　域
出金、共買材、金贾、銅耗(耗)、羽矢、桼(漆)錢、贾鹽、分錢、米出錢	金重、出资比例、金价、铸铜、箭、漆、盐、金钱、米	一般经济生活
狐出關、狐皮、負米	关税	税收计算
稅田、取程、耗(耗)租、誤券、租吴(誤)券	田租计算及修正	
取枲程	麻田租税	
并租	多种谷物田租分配	
啟廣、啟從	边长计算	农田管理
少廣、大廣、方田、里田	田地面积计算	
程禾、粺毁、粟为米、粟求米、粟求米、米求粟	谷物换算	田税收取、官禀发放
米粟并、粟米并	换算公式应用	
負炭	制炭	手工业管理
盧唐	竹编	
羽矢	造箭	
挛脂	食品制造	
程竹	竹简制造	
飲桼	禀漆差额计算	
女織、婦織	纺织	
除、郪都、芻、囷(圜)亭、井材	土方工程体积	工程管理
旋粟、囷蓋	谷物体积	
以囷(圜)材(裁)方、以方材囷	方形木材加工	
囷(圜)材	木材直径测算	

续　表

算　题　名	涉　及　内　容	涉　及　领　域
舂粟	官廪差额计算	其他管理
傅馬	傅马饲料分配	
繒幅	超宽幅布帛价值计算	
息錢	借贷利息计算	
醫	医生考核	
石率、絲練	单位换算	
耗	谷物损耗	
行	行程计算	

2. 根据现代数学内容分类

若根据现代数学的分类,可将《算数书》的内容分为算术、几何两类[①](见表 3-3)。

表 3-3　《算数书》依据现代数学内容的分类

类别	内　容	运　算	算　题　名
算术	整数	正负数	醫
		整数乘法	乘、里田
	分数	加法	合分
		减法	出金
		乘法	分乘、相乘
		除法	径分
		约分	约分
		基本性质	繒(增)减分、分当半者、分半者

---

① 彭浩.张家山汉简《算数书》注释[M].北京:科学出版社,2001:13.

类别	内 容	运 算	算 题 名
算术	比例	正比例	石率、贾鹽、取程、耗租、取枲程、金贾、铜耗、桼（漆）錢、飲桼、稅田、程竹、絲練、误券、租吴（误）券、行
		反比例	負炭、盧唐、羽矢
		配分比例	女織、共買材、狐出關、狐皮、并租、傅馬、妇織、羽矢、挈脂
		连比例	負米
		複比例	息錢
		粮食比例换算	舂粟、程禾、粺毀、耗、粟为米、粟求米、粟求米、米求粟、米粟并、粟米并
	盈不足		分錢、米出錢、方田
几何	体积		除、鄆都、芻、旋粟、囷蓋、睘（圜）亭、井材
	面积		里田、少廣、啟廣、啟從、大廣、以睘（圜）材（裁）方、以方材睘、睘（圜）材、缯幅

（1）算术

由表 3-3 可知，《算数书》中属于算术内容的算题名共 54 个，约占该书中所有算题名的 78%。其中，比例内容涉及的算题名共 39 个，约占该书算题内容的 57%，内容多取自社会生产、粮食分配、经济管理等生活实例。下面选取有代表性的算题进行分析。

① 更相减损术

"更相减损术"亦称"更相减损法"，用于求两个数的最大公约数，是中国古代数学家的伟大创举。[①] 现有文献中，认为中国的"更相减损术"最早源于《九章算术》，其实在《算数书》中"约分"中便有"更相减损术"的记载。例如[②]：

约分。约分术曰：以子除母，（母）亦除子，（子）母数交等者，即约之矣。有（又）曰，约分术（術）曰：可半，（半）之，可令若干一、（若干以）。其一术曰：以分子除母，少（小）以母除子，（子）母等以为法，子母各如法而成一。不足除者可半，

---

① ［汉］张苍，等.九章算术[M].曾海龙，译解.南京：江苏人民出版社，2011：4.

② 彭浩.张家山汉简《算数书》注释[M].北京：科学出版社，2001：43.

（半）母亦半子。

　　该题意为用分子减去分母，或分母减去分子，若分子分母都相等，即最大公约数。若分子、分母都是偶数，可被 2 整除，就用 2 约简分数。若分子比分母小，用分母减去分子，子母更相减损直至分子、分母相等，即最大公约数。若分子、分母都是偶数，不适用更相减损法，应用 2 约分化简。

　　以图 3-8①为例，因分子、分母都不是偶数，故用"更相减损法"进行约分，将分子、分母分置左右两边，先用分母减去分子，得 36；再用分子减 36，得 27；再用 36 减 27，得 9；再用 27 减 9，得 18；18 减 9，得 9，即 $\frac{63}{99}$ 的最大公约数是 9。

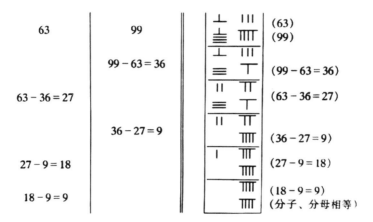

图 3-8　更相减损术

　　② 配分比例

　　《算数书》是秦代官吏学习数学知识的重要读本②，粮食分配、草料分配、手工业分配、关税分配等是官吏必备知识。因此，"配分比例"内容在算题中占有较大的比重。其中，关税是商业往来中重要的一环，现举例如下③：

　　狐出關。狐、狸、犬出關，租百一十一錢。犬謂狸、狸謂狐：而（爾）皮倍我，出租當倍哉。問出各幾何。得曰：犬出十五錢七分六，狸出卅（三十）一錢分五，狐出六十三錢分三。術曰：令各項倍也，並之七為法，以租各乘之為實，（實）如法得一。

① 彭浩.张家山汉简《算数书》注释[M].北京：科学出版社，2001：44.
② 彭浩.张家山汉简《算数书》注释[M].北京：科学出版社，2001：11.
③ 彭浩.张家山汉简《算数书》注释[M].北京：科学出版社，2001：52.

该题是典型的配分比例算法。根据题设，犬皮、狸皮、狐皮的数量互成倍数。由术文可知，设犬皮∶狸皮∶狐皮＝1∶2∶4，相加得 7，作为分母，用所纳税钱数乘以比率作为分子，可得：

$$犬皮出租数\ 111\times\frac{1}{1+2+4}=\frac{111}{7}=15\frac{6}{7}（钱），$$

$$狸皮出租数\ 111\times\frac{2}{1+2+4}=\frac{222}{7}=31\frac{5}{7}（钱），$$

$$狐皮出租数\ 111\times\frac{4}{1+2+4}=\frac{444}{7}=63\frac{3}{7}（钱）。$$

③ 盈不足术

"盈不足术"方法是古代数学中一项具有一般性的重要解题方法。[1]《算数书》中"盈不足术"问题共三处：分别是"分钱""米出钱""方田"，涉及一盈一不足、两盈两不足、通过两次假设把一般问题化为盈不足问题三种类型[2]。

分钱。分钱人二而多三，人三而少二。问几何人、钱几何。得曰：五人、钱十三。赢（盈）、不足互乘母为实，子相从为法。皆赢（盈）若不足，子互乘母而各异直（置）之，以子少者除予多着，余为法，以不足为实。[3]

该题是一盈一不足问题，将若干钱分给若干人，平均每人分 2 钱则余 3 钱，平均每人分 3 钱则少 2 钱，问人与钱各为多少。根据题中条件列出 $\frac{3}{2}$、$\frac{2}{3}$，分子为盈、不足之数，分母为两次假设的分钱数。[4] 根据术文可得：

$$\frac{3}{2}\ \times\ \frac{2}{3}=9+4=13\cdots\cdots\cdots实$$

$$2+3=5\cdots\cdots\cdots\cdots法$$

即 $\frac{13}{5}$，为每人分得的钱数，分子代表总钱数，分母代表参与分钱的人数。

（2）几何

《算数书》中属于几何内容的算题名共 16 个，包括体积、面积两部分，约占该书中所有算题名的 23%，相较算术内容为少。

① 钱宝琮.《九章算术》盈不足术流传欧洲考[J].科学，1927，12(6)：701-714.
② 邹大海.从《算数书》盈不足问题看上古时代的盈不足方法[J].自然科学史研究，2007，26(3)：312-323.
③ 彭浩.张家山汉简《算数书》注释[M].北京：科学出版社，2001：96.
④ 彭浩.张家山汉简《算数书》注释[M].北京：科学出版社，2001：96.

① 体积

《算数书》中关于立体几何体积的算题名 7 个,涉及羡除、郓都、刍童、长方形台体、正圆锥体、正圆台体、正圆柱体等形状的体积计算方法,见表 3 - 4。

表 3 - 4　《算数书》中立体几何部分体积算题的分类

题　名	算题＋术文	公　式
除 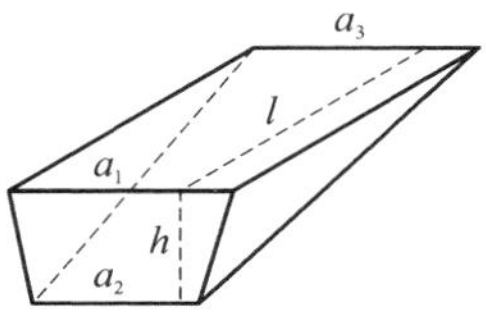	羡除,其定(顶)方丈,高丈二尺,其除广丈、袤三丈九尺,其一旁毋高,积三千三百六十尺。 **术曰**:广积卅(三十)尺除高,以其广、袤乘之即定。	体积 ＝ [(上广＋下广＋末广)×高×袤]×$\frac{1}{6}$
郓都 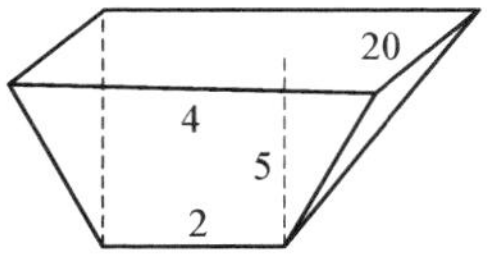	郓都下厚四尺,上厚二尺,高五尺,袤二丈,责(积)百卅三尺少半尺。 **术曰**:倍上厚,以下厚增之,以高及袤乘之,六成一。	体积 ＝ [(上厚×2＋下厚)×高×袤]×$\frac{1}{6}$
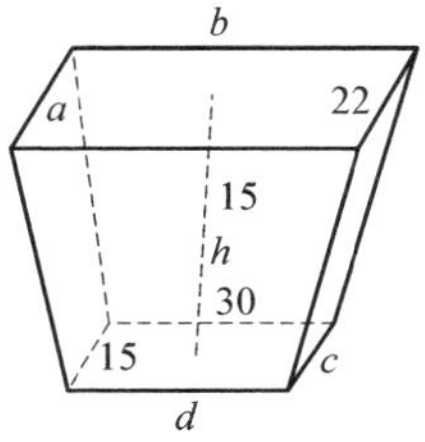 刍	刍童及方阙下广丈五尺、袤三丈,广二丈,袤四丈,丈五尺,积九千二五十尺。 **术曰**:上广袤,广袤各自乘,又上袤从下袤以乘上广,下袤从上袤以乘下广,皆并,乘之,六成一。	体积 ＝ [(2上袤＋下袤)×上广＋(2下袤＋上袤)×下广]×高×$\frac{1}{6}$
旋粟 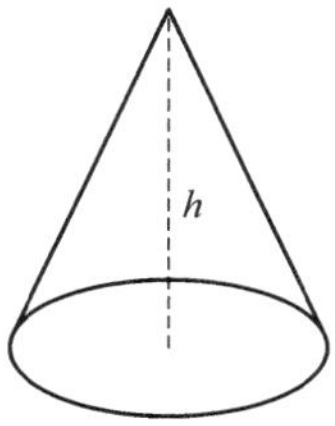	旋粟高五尺,下周三丈,积百廿五尺。二尺七寸而一石,为粟四十六石廿七分石之人。 **其述(术)曰**:下周自乘,以乘之,卅六成一。大积四千五百尺。	体积 ＝ (下周²×高)×$\frac{1}{36}$

题　名	算题＋术文	公　式
困盖	困盖下周六丈，高二丈，为积尺二千尺。 **乘之之述（术）曰：**直（置）如其周令相乘也，有（又）以高乘之，卅六成一。	体积＝（下周^2×高）×$\dfrac{1}{36}$
裛（圜）亭	圜亭上周三丈，大周四丈，高二丈，积二千五十五尺卅六分尺廿。 **术曰：**下周乘上周，周自乘，皆并，以高乘之，卅六成（一）。今二千五十五尺（卅六）分（尺）廿。	体积＝（上周×下周＋上周^2＋下周^2）×高×$\dfrac{1}{36}$
井材	圜材井窌若它物，周二丈四尺，深丈五尺，积七百廿尺。 **术曰：**藉周自乘，以深乘之，十二成一。一曰以周乘径，四成一。	体积＝（周长^2×高）×$\dfrac{1}{12}$

② 面积

关于平面几何面积的算题名共 9 个，其中涉及矩形面积的算题名 6 个，涉及圆形面积的算题名 3 个。

a. 已知边长，求面积。例如①：

里田。里田術（術）曰：里乘里，（里）也，廣、從（縱）各一里，即直（置）一因而三之，有（又）三五之，即為田三頃七十五畝。其廣、從（縱）不等者，先一裏相乘，已，乃因而三之，有（又）三五之，乃成。今有廣二百廿（二十）里，從（縱）三百五十里，為田廿（二十）

---

① 彭浩. 张家山汉简《算数书》注释［M］. 北京：科学出版社，2001：125－126.

八萬八千七百五十頃。直（置）提封以此為之。

一曰：里而乘里，壹三，而三五之，即頃畝數也。有（又）曰：里乘里，（里）也；以里之下即予廿（二十）五因而三之，亦起頃畝數也。曰：廣一裏、從（縱）一里為田三頃（七十）五畝。（图 3-9）

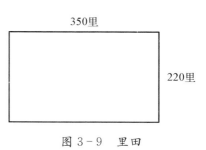

图 3-9　里田

该题是已知边长以里为单位，求其折算成畝、顷的面积，包含两个术。该题中包含着算法的推导过程，由第一个术文可得

$$350 \times 220 = 77\,000,$$
$$77\,000 \times 3 = 231\,000,$$
$$231\,000 \times (5 \times 5 \times 5) = 28\,875\,000（畝）= 288\,750（顷）。$$

由第二个术文可得

$$220\,里 \times 350\,里 = 77\,000\,平方里,$$
$$77\,000 \times 3 = 231\,000（顷）,$$
$$77\,000 \times 3 \times 25 = 5\,775\,000（畝）= 57\,750（顷），$$
$$231\,000 + 57\,750 = 288\,750（顷）。$$

b. 已知面积，求边长。例如①：

启广。田从卅（三十）步，为启广几何而为田一畝？曰：启八步。术曰：以卅（三十）步为法，以二百卌（四十）步为实。启从亦如此。（图 3-10）

该题已知田面积一畝（240 平方步），田畝长边 30 步，求田畝宽边，术文给出方法，即将 240 作为分子，30 作为分母，相除得 8，便是田畝的宽。

30步

田一畝

图 3-10　启广

c. 已知圆周长，求圆内接正方形边长。例如②：

以睘（圆）材（裁）方。以圆材为方材，曰：大四章（圍）二寸廿（二十）五分寸十四，为方材几何？曰：方七寸五分寸三。術曰：因而五之为實，令七而一四。（图 3-11）

d. 已知正方形边长，求内切圆面积。例如③：

———————————

① 彭浩.张家山汉简《算数书》注释[M].北京：科学出版社,2001：113.
② 彭浩.张家山汉简《算数书》注释[M].北京：科学出版社,2001：110.
③ 彭浩.张家山汉简《算数书》注释[M].北京：科学出版社,2001：111.

以方材(裁)裂(圜)。以方為圜,曰:材方七寸五分寸三,為圜材幾何? 曰:四章(圜)二寸廿(二十)五分十四。術曰:方材之一面即圜材之徑也,因而四之以為實,令五而成一。(图3-12)

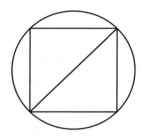 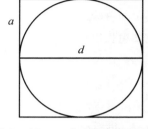

图 3-11 以裂(圜)材(裁)方　　图 3-12 以方材(裁)裂(圜)

《算数书》中几何内容中蕴含着丰富的"出入相补原理"[1],例如,"以裂(圜)材(裁)方"用圆形裁成正方形、"以方材(裁)裂(圜)"用正方形裁成圆形,"方田"中涉及将长方形转换成正方形等。

(四) 对《算数书》的评价

《算数书》以秦汉时期经济制度为背景,以社会生产生活为载体,以数学计算为技能,授予农耕时代官吏粮食、手工业、商业、关税等必备知识。《算数书》兼具实用性与算理性,凝结了古人的劳动智慧。例如,从税收计算、手工业管理中总结出配分比例、连比例、反比例等比例内容,从农田管理中总结出矩形、圆形的面积公式,从粮食的储存堆放中总结出立体几何的体积公式。

另一方面,《算数书》虽是一部传抄本,不可避免地存在错误与瑕疵之处,但《算数书》系统地总结了秦和秦以前的数学成就,为后世提供了丰富的农业、纺织业、制造业等科学技术。同时奠定了中国古代数学发展的基础,对另一部数学巨著《九章算术》的产生有着直接的影响。

二、《周髀算经》

(一) 简介

《周髀算经》(图3-13)是现存的最早的中国古代数学著作。该书约成书于公元前

---

[1] 邹大海. 从先秦文献和《算数书》看出入相补原理的早期应用[J]. 中国文化研究,2004(4):52-60.

2世纪的西汉时期,但其中涉及的数学、天文知识却可以追溯到公元前11世纪的西周时期。它从数学上讨论了宇宙的"盖天"模型,反映了中国古代数学和天文学的密切关系。它的数学成就主要在于分数运算、勾股定理及其在天文测量中的应用等,其中以勾股定理的论述尤为突出。唐初规定《周髀算经》为国子监明算科的教材,是"算经十书"之一。历代许多数学家都曾为《周髀算经》作注,其中最著名的是唐代李淳风等人所作的注。《周髀算经》还曾传入朝鲜和日本。

图 3 - 13

《周髀算经》中讲述的学习数学的方法,对中国古代数学教育史具有重要意义。下面仅以勾股定理的证明为例。

《周髀算经》中明确记载了勾股定理:

"若求邪至日者,以日下为勾,日高为股,勾股各自乘,并而开方除之,得邪至日。"(《周髀算经》上卷二)

赵爽在《周髀算经注》中创造了"勾股圆方图",证明了勾股定理。"勾股圆方图"是用"出入相补"原理通过若干次旋转、对称变换来实现的。

"勾股各自乘,并之为弦实。开方除之,即弦。按弦图又可以勾、股相乘为朱实二,倍之为朱实四,以勾股之差自相乘为中黄实。加差实亦成弦实。"

按"弦图",以勾、股相乘,其积表示为一个矩形,称为"朱实",在图中用红色涂之。加倍就有四个红色的矩形。以勾股之差自乘,在图中用黄色表示为一个小正方形,用黄色涂之,称为"中黄实"。以四个"朱实"加上一个"中黄实"也得到"弦实"——弦的平方(如图 3 - 14)。

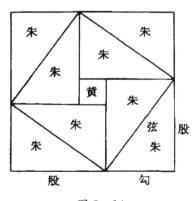

图 3 - 14

将以上证明过程用现代符号表示如下:

设 a,b,c 表示勾股形的勾、股、弦,则一个朱实为 $\frac{1}{2}ab$,四个朱实为 $2ab$,黄实为 $(b-a)^2$。所以,$c^2 = 2ab + (b-a)^2 = a^2 + b^2$,即 $c^2 = a^2 + b^2$。

勾股定理的这种证明方法是中国古代几何证明方法的典型例子,它是将条件和结论的内在联系作为一个整体从直觉上把握,言简意赅地表述了证明过程。中国古代几何证明的"出入相补"原理中隐含着中国传统思维的整体性思想,几何证明中试图构造一个井然有序的整体。这种证明思路和古希腊的欧几里得在《几何原本》中对勾股定理的证明方法截然不同。

古希腊的证明方法是通过全等三角形证明直角三角形中,直角的对边上的正方形面积等于夹直角的两边上的正方形面积之和①(如图3-15)。

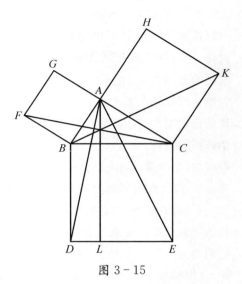

图 3-15

(二)《周髀算经》的数学教育思想

《周髀算经》中荣方向陈子请教数学问题,而陈子没有直接告诉答案,谆谆教导其学习思考数学的方法,在荣方不厌其烦地反复思考的基础上,清晰地讲解了问题原由和结果。

昔者荣方问于陈子。曰:"今者窃闻夫子之道,知日之高大,光之所照,一日所行,远近之数,人所望见,四极之穷,列星之宿,天地之广袤。夫子之道皆能知之,其信有之乎?"

陈子曰:"然。"

荣方曰:"方虽不省,愿夫子幸而说之。今若方者,可教此道邪?"

陈子曰:"然。此皆算术之所及,子之于算,足以知此矣。若诚累思之。"

于是荣方归而思之,数日不能得。复见陈子曰:"方思之不能得,敢请问之。"

陈子曰:"思之未熟。此亦望远起高之术,而子不能得,则子之于数未能通类。是智有所不及,而神有所穷。夫道术,言约而用博者,智类之明。问一类而万事达者,谓之知道。算数之术,是用智矣。而尚有所难,是子之智类单。夫道术所以难通者,既学矣患其不博,既博矣患其不习。既习矣患其不能知。故同术相学,同事相观,此列士之愚智、贤不肖之所分。是故能类以合类,此贤者,业精习智之质也。夫学同业而不能入神者,此不肖无智而业不能精习,是故算不能精习吾岂以道隐子哉固复熟思之。"

荣方复归,思之数日不能得。复见陈子曰:"方思之以精熟矣,智有所不及,而神有所穷知,不能得。愿终请说之。"陈子曰:"复坐,吾语汝。"于是荣方复坐而请。陈子说

---

① [日]ユークリッド.ユークリッド原論[M].東京:共立出版株式会社,1971:33.

之曰："夏至南万六千里冬至南十三万五千里日中立竿测影,此一者天道之数,周髀长八尺夏至之日晷一尺六寸,髀者股也正晷者勾也,正南千里勾一尺五寸正北千里勾一尺七寸,日益表南晷日益长候勾六尺即取竹空径一寸长八尺捕影而视之空正掩日,而日应空之孔,由此观之率八十寸而得径一寸,故以勾为首以髀为股,从髀至日下六万里而髀无影从此以上至日则八万里。"

上述案例并不是个别的案例,它蕴含了数学学习方法的哲理性,从中我们可以看到以下几点:

第一,中国古代数学教学中采用师生平等的对话讨论的启发式教学方法,注重了师生互动。这种教与学的讨论方式类似于古希腊柏拉图的《美诺篇》中苏格拉底的数学教学的"产婆术"对话方法①:

苏格拉底产婆术是古希腊哲学家苏格拉底用于引导学生自己思索、自己得出结论的方法。苏格拉底的母亲是助产婆,他以助产术来形象比喻自己的教学方法。这种方法分四部分:讥讽、助产术、归纳和下定义。所谓"讥讽",即在谈话中让对方谈出自己对某一问题的看法,然后揭露对方谈话中的自相矛盾之处,使对方承认自己对这一问题实际一无所知。所谓"助产术",即用谈话法帮助对方回忆知识,就像助产婆帮助产妇产出婴儿一样。"归纳"是通过问答使对方的认识能逐步排除事物个别的特殊的东西,揭示事物本质的普遍的东西,从而得出事物的"定义"。这是一个从现象、个别到普通、一般的过程。苏格拉底在《美诺篇》中通过几何学的问题解决阐明了产婆术。

在柏拉图的《美诺篇》中讲到把一个正方形面积加倍的著名段落里,如图 3-16,苏格拉底把这个必然性揭示得淋漓尽致。"这里有一个正方形,"一个朋友对他说,"我要画出一个面积是它两倍的正方形。我画不出来,因为,如果我添上一个同样大小的正方形,面积是变成两倍了,但我得到的是个长方形,而不是正方形;如果我把边长拉长到原来的两倍,我得到的是个正方形,但面积却是原来的四倍,而不是两倍。怎么办?"苏格拉底并没有力图告诉他答案,而

图 3-16

---

① ［法］阿尔贝·雅卡尔.睡莲的方程式:科学的乐趣[M].姜海佳,译.南宁:广西师范大学出版社,2001:
　56-57.

是让一个陪着这位朋友的奴隶发现了答案。苏格拉底从边长加倍后得到的图形出发，让奴隶在每个正方形上划一条对角线。他指出每个步骤，一步步地让奴隶发现了由四条对角线作为四边的图形是个正方形，其面积正是原来那个正方形的两倍（因为它是由四个半正方形组成的）。用不着复杂的表述，苏格拉底便在我们眼前展现出一条直线，就是对角线，其长度相当于数字 $\sqrt{2}$。

我们要记住，苏格拉底并没有力图对一个特别聪明的人表达自己的想法，即使在今天，他也不会在"高等学府"的阶梯教室中作论证。他在对一个奴隶说话，而奴隶是被认为无知但明理的人。他把理解力与知识完全区分开来了。

第二，陈子提倡自主学习，向荣方阐明了思考在数学学习中的重要性。

第三，陈子没有直接把知识授予荣方，而是在荣方进行一段反复思考的基础上传授了知识。

总之，《周髀算经》中强调，学习数学时要举一反三，积极思考，除掌握一定的知识外，也应该注重思维能力的训练和培养。

三、《九章算术》

（一）内容结构

《九章算术》（图 3-17）是中国传统数学的经典著作，也是世界数学名著。《九章算术》是汉代以前数学知识的集大成者，包括了当时的大部分数学成果[①]，是一部百科全书式的数学著作。该书后来在中国和东方产生了极其深远的影响，成为中国传统数学的代表。《九章算术》作为一种模式，与西方的欧几里得《几何原本》形成鲜明的对照。《九章算术》的成就标志着中国古代数学在公元初期就已经达到了极高水平，在很多重要方面是创造性的、世界领先的。例如，位值制十进制记数法，印度最早在 6 世纪末才出现；在分数运算方面也是很成熟的，而印度在 7 世纪才应用；关于开平方、开立方，西方 4、5 世纪才有开平方，但

图 3-17

---

① 虽然《九章算术》是汉代以前数学知识的集大成者，但《九章算术》的编纂者没有采纳墨家的数学知识。

还没有开立方;至于正负数概念和一些运算法则,印度最早见于 7 世纪,西欧至 16 世纪才出现;在联立一次方程组、二次方程方面,也是领先于印度、西方至少 6 个世纪之久。

《九章算术》的作者不详。专家们已经指出,《九章算术》的编写工作不是由一个人独立完成的,而是经过张苍、耿寿昌等数学家逐渐整理完成。魏晋时期的刘徽注解《九章算术》之前,就已经确立了其代表中国传统数学的不可动摇的地位,刘徽的注解,使《九章算术》的内容变得清晰明白,更容易被人们理解。

《九章算术》由九卷组成,是以应用问题集的形式编写的,共有 246 个问题。先举出问题,然后给出"答"和"术",即每一个小问题都有"术",这些"术"是解决问题的方法或算法程序,有的相当于数学定理或数学公式。全书共有 200 多个"术",其中一般意义的"术"有 60 多个,这些"术"文是中国传统数学理论的最根本所在。

《九章算术》的主要内容与结构如下:

卷第一,方田,有 38 道题、21 个"术",重要"术"文为"均分术",主要内容是:各种平面形田地面积的计算问题与计算面积有关的分数四则运算。

卷第二,粟米,有 46 道题、36 个"术",重要"术"文为"今有术"和"经率术",主要内容是:计算各种粮食兑换、计算商品单价等比例问题。

卷第三,衰分,有 20 道题、22 个"术",重要"术"文为"衰分术"和"返衰术",主要内容是:按一定比例进行分配的问题,按等级制分配物品、税收、罚款、记工、贷款利息、粮食买卖等问题,包括分配比例、进一步复杂的正比例和复比例。

卷第四,少广,有 24 道题、16 个"术",重要"术"文为"开方术""开圆术""开立方术""开立圆术",主要内容是:已知矩形田地面积及一边求另一边;关于正方形、圆形、立方体、球体等求积问题;开平方、开立方方法。

卷第五,商功,有 28 道题、24 个"术",重要"术"文为"委粟术""阳马术""刍童术",主要内容是:土方工程的计算;关于筑城、开渠、开运河、修堤坝、建粮仓等问题;计算劳动力人数等问题;给出多种立体体积的求积方法。

卷第六,均输,有 28 道题、28 个"术",重要"术"文为"均输术",主要内容是:关于按各地区人口多少、路途远近、生产粮食的种类、交纳实物或摊派徭役的计算方法,有加权分配比例、复比例、连比例、合作问题和行程问题。

卷第七,盈不足,有 20 道题、17 个"术",重要"术"文为"盈不足术",主要内容是:引出和运用"盈不足术"的应用问题,即在非负数范围内用双假设法列线性方程问题。

卷第八,方程,有 18 道题、18 个"术",重要"术"文为"方程术""正负术",主要内容是:线性方程组的一般解法——消去法;正负数概念及其加减运算法则。

卷第九,勾股,有 24 道题、22 个"术",重要"术"文为"勾股术",主要内容是:利用勾股定理来求解的应用问题。

(二)《九章算术》的主要成就

《九章算术》在算术、代数学和几何学方面取得了辉煌的成就。

1. 算术成就

《九章算术》在世界上第一次建立完整的分数理论。在"方田"章中详细介绍了分数的约分、通分以及加、减、乘、除法则。在比例计算方面,《九章算术》中较多的篇幅介绍了比例计算问题,有正比例、反比例、分配比例、复比例、连比例等内容。

2. 代数成就

主要包括开方术、正负术和方程术。

(1)开方术

《九章算术》的"少广"章中给出了四种开方术:开平方术、开圆术、开立方术和开立圆术,详细地介绍了开方的算法程序。《九章算术》对开方程序的叙述严谨,行文简练。足见我国古代数学的这项技能已经达到炉火纯青的境界。

(2)正负术

正负术是《九章算术》的重要成就。《九章算术》在解方程和建立方程的过程中突破了正数的限制,发现了负数,而且毫无保留地接受了负数。《九章算术》明确提出了正负数完整的加减法则。

正负术曰:同名相除,异名相益,正无入负之,负无入正之。其异名相除,同名相益,正无入正之,负无入正之。(《九章算术》方程章)

《九章算术》中的负数概念是一个世界性成果,这是国内外学者们公认的。如日本数学史家薮内清说:"令人注意的是,在计算中负数的处理方法与正数相同。在中国用算筹表示数字,分成红色和黑色,用红色表示正数,黑色表示负数,它们之间的加减、乘法运算和现在的正负数的计算方法完全相同。在欧洲数学中负数的出现是从 17 世纪笛卡儿开始的……汉代已经有负数计算,完全表明中国人出色的数值计算能力。"[1]薮内清仅仅看到了问题的一个方面。中国人最早发现负数,不仅在于他们高超的计算能力,还在于他们的哲学思想。中国人发现负数以后,在他们数学思想中很自然地容纳了它,也就是承认了负数的存在。实际上,在古代生活中不一定需要负数,负数也不一定是高超的计算能力的必然结果。但中国人认识了负数后的一千多年间不赞成方程

---

① [日] 薮内清. 中国の科学文明[M]. 東京:岩波書店,1990:53.

的负数根。古埃及和古巴比伦数学家也擅长于计算,但他们没有发现负数。在古希腊数学中的两数差的完全平方公式和平方差公式中都出现了类似于"＋"和"－"表达方式,但这些只表示加减运算,并没有表示负数。在国外,印度数学家婆罗摩笈多(Brahmagupta,约598—600)在628年左右开始使用负数,并提出负数的四则运算法则。然而"印度人并没有毫无保留地接受负数"[①]。此外,巴斯伽(Bhaskara,1150年左右)从 $x^2-45x=250$ 中得出了 $x=50$ 和 $x=-5$,但他说:"这里不要第二个数值,因为它不行,人们不赞成负数的解。"[②]说明他还没有完全承认"－5"是一个数。意大利数学家斐波那契(Fibonacci,1175—1250)用负数表示了负债,但其他场合并没有承认负数的存在。总之,西方的数学家不易接受负数概念,甚至数学家们都主张负数是一种空想的、无条理的、不可能的东西。他们为了证明负数的不存在而付出了精力,以便排除他们对负数的忧虑。

（3）方程术

方程术是《九章算术》的最高成就。《九章算术》中有二次方程、线性方程组,方程术共有18个例题。方程术就是解线性方程组的算法。中国人出色的计算能力充分地体现在解方程的过程中。方程术开创了此后中国数学在这一领域中辉煌成就的先河。中国古代数学中方程的系数都是具体的数值,不像现代数学那样使用 a,b,c 等字母表示系数。

《九章算术》中列方程的方式,相当于列出其增广矩阵,其消元过程相当于矩阵变换。在"方程"章中,多次用了损益术。损益术是解方程时要使用的一种方法。它相当于现在的在方程两边同时加减同一个数或代数式的方法。

3. 几何成就

《九章算术》中没有涉及几何学中的基本概念、公理、定理等内容。换言之,中国数学中的几何知识不涉及点、线、面、体方面的性质问题。它的几何知识归根到底还是计算和实用。解决几何问题的关键亦在于算法。几何成就主要有各种几何图形的面积、几何体的体积和勾股问题。

面积问题有方田(长方形)、圭田(三角形)、邪田(直角梯形)、箕田(等腰梯形)、圆田、宛田(球冠形)、弧田(弓形)、环田(圆环)等面积公式。

在《九章算术》中有各种立体体积的公式,有些是相当复杂的。求体积的方法有:

---

① ［美］M.克莱因.古今数学思想(第一册)［M］.张理京,张锦炎,译.上海:上海科学技术出版社,1979:210.
② ［美］M.克莱因.古今数学思想(第一册)［M］.张理京,张锦炎,译.上海:上海科学技术出版社,1979:211.

城、垣、堤、沟、堑、渠,皆同术;方堢墒(正方柱体),方亭(正锥台)体积,方锥体积,羡除(契形体)体积,刍童、曲池、盘池、冥谷,皆同术;阳马、鳖臑、各种圆体体积等。

勾股问题是我国古代数学的一个重要课题。勾股问题包括勾股定理以及有关勾、股、弦之间的关系和一些算法。"勾股"大致包括三个方面的内容,即勾股定理的应用、勾股形内接正方形和内切圆、利用相似勾股形对应边成比例的原理的测量问题。例如,勾股定理的应用方面,有"勾股"章第九问、勾股形内接正方形和内切圆问题。

中国古代几何学成就,除与计算有关外,还与整体性思维有密切的联系,这将在后面章节中详细论述。

(三)《九章算术》的特点

《九章算术》是中国传统数学的代表著作,它的特征代表中国传统数学的特征。国内外学者对它的特征提出了各自的观点。例如,钱宝琮围绕数学成就提出了 17 条特征(《中国数学史话》)。钱宝琮提出的 17 条特征,与其说是中国传统数学的特点,还不如说是中国传统数学的成就。吴文俊在《吴文俊论数学机械化》中提出:中国古代数学具有计算性、构造性和机械化的特征。李继闵在《试论中国传统数学的特点》中提出4 条特征:(1)社会性;(2)形数结合,以算为主,使用算器,建立一套算法体系;(3)"寓理于算"和理论的高度精练;(4)中国传统数学持续而又稳缓的发展趋势,及其力量的局限性。王鸿钧等在《中国古代数学思想方法》中提出 5 条:(1)"经世致用"的实用思想;(2)"天人感应"的神秘思想;(3)算法化、数值化、离散化的计算思想;(4)朴素的辩证思想;(5)正统思想。郭书春在《中国古代数学》中提出 4 条:(1)表现形式,中国古典数学有以术文统率例题的形式;(2)关于数学理论的研究,中国古典数学也有演绎推理;(3)长于计算,以算法为中心;(4)理论密切联系实际。刘钝在《大哉言数》中提出 5 条:(1)便捷的记数制度与计算工具;(2)丰富多彩的推理方式;(3)构造性的问题和机械化的算法;(4)经典著作的示范作用;(5)浓厚的人文色彩和鲜明的社会性。国外的一些数学史家也总结出中国传统数学的一些特征。如,小仓金之助在《中国数学、日本数学》中提出 3 条:(1)中国数学的特色之一是缺乏逻辑性;(2)天文学家和历算家就是数学家;(3)在中国,由天文历法上的问题提供数学问题的创造性数学方法非常多。三上义夫提出:"在古代中国的数学思想中最大的缺点是缺少严格求证的思想。"[①]

① [英]李约瑟.中国科学技术史(第三卷·数学)[M].《中国科学技术史》编译组,译.北京:科学出版社,1978:337-338.

这些观点从不同侧面反映了中国传统数学的某些特点。这里无意对这些观点进行评价。我们总结《九章算术》(中国传统数学)最基本的特征有两点:(1) 以实用为目的的实用性特征;(2) 以算法为中心的计算性特征。

1. 以实用为目的的实用性特征

《九章算术》具有实用性特征,它决定了中国传统数学的特征。这个特征也是由中国传统哲学思维所决定的。换言之,中国传统数学实用性特征的思想根源在于中国传统哲学思想。关于中国传统数学具有实用性特征,专家学者们的看法比较一致。下面从几个方面简要地论述。

(1) 从《九章算术》的内容来看,当时的社会生产实践需要决定了《九章算术》的形成和发展。《九章算术》是在研究整理古代数学资料的基础上精心编纂的实用数学著作。《九章算术》的内容与当时人们日常生活中的土地面积计算、粮食兑换、分配物品、税收、罚款、记工、土木工程计算等各个方面的实际问题密切相关。所选择的 246 个题目中多数都涉及当时社会生产实践的实际问题,有的是生活中的数学趣味问题。大约有 190 道是和经济活动有关的应用题,这些算题保存了当时社会经济方面的许多重要史料。各章内容的关系是平行的,在每一章的内容和数学方法的安排上也有由浅入深的层次性。在古代中国,社会实践是衡量数学好坏的标准。如果数学适合生活需要,能够有效地解决生活中的实际问题就是好数学,从而得到发展,否则就得不到重视甚至被抛弃。例如,虽然《九章算术》是先秦以来的数学成就的集大成者,但它的整理编写者并没有能够把墨家的几何知识纳入自己的数学知识体系中。因为墨家的几何知识是讨论点、线、面及其一些逻辑关系的抽象的数学知识,和生活中的实际问题并没有直接关系。所谓"端,体之无序而最前者也。端是无同也。""圜,一中同长也。""方,柱隅四讙也。"等逻辑定义方法在实际生活中毫无意义,不能为人们提供解决实际问题的有效方法,所以没有实用价值。先秦以降的数学家,即《九章算术》的编纂者不可能没有见到墨家的数学理论,但墨家数学理论不符合他们的选择标准,因此没有被采用。

(2) 正因为受社会生产实践的需要和实践性衡量标准的直接影响,《九章算术》在编写的指导思想和方法上也体现出实用性的特征。在《九章算术》中出现了大量的数学名词术语或数学概念,共有 120 多个。这些名词术语及其含义有的沿用至今。但在《九章算术》中对所有数学名词术语或概念都没有做出解释或给出定义,即没有揭示概念所反映的事物的本质属性。概念之间的逻辑关系不清楚,因而许多概念之间的关系显得都是平行的。人们在数学经验的基础上,在学习和应用数学的过程中,凭借直觉去领会"术"中各概念之间的内在关系。中国古代数学家的兴趣在于实用,而不在于对这些关系的揭示,也没有认识到揭示概念之间关系的重要性。

（3）在《九章算术》里没有介绍布列算筹的方法和九九表等最初步的数学基础知识。首先，这可能是由学习者的水平或《九章算术》的实际水平所决定的。对学习和使用《九章算术》的人来说，《九章算术》中名词术语、算筹的使用方法和九九表等基础知识早已掌握或者在学习和使用计算的过程中去领会。其次，这种编写方法是由《九章算术》的实用性特征决定的。因为在实际使用过程中并不需要对那些名词术语和基本概念进行解释，也并不需要对具有一般意义的"术"解释或证明。虽然在《九章算术》中出现了很多数学命题或判断，但没有给出逻辑证明。这就足够说明它不是人们通常所说的一般意义的数学教科书，即高级数学人才使用的教材，或者官方使用的数学实用手册。因为《九章算术》一书，从其萌芽时起直到定稿，没有离开过政府的经济管理部门（国家图书馆也可能藏有），为经济工作服务；是一部实用性很强的书"。①

（4）从《九章算术》的名词术语来源看，也反映了实用性特点。《九章算术》的内容及所使用的名词术语大多数都和社会生产实践有直接关系，是实际存在的物质实体，缺少脱离实际的抽象概念。这种特征和欧几里得《几何原本》大相径庭。在欧几里得几何中没有一个实际问题，所讨论的是概念与概念之间的关系。众所周知，"几何学研究点、线、平面、角、圆、三角形，等等。对于欧几里得和希腊人来说，在这部著作中，欧几里得当时所给出的这些术语，并不表示物质实体本身，而是从物质实体中抽象出来的概念。事实上，来源于物质实体的数学抽象，仅仅只反映了实体的少量性质……为了使抽象术语的含义更精确，欧几里得首先给这些术语下了定义。"②就《九章算术》来说，对一目了然的东西下定义没有任何实用价值。《九章算术》中的问题不仅仅都是实际问题，而且有些名词术语能够反映其产生发展的时代背景。例如，《九章算术》记分数的方法为"实如法而一"中的"实"和"法"都有实用的特点。"在中国古代，被除数称为'实'，除数称为'法'。古代数学密切联系实际，所分的都是实在的东西，如各种谷物、丝绸之类，故被除数称为实；而用之于分的数实际上是一个标准，故除数称为法。法，标准也。"③此外，《九章算术》中的"术"的命名几乎都与生活中的具体东西相对应。

（5）从学习研究数学的目的上看，更体现了实用性特征。在中国古代学习、研究数学的主要目的在于解决日常生活中的实际问题。数学教育的目的也是如此。中国古代数学家在著书立说时或多或少都谈到了数学的实用价值，有的详细全面，有的简明扼要。关于数学实用价值的论述，最早出现在《汉书·律历志》中：

① 李迪.中国数学通史：上古到五代卷[M].南京：江苏教育出版社,1997：109.

② ［美］M.克莱因.西方文化中的数学[M].张祖贵,译.台北：九章出版社,1995：42.

③ 郭书春.古代世界数学泰斗刘徽[M].济南：山东科学技术出版社,1992：5.

"数者，一，十，百，千，万也。所以算数事物，顺性命之理也。"

《汉书·律历志》中对数学功用的认识，对后世数学家的思想产生了巨大影响。刘徽、《孙子算经》的作者、秦九韶、程大位等数学家无不受其影响。

如，《孙子算经》序中阐述数学功用时指出：

"夫算者，天地之经纬，群生之元首，五常之本末，阴阳之父母，星辰之建号，三光之表里，五行之准平，四时之终始，万物之祖宗，六艺之纲纪。稽群伦之聚散，考二气之升降，推寒暑之迭运，步远近之殊同。观天道精微之兆基，察地理纵横之长短。采神祇之所在，极成败之符验。穷道理之理，究性命之情。立规矩，准方圆，谨法度，约尺丈，立权衡，平重轻，刬毫厘，析黍累，历亿载而不朽，施八极而无疆。散之不可胜究，敛之不盈掌握。向之者富有余，背之者贫且窭。心开者幼冲而即悟，意闭者皓首而难精。夫欲学者必务量能揆己，志在所专。如是则焉有成者哉。"

这就是说，数学无处不在，无处不用。

又如，程大位在《算法统宗》卷一中也谈到数学的作用：

"智能童蒙易晓，愚顽皓首难闻。世间六艺任纷纷，算乃人志根本。知书不知算，如临暗室昏昏。谩同高手细评论，数彻无萦方寸。"

（6）数学研究人员的社会地位或行政手段也对传统数学的实用性特征的形成起到关键作用。中国传统数学和古希腊数学风格特征之所以不同，其主要原因之一是中国传统数学的整理编纂者是经济管理等方面的官员，而古希腊数学的研究人员是学者。"在古希腊，学者研究和整理数学知识，他们试图用数学描述世界图景和训练某些特殊人的头脑，而不是在日常生活中的应用，亚里士多德等又是逻辑学家，并把逻辑方法用于数学研究，于是形成了以欧几里得《几何原本》为代表的演绎体系数学模式。在古代中国虽也存在形成演绎体系数学模式的可能性，但整理数学知识的工作主要掌握在经济管理官员手中，他们把数学题搜集在一起，编成如《算数书》那样的数学问题集，整理数学知识的目的是日常应用。以后又出现了《九章算术》这样的典型问题汇编，成为东方的数学模式。"[①]技术学和行政管理的影响一直束缚着数学研究人员的思想，在近两千年的发展进程中中国传统数学虽然取得一些世界领先地位的伟大成就，但遗憾的是始终未能改变《九章算术》的模式。即，历代数学家没有能够从行政管理思想所决定的实用数学的模式中解放出来。这也更进一步说明了《九章算术》对后世的影响多么深远。现在持这种观点的学者越来越多。日本学者伊东俊太郎对古希腊和东方数

---

① 李迪.古代ギリシアと古代中国における異なる数学モデルの形成された背景[J].数学教育研究（日本），2000（30）：35-39.

学产生的不同特征进行比较时指出："东方社会里，数学是为专制官僚社会中支配者的行政上的需要而产生的，数学知识就像是从上面下达的'命令'。在知识发生的最初阶段里有很出色的数学洞察力，但是它被固定为上层阶级特权行会的知识后，已经成为专制官僚组织的知识财产，而以传统形式延续下去。对这些知识来说不存在提出'为什么'和进行'论证'的必要，而只是对支配者来说具有价值的实用的东西。"①他的观点有一定的道理。

苏联数学史家瑞普尼柯夫（К. А. Рыбников）在他的《数学史》中讲述中国数学发展的大要，并和《几何原本》进行比较，也提出过类似的观点。他说："在中国科学的创造性发展，由于殖民主义和封建统治的压制而被荒废了。"②这里也强调了专制官僚社会中支配者对数学发展所起到的导向作用。

《九章算术》的实用性特征也是中国传统数学的基本特征，它与古希腊数学追求演绎系统的特征是截然不同的。总之，中国古代的劳动人民向来重视实际，善于从实际中发现问题、提炼问题，进而分析问题、解决问题，在深入广泛的实践经验上建立了具有自己特色的中国古代数学。中国的数学牢牢扎根于社会实践之中，是根植于长期的实践经验基础之上的，这与古希腊几何学脱离实际走到纯逻辑推理的形式主义有根本性区别。

《九章算术》以实用为目的的实用性特征，一直影响着后世的数学发展，即《九章算术》决定中国传统数学的实用性特征。即使是刘徽、李淳风等作注，注入一些理性的精神，但《九章算术》为实用而设计的数学模式仍然限制了数学家的思想和方法，让他们别无选择地沿着以实用为目的的道路艰难地走下去。刘徽给《九章算术》中的名词术语（概念）下定义，为多数命题给出逻辑证明，并指出了存在的一些错误，但他所使用的"术语和解说模式，不完全适合表达他的数学思想"。③

以上从多方面论述了《九章算术》的实用性特征，但这并不意味着它除实用性以外，没有其他非实用的方面。事实上，在《九章算术》中也有一些非实用的趣味问题。例如，"勾股"章中第十四、十五题，是有非常浓厚的趣味性的问题，不一定是为了实用而安排的。这些问题也直接导致了趣味性更浓厚的《测圆海镜》的问世。中国古代数学的一些趣味性问题是具有世界意义的，如《孙子算经》的"物不知数"问题④，在世界

① ［日］伊东俊太郎，原亨吉，村田全.数学史［M］.東京：筑摩書房，1975：114.

② ［日］ルイブニコフ.数学史(1)［M］.東京：東京図書，1963：130.

③ 洪万生.孔子与数学：一个人文的怀想［M］.台北：明文书局，1990：69.

④《孙子算经》第26问题：今有物，不知其数。三三数之，剩二；五五数之，剩三；七七数之，剩二。问物几何？答曰：二十三。

上被称为"中国剩余定理",亦称"孙子定理"。

2. 以算法为中心的计算特征

中国传统数学具有以算法为中心的计算性特征。国内外专家学者关于计算性特征的看法比较一致。一般地,"就中国科学史来讲,过去的科学具有技术性的性格。在古代要明确区分科学和技术是非常困难的。如果真要想区分,那就是技术比科学更具有地区风俗和生产相结合的特点,因此具有很强的地区性性格。就中国来讲,科学并不是以理论为基础去说明现象,而更多的是以经验为基础获得知识,所以相对地缺乏逻辑性。以天文学数学为例来说,当然不可能没有逻辑,但是其中心是计算技术,天文学史和数学史主要任务是弄清这样的计算技术的发展过程。"①计算不是别的,就是由实用性特征所决定的。中国古代数学高度发展的计算技术,其原动力在于实用的需要。

(1) 特殊的算具及其作用

算筹是中国传统数学特有的记数、计算工具,是在数学和其他科学领域中表示数的主要手段。它由在算板上摆布小竹棍或木棍进行计算而得名。这种计算工具在世界上其他地方没有产生过,是古代中国独一无二的计算工具。中国人最晚在春秋战国时期就有了算筹。在《老子》中有"善数不用筹策"的记载。

用算筹摆成数字进行计算叫做筹算。筹算和现代的笔算差异很大,可以说是中国自己创造和形成的独特计算方式和系统。用算筹可以很自如地进行加减乘除计算。算筹在计算中使用起来操作性强,简单明了。

算筹对中国古代数学模式的形成产生过重要影响。正如李继闵所说:"中国古代的筹算决不限于单纯的数字计算,而是发展了一套内容十分丰富的'筹式'演算。中算家不仅利用筹码不同的'位'来表示不同的'值',发明了十进制值制记数法,而且还利用筹在算板上各种相对位置排列成特定的数学模式,用以描述某种类型的实际应用问题。"②

中国传统数学特征的形成以及在代数学方面取得的伟大成就并不是偶然的,与它的使用工具——算筹有着密切联系。

"在中国古代数学中,进位制记数法不但利于表示一个数字的各位数码,并且利于表示一个算式中的各项数字,也就是现代数学中的分离系数法。"③

---

① [日]伊东俊太郎.《科学》の通時態と共時態[M].東京:朝日出版社,1981:36.

② 李继闵.试论中国传统数学的特点[M]//中国数学史论文集(二).济南:山东教育出版社,1986:12.

③ 钱宝琮.中国数学史[M].北京:科学出版社,1964:52.

如上所述,算筹有很多优点,但存在不能克服的一些缺点。例如,有时表示比较大的数字难免出错;在冗长的计算过程中出现错误的情况下,不容易发现在何处出现了错误;也不利于中国数学走向抽象化道路、建立严格的逻辑理论体系。

(2) 社会需要决定了《九章算术》的计算性特征

计算技术是当权者支配人民的手段之一。计算技术包括租税计算、分配计算、土地测量、土木工程的计算、天文历法的计算等,国家管理事务中迫切需要计算技术。这种需要直接促进了中国的计算技术的发展。在古代一般百姓对计算技术的要求不高。

《九章算术》的主要内容是田亩面积、粮仓等体积、测量关系的几何、建筑工程、租税、赋役、均输、商业交易等计算性的实际应用问题。其浓厚的实用性直接决定了以算法为中心的计算特征。

(3) 中国传统数学的计算特征与数学教育

中国传统数学的计算特征在中国数学教育中具有显著的体现。中国传统数学的计算,要求学生牢固掌握各种计算技术的同时,计算要达到熟能生巧的水平。要想达到熟能生巧的水平,必须做到以下几点:

首先,要勤勉学习。中国传统教育中格外强调中华民族勤劳勇敢的优秀品质。自古以来,中国人以"锲而不舍,金石可镂""勤能补拙""笨鸟先飞""功夫不负有心人"等至理名言来教育学生。学习数学时更需要这种勤勉精神。

其次,要牢固记忆数学知识,这样才能通向理解。中国传统数学教育中采取以下策略让学生牢固记忆:

第一,牢固记忆可以通向理解。牢固数学记忆的方法多种多样,口诀、歌诀方法是中国人惯用的方法。中国传统数学中牢固记忆的方法是通过数学诗歌和歌诀来实现的。中国古代人把一些数学问题改编成歌诀,以便掌握和传授。数学歌诀是反映数量关系和空间形式内在联系及其规律的一种口头形式,它是按数学内容要点编成的有节奏、生动、押韵的整齐句子。数学歌诀在数学学习研究和商业来往中起到一定的作用。歌诀使数学知识易于普及民间。中国最早的数学歌诀在《周髀算经》中就有:"平矩以正绳,偃矩以望高,覆矩以测深,卧矩以知远,环矩以为圆,合矩以为方。"宋元之际在杨辉、朱世杰的著作中也出现过不少数学歌诀;明代程大位的《算法统宗》达到了炉火纯青的境界,珠算的操作都是以歌诀形式进行的,许多数学题是以歌诀形式编写的。歌诀也反映了中国古代数学家浪漫的艺术气质。

在现在的数学教学中,有经验的数学老师也经常采用口诀或歌诀方法来促进、巩固学生的数学记忆,而且口诀内容极其丰富。在小学数学教育中,仍然十分重视九九表的背诵。一位数乘两位数的心算也是必需的。在初中有理数的加法运算教学中,经常采用的口诀是:"同号两数来相加,绝对值加不变号。异号相加大减小,大数决定和符号。互为相反数求和,结果是零须记好。"("大"减"小"是指绝对值的大小)又如,在高中数学教学中,三角恒等变换公式是不是要记忆? 在高考试卷上曾经要求把公式印出来,但是教师普遍要求学生熟记,例如 $\sin(x+y)=\sin x\cos y+\cos x\sin y$。

第二,运算速度赢得思维效率。前文已经论及中国传统数学以算法为中心的计算性特征。《九章算术》的内容主要是计算。筹算、算盘在历史上发挥了重要作用。例如,祖冲之(429—500)是一位杰出的科学家、数学家。他计算出圆周率在 3.141 592 6 和 3.141 592 7 之间,准确到了小数点后 7 位数,比国外早了 1 000 多年;并确定了圆周率的两个分数形式:约率 $\frac{22}{7}$(≈ 3.14)和密率 $\frac{355}{113}$($\approx 3.141 592 9$)。他和他的儿子祖暅圆满解决了球体积的计算问题,得到了正确的球体积计算公式。

第三,运用变式提升重复演练。"变式教学"是中国特色的教学方法,是赢得思维发展的教学理念。通过教师深入的理解,课堂内容被精心选择,并被加以良好地组织,从而可以在各种不同的地方使用有意义的"变式"。让学生在变换非本质属性的过程中掌握数学概念的本质属性,在剔除次要因素的过程中暴露主要数学方法。例如,南宋数学教育家杨辉的"精讲多练的变式教学"方法至今仍然具有重要的参考价值①。

（四）《九章算术》对后世的影响

《九章算术》是中国古代数学的经典著作,它决定了中国古代数学的发展道路。它的结构、形式和内容对中国古代数学的发展产生了极大影响;它对世界数学也产生过一定的影响。

首先,《九章算术》是高级人才使用的教科书。《九章算术》的中心地位在东汉确立后,它就成了中国古代学习、研究数学最基本的必读教材。东汉时期的大司农郑众(? —83)、著名科学家张衡(78—139)、郑玄(127—200)、蔡邕(133—192)、刘洪(129—210)、王粲(177—217)、赵君卿(约 182—250)、徐岳(140—240)等都学习研究过《九章算术》。

刘徽的《九章算术注》是中国古代数学思想方法史上一个划时代的里程碑,它对后世的发展产生了深刻影响。刘徽自幼学习《九章算术》,并在此基础上进行研究作注。他在《九章算术注》序文中说:

"徽幼习《九章》,长再详览,观阴阳之割裂,总算术之根源,探赜之眼,遂悟其意,是

---

① 在第五章相应内容中详细介绍了杨辉求三角形面积公式的教学案例。

以敢竭顽鲁,采其所见,为之作注。"

刘徽的《九章算术注》在数学成就、数学思想方法等方面远远超过了《九章算术》的水平。主要表现在以下三个方面:第一,对《九章算术》中名词术语进行解释或给出定义;第二,证明了相当于公式或定理的"术",并指出了某些"术"的问题;第三,提出了许多新概念、新思想、新方法,并推广和发展了前人的某些思想方法。

"当一位数学家做出了创造性工作时,他的成功实际上是千百年来数学思想的结晶,凝聚了许多数学家的心血。"[①]刘徽也不例外。关于刘徽的成就及其思想将在后面讨论,兹不赘述。

南北朝的祖冲之也注释过《九章算术》。《南史》说:祖冲之"注《九章算术》,造《缀述》数十篇"。[②]

隋唐前期,《九章算术》被指定为数学教科书——"算经十书"之一,达到了一个新的流传高峰。

宋元时期,中国数学的发展达到高峰,创造出了不少具有世界意义的成就,出现了贾宪、秦九韶、李冶、杨辉、朱世杰等著名数学家。这些数学家都不同程度地受到《九章算术》的影响。下面仅就一些典型事例进行论述。

秦九韶的《数书九章》[③]全书分为九大类,即大衍类、天时类、田域类、测望类、赋役类、钱谷类、营建类、军旅类和市物类,每类有 9 道题,共有 81 道题。《数书九章》的"九章"来源于《九章算术》。其中除大衍类、天时类、军旅类以外,田域类、测望类、赋役类、钱谷类、营建类、市物类都是从《九章算术》的各章演变过来的,严格按照《九章算术》的形式编写,而且每类的题目数也是按照"九"来编排的。

杨辉更推崇《九章算术》,把它称为"黄帝九章"[④],又说它是"圣贤之书"。他的《详解九章算法》是对《九章算术》研究的结果。杨辉认为,《九章算术》有些内容的安排并不合理,所以重新调整了九章的内容,使它更合理一些,但对后世未能产生影响。这也并不奇怪,因为具有注重经验的、尚古的、经典思维倾向的中国人,很难摆脱《九章算术》这部经典著作的影响。杨辉说:

"《黄帝九章》,备全奥妙,包括群情,谓非圣贤之书不可也。"(《详解九章算术》序文)

这里的《黄帝九章》应该是《九章算术》。"圣贤之书"就是说《九章算术》出自圣人

---

① [美]M.克莱因.西方文化中数学[M].张祖贵,译.台北:九章出版社,1995:Ⅷ.

② 吴文俊,沈康身.中国数学史大系:第二卷 中国古代数学名著《九章算术》[M].北京:北京师范大学出版社,1998:37.

③ 《数书九章》原名为《数学大略》或《数术大略》,明朝时叫《数学九章》。

④ 《黄帝九章》,是贾宪的叫法。

之手。清代数学家孔继涵也有类似的评价,他认为《算经十书》中的其他书"皆羽翼《周髀》、《九章算术》者也……胥不能稍出《九章算术》之范围焉。呜呼! 九数之作,非圣人孰能为之哉?"①这里"圣人"是中国古代民间中具有最高地位者。所谓"圣人",是儒家精神世界中最高道德和理想人格的体现者。孔子说:

"人有五仪:有庸人、有士人、有君子、有贤人、有大圣。"(《荀子·哀公篇》)

"所谓大圣者,知通乎大道,应变而不穷,辨乎万物之情性者也。大道者,所以变化遂成万物也;情性者,所以理然不取舍也。是故其事大辨乎天地,明察乎日月,总要万物于风雨,缪缪肫肫。其事不可循,若天之嗣;其事不可识,百姓浅然不识其邻,若此则可谓大圣矣。"(《荀子·哀公篇》)

在儒家所建构的人间秩序中,圣人处于最高地位,圣人是全智全能的人,他代表着绝对的权威。圣人并不是抽象的存在,而是现实中存在或者曾经现实地存在过的具体的人。如,中国古代思想领域中的孔子就是圣人,还有"书圣"王羲之、"诗圣"杜甫等。虽然不能明确指出具体的某一"数圣"是谁,但"数圣"之思想载体《九章算术》的存在,为杨辉等数学家提供了有力的证据。因《九章算术》是圣贤或圣人之作,所以其内容完美、地位最高、影响深远,后世的数学著作不能超出《九章算术》的范围。

朱世杰的《算学启蒙》受《九章算术》的影响更明显。《算学启蒙》分上、中、下三卷,20门、259问。上卷8门、113问:纵横因法、身外加法、留头乘法、身外减法、九归除法、异乘同除、库务解税、折变互差;中卷7门、71问:田亩形段、仓囤积粟、双据互换、求差分和、差分均配、商功修筑、贵贱反率;下卷5门、75问:之分齐同、堆积还源、盈不足术、方程正负、开方释锁。《算学启蒙》继承了《九章算术》以来的中国古代数学传统,它的中、下卷的方法和名称与《九章算术》有直接关系。

此外,宋元时期出现了很多数学专题。"这些专题,大都从《九章算术》的一章或者一个题目演绎出来的。"②

例如,李冶的《测圆海镜》就是《九章算术》勾股容圆术的发展。李冶从"洞渊九容"演绎出来12卷、170问,692条"识别杂纪"——692个几何公式,建立了一套比较完整的逻辑系统。李冶从几何问题入手,取得高水平的成果后,转向代数学。这也是受传统数学影响的结果。《九章算术》以算法为中心的思想,使各种几何问题也归于计算问题来处理,并得到具体的数字结果。李冶也没能跳出《九章算术》的这个传统。

---

① 吴文俊,沈康身.中国数学史大系:第二卷 中国古代数学名著《九章算术》[M].北京:北京师范大学出版社,1998:54.
② 郭书春.古代世界数学泰斗刘徽[M].济南:山东科学技术出版社,1992:111.

　　中国古代数学从明代开始衰落,而珠算数学快速发展、普及。但《九章算术》的影响依然存在。明代最具代表性的数学著作是程大位的《算法统宗》。《算法统宗》的一部分是以《九章算术》的篇名为标题的,只是把"粟米"改为"粟布","盈不足"改成"盈朒"。

　　《九章算术》对国外数学,尤其是对朝鲜和日本数学曾经产生过极大且积极的影响,这将在第四章专门论述。

第四节　《九章算术》与《几何原本》的比较

一、《几何原本》的内容及其成就

　　欧几里得《几何原本》约在公元前 300 年形成,是世界上最负声望的数学著作。它是一个划时代的著作,是最早用公理化方法建立起演绎体系的典范。所谓欧几里得几何成为典范是指,当时的算术、代数的问题要以几何的形式来表述,它们的解要用几何推理的方式来验证。后来,数学理论也要用欧几里得公理系统的形式来表达。欧几里得从精心选择的少数几个定义和公理出发,通过演绎推理建立了自己的理论体系。这种理论体系对西方的数学、科学和哲学曾产生过深刻影响。

　　《几何原本》由 13 卷组成,包含以下主要内容:

　　第 1 卷先给出平面几何直线形和圆的 23 个定义,接着是 5 个公设:"任意两点连一线。""直线可以任意延长。""以任何中心、任何半径可作一圆。""凡直角都相等。""如果一直线和两直线相交,所构成的同旁内角小于两直角,那么,把这两直线延长,它们一定在那两内角的一侧相交。"第五个公设引起两千多年的争论,最后导致了非欧氏几何的诞生。公设之后给出"等量加等量,其和相等""全体大于部分""等量减等量,其差相等"等 5 个公理。

　　第 2 卷是用几何学语言叙述代数的恒等式;第 3 卷是与圆有关的问题;第 4 卷是圆与直线形的关系问题;第 5 卷是比例论;第 6 卷是把第 5 卷的结果用到平面图形上;第 7、8、9 卷是数论;第 10 卷是无理量的讨论;第 11、12、13 卷讨论立体几何等问题。

　　总之,欧几里得在《几何原本》中,从几条经过精心选择的公理出发,"演绎出了所有古典时期希腊大师们已经掌握的最重要的结论,包括近 500 条定理。公理的选择、编排循序、表达方式、一些所偏爱的课题的完成,这些都是欧几里得的贡献。"①

二、《九章算术》与《几何原本》的比较

《九章算术》是在单一的中华文明中产生的数学经典著作,《几何原本》是在古代巴比伦、古代埃及和古代希腊数学的基础上产生的西方数学乃至科学的经典著作,两者在历史进程中东西辉映,对世界数学的发展产生了深远影响。但两者的发展道路、模式、特点等重要方面大相异趣。这里主要简单地比较《九章算术》和《几何原本》的内容、特点、缺点等方面。

虽然《九章算术》和《几何原本》的特征迥然不同,但也有一些相同的内容。《九章算术》与《几何原本》相应的内容如表3-5②。

表 3-5

项　　　目	《九章算术》	《几何原本》
辗转相除算法	方田章约分术	卷7 命题2
比例定理	粟米章今有术	卷7 命题19
反比法则	衰分章衰分术	卷5 定义13
勾股数	勾股章二人同立术	卷10 命题28 引理
勾股定理	勾股章勾股术	卷1 命题47
勾股比例	勾股章四表测木术	卷6 命题4
三棱柱体积	商功章堑堵术	卷11 命题28
三棱锥体积	商功章鳖臑术	卷12 命题7

《九章算术》是以定量研究为主,以解决生产实践中的实际问题为目的,以算法为中心的实用数学体系。它的理论与生产实践密切联系,生产实践的需要推动了《九章算术》和中国古代数学的发展。以算法为中心的思想也是中国古代数学取得辉煌成就

---

① ［美］M.克莱因.西方文化中的数学[M].张祖贵,译.台北:九章出版社,1995:42.
② 吴文俊,沈康身.中国数学史大系:第二卷　中国古代数学名著《九章算术》[M].北京:北京师范大学出版社,1998:250.

的主要原因之一。虽然说《九章算术》是理论联系实际的东方重要数学杰作,但它的理论不健全,存在一些在科学研究中无法克服的缺陷。主要表现在:首先,对所有的数学概念和名词术语没有给出科学定义或合理解释;对所有的术——数学公式或定理没有给出逻辑证明;若无定义就无法明白概念的内涵和外延,这样就无客观性,不能客观地讨论概念之间的关系。其次,有的结论是错误的。有缺陷并不等于没有理论。有些学者只看到《九章算术》的缺点,而看不到其理论方面的东西。是否有理论,我们只能从理论这个词的解释中得到结论。在《现代汉语词典》(商务印书馆)中说:(理论是)人们从实践概括出来的关于自然界和社会的有系统的结论。系统的结论就是把同类事物按一定的关系组成的整体性结论。《九章算术》中的 200 多条术中大多数为关于数量关系的抽象的一般性结论,也是科学真理。这些结论的得出也应该需要一定的逻辑推理过程。事实上,《九章算术》的"许多公式、解法已经相当复杂,已非经验所能及,没有某种形式的或严格、或粗疏的推理过程,是不可想象的。但是,《九章算术》的编纂者感兴趣的只是算法和应用题,对推导和证明不重视,编纂时全部略去"。①

《几何原本》是以定性研究为主,以演绎证明为中心的公理体系。《几何原本》的基本精神,是从少数几个原始假定(定义、公设、公理)出发,通过逻辑推理,得到了一些系列命题。这种精神成为后世的数学乃至科学发展的楷模。对此,徐光启在《几何原本》中译本序中评价说:"此书有四不可得,欲脱之不可得,欲驳之不可得,欲减之不可得,欲前后置之不可得。"②然而,这并不是说《几何原本》是完美无缺的,它也存在一些缺点:第一,《几何原本》严重脱离生产实践,没有涉及任何实际问题,因而也没有具体数值计算问题。第二,公理系统不完备,例如没有运动、连续、顺序等公理,因此在有些几何证明中必须借助直观。有的公理可以从其他公理推出,例如直角相等。第三,对点、线、面等原始概念的定义是描述性的,没有能够揭示出概念的内涵,而且这些定义在整个《几何原本》中没有使用过。

第五节　刘徽的数学思想

魏晋南北朝是中国思想史上空前解放的时代,是中国历史上的第二个"百家争鸣"

---

① 郭书春.古代世界数学泰斗刘徽[M].济南:山东科学技术出版社,1992:117.

② [明]徐光启.徐光启集[M].王重民,校.上海:上海古籍出版社,1984:77.

的特殊时期。在这个时代中央集权削弱,文化专制主义为兼容并包的文化政策所代替。经济发展、民族融合、思想解放,特别是哲学思想的发展对科学发展产生了深刻影响。刘徽正是在这种特殊的历史条件下出现的杰出的数学家,他是中国传统数学理论的奠基者之一,在数学思想和方法方面做出了杰出的贡献。在中国数学发展史上,他的工作起到了承前启后的作用。他的思想在数学哲学中也有很高的价值。

刘徽,籍贯和生平事迹不详。他"幼习《九章算术》,长再详览,观阴阳之割裂,总算术之根源,探赜之暇,遂悟其意,是以敢竭顽鲁,采其所见,为之(《九章算术》)作注"。[①] 并撰《重差》[②]作为《九章算术注》第十卷。刘徽全面地解释、论证了《九章算术》中的概念和"术",并纠正了其中的错误。刘徽的主要成就反映在《九章算术注》中,包括:割圆术——用极限方法证明了圆面积公式(包括圆周率的计算在内);刘徽原理——用极限方法证明了将一个堑堵(用一平面沿长方体相对两棱切割得到的楔形立体)分解为一个阳马(直角四棱锥)与一个鳖臑(四面均为直角三角形的四面体),则"阳马居二,鳖臑居一,不易之率也",即一个堑堵内阳马的体积与鳖臑的体积之比为2:1;关于率的概念及其应用;方程的定义及其应用;正负数定义及其有关运算法则;十进分数理论;体积公理——同高的两立体,若其任意等高处的水平截面积成比例,则这两个立体体积成同样的比例;用"出入相补"原理证明一些基本的几何形体面积、体积公式等。这些成就,不仅在中国数学史上具有很高的地位,而且在世界数学史上也具有一定的地位。

刘徽是博学多识,具有批判和开创精神的数学家。他的成就中不仅包含着前人的数学成就,还包含着哲学思想和理性精神。

一、 刘徽对数学的认识

(一) 中国古代贤哲关于数的起源和生成的论述

数学起源,是古代哲学家和数学家所讨论的重要问题。古希腊哲学家和数学家对数(数学对象)如何存在的问题有着浓厚的兴趣。毕达哥拉斯认为,数学对象独立存在于可感的事物之中,可感事物是由数构成的,数是万物的基石,即"万物皆数";柏拉图认为,数学对象是独立地分离存在于可感事物之外的,数学对象是理念与可感事物的中间体;亚里士多德则认为,数学对象抽象地存在于具体事物之中。欧几里得在《几何

---

① 刘徽.《九章算术注》序文。
② 唐初以后,《重差》以《海岛算经》为名单行,与《九章算术》同时作为"算经十书"之一流传至今。

原本》第 7 卷中,从纯数学角度定义了何谓"数"和"一"。定义 1:所谓一是根据各个存在的东西叫做一的单位;定义 2:数是由单位构成的集体(多)①。这种关于"一"和"数"的定义不仅与欧几里得以前的数学知识有关,还至少和柏拉图的哲学有关。"一"是不能分割的单位,这种思想来自柏拉图《理想国》中的"一"不能分割之思想②。由于"一"的不可分割性,欧几里得用比例理论的方法解决了分数问题。中国先哲们对数学对象如何存在的问题并不感兴趣,而对数(数学对象)如何产生和生成问题颇感兴趣。他们在哲学探索和科学研究中,对数的产生和生成从不同角度进行了不同程度的探究,并提出了各自的观点。

老子、庄子关于数的生成问题,在第二章第五节中已经论及,这里不赘述。

尹文子也提出:

"数,十百千万亿,亿万千百十,皆起于一,推之亿亿无差矣。"(《御览》)③

也说明了数是从一开始以十进制的形式生成的。尹文子的数是纯粹数学意义上的。

老子、庄子和尹文子关于数的论述都是在探讨哲学或逻辑问题中提出来的,而不是在具体的生产实践或数学研究中提出的。

在研究各种错综复杂的数、各种不同物体所构成的各自的率的关系时,刘徽提出了对数的生成、数的大小以及"率"与"一"的内在关系。他认为少是大的开始,"一"是数的根源,所以建立率必须使它等于一。他指出:

"少者多之始,一者数之母,故为率者必等之于一。"(《九章算术注》粟米章)

因为刘徽关于数的起源和生成以及对一的认识,不是从纯粹思辨的角度去探讨,而是在数学研究实践和逻辑的把握中获得的。从《九章算术》及刘徽的分数理论看,"少者多之始"的"少"可以是分数,也可以是正整数。一不但是数的根源,而且是交换不同物体或比较它们的数量关系的基准,或者说是开端,即"故为率者必等之于一"。一是揭示在同一条件下不同物体数量关系的关键或中间环节和标准。

他在《九章算术注》衰分章中所提出的"数,本一也"之意义,与"一者数之母"有相同之处。

刘徽从数学研究和逻辑的角度考察过数的来源问题,同时从历史和实用价值的角

---

① [日]エークリッド.エークリッド原論[M].東京:共立出版株式会社,1971.
② 柏拉图《国家》第七章第八部分(中文版叫《理想国》)第 526 页:你知道吧,这个学问的专家们,他们在议论中谁试图把"一"分割,那简直是笑话。如果你想细分"一"的话,他们就会其对部分进行乘法运算。这样试图不让你认为"一"不是"一"而是"多"(多个部分)。
③ 汪奠基.中国逻辑思想史料分析(第一辑)[M].北京:中华书局,1961:79.

度追溯了《九章算术》的来源和价值问题。他说：

　　"昔在包牺氏画八卦，以通神明之德，以类万物之情，作九九之术，以合六爻之变。暨于黄帝神而化之，引而申之，于是建历纪，协律吕，用稽道原，然后两仪四象精微之气可得而效焉。记称隶首作数，其详未之闻也。按：周公制礼而有九数，九数之流，则《九章算术》是矣。"（《九章算术注》序）

　　刘徽通过神话传说和一些历史记载的追溯，论证了数学在过去历史中曾经发挥过的作用。他对数的来源的各种说法，持严肃的态度，他虽然听说过，但"其详未之闻也"。

（二）刘徽的数学思想

1. 刘徽的极限思想

　　刘徽的数学思想最突出的一点就是极限思想。他的极限思想的产生并不是偶然的，也不是在中国数学史和思想史上第一次出现。他的极限思想是对名家的无限分割思想和墨家的极限思想的发展和完善，也可以说，是在数学研究和实践中具体实现的。刘徽对中国历史和思想进行过一定程度的（挖掘）研究，对某些问题的理解非常深刻，并贯彻在自己的实践中。他在《九章算术注》中说："《墨子·号令篇》以爵级为赐，然则战国之初有此名也。"（衰分章）又在方程章中比喻解数学问题犹如"庖丁解牛"[①]。这无疑说明刘徽对《墨子》和《庄子》有过学习研究，并运用在数学研究中。

　　刘徽的极限思想是在名家的无限分割思想和墨家的极限思想的基础上发展起来的，但远远超越了名墨两家。因为名家的无限分割思想是纯粹思辨性的、脱离经验的、形而上学的，其出发点也不是数学的。墨家的极限思想具有经验性和抽象性相结合的特点，但缺乏数学的实践性，只是凭感觉评论有限的线段分割到某一"端"而已。刘徽的极限思想则与他们的思想具有本质的区别，他已经超越了名墨两家，以理性的认识指导数学研究和实践。只不过刘徽没有提出极限的概念。

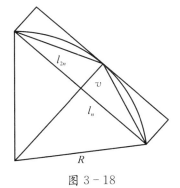

图 3-18

　　刘徽用极限方法证明了圆面积公式，证明如下（如图 3-18）：

　　"又按为图，以六觚之一面乘半径，因而三之，得十二觚之幂。若又割之，次以十二觚之一面乘半径，因而

───────────

① 《庄子·养生主》中的故事。

六之,得二十四觚之幂。割之弥细,所失弥少。割之又割,以至于不可割,则与圆周合体而无所失矣。觚面之外,犹有余径。以面乘余径,则幂出觚表。若夫觚之细者,与圆合体,则表无径。表无余径,则幂不外出矣。以一面乘半径,觚而裁之,每辄自倍。故以半周乘半径而为圆幂。"(《九章算术注》方田章)

证明共分三步。第一步,指出了圆内接正 n 边形的分割方法:首先把正六边形分割为正十二边形,其面积为正六边形边长乘半径的 3 倍(即正六边形周长的一半乘半径);然后把正十二边形分割为正二十四边形,其面积为正十二边形边长乘半径的 6 倍(即正十二边形的周长的一半乘半径)。按这种方法分割下去,"割之弥细,所失弥少",最后得到的正 $2n$(n 为 3 的倍数)边形面积 S_{2n} 小于并接近圆面积 S,即 $S_{2n} < S$。第二步,设 v 为余径(边心距与半径之差),l_n 为正 n 边形一边,l_{2n} 为正 $2n$ 边形一边。则 $n \cdot l_n \cdot v = 2(S_{2n} - S_n)$,$l_n \cdot v$ 长方形有一部分在圆弧之外,故 $S_n + 2(S_{2n} - S_n) = S_{2n} + (S_{2n} - S_n) > S$。当正 $2n$ 边形分割到很小时,v 接近于 0,$S_{2n} + (S_{2n} - S_n)$ 接近于 S。第三步,由第一步用归纳推理可以得出 $S_{2n} = n \times \dfrac{l_n}{2} \times R$("以一面乘半径,觚而裁之,每辄自倍"),当 n 无限增加时,nl_n 就是圆周长 L,故

$$\lim_{n \to \infty} nl_n = L, \ \lim_{n \to \infty} S_{2n} = \lim_{n \to \infty} [S_{2n} + (S_{2n} - S_n)] = S = \frac{L}{2} R \, 。$$

(故以半周乘半径而为圆幂)

列举了刘徽的这些重要成就之后,人们可能提出:刘徽是否有人们通常所表示的现代形式的无限分割思想? 刘徽是否有了极限概念? 刘徽的极限思想和墨家思想有什么关系?

为了更好地揭示刘徽思想和方法的真实面目,有必要澄清概念、思想、方法、极限等重要概念。

在严格意义上说,概念是反映客观事物本质属性的思维形式。

思想是客观存在反映在人的意识中经过思维活动而产生的结果。思想的内容为社会环境和人们的物质生活条件所决定。思想的主要方面在于知识和价值意识的结合中。思想是人们的行动指南,它支配着人们的行动。思想主要包括三个方面的内容:第一,是对事物的客观实际情况的认识,如生活体验、科学研究问题等;第二,蕴含着理想的形成,就是旨在改变现实目标的确定,这里就有价值意识的作用;第三,手段的意识,即为实现理想与现实的一致性,动员所有的体验、科学理论等知识。思想不是停留在判断之前单纯的直观的立场上,而是对这种直观内容进行逻辑反思的结果。可以说,思想是概括成体系的东西。

方法是关于解决思想、说话、行动等问题的门路、程序。它包括为实现某种目的而所使用的手段、工具及它们的程序和办法、技术等方面。方法就是为实现认识目的的思考活动的方式。

刘徽证明圆面积公式的过程,包含着极限方法和思想以及他的逻辑思想。分割及如何分割是属于方法问题,分割是无限进行还是分割到一定程度受制于他的思想。

"半之弥少,其余弥细,至细曰微,微则无形"和"割之弥细,所失弥少。割之又割,以至于不可割",表明了刘徽的思想与墨家思想有直接的联系。

首先,刘徽是"原子论"者,他认为物质可以分割到不能再分割的"无形"的东西,"无形"并不是说不存在,而是像《墨经》中所讲的"端"那样的不能分割的实体,它的大小等可以忽略不计。

其次,刘徽受了墨家极限思想的影响。在上面引用的一段话与《墨经·经上》中关于体积(厚,有所大也)、点(端,体之无序而最前者也。端:是无间也)和把线段分割到"端"(非半弗斫,则不动。说在端。非:斫半,进前取也。前则中无为半,犹端也。前后取,则端中也。斫必半,毋与非半,不可斫也)的思想是一致的。但也有性质上的微小差别,科学研究中这种性质上的微小差别就往往导致研究形式、思想、成果等方面的根本不同。刘徽是真正的实践者,他在数学研究实践和前人成就的基础上,对极限有了理性认识,并实现了从理性认识到实践的真正飞跃,用极限思想和方法解决了圆的面积公式证明等重要问题。在数学证明中把墨家的思想具体化了。而墨家在数学上几乎没有实践性的东西,就极限思想说,他们只停留在纯思辨的阶段,或者说,只实现了从感性认识到理性认识的飞跃,而没有实现从理性认识到实践的发展。更具体地说,他们没有使用极限方法解决过实际问题。

最后,在圆面积的证明中,也蕴含着直线与曲线可以互相转化、有限与无限的对立统一的关系。圆是封闭曲线,然而刘徽用求直线形面积的方法求得了圆面积。

2. 关于研究刘徽极限思想值得商榷的问题

通常,人们把刘徽极限思想的成果用现代极限符号表示出来。现代极限符号蕴含着某一变量无限地接近某一个确定的点或量,使该变量与确定的点的距离让它多么小就有多么小。这就是柯西所提出的极漂亮的极限概念和思想。从这里我们又回到刘徽的极限思想之后,遇到了极其困难的问题,甚至这个问题也许会折磨我们的感情,即刘徽的极限思想中是否指出了"变量"无限地接近确定点的问题? 如果他已经指出这个意思,那么他如何解决无限与有限之间的矛盾? 如果他没有指出这个意思,那么应该如何理解和解释刘徽的极限思想?

为更好地理解,我们应该从逻辑的东西和历史的东西的一致性观点去思考这些问题。逻辑的东西作为发生发展过程结果的具体整体的现成结构方式及由它所规定的本质属性的逻辑表现,当它以逻辑的方式建构具体整体各种要素、规定之间的相互联系的时候,也必然再现具体整体现成结构的生成或建构过程和本质属性的形成过程,即必然再现历史的东西。逻辑的东西是历史的东西的反映,它们是一致的。用理论的逻辑来清理、理解和掌握历史,绝不是用逻辑的东西创造历史的东西。因为逻辑的东西是历史的东西的理论再现和反映,是历史的东西决定逻辑的东西,而不是逻辑的东西决定历史的东西。在这种理解的前提下,我们回头考察一下刘徽研究中的一些重要问题。因为刘徽是历史人物,他的成就是总结中国古人以往创造成果的基础上所取得的,也反映了他那个时代的特征。所以,我们只能用历史和逻辑相结合的研究方法才能真正了解刘徽。在历史的考察中,要求研究者用逻辑方法去考察研究历史问题,并不是要求让刘徽的数学水平达到现代数学水平,刘徽就是刘徽。

刘徽证明弓形面积公式时指出:"割之又割,使之极细,但举弦矢相乘之数,则必近密率矣。"(《九章算术注》方田章)此外,在上面已经举出的例子中所指出的"半之弥少,其余弥细,至细曰微,微则无形"和"割之弥细,所失弥少。割之又割,以至于不可割。"刘徽的极限思想,关键在于"必近密率"、立体可以分割到"无形"或把圆分割到"不可割"的极限程度。刘徽并没有明确指出把几何形体无限地分割下去,而只说明了分割到不可割的程度。如果把几何形体无限地分割下去,刘徽就遇到无限分割与达到"无形"或"不可割"之间要出现的无法克服的矛盾。刘徽也无法超越他所处时代的历史条件去解决这种矛盾,刘徽也没有意识到这种矛盾的存在。众所周知,刘徽的科学研究态度是非常严肃的,他把所遇到的重要问题和困难都阐明在《九章算术注》中,如开平方开不尽、用"牟合方盖"方法求球体积公式等问题,但没有留下关于无限分割与有限之间的矛盾问题的记载。虽然刘徽用求极限方法证明了一些重要的数学命题,但我们不能用精确的极限定义去刻画刘徽的极限思想。刘徽的极限思想和现代数学的极限思想是有区别的。刘徽的极限思想是朴素的极限思想,其中既有理性精神,也有非理性的因素。他在用极限方法解决实际问题过程中,直觉的作用使刘徽回避了无限分割与达到"不可割"之间的矛盾,或者说通过有限的计算后,直觉地、归纳地得到了普遍的结果。这实际上就是一种归纳推理,即直觉归纳,其特点是不经过由前提到结论的推理道路,而直接把握普遍特征,达到普遍原理。这是从研究对象的整体上去把握极限的思想方法,而并没有考虑中间的细节,所以也就跳过了有限和无限之间的鸿沟。直觉不是别的,就是经验的一种表现,是积蓄的经验。我们可以用现代思想方法去研究历史问题,但不能直接用现代形式表示它,否则无法进行现在的和过去的东西之间的比较。这样就像让演员穿西装演古戏一样,会掩盖原来研究对象的真实面目。

（三）刘徽的数学方法

刘徽的数学方法的主要特点在于归纳推理和演绎推理方法的结合使用。归纳推理方法是和自然思维相联系的，它主要倾向于向前看，具有发明或发现的品质；演绎推理方法恰恰相反，具有形式化的特征，它是回顾过去，其目的在于确定所有断言的前提条件，并使得所有中间步骤与结果都成为明显可见。

刘徽的数学方法具体表现在逻辑推理方法、统一方法、发现真理的方法方面。这种分类仅仅是为了论述的简便，事实上，它们是混合在一起的有机整体，统一方法和发现真理的方法都是以逻辑思想为导向的。一言以蔽之，这些方法的核心就是逻辑推理方法。

1. 定义方法

定义是最基本的逻辑方法，是揭示概念内涵的重要方法，或者说，它就是对于一种事物的本质特征或一个概念的内涵和外延确切而简要的界定。定义方法是逻辑推理的基石，如果没有定义方法，逻辑推理便无从下手。刘徽认识到了定义的重要性，并实施在数学研究中。他说：

"不有明据，辩之斯难。"（《九章算术注》方田章）

"明据"就是真命题或正确判断（定义也包括在内），是"辩"的基础。因此，在数学研究中必须明确基本概念和欲作为前提的一些基本命题，否则寸步难行。刘徽在这样的指导思想下，给正负数、方程等重要概念下了科学定义。

（1）"率"的定义

"率"是《九章算术》中的重要概念，刘徽定义了何谓"率"：

"凡数相与者谓之率。"（《九章算术注》方田章）

"率"就是两个或两个以上数的比例关系。刘徽定义了"率"之后，紧接着提出了相与率的概念：

"率者，自相与通。有分则可散，分重叠则约也。等除法、实，相与率也。"（《九章算术注》方田章）

这也是相与率关系的定义，两个量的相与率关系就是两个数的互素关系[1]。

刘徽在此基础上指出了"率"的性质[2]：

"凡所谓率者，细则俱细，粗则俱粗，两数相推而已。"（《九章算术注》衰分章）

---

① 郭书春.古代世界数学泰斗刘徽[M].济南：山东科学技术出版社，1992：146.
② 刘徽在不同的章节中分别给出"率"的定义和性质，却没有集中讨论过。

这就是说,用相同的倍数同时缩小或增大各率后其结果不变。

(2) 方程的定义

刘徽给方程下了定义,同时也指出了方程的特点和使用的普遍性。他说:

"程,课程也。群物总杂,各列有数,总言其实。令每行为率。二物者再程,三物者三程,皆如物数程之。并列为行,故谓之方程。行之左右无所同存,且为有所据而言耳。此都术也,以空言难晓,故特系之禾以决之。又列中、左行如右行也。"(《九章算术注》方程章)

这个定义符合方程的本义,包括以下含义:

① "每行为率"就是每一个方程式各项系数和常数成比例;

② "皆如物数程之"是指方程式的个数必须与未知数个数相同;

③ "左右无所同存"是规定"左""右"两个方程式不允许存在同样的比例;

④ "且为有所据"是指每一个方程式都是根据问题的已知条件而建立的[①];

⑤ 方程是普遍适用的方法;

⑥ 方程很抽象,所以用具体的"禾"来表示未知数。

(3) 正负数的定义

正负数的发现是中国古代数学的重要成就之一,刘徽之前人们以"约定俗成"的方法进行正负数的加减计算。刘徽根据两个数在加减算法中表现出的特性,定义了正负数,并在正负数的计算中发现了正负数的加减运算法则和相当于绝对值的"本数"。他的定义为:

"今两算得失相反,要令正负以名之。正算赤,负算黑;否则以邪正为异。"(《九章算术注》方程章)

正数、负数是互相依存的、对立统一的,没有正数也就没有负数,同样没有负数也没有正数,正负是相对而言的。正负数是非常抽象的概念,在具体运算过程中如何表示它们也非常重要,刘徽对此也作了具体规定,用"赤"和"黑"[②]或用"正"和"邪"分别表示正数和负数。

《九章算术》中,从定义的一般情况中总结出了有重要意义的一些特殊情形:

"正无入负之,负无入正之。"(《九章算术》方程章)

意思就是说,当被减数为零("无")时,从零减去正数,得到负数;从零减去负

---

① 梅荣照.第三世纪最杰出的数学家刘徽[J].北京师范大学学报(自然科学版),1991,27(Z3):56-71.

② 周瀚光先生认为这种说法不妥当。见:周瀚光.《九章算术》和刘徽注在科学方法论上意义和价值[J].北京师范大学学报(自然科学版),1991,27(Z3).

数得到正数,负数前加负号,则变为正数。实际上,这是在加减计算中的正数和负数之间的互相转化关系。正负数这种关系的揭示直接为"同名相除①"和"异名相益"的法则开辟了道路。如果没有发现这种内在关系,则无法进行正负数之间的加减运算。

刘徽超越了正负数符号的界定,发现了它们的另一种重要关系,他说:

"言负者未必负于少,言正者未必正于多。"(《九章算术注》方程章)

正数和负数的关系是相对的,从数的大小角度看负数小于正数;但是从绝对的量的关系而言,负数不一定表示少,正数不一定表示多。刘徽发现了正数和负数之间的这种辩证关系,表明在他的思想中已经有了绝对值概念的萌芽。

刘徽也概括出正负数的加减法则:

"此条之实兼通矣,遂以二条反覆一率。观其每与上下互相取位,则随算而言耳,犹一术也。"(《九章算术注》方程章)

因为正负数的加法和减法可以互相转化,加法可以转化为减法,减法可以转化为加法。从这个意义上,加法和减法实质上是统一的。

2. 逻辑推理方法

在上面的各章节中都不同程度地论述了刘徽的逻辑思想,如刘徽说明了《九章算术》中的概念、证明了所有的"术",指出了一些不正确之处,兹不赘述。这里只论述他的逻辑推理方法。

逻辑推理方法就是从已知的一个或若干个命题推出新命题的方法。它包括归纳推理方法、类比推理方法和演绎推理方法。归纳推理方法是从特殊到一般的推理方法,类比推理方法是从特殊到特殊的推理方法,演绎推理方法是从一般到特殊的推理方法。前两种推理方法不能保证推理所得出的新命题(结论)的真实性,结论可能是真的,也可能是假的。但是归纳、类比推理方法是科学发现的重要方法。演绎推理所得出的结论是真命题。

刘徽在《九章算术注》序文中,简明扼要地交代了对中国古代数学以及学习、研究数学的思想方法。他指出:

"析理以辞,解体用图,庶亦约而能周,通而不黩,览之者思过半矣。"(《九章算术注》序)

这段话蕴含着两层意思:中国逻辑思想的延续性和对数学严密性的追求。首先,反映了墨家的逻辑思想对刘徽逻辑思想的直接影响,"解体用图"就是"以名举实,以辞

---

① 相除:相减。

抒意"(《墨经·小取》)在数学中的另一种表达方式(刘徽并没有完全接受墨家的逻辑和数学思想)。其次,"析理以辞,解体用图",是中国古代数学理论追求严密性最早的明确论述。"理"是数学命题中的各个组成要素之间的内在联系,"析"是揭示这些内在联系的具体操作过程,"辞"就是"析"的方法或手段,"辞"一般来说是已知的真命题,并不是有些人所说的"语言"[①]。因为语言表达的意思(命题)并不完全都是真实的,有时候是真的,有时候是假的,而"辞"永远是真命题。把"辞"还原为已知的真命题是有根有据的。因为"析理以辞"直接和《九章算术注》方田章中的"不有明据,辩之斯难"[②]相对应。没有明确的证据就很难讨论问题,"明据"就是"辞"——已知的真命题。此外,从上面已经说明的历史的延续性看,刘徽所讲的"辞"和墨家的"以名举实,以辞抒意"(《墨经·小取》)中的"辞"的意思完全一样,都是在已知真命题的意义上说的。辞的成立以联合概念的必然联系为基础,它是联合不同的两个概念表达一个意思,就如荀子所说:"辞也者,兼异实之名以论一意也。"(《荀子·正名》)"解体用图"是"析理以辞"的具体表现,是用图形表示几何形体来把握它们内在关系的方法,也可以理解为以"数形结合"的方法进行几何学研究。

刘徽不仅认识到了数学理论的严密性问题,还认识到了数学理论的抽象性问题。他认为,抽象的思维推理在研究数学中是不可缺少的,只用直观的方法或筹算操作不能完全达到研究数学的目的。他论述鳖臑、阳马以及它们的关系时,指出:

"数而求穷之者,谓以情推,不用筹算。"(《九章算术注》商功章)

"求穷"是对数学问题的来龙去脉的探究,"情推"就是用抽象的思维推理方法的推导。总之,有些数学问题的把握,仅仅用筹算等具体的方法、手段是不能完全解决的,而需要抽象的逻辑方法才能探赜索隐。

刘徽的数学方法是灵活多样的,一般根据具体情况使用不同的方法。他重视抽象思维方法的同时,也注意到了抽象思维方法和模型方法的结合使用。他指出:

"(开立方)言不尽意[③],解此要当以棋,乃得明耳。"(《九章算术注》少广章)

有些数量关系和空间形式是很复杂的,不能用语言表达清楚的,就是"言不尽意"。此时就得借助模型来理解数学问题,即"解此要当以棋,乃得明耳","棋"为模型。

---

① 日本翻译出版的《九章算术》中,把"辞"翻译成"语言",此为不恰当。

② 刘徽解决问题时指出的。

③ 魏晋时期,曾经出现过"言不尽意"与"言尽意"的辩论。王弼、嵇康都讲"得意忘言",荀粲(生卒年代不详,字奉倩,三国时期曹操谋士荀彧(163—212)之子,死时年仅二十九岁)更强调"言不尽意"。欧阳建(约267—300)提出"言尽意"来驳斥上述"言不尽意"论者。见:冯契.中国古代哲学的逻辑发展(中册)[M].上海:上海人民出版社,1998:527-528.

3. 统一方法

这里所讲的统一方法是刘徽的逻辑推理方法的延伸，它仍然以逻辑为导向。统一方法也是多样中的统一，是通过多样的、错综复杂的表面现象去认识研究对象之间内在的统一关系的方法。刘徽对统一方法具有独到的见解，他指出：

"事类相推，各有攸归，故枝条虽分，而同本干者，知其发于一端而已。"（《九章算术注》序）

这可以从两个方面理解：首先，刘徽指出了数学中多样统一性的思想和方法，他认为各种事物按分类进行互相推理，推理的结果分别有自己的归宿。所以它们虽然枝条分离，但有同一个本干，其原因就在于它们都来源于一个根源。这种认识是他解决具体数学问题的宗旨。其次，刘徽强调了逻辑推理的重要性，认为通过逻辑推理能够揭示数学对象之间的内在的、统一的关系，同时通过类推可以不断地增长认识，而且能够认识隐藏在复杂现象背后本质的东西，就是"触类而长之，则虽幽遐诡伏，靡所不入。"（《九章算术注》序）

他结合不同问题的解决，以不同的表达方式反复地强调了统一方法的重要性。他强调"齐同术"的重要性时指出：

"方以类聚，物以群分。数同类者无远；数异类者无近。远而通体者，虽异位而相从，近而数形者，虽同列相位也。然则齐同之术要矣。错综度数，动之斯谐，其犹佩觿解结，无往而不理焉。乘以散之，约以聚之，齐同以通之，此其算之纲纪乎。"（《九章算术注》方田章）

刘徽强调了分类在科学研究中的重要性以及分类的统一性方法，认为把各种方法按照它们的不同种类分类，把各种不同的事物根据它们各自的性质分成不同的群体。数只要是同类的（或同性质的）就无所谓背离（没有本质区别）；数只要是异类的（不同性质的）就无所谓切近（有本质区别）。另外，他发现了数学问题中的多样性包含着统一性，统一中也蕴含着不同个性的多样性的辩证关系，即"远而通体者，虽异位而相从，近而数形者，虽同列相位也。"（背离却是互相通体的，即使在不同的位置上也会互相依从；切近却有不同的形态，即使在相同的行列上也会互相背离）可见，齐同术是非常重要的。各种错综复杂的度量、数值计算，只要用齐同术就会和谐自如，犹如解开佩带腰间的结锥那样，没有解不开的问题。刘徽以齐同术为例，强调了统一方法的重要性。同时也通过统一方法阐述了齐同术在解决数学问题中的关键作用。

刘徽认为正确认识并掌握了统一方法后，能够把握数学问题的来龙去脉。他通过"今有术"的广泛适用性的论述，表明了这个意思，他说：

"凡九数以为篇名，可为广施诸率，所谓告往而知来，举一隅而三隅反者也。诚能

分诡数之纷杂,通彼此之否塞,因物成率,申辩名分,平其偏颇,齐其参差,则终无不归于此术也。"(《九章算术注》粟米章)

"率"是《九章算术》中的统一方法,它的适用范围非常广泛,使用"率"可以从已知推出未知,从一个方面可以推广到更广泛的范围。如果能分清各种复杂的数量关系,使彼此阻塞之处互相通达,根据不同事物构成各自的率(数量关系),并分辨它们的地位和关系,就一定会统一到"今有术"。

刘徽的这些统一性思想和墨家的逻辑思想有着千丝万缕的联系。刘徽强调的"事类相推,各有攸归""方以类聚,物以群分"等,实际上是对《墨子·尚同中》的"以类明故,推类察故""以类取,以类予"[①]的归纳和演绎结合的逻辑思想的进一步发展。

刘徽指出的"告往而知来,举一隅而三隅反者",就是从《墨子·非攻篇》的"以往知来,以见知隐"引申而来的具有归纳意义的逻辑方法。

4. 刘徽的证明方法

一般地,所谓证明是指,从前提出发,用逻辑推理方法得出已经提出的命题的真实性的过程,即确定命题性质的推理过程。

《九章算术》中提出了很多命题,这些命题都与面积、体积有关,而与几何形体的性质无关。刘徽的证明从《九章算术》的命题开始,这样《九章算术》的命题特征直接地决定了刘徽证明方法的独特性。

第一,极限方法与归纳方法相结合的证明方法。刘徽在一些面积、体积公式的证明过程中,根据计算的结果来确定命题的普遍意义。如,证明圆面积公式时采用了极限方法。他的极限方法主要是通过大量有限的计算实现的。但是计算过程无论达到何种程度都是在有限范围之内,无法实现无限过程,但是随着计算量的增加逐渐地接近正确结果,它预示着所选择的方法和计算的正确性,于是用归纳推理来确定最后结果。既然用了归纳推理方法,就直接涉及证明的严格性的问题。从现代的严格意义上看这种证明方法确实存在缺陷,但是通过大量的计算归纳出结论,对中国古代数学家来说是很自然的事情。

第二,刘徽用"出入相补"方法证明了三角形面积公式、棱台的体积公式等几何命题。"出入相补"方法有两个显著的特点:首先,它是整体思维方法,即根据已知几何形体的大小和形状等特点再构造一个新的完整的形体,然后从面积、体积的大小推出结论,即从整体把握部分的特征。这在上面章节中已经详细论述。其次,在证明中,除从整体把握部分的特征以外,还以量为标准从整体与部分之间的关系推出结论。其

---

① "以类取"是归纳推理方法,"以类予"是演绎推理方法。

中，若干次使用几何形体（或面积和体积）之间的全等关系作几何变换，以实现构造整体。这里仅仅是从面积和体积等量的角度考虑的，一般不涉及几何形体的角度的大小、直线与直线的位置关系等各种性质，或者说，刘徽等中国古代数学家在几何变换过程中依靠直观来把握这些性质关系，所以证明的某些环节显得模糊不清，这是不同于古希腊数学的研究方法。

（四）刘徽的批判精神

刘徽的数学思想主要来源于三个方面：第一，传统数学知识，特别是《九章算术》。刘徽精通当时的数学，正如他自己所说的"徽幼习《九章》，长再详览，观阴阳之割裂，总算术之根源，探赜之暇，遂悟其意，是以敢竭顽鲁，采其所见，为之作注"（《九章算术注》序）。第二，名家、墨家，尤其是墨家的逻辑思想对刘徽的数学思想起了至关重要的作用。第三，刘徽所处的魏晋时代的思潮为刘徽思想的产生提供了外部环境。刘徽扎实的数学功底、逻辑思想和相对自由的社会思潮，激发了他的科学理性精神。刘徽的批判精神表现出了历史与逻辑统一的思想，他非常注重传统的数学知识，同时也用逻辑的思想对待传统数学知识。他论证了《九章算术》中的多数真命题的正确性，同时对传统数学中存在的错误结论或方法尖锐地提出批评，并纠正了这些错误。

批评《九章算术》中的"周三径一"的传统观点：

"然世传此法，莫肯精核；学者踵古，习其谬失。"（《九章算术注》方田章）

这也是对当时的一些学者盲目地迷信古人，固守古法所提出的尖锐批评。

东汉著名科学家张衡认为《九章算术》中的周率三、径率一和立方体率16和球体率为9是不精确的，他试图把这些结果更精确化。但事与愿违，由于张衡受到阴阳奇偶思想的影响，得到的圆周率为$\sqrt{10}$，仅比3多了一位有效数字，而球体积公式的误差比《九章算术》还要大。对此，刘徽提出了批评：

"又云：方，八之面，圆，五之面。圆浑相推，知其复以圆围为方率，浑为圆率也，失之远矣。衡说之自然欲协其阴阳奇耦之说而不顾疏密矣。虽有文辞，斯乱道破义，病也。"（《九章算术注》少广章）

就是说，张衡是取$\frac{\sqrt{8}}{\sqrt{5}}$为正方形及其内接圆的比率，又以圆柱为方率，内切球为圆率，因此得到

$$V_球=\frac{\sqrt{8}}{\sqrt{5}}, V_{圆柱}=\frac{\sqrt{8}}{\sqrt{5}}\cdot\frac{\sqrt{8}}{\sqrt{5}}, V_{立体}=\frac{8}{5}D^3。$$

这完全是为了附会阴阳奇偶学说而不顾结果的精密和粗疏,虽然言辞很漂亮,却犯了混淆事理的弊病。由此可见,刘徽关于圆周率的计算和球体体积公式的推导与他的科学思想方法是分不开的。

刘徽对有些人的数学方法之不灵活及其可能造成的错误提出了批评:

"其拙于精理徒按本术者,或用算而布毡,方好烦而喜误,曾不知其非,反欲以多为贵。故其算也,莫不暗于设通而专于一端。至于此类,苟务其成,然或失之,不可为要约。"(《九章算术注》少广章)

接着引述"庖丁解牛"的典故,比喻数学方法的灵活性和计算的娴熟好比刀刃一样。刘徽论述方程理论时,批评很多人对方程理论的不理解和固执拘泥,以及不能变通的观念,并给出了方程新术。他指出:

"更有异术者,庖丁解牛,游刃理间,故能历久其刃如新。夫数,犹刃也,易简用之则动中庖丁之理。故能和神爱刃,速而寡尤。"(《九章算术注》方程章)

"世人多以方程为难,或尽布算之象在缀正负而已。未暇以论其设动无方,斯胶柱调瑟之类。聊复恢演,为作新术,著之于此,将亦启导疑意。网罗道精,岂传之空言?记其施用之例,著策之数,每举一隅焉。"(《九章算术注》方程章)

世人大都认为方程为难,"布算之象"只不过是用正负数点缀,没有去探讨变换方法,就像"胶柱调瑟"一样。为此,刘徽提出了新的方法,以开导启发疑惑之处。

刘徽并没有随便地批判他人和墨守成规的思想,他的批判是有根有据的,并且在批判中总是包含着创造精神。如,批评张衡算法的错误的同时提出了新方法;批评"方程为难"后又提出了"新术"。

(五)刘徽思想的局限性

评价某一科学家的成就后,转而指出他的某些局限性,是我们的一贯做法。这里也不妨指出刘徽的局限性。评价历史上的科学家的某些局限性是一件非常困难的事,也许比评价他们的创造性成就还要困难。成就是已经发明创造出来的客观存在的东西,评论时有据可查。所谓局限性则不同,它是指科学家在科学研究生涯中有可能发生但没有发生的某项研究成果或事件,简言之,就是曾经没有发生过的事情。因此,人们评论某人的局限性时,容易产生主观的、理想化的东西压倒客观性东西的倾向,忘掉一个科学家一生的精力和客观条件。如,评论刘徽的局限性时,评论者总希望使刘徽数学理论更系统完美、面面俱到,这也是评价的出发点。

刘徽的数学思想、方法和精神在许多方面都是创造性的,但也有一定的局限性。表现在以下几个方面:

第一,刘徽的逻辑思想和墨家的逻辑思想有直接的联系。一方面,在数学中贯彻逻辑方法时,刘徽在很多方面都超过了墨家。墨家只提出了一些数学命题,但没有进行证明,刘徽则不同,他用逻辑方法定义了《九章算术》中"约定俗成"的概念,证明了所有的"术",并用极限方法解决了圆面积公式的证明等重要的具体问题。另一方面,刘徽虽然吸收了墨家的逻辑思想,并贯彻在数学研究实践中,但是在某些方面还不及墨家。首先,刘徽没有认识到墨家数学理论的重要性,即没有能够理解纯粹数学理论的重要意义,他没有继承墨家的一些重要的数学理论知识;其次,墨家提出了二十多个数学命题,而刘徽提出的数学命题很少,他仅仅围绕《九章算术》现成的问题展开数学研究。

第二,刘徽历史地考察数学的作用,并论述了《九章算术》的经典性,他认为"且算在六艺,古者以宾兴贤能,教习国子;虽曰九数,其能穷纤入微,探测无方"(《九章算术注》序),《九章算术》中包括了当时所需的所有数学知识了。这是刘徽从《九章算术》开始数学研究并以它为研究归宿的主要原因。刘徽以传统的注解方式在《九章算术》既定的框架内进行探索,没有改变原来内容的顺序。这就决定了他的数学理论的一般性和系统性方面的缺陷。例如,用辗转相减求"等数"(最大公约数)时,没有考虑到"等数"等于 1 的特殊情形,因而没有出现素数的概念。方程组和高次方程只限于数字方程和求正数解,没有上升到一般系数来讨论,在方程组和高次方程解法方面没考虑负根的问题。在几何证明中,从量的角度考虑问题,而没有重视几何形体的性质问题,因而有些证明环节模糊不清。又如,"率"的定义("凡数相与者谓之率。"(方田章))、相与率的概念("率者,自相与通。有分则可散,分重叠则约也。等除法实,相与率也。"(方田章))和"率"的性质("凡所得率知,细则俱细,粗则俱粗,两数相推而已。"(衰分章))的论述,并不是集中在同一章节中,而是分散在不同章中。这些局限性,与其说是刘徽数学理论的局限性,还不如说是中国传统数学理论的局限性。

参考文献

[1] 范文澜. 中国通史简编(修订本 第二编)[M]. 北京:人民出版社,1964.

[2] 毛礼锐,沈灌群. 中国教育通史(第二卷)[M]. 济南:山东教育出版社,1995.

[3] 王子今. 秦统一原因的技术层面考察[J]. 社会科学战线,2009(9):222 - 231.

[4] 萧灿,朱汉民. 岳麓书院藏秦简《数》的主要内容及历史价值[J]. 中国史研究,2009(3):39 - 50.

[5] 陈松长. 岳麓书院所藏秦简综述[J]. 文物,2009(3):75 - 88.

[6] 萧灿. 岳麓书院藏秦简《数》研究[M]. 北京:中国社会科学出版社,2015.

[7] 邹大海. 中国数学在奠基时期的形态、创造与发展:以若干典型案例为中心的研究

[M].广州：广东人民出版社,2022.

[8] 朱凤瀚,韩巍,陈侃理.北京大学藏秦简牍概述[J].文物,2012(6)：65－73.

[9] 陈侃理.北大秦简中的方术书[J].文物,2012(6)：90－94.

[10] 韩巍.北大秦简中的数学文献[J].文物,2012(6)：85－89.

[11] 韩巍.北大秦简《算书》土地面积类算题初识[M]//武汉大学简帛研究中心.简帛(第八辑).上海：上海古籍出版社,2013.

[12] 彭浩.张家山汉简《算数书》注释[M].北京：科学出版社,2001.

[13] 吴朝阳.秦汉数学类书籍与"以吏为师"——以张家山汉简《算数书》为中心[J].古典文献研究,2012(15)：168－188.

[14] [汉] 张苍,等.九章算术[M].曾海龙,译解.南京：江苏人民出版社,2011.

[15] 钱宝琮.《九章算术》盈不足术流传欧洲考[J].科学,1927(6)：701－714.

[16] 邹大海.从《算数书》盈不足问题看上古时代的盈不足方法[J].自然科学史研究,2007,26(3)：312－323.

[17] 邹大海.从先秦文献和《算数书》看出入相补原理的早期应用[J].中国文化研究,2004(4)：52－60.

[18] [日] ユークリッド.ユークリッド原論[M].東京：共立出版株式会社,1971.

[19] [法] 阿尔贝·雅卡尔.睡莲的方程式：科学的乐趣[M].姜海佳,译.南宁：广西师范大学出版社,2001.

[20] [日] 薮内清.中国の科学文明[M].東京：岩波書店,1990.

[21] [美] M. 克莱因.古今数学思想(第一册)[M].张理京,张锦炎,译.上海：上海科学技术出版社,1979.

[22] [英] 李约瑟.中国科学技术史(第三卷·数学)[M].《中国科学技术史》编译组,译.北京：科学出版社,1978.

[23] 李迪.中国数学通史：上古到五代卷[M].南京：江苏教育出版社,1997.

[24] [美] M. 克莱因.西方文化中的数学[M].张祖贵,译.台北：九章出版社,1995.

[25] 郭书春.古代世界数学泰斗刘徽[M].济南：山东科学技术出版社,1992.

[26] 李迪.古代ギリシアと古代中国における異なる数学モデルの形成された背景[J].数学教育研究(日本),2000(30)：35－39.

[27] [日] 伊东俊太郎,原亨吉,村田全.数学史[M].東京：筑摩書房,1975.

[28] [日] ルイブニコフ.数学史(1)[M].東京：東京図書,1963.

[29] 洪万生.孔子与数学：一个人文的怀想[M].台北：明文书局,1990.

[30] [日] 伊东俊太郎.《科学》の通時態と共時態[M].東京：朝日出版社,1981.

[31] 李继闵.试论中国传统数学的特点[M]//中国数学史论文集(二).济南：山东教育出版社,1986.

[32] 钱宝琮.中国数学史[M].北京：科学出版社,1964.

[33] 吴文俊,沈康身.中国数学史大系：第二卷　中国古代数学名著《九章算术》[M].北京：

北京师范大学出版社,1998.

　　[34]李泽厚,刘纲纪.中国美学史(第一卷)[M].北京:中国社会科学出版社,1984.

　　[35][日]ボイャー.数学の歴史——ェジプトからギリシヤまで[M].東京:朝倉書店,1983.

　　[36]林夏水.数学哲学[M].北京:商务印书馆,2003.

　　[37]夏基松,郑毓信.西方数学哲学[M].北京:人民出版社,1986.

　　[38]林夏水.数学的对象与性质[M].北京:社会科学文献出版社,1994.

　　[39][明]徐光启.徐光启集[M].王重民,校.上海:上海古籍出版社,1984.

　　[40]汪奠基.中国逻辑思想史料分析(第一辑)[M].北京:中华书局,1961.

　　[41]梅荣照.第三世纪最杰出的数学家刘徽[J].北京师范大学学报(自然科学版),1991,27(Z3):56-71.

　　[42]周瀚光.《九章算术》和刘徽注在科学方法论上意义和价值[J].北京师范大学学报(自然科学版),1991,27(Z3).

　　[43]冯契.中国古代哲学逻辑发展(中册)[M].上海:上海人民出版社,1998.

第四章　　隋唐时期的数学教育

　　隋唐时期是中国封建社会的上升时期,政治、经济和文化教育空前繁荣昌盛。政治、经济、文化的繁荣促进了教育的发展,同时教育的发展也推动了当时的政治、经济和文化的发展。数学教育是整个教育的重要组成部分,它与当时的整个文化教育息息相关。在当时文化教育的推动下,数学教育也开创了奇迹,建立了数学专科学校,制定了数学教育制度,确定了数学教科书——"算经十书"。隋唐时期科举制度的建立对数学教育的发展产生了重大影响。隋朝开创了考试制度的新纪元,唐朝完善了科举制度,也奠定了千余年科举制度的基础。唐代的科举制度在中国教育史上具有重要地位,它具有相对公平性、合理性、开放性和多元化的特征。科举主要选拔具有经术或文学专业的从政人才的秀才、明经、进士,也选拔精于法律典制、文字书法的明法、明书,还选拔精于算学历算方面的明算等。在科举中开设"明算"科,使考数学中试者也能做官,这在世界上也是一个创举,相当程度上刺激了数学和数学教育的发展。

第一节　隋唐时期的数学教育制度

隋唐是中国古代封建主义教育发展的鼎盛时期,在教育制度方面有了新的发展,朝廷在数学教育方面做出一个重大的决策:在中央官学中开设算学、书学、律学,这是继汉代鸿都门学之后,专科学校教育的一个新发展。其中,算学专科学校的开设,标志着中国古代的国家数学教育初步形成。唐代继续扩大开办算学专科学校,制定了一系列制度规范算学科的发展。

一、隋代的数学教育制度

隋代虽仅存在了 30 余年,但较秦汉时期更为重视学校教育,隋文帝初年在教育上采取了一系列措施,设立国子寺(公元 607 年改称国子监)掌管教育行政部门。在国子寺中设有算学,与书法合在一起称为"书算学",隶属中央官学。其中,设算学博士 2 人,算助教 2 人,算学生 80 人。如《隋书·百官志》所记载:"国子寺元隶太常。祭酒,一人。属官有主簿、录事。各一人。统国子、太学、四门、书算学,各置博士、国子、太学、四门各五人,书、算各二人。助教、国子、太学、四门各五人,书、算各二人。学生、国子一百四十人,太学、四门各三百六十人,书四十人,算八十人。等员。"[①]可见,隋代中央官学的规模已相当可观,但算学的规模远远小于其他国学规模。这说明隋朝统治者仍然以经学教育为主,算学相对处于次要地位。总之,无论如何,数学专科学校的建立对中国的数学和数学教育的发展具有重要的意义。

隋代明确规定国子寺中的算学博士为九品官。据《隋书·百官志》记载:"书算学博士为从九品。"唐玄宗撰《唐六典》卷二十一也记载:"魏晋以来,(数学教育)多在史官,不列于国学。隋置算学博士一人,从九品下。"《唐六典》所记载的是隋文帝时期的情况,隋炀帝即位后,对官阶进行调整,"品自第一至于第九,唯置正从,而除上下阶"[②],并将国子寺改为国子监。算学博士增加到二人,为从九品,是最低一级的官员。

① [唐]魏徵,等.隋书·百官志(第三册)[M].北京:中华书局,1973:777.
② [唐]魏徵,等.隋书·百官志(第三册)[M].北京:中华书局,1973:739.

数学教师的社会地位与国子学博士的正五品、助教的从七品①相比还是很低的。

隋文帝初年积极振兴教育,出现了"齐、鲁、赵、魏,学者尤多,负笈追师,不远千里,讲诵之声,道路不绝"(《隋书·儒林传序》)的景象。此外,中央官学每年举行乡饮酒礼,据《隋书·礼仪志》记载,中央官学"每岁以四仲月上丁,释奠于先圣先师。年别一行乡饮酒礼。州郡学则以春秋仲月释奠,州郡县亦每年于学一行乡饮酒礼。学生皆乙日试书,景日给假焉"。

隋文帝晚期,官学教育走向衰落。隋炀帝即位后,曾一度复兴学校教育,但学校教育徒有其名,最终走向衰落。隋代的教育制度为唐代的教育发展奠定了基础,其在封建官学教育发展史上有着承前启后的作用。

二、 唐代的数学教育制度

唐代继承和发扬了隋代教育制度,包括数学教育。《新唐书·选举志》记载:"唐制,取士之客,多因隋旧。……其科之目,有明经、有俊士、有进士、有明法、有明字、有明算。"唐初国子监中不设立算学,于唐高宗显庆元年(公元 656 年)设立算学,《新唐书》记载:"唐废算学,显庆元年复置"。设"算学博士二人,从九品下,助教一人,学生三十人。"算学博士"从九品下",这说明数学教员是最低级别的官员(《新唐书》)。显庆三年又停废算学,以博士以下人员并入太史局。龙朔二年(公元 662 年)又在国子监内设立算学,次年(公元 663 年)算学脱离国子监,隶属秘阁。

唐代的算学教育趋于完备,已经形成了一定的体系,包括②:

(1) 经学教育中需要的数学知识教育。

(2) 算学,即数学专科学校的数学教育。

(3) 小学中启蒙的"六艺"中的简单数学知识教育。

(4) 司天台的天文历算中结合专业的数学教育。

(5) 太卜署的卜筮中涉及专业的数学教育。

(6) 有关管理农业、手工业、商业的官府,在人员培训和"宦学"教育中涉及的数学知识教育。

此外,在招生对象、入学年龄、学制、考试、算学教师薪水方面均建立了相关制度。

在唐代是根据学生的家庭出身招生的。据《唐六典》记载:算学博士"掌教文武官

---

① [唐] 魏徵,等.隋书·百官志(第三册)[M].北京:中华书局,1973:799.

② 马忠林,王鸿钧,孙宏安,等.数学教育史[M].南宁:广西教育出版社,2001:51.

八品以下及庶人之子为生者"。其他史书中也有类似记载,如吴兢撰《贞观政要》卷七记载:"算学,掌教八品以下及庶人子为俊士生者。"《新唐书》卷四十四记载:"算学,生三十人,以八品以下及庶人之通其学者为之。"在国子监各科中,算学生的出身与律学或书学科学生相当,但不如国子、太学和四门高,国子学的学生出身最高,"掌教三品以上及国公子孙、从二品以上曾孙为生者。"①

算学生的入学年龄规定为 14 岁至 19 岁。教育经费由国家负担,不收学费。但学生入学时必须向老师行"束脩之礼"②。据王浦《唐会要》卷三十五记载:"国子、太学各绢三匹,四门学绢二匹,俊士及律、书、算学各绢一匹,皆有酒酺。"所交礼品中,博士按规定收五分之三,助教收五分之二。

明算科学制为七年,比国子学(九年)短而比律学(六年)长。学生以《九章算术》等10 部"算经"为主要教科书,分两个不同水平的班来教学。两个班共录取 30 名学生,每个班 15 名学生,"二分其经以为业"③。一班学习《孙子算经》《五曹算经》一年,学习《九章算术》《海岛算经》三年,学习《张邱建算经》《夏侯阳算经》各一年,学习《周髀算经》《五经算术》一年。另一班学习《缀术》四年,学习《缉古算经》三年。另外,两个班还要兼学《数术记遗》和《三等数》。《新唐书·选举志》卷三十四也有记载:"凡算学,《孙子》《五曹》共限一岁,《九章算术》《海岛》共三岁,《张邱建》《夏侯阳》各一岁,《周髀》《五经算》共一岁。《缀术》四岁,《缉古》三岁。《记遗》《三等数》皆兼习之。"一班学生学的内容是比较基本的数学知识,内容较多;而二班学生学的内容比较难,内容不多,在一班学习内容的基础上才能学习掌握这些难度较大的内容。

关于明算科中两个班级,有的学者认为是不同的两个专业,如马忠林等在《数学教育史》中说"算学分两个专业"④,而孔国平认为算学科"分为两个班"⑤。关于这两个班究竟有何关系,目前还没有查到可靠的历史资料。我们认为,这两个班可能是根据学生的不同水平来招生并分班的。

唐代的算学教育重视考试,算学生考试也分科进行,国家统一分配考试合格者。据《唐六典》记载:"其明算,则《九章算术》三帖,《海岛》《孙子》《五曹》《张邱建》《夏侯阳》《周髀》《五经算》等七部各一帖;其《缀术》六帖、《缉古》四帖。录大义本条为问答者,明造术,辨明数理,然后为通。《记遗》《三等数》读令精熟。试十得九为第。……诸

---

① 《贞观政要》卷七。
② 束脩:指学生给老师送的见面礼物。
③ ［宋］欧阳修,宋祁.新唐书·百官志(第四册)[M].北京:中华书局,1975:1268.
④ 马忠林,王鸿钧,孙宏安,等.数学教育史[M].南宁:广西教育出版社,2001:51.
⑤ 吴文俊,沈康身.中国数学史大系:第四卷　西晋到五代[M].北京:北京师范大学出版社,1999:223.

及第人并录奏,仍关送吏部。书、算于从九品下叙排。"天宝元年(742 年)后考试方法有所改变。即"凡算学,录大义本条为问答,明数造术,详明数理,然后为通。试《九章算术》三条,《海岛》《孙子》《五曹》《张邱建》《夏侯阳》《周髀》《五经算》各一条,十通六。《记遗》《三等数》帖读十得九,为第。试《缀术》《缉古》大义为问答者,明数造术,详明数理,无注者合数造术,不失义理,然后为通。《缀术》七条,《缉古》三条,十通六。《记遗》《三等数》帖读十得九为第。落经者虽通六不第。"①与以前相比,《缀术》多一条,其他没有变化。另外,对数学基本知识和基本技能要求也没有变化,即有"明数造术,详明数理"的要求。

考试方式有问答和帖读。所谓帖读即帖经方式,"帖经者,以所习经掩其两端,中间开唯一行,裁纸为帖,凡帖三字。"(《通典·选举》)即取书任揭一页,将其左右蒙上,中间只开一行,再用纸帖盖三字,令应试者填写出来。

算学生同国子监的其他学生一样,在平时 10 日一休假,称为"旬假"。假前由博士进行测验,"读者千言试一帖……讲者二千言问大义一条,总三条通二为第,不及者有罚。"②每年有两个较长的假期,五月放"田假",九月放"授衣假",均为 15 天,让学生回乡省亲,路程如超过 200 里,则按远近酌加路程假。

国子监中的数学教师的薪水问题。据《唐会要》卷三十五记载,开元二十四年(736年)规定的百官料钱"都以月俸为名,各据本官,随月给付,一品三十一千,二品二十四千……。算学博士为九品,一千九百一十七文。助教虽无品级,料钱与博士同"。建中二年(781 年),算学博士及助教的料钱增至三千文。会昌年间(841—846 年),算学博士的料钱增至四千文,助教仍为三千文。由此可见,唐朝数学教育一直延续到唐代末期。

第二节　隋唐时期的数学教材

隋朝并未规定统一的数学教材,但唐朝时规定了以李淳风注释的"算经十书"为数学教科书。

---

① ［宋］欧阳修,宋祁.新唐书·百官志(第四册)[M].北京:中华书局,1975:1162.
② ［宋］欧阳修,宋祁.新唐书·百官志(第四册)[M].北京:中华书局,1975:1161.

一、　隋代数学教材

《隋书·经籍志》中记载，在隋代流传的数学著作主要有①：

《周髀》一卷，赵婴注

《周髀》一卷，甄鸾重述

《周髀图》一卷

《九章术义序》一卷

《九章算术》十卷，刘徽撰

《九章算术》二卷，徐岳、甄鸾重述

《九章算术》一卷，李遵义疏

《九九算术》二卷，杨淑撰

《九章别术》二卷

《九章算经》二十九卷，徐岳、甄鸾等撰

《九章算经》二卷，徐岳注

《九章六曹算经》一卷

《九章重差图》一卷，刘徽撰

《九章插图经法》一卷，张峻撰

《缀术》六卷

《孙子算经》二卷

《赵匪文算经》一卷

《夏侯阳算经》二卷

《张邱建算经》二卷

《五经算术录遗》一卷

《五经算术》一卷

《算经异义》一卷，张缵撰

《张去斤算疏》②一卷

《算法》一卷

《黄钟算法》三十八卷

---

① ［唐］魏徵，等.隋书·百官志（第三册）［M］.北京：中华书局，1973：1018－1025.
② "张去斤"即"张邱建"。

二、唐代的数学教科书

自唐代开始,由国家颁定统一的数学教科书,朝廷规定了算学的必修与选修教科书,这与算学专科学校的建立是相适应的。唐代的算学以中国汉唐千余年间陆续出现的十部数学著作加以注释作为教科书,是经过认真仔细挑选和注释才确定下来的。该项工作由王思辩提出:"先是,太史监侯王思辩表称《五曹》《孙子》十部算经多踳驳。淳风复与国子监算学博士梁述、太学助教王真儒等受诏注《五曹》《孙子》十部算经。书成,高宗令国学行用。"(《旧唐书·卷七九》)

这十部算经(图4-1)又称为"算经十书",分别为《周髀算经》《九章算经》《孙子算经》《五曹算经》《夏侯阳算经》《张邱建算经》《海岛算经》《五经算术》《数术记遗》《缉古算经》。总之,唐代的教科书均为注释本,既保留了前人的原著,使学生能知其源,又通过注释立了新意、创了新说,及时更新教材内容,使学生能知其流,学到新知识。[①]

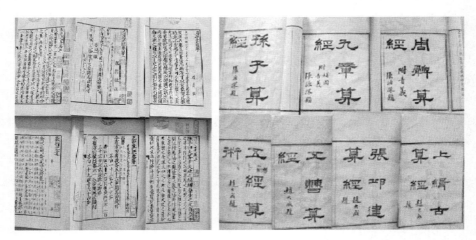

图4-1 十部算经部分书影

前文已经介绍了《周髀算经》和《九章算术》,兹不赘述。下面介绍另外八部算经。

(1)《孙子算经》

《孙子算经》共三卷,作者及成书年代均不可详考。《张邱建算经·序》记有:"其夏侯阳之方仓,孙子荡杯"。而传本《夏侯阳算经·序》又称:"五曹、孙子述作滋多。"可证

---

① 毛礼锐,沈灌群.中国教育通史(第一卷)[M].济南:山东教育出版社,1986:537.

《孙子算经》是隋代以前的作品,并且较《张邱建算经》《夏侯阳算经》为早。考察《孙子算经》所涉及的社会内容,诸如田亩制度、兵役制度、度量衡制度等皆为秦汉以后所设,此书卷下又有"户输绵二斤八两"之调法,还编有"棋局十九道"之题(按"户调"制乃晋武帝时开始实行,沿用到唐代。三国时吴国邯郸淳《艺经》尚称围棋十九道)。从这些史料来推测,《孙子算经》的编纂年代大约在公元四五世纪。[①]

《孙子算经》是一部启蒙算书,以其浅显易懂而广为人知。卷上叙述了度量衡制度、大数记法、常见物质的比重、算筹记数的纵横相间制和整数的乘除法则、各种粟米的换算比例,为初学者做好了充分的准备。卷中由整数运算扩展到分数的四则运算和开平方法。这些不仅在当时达到了普及数学教育的目的,而且对考证古代的算术也提供了宝贵的资料。卷中、卷下还编选了一些关于民生日用的应用问题,解题方法通俗易懂,但也有不切合实际的解题方法。卷下还选取了几个比较难解的算术问题,目的在于增加读者的兴趣。如"今有妇人河上荡杯""今有物不知其数"等。"物不知数"问题(通常被称作"孙子问题")是中国古算书中有关一次同余式的最早记载。这个问题和古代编制历法过程中的计算"上元积年"的算法有密切联系。这一算法,到宋代发展成为求解一次同余式的普遍解法——大衍求一术。《孙子算经》序中较好地阐述了中国古代数学家对数学价值的看法[②]。

(2)《五曹算经》

《五曹算经》是一册为地方行政职员编写的应用算术书,北周甄鸾所撰。全书分为五卷,用田曹、兵曹、集曹、仓曹、金曹五个项目做标题。"田曹"所收的问题是各种田亩面积的计算,"兵曹"是关于军队配置、给养运输等的军事数学问题,"集曹"是贸易交换问题,"仓曹"是粮食税收和仓窖体积问题,"金曹"是丝织物交易等问题。《五曹算经》共有 67 个算术问题,解法浅近,所有数字计算都有意避免分数,只要掌握了整数的加、减、乘、除法则就可以解答。其中,"田曹"卷除了长方形、三角形、梯形、圆、圆环的面积公式继承了《九章算术》的计算公式是正确的之外,其他面积公式不是误差相当大的近似算法,就是错误公式。南宋杨辉在他的《田亩比类乘除捷法》中明确指出《五曹算经》腰鼓田、鼓田、四不等田的面积算法是错误的,并且说这些形式的田面积必须分两段测

---

① 吴文俊,沈康身.中国数学史大系:第四卷　西晋到五代[M].北京:北京师范大学出版社,1999:40-41.

② 《孙子算经》序中说:"夫算者,天地之经纬,群生之元首,五常之本末,阴阳之父母,星辰之建号,三光之表里,五行之准平,四时之终始,万物之祖宗,六艺之纲纪。稽群伦之聚散,考二气之升降,推寒暑之迭运,步远近之殊同。观天道精微之兆基,察地理纵横之长短。采神祇之所在,极成败之符验。穷道理之理,究性命之情。立规矩,准方圆,谨法度,约尺丈,立权衡,平重轻,刨毫厘,析黍累,历亿载而不朽,施八极而无疆。散之不可胜究,敛之不盈掌握。向之者富有余,背之者贫且窭。心开者幼冲而即悟,意闭者皓首而难精。夫欲学者必务量能揆己,志在所专。如是则焉有成者哉。"

量,分别计算。但"田曹"卷的错误公式谬种流传,在明、清二代的有些算术书里还没有校正过来。除"田曹"卷之外,其余内容均是正比例的应用与整数的四则运算,无创新,其旨在实用而不是学术,数学水平远在《九章算术》之下。

(3)《夏侯阳算经》

北宋元丰七年秘书省所刻"算经十书"的《夏侯阳算经》是一部伪书,非唐代立于学官的《夏侯阳算经》。但现传本《夏侯阳算经》是唐代宗在位时期(公元 762—779 年)写成的作品,是一部结合当代法令的实用算术书。该书共三卷,卷上引田令、赋役令、仓库令、杂令等都是唐代刑部颁行的法令。"课租庸调"所引赋役令户调法与杜佑《通典·食货志》所载开元二十五年(737 年)的法令相同。卷中"求地税"章有按亩收谷两题;"定脚价"章有两税米、两税钱各一题。卷下又有两税钱三题。《新唐书·食货志》说:"自代宗时始以亩定税,而敛以夏秋。至德宗相杨炎,遂作两税法。"据此可知唐代宗在位时已征收两税米和两税钱,与租庸调法并行。卷中"分禄料"章有一个分配官本利息给州郡官审的问题,其中列举的官吏名称及人数,和《唐书·职官志》所载"下州"似更相合。又据《新唐书·百官志》说"上元二年(761 年)诸州复置别驾,德宗时复省",本题中有别驾官,足证本书为代宗时期的作品。[①]

(4)《张邱建算经》

《张邱建算经》全书分三卷,作者和写作时代均不可考,大约是 5 世纪中叶南北朝时期的一部著作。现传本《张邱建算经》出于南宋刻本,该刻本传到清代的一册有缺页,卷中缺少最后几页,失传的算题不知多少。卷下缺少最前二页,约计少了二三个算题。全书现存 92 题(包括只存一部分的二个算题),其中卷上、卷中、卷下分别存 32、22、38 个题。

《张邱建算经》继承了《九章算术》的数学遗产,并且提供了很多推陈出新的创见,主要有下列几点:① 最大公约数与最小公倍数的应用问题(卷上第 10 题、11 题);② 等差级数问题(卷上第 22 题、23 题、32 题,卷中第 1 题,卷下第 36 题);③ 推广开带从平方问题的应用;④ 对于难解的算术题,该书一一加以具体分析,从而可以获得直接解答的具体方法;⑤ 卷下最后一题"百鸡问题",是中国数学史上最早出现的不定方程问题。

(5)《海岛算经》

《海岛算经》原为刘徽《九章算术注》十卷中的"重差"卷,刘徽曾在自序中提到"辄造重差,并为逐渐,以究古人之意,缀于勾股之下。"此外,刘徽在西汉"重差术"的基础

---

① 钱宝琮点校.算经十书[M].北京:中华书局,2021:551.

上,将其应用加以推广。唐代初年选定十部算经时,重差卷与《九章算术》分离,另本单行。因第一题是测望海岛山峰而推算其高、远的问题,而被称为《海岛算经》。全书共有 9 题,还有重表、连索、累矩三种测望的基本方法,第一题测量海岛用重表法,第三题测量方邑用连索法,第四题测量深谷用累矩法。其中,望海岛、望方邑、望深谷 3 个问题需要二次测望,望松、望楼、望波口、望津 4 个问题需要三次测望,望清渊、登山临邑 2 个问题需要四次测望。该书是中国最早的一部测量数学专著,也是中国古代高度发达的地图学的数学基础。

（6）《五经算术》

《五经算术》是北周甄鸾所著,共二卷。钱宝琮评论说:"东汉时期为家经籍作注解的人,如马融、郑玄等,都兼通算术。在他们的注解中掺杂了一般读经的人难以了解的数学知识。甄鸾的《五经算术》列举《易》《诗》《书》《周礼》《礼仪》《礼记》以及《论语》《左传》等儒家经籍的古注中有关数字计算的地方加以详尽解释,对于后世研究经学的人是有所帮助的。但有些解释不免穿凿附会,对于经义是否真有裨益值得怀疑。经书中出现了几个像万、亿、兆、秭等的大数名称,原来只是表示为数众多的意义,注经的人用十进位制或万进位制来解释已属多事,而甄鸾认为大数进法以'万万为亿,万万亿为兆'最为适当,以前的经注都不合适,事实上和《尚书》《诗经》的原意相去更远了。"①

（7）《数术记遗》

《数术记遗》全书仅一卷,汉代徐岳撰,北周甄鸾注。徐岳是后汉东莱人（今山东烟台、威海一带）,撰写过《九章算术注》二卷。《数术记遗》中的数学内容十分浅显,原无传世的价值。唐代举行明算科考试时,规定以董泉《三等数》和徐岳《数术记遗》为"帖读"的两个小册子,用纸条掩盖书上的 3 个或 4 个字,令应试者默读,须要达到 90% 的准确。由于《数术记遗》是应试明算科必须熟读的书,因此得以流传于后世。

《数术记遗》讨论了三等数,认为"下数"为十进位制,"中数"为万万进位制,"上数"则数穷则变,如云"万万曰亿,亿亿曰兆,兆兆曰京。"《数术记遗》列举了 14 种不同的记数法:积算、太一算、两仪算、三才算、五行算、八卦算、九宫算、运筹算、了知算、成数算、把头算、龟算、珠算、计数。它们或用少数着色的珠,由珠的位置表示各位数字;或用特制的筹,由筹的方向表示各位数字。当时人们熟悉的算筹记数法要同时应用很多算筹,布置各位数字又有纵横相间的规则。因此,该书提出了各种办法来简化记数法,其中的珠算思想很有卓见。

---

① 钱宝琮点校.算经十书[M].北京:中华书局,2021:437.

《数术记遗》不像秦汉以来的其他算书以算题为主,它只有文字叙述,注释中倒有几例算题,涉及到地面测量、不定分析等,继承和发展了《九章算术》《张邱建算经》等书的某些数学思想。

(8)《缉古算经》

《缉古算经》是唐代王孝通所著(约 7 世纪初),共一卷,采用问题集形式编写,共收入 20 个问题。第 1 题为天文问题,其余 19 题均为几何问题。钱宝琮将其余 19 题分为三大类:第一类从第 2 到 6 题和第 8 题,为土木工程中土方体积问题,有的是求体积和长、宽、高,有的是从已知某一部分的体积返求其长、宽、高。第二类包括第 7 题、第 9 至 14 题,为计算仓库和地窖的容积问题。第三类从 15 到 20 题,为勾股问题,前 4 题用三次方程求解,而后两题则要解四次方程。此外,该书中首次提出了开带从立方(求三次方程正根)的方法并解决了需要求解三次方程的问题。

李迪先生曾评价道:"《缉古算经》的大部分问题用高次方程来解决,将几何研究变为代数研究,这是中国数学发展史上的一次转折。三次方程也是首次出现,各项系数的名称亦由王孝通所确定。尽管书中的题目大都是人为的,但是不影响《缉古算经》是一部高水平的数学著作。"[①]

一言以蔽之,"算经十书"是中国传统数学的精华,作为数学教科书发挥了重要作用。但是它们作为理论性和实用性较强的数学著作,并不适合做教科书来教学,因为它们不符合教科书知识的系统性和循序渐进的要求。

第三节 隋唐时期多样化数学教育

隋唐时期,除国家的数学教育以外,还有多种形式的私学家传、宗教人士传艺、经师兼授、手工艺徒制等方面的数学教育。

一、私学家传

私家传授数学知识始于先秦,后世不绝如缕,到隋唐时期私家传授数学知识十分普遍。中国古代的官吏,特别是天官,多是宦学和家传相结合,俗称"畴人子弟"。隋唐

---

① 李迪.中国数学通史:上古到五代卷[M].南京:江苏教育出版社,1997:304-305.

也继承了这一传统。如,唐太史令庾俭,就出身于天文占星世家,其祖先庾诜是著名数学家,曾著《帝历》,其曾祖庾曼倩曾注《七曜历书》和一些数学古籍,其祖庾季才原为周太史,后为隋代的著名天文学家。又如,唐代著名数学家李淳风(曾注"算经十书")家史也有类似情况,他祖上四代都长于天文历算,在家学的影响下,李淳风幼年时期就有机会"通群书,明步天历算"(《新唐书·方伎列传》),后任唐太史令。

二、道教和佛教人士传艺

隋唐时期是中国道教和佛教昌盛时期,宣扬道教离不开数术,要发展占星术也离不开天文历法。其实,正宗的国家机构的司天台也重视占星术,占星以推人事为司天台官员的重要职责。而要懂历法则需数学,所以道教人士在传授其占星术时也需要数学。道教人士传授数学也推动了数学教育的发展。例如,对传习天文知识起过重大作用的《步天歌》就出自道士之手。再如李淳风之父李播"弃官为道士,号黄冠子"(《新唐书·方伎列传》),深通历数,他曾撰过《大象元机歌》三卷和《大象历》等著作。李淳风也受教于他,说明有的道教人士传授过数学。

佛教传经,同时也要传授一些有关的科学技术知识。如《大藏经》中就有《七曜星辰别行法》等一些天文历算书籍。佛经还有叫做"五明"的内容,即声明、工巧明、医方明、因明、内明,其中的"工巧明"就是研究历算、工艺技术的。唐代天文学家曾说过,当时研究天竺历法有三家,即迦叶氏、瞿昙氏和拘摩罗。这三位大师都是天文历算家、佛学大师,他们在中国期间曾在司天台任职,传授天竺的天文历法知识。据说瞿昙氏担任太史令达三十年之久,为传播印度的天文历算知识做出了突出贡献。他的后代瞿昙悉达(约生活于公元670—730年)曾编写著名的《开元占经》,促进了我国天文知识的传播。唐代天文学家僧一行编撰《大衍历》,李淳风修订《麟德历》,都曾受到以上三位历法家的影响。僧一行俗名张遂,他曾以嵩山普寂和尚为师学数学,后来为精研大衍之术他又登天台山国清寺学数学,亲见"僧于庭布算"的情况,并创立了"不等间距的二次内插法"。可见佛寺确实也传授数学知识。

三、经师兼授数学

隋唐时期继承了汉代以来的在传授儒家经典时兼授科学知识的传统。经学的科学知识也包括数学知识。在隋唐时期,建立了统一的经学。有几位对统一经学起过重大作用的经学大师都兼授数学。隋代的刘焯、刘炫,"所制诸经义疏,缙绅咸师宗之"①。唐代国祭酒孔颖达就是刘焯的学生,是一代儒宗,奉诏编撰《五经正义》,其中《尚书正义》《毛诗正义》本于刘焯、刘炫,《春秋左氏传正义》本于刘炫。刘焯"于《九章算术》《周髀》《七曜历书》十余部,推步日月之经,量度山海之术,莫不覈其根本,穷其秘奥。著《稽极》十卷,《历书》十卷,《五经述议》,并行于世"②。在编历时提出"等间距二次内插法",是揭示太阳运动不均匀性规律的先进方法,用它计算日、月、星的运行度数,使历法精度有所提高,是一项重大的数学成就。刘炫"与术者修天文律历",曾编著《算术》一卷(《隋书·刘焯刘炫列传》)。他还修正了《周髀算经》中关于日影"寸千里"的说法,后来僧一行在此基础上进行了中国最早的子午线长度实测工作。刘焯、刘炫在讲经的同时兼授数学是经师兼授数学的实例。

四、 训练手工匠人的艺徒制③

唐代训练手工匠人有官营作坊的徒艺制、世业家传等形式。唐代专设少府监(或称内府、尚方)负责管理百工技巧("掌百工技巧之政")。朝廷需要庞大的技术工人,即匠人。培养众多的匠人,只靠民间的力量很难保证技术的稳定发展和生产需要。因此,朝廷在少府监建立了徒艺制,一边生产,一边训练技术工人。为了训练艺徒制定了严格的管理制度,即"细镂之工,教以四年,车路乐器之工三年,平漫刀稍之工二年,矢镞,竹漆,屈柳之工,半焉,冠冕弁帻之工,九月。教作者传家技,四季以令丞试之,岁终以监试之,皆物勒工名"。④ 培养的结果使手工业有较大的发展,少府监的手工匠人数一度达到相当多的程度:"蕃匠 5029 人,绫绵坊巧儿 365 人,内作使绫匠 83 人,掖庭绫匠 150 人,内作巧儿 42 人,配京都诸司诸使杂匠 125 人。"⑤官营作坊训练工徒,十分重视考核,季试由令丞负责,年终的岁试则由少府监亲自主持。为监督艺徒所制作的产

---

① ［唐］魏徵,等.隋书·儒林列传(第六册)[M].北京:中华书局,1973:1707.
② ［唐］魏徵,等.隋书·刘焯刘炫列传(第六册)[M].北京:中华书局,1973:1718-1723.
③ 艺徒制:古代在手工作坊和工场中训练徒工掌握技能技巧的制度。商周时期即设"百工"之制,置官营作坊,以父传子和师授徒的方式传授手工技艺,此为最初的艺徒制形式。唐代继承古制,专设少府监(或称内府、尚方)管理百工技巧之政,由少府监(从三品)总负其责,实行艺徒制,借用皇家的威力征用全国工艺名师来训练艺徒并指令他们拿出家传绝技教授。唐代宫廷作坊设有:细镂、车路乐器、平漫刀稍与矢镞竹漆屈柳、冠冕弁帻四工种。艺徒受业年限根据工种技术难易而有所不同。官营作坊训练艺徒重视考核,季试由令丞负责,年试由少府监亲自主持。考核规定作品须标明姓名,由师傅考察,鉴定出徒时间则由少府丞确定。艺徒随师生活学艺,照顾其师饮食起居,兼作一切杂役。师傅传授依据对徒弟的赏识程度而有不同等差。后人遂将凡属于此类的学艺方式泛称为"艺徒制"。
④ ［宋］欧阳修,宋祁.新唐书·百官志(第四册)[M].北京:中华书局,1975:1269.
⑤ ［宋］欧阳修,宋祁.新唐书·百官志(第四册)[M].北京:中华书局,1975:1269.

品优劣,还规定在制品上标明制作者姓名("物勒工名")。手工业技艺中,需要一定的数学知识,如乐器、车辆的制造、手工艺品的设计,等等。这样也很自然地进行相应的数学教育。唐朝官营作坊,借用皇权的威力征用全国的工艺名师来训练艺徒,并指令他们拿出家传绝技教授,即所谓"教作者传家技"。这种传习方式,有助于突破家传技艺的封闭性和保守性,在当时不失为一种比较先进的艺徒培训形式。

第四节　中国数学教育对国外的影响

隋唐时期,创办科举制度,设置明算科,建立数学专门学校——算学,设置算学博士和算学助教。如此完整的数学教育制度,如此提倡和发展数学教育事业,在世界历史上是空前的。它推动了天文、历法、土建工程等的大发展。隋代刘焯的《皇极历》,唐代僧一行的《大衍历》、徐昂的《宣明历》等,都是重大成就。随着经济发展,实用性的数学书籍——《五曹算经》《孙子算经》《夏侯阳算经》等广泛流传,并进一步简化筹算方法。明算科作为科举制度的一部分,在社会上产生了深远而广泛的影响。官学、私学、家学、经师兼授、僧道传授数学教育方式的多样化为宋元时期数学人才辈出创造了先决条件,致使宋元时期的数学成就达到了中国传统数学发展的顶峰。同时,隋唐的算学制度传入朝鲜和日本,朝鲜、日本相继设立了算学和算学博士,并采用"算经十书"作教材,影响极为深远。

一、中国数学教育对朝鲜的影响

中朝两国唇齿相依,自古以来文化交往不断,中国的哲学思想、科技文化等知识不断地传入朝鲜并产生了极大的影响。从公元前 108 年前后到公元 273 年,传入朝鲜的中算典籍有《许商算术》《杜忠算术》《周髀算经》《九章算术》以及刘徽注[①]。这些数学著作对当时的朝鲜数学教育的发展产生了积极影响。

中国唐代初期的时候,朝鲜也模仿中国教育制度建立国学,后来改为太学监,并在国学中设置了算学。据记载:"教授之法……或差算学博士若助教一人,以《缀经》《三

---

① 金虎俊.九章算术、缀术与朝鲜半岛古代数学[M]//李迪.数学史研究文集(第四辑).呼和浩特:内蒙古大学出版社,1993:64-67.

开》《九章算术》《六章》教授之。凡学生位自大舍已下至无位,年自十五至三十皆充之,限九年,若朴鲁不化者,罢之。若才器可成而未熟者,虽逾九年,许在学,位至大奈麻,奈麻而后出学。"①

其中,《缀经》为《缀术》,《三开》和《六章》在中国数学典籍中尚未见到,但当时的日本大学寮的数学课程设置中也有《六章》和《三开重差》之课程,是否与朝鲜的《六章》和《三开》相同还不得而知。

朝鲜的数学教育制度中对课程的教学内容有较详细的说明,例如《缀经》教学内容如下:

(1)天文历算术中记述的是较复杂的经术、等数、岁差、"上元积年"术、等差数列、内插法、同余式等内容。

(2)测绘术中记述的是测量仪、测量单位、旁要术、地测、天测、作图法、建筑工程平面图、机械和工艺平面图等内容。

(3)方圆术中记述的是量器、古法、割圆术、徽率、开密法、正数(3. 141 592 6<正数<3. 141 592 7)、密率的应用、圆算等内容。

(4)开方术中记述的是开差幂、开圆术、开差立、开圆立、开方不尽术等内容。

(5)方程正负术中记述的是联立方程术、不定方程术、正负术、二次、三次方程术等内容。

(6)体积术中记述的是祖冲之的体积原理、球积术等内容。

朝鲜学习中国传统数学教育,刚开始是模仿中国数学教育制度,使用中国数学教科书,但这并不意味着朝鲜完全复制了中国数学教育,他们也开拓了具有自己特色的数学教育。首先,朝鲜结合自己的特点,发展和完善了中国古代数学教科书并作为自己的教科书。例如,"《九章算术》《缀术》自传入朝鲜半岛,经过反复使用,不断修改、补充,并在大量的注释和演算的基础上,使之成为符合朝鲜半岛实际的教材。特别值得一提的是宋代已失传的《缀术》,却在高丽王朝的明算科中,仍被列为基本教材。又如明代失传的天元术,《算学启蒙》在李氏朝鲜的算学课程中被列为必学内容和必考科。同时,这一时期在李氏朝鲜出现了研究中算的高潮,产生了不少算学名著,如《算学正义》《算术管见》等"②。其次,朝鲜数学教育中的科目、教育和授课时间等和中国数学教育有很大区别。"朝鲜半岛各朝代设置的算学教材书目比古代中国少,但授课时间

---

① 纪志刚.南北朝隋唐数学[M].石家庄:河北科学技术出版社,2000:357.

② 金虎俊.九章算术、缀术与朝鲜半岛古代数学[M]//李迪.数学史研究文集(第四辑).呼和浩特:内蒙古大学出版社,1993:66.

比古代中国长。如统一新罗规定的算学教材为四门,比唐朝少一半多,但授课时间为九年,比唐朝多两年。又如高丽王朝设置的算学科目数为四门,比宋朝少一半,但授课时间为七年。另外,朝鲜半岛各朝代注重计算技术,并善于使用算器,这一特点比中国、印度更为突出。"①

二、中国传统数学在日本的传播

中国的科学文化曾经对日本、朝鲜等邻国产生过极大影响。对日本的影响更突出。数学也不例外。

日本数学可以分成三个发展时期,即和算之前数学、和算和现代数学。和算之前的数学与和算受到了中国传统数学的深刻影响,可以说中国传统数学就是和算的来源。和算之前的日本数学是对传进来的中国传统数学的直接模仿,基本上没有改变中国传统数学的特点,根本就谈不上有什么创造性的东西。从中国传统数学首次传入日本,到和算的产生,这一阶段长达一千余年之久。在这期间不但没有创造性的东西,而且尚未完全理解所传播进来的《九章算术》等高水平的数学著作。因此,日本数学史界对和算之前的数学轻描淡写,对和算之前数学的特征和所传入的中国数学失传的原因等没有深入研究,而只突出了和算研究。和算是在和算之前的日本数学以及《算学启蒙》和《算法统宗》的直接影响下发展起来的具有日本特色的、创造性的数学。中国数学对日本数学产生极大影响,这是举世公认的,如马若安(Jean-Claude Martzloff)②所说:"(中国数学)具有潜在力,日本的和算家们把它灵活应用、发挥,并开发创造的。……中国的代数学方法传播到日本,在17世纪,日本发展了13世纪的中国方法,在某些问题上,在欧洲人发现之前,他们就成功地解决了。这些方法明显地标志着中国数学的推进力和创造力。"③和算与和算之前的日本数学有实质性的区别,和算在两百多年的时间里取得了优异的成就,和算鼎盛时期的某些成就可以和西方的微积分相媲美。但遗憾的是,和算没有能够完全摆脱计算的技术性以及从经验、归纳得出结论的传统,没有能够克服中国传统数学的缺点,因此,从明治维新以后和算就销声匿

① 金虎俊.九章算术、缀术与朝鲜半岛古代数学[M]//李迪.数学史研究文集(第四辑).呼和浩特:内蒙古大学出版社,1993:66.
② Jean-Claude Martzloff:在巴黎大学获得学位,国立科学研究所研究主任,主要著作有《中国数学的历史》(1988)和《梅文鼎数学著作研究》(1981)。
③ [日]エーミル・ノエル.数学の夜明け——対談:数学史へのいざない[M].東京:森北出版株式会社,1997:121.

迹了。

中国传统数学和中国传统文化一同传入了日本。3 世纪初,中国文化经朝鲜开始传入日本。4 世纪时,朝鲜的百济国曾派遣阿直岐、王仁等学者东渡日本给皇太子讲授《论语》和《千字文》。513 年,百济的五经博士段扬尔赴日本讲学。553 年,朝鲜的医学博士、易学博士、历博士应日本请求到日本讲学,并带去了有关书籍。554 年,百济的易学博士王道良和历博士王保孙赴日本讲学。602 年,僧人劝勒给日本学生讲授了历书、天文书、方术、遁甲等书。从隋唐时期开始,中国的哲学思想、政治思想以及科学技术开始直接传播到日本。日本从 600 年左右开始先后多次派遣隋使,从 630 年到 894 年之间前后共派遣唐使数次,达千余人。他们在中国学习了哲学、政治、天文、数学、医学等知识,并带回了大量资料,于是中国文化在日本的政治、哲学和科学技术等领域开始产生广泛的影响。政治制度的学习和引进,为哲学思想、科学技术的传入和发展提供了条件。中国传统数学对日本数学的影响主要体现在数学教育制度的模仿、中国历法和度量衡的使用三个方面。

隋唐时期,中国发达的文化强烈地吸引了日本和朝鲜。特别是中国文化对日本的统治者来说具有无限的魅力,使他们从政治制度到文学、艺术、建筑、服饰、饮食和文字等各方面都尽可能地模仿中国。当时,日本统治阶级模仿唐朝首都长安建造了永久的都城平城京;宫廷中官员也模仿中国官员穿着打扮;天皇也模仿中国皇帝在身边摆设了具有中国风格的镜子、屏风等高级工艺品;在皇族和贵族中盛行中国的汉诗,出现了诗集《怀风藻》①。模仿使日本统治者和宫廷的外部环境和外貌上很接近中国文化,但统治阶级的意识形态和生活等根深蒂固的东西没有发生多大变化。

在政治制度方面,日本学习模仿唐代政治制度,迈进了律令制国家时代②。日本的律令制,虽然具有一定的独特性,但基本上是中国唐朝律令制的翻版。在思想上,奈良时代引进华严宗、平安时代引进天台宗等佛教思想。佛教没有能够和政治制度挂钩。更重要的是,日本积极地吸收儒教思想,并和政治制度结合在一起了。养老律令③中有

① 《怀风藻》:日本现存最古老的汉诗集,有天平胜宝三年(751 年)的序,以年代的顺序收录了从天智天皇到奈良时代的 64 位诗人的 120 首诗,被称为日本诗的精髓。
② 律令制国家时代:律令国家是古代国家形态之一,以律令作为统治的基本法典。日本学习中国隋唐制度,于 7 世纪形成律令制,以奈良时代为最盛,一直延续到平安朝初期,长达三个世纪。律令制国家时代是日本史时代划分之一,亦即律令国家存在的时代。
③ 养老律令:日本从养老二年(718 年)起,由藤原不二等开始编制,到 757 年由藤原仲麻吕提出提案并付诸实施的法典。共有律、令各 10 卷,文字几乎都与大宝律相同。

明确规定,大学寮①的教学科目有《周易》《尚书》《周礼》《礼仪》《论语》,这也说明日本非常重视儒家思想。

在律令政治体制下,国家需要官员、特别是下级官员要具备相当高的算术——算道能力,这是国家管理不可缺少的条件。为全面实行中央集权制,要配套模仿中国发展模式必然地急需所谓"政治算术基础"。律令制中最基本的班田制、条理制的实施、税务、建筑工程等各方面都需要相当的数学知识。因此,在有些管理部门的官员中安排了数学官员。例如,在负责班田制的班田司中就有多名算师,在天平胜宝七年(755年)九月廿八日付正仓院文书中几内班田制的七十五名职员中就有二十名算师②。为适应国家的政治经济管理的要求,在《养老令》中确立了"大学寮"的教育制度,设立了明经③、音、书和算四科,一般把明经和音两科合在一起,这样实际上就是明经、书、算三科,并每科设置博士二人。明经是大学寮教育的主体,其他两科附属于明经。算就是数学科。大学寮制定了相应的数学教育制度,并指定了相应的数学教科书:

"算博士二人(掌教算术),算生卅人(掌习算术)。"④(大学寮)

"凡算经,孙子、五曹、九章、海岛、六章、缀术、三开重差、周髀、九司各为一经,学生分经为业(习学)。"⑤(大学寮)

在这九种教科书中,《孙子算经》《五曹算经》《九章算术》《海岛算经》《周髀算经》《缀术》在唐代的"算经十书"中有之,《六章》《三开重差》《九司》不在"算经十书"中。

《养老令》中制定了学习和考试算学的基本要求,并规定了具体的操作方法。大学数学考试分两个组或水平。每一组(水平)考试再分三个等级,即甲、乙和不通过。

"算学生,详明数理,然后为通。九章三条、海岛、周髀、五曹、九司、孙子、三重开差,试各一条。通九条者为甲;通六条为乙;若不通《九章算术》而通其余六条为不第。试《缀术》、《六章》者,《缀术》六条、《六章》三条。试九条皆通者为甲;通六条者为乙,若不通《六章》而只通《缀术》者亦为不第。"⑥(大学寮)

在第一组考试中,只要不能通过《九章算术》三条的情况下,即使通过其他六种教科书中的六条,也算不及格。这就说明把《九章算术》放在基础课的重要位置。

第二组的考试中,如果不通过《六章》,而只通过《缀术》,则不算及格。可见《六章》

---

① 大学寮:日本律令制中设立的直属太正大臣管辖的专门培养贵族官僚的教育机构。教授传记、明经、明法、算术等学科,并附带管理各种与教育有关的事务。
② [日]杉本勲.科学史[M].東京:株式会社山川出版社,1967:64.
③ 通儒教的经典,《论语》《孝经》为必修,《周易》《尚书》《周礼》《礼仪》《仪礼》《诗经》《左传》中任选一种学习。
④ 律令研究会.译注日本律令十——令义解注释篇二[M].東京:東京堂出版,1989:153.
⑤ 律令研究会.译注日本律令十——令义解注释篇二[M].東京:東京堂出版,1989:160.
⑥ 律令研究会.译注日本律令十——令义解注释篇二[M].東京:東京堂出版,1989:160.

比《缀术》重要,至于《六章》究竟是什么数学著作,现在无从考察。

大学寮中算学被重视的主要原因在于,它是中央政治管理中必不可少的技术。在民部省的主计、主税二寮有算师二人,大宰府中有算师一人①。

《养老令》中的数学教育制度模仿了唐朝的数学教育制度。由下面的比较可以得到证明。算学教育规模方面,中国从隋朝开始在国子寺中设立了算学,设算学博士2人,算助教2人,算学生80人②。唐初国子监没有设算学,显庆元年(公元656年)增设了算学馆,其规模为"算博士掌教文武官八品以下及庶人子之为生者。二分其经以为之业,习九章、海岛、孙子、五曹、张邱建、夏侯阳、周髀、五经算十有五人,习缀术、缉古十有五人,其记遗、三等数亦兼习之。"③唐朝国子监的明算科中规定,通常学制为7年,学习分两个阶段进行,相应的教科书也分两组。"算经十书"的《九章算术》《海岛》《孙子》《五曹》《张邱建》《夏侯阳》《周髀》《五经算》《缉古》中,前8种为第一阶段学习内容,后2种为第二阶段的学习内容。明算科中制定了算学考试的具体规定④:

"凡算学录大义本条为问答。明数造术,详明数理,然后为通。试《九章算术》三条,《海岛》《孙子》《五曹》《张邱建》《夏侯阳》《周髀》《五经算》各一条,十通六。《记遗》《三等数》,帖读,十得九为第。试《缀术》《缉古》,录大义为问答者,明数造术,详明数理,无注者合数造术,不失义理,然后为通。《缀术》七条,《缉古》三条,十通六。《记遗》《三等数》,帖读,十得九为第。落经者虽十通六不第。"

首先,《养老令》和明算科中的考试要求(或对教学目的的要求)、具体内容和文字完全相同,都提出了"详明数理,然后为通"。其次,两者对考试的具体规定也基本相同,只是有些科目名称不同而已,其内容是否相同或接近,无从考察。此外,中日两国的数学教育虽然都要求"详明数理,然后为通",但实际上都强调了死记硬背的学习方法,从现成问题中抽出题目考学生,根本就没有注意到学生的创造性学习。

《养老令》中的两个组的学习,从表面上看,第一组侧重于实用,也可以认为"实用数学"的学习组;第二组的难度比第一组要大,侧重于学术方面,也可以认为"学术性"学习阶段。实际上,这也是对唐朝的明算科的机械模仿。

日本在学习、吸收中国数学,并在实际应用中都取得了一定的成就。但在数学研究方面没有开拓创新之处。

① 律令研究会.译注日本律令十——令义解注释篇二[M].東京:東京堂出版,1989:227,231,545.
② [唐]魏徵,等.新唐书·百官志(第三册)[M].北京:中华书局,1973:719-809.
③ 唐玄宗御撰.唐六典卷二十一——二十五[M].广雅书局:7.
④ [宋]欧阳修,宋祁.新唐书·选举志上(第四册)[M].北京:中华书局,1975:1162.

三、中朝日三国数学教育的简单对照

朝鲜和日本都学习、模仿了隋唐时期的中国数学教育,但是他们后来的发展和中国并不一样,不同程度地创造了自己的数学教育。可以简单地概括为三种不同的发展道路①。

中国两千多年的数学教育的发展过程为:形成——发展——停滞——复苏——被西方数学教育所代替。

日本从引进中国隋唐数学教育以后的发展过程为:引进——学习吸收——独自发展——被西方数学教育所代替。

朝鲜从引进中国隋唐数学教育以后的发展过程为:引进——学习吸收——发展和完善中国数学——被西方数学教育所代替。

另一方面,三个国家的数学教育制度也有所不同,如表 4 - 1②:

表 4 - 1　中朝日三国数学教育制度对照

国名/事项	中国唐代	朝鲜新罗时代	日本(养老令)	备　注
入学年龄入学资格	14～19 岁;八品以下,庶民子弟	15～30 岁;大舍(中央十七等官位中的第十二位)以下无官者	13～15 岁;五位以上的子弟及东西史部的子弟	在唐朝,算学和国子学在资格上有区别,但是朝鲜新罗和日本没有这个区别。把新罗的教学科目这样分类是假设性的,在典籍中教学科目按原来顺序罗列。
教学科目	初等班:九章、海岛、孙子、五曹、张邱建、夏侯阳、周髀、五经算经;高等班:缀术、缉古算经;共同学习:数术记遗、三等数	初等班:六章、三开;高等班:九章、缀术	初等班:九章、海岛、周髀、五曹、九司、孙子、三开重差高等班:缀术、六章	
修学年限	7 年	9 年	7 年	

隋代的存在时间虽短,但它为唐代的数学教育发展奠定了基础。唐代延续了近

---

① ［韩］金容云,金容局.韩国数学史[M].东京:槙书店,1978:13.

② ［韩］金容云,金容局.韩国数学史[M].东京:槙书店,1978:86.

300 年,是社会盛世之时代,数学教育从唐初一直延续到唐末。唐代数学教育的发展不仅反映了数学的发展情况,也反映了社会生产实践和科学研究等对数学的需要。隋唐时期制定的数学教育制度及其建立的数学专科学校是中国数学教育史上的一个创举,它产生了深远的影响。

首先,它标志着数学教育在官学中有了合法地位,这对数学教育的发展具有积极的推动作用。后世也大多采用唐代的数学教育模式,直到清末兴新学为止。这里值得指出的是,唐代的国学是教育机构,而不是科研机构。因此,在官学中进行创造性的数学理论研究的可能性很小,更不能培养数学家。

其次,明算科是中国历史上的最早的数学专科学校,这在世界数学教育史上也是一件罕见的创举。

再次,隋唐数学教育也具有世界意义。隋唐数学教育直接影响了朝鲜、日本等国的数学教育的发展。

参考文献

［１］［唐］魏徵,等. 隋书·百官志(第三册)[M]. 北京:中华书局,1973.

［２］马忠林,王鸿钧,孙宏安,等. 数学教育史[M]. 南宁:广西教育出版社,2001.

［３］［宋］欧阳修,宋祁. 新唐书·百官志(第四册)[M]. 北京:中华书局,1975.

［４］吴文俊,沈康身. 中国数学史大系:第四卷 西晋到五代[M]. 北京:北京师范大学出版社,1999.

［５］毛礼锐,沈灌群. 中国教育通史(第一卷)[M]. 济南:山东教育出版社,1986.

［６］钱宝琮点校. 算经十书[M]. 北京:中华书局,2021.

［７］李迪. 中国数学通史:上古到五代卷[M]. 南京:江苏教育出版社,1997.

［８］［唐］魏徵,等. 隋书·儒林列传(第六册)[M]. 北京:中华书局,1973.

［９］［唐］魏徵,等. 隋书·刘焯刘炫列传(第六册)[M]. 北京:中华书局,1973.

［10］金虎俊. 九章算术、缀术与朝鲜半岛古代数学[M]//李迪. 数学史研究文集(第四辑). 呼和浩特:内蒙古大学出版社,1993.

［11］纪志刚. 南北朝隋唐数学[M]. 石家庄:河北科学技术出版社,2000.

［12］［日］エーミル・ノエル. 数学の夜明け——対談:数学史へのいざない[M]. 東京:森北出版株式会社,1997.

［13］［日］杉本勲. 科学史[M]. 東京:株式会社山川出版社,1967.

［14］律令研究会. 译注日本律令十一——令义解注释篇二[M]. 東京:東京堂出版,1989.

［15］［宋］欧阳修,宋祁. 新唐书·选举志上(第四册)[M]. 北京:中华书局,1975.

［16］［韩］金容云,金容局. 韩国数学史[M]. 東京:槙書店. 1978.

［17］唐玄宗御撰. 唐六典卷二十一——二十五[M]. 广雅书局:7.

第五章　　宋代的数学教育

　　宋代(960 年—1279 年)是中国封建社会发展历程中的一个重要阶段,包含北宋(960 年—1127 年)和南宋(1127 年—1279 年)两个时期。在封建制度基本不变的前提下,宋代的政治、经济、学术思想和文化教育等方面都有了一定的发展。首先,中央集权高度发展,宋代以后再也没出现过南北朝或五代十国那样长期割据的动乱局面,两宋统治 320 年,除与辽、金之争外,内部一直保持着统一的局面;其次,经济有了较快的发展,农业、手工业的发展达到相当高的水平,商业和对外贸易也有较大的发展;再次,科学技术有了空前的发展,许多成就在当时处于世界领先地位,值得中华民族自豪的、对人类文明的发展做出卓越贡献的四大发明有三种——火药、活字印刷和指南针是宋代完成的;最后,学术思想和文学艺术也异常活跃和丰富。所有这些,极大地促进了宋代教育的发展,同时它们也是宋代教育发展的重要结果。作为宋代教育的一个重要组成部分,宋代数学教育相当先进,是中国数学的黄金时代,为创造出一系列具有世界历史意义的成就奠定了基础。

　　宋朝在历史上虽然存在 320 年之久,但是数学教育是在北宋后期才开始断断续续地筹办的。影响主要体现在两个方面:其一,首次雕版印刷唐代流传下来的数学教科书;其二,元丰时制定算学条例,崇宁六年(1107 年)"重加删润,修成勒令",流传至今,有三个部分,即"崇宁国子监算学令""崇宁国子监算学格"和"崇宁国子监算学对修中书省格"[①]。南宋存在了一个半世纪,虽然一直没有恢复数学教育,但搜集了北宋元丰时所刊算学书,并进行重刊,使今人通过这些书间接地窥见元丰版算学书的情况。更重要的是在南宋末期,杨辉于 1274 年在著作中编写了"习算纲目",这是中国数学教育史上的珍贵文献。

---

① 李迪.中国数学通史:宋元卷[M].南京:江苏教育出版社,1999:54-55.

第一节　宋代数学教育制度

宋代在建立伊始,就把巩固统一、加强中央集权作为中心问题来考虑,并且这也是宋代所有政策和策略的基本出发点。其中采取的"兴文教,抑武事"的文教政策就是宋代集权巩固统一的重大决策之一。在"重文"方针指导下,宋代科举有新的特点:首先,增加科举录取的名额;其次,提高中试者的待遇;再次,完善科举程序,严防少数大官操纵,增设"殿试"等。同时,也导致了两种不同结果的出现:首先是消极方面的影响,如军事实力受损,武功不兴,武备不修,终两宋之世,外患一直很严重;其次是积极的影响,如有效地防止了封建军事割据。由宋代开始,中国再也没有出现汉末、南北朝或隋唐五代那样的长时间的割据和动乱,这可以说是宋代实施一系列措施的结果,以此维护了社会的安定,从而促进了社会生产、科学技术及社会生活的大发展。

宋代官学中设有"算学",是继唐代发展的数学专科学校。《宋史·职官志八》所载"建隆以后合班之制"之中,已有"算学博士"一职,并注有"书算无助教",可见宋初就开设过算学,但北宋前期算学有职无署,也未见招生施教之事。

元丰末年,一度设立算学,但存世时间极短,《续资治通鉴长编》卷 342 记:"元丰七年(1084 年)高丽王子及其徒 30 人来游学,吏部乞于四选补算学博士阙,从之。"不久,又于元祐元年(1086 年)六月罢建算学。

北宋崇宁三年(1104 年)六月壬子置书、画、算学,遂将元丰算学条例,修成敕令。算学正式创建。生员名额为 210 人,开设的课程,"以《九章》《周髀》及假设疑数为算问。仍兼《海岛》《孙子》《五曹》《张邱建》《夏侯阳算经》并历算、三式、天文书为本科。本科外,人占一小经,愿占大经者听。"[①]

崇宁五年(1106 年)正月丁巳罢书、画、算、医四学。以算学附于国子监。十一月从薛昂请复置算学。

大观三年(1109 年)三月十八日礼部状据太常寺申算学以文宣王为先师。……十一月七日太常寺奉诏天文算学,合奉安先师,并配缮从祀绘像未尽典礼。可否礼官考古稽礼,考究以闻者。臣等窃详……今算学所习天文、历算、三式、法算四科,其术皆本

---

① [元] 脱脱.宋史[M].北京:中华书局,1977:51-68.

于(黄)帝,臣等稽之载籍,合之典礼。谓尊黄帝为先师……王朴已上七十人,今欲拟从祀。①

大观四年(1110年)诏令"算学生并入太史局,学官及人吏并罢。"②

宣和二年(1120年)再次黜算学:"算学元丰中虽存,有司之请,未尝兴建。又所议不过传授二员,令张官置吏,考选而任之,使之大略与两学同,既失先帝本旨,赐第之后不复责以所学,何取于教养? 可并罢。"③

关于数学教育方面的规定,在宋本《数术记遗》后附的"算学源流"有详细记载,现摘录如下:

(甲)崇宁国子监算学令

诸学生习《九章》《周髀》义及算问,谓假设疑数。兼通《海岛》《孙子》《五曹》《张邱建》《夏侯阳》算法,并历算、三式、天文书。

诸试以通粗并计,两粗当一通。算义算问以所对优长,通及三分以上为合格。历算即算前一季五星昏晓宿度,或日月交食,仍算定时刻早晚,及所食分数。三式即射覆及豫占三日阴阳风雨。天文即豫定一月或一季分野灾祥。并以依经备草合问为通。

"崇宁国子监算学令"是中国数学教育史上的重要文件。其内容包括数学的课程设置、教学内容、考试方法等。

就"崇宁国子监算学令"中规定的数学专科学校的课程来看,有算法、历算、三式和天文四科,与唐代数学专科学校比较,算法课基本是一致的,即指定的数学教科书基本上都取自唐代所规定的数学教科书——"算经十书"。历算、三式和天文则是崇宁算学所增设的课程。

"历算"指历法编算。中国古代的历法,其主要成分为对日、月、五大行星运动规律之研究,其主要目的在于提供预推此七大天体任意时刻位置之方法及公式。把人们得出的一整套规律和依此进行预推的方法、公式及若干有关的数据叫做一部历法,如《四分历》《三统历》等都是这样的历法。规律是用数学语言表述的,"预推"及得出数据的过程都是计算过程。因而,历法编算与数学有十分密切的关系,即历算是中国古代数学的主要应用领域之一,"令"中规定的考核方法也说明了这一点:"算前一季五星昏晓宿度,或日月交食,仍算定……"这里规定算学要依据一定的规律、方法和公式,即要根据某一部具体的历法进行。由于当时的数学理论还是比较初等的,当时的历法,即关

---

① 李俨.中算史论丛(四上)[M].上海:商务印书馆,1947:277.

② [清]徐松.宋会要辑稿[M].北京:中华书局,1957:17-68.

③ [清]徐松.宋会要辑稿[M].北京:中华书局,1957:17-68.

于日、月、五星运动的规律还是相当粗糙的,有较大的误差,只能在较短时间内有效。过了一些时候,由于误差的积累,这部历法已无法再用(出现"交食不验"等问题),因此要不断按观测事实校订历法,以至重编历法。废历一般不再利用。中国古代编订历法之多,为世界之最。据统计,从战国到元代的《授时历》,较有名的历法就有 87 部之多。

"三式"指六壬、太乙、奇门遁甲这三种以"式盘"为主要操作工具的占卜方法。所谓式盘是两个(奇门遁甲为四个)圆盘,一上一下放置(下盘可为方形),中心用针钉在一起,使上盘可在下盘上转动。两盘上画有不同的符号,表征某种占卜意义。占卜时,施术者转一下上盘,看其停止位置上下盘上的符号,对两符号的组合作解释以预测万事万物的未来。符号是按某种理论画上的,符号和理论的不同就构成了不同的占卜法。因涉及的一些符号(干支等)仍需用数学来算,这似乎是把三式归入算学课程的原因。从"崇宁国子监算学令"规定的考核方法(射覆,猜覆盖下的物品的一种游戏),亦可用于占卜来看,主要是考核用式盘进行占卜的能力,亦即对某事的预测能力[1]。

"天文"在中国古代有很独特的意义,《周易》指出:"观乎天文,以察时变;观乎人文,以化成天下。"(《易·象·贲》)即天文是与人文相对应的东西。《汉书》进一步指出:"天文者,序二十八宿,步五星日月,以纪吉凶之象,圣王所以参政也。"(《汉书·艺文志》)即天文是以天象(日月星辰的位置、情状及运行)来预测人事、政治的一种占星术,它通过占卜,把天象和人事联系起来。

古人说:"凡天变,过度乃占。"(《史记·天官书》)要以天象作出预测,必须了解天象之变,为了认识变,就要认识"常"。即要认识星象运动的规律,给出相应的结果——历法。由此,历算是天文的基础,天文是历算的目的,天文通过历法与数学联系起来,天文可视为数学的一种间接的应用领域。天文考核为"预定一月或一季分野灾祥"。"分野"是中国古代的一个占星术概念,指天上星空方位(二十八宿等)与地上的地理行政区划(州)的对应;"灾祥"指灾异和祥瑞,它们表征着人事的凶吉。

"崇宁国子监算学令"中所增设的这三门课程都是以预测未来人事的吉凶为目标,它们都属于中国古代的一个重要的文化组成部分——数术[2]。

由于"历法""三式""天文"对国家大事有预测功能,因而受到统治者的高度重视——历代的编历都受到朝廷的重视,一千多年间编历 87 部,正是历代王朝重视的结果。为了使它们不致被敌人利用,统治者采取了垄断措施。措施之一是禁,即禁别人学习、利用。禁"三式"和"天文"的"私习",一直是晋代以来中国封建王朝的一项国策,

① 马忠林,王鸿钧,孙宏安,等.数学教育史[M].南宁:广西教育出版社,2001:73.
② 马忠林,王鸿钧,孙宏安,等.数学教育史[M].南宁:广西教育出版社,2001:73-74.

宋代更加强了这种禁令。如,

(1) [秦始三年(267年)]禁星气谶纬之学。(《晋书·武帝纪》)

(2) 永平四年(511年)夏五月诏禁天文之学。(《魏书·宣武帝纪》)

(3) [永徽二年(651年)]诸玄象器物、天文图书、谶书、兵书、七曜历、太一(乙)、雷公式,私家不得有,违者徒二年。私习天文者亦同。(《唐律·太宗本纪》)

(4) 太平兴国二年(977年)冬十月丙子禁天文卜者等书,私习者斩。(《宋史·太宗本纪》)

禁"三式"和"天文"的"私习"另一个措施是把天文机构(称为司天监或太史局等)设为重要的国家机关,研究人员都是国家官员,而且把天文教育也置于国家掌握之中,从而培养出"自己的"有关专业官员。在唐代天文教育属司天监管理,三式教育属太卜署(属太常寺)管理,它们不是专门的教育机构,带有半学半官的性质。宋代把天文历算设为教学专科学校(专门的教育机构)的课程,表明了对它们空前的重视。

崇宁算学原归国子监,后归太史局掌管,南宋更没有单设算学。太史局则负责招生,其课程仍有历算、三式、天文,考核方法与崇宁算学应有连续性。考核方法为:

绍兴初命太史局试补,并募草泽人。淳熙元年(1174年)春,聚局生子弟试历算,《崇天历》《宣明历》《大衍历》三经,取其通习者;五年(1179年)以《纪六历》试;九年(1183年)以《统元历》试;十四年(1188年)用《崇天历》《纪元历》《统元历》,三岁一试。

绍兴二年(1132年)命,今岁春铨太史局试,应三全通一粗通,合格者并特收取,时局生多缺教也。

嘉定四年(1211年),命局生必中方许转补。理宗淳祐十二年(1252年)秘书省言……诸局官应试历算、天文、三式,官每岁附试……一年试历算一科,一年试天文三式两科。每科取一人……仍从旧制,申严试法。从之。(《宋史·选举志》)

可见,太史局学生要学习历算、三式、天文,这正是崇宁国子监算学令中规定的算学的新增科目,恐怕也是算学后归太史局的一个原因。考试历法,其中《大衍历》和《宣明历》是唐代编订并颁行的历法,而《崇天历》《纪元历》《统元历》都是宋代历法。《崇天历》为宋行古编,在1024—1064年和1068—1074年颁用;《纪元历》系陈舜德编,在1106—1127年和1133—1135年颁用;《统元历》为陈德一编,在1136—1167年颁用。从考试的规定可知所学、所考的都不是当时行用的历法,而是已过时的废历。采用废的即不准确(误差过大)的历法来考试,所谓"算前一季五星昏晓宿度,或日月交食,仍算定时刻早晚,及所食分数"就不可能符合当时真实的天象。因此,这种学废历考废历的方法,只能要求考生按原历法求出"假设"的天象,并非数学的实际应用及联系实际的问题。再考虑所试的三式和天文,其中射覆作为一种随机游戏,可不谈。"预占三日阴阳风雨"（这是现代也未能很好解决的问题）和"预定一月或一季分野灾祥"等也不是考察现实的事件，即不是把所求结果与现实对照，而是与三式和天文的理论相对照，所以它们都不是重视实际应用的表现，而是重视数术的举措。由于注重的是"理论"，因此又回归到所用的教材，于是一切从教材出发，这便是著名的做学问的"经解模式"。这样一来，三式和天文的结论并不具有可检验性，因而并非科学。实际上，它们也无法与现实相对照。为什么不学现行历法并以之考试呢？恐怕还是出于垄断的需要——不允许尚未成为官员的局生了解能预测军国大事的手段，舍此便无法理解这一学废历的行为。

崇宁国子监算学令在数学专科学校中增加了数术课程，此举对中国古代数学教育和数学的发展起到了重大的作用。表现在以下三个方面[1]：

第一，由于数术是能沟通天人之间的信息从而能预测人事，进而与军国大事有关的工具，历来受到统治者的重视。一方面历算要用到数学，另一方面在数学专科学校中开设"历算""三式""天文"课，这就使数学在人们重视数术的同时也受到重视。在中国古代，受到朝廷重视的事业才会得到发展。在"算学源流"一文中，还记载了数学专科学校毕业的学生可以直接授以官职的规定，这在相当程度上促进了人们学习数学的热情。同时，朝廷刻印数学教科书的活动也促进了数学的传播和积累。宋代在唐代设数学专科学校并开设明算科举人（考数学中试者授官）300 余年的基础上，设立数学专科学校，数百年中对数学和数学教育的重视结下了丰硕的成果——中国古代数学在宋、元达到中国亦是世界古代数学的高峰，这与唐宋时期数学教育的发展是有直接关系的。

第二，由于崇宁国子监算学令把数术列为数学专科学校的课程，而数术的考核只能从"理论"到"理论"，这使数学专科学校将其转移到数学学习中，从而在重实用的中国古代数学中注入了新的重理论研究的思想，结合宋代兴起的重视文化研究的理学思潮，使数学研究有可能向理论化转向，为宋元时期数学高峰的到来做了思想上的准备。当然，"从教材到教材"式的研究亦产生了另一个结果——使数学研究、学习中出现"经解模式"，认为古代经典远胜于现今的探讨，因此经典就具有不可移易的权威性，学习它们首先就要对其顶礼膜拜，以记诵经典（"经"）及熟读阐释它们的"副"经典（"传"）为主要学习手段。研究经典成为中国古代唯一公认的学问，研究则是对经典加以阐释，至多是在阐释中陈述一点自己的意见，由此形成了经、传、注、疏为正途的治学传统，一般在思想上、学术上不求别出心裁，不求构建具有自己特色的学说

① 马忠林，王鸿钧，孙宏安，等.数学教育史[M].南宁：广西教育出版社，2001：76-77.

和体系。这种情况也从数术研究转移到数学研究中,使数学研究也遵守"经解模式"。例如,为古代经典,特别是为《九章算术》作注成为一大批数学著作的模式,严重地扼杀了数学学习和研究中的创造性,它们是元代后期中国古代数学发展"中断"的原因之一。

第三,崇宁算学令把数术课程引入数学专科学校,为元代起用数术学校取代数学专科学校埋下伏笔:元代、明代及清代初期,国立大学不设数学专科学校,而在地方设"阴阳学"即数术学校,直属太史局(称司天监或钦天监)即天文管理机构。与之同时的是中国古代数学发展的"中断"——直到西方数学传入之前,一直没有达到宋元时期的数学水平。

(乙) 崇宁国子监算学格

官属:

博士四员(内二员分讲《九章》、《周髀》;二员分习历算、三式、天文)。

职事人:

学录(佐学正纠不如规者)一人。

学谕(以所习传谕诸生)一人。

司计(掌饮食支用)一人。

直学(掌文籍及谨学生出入)二人。

司书(掌书籍)一人。

斋长(纠斋中不如规者),斋谕(掌佐斋长导诸谕生),斋各一人。

学生:

上舍三十人,

内舍八十人,

外舍一百五十人。

补试(命官公试同):

《九章》义三道,

算问二道。

私试(孟月)补上内舍(第一场):

《九章》、《周髀》义三道,

算问二道。

私试(仲月)补上内舍(第二场):

历算一道。

私试(季月)补上内舍(第三场):

三式或天文一道。

（丙）崇宁国子监算学对修中书省格

秋试奏到算学升补上舍等第推恩下项：

上舍上等通仕郎，

上舍中等登仕郎，

上舍下将仕郎。

《宋会要》卷132载政和三年(1113年)算学亦类似。另外还有：

命官公试：一入上等转一官[……]，三入中等循一资[……]，五入下等占射差遗[……]。算学升补上舍：上等通仕郎，上舍中等登仕郎，上舍下等将仕郎。学生习九章、周髀、及算问[谓假令疑数]，兼通海岛、孙子、五曹、张邱建、(夏)侯阳算法。私试：孟月(季月同)：九章二道，周髀一道。算问二道。仲月周髀义二道。九章义一道，算问一道。陞补上内舍：第一场九章义三道，第二场周髀义三道，第三场算问五道，从之。

　　上面提到的"算学格""省格"中的"格"是指学校的机构、编制及考试安排等。它涉及宋朝规定的"三舍法"。宋代数学的考试方式和设置，基本采用太学的公私试和"三舍法"制度。所谓三舍法是宋代太学(及同时的武学、律学、算学、画学等)考核学生成绩的一种方法。宋神宗熙宁四年(1071年)诏令，将太学生员按等差分隶于外舍、内舍和上舍这三舍。生员依课业程度，岁时考试艺能，依次升舍。初入学者为外舍生，通过学习和考核成绩合格者，外舍可升入内舍；内舍可升入上舍。

　　元丰二年(1079年)颁学令，规定太学外舍生2 000人、内舍生300人、上舍生100人。生员各执一经随讲官受业，月考其业，岁有公试，每季有"季选"，年终有"校定"，优等者可免发解、省试。即，外舍生每年考试(称为"公试")一次，成绩列入一、二等的学生，升入内舍。内舍生每两年考试一次(称为"私试")，每次考试要求与"贡举"考试相同，如糊名誊录等，凡考试达到"优""平"二等，再参考平时学业及操行，如果合乎要求，就可升入上舍(私试共进行三场)。上舍生学习两年，举行上舍考试，由朝廷派官主考("命官公试")，太学教官不得参与，一切手续与科举省试同，评定成绩分上、中、下三等，上等取旨授官，免三试(乡试、省试、殿试)，中等免二试，直接参加殿试，下等免解。算学无科举科目(宋不开明算)。上舍生可兼任学正、学录之职，其学行卓异者，可由太学主判、直讲荐于中书，直接命官。

第二节　宋代官学、私学和书院中的数学教育

北宋社会政治、经济的高度发展,需要相应的数学知识,这种需求促进了数学的发展,而数学成就的取得离不开数学教育的发展。在"重文"方针指导下,宋代特别重视"兴学",以读书学文为荣。宋真宗有一首《劝学诗》是统治阶级提倡读书、重视兴学的充分体现:"富家不用买良田,书中自有千钟粟。安房不用架高粱,书中自有黄金屋。娶妻莫恨无良媒,书中有女颜如玉。出门莫愁无随人,书中车马多如簇。男儿欲遂平生志,六经勤向窗前读。"宋代的官学、私学教育都很兴旺,还形成了独特的教育机构——书院。官学、私学和书院互相补充,构成一个比较完善的教育体系。宋代统治者兴学的重点当然是兴办官学,但对私学和书院也采取了支持、赞助的政策,使之得到发展。许多儒学大师都从事私学教育,被聘为官学教职,一些名家往返于私学、书院和官学之间,加强了三者的交流和共同发展。

一、官学中的数学教育

北宋中期进行了三次大规模的兴学运动,第一次兴学运动是仁宗庆历四年(1044年)由范仲淹发起的;第二次兴学运动是神宗熙宁、元丰年间由王安石主持的;第三次兴学运动是哲宗绍圣至徽宗崇宁年间由蔡京主持的。三次兴学的重点均是兴办官学,官学的状况得到明显改善。官学的规模扩大,容纳学生数量有所增加;官学物质条件有所改善,学生可以安心读书;教学和管理水平有所提高,并且聘请一批宿学硕儒任教;特别是各级地方官学扩充较多,为士子提供了更多的求学机会。官学的优越条件吸引了大量士子前来求学,他们不必四处奔波拜师求学。宋代统治者对教育的重视,使宋元之际数学教育也获得了长足的发展,涌现了一批杰出的数学家和著名的数学著作,使得中国的传统数学达到了世界数学成就的巅峰。

宋代的官学分中央官学和地方官学两类,与唐代官学相比,其有如下几方面的发展。

第一,教育对象等级放宽,进一步满足庶族地主的要求,更广泛地罗致人才。

第二,教育管理体系进一步完善,尤其是扩建了地方官学,学生可由地方官学升入中央官学。

第三，官学设科增加。宋代增设武学和画学，直接促进了这些学科的发展。我国"武艺"自宋代起始大为发展，与当时武学的设置不无关系。

第四，中央官学学生，尤其专科学校学生可不经科举直接授官（科举无明法、明算等科），进一步调动了学生入专科学校学习的积极性。

第五，官学设定经费来源，除中央财政拨款外，颁置学田，由学校独立经营，以充学费。各地官学亦有学田。

官学数学教育的组成与唐朝一样，有下述组成部分：（1）经学教育中要传授相应的数学知识；（2）官办小学要进行的启蒙数学教育；（3）在手工业管理部门艺徒的学习中要教授的有关数学知识；（4）在用到数学的各个官府进行"宦学"所教授的数学知识。其具体情况与唐朝基本一致，不过由于官员增多，规模扩大了一些。算学的开办与其他官学一样时兴时废。后来，1127 年金人攻陷汴都，北宋亡。南宋鲍瀚之于 1200年序《九章算经》说："（算学）本朝崇宁亦立于学官，故前世算数之学，相望有人，自在冠南渡以来，此学既废，非独好之者寡，而《九章算经》亦几泯没无传矣。"南宋官学不再设算学，但上述几方面的官学数学教育却一直没停止过。

由于上述几方面的发展，宋代的官学教育成就斐然，在封建社会官学教育发展史上占有重要的地位。但宋代官学也存在一些问题，最主要的就是官学教育兴废与统治集团内部的政治斗争交织在一起。这种"政治化"的结果使得官学教育首先容易成为某些政治集团政治斗争的工具，因而也易于成为政治斗争的牺牲品，造成官学兴废无常。其次是与唐代一样，学校易成为科举的附庸。

二、 私学中的数学教育

私学一般是指不由政府，而由私人或者私人集团（包括社会集团）来主持、经营、管理的教育活动。它既包括在固定教育场所产生之前的游动四方的私人讲学，又包括以一个学术大师为核心的私人学派，也包括与官学相对应的有固定教育场所的正式私学学校类型。它以平民子弟为主要培养、教育对象，并不以科举进仕为主要目的，是某种意义上的古代素质教育。从私学的发展历程来看，宋代的私学教育也有长足的发展。主要体现在以下三个方面：

首先，蒙学教育（对少年儿童的启蒙教育）在宋代主要是由私学教育来承担的。

其次，由于国家的"重文"方针，科举易于中试，使得要求受教育的人大量增加。官学虽有较大发展，但仍然不能满足需要，主要是官学名额有限；官学设置集中于州县，入学颇多不便；由"政治化"引起的官学兴废无常，等等，都促使了宋代私学的大发展。

再次,北宋王朝也采取了鼓励私学的政策。宋代的名师大儒多出身于私学,往往也是私学的主办者、讲学者。

私学中的数学教育也是宋代教育的重要组成部分。当官学衰废时,私学的作用尤显突出。宋代私学中的数学教育有三个显著特点:

第一,名臣大儒兼通历数,他们在私学讲学时讲授数学。许多大儒都出私学、入官学,再教私学,有很高的灵活性。例如,宋代名臣司马光就曾研究过天文历法,撰写过《太元历》,在他的私学授课中一定要讲有关的内容。当然,在宋代私学中,儒家经学仍占有主要的地位,在私学教授经书时,数学也是必教的知识。如,王应麟曾写过《六经天文篇》,系统研究了《六经》中所涉及的天文知识,研究这些知识要用到数学,因而授课时也要讲数学。

第二,出现了专门教授数学的私学。如,李冶曾在封龙山隐居收徒专门讲授数学;秦九韶和杨辉都是宋代著名的数学教育家,他们都曾聚众授徒,教以数学。秦九韶本人就曾受过私学的教育,他在其传世名著《数学九章》序中记载:"早岁侍亲中都,因得访习于太史,又尝从隐君子受数学。"①

第三,存在家学进行数学教育。作为私学的一种特殊形式,家学在宋代也是存在的,某些家学就以传授数学技艺为主,如王熙元"幼习父业,开宝中补司天历算"②。再如"苗守信,河中人,善天文占候之术",父训,善天文,"守信少习父业,补司天历算"③。

私学的发展,极大地促进了数学在民间的传播。两宋时期的这种学术师承和亲密的师生关系吸引了更多士子的加入,壮大了私学队伍,扩大了数学传播,促进了我国古代教育文化事业的大发展。尤其是在南宋时期,正因为有了以书院为中心的南宋私学的发展,最终导致了宋学的分支——理学的兴盛。

三、 书院中的数学教育

书院是我国古代特有的一种教育组织形式,它是以私人创办为主、积聚大量图书、教学活动与学术研究相结合的高等教育机构。书院由唐末开始产生,到宋代建立起完善的书院制度,后来各代均有发展,直到清末,存在了 1 000 年之久。书院对我国封建社会教育的发展产生过重大的影响,在办学形式、教育教学的组织管理制度以及教育

---

① [清] 徐松.宋会要辑稿[M].北京:中华书局,1957:17-68.

② [元] 脱脱.宋史[M].北京:中华书局,1977:51-68.

③ [元] 脱脱.宋史[M].北京:中华书局,1977:51-68.

教学原则和方法等方面积累了丰富的经验。

书院之名始于唐，最初是指朝廷收藏、校勘图书的地方。唐官方设立了两座书院：丽正书院和集贤殿书院，相当于宫廷图书馆。作为教育机构的书院，起源于私人讲学，可以说，书院是私学的高级表现形式。但唐代真正聚徒讲学的书院不多，没有成为一种制度。

宋代书院成为一种制度，一种典型的教育机构。宋初有著名的八大书院：白鹿洞、岳麓、睢阳、嵩阳、石鼓、茅山、华林、雷塘。北宋后期，由于官学的兴盛，并且规定了士人必须在官学学习 300 天才能应举，因而书院受到影响。南宋，书院制度空前兴盛。

宋代的书院教育有以下特点：

第一，书院的组织机构比较精干，一般只设山长（或称洞主、主洞）总理其事，规模较大的书院增设副山长、助教、讲书等协助山长工作。书院的主持人多数是书院的主讲，脱离讲学的管理人员很少。

第二，书院是教学机构，同时又是学术研究机构。书院的主持人或讲学者多为当时著名的学者，甚至是某一学派的代表人物。一个书院往往就是某一学派教学和研究的中心或基地。教学活动和学术研究紧密结合、相互促进、相得益彰。

第三，书院允许不同学派共同讲学，重视学术的交流和论辩，使书院成为一个地区的教育和学术活动中心。

第四，书院讲学实行"门户开放"，一个学者可以在几个书院讲学，听讲者也不限于本院生徒，常有慕名师而远道前来者，书院热情接待，并提供各种方便。

第五，书院比较重视生徒自学，提倡独立研讨，课程也比较灵活。允许各人有所侧重，发挥专长。一般都以自修、读书为主，辅以教师指导，质疑问难。成绩考核多重平时表现，不仅重视其学业，尤重人品与气节的修养。

第六，书院内师生关系比较融洽。中国尊师爱生的优良传统在书院教学中体现得十分突出。

第七，经费自筹，有较大的自主权。

综上所述，其结果是宋代教育盛况空前，"学校之设遍天下，而海内文治彬彬"（《宋史·选举志》），学生总数有时竟达到 16.7 万之多（官学）[1]。

书院以经学为主，也探讨、教授与经学有关的数学，因此经学大师也兼授数学。宋代产生了在佛、道影响下形成的新儒学——理学，南宋朱熹是其代表人物之一。南宋书院有许多是理学家开办的，如朱熹对白鹿洞书院和岳麓书院的复兴做了主要的

---

① 马忠林，王鸿钧，孙宏安，等.数学教育史[M].南宁：广西教育出版社，2001：69.

工作。

实际上,南宋书院基本上就是讲习理学的。其中朱熹就重视研究、教授"易数学"。这也是南宋数学教育的一个组成部分。《周易》与数学有相当密切的关系,《周易》的占筮要求有一定的数学知识,对这些数学知识加以探讨并在此基础上加以"衍义",利用与《周易》有关的数来研究天文、历法、音律、测量等方面,称为"易数学"。朱熹所写《周易本义》是从元末到清末数百年中五经读本之一,卷首载有他辑录的几个"易图",是"易数学"的若干成果,用数字来附会天、地的生成,认为数可以"通神明、顺性命","河出图,洛出书,圣人则之"而产生数学,等等,这也是"数术"的一种。

这种"易数学"显然是朱熹等理学家的教学内容。这一点后来对数学产生了重大的影响:它把中国古代数学思想中的神秘因素推向了极端,严重妨碍了数学的发展。在讲"易数学"时一定要讲述许多有关的数学知识,这是数学教育的一个组成部分,但"易数学"的全面发展之日,就是数学的"中断"之时。朱熹也进行过直接的数学研究,《家山图书》有九数算法图,《永乐大典》中的《读书敏求记》被认为是晦庵(朱熹字)私塾弟子之文,这些均表明朱熹研究过也讲授过数学。其后学弟子蔡元定,对音律做了数学研究,开创 18 律理论等,可见理学家们确实从事了一定的数学教育工作。

四、 宋代数学教育的特点

宋代数学教育与唐代相比,有如下新发展:

第一,规模扩大,管理完善。学生三舍达 260 人,比隋唐时期几十人的编制扩大数倍。建制完善,职员分工明确。教师(博士)分科授课,学生按三舍管理,按时考试升级。

第二,课程设置增多,考核严格。算学学生除了学《算经十书》外,还要学天文、历算和三式。此时,原唐印的"十书"中《缀术》和《夏侯阳算经》已佚,前者换上《数术记遗》,后者以《韩延算术》代之,但仍用《夏侯阳算经》之名。宋朝诏令印书,册数较多,因此既扩大数学教育的规模,又使一些数学典籍得以保存到现在。

第三,注重技能的培养。我国古代数学与历算有密切的关系,算学教育把历算定为主要课程之一,尽管它存在前述问题,但它仍然是重视技能的。

第四,政府重视。政府不仅注重兴办学校,培养数学人才,而且注意选拔、使用数学人才。此举是因为宋王朝的诸多事业离不开数学,尤其是推算历法,对修订本朝正史和对"天子"代天言事的能力即天子地位都是极其重要的。

第三节　杨辉的数学教育思想

南宋末年的数学家、数学教育家杨辉的《乘除通变本末》中的"习算纲目"是中国乃至世界上目前所发现的第一个数学"教学计划"或"数学教学法"的著述，在该著述中有详细的数学教学目标、教学计划和学习方法等内容。它是中国古代数学教育的珍贵文献。

杨辉，字谦光，钱塘（今浙江杭州）人，其生卒年及生平无从详考。他特别喜爱数学，多年从事数学研究和数学教学研究。他的数学著作甚多，现今知道他在1261—1275年这15年期间，编著的数学著作有5种21卷，即《详解九章算法》12卷（1261年）、《日用算法》2卷（1262年）、《乘除通变本末》3卷（1274年）、《田亩比类乘除捷法》2卷（1275年）和《续古摘奇算法》2卷（1275年），后三种合称为《杨辉算法》。

关于这五种书的编著目的和经过，杨辉在《续古摘奇算法》的序言中曾有简述[1]：

《九章》为算经之首，辉所以尊尚此书，留意详解。或者有云，无启蒙之术，初学病之，又以乘除加减为法，秤斗尺田为问，目之曰《日用算法》。而学者粗知加减归倍之法，而不知变通之用，遂易代乘代除之术，增续新条，目之曰《乘除通变本末》。及见中山刘先生益撰《议古根源》，演段锁积，有超古入神之妙，其可不为发扬。以牖后学，遂集为《田亩算法》。自谓斯愿满矣。一日忽有刘碧涧、丘虚谷携诸家算法奇题及旧刊遗忘之文，求成为集，愿助工板刊行，遂添振诸家奇题与夫缮本及可以续古法草总为一集，目之曰《续古摘奇算法》。

其中，《详解九章算法》十二卷，卷首为图形、卷一为乘除算法、卷二至卷十为《九章算术》原书分卷、卷末为纂类。杨辉选取《九章算术》246个问题中的80个问题进行详解。可惜图与乘除两卷都已失传，其他除盈不足、勾股及纂类外，也都残缺不全。从残本的体例来看，杨辉对《九章算术》所作的"详解"包含三方面的内容：一是"解题"，即对原题作全面的解释；二是"细草"，包括图解和算草；三是"比类"，即选取《九章算术》之外与原题算法相同、或步骤类似、或算理相近的例题作对照分析，以把握其共同本源。这种"详解"的体例特点，是杨辉以前的算书所没有的。至于"纂类"则是杨辉将《九章算术》原有的246个问题按解题方法由浅入深的顺序重新加以分类，分为乘除、

---

[1]［宋］杨辉.续古摘奇算法[M]//靖玉树.中国历代算学集成（中）.济南：山东人民出版社，1994：924.

互换、合率、分率、衰分、叠积、盈不足、方程、勾股九类。郭书春先生指出:"他的分类尽管有的不合理,比如将开方法列入勾股类,但总的来说,他试图按数学方法而不是按应用分类,第一次突破了《九章算术》的框架,是个创举,值得表彰。"①

《日用算法》二卷,原书已经失传,仅余一篇序言及几则算题保存在《算法杂录》等其他典籍中。由《算法杂录》所引杨辉自序"以乘除加减为法,称斗尺田为问,编诗括十有三首,立图草六十六问。用法必载源流,命题须责实有,分上下卷,首补日用之万一,亦助启蒙之观览云耳"②。可知该书是一部内容较浅、适用于日常生活的启蒙著作。

《田亩比类乘除捷法》共 2 卷,上卷主要是各种田亩求积的算法及例题,以及能化作田亩求积问题来解的其他问题。涉及了直田(矩形田)、方田(正方形田)、圆田(圆形田)、畹田(球冠形田)、丘田、牛角田、环田、圭田、勾股田、梭田、梯田的面积问题。下卷主要是求解高次方程的问题,共引入有关方程的问题 27 问。重点是开带从方,给出了"益积开方"法、"减从开方"法等具有独创性解二次方程的方法。

《续古摘奇算法》共 2 卷,上卷主要内容为"纵横图",下卷是各类算书中"摘奇"题的研究,可以说是他人著作的汇编。书中大量引用了《夏侯阳算经》《张邱建算经》《辩古通源》《应用算法》《孙子算经》《指南算法》《九章算术》《海岛算经》等书,并指出书名,但仍有很多问题未注明出处,或有些算题为民间流传,本来就无作者和书名,只能照录而已③。因该书是引摘他人著作或流传的"奇题",所以该书系统性不强、分类不严格。但该书传承了一些重要资料,如"纵横图",否则绝大部分"纵横图"要失传。

杨辉在数学研究方面的重要贡献在于他总结了当时的各种数学知识,提出一些实用的简捷算法;第一个进行"纵横图"的研究,这是中国古代"纯数学"研究的开端之一;创造性地发展了沈括的"垛积术"。在数学教育方面的主要贡献在于他给后人留下了"习算纲目"(载于《乘除通变本末》),它在今天的学校数学教育中仍有重要的参考价值。可以说《杨辉算法》就是按此纲目撰写的数学教材,特别适合于数学教学。下面予以详述。

一、《乘除通变本末》内容体系

《乘除通变本末》分为上、中、下三卷,分别为"算法通变本末卷上""乘除通变算宝

---

① 郭书春汇校.九章算术[M].沈阳:辽宁教育出版社,1990:93.

② 李俨.十三、十四世纪中国民间数学[M].北京:科学出版社,1957:4-6.

③ 李迪.中国数学通史:宋元卷[M].南京:江苏教育出版社,1999:141.

卷中""法算取用本末卷下"。其中,卷上研究乘、除,卷中研究乘、除的各种简捷算法,卷下是中卷的例注。《乘除通变本末》是按数学自身的逻辑发展展开的数学体系,这种体系也是一种数学教学体系。因此,可称杨辉是中国古代注重以数学自身发展的逻辑来建构数学著作体系的数学家之一。

(一)"算法通变本末卷上"的主要内容

① 习算纲目——学习数学的一份大纲。

② 乘、除、加、减用法——对乘、除法的定位及算筹的布列方法作了明确的规定,指出乘,"因乘""损乘"方法的一致性。

③ 相乘六法——阐述了做乘法的 6 种方法,总的原则是把多位乘数的乘法化为一位乘数的乘法,而一位乘数的乘法可利用"九九乘法表"进行。

④ 商除二法——做除法的两种算法及如何定位的两条规定。

(二)"乘除通变算宝卷中"的主要内容

该卷主要阐述了以加法、减法、求一、九归四种方法化简乘、除计算的过程,并用例题来表明算法的具体应用。

① 加法五术——阐述了以加法代乘法的 5 种方法,主要是以 1 为首位数的数做乘数时的简捷计算方法。

② 减法四术——阐述以减法代除法的简捷算法,主要是首位数为 1 的除数的除法简捷算法。

③ 求一代乘除说——把乘数或除数的首位数化成 l,再接①、②用加、减代乘、除来简化乘、除法的方法。

④ 九归详说——利用口诀做除法,从而进一步进行简化的方法。

⑤ 算无定法详说——虽然本卷给出简化方法,但这里强调"算无定法,惟理是用",应灵活运用。

⑥ 定位详说——由于用算筹计算,而在各种简化方法中,数位的变换较复杂,因而得出的结果只是有效数字。关于靠定位来解决数位问题,给出了一个"万变不离其宗"的基本定位方法——按原来的乘、除法先把位定好再算。

(三)"法算取用本末卷下"的主要内容

在中卷之末,有这样一段话:"前立诸术,必命题草,以试可用,叙于卷末。"所谓卷末即指下卷。所以下卷是对中卷给出例子和注解。

下卷共给出 1 个命题,总述乘、除法的注意之点,然后分别指出对 1—300 作乘数的乘法及 1—300 作除数的除法可能作的简捷算法,并给出 49 个例题来说明这些算法的运用。简捷算法主要是在前两卷尤其中卷阐述过的,不过也有新的发展,例如化简乘法的"连身加二位"即为前两卷所不见的。在除法中这种情况更多些,着重表现在"见一隔位还零"的方法上。这是一种重要的除法运算方法,并给出若干口诀。

看起来,《乘除通变本末》3 卷书杂乱无章,时而乘法时而除法,例题从数学理论的角度看似乎很简单,但深入地研究一下,就会发现这 3 卷书体系相当完整。与传统的《九章算术》的数学应用领域和常用数学模型作为建构体系的标准不同,《乘除通变本末》是以数学本身的逻辑要求建构体系,因此,这本著作在体系上表现出较强的逻辑性。可以说,它的章节在某种意义上是按数学理论陈述的逻辑展开的①。

杨辉采用逻辑展开他的这 3 卷书关键是为了教学。现代的课程理论表明,这是使问题易于表述,内容易于理解,使学习有举一反三作用的表述方式。杨辉不见得有这种自觉,但教学的实践使他积累了丰富的教学经验。

二、"习算纲目"

"习算纲目"(图 5 - 1②)是中国古代数学教育史上的一份重要文献,首载于《杨辉算法》的《乘除通变本末》篇。有人说它"是一份珍贵的古代数学教学计划"③,也有人说它"是我国最早的数学教学大纲"④。总之,它是中国乃至世界上目前所发现的第一部有关数学教学的文献,是与中国后来所出现的"教学法""课程标准""教学计划""教学大纲"同属一类的"数学教学的文献"。它虽然出现在 700 多年前,但它所包含的数学内容相当丰富。它阐述了数学学习或数学教学的基本原则,并且具体指出和规定了学习的基本内容,以及各部分知识的学习方法、时间、参考书、学习中的一些重点和难点。这也凝聚了杨辉多年从事数学教育工作的经验,蕴含了杨辉在数学教育研究领域中的独到见解。杨辉的数学教育思想、原则、方法、态度,特别是关于循序渐进、循循善诱、启发思考、重视计算等方面的见解,至今仍有重要的参考意义。

---

① 马忠林,王鸿钧,孙宏安,等.数学教育史[M].南宁:广西教育出版社,2001:83 - 85.
② [宋]杨辉.乘除通变本末卷上[M]//靖玉树.中国历代算学集成(中).济南:山东人民出版社,1994:874.
③ 李迪.中国数学史简编[M].沈阳:辽宁人民出版社,1984:180.
④ 潘有发.宋朝大数学家杨辉[J].中学数学研究,1983(4):25 - 27.

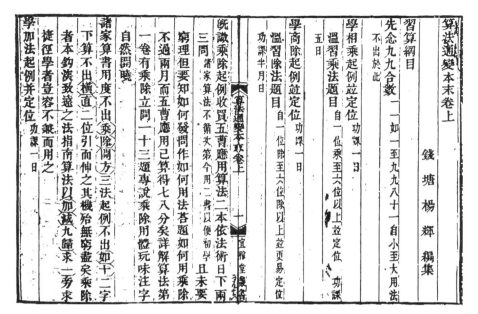

图 5-1 "习算纲目"书影

（一）"习算纲目"的具体内容

"习算纲目"中所阐述的具体教授或学习的数学内容及方法如下①：

（1）先念九九合数②。"一一如一，至九九八十一，自小至大。"

（2）学相乘起例并定位。"功课一日。温习乘法题目。自一位乘，至六位以上，并定位，功课五日。"

（3）学商除③起例并定位。"功课一日。温习除法题目。自一位除，至六位除以上，并更易定位，功课半月日。"

（4）《五曹算经》《应用算法》。"既识乘除起例，收买《五曹》《应用算法》二本，依法术日下两三问。诸家算法，不循次第，今用二书，以便初学。且未要穷理，但要知如何发问，作如何用法答题，如何用乘除。不过两月，而《五曹》《应用》已算得七八分矣。

---

① 这些内容是根据孙宏安译注的《杨辉算法》（沈阳：辽宁教育出版社，1997 年）中阐述的"习算纲目"而归纳总结出来的。详见：孙宏安译注.杨辉算法[M].沈阳：辽宁教育出版社，1997：231－235.

② 合数：指相乘。"九九合数"即乘法表。中国古代乘法表是颠倒的，即从"九九八十一"开始，故有"九九"之称。这不符合人的认识规律，大约在南宋初才从小的数"一一如一"开始，此后，在数学著作中就不再出现"自大至小"的逆序乘法了。

③ "商除"，即用心算逐位估商作除法，与今笔算除法相似。

《详解算法》①第一卷,有乘除立问一十三题,专说乘除用体。玩味注字,自然开晓。"

(5) 诸家算书。"用度不出'乘''除''开方'三法,起例不出'如''十'②二字,下算不出'横''直'二位③。引而申之,其机殆无穷尽矣!乘除者,本钩深致远之法,《指南算法》以'加''减''九归'④'求一'旁求捷径,学者岂容不晓宜兼而用之。"

(6) 学加法起例并定位。"功课一日。温习加一位、加二位、加隔位。三日。"

(7) 学减法起例并定位。"功课一日。加法乃生数也,减法乃去数也,有加则有减。凡学减,必以加法题考之,庶知其源。用五日温习足矣。"

(8) 学九归。"若记四十四句念法,非五七日不熟。今但于《详解算法》'九归'题术中细看注文,便知用意之隙,而念法用法,一日可记矣!温习九归题目。一日。"

(9) 求一⑤。"求一本是加减,乃以倍折兼用,故名求一。其实无甚深奥,却要知识用度。卷后具有题术下法,温习只须一日。"

(10) 穿除。"穿除,又名飞归⑥,不过就本位商数除而已。《详解》有文,一见而晓。加减至穿除,皆小法也。"

(11) 治诸分。"商除后,不尽之数,法为分母,实为分子,若乘而还原,必用通分⑦;分母分子繁者,必用约分;诸分母子不齐而欲并者,必用合分⑧;分母者有二,较其多寡者,必用课分⑨;均不齐之分者,则用平分⑩。金连铢两,匹带尺寸,亦犹分子,非乘分除分⑪不能治也。治分,乃用算之喉襟也。如不学,则不足以知算。而诸分并著《九章》"方田"。若以日习一法,不旬日而周知。更以两月温习,必能开释。《张邱建算》序云,不患乘除为难,而患分母子之为难。以辉言之,分子本不为难,不过位繁,剖析诸分,不致差错而已矣!"

(12) 开方。"开方,乃算法中大节目。勾股、旁要、演段、锁积多用。例有七体,一

---

① 《详解算法》指《详解九章算法》,该书为杨辉于1261年著。

② "如"指作一位数乘法时不进位:"二三如六";"十"指作一位数乘法时进位:"三四十二"。乘除开方运算时都要用一位数乘法。

③ "下算"指布列算筹进行计算,其运筹方式,按不同的情况,或在数的同行改数(横),或在另行布列(直)。

④ "九归"本指除数为一位的除法,这里指用一位除数除法化简更复杂的除法的方法。

⑤ "求一"指通过计算,把乘数或除数化为首位数是1的数,从而用"加""减"简化除法的方法。

⑥ 按"九归"之法,把归除口诀推广用于多位除数的除法,利用口诀,直接得出商数和余数,因其速度较快,所以称为"飞归"。

⑦ 化带分数为假分数的方法,把大的单位化成其下的小单位数也叫通分。

⑧ 分数加法。

⑨ 比较两个分数大小的方法。

⑩ 求几个分数的算术平均数的方法。

⑪ 分数乘法和分数除法。

曰开平方,二曰开平圆,三曰开立方,四曰开立圆,五曰开分子方,六曰开三乘以上方,七曰带从开方。并'少广''勾股'二章。作一日学一法,用两月演习题目,须讨论用法之源,庶久而无失忘矣。"

(13)《九章》。"《九章》二百四十六问,固是不出乘除开方三术。但下法布置,尤宜编历。如'互乘互换''维乘''列衰''方程'并列图于卷首。《九章》二百四十六问,除习过乘除开方三术,自余'方田''粟米'只须一日下遍。'衰分'功在立衰。'少广'全类合分。'商功'皆是折变。'均输'取用衰分互乘。每一章作三日演习。'盈不足''方程''勾股'用法颇杂,每一章作四日演习。更将《九章》'纂类'消详。庶知用算门例,《九章》之义尽矣。"

（二）"习算纲目"的教学对象

无论是从教学内容来看,还是从"习算纲目"所安排内容的数学水平来看,或是从教学进度的要求来看,都可以发现该纲目要求的教学对象必须是有一定的数学基础知识、一定的语文基础以及具有一定的文化素养的学习者。"'习算纲目'是杨辉'设帐授徒',对具有相当文化素养而想专攻数学的学习者进行数学教学的教学大纲。"[1]

（三）"习算纲目"中所蕴含的数学课程论要素[2]

通过以上对"习算纲目"具体内容的介绍,我们可以概括出它至少蕴含以下六方面内容的数学课程论要素。

(1)有完善的数学知识体系。在"习算纲目"中,由"九九合数"开始,将乘除、代乘除从而简化它们的加减,及与有关的"求一""九归"等计算方法,以及"诸分""开方"等内容直到《九章算术》全书的内容,组成一个完整有序的知识体系。

(2)有明确的技能培训要求。"习算纲目"中安排了各个阶段的"温习"项目。还有关于"定位""更易定位""知如何发问""作如何用法答题""要知识用度""应知用算门类"以及"不学则不足以知算"等语句,都是对数学学习者提出的技能培训要求。这些要求与知识体系相配合,构成了一个完整的教学内容体系。

(3)有可行的学习进度日程。在"习算纲目"中,杨辉根据数学的难易程度及它在全部课程中的地位,对每一项学习内容及其"温习"的时间都有明确的规定,列出可行的日程进度。

---

① 孙宏安译注.杨辉算法[M].沈阳:辽宁教育出版社,1997:29.
② 张永春.《习算纲目》是杨辉对数学课程论的重大贡献[J].数学教育学报,1993,2(1):45-49.

（4）有精辟的教材层次分析。"习算纲目"不只是列出数学教学内容的清单，而且对数学教学内容进行了相当透彻的教学法分析，指出教学内容的"重点""难点"等，如"加减至乘除，皆小法也"，"治分，乃用算之喉襟也。如不学，则不足以知算"，"分子本不为难，不过位繁"，"开方，乃算法中大节目"，等等。

（5）有明确的教学参考书目。"习算纲目"明确规定指出了应该参考的书目，如"既识乘除起例，收买《五曹》《应用算法》二本"，"于《详解算法》'九归'题术中细看注文"等，给出数学学习的参考书目。

（6）有中肯的学习方法指导。在"习算纲目"中，杨辉不仅用极其精练的话点明"基本运算方法""基本口诀要点""基本布筹方式"等学习方法，而且还把"钩深致远"的基本算法和"旁求捷径"的简单算法做出明确的划分。对于学习者来说，它起到了钩玄提要的作用，使学生在学习中领会算学的真谛。"习算纲目"中的学习方法，包括循序渐进与熟读精思的学习方法、积极诱导学习者自觉培养计算能力、不放松在学习过程中的细小环节等。这些学习方法对现在的数学学习也有很高的参考价值。

三、 杨辉的数学教学方法

仔细分析"习算纲目"中所阐述的内容，我们不难总结出杨辉所极力主张的数学教学方法。

首先，强调精讲多练。杨辉在数学教学上极力主张精讲多练，对于每一个新内容的学习，温习时间一般都要比正式上课时间多几倍。如，乘法的正课一天，而温习要求五天；除法的正课一天，而温习时间多达半个月，等等。他强调学生灵活运用所学知识，并要求背诵必要的口诀。精讲多练的教学方法与培养计算技能的教育目标直接有关。

其次，强调教学要明算理，要"讨论用法之源"。如，他讲减法时不仅讲算法，而且指明："加法乃生数也，减法乃去数也，有加则有减。凡学减，必以加法题考之，庶知其源。"[1]针对教师和学生这两种不同的对象，杨辉又提出"法将题问"和"随题用法"两条不同原则。教师编书或讲课时，应"法将题问"，每种算法都设有相应的题目。而对学生来说，则应"随题用法"，即根据具体题目来选择相应的算法。他说："随题用法者捷，以法就题者拙。"[2]

---

① 孙宏安译注.杨辉算法[M].沈阳：辽宁教育出版社，1997：233.
② 孙宏安译注.杨辉算法[M].沈阳：辽宁教育出版社，1997：263.

再次,特别强调由浅入深、循序渐进的教学原则。整个学习进度的安排分两个阶段,第一阶段集中学习加减乘除、分数、开方等各种算法,并结合实际进行练习,该阶段分五步进行:① 先进行乘除计算的基本训练,训练又分三步,第一步是熟读 10 以内乘法口诀,第二步是学多位数的乘法,第三步是学习多位数的除法。② 培养用已经学过的乘除计算技术解答应用题的能力。他要求每天所学算题不要太多,只要二三问即可,但要反复训练,直到彻底理解为止。③ 在第二步的基础上学习乘除法的简便运算,即"加减""九归""求一""穿除"等各种捷法。④ 接着学习通分、约分、合分、课分、平分、乘分、除分等各项分数运算方法。⑤ 学习开方,包括开平方、开平圆、开立方、开立圆、开分子方、开三乘以上方、带从开方七个方面。第二阶段在熟练掌握各种算法的基础上学习《九章算术》,也按内容深浅分配时间,分两步进行:① 学习《九章算术》。"方田""粟米"各用 1 天学习,"衰分""少广""商功""均输"卷各用 3 天,"盈不足""方程""勾股"3 卷各用 4 天。② 学习刘徽《海岛算经》中"重差术"和刘益《议古根源》中"正负开方术"。这两个内容从《九章算术》发展出来的,但水平比《九章算术》要高,所以学习起来难度要大一些。两个阶段的学习大约用八九个月,第一阶段用的时间多,第二阶段所用时间非常短。

四、 杨辉的数学思想方法在数学教学中的体现

杨辉的数学著作和教学方法中体现出了至今仍具有极高价值的数学思想方法。在杨辉的著作中可以欣赏到优美的数学形式和数学思想方法。

（1）对称思想

对称思想在杨辉的著作中体现得淋漓尽致。杨辉所构造的从 3 阶到 10 阶的纵横图都是很典型的对称性、统一性的例子。纵横图属于组合数学的范畴,中国最早的纵横图出现在汉代,称为"九宫数"。南北朝时甄鸾注《数术记遗》中有"九宫"记载:"九宫者,即二四为肩,六八为足,左三右七,戴九履一,五居中央。"北宋时,古人将"九宫数""天地生成数"的数字排列图与"洛书""河图"联系起来。有的以"九宫数"为"河图",以"天地生成数"为"洛书"。有的以"九宫数"为"洛书",以"天地生成数"为"河图"。对此,杨辉采用前者,并将"洛书"与"天地生成数"相联系,"河图"与纵横图联系起来,并在《续古摘奇算法》中对纵横图进行了广泛而深入的研究。

例如,《续古摘奇算法》卷上记载:"天数一三五七九,地数二四六八十,积五十五。求积法曰:并上下数共一十一,以高数十乘之,得百一十,折半得五十五,为天

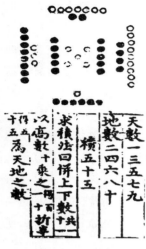

图 5-2 洛书

地之数。"①如图 5-2。从中可以看出，杨辉把最小的天数与最大的地数相加，最小的地数与最大的天数相加，相加的结果都为 11，以此类推，可得到 10 个结果为 11 的数组，于是有 $11 \times 10 = 110$，再除以 2 得 55。

即 $S = 1 + 2 + 3 + \cdots + 9 + 10$，

$S = 10 + 9 + \cdots + 3 + 2 + 1$，

将上面两式左右两边分别相加有：

$2S = (1 + 10) + (2 + 9) + \cdots + (9 + 2) + (10 + 1)$
$= 11 \times 10 = 110$，

$S = 110 \div 2 = 55$。

杨辉利用对称性原理构造了新方法②。这种方法说明，与这列数首末两端距离相等的每两个数的和（对称性）都等于首末两数的和（统一性）。能够观察总结出这样的规律，在计算上就方便了许多。对称性方法在数学教学以及数学研究中都是很有启发性的，如今在小学数学教材中就出现类似的思考题。许多教材就是根据这个对称性原理推导出等差数列前 n 项和公式的。

又如图 5-3，实际上是一个三阶纵横图，即三阶幻方。杨辉对此进行了说明："九子斜排，上下对易，左右相更，四维挺出。"③即将 1—9 九个数字，分为三段排三个斜行；将上 1 与下 9 调换位置，再将左 7 与右 3 调换位置；再将 4 与 2 向左、右上方提，与 9 拉齐，将 8 与 6 向下方拉，与 1 平齐，即得到"河图"。三阶纵横图中每行、每列及对角线上的数字之和均为 15。同样地，杨辉给出四阶纵横图的构造方法："以十六子依次第作四行排列，先以外四角对换，后以内四角对换，横直上下斜讹，对换止可也。"④由图 5-4、图 5-5 可知，四阶纵横图的对角线上的四个数字之和都是 34。

（2）直觉思维

杨辉的著作中包含了大量的图形辅助理解。现传残本《详解九章算法》中有 34 幅图形，《田亩比类乘除捷法》中有 89 幅图形，《续古摘奇算法》中有 33 幅图形，共有图形

① ［宋］杨辉.续古摘奇算法卷上［M］//靖玉树.中国历代算学集成(中).济南：山东人民出版社,1994：900.
② 代钦.儒家思想与中国传统数学［M］.北京：商务印书馆,2003：204.
③ ［宋］杨辉.续古摘奇算法卷上［M］//靖玉树.中国历代算学集成(中).济南：山东人民出版社,1994：900.
④ ［宋］杨辉.续古摘奇算法卷上［M］//靖玉树.中国历代算学集成(中).济南：山东人民出版社,1994：900.

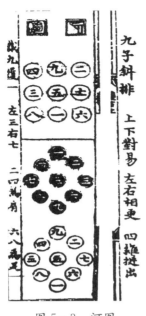

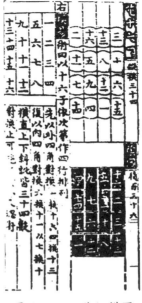

图 5-3　河图　　　　　　　　　　图 5-4　四阶纵横图

13	9	5	1
14	10	6	2
15	11	7	3
16	12	8	4

外四角对调 →

4	9	5	16
14	10	6	2
15	11	7	3
1	12	8	13

内四角对调 →

4	9	5	16
14	7	11	2
15	6	10	3
1	12	8	13

图 5-5　四阶纵横图的构造过程

156 幅。杨辉在著作中插入大量直观图形,可以帮助读者理解数学内容、提高学习数学的兴趣、促进直觉思维的发展。李迪将这些图形分为两类,一类为形象图,另一类为数学图。[①] 形象图为理解题目、辅助解题而作。给出《九章算术》问题"今有池方一丈,葭生出中央,出水一尺,引葭赴岸,适与岸齐"的图 5-6。又如"今有立木垂索委地二尺,引索斜之挂地去木八尺,问所长几何",给出了图 5-7。"今有邑方,不知大小,各中开门,出北门二十步有木,出南门一十四步,折而西行一千七百七十五不见木",给出了"题图""法图",如图 5-8。

① 李迪.中国数学通史:宋元卷[M].南京:江苏教育出版社,1999:147.

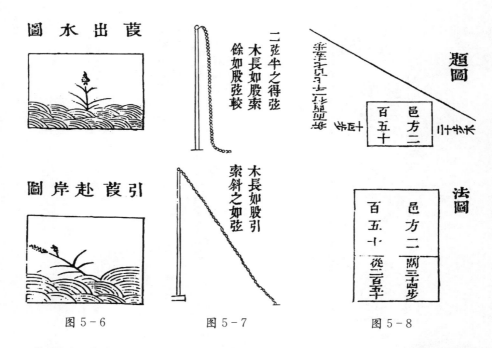

葭 出 水 圖

引 葭 赴 岸 圖

二弦半之得弦
木長如股索
餘如股弦較

木長如股引
索斜之如弦

題圖

邑方二

百五十

法圖

邑方二　闊三四步

百五十　從三百五

图 5-6　　　　图 5-7　　　　图 5-8

数学图又分为两小类,一类旨在说明题目的数学含义,另一类是解题的图形。比如,杨辉对《九章算术》中圭田(三角形)面积公式的推导方法也运用了对称思想——中心对称性原理①:

半广以乘正从。半广者,以盈补虚为直田也。亦可半正从以乘广。

这就是现在三角形面积公式的文字表述,用几何图形表示如图5-9②。若用公式分别表示上述内容即为: (1) $S=\frac{1}{2}(ah)$, (2) $S=\left(\frac{1}{2}a\right)h$, (3) $S=a\left(\frac{1}{2}h\right)$ (其中 S 表示三角形的面积,a 表示三角形的底,h 表示三角形的高)。

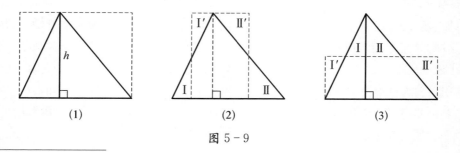

(1)　　　　　　(2)　　　　　　(3)

图 5-9

① [三国]刘徽注.九章算术[M].豫簪堂,1776:8.

② 郭书春译注.九章算术[M].沈阳:辽宁教育出版社,1998:210.

"半广以乘正从。半广者,以盈补虚为直田也。亦可半正从以乘广。"这句话并非说三角形的面积公式有两种形式或两种推导方法,而是说明了乘法交换律——一种统一、对称的思想。

杨辉在《田畞比类乘除捷法》中更进一步发挥刘徽的"以盈补虚"方法,详细地研究了三角形面积公式的推导,使得推理方法更严谨。他给出"圭田三法",即三种计算方法[①]:

广步可以折半者,用半广以乘正从。从步可以折半者,用半从步以乘广。广从皆不可折半者,用广从相乘折半。

每种计算方法都附有图解,并命名为"半广乘正从图""半从乘广图""广从相乘折半图",如图 5 - 10[②]。

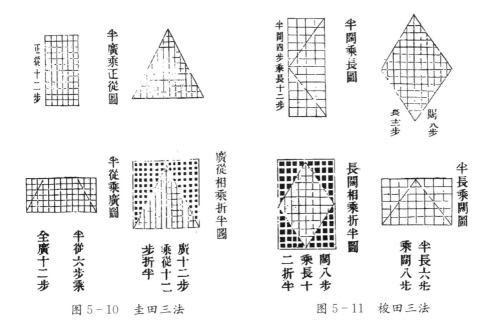

图 5 - 10　圭田三法　　　　图 5 - 11　梭田三法

此外,杨辉类比"圭田三法",给出了求梭田面积的三种计算方法(图 5 - 11[③])和求

① ［宋］杨辉.田畞比类乘除捷法卷上［M］//靖玉树.中国历代算学集成(中).济南:山东人民出版社,1994:955.

② ［宋］杨辉.田畞比类乘除捷法卷上［M］//靖玉树.中国历代算学集成(中).济南:山东人民出版社,1994:955.

③ ［宋］杨辉.田畞比类乘除捷法卷上［M］//靖玉树.中国历代算学集成(中).济南:山东人民出版社,1994:956.

梯形田面积的三种计算方法(图 5-12①)。"梭田三法"分别为"半阔乘长图""半长乘阔图""长阔相乘折半图","梯田三法"分别为"併上下广折半乘长图""併上下广乘半长图""併上下广乘长折半图"。事实上,中国古代数学家在推导几何图形面积公式的过程中已经不自觉地采用了简单的初等几何中的中心变换方法。刘徽、杨辉通过"以盈补虚"方法把不完整的图形加以补充,构造一个完美的整体图形——矩形。计算三角形的面积时,他们就是在矩形这个整体观念的框架中来把握问题的关键。

杨辉的这种对称性美学思想方法在数学教学中具有一定的价值。今天,在小学数学教学中求三角形面积时一般只采用图 5-9(1)的情况来解释。但有见地的教师在教授三角形面积求法时,先用图 5-9(1)这种方法解释之后,再接着用启发式教学方法引导学生学习图 5-9(2)、(3)这两种求三角形面积的方法。这样更有利于激起学生学习的兴趣和培养学生的思维能力。

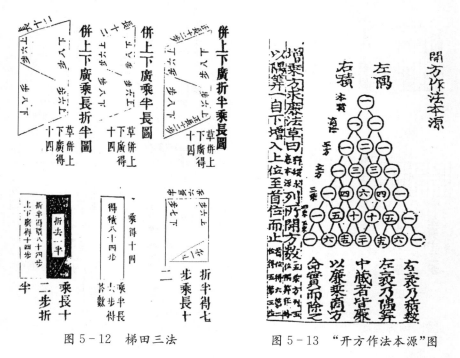

图 5-12　梯田三法　　　　　　图 5-13　"开方作法本源"图

此外,《永乐大典》卷一六三四四抄录杨辉《详解九章算法》的"开方作法本源"图,如图 5-13。"开方作法本源"是一个指数为正整数的二项定理系数表。下方

---

① ［宋］杨辉.田亩比类乘除捷法卷上［M］//靖玉树.中国历代算学集成(中).济南:山东人民出版社,1994:956.

注解为：左衺乃积数，右衺乃隅算，中藏者皆廉，以廉乘商方，命实而除之。这里的"左衺""右衺"是"左邪""右邪"的误写。[①]"邪"古体作"衺"，和"衺"字形相近，"邪"又通"斜"。

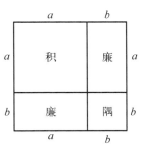

图 5-14　开方法名词术语的几何解释

这里的"积数""隅算""廉"都是古代数学开方法专用术语，源自其几何解释。以开平方为例，$(a+b)^2$ 的几何图形表示如图 5-14，a^2 是一个较大正方形，称为"积"，b^2 是角落中的小正方形，称为"隅"，而 $2ab$ 位于图形的两侧，称为"廉"。

在 $(a+b)^n$ 中，"积"表示 a^n 的系数，"隅"表示 b^n 的系数，"廉"表示中间 $a^{n-r}b^r$ 的系数。"左衺乃积数"，意为最左侧一斜行表示 a^n 的系数。"右衺乃隅算"，意为最右侧一斜行表示 b^n 的系数。"中藏者皆廉"，意为中间部分都是 $a^{n-r}b^r$ 的系数。在"开方作法本源"图中，最下一行第二位起，从左至右依次为上廉、二廉、三廉、四廉、下廉。前三句说明了贾宪三角的结构。后两句"以廉乘商方，命实而除之"，[②]是中国古代数学开方法的关键步骤。意思是用商去乘各次项系数，再从实中减去。这里的"除"是"减"的意思。在具体的开方计算中可以更深刻地领会这两句话的含义。

如果高次方程 $(a+b)^n = a^n + C_n^1 a^{n-1}b + \cdots + C_n^r a^{n-r}b^r + \cdots + b^n = A$，则等式可以写成 $C_n^1 a^{n-1}b + \cdots + C_n^r a^{n-r}b^r + \cdots + b^n = A - a^n$。具体的解法以开平方为例，解 $x^2 = A$，先估算平方根的最高位数 a，令 $x = (a+b)$，则有 $(a+b)^2 = a^2 + 2ab + b^2 = a^2 + (2a+b)b = A$，积和隅都为 1，廉为 2，实为 A。"命实而除之"即为 $A - a^2$，得到余数，如果 A 可以表成 $(a+b)^2$ 的形式，那么这个余数可以写成 $(2a+b)b$ 的形式。再"以廉乘商"得 $2a$ 去试除余数，求出商数，商数即为平方根的第二位数（次高位数）b，如果 $(2a+b)b$ 刚好等于这个余数，那么原数的平方根就等于 $(a+b)$；否则，就要把 $(a+b)$ 当成原来的数 a，继续按照上述步骤进行运算。

---

① 钱宝琮，等.宋元数学史论文集［M］.北京：科学出版社，1966：41.
　　另孙宏安认为，"衺"并未误写，长方形土地东西的长叫做广，南北的长叫做衺。南北引申为上下。引自：孙宏安.中国古代数学思想［M］.大连：大连理工大学出版社，2008：192.
② 钱宝琮认为，在"以廉乘商方，命实而除之"的前面还应加入"以隅乘商廉"。意思为：以商乘隅加入廉法，以商乘廉加入方法，以商乘方法从"实"中减去，增乘开方法就是这样验算的。内容引自：钱宝琮，等.宋元数学史论文集［M］.北京：科学出版社，1966：41.

再代入具体数字举一个最简单的例子，$x^2=676$，通过试商可得初商为 20，即 $x=(20+b)$，有 $(20+b)^2=20^2+40b+b^2=400+(40+b)b=676$，"命实而除之"后得到 $(40+b)b=276$，再"以廉乘商"得到 $2a$，即 40 去试除余数 276，商为 6，即确定次商为 6，将 $b=6$ 代入，$(40+b)b=(40+6)\times6$ 正好等于 276，所以 676 的平方根为 $20+6=26$。

可以说，利用"开方作法本源"图可以解任意高次方程的根，但次数越高，计算过程越复杂。

（3）比类思想

比类是中国古代数学家经常采用的数学思想方法。刘徽曾在《九章算术注》中运用比类法。杨辉则大量采用比类思想，其中一部著作名为《田亩比类乘除捷法》。杨辉最早在《详解九章算法》中提出"比类"，它是以数学中已有的典型问题算法为依据，来解与原题算法相类似的新问题。[①] 例如，类比《九章算术》中"商功"章立体体积的求法，杨辉在《详解九章算法》中以方垛比类方亭、以四隅垛比类方锥、以屋盖垛比类堑堵、以三角垛比类鳖臑，在继承了北宋科学家沈括的"隙积术"的基础上，将其发展为"垛积术"，得出若干"垛积"的算法。

图 5-15 圆箭

三角垛：$S=1+3+6+\cdots+\dfrac{n(n+1)}{2}=\dfrac{1}{6}n(n+1)(n+2)$，

四隅垛：$S=1^2+2^2+3^2+\cdots+n^2=\dfrac{1}{6}n(n+1)(2n+1)$，

方垛：$S=a^2+(a+1)^2+(a+2)^2+\cdots+(b-1)^2+b^2=\dfrac{n}{3}\left(a^2+b^2+ab+\dfrac{b-a}{2}\right)$。

此外，《乘除通变本末》卷上给出"三角垛"2 问、"四隅垛"1 问。在《田亩比类乘除捷法》卷上提出了多种平面垛，例如"圆箭"（图 5-15）、"方箭"（图 5-16）、"圭垛、梯垛"（图 5-17）、"环田"（图 5-18）等垛积问题，都比类梯形面积计算方法求解。此外，还有"箭田""腰鼓田""曲尺田""墙田"等均可用梯田法求解。

---

① 孙宏安译注.杨辉算法[M].沈阳：辽宁教育出版社，1997：36.

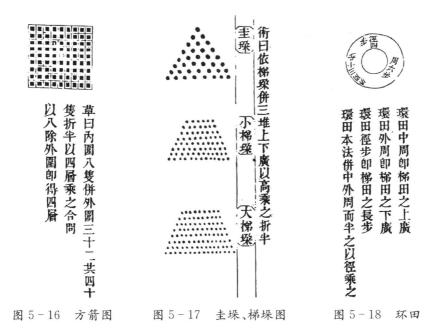

图 5-16　方箭图　　　　图 5-17　圭垛、梯垛图　　　　图 5-18　环田

参考文献

［1］李迪.中国数学通史：宋元卷［M］.南京：江苏教育出版社,1999.

［2］［元］脱脱.宋史［M］.北京：中华书局,1977.

［3］李俨.中算史论丛（四上）［M］.上海：商务印书馆,1947.

［4］［清］徐松.宋会要辑稿［M］.北京：中华书局,1957.

［5］马忠林,王鸿钧,孙宏安,等.数学教育史［M］.南宁：广西教育出版社,2001.

［6］［宋］杨辉.续古摘奇算法［M］//靖玉树.中国历代算学集成（中）.济南：山东人民出版社,1994.

［7］郭书春汇校.九章算术［M］.沈阳：辽宁教育出版社,1990.

［8］李俨.十三、十四世纪中国民间数学［M］.北京：科学出版社,1957.

［9］［宋］杨辉.乘除通变本末卷上［M］//靖玉树.中国历代算学集成（中）.济南：山东人民出版社,1994.

［10］李迪.中国数学史简编［M］.沈阳：辽宁人民出版社,1984.

［11］潘有发.宋朝大数学家杨辉［J］.中学数学研究,1983(4)：25-27.

［12］孙宏安译注.杨辉算法［M］.沈阳：辽宁教育出版社,1997.

［13］张永春.《习算纲目》是杨辉对数学课程论的重大贡献［J］.数学教育学报,1993(01)：45-49.

［14］代钦.儒家思想与中国传统数学[M].北京：商务印书馆,2003.

［15］[三国] 刘徽注.九章算术[M].豫簪堂,1776.

［16］郭书春译注.九章算术[M].沈阳：辽宁教育出版社,1998.

［17］[宋] 杨辉.田畞比类乘除捷法卷上[M]//靖玉树.中国历代算学集成(中).济南：山东人民出版社,1994.

［18］钱宝琮,等.宋元数学史论文集[M].北京：科学出版社,1966.

［19］孙宏安.中国古代数学思想[M].大连：大连理工大学出版社,2008.

第六章　　　辽、金、元、明时代的数学教育

　　辽、金、元三个朝代是中国古代由少数民族建立的政权,其社会经济和政治状况极为相似。辽、金、元时代的教育,谱写了中国古代教育史独特的篇章。辽、金、元时代,社会发生较大的动荡,官学在战乱中难以为继,但各民族统治集团都迫切需要本民族的治术人才,人才培养的任务只能由私学来承担。各民族文化的广泛交流促进了私学的发展,因而辽、金、元时代的私学十分兴旺。辽、金、元三个朝廷的文化教育政策有以下三个特征:第一,重视"汉化"教育,推行尊孔尊儒教育政策;第二,在尽可能保持本民族文化风俗的基础上建立各朝的教育制度;第三,兴办各类学校,注重人才的培养。在这种文化教育政策的影响下,学校教育制度模仿唐宋,在中央国子监设博士、助教等教官,教育内容以经学为主。但在国子监中均未见数学的记载,即官学中没有制定数学教育制度,这说明数学教育在官学中没有地位。但在辽、金、元时代,数学教育在民间有较大的发展。

　　明代中叶以来,资本主义萌芽日益增长,工商业有了较大的发展,商业对数学的需求日益增加,因而数学研究和数学教育的主要方向转移到了商业实用数学方面。数学教育广泛地实现了实用数学的普及教育,珠算得到了普遍的使用。

第一节　北方民间数学教育

一、 辽、金、元时代的民间数学教育

金元时期是我国数学和数学教育高度发展的时期,产生了一批杰出的数学家和数学教育家,取得了很多具有世界历史意义的数学成果。这些光辉的数学著作和成就把我国传统的实用性算法体系提升到抽象的理论高度。这些开拓性工作和科研成果达到了当时世界的最高水平,也为普及数学教育创造了极为有利的条件。

从北宋灭亡之后,中国数学的发展大体上形成南北两种风格。金的历法受中国传统影响很深,其中所用之数学方法与唐宋一脉相承。而在纯数学方面,北方与南方差别甚大,特别是 13 世纪中期,天元术在北方已发展成熟,李冶使之完善,李治在数学研究方面与秦九韶遥相辉映,"南秦北李"把中国数学推向高峰。

李冶(1192—1279)是金代著名数学家,真定栾城人(今河北石家庄市栾城区),金正大七年(1230 年)中进士。李冶自幼爱好数学,达到了痴迷的程度。他一生勤勤恳恳从事学术研究,不求闻达,努力著述,乐于教人,"聚书环堵,研治算术""学者从游日多"[①]。他兴趣广泛,博古通今,又能循循善诱,因此深受学生欢迎,不少人远道而来,以亲耳聆听李冶教诲为快事。他不仅讲数学,也讲文学和其他知识,呕心沥血,培养了大批人才。李冶认为研究数学只知道下功夫、钻书本还不行,必须要合于自然,只凭主观努力去探究数学是不够的,只有遵循自然中蕴含的理去认识源于自然的数,才可得到放之四海而皆准的数学理论。李冶的代表著作有《测圆海镜》(1248 年)和《益古演段》(1259 年)两书。后人对李冶的评价是:"金亡北渡,讲学著书,密演算术,独能以道德、文章,确然自守,至老不衰。"[②]

天元术是指把未知数作为运算对象引入到数学中来,在天元术达到成熟的时候,列方程时就用"立天元一为某某",相当于现代的"设 x 为某某"。天元术产生的主要原因应该是对一元高次方程的系数及常数项的表达[③]。李冶对天元术的使用十分熟悉,

---

① 钱宝琮.科学史论文选集[M].北京:科学出版社,1983:322.
② [元]李冶,等.敬斋古今注[M]//[清]缪荃孙.藕香零拾丛书(第 32 册),1895:5.
③ 李迪.中国数学通史:宋元卷[M].南京:江苏教育出版社,1999:185.

他所"立天元一"都非常恰当。李冶的天元术可以表达任意次的一元多项式或方程(有理的),系数的正负、小数和次数等都能清楚表达。其缺点是方程和多项式不能独立地区别开来,只能依靠前后的叙述才不致混淆。因而天元术是一种不完全的、半符号式代数[①]。

《测圆海镜》是李冶在科学方面最重要的著作。该书自序首先讲述了李冶对数学的认识,又讲了为什么要研究数学。李冶认为数"难穷",而又能穷,他说[②]:

"数本难穷,吾欲以力强穷之,彼其数不惟不能得其凡,而吾之力且惫矣。然则数果不可以穷耶?既已名之数矣,则又何为而不可穷也?故谓数为难穷,斯可;谓数为不可穷,斯不可。何则?彼其冥冥之中,固有昭昭者存。夫昭昭者,其自然之数也;非自然之数,其自然之理也。数一出于自然,吾欲以力强穷之,使隶首复生,亦末如之何也已。苟能推自然之理,以明自然之数,则虽远而乾端坤倪,幽而神情鬼状,未有不合者矣。"

李冶所谓"穷"是指认识,特别要深入认识相当困难,但不能不认识。他所说的"数"有数量关系的意思,是数学研究的对象。该书第一卷的内容是全书的理论基础和预备知识,十分重要。第二卷到第十二卷与第一卷的关系特别紧密,如果没有第一卷,后面各卷的叙述将不得不重新推算,其繁复的情况将达到难以想象的程度。但是另一方面,第一卷又是自身独立的,它可以独立存在,是一份珍贵的数学文献,又是一个独立的演绎系统。书中出现了分式方程,作者懂得用方程两边同乘一个整式的方法化分式方程为整式方程;作者在书中改变了传统的把实看作正数的观念,常数项可正可负,而不再拘泥于它的几何意义;他还发明了负号,虽然在《九章算术》里已有负数的明确概念,但那时没有负号,李冶在《测圆海镜》中首先使用了负号。

《益古演段》是一部普及天元术的教科书。该书深入浅出,深受人们欢迎,对于天元术的传播发挥了不小的作用。同时,书中设辅助未知数的方法及化多元问题为一元问题的思想,进一步发展了天元术理论,为天元术的应用开辟了更为广阔的道路。在书的开始集中给出了各卷问题所需的定义、定理和公式,使该书基本上成为一个演绎体系。该书把代数与几何相结合,直观与抽象相结合,而且图文并茂,不仅利于教学,也便于自学。该书中的图形分为两类,一是题图,二是条段图,前者很简单,后者稍复杂些。不过书中并未标明何者为题图,何者为条段图,只能通过观察分辨出来。该书对于今天的中学数学教育具有借鉴价值,尤其是用几何方法解释方程,在现在的数学

① 李迪.中国数学通史:宋元卷[M].南京:江苏教育出版社,1999:237.

② 孔国平.测圆海镜导读[M].武汉:湖北教育出版社,1996:51.

教学中依然可以应用。

　　刘秉忠(1216 — 1274),字仲晦,邢台人。他自幼勤奋好学,至老不衰,通晓音律,精算数,善推步,仰观占侯,六壬遁甲、易经象数、邵氏皇极之书,靡不周知①。17岁时为邢台节度使府令史(金代官员)。金亡后,隐居武安山中。又尝从释氏游,法名子聪。当其未仕时尝聚学友人共治天算学术。很多人跟他学数学,如王洵、张文谦、郭守敬等②。后来,这几个人成为元代研制《授时历》的核心人物。刘秉忠培养了几位著名的历算家,这是我国私学数学教育在培养人才方面取得重大成果的一个例证。

　　除了上述儒学大师、数学专家等兴办私学外,民间实用的初等数学教育在金、元时期也有了大的发展。这时期刻印的数学书中,歌谣形式的数学题的算法口诀成为当时的流行,实现了由筹算向珠算的过渡,这说明数学的传授已深入到了民间,并为普及数学教育创造了极为有利的条件。民间以生活需要或商用为目的的实用数学教育成为数学教育的一个重要方面。

　　实际上,社会需要促进人们去研究数学,而人们研究成果的积累又形成重大的数学成果,其中的关键纽带是数学教育。所以数学教育长期的高度发展是金元时期数学取得重大成果的直接原因。

二、 元末明初的民间数学知识传播

　　元末明初数学家丁巨在 1355 年写成《丁巨算法》,该书是一部以四则运算为主的应用数学著作,算题简单,但内容丰富。"从算法来说,包括加、减、乘、除、乘方、开方、小数、分数运算及相关的约分、通分方法,复比例及盈不足术、等差级数求和公式、线性方程组解法等。从应用范围来说,内容遍及当时商业活动的方方面面,还讨论了与生产有关的体积问题。尤其引人注目的是,书中给出了各种常用单位的换算关系,这对算法在实际生活中的运用大有裨益。"③《丁巨算法》的大量题目和商业有关,且书中的算法歌诀化,促进了数学在商业中的发展以及在民间的广泛应用。可见,丁巨在传播数学知识上功不可没。

　　丁巨十分重视总结解题的一般方法,总是使用最简单的文字来记述运算规律。在

---

① ［元］苏天爵.太保刘文正公(秉忠)[M]//［元］苏天爵.元朝名臣事略卷七.北京:中华书局,1996:113.
② 钱宝琮.科学史论文选集[M].北京:科学出版社,1983:323.
③ 吴文俊,李迪.中国数学史大系:第六卷　西夏金元明[M].北京:北京师范大学出版社,1999:306.

《丁巨算法》里比较普遍地使用了十进制小数和小数的记法，说明当时中国对十进制小数的使用已经相当成熟了。

这一时期，还出现了很多数学著作，例如《锦囊启源》《通源算法》《算法全能集》《详明算法》等。这些算书语言通俗，内容浅近，大多是民间数学教育用书，起到了普及数学教育的作用。在这些著作中，算法进一步歌诀化，几乎每种算法都有歌诀，增加了数学的趣味性，易于记忆、便于掌握，同时也促进了数学的研究。这些著作涉及各种商业、手工业问题，力求把数学运用于社会生活，反映了商业数学的特点。

三、 明代的民间数学教育

从元末到明末这一阶段，中国数学没能保持宋元时数学发展的方向，转而向珠算方面发展，创造了一套系统的珠算方法。从 14 世纪至 17 世纪初的数学上看，中国的珠算不失为一种先进的工具。

珠算的普遍使用使得珠算方法得到普及和推广，算盘成为商业中普遍应用的计算工具。珠算盘是人们在长期的改革实践中，由筹算的小型化和摆弄位置的固定化演变而来，并且经过不断地改进才逐渐臻于完善。它是许多智慧者的智慧结晶。珠算盘不仅外形小巧灵便，而且直接与算法歌诀相配合，真正做到得心应手，形成简单快速的珠算术。珠算术在明代商业数学中占有越来越重要的地位。16、17 世纪曾出版了不少有关珠算的书籍。

吴敬的《九章详注比类算法大全》、王文素的《新集通证古今算学宝鉴》和程大位的《直指算法统宗》都是明代重要的数学著作，代表了明代数学研究的主流，它们的主要内容就是与商业资本有关的应用问题及其算法。

吴敬，字信民，号主一翁，明代杭州府人。他曾为浙江布政司的幕府，掌管全省田赋和税收的会计工作，是当时商业发达的钱塘一带著名的数学家。他的《九章详注比类算法大全》(1450 年)可以说是适应明代经济发展状况的数学应用全书。书中商业的算题很多，包括合伙经营、商品交换等，反映出明代商业的繁荣。全书共有十卷，在第一卷的前面还有一个"卷首"，列举了大数、小数的记法、度量衡单位及其进率，还有整数分数的四则运算，等等。吴敬十分重视数值计算，不仅总结并继承了宋元以来在数值计算方面的成就，而且还在《九章详注比类算法大全》里介绍了一种"写算"乘法。这种算法在当时的印度、阿拉伯、欧洲等地区非常流行。

王文素，字尚彬，原籍山西汾州，后定居河北饶阳。他潜心钻研诸家算法，在近 60 岁时完成 42 卷巨著——《新集通证古今算学宝鉴》(1524 年)。该书"内容丰富，结构完整；写作严肃，论证严谨；深入浅出，便于阅读；遍采众家，去粗存精"。① 在程大位的《直指算法统宗》之前，它是一部很重要的珠算书。

程大位（1533—1606），字汝思，号宾渠，明代珠算家，曾长期从事商业活动，深入实际，深入生活。他坚持不懈地研究数学，尤其是商业活动和日常生活所需要的数学。他于60岁时完成其杰作《直指算法统宗》（1592年）（简称《算法统宗》）。《算法统宗》适应了社会对商业实用数学的要求，是一部用珠算盘为计算工具的实用数学算书。书中完全采用了珠算，推动了珠算的推广和普及，切合了民间日用，促进了商业的发展，是珠算史上的一个里程碑。该书也是一部很好的教科书，它结构严谨，由浅入深，文字通俗，易学易懂。书中继承了前人算书的特点，又能抓住重点，精讲多练。其歌诀式算法便于记忆，又饶有兴趣，使一般读者都能知晓其义。这在现在的数学教学中仍有借鉴意义。该书像"四书五经"一样，风行全国，远播日本、朝鲜，遍及东亚，曾是"朝鲜李朝时代算士正规教科书"②，不但对珠算术的普及起到了很大作用，而且对日本的和算及日本的数学教育影响也很大。该书在国内畅行300年之久，至今仍是许多会计行家的必读书，其中不少题还被选作中小学生的思维拓展题。由于当时数学教育的方向正是商业实用教学，所以该书对数学教育的发展有重要意义。

程大位在《算法统宗》中把筹算开带从平方和开带从立方（正系数二次方程和三次方程求根）用到珠算中，这是历史上最早的。他在珠算中广泛应用定位法解决乘法和除法的定位问题，编有"定位总歌"，并提出了简化版的"十二字诀"，促进了珠算的广泛使用。

程大位在完成了《算法统宗》后，考虑到统宗卷帙浩瀚，内容庞杂，作为一本初学者入门书尚嫌不便，于是就"删其繁芜，揭其要领"，取其切要部分，另编为《算法纂要》四卷。《算法纂要》以日常应用的问题分类，内容较少，适宜初学，是"日用型"算书。"日用型"算书在民间普及珠算与初等数学知识方面起到了重要作用。《算法纂要》虽因某种原因流传不广，但它的编辑目的及内容仍然传承下来，起到了应有的作用。从教学上来说，《算法纂要》与《算法统宗》的关系，犹如《孙子算经》与《九章算术》的关系，其作用一个是启蒙、一个是深造。这就为珠算的入门和系统学习创造了物质条件，在珠算教学上具有重要意义。

珠算代替筹算，是中国数学的一次质的变化，是计算技巧的一大进步，是中国计算工具数字化的继承和发展，为普及数学教育创造了极为有利的条件。珠算在亚洲各国

① 吴文俊，李迪.中国数学史大系：第六卷　西夏金元明[M].北京：北京师范大学出版社，1999：350.
② ［韩］金容云，金容局.韩国数学史[M].東京：槙書店，1978.

是长用不衰的最简便的计算手段,算盘一度成为每个企事业单位和家庭必备的计算工具。明末时,人们已不知筹算为何物了。珠算的推广和普及,是明代数学教育的最大成就。

明代的私学教育,承宋、元之制而不衰,除涉及数学的启蒙教育外,还有私学传授较高深的数学知识。如"袁黄,字坤仪,号了凡,嘉善人也。神宗丙辰进士,授宝坻县知县,升兵部职方主事。师事陈埌,著历法新书五卷,镕回回法入授时术"(《历法新书》)。再如李之藻、徐光启、李天经等从西人学西洋数学、历法,也可看作一种私学传授。

家学作为私学的一种特殊形式,在中国封建社会里一直是科技教育的一个环节。明代数学教育仍有以家学形式进行的,如朱载堉(1536—1611)即是在家学中学习数学的。

第二节　朱世杰的数学教育工作

朱世杰(1249—1314),字汉卿,号松庭,寓居燕山(今北京一带)。他长期从事数学研究和教育事业,"周流四方,复游广陵,踵门而学者云集",成为元代私学教育中最出色的、最出名的职业数学教育家。其数学代表作有《算学启蒙》(1299年)和《四元玉鉴》(1303年)。朱世杰为教授初学者专门编著了《算学启蒙》一书,大都与当时的社会生活有关,曾流传海外,影响了朝鲜、日本数学的发展。《四元玉鉴》是一部成就辉煌的数学名著,它受到近代数学史研究者的高度评价,被认为是中国古代数学科学著作中最重要的、最有贡献的一部数学名著。美国著名的科学史家 G·萨顿(George Alfred Léon Sarton,1884—1956)称朱世杰"是他所生存时代的,同时也是贯穿古今的一位最杰出的数学家",而他的著作《四元玉鉴》则是"中国数学著作中最重要的一部,同时也是整个中世纪最杰出的数学著作之一"[①]。

朱世杰年轻时期生活在北方,接受的是北方数学(有关天元术的研究,著作中没有口诀)的熏陶,在他的两部数学著作中明显反映着北方的传统,而且继承和发展了北方数学,使之达到顶峰,但是同时他也吸收了南方的数学(研究古典数学,研究从生活生产实际中抽象出来的数学问题,口诀化地推广),全面地继承了秦九韶、李冶、杨辉的数学成就,并给予创造性的发展。朱世杰是南北数学风格汇通的第一人,而且是以北方

---

① 华罗庚,苏步青.中国大百科全书(数学)[M].北京:中国大百科全书出版社,1988:859.

数学为主干而完成汇通工作的。

一、《算学启蒙》

《算学启蒙》共 3 卷 20 门 259 个问题,是一部综合性数学普及著作,问题内容和类型比较齐全而又不太深奥,从乘除运算起,一直讲到"天元术",全面介绍了当时数学所包含的各方面内容。几何问题较少,主要是算术和代数,还有面积与体积的计算,以及垛积问题等。与传统一样,所有几何问题都变成算术或代数而求出其数值结果。其中有些问题是仿照前人的问题编出来的,但在某些方面有新的创新和成就。它的体系完整,内容深入浅出,通俗易懂,是当时很好的一部数学启蒙教材。这部著作至迟于明代传入朝鲜,稍后又传入日本,在朝鲜有活字本流传,出版过翻刻本和注释本,可是当时在中国已不见此书,到清代中期发掘和研究古算的高潮中由朝鲜传回中国。朝鲜活字本后来成为一切版本的祖本。

赵元镇在《算学启蒙》序中说"是书一出,允为算法之标准,四方之学者归焉,将见拔茅连茹,以备清朝之选云"。足见《算学启蒙》在数学教育中所起的重要作用。

在元代数学著作中有口诀,所见书中以朱世杰的《算学启蒙》为最早。《算学启蒙》开头是"释九数法"(九九口诀),其次是"九归除":"一归如一进,见一进成十。二一添作五,逢二进成十,三一三十一,三二六十二,逢三进成十,……"这和后来的珠算口诀差不多。此外,还总结了其他各种口诀、度量衡换算和进位制。其中正负数加减法则、乘除法则等与现在数学教科书上大体相同。

在《算学启蒙》中,许多题的术文中有"依图布算"的做法,是以前数学著作中没有见到的。它多处于有几个并列条件的问题中,列出已知数,在此基础上进行解题计算。这等于把部分已知条件放到眼前不动,时刻提醒解题过程要注意这些条件。可以说,这是朱世杰的一项创造。

朱世杰在解题时特别灵活。他能很巧妙地处理无理方程、分式方程及方程中的分数根等问题。在解题过程中还涉及了小数的记法,改进了算筹的运算形式和方法。

可以想到,朱世杰在教授学生时有一定的方法,如口诀、法则能帮助记忆。解题时有一定的技巧性,能创造比较直观、容易理解的解题方法。

二、《四元玉鉴》

《四元玉鉴》是一部专题性的学说著作,不易看懂。它的编排、结构承袭了《算学启蒙》,是《算学启蒙》的推广和发展。《四元玉鉴》中最杰出的数学创作有"四元术""垛积法"与"招差术",讨论了多达四元的高次联立方程组解法,联系在一起的多项式的表达和运算以及消去法,已接近近世代数学,处于世界领先地位。朱世杰通晓高次招差法公式,比西方早四百年。

"四元术"分别用"天""地""人""物"4个字表示四个未知数,相当于 x,y,z,w,是中国数学史上元数最多的高次方程。朱世杰在四元术中运用了"四元自乘演段之图"。它由勾股形的勾、股、弦的演算构成,直观地说明了四元的位置排列和意义,是相当重要的一个图。除此之外,还用到"古法七乘方图""五和自乘演段之图"和"四象细草假令之图"。

由天元术到四元术使中国在这个方向上的研究达到了顶峰,是一个光辉的顶点:创造了表示四元的方法,给出了使四元转化为一元的步骤。从表现形式看,具有一定的一般性,但是五元和五元以上的方程,朱世杰的方程无法表达。尽管这样,四元术在中国历史上仍然占有重要位置。

垛积法即等差级数求和以及由和求项数或求其他的方法。朱世杰在解决这类问题大都用解方程,特别是用天元术。这和以前杨辉等人的做法不同。垛积类问题可分为求和及其反问题两小类,真正求和的问题极少。

招差术中朱世杰首次给出了四次内插法的公式,即:

$$f(n) = n\,\Delta_1 + \frac{1}{2!}n(n-1)\Delta_2 + \frac{1}{3!}n(n-1)(n-2)\Delta_3$$
$$+ \frac{1}{4!}n(n-1)(n-2)(n-3)\Delta_4,$$

建议把此公式称为"朱世杰内插法公式"[①]。

三、 朱世杰的贡献

第一,朱世杰对方程的研究(列方程、转化方程和解方程)比较全面而系统,达到中国历史上的顶峰。朱世杰建立了一套把多元方程化为一元方程的方法——消元法。他还用天元术解方程组,把方程组化为一个方程,主要用增乘开方法求解,没有演草。他能够解无理方程,先把它们化为有理方程,然后解之。

朱世杰的方程和前人有一个很大的不同,都相当于把所有项全移到左端,而右端

---

① 李迪.中国数学通史:宋元卷[M].南京:江苏教育出版社,1999:322.

为零，与现代形式完全相同。这不能不说是朱世杰在数学表示形式方面的一项贡献。

朱世杰对高次方程的研究很多，《四元玉鉴》中最高次数达到 14 次，这是中国数学史上最高次数的方程。特别重要的是：朱世杰把一次方程纳入高次方程中，叫做"无隅平方"，即无二次项的二次方程，求解极其简单，"上实下法"开之，不具有特殊性。

朱世杰还研究了根为分数的方程，他叫做"之分法"，推广到了三次、四次方程的有理正根。他是通过变换的方法求出分数部分[①]。

当根遇到特殊情况时，朱世杰也特殊对待、灵活处理。有时需先改换方程的符号，称为"翻法"。

朱世杰的方程已经形成了一个比较完整的系统，他首次把根定名为"开数"。他的解题过程采用纯代数的方法，整体上形成了代数学。

第二，朱世杰对一系列新的垛形的级数求和问题作了研究，从中归纳出名为"三角垛"的公式，实际上得到了这一类任意高阶等差级数求和问题的系统、普遍的解法。他还把三角垛公式引用到"招差术"中，指出招差公式中的系数恰好依次是各三角垛的积，这样就得到了包含四次差的招差公式。他还把这个招差公式推广为包含任意高次差的招差公式，这在世界数学史上是第一次。

第三，用现代的观点看，朱世杰没有注意到高次方程的多根性，没有注意到负根，无理方程转化为有理方程时未考虑增根问题。但瑕不掩瑜，他能自如地解决各种方程问题，这使中国的代数学在当时达到了顶峰。

第三节　元代的国家数学教育

由于数学有广泛的用途，上至天文历法研究、水利工程和其他技术以及商业贸易，下到人民群众都离不开数学，因此研究者代不乏人，有关著作也不断问世。所有的人，包括最高统治者和最普通的百姓都不例外的会点数学知识。可是作为官吏，国家要求必须通晓算术，只有元朝有这种要求。

元代的统治者，尤其是早期很关心数学。蒙哥"曾解答欧几里得的若干图"[②]，被

---

① 李俨.中算史论丛（第一集）[M].北京：中国科学院出版社，1954：246－314.
② ［波斯］拉施特.史集（第三卷）[M].余大钧，周建奇，译.北京：商务印书馆，1986：73.

认为是欧几里得《几何原本》传入中国之始①,他是中国第一个学习《几何原本》的人。忽必烈曾多次召数学家李冶做官,并向其请教问题,对其的一片真心使人感动。后来的数学家王恂就是以数学名家的身份担任太史令。

元代在至元二十八年(1291 年)开始在全国各路设置阴阳学,规定:"其在腹里②、江南,若有通晓阴阳之人,各路官司详加取勘,依儒学、医学之例,每路设教授以训诲之。其有术数精通者,每岁录呈省府,赴都试验,果有异能,则于司天台内许令近侍。"③这里所说的阴阳人不是数学家,术数也不是数学,但是阴阳人都懂天文数学,而术数中同样有大量数学内容。在中国历史上,天文机构里一直有阴阳人,也就是占星之类的工作是天文机构的任务之一,可是像元代这样在地方上设阴阳学教授的做法极为少见。

元代虽无专门的数学教育之设置,但是在一般学校教育中包括数学内容。对于蒙古族官员子弟有学习数学的规定,至元八年(1271 年)五月"令蒙古官子弟好学者,兼习算术"。④ 虽然不是对所有的子弟,而是"好学者"。至元十四年(1277 年)又规定国子监官员的子弟和禁卫军的子弟都应当像汉族的孩子们那样学习文书和数学,把禁卫军的子弟交给太史院学习数学,交给国子监学习文书。

由上述情况可以看出:第一,在汉族的教育中有数学内容,大概普遍都学习数学;第二,当时蒙古族上层已明确认识到数学的重要性,要求这方面的教育;第三,太史院要承担数学教育的工作任务。

天文研究机构首先要负责本身所需人才的培养和教育。早在至元七年(1270 年)刘秉忠就奉圣旨"选取五科阴阳人"进行培养,规定⑤:

"本台于各经书内出题,许人授试,知晓者收充长行、承应、管勾,及会得旧日程试司天大格式,每三年一次,差官于草泽人内,精加考试,中选者收作司天生员,给食直入台攻习五科经书。据司天生本台存留习学子弟,亦年一试,中选者作长行,待缺收补。"

其中所谓"五科"是当时天文机构的分科,它们是:占候天文科、测验天文科、占候三式科、司辰漏刻科和推步历算科,做这种工作都需要数学,特别是推步历算科所从事的主要是制定历法,所用数学知识最多。几乎所有的人都可以报考,考中的留在天文台里深造,攻读五科经书,以后在天文机构工作。

---

① 严敦杰.欧几里得几何原本元代输入中国说[J].东方杂志,1943,39(13):35-36.
② "腹里",指离首都大都较近的区域.
③ [明] 宋濂,等.元史·卷八十一(选举一)[M].北京:中华书局,1976:2034.
④ [明] 宋濂,等.元史·卷七(世祖四)[M].北京:中华书局,1976:135.
⑤ [元] 王士点,商企翁.秘书监志(卷七).

至元十年(1273 年),元政府规定禁止民间私习天文历法,这样原来制定的考试制度就得重新修订,不考天文,把所谓的天文"经书"改为数学。

元代的天文机构培养了一批天文数学家,齐履谦是以草泽之人进入太史院。当时是至元十六年(1279 年),齐履谦只能通过普通经书考试中选,但是他的数学基础好,后来通过学习、提高,成为著名的天文学家。

元设科举较晚,因为元代变本加厉地实行民族歧视政策,主要官职由蒙古贵族和色目人中的上层分子担任,他们多靠荐举和特权做官,对科举不感兴趣。直到元仁宗皇庆二年(1313 年)经中书省大臣多方努力,元仁宗才下诏同意开科举士,制定科试条例,诏为①:

"其以皇庆三年(延祐元年,1314)八月,天下郡县,举其贤者能者,充赋有司,次年二月会试京师,中选者朕将亲策焉。具合行事宜于后:

科场,每三岁一次开试。举人从本贯官司于诸色户内推举,[三]年及二十五以上,乡党称其孝悌,朋友服其信义,经明行修之士,结罪保举,以礼敦遣,(资)[贡]诸路府。[四]其或徇私滥举,并应举而不举者,监察御史、肃政廉访司体察究治。

考试程式:蒙古、色目人,第一场经问五条,《大学》《论语》《孟子》《中庸》内设问,用朱氏章句集注。其义理精明,文辞典雅者为中选。第二场策一道,以时务出题,限五百字以上。汉人、南人,第一场明经经疑二问,《大学》《论语》《孟子》《中庸》内出题,并用朱氏章句集注,复以己意结之,限三百字以上;经义一道,各治一经,《诗》以朱氏为主,《尚书》以蔡氏为主,《周易》以程氏、朱氏为主,已上三经,兼用古注疏,《春秋》许用《三传》及胡氏《傅》,《礼记》用古注疏,限五百字以上,不拘格律。第二场古赋诏诰章表内科一道,古赋诏诰用古体,章表四六,参用古体。第三场策一道,经史时务内出题,不矜浮藻,惟务直述,限一千字以上成。蒙古、色目人,愿试汉人、南人科目,中选者加一等注授。蒙古、色目人作品,第三甲以下,皆正八品,两榜并同。"

由此可见元代科举的特点:(1) 带有较强的民族歧视性质,蒙古人、色目人试两场就可以,汉人、南人要试三场;(2) 对后世有更大影响的考试内容多以朱熹集注的《四书》为准,不包括数学,表明元代统治者对程朱理学极度重视。

元代对官吏的数学要求占有很重要的地位,在许多部门都要求下层官吏必须掌握数学,否则不能录用。在选取官员的考试科目里明文规定有"算术",即要求应试者能计算,而且是考试科目的第一项②。这对于推动人们学习数学起到一定的作用。

---

① [明]宋濂,等.元史·卷八十一(选举一)[M].北京:中华书局,1976:2018 - 2019.
② [明]宋濂,等.元史·卷八十三(选举三)[M].北京:中华书局,1976.

由上可知,元代没有恢复中国历史上有过的专门数学教育,以后的明、清两代也未恢复,以前的金、南宋同样如此。因此,不能单独看待元朝,这实际上已经是长期形成的状况了。不过,元代还是了解数学的重要价值、重视数学教育的,所以令蒙古官员的子弟要像汉族的青少年那样学习数学,同时要求下层官吏精通数学,这些做法仍然是值得肯定的。

第四节　明代的国家数学教育

明朝建国伊始就把尊经崇儒作为国策,主要就是推崇程朱理学。理学带有佛教的禁欲主义色彩,而且有捧斥异端的特点。理学要求"存天理、灭人欲",研究任何一门非理学的学问都是"玩物丧志",因此都要受到斥责。这一方面扼杀人们的创造性思维,另一方面又鄙视实用科学,这两方面都对宋、元数学的继承和发展起阻碍作用。理学家们所鼓吹的象数(易数学)神秘主义也严重影响了数学的发展。

明末西方数学的引入和传授,首先是在明末钦天监的宦学中进行的,这是明末数学教育极重要的一个组成部分。

一、 明代数学教育制度

洪武二年(1369 年),朱元璋下谕令建地方官学:"宜令郡县皆立学校,延师儒教授生徒,讲论圣道……"于是,"大建学校,府设教授,州设学正,县设教喻……生员专治一经,以礼、乐、射、御、书、数设科分教"(《明史·选举制》)。地方官学也兼习数学,但似乎只是启蒙的"六艺"之一。但洪武之初,科举中试后还要试骑、射、书、算、律,因而数学仍有学者,但属"加试",要求不高,自宣德后不再试算。这以后明代的国家数学教育制度如下[1]:

(1) 明太祖实录:洪武三年(1370 年)八月。京师及各行省开乡试。……中式者后十日复以五事试之。曰:骑,射,书,算,律。骑,观其驰驱便捷。射,观其中之多寡。书,通于六艺。算,通于九法。

(2) 日知录卷十一,"经义论策"条注,称(洪武)二十五年(1392 年)二月甲子,儒学

---

① 李俨.中算史论丛(四上)[M].上海:商务印书馆,1947:284 - 285.

生员,兼习射与书算,后其科贡,兼考之。后发。

(3) 礼部志稿卷七十称:"正统十五年(1450年)监察御史朱裳奏言……太祖高皇帝首立学校,令各治一经。以礼乐书算分科立教"。

(4) 皇明太学志卷七,"讲肄"条按,称:"原洪武二十五年(1392年)所颁数法,凡生员每日务要学习算法。必由乘,因,加,归,除,减,精通九章之数。昔之善教者,经义治事,贵在兼通,会谓律令数学,切于日用,可忽而不之学乎"。

(5) 日知录卷十一,"经义论策"条注称:"宣德四年(1429年)九月乙卯,北京国子监助教王仙言,近年生员,止记诵文字,以备科贡。其余字学算法,略不晓习。改入国监,历事诸司,字画粗拙,算数不通,何以居官莅政。乞令天下。天下儒学生员,并习书算,上从之"。

由上述可知,明代国家对数学教育要求很低,抱着无所谓的态度。

始于元代的地方官学"阴阳学"在明代继续开办,其内容亦如元代,虽然学习内容包括数学,但为卜筮目的,似乎多以"易数学"为主了。

与数学关系最大的是天文,历算的宦学,但在明代万历以前的200多年间,钦天监的天文、历算也很不景气。由于强化专制制度,带有政治性的天文历法就在其强化集权之内。明代严禁民间私习历法,因而与历法编纂相关联的数学也受到打击。为了保证天文历法的官府研制(钦天监)得以继续,又为保证天文历法不传入民间,明朝采取了另一项极端措施:"(钦天监)监官毋得改他官,子孙毋得徙他业。"(《明史·职官志》)并规定,若子孙不习学天文历算者发海南充军(《明会典》卷二二三)。因此,钦天监宦学师事者全是属官子弟,其数学教育范围极小。加上世袭的结果使教育质量下降,历算水平降低。

另一个使钦天监宦学数学水平降低的重要原因是"明之《大统历》实即元之《授时历》,承用二百七十余年,未尝改宪"(《明史·历志》)。历代改历、颁新历法都是朝廷的一个重要的政治行为,同时由于历法的精度有限,时间一长,准确性就差了,尤其对一些重要天象如五星交会、日食、月食的预测不准确了,所以要不断改进,因此每一朝代都重视天文、历算人员的培养和使用。明代一反历来不断改历的习惯,270年间不改历,当然是因为《大统历》即《授时历》已比较准确,由1280年颁布以来,直到明代成化年(1465年),近200年没出太大的差错,明初将它改称《大统历》颁用,用时还采用西域历法《回回历》。到了成化年间,这两种历法都出现了明显的误差,"交食往往不验",改历的呼声日高。但是,一方面,由于"台官泥于旧闻,当事惮于改作,并格而不行"(《明史·历志》);另一方面,又由于100多年没进行改历工作,数学教育水平较低,历算水平较差,据《明史·历志》所载,几次试图修订历法都以不成功而告终。直到万历三十八年(1610年),引入西方数学、历法,才试图重修历书,崇祯年间(17世纪30年代),明末科学家徐光启用西法编新历书,但未及颁用,明已亡。

二、 明代数学教材

明代数学教材很多,其中最具代表性的是作为中国传统数学教材的程大位的《算法统宗》,以及明末传入的西方数学经典著作《几何原本》和天文历法著作《崇祯历书》中的数学内容。

(一)《算法统宗》

1.《算法统宗》简介

《算法统宗》(图6-1),中国明代数学家、珠算家程大位(1533—1606)(图6-2)撰。程大位自小对数学特别感兴趣,在其20岁开始经商,因需要商务计算,便边经商边进行数学古籍的学习与研究[①],后遍访名师。在其访师集书的过程中积累了很多数学知识。于中年(40岁左右)回到家潜心从事数学研究,程大位历时三十余年耕耘于数学的钻研之中,在万历二十年(1592年)即程大位60岁时完成《直指算法统宗》(简称《算法统宗》)一书[②]。他在书中写道:"余幼耽习是学,弱冠商游吴楚,遍访名师,绎

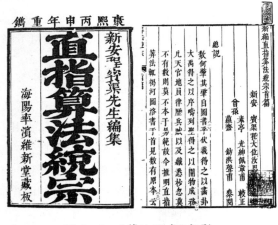

图6-1 《算法统宗》书影

图6-2 程大位

---

① 郭世荣.算法统宗导读[M].武汉:湖北教育出版社,2000:1.
② 严敦杰,梅荣照.程大位及其数学著作[M]//梅荣照.明清数学史论文集(繁体字本).南京:江苏教育出版社,1990:26-27.

其文义,审其成法,归而覃思于率水之上余二十年。一旦恍然,若有所得。遂于是乎参会诸家之法,附以一得之愚,纂集成编。"①后又取其切要部分,另编为《算法纂要》4 卷,于万历二十六年(1598 年)刊行②。体现了程大位在数学方面一生的学术造诣。《算法统宗》是明代一部重要的数学著作,同时也是一部较早的珠算代表作。康熙五十五年(1716 年),程大位的族孙翻刻此书,程世绥在序中说,此书"风行宇内,迄今盖已百有数十年,海内握算持筹之士,莫不家藏一编"。《算法统宗》成为中国古算书中印行数量最多、流传和影响最广的一部著作。

《算法统宗》有不同的版本,其成书体例略有不同,有 12 卷、13 卷和 17 卷三个版本,但其内容基本一致。本书以 17 卷为蓝本进行分析。

《算法统宗》共十七卷,共列算题 595 个。在嘉靖、万历年间,程大位所在的休宁、歙县一带,商人与儒士并重,他们都学习数学。程大位在《算法统宗》中记载了商业上的很多计算问题③。程大位在"书直指算法统宗后"中说"参会诸家之法,附以一得之愚,纂集成编"(《算法统宗》,1592)。该著作参考了当时的数学研究,所载题目翔实。值得注意的是,解题时必需的数字计算工作都在珠算盘上演算,这与用筹算有所不同④。程大位在经商期间,收藏了很多数学书籍。在《算法统宗》中,他除了从这些书籍中吸收精华外,同时也保留下很多非常重要的文献⑤。

《算法统宗》的书首有程大位的画像及赞、龙马负图、河图洛书等图。卷一是总论,在开头的"先贤格言"中,对数学的重要性进行了论述,"算法提纲"主要是对数学学习步骤的阐明。此卷总领全书,明确了基本概念和算法,还包括用字凡例即数学名词与词汇的解释、度量衡单位、开平方和开立方、定位方法、加法口诀及珠算口诀,并举例说明在珠算盘上的用法等。卷二具体说明了各种基本算法,主要是归除法与留头乘法,还有九因、九归、乘法、归除、加法、减法、商除、约分、乘分、课分、通分、差分、异乘同除、同乘异除、异乘同乘、异除同除、同乘同除、倾煎论色。每一个算法不仅详细讲述了具体的计算步骤,而且还配有大量例题,并且每道题论附有珠算口诀与盘式⑥。卷三至

---

① [明]程大位.算法统宗[M]//郭书春.中国科学技术典籍通汇(数学卷二).郑州:河南教育出版社,1995:1420.

② 杜瑞芝.数学史辞典新编[M].济南:山东教育出版社,2017:356.

③ 严敦杰,梅荣照.程大位及其数学著作[M]//梅荣照.明清数学史论文集(繁体字本).南京:江苏教育出版社,1990:28.

④ 杜瑞芝.数学史辞典新编[M].济南:山东教育出版社,2017:356.

⑤ 严敦杰,梅荣照.程大位及其数学著作[M]//梅荣照.明清数学史论文集(繁体字本).南京:江苏教育出版社,1990:28.

⑥ 郭世荣.算法统宗导读[M].武汉:湖北教育出版社,2000:55.

卷十二是按照《九章算术》体例分方田、粟布、衰分、少广、分田截积、商功、均输、盈朒、方程、勾股十章。章节标题与《九章算术》标题几乎一致,只不过将《九章算术》中的粟米改为"粟布",盈不足改为了"盈朒",并增加了"分田截积"一卷。各卷包含的各种算法和实用问题数量很多,并配有大量的诗词歌诀,还有许多说明性的图片。每一卷的开头还有本卷内容的介绍说明,方便读者对内容快速了解。卷十三至卷十六仍按《九章算术》章目,是用诗词体例记述的比较隐晦的难题。卷十七是杂法,记录了不同于前面几卷的各类算法,包括金蝉脱壳、纵横图(幻方)等。书末附有"算经源流",列举了从北宋元丰七年(1084 年)到明万历年间的五十一种刻本数学书籍。其中只有 16 种现在还有传本,其余均已失传①,这些传本是研究中国数学史一项重要的参考资料②。

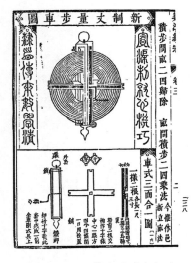

图 6-3 《算法统宗》中的
丈量步车

2.《算法统宗》内容举例分析

(1) 首创丈量步车

为了适应当时测量工具的需要,程大位创造一辆丈量步车,这是我国古代测量工具的一项重要发明,是明代一种相当先进的丈量工具。《算法统宗》卷三记录了这种步车的结构图和说明,如图 6-3 所示。根据图形和解说,可以清晰地了解丈量步车的构造:

> 择嫩竹,竹节平直者,接头处用铜丝扎住,篾上逐寸写字,每寸为二厘。二寸为四,三寸为六,四寸为八,不必厘字。五寸为一分,自一分至九分,俱用分字。五尺为一步。依次而增,至三十步以上,或四十步以下可止。篾上用明油油之,虽泥污可洗。(《算法统宗》,1592)

通过以上论述可知,丈量步车采取的是竹制,误差较小,长度单位以厘计(当时的0.5 寸),是精度较高的测量工具。丈量步车的构造和工作原理与现在的丈量卷尺一致。无论是从构造原理来看还是从使用价值来看,它都是测量技术上的一项重要创造③。

(2) 钱田面积问题的争论

钱田即外圆内方的田地,是《算法统宗》中卷三和卷十五的主要问题。主要有两种

---

① 杜瑞芝.数学史辞典新编[M].济南:山东教育出版社,2017:356.

② 严敦杰,梅荣照.程大位及其数学著作[M]//梅荣照.明清数学史论文集.南京:江苏教育出版社,1990:28.

③ 冯立升.明代的一种农业测量工具——丈量步车[J].农业考古,1990(2):222.

问法：一是已知圆外周长和方内周长求钱田面积,二是已知钱田面积和边径(方边到圆周的距离)求圆径和方边。书中对"周三径一"问题进行了讨论,程大位意识到用"周三径一"所取的圆周率过小,他说：

古法：周围三尺,圆径一尺。假如圆径三十二尺,以周三因之得九十六尺,而四尺闲矣。徽术(注：圆周率 3.14 是由刘徽首先求得,故称"徽术")：周百尺,径三十一尺四尺(注：为"四寸"之误。13 卷本不误)。密术(注：$\frac{22}{7}$,$\frac{355}{113}$ 是祖冲之得到的两个圆周率值,《隋书》"律历志"称前者为约率,后者为密率。但李淳风注《九章》时,称 $\frac{22}{7}$ 为密率,后来此值不时被人称为密率,如顾应详,程大位也如此)：周二十二尺,径七尺。智术(注：圆径 32,周 100,即 $\frac{100}{32}$ 或 $\frac{25}{8}$ 被称为智术。在王文素《算学宝鉴》中称："按璇玑,周二十五,径八。"并给出以此值计算互求六法)：

圆径三十二尺,周有百尺。术曰：圆径即方径,若求圆积,四分之三,不必立。惟以圆求方,其法不一,始录于此。盖圆径一,则周不止于三。所谓周三径一者,举其大较耳。(《算法统宗》,1592)

《算法统宗》中对钱田面积问题,程大位与当时学者马杰进行过一系列争论,例如下题(《算法统宗》,1592)：

已知钱田面积 72 步,边径 3 步,求圆径和方边。

这道题有两种解法,古法为：

$72 \div (2 \times 3) = 12$(步),圆径为 12 步。

根据周三径一,求得圆面积为 $3 \times 6 \times 6 = 108$(步)。

故方池面积=圆面积-钱田面积=$108 - 72 = 36$(步)。

因此,方径=$\sqrt{36} = 6$(步)。

或者列二次方程求解：

设方径为 x 步,根据题意列方程 $x^2 + 72 = 108$,求得方径为 6 步。

马杰对此解法提出批评：

此数(指圆径 12 步)非圆田之正径乎？以正径论之,积步不及三分(即 72 步),岂有方池六步之容。(《算法统宗》,1592)

马杰对此题使用的是弧矢公式算出的圆径为 9.75 步,故方池边为 $9.75 - 6 = 3.75$(步)。

根据马杰的结果,程大位用弧矢术积的公式进行验算,得到的钱田面积为：

$$4.875 \times 4.875 \times 3 - 3.75 \times 3.75 \approx 57.234 (\text{步}),$$

与实际面积 72 步相差甚远。他指出：

马杰用四归七十二步,乃是圆内容方,弧弦方角俱至边周可用此法。若是钱内容方池,角不通边,外有余空,岂可以田均而归!(《算法统宗》,1592)

关于钱田面积这场问题的争论,马杰的解法是错误的,程大位的论述完全正确。程大位不愧被当时人誉为数学家[1]。

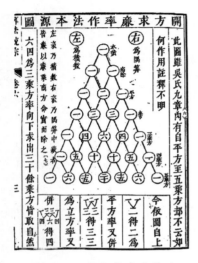

图 6-4　开方求廉率作法本源图

（3）开平方、开立方的珠算方法

《算法统宗》的卷六、卷七中首先提出开平方、开立方的珠算方法,所有计算步骤与筹算术相同,只是位置略有改动[2]。在卷六少广章开方后介绍了"开方求廉率作法本源图",如图 6-4 所示。指出：

此图虽吴氏《九章》[3]内有,自平方至五乘方,却不云如何作用,注释不明。今依图自上二得二,为平方率。又并三三得三、三,为立方率。又并四六四得四、六、四,为三乘方率。向下求出三十余乘方,皆取自然生率之妙。今略具五乘方图式,可为求廉率之梯阶。(《算法统宗》,1592)

程大位已经对这张表的构造方法了然于心,并将其推广到了"三十余乘方",可见其数学造诣之深。

珠算归开立方是程大位所开创的,用珠算开带从平方与开带从立方在《算法统宗》中是最早出现的[4]。在《算法统宗》卷六有"开立方法歌"：

自乘再乘除实积,三因初商方另列。

次商遍乘名为廉,方法乘廉除次积。

次商自再乘名隅,依数除积方了毕。

初次三因又为方,三商遍乘仿此的。(《算法统宗》,1592)

① 严敦杰,梅荣照.程大位及其数学著作[M]//梅荣照.明清数学史论文集.南京:江苏教育出版社,1990:37.

② 杜瑞芝.数学史辞典新编[M].济南:山东教育出版社,2017:356.

③ 吴氏《九章》,即吴敬《九章算法比类大全》。

④ 严敦杰,梅荣照.程大位及其数学著作[M]//梅荣照.明清数学史论文集.南京:江苏教育出版社,1990:31.

此歌讲述了开立方的方法,其中"自乘再乘除实积"的意思是以初商自乘、再乘从实积减去。"三因初商方另列"为以 3 乘初商,称为方法,另置实下。"次商遍乘名为廉"意为以次商乘以初、次商之和,所得为廉。"次商自再乘名隅"中的"自再乘"是"自乘再乘之"的略语①。

在《算法统宗》中用珠算法解开立方问题,如:

今有物三千三百七十五尺,问立方若干?

答曰:立方面一十五尺。

法曰:置物三千三百七十五尺为实,约初商得一十于左,下法亦置一十于右,自乘得一百,再乘得一千,除实讫,余实二千三百七十五尺。却以三乘下法一十,得三十为方法列位。次商五尺于左初商之次,下法亦置次商五于初商一十之次,共一十五。就以五遍乘之,得七十五为廉法。再以方法三十乘廉法七十五,得二千二百五十,除实讫,余实一百二十五。却以次商五自乘再乘得一百二十五为隅法,除实恰尽。(《算法统宗》,1592)

题后给出了开立方法图式,如图 6-5②所示,即用珠算法解决该题。

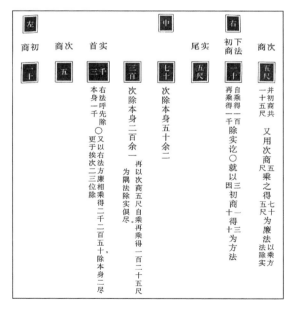

图 6-5 开立方法图式

① 郭世荣.算法统宗导读[M].武汉:湖北教育出版社,2000:270.

② 郭世荣.算法统宗导读[M].武汉:湖北教育出版社,2000:267.

再如：

今有方仓，贮米五百一十八石四斗，方比高多三尺，问：方、高各若干？答曰：方一丈二尺，高九尺。(《算法统宗》，1592)

该题即用列三次方程求之。设高为 x，则方为 $x+3$，于是

$$x(x+3)^2 = 1\,296, x^3 + 6x^2 + 9x = 1\,296, 得 x = 9(尺)。$$

由于《算法统宗》内容的实用性顺应当时社会经济发展的需求，同时明代开始在商业上广泛使用珠算，作为明代较早的珠算代表作，《算法统宗》的学术价值和教育价值不言而喻。它不仅是当时世人学习珠算的重要书籍，还是一本不可或缺的数学教材，在初刊后就迅速传播和使用，普遍用于民间尤其是学校的数学教育之中。坊间刻本诸多，风行海内，甚至流传至东南亚及朝鲜、日本等，盛行数百年之久。梁宗巨在《世界数学史简编》中指出："明代在西方数学输入之前，最大的成就可以说是珠算的发明。最重要的数学书要算程大位的《算法统宗》。"[①]

（二）西方传入的数学教材

明末钦天监官学的一项重要措施就是引入西方历法，研究西方历学。"崇祯二年(1629年)五月己酉朔(初一日)日食。礼部侍郎徐光启(1562—1633)依西法预推顺天府见食二分有奇，琼州食既，大宁以北不食。《大统》《回回》所推顺天食分时刻与光启互异。已而，光启法验。"(《明史·历志》)于是官方决定开设历局，命徐光启督修历法。徐光启推举李之藻(1565—1630)和意大利人龙华民(N. Longobardi, 1559—1654)、德国人邓玉函(Johann Schreck, 1576—1630)、德国人汤若望(J. A. S. Von Ber, 1592—1666)、意大利人罗雅谷(Jacgaes Rho, 1593—1638)等来局修历，并对钦天监的天文、历法教育进行了改革。首先，他专门挑选了一批能写会算的有为青年为学生，让他们一边参加修历工作，一边学习天文、数学、历法知识；其次，他加强教授工作，既介绍西方天文历法知识，又补充学生最缺乏的数学基础知识，还把历书的内容分为"法原""法教""法算""法器""会通"五个部分，便于学生学习掌握。

明末钦天监的这些措施是明代数学教育的一股新风。徐光启在引入西方数学方面做了大量的工作。1607 年以后，他与意大利传教士利玛窦(MatteoRicci, 1552—1610)合译了《几何原本》前六卷、《测量全义》等书。徐光启还主持编译了 137 卷的《崇祯历书》。利玛窦和李之藻合作编写了《同文算指》。

1. 利玛窦、徐光启合译《几何原本》

《几何原本》是希腊著名数学家欧几里得所著的数学教科书，它由平面几何、立体

---

① 梁宗巨.世界数学史简编[M].沈阳：辽宁人民出版社，1980：443.

几何和数论三部分组成。

　　1607 年，利玛窦和徐光启（图 6-6①）合作翻译的《几何原本》前六卷刊刻出版，定名《几何原本》，中文数学名词"几何"由此而来。《几何原本》的翻译出版，对中国人的数学和数学教育观点产生了重要影响，其中徐光启的观点是最具代表性的。徐光启完成《几何原本》的翻译工作后说："几何原本者度数之宗，所以穷方圆平直之情，尽规矩准绳之用也。"②"约六卷，既卒业而复之，由显入微，从疑得信，盖不用为用，众用所基，真可谓万象之形囿，百家之学海，随实未竟，然以当他书，既可得而论矣。"③在《几何原本杂议》中，徐光启给予了《几何原本》极高的评价："下学功夫，有理有事。此书为益，能令学理者祛其浮气，练其精心，学事者资定其法，发其巧思，故举世无一人不当学。"④明清两代人物中除了徐光启之外，恐怕能对公理化方法和逻辑严谨性的理解达到如此程度的人寥若晨星。中国人至今称道欧几里得《几何原本》的教育作用。《几何原本》的翻译实是一种新文化的引进，而不单是对数学的某一领域的学习⑤。

图 6-6　利玛窦和徐光启

　　在本书第三章的《九章算术》与《几何原本》的比较中对它产生的历史背景、重要价值进行了详细论述。这里仅介绍明末时期利玛窦和徐光启合译的《几何原本》前六卷平面几何内容。

　　为了使读者更好地了解当时《几何原本》的具体情况，下面展现徐光启"刻几何原本序"（图 6-7）⑥和前六卷目录。

　　利玛窦、徐光启合译的《几何原本》共六卷，各卷均分为两部分，卷首论述本卷的

① ［意］佛朗切斯科·莫瑞纳.中国风：13 世纪—19 世纪中国对欧洲艺术的影响［M］.龚之允，钱丹，译.上海：上海书画出版社，2022：52.
② ［明］徐光启.徐光启集［M］.王重民，校.上海：上海古籍出版社，1984：75.
③ ［明］徐光启.徐光启集［M］.王重民，校.上海：上海古籍出版社，1984：75.
④ ［明］徐光启.徐光启集［M］.王重民，校.上海：上海古籍出版社，1984：75.
⑤ 宋浩杰.中西文化会通第一人：徐光启学术研讨会论文集［M］.上海：上海古籍出版社，2006：18.
⑥ ［明］徐光启.徐光启著译集（五）［M］.上海：上海古籍出版社，1983：刻几何原本序.

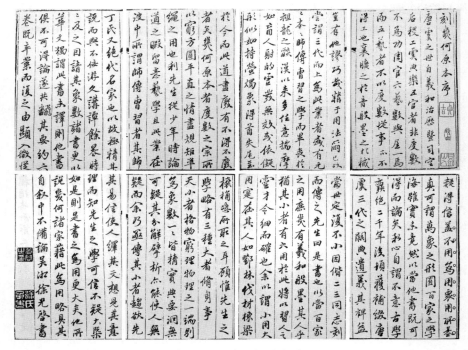

图 6-7　刻几何原本序

"界说",即该卷的概念、定义等,其后为[1]本卷相对应的题目,具体如下:

几何原本第一卷之首　界说三十六　求作四　公论十九　几何原本第一卷　本篇论三角形　计四十八题。凡造论,先当分别解说论中所用名目,故曰界说。界说三十六则如下:

第一界　点者无分;第二界　线有长无广;第三界　凡线之界是点;第四界　凡直线止有两端;第五界　面者,止有长与广;第六界　面之界,是线;第七界　平面;第八界　平角;第九界　直线角;第十界　横线之垂线;第十一界　钝角;第十二界　锐角;第十三界　界者,一物之始终;第十四界　形;第十五界　圆;第十六界　圆心;第十七界　圆径;第十八界　半圆;第十九界　直线形;第二十界　三边形;第二十一界　四边形;第二十二界　多边形;第二十三界　平边三角形;第二十四界　两边等三角形;第二十五界　三不等三角形;第二十六界　三边直角形;第二十七界　三边钝角形;第二十八界　三边各锐角形;第二十九界　直角方形;第三十界　直角形;第三十一界

---

① [明] 徐光启.徐光启著译集(五)(六)(七)[M].上海:上海古籍出版社,1983.

斜方形;第三十二界 长斜方形;第三十三界 有法四边形,无法四边形;第三十四界 平行线;第三十五界 平行线方形;第三十六界 平行线方形对角线。

几何原本第二卷之首 界说二则 几何原本第二卷 本篇论线 计十四题。界说两则如下:

第一界 直角形之矩线;第二界 磬折形。

几何原本第三卷之首 界说十则 几何原本第三卷 本篇论圆 计三十七题。界说十则如下:

第一界 等圆;第二界 切线;第三界 切圆;第四界 直线距心远近之度;第五界 圆分;第六界 圆分角;第七界 负圆分角;第八界 乘圆分角;第九界 分圆形;第十界 所负之圆分相似。

几何原本第四卷之首 界说七则 几何原本第四卷 本篇论圆内外形 计十六题。界说七则如下:

第一界 形内切形;第二界 形外切形;第三界 圆内切形;第四界 圆外切形;第五界 形内切圆;第六界 形外切圆;第七界 合圆线。

几何原本第五卷之首 界说十九则 几何原本第五卷 本篇论比例 计三十四题。界说十九则如下:

第一界 分;第二界 几何倍数;第三界 比例;第四界 同理之比例;第五界 有比例之几何;第六界 四几何,同理之几何;第七界 相称之几何;第八界 四几何倍数;第九界 比例至少必三率;第十界 三几何连比例;第十一界 三几何,同理之几何;第十二界 比例六理;第十三界 反理;第十四界 合理;第十五界 分理;第十六界 有转理;第十七界 有平理;第十八界 有平理之序;第十九界 有平理之错。

几何原本第六卷之首 界说六则 几何原本第六卷 本篇论线面之比例 计三十三题。界说六则如下:

第一界 形相当之各角等;第二界 两形之各两边线成比例;第三界 理分中末线;第四界 度各形之高;第五界 一比例之命数;第六界 平行方形。

利玛窦和徐光启译的《几何原本》,文字通俗易懂,错误很少。由于是第一部从拉丁文译来的数学著作,没有对照的词汇,许多译名都是首创的。如点、线、面、平边三角形(等边三角形)[①]、两边等三角形(等腰三角形)、直角形(矩形)、直角方形(正方形)、长斜方形(平行四边形)、切圆(两圆相切)、圆内切形(圆内接多边形)、形内切圆(内接圆)、形外切圆(外切圆)、反理(逆推)……许多名词,都是由这个译本首先定下来的。

---

① 括弧中的是现在的术语.

其中只有少数几个名词后来改定,例如当时的"平边三角形"现在改为"等边三角形",当时的"比例"现在改为"比"等。

《几何原本》译本中采用了中国传统的数学符号表示,将希腊文《原本》中希腊数学符号翻译成中国"天""干""地""支"等汉字,如勾股定理的证明,译本如图 6-8①,希腊原文如图 6-9②。

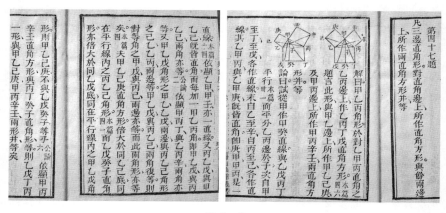

图 6-8

图 6-9

2. 《崇祯历书》中的数学教材举例分析

《崇祯历书》是一部重要的天文历法著作,其中也包含了丰富的西方数学教学内容,但是人们一直以来并没有注意到这些数学教材的教育价值。如《崇祯历书》中作为重要内容介绍了五种正多面体,这也是正多面体第一次被介绍到中国来,但《崇祯历书》没有论及其历史。事实上,五种正多面体自古希腊以来作为数学教育的重要内容

---

① [古希腊] 欧几里得. 几何原本[M]. 广州:海山仙馆,1847:47-48.

② [古希腊] 欧几里得. EUCLIDIS OPERA OMNIA[M]. [丹] 约翰·路德维格·海伯格,编. 上海:上海三联书店,2021:111-113.

在数学教科书或其他数学著作和自然哲学著作中都有不同程度的介绍。

对于三维空间内只有五种正多面体的历史可以追溯到古希腊时期。据说当时埃及人已经知道了正四面体、正六面体和正八面体。毕达哥拉斯定理、无理数的发现者，万物皆数思想的倡导者古希腊哲学家、数学家、天文学家毕达哥拉斯（Pythagoras，约公元前 580—前 500）及其学派已研究得出正多面体只有五种的结论，即由全等的正三角形生成的正四面体、正八面体和正二十面体，以及由全等的正方形生成的正六面体、由全等的正五边形生成的正十二面体。而由其他全等的正多边形是不能生成正多面体的。他们认为五种正多面体除正十二面体以外的四种分别构成宇宙的四要素，即正四面体对应火，正六面体对应土，正八面体对应气，正二十面体对应水，而正十二面体可以认为是牵强地与宇宙相关联在一起。

进一步发展这种正多面体宇宙观的是古希腊哲学家和教育家柏拉图（Plato，公元前 427—前 347）。柏拉图在其《蒂迈欧篇》中详细讨论了在理智的宇宙结构中正多面体扮演的角色[1]。他设想宇宙起始只有两种三角形，一种是底角为 $45°$ 角的等腰直角三角形，另一种是底角分别为 $30°$ 和 $60°$ 角的直角三角形，由这两种三角形就可构成四种正多面体，它们分别对应构成宇宙五种微粒中的四种。火微粒是正四面体，气微粒是正八面体，水微粒是正二十面体，土微粒是正六面体，而正十二面体则构成第五种元素，柏拉图称其为精英[2]。正多面体也因此被称为柏拉图多面体或柏拉图立体。

而与柏拉图同时期的古希腊数学家泰阿泰德（Theatetus，具体生卒年不详）一般被认为是第一个证明了只存在五种正多面体的学者。其证明的依据是构成一个立体角的所有角之和要小于 $360°$。

继泰阿泰德之后的集古希腊古典数学之大成者——欧几里得（Euclid，公元前 330—前 275），他著成了世界数学史上第一个数学公理体系著作《几何原本》，其第 13 卷 18 个命题以严谨的演绎推理，详细论述了正多面体相关问题。

文艺复兴时期的意大利数学家帕乔利（Luca Pacioli，1445—1517）在《神圣比例论》[3]中对五种正多面体展开了详细论述，帕乔利的学生，著名艺术家和科学家达·芬奇（Leonardo Da Vinci，1452—1519）为自己老师作了 30 对立体图形，其中包括 5 对正多面体图，如图 6-10[4]。这些立体图形被呈现为实心立体图和空心立体图。空心立

---

① ［古希腊］柏拉图.柏拉图全集（第三卷）[M].王晓朝，译.北京：人民出版社，2003：265.

② ［英］斯蒂芬·F·梅森.自然科学史[M].周煦良，全增嘏，傅季重，等译.上海：上海译文出版社，1980：27.

③ Luca Pacioli. De Divina Proportione[M]. Venice：Paganini，1509.

④ Luca Pacioli. De Divina Proportione[M]. Venice：Paganini，1509：43-55.

体图是达·芬奇所首创。这种作空心多面体的方法对欧洲的艺术产生重要影响,对数学教育也产生了一定影响。

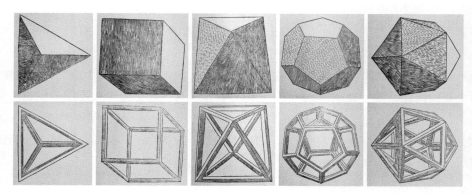

图 6 - 10

《崇祯历书》之卷六"测量全义"中介绍的正多面体采用了达·芬奇的多面体的空心图形,如图 6 - 11①,这也是达·芬奇多面体空心图第一次传入中国。图中依次作出了五个正多面体的展开图,将空心多面体与其展开图同时呈现,形象直观。这样的设计对中小学数学教育具有重要的启发作用。

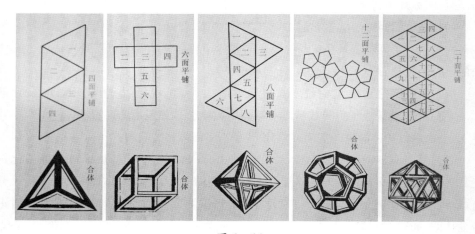

图 6 - 11

3.《同文算指》

《同文算指》是利玛窦和李之藻合作编译的。该书是第一部介绍欧洲笔算的著作,

① ［明］徐光启.崇祯历书(下)［M］.潘鼐,汇编.上海:上海古籍出版社,2009:1388.

对中国后来的算术有很大的影响。书中介绍了笔算加、减、乘、除四则运算,加减乘法和现在一样,除法则是"帆船法",和现在的笔算除法大不相同。其中的"验算"方法是中国以前所没有的。《同文算指》目录如下[①]:

前编总目

卷上　定位第一;加法第二;减法第三;乘法第四;除法第五

卷下　奇零约法第六;奇零併母子法第七;奇零累析约法第八;化法第九;奇零加法第十;奇零减法第十一;奇零乘法第十二;奇零除法第十三;重零除尽法第十四;通问第十五

通编总目

卷之一　三率准测法第一(补八条);变测法第二(补五条);重准测法第三(补十四条)

卷之二　合数差分法第四上(补二十六条)

卷之三　合数差分法第四下(补十五条);和较三率法第五(补三条);借衰互微法第六(补三条)

卷之四　叠借互微法第七(补三条　又补盈朒十条　叠数盈朒八条)

卷之五　杂和较乘法第八(俱补);递加法第九(补例十二条);倍加法第十

卷之六　测量三率法第十一(补句股略十五条　总论);开平方法第十二;开平奇零法第十三

卷之七　积较和相求开平方诸法第十四(俱补　凡七则)

卷之八　带纵诸变开平方法第十五(俱补　凡十一则);开立方法第十六;广诸乘方法第十七(一乘至七乘　寻原);奇零诸乘第十八·

前编卷上第一部分的"定位第一"为此卷的理论基础,它列举了古法中常用的度量标准及存在的误差,也说明了该书所用的数字表示方法及进位法则。

值得一提的是,书中的"九九相乘图"。具体来讲,如表6-1[②]所示。

表6-1　"九九相乘图"

九	八	七	六	五	四	三	二	一
一八	一六	一四	一二	一〇	八	六	四	二
二七	二四	二一	一八	一五	一二	九	六	三

---

① [意] 利玛窦授,李之藻演.同文算指[M].广州:海山仙馆,1849.

② [意] 利玛窦授,李之藻演.同文算指前编[M].广州:海山仙馆,1849:11.

三六	三二	二八	二四	二〇	一六	一二	八	四
四五	四〇	三五	三〇	二五	二〇	一五	一〇	五
五四	四八	四二	三六	三〇	二四	一八	一二	六
六三	五六	四九	四二	三五	二八	二一	一四	七
七二	六四	五六	四八	四〇	三二	二四	一六	八
八一	七二	六三	五四	四五	三六	二七	一八	九

在"九九相乘图"旁留白处还有补充说明:"首横一行自上读下,右直一行自右读左,其相值处即是乘得数执掌可尽也。"

该"九九相乘图"整体为9×9的正方形,这样的设计更方便于学习者观察乘法的一些规律。此外,"九九相乘图"与现行学校数学教育中10×10的方式也不同。事实上,省略的部分默认了乘法中"任何数与1相乘都不变"的原则,学习者已习得并能熟练运用。

"九九相乘图"后附有"九九相乘歌"。此"九九相乘歌"朗朗上口,方便记忆,且与现行学校数学教学中的别无二致。

图 6-12
大数乘小数

学习个位数乘法之后,《同文算指》展开了乘法的进一步学习。以9×8为例,如图6-12。

从右向左做乘法运算:一二得二,得数写在下一行右边且与右列数字对齐;以右边的"一"减左边的"八"得七,以右边的"二"减左边的"九"也得七;那么,九八相乘即得七十二。

在上述相乘过程中,第一行左侧的两个数字为需要运算的两个乘数,其中"九"为较大的乘数,需将其设置在前面;右侧的两个数字对应的是同一行乘数的位置,具体来讲,在"九九相乘图"中,两个乘数最大为九,也就是有九个序位,从大到小排列,第一个乘数"九"对应于第一序位,那么"九"的右侧对应序位"一",第二个乘数"八"对应于第二序位,那么"八"的右侧对应序位"二";得数写在第二行,从左至右分别为十位和个位。观察这一方法,正如图中所标注的,可以称其为"十字相乘法",但需注意,这与现行代数运算中的"十字相乘法"不同。

　　西方数学的传入影响着我国的数学教育。现在的数学教材里既有培养逻辑思维能力的数学证明题,也有注重实际应用能力的数学应用题,这是中国传统思维与西方演绎推理的完美结合。

参考文献

　　[1] 钱宝琮. 科学史论文选集[M]. 北京:科学出版社,1983.

　　[2] [元] 李冶,等. 静斋古今注[M]//[清] 缪荃孙. 藕香零拾丛书(第 32 册).1895.

　　[3] 李迪. 中国数学通史:宋元卷[M]. 南京:江苏教育出版社,1999.

　　[4] 孔国平. 测圆海镜导读[M]. 武汉:湖北教育出版社,1996.

　　[5] [元] 苏天爵. 太保刘文正公(秉忠)[M]//[元] 苏天爵. 元朝名臣事略卷七. 北京:中华书局,1996.

　　[6] 吴文俊,李迪. 中国数学史大系:第六卷　西夏金元明[M]. 北京:北京师范大学出版社,1999.

　　[7] [韩] 金容云,金容局. 韩国数学史[M]. 東京:槙書店,1978.

　　[8] 华罗庚,苏步青. 中国大百科全书(数学)[M]. 北京:中国大百科全书出版社,1988.

　　[9] 李俨. 中算史论丛(第一集)[M]. 北京:中国科学院出版社,1954.

　　[10] [波斯] 拉施特. 史集(第三卷)[M]. 余大钧,周建奇,译. 北京:商务印书馆,1986.

　　[11] 严敦杰. 欧几里得几何原本元代输入中国说[J]. 东方杂志,1943,39(13):35-36.

　　[12] [明] 宋濂,等. 元史·卷八十一(选举一)[M]. 北京:中华书局,1976.

　　[13] [明] 宋濂,等. 元史·卷七(世祖四)[M]. 北京:中华书局,1976.

　　[14] [元] 王士点,商企翁. 秘书监志(卷七).

　　[15] [明] 宋濂,等. 元史·卷八十三(选举三)[M]. 北京:中华书局,1976.

　　[16] 李俨. 中算史论丛(四上)[M]. 上海:商务印书馆,1947.

　　[17] 郭世荣. 算法统宗导读[M]. 武汉:湖北教育出版社,2000.

　　[18] 严敦杰,梅荣照. 程大卫及其数学著作[M]//梅荣照. 明清数学史论文集. 南京:江苏教育出版社,1990.

　　[19] [明] 程大位. 算法统宗[M]//郭书春. 中国科学技术典籍通汇(数学卷二). 郑州:河南教育出版社,1995.

　　[20] 杜瑞芝. 数学史辞典新编[M]. 济南:山东教育出版社,2017.

　　[21] 冯立升. 明代的一种农业测量工具——丈量步车[J]. 农业考古,1990(02):222.

　　[22] 梁宗巨. 世界数学史简编[M]. 沈阳:辽宁人民出版社,1980.

　　[23] [意] 弗朗切斯科·莫瑞纳. 中国风:13 世纪—19 世纪中国对欧洲艺术的影响[M]. 龚之允,钱丹,译. 上海:上海书画出版社,2022.

　　[24] [明] 徐光启. 徐光启集[M]. 王重民,校. 上海:上海古籍出版社,1984.

［25］宋浩杰.中西文化会通第一人：徐光启学术研讨会论文集［M］.上海：上海古籍出版社,2006.

［26］［明］徐光启.徐光启著译集（五）（六）（七）［M］.上海：上海古籍出版社,1983.

［27］［古希腊］欧几里得.几何原本［M］.广州：海山仙馆,1847.

［28］［古希腊］欧几里得.EUCLIDIS OPERA OMNIA［M］.［丹］约翰·路德维格·海伯格,编.上海：上海三联书店,2021.

［29］［古希腊］柏拉图.柏拉图全集（第三卷）［M］.王晓朝,译.北京：人民出版社,2003.

［30］［英］斯蒂芬·F·梅森.自然科学史［M］.周煦良,全增嘏,傅季重,等译.上海：上海译文出版社,1980.

［31］Luca Pacioli. De Divina Proportione［M］. Venice：Paganini, 1509.

［32］［明］徐光启.崇祯历书（下）［M］.潘鼐,汇编.上海：上海古籍出版社,2009.

［33］［意］利玛窦授,李之藻演.同文算指［M］.广州：海山仙馆,1849.

［34］［意］利玛窦授,李之藻演.同文算指前编［M］.广州：海山仙馆,1849.

第七章　　　　清代的数学教育（上）

　　本章主要论述自 1644 年至 1840 年间的数学教育发展史。西方数学传入中国经历了三个高潮。明末《几何原本》《同文算指》等书籍至清初初等三角学、透视学、代数学等数学知识为第一高潮。西方数学在中国传播的第二次高潮是从 19 世纪中叶开始的。除了初等数学，这一时期还传入解析几何、微积分、无穷级数论、概率论等近代数学。1859 年，中国数学家李善兰（1811—1882）与英国传教士伟烈亚历（Alexander Wylie，1815—1887）合译出版《代微积拾级》，这是在中国翻译出版的第一部微积分著作。李善兰在翻译过程中创造了大量中文数学名词术语，其中函数、微分、积分、级数、切线、法线、渐近线、抛物线、双曲线、指数、多项式代数等名词术语被普遍接受并沿用至今。李善兰还与他人合作翻译了德·摩根（De Morgan，1806—1871）《代数学》等其他许多西方数学著作。另一位中国数学家华蘅芳（1833—1902）与来华传教士傅兰雅（John Fryer，1839—1928）也合译出版了《微积溯源》（1874 年）、《决疑数学》（1880 年）等多种数学著作，其中《决疑数学》是传入中国的第一部概率论著作。

　　笔算数学的传入改变了中国传统的筹算计算和珠算方法。珠算在商业计算中使用广泛，在民间珠算教育仍然处于主导地位，笔算则在数学家中流传。

　　西方数学在中国的早期传播对中国现代数学的形成起了一定的作用，但由于当时整个社会环境与文化教育水平的限制，没有能够产生显著的影响。康熙皇帝、清圣祖爱新觉罗·玄烨（1654—1722）主持编辑出版的《数理精蕴》等多种书籍成为当时的数学教材。康熙皇帝创办的蒙养斋也设置了数学课程，这对清代数学教育的发展产生了积极的推动作用。

第一节　清代前中期数学教育

康熙皇帝非常重视数学和数学教育。在中国历史上，历代皇帝对科学技术感兴趣的不乏其人，但是像康熙皇帝如此钟爱数学、崇尚数学教育当首屈一指。康熙皇帝通过处理新旧历法之争，深感作为一国之君，必须通晓科学技术，取得发言权，才能更好地治理国家。数学是天文历算的基础和工具，为了使自己在天文历算上成为内行，康熙皇帝首先从学习数学入手，身为君主，日理万机，但他仍以极大的热情投身于数学，取得了一定的成就，促进了中国数学教育事业的发展。

一、康熙皇帝的学习背景

康熙皇帝尤其对于数学、天文有特殊兴趣①。在历代帝王中，康熙对西学的喜好格外引人注意②。南怀仁（Ferdinand Verbiest，1623—1688）神甫给康熙讲解了主要天文仪器、数学仪器的用法和几何学、静力学、天文学中最新奇、最简要的内容，并就此特地编写了教材③。以下是康熙皇帝所学习的满文《几何原本》和所使用的立体几何教具，如图 7-1 和图 7-2。

图 7-1　满文《几何原本》

图 7-2　康熙使用的立体几何教具

康熙皇帝尊重科学，体现在他给大臣谈学习动机时所言④：

---

① 钱宝琮.中国数学史[M].北京：科学出版社，1964：268.
② 韩琦.康熙皇帝·耶稣会士·科学传播[M].北京：中国大百科全书出版社，2019：6.
③ [法]白晋.康熙皇帝[M].赵晨，译.刘耀武，校.哈尔滨：黑龙江人民出版社，1981：32.
④ [清]康熙.庭训格言·国学经典[M].陈生玺，贾乃谦，注译.郑州：中州古籍出版社，2006：86.

尔等惟知朕算术之精,却不知朕学算之故。朕幼时,钦天监汉官与西洋人不睦,互相参劾,几至大辟。杨光先、汤若望于午门外九卿前当面赌测日影,奈九卿中无一知其法者。朕思己不知,焉能断人之是非,因自愤而学焉!

清初皇帝任命传教士汤若望(Johann Adam Schall von Bell,1592—1666)为钦天监,并将汤若望等修改的历法颁布天下。因此,西洋传教士深得清帝信任,礼遇优厚,惹起守旧派群起而攻之,发生了著名的新旧历法之争。在鳌拜(? —1669)的支持下,守旧派获胜,传教士有的充军、有的遇害。然而在后来的天文气象预测中,旧历法频繁出错,引起康熙皇帝的认真思考,在某种意义上进一步加强了康熙皇帝亲自钻研西方天文、数学的决心。

康熙皇帝学习科学技术的动机,不像科学家出于对科学事业的追求,而是从一国之君治理国家的需要出发。康熙皇帝即位初期发生的中西历法之争,可以说是促使其学习自然科学的重要起因[①]。

顺治二年(1645 年),传教士汤若望趁清政府急需一部新历法颁行之机,便把《崇祯历书》稍加修改,压缩成 103 卷,定名为《西洋新法历书》,进呈给清政府。清廷决定采用,并据以编制日用历书称之为《时宪历》,同年十一月,将历局与钦天监合并,任汤若望为钦天监监正[②]。康熙二十六年(1687 年),精通数学的法国传教士洪若翰(Jean de fontaney,1643—1710)、白晋(Joachim Bouvet,1656—1730)、李明(Louis Le Comte,1655—1728)、张诚(Jean François Gerbillon,1654—1707)、刘应(Claude de Visdelou,1656—1737)抵达中国,在南怀仁(Ferdinand Verbiest,1623—1688)的帮助下得到康熙的接见,擅算的白晋、张诚被留在宫中,教授康熙皇帝历算。讲课人还有徐日升(Thomas Pereira,1645—1708)和安多(P. Antoine Thomas,1644—1709)。四人轮流担任主讲,康熙皇帝也认真听讲和学习。有如下的记载[③]:

康熙二十八年(1689 年)十二月二十五日上召徐日升、张诚、白晋、安多等至内廷,谕以日后每日轮班,至养心殿,以清语授量法等西学。上万几之暇,专心学问,好量法、测算、天文、形性、格致诸学。自是即或临幸畅春园(在西直门外十二里),及巡行省方,必谕张诚等随行,或每日或间日授讲西学。并谕日进内廷将授讲之学,翻译成清文成帙,上派精通清文二员,襄助缮稿,并派善书二员誊写,张诚等每住畅春园……张诚等讲授数年,上每劳之。

---

① 吴文俊.中国数学史大系:第七卷　明末到清中期[M].北京:北京师范大学出版社,1999:227.
② 吴文俊.中国数学史大系:第七卷　明末到清中期[M].北京:北京师范大学出版社,1999:227.
③ [清] 黄伯禄.正教奉褒(第三次排印本)(下册)[M].上海:上海慈母堂,1904:106-107.

康熙皇帝既对传教士的讲授活动严格要求，同时还严于律己，刻苦学习，实地操作练习，进步很快。白晋记载："皇上认真听讲，反复练习，亲手绘图，对不懂的地方立刻提出问题，就这样整整几个小时和我们一起学习。然后把文稿留在身边，在内室里反复阅读。同时，皇上还经常练习运算和仪器的用法，复习欧几里得的主要定理，取得了很大进步，以至于一看到某个定理的几何图形，就能立即想到这个定理及其证明。有一天皇上说，他打算把这些定理阅读十二遍以上。"①

康熙皇帝不仅向西洋传教士学习科学知识，对西洋人传入的算器也很感兴趣，他亲手操作，掌握用法，并用以解决实际问题，而且还访求民间历算专家，如梅文鼎（1633—1721）、梅瑴成（1681—1763）等。康熙四十四年（1705 年）南巡至临清运河，在御舟上，康熙皇帝对梅文鼎"并赐召对、赐食、赐坐、夜分乃罢"，"从容垂问"（梅文鼎. 赋德. 见：绩学堂诗钞. 卷四（赋得御制素波万里尽澄泓应制）：杭世骏. 梅文鼎传上；文峰梅氏宗谱）赐御书、扇幅等物。临别时，为表彰梅文鼎在天文、数学方面的卓越成就和刻苦钻研为科学献身的精神，康熙皇帝特赐梅文鼎"绩学参微"四个大字。一个普通民间钻研历算之学的知识分子，能够受到皇帝的亲自接见，并讨论学术问题，获此殊荣，在历史上极为罕见。这对于提高梅文鼎的社会地位，促进科学研究工作深入进行，无疑起到了极其重要的作用。

康熙皇帝十分注重对数学的学习，在其学习与交流中，我们可以总结出他的六条数学观：

（1）数学与哲学不分家。这一点在其与大学士李光地的对话中可见一斑②：

朕凡阅诸书，必考其实，曾将算法与朱子全书对较过。今人看正书者少，宋儒讲论性理亦未曾不作诗赋，但作诗赋皆醇厚，朱子以苏轼所作文字偏于粉饰，细阅之果然。

（2）要将数学理论与实际应用相结合。他曾严厉批评熊赐履（1635—1709）盲从古人的错误③：

熊赐履言算法，皆踵袭宋人旧说，不自知其非是，且人纵知径一围三之误，若以此语人，必群起而非之，以为宋人既主此论，不可不从。究竟试诸实用，一无所验。……前人所言，岂能尽当，径一围三之法，推算不符，虽蔡元定之言，何可从也？（《张玉书文集》）

（3）注重数学理论的客观性和推理的严密性。从以下的话语中可以发现康熙皇帝对数学理论客观性的认识④：

① ［法］白晋. 康熙皇帝［M］. 赵晨，译. 刘耀武，校. 哈尔滨：黑龙江人民出版社，1981：35.
② ［清］日讲起居注官. 清圣祖实录（卷二五一、卷二四五）［M］. 1731.
③ ［清］清代起居注册康熙朝第二册［M］. 台北：台北故宫博物院，1984：990‑991.
④ ［清］日讲起居注官. 清圣祖实录（卷二六二，康熙五十四年）［M］. 1731.

朕常讲论天文、地理及算法、声律之学,尔等闻之辄奏曰,皇上由天授,非人力可及。尔等试思,虽古圣人岂有生来无所不能者,凡事俱由学习而成务,学必以敬慎为本,朕之学业皆从敬慎中得来,何谓天授非人力也。

在数学理论推理的严密性上,康熙皇帝在 1711 年指出[1]:

天文历法朕素留心,西法大端不误,但分刻度数之间积久不能无差。今年夏至,钦天监奏午正三刻,朕细测日景是午初三刻九分,此时稍有舛错,恐数十年之后所差愈甚,犹之钱粮微尘秒忽,虽属无几而总计之便积少成多,此事实有证验,非比书生论说,可以虚词塞责也。

(4) 数学是不断发展与完善的。对此,康熙皇帝曾说[2]:

(朕)曾讲古法新法,故知其概。古法推算冬至,及日月交食,多用积数,因数多奇零,盈缩虚实之难明,不能合于天。新法多用余数,及濛气差之类,又验于测影,故较之古法仅能与天象相合。

(5) 三角形是几何学中最基本和最有实用价值的图形。康熙时期,清政府进行了多次大规模的大地测量,绘制了《皇舆全览图》,说明了康熙皇帝对三角形的价值有了很高认识。他说[3]:

用仪器测绘远近,此一定之理,断无差舛,万一有舛,乃用法之差,非数之不准。以此算地理算田亩,皆可顷刻立辨。但须细用功夫,方能准验,大抵不离三角形学。

(6) 数形结合的数学研究方法。康熙皇帝认识到数与形是相辅相成的,他言道[4]:

凡物之生有理有形有数,三者妙于自然,不可言合,何有于分顾。……尝窃论之,理为物原,数为物纪,而形为物质。形也者,理数之相附以立者也。得形之所以然,则理与数皆在其中,不得其形则数有穷时而理亦杳茫而不安,非理之不足恃。盖离形求理,则意与象暌,而理为无用;即形求理,则道与器合,而理为有本。

二、 康熙皇帝与《数理精蕴》

康熙皇帝酷爱数学、天文学,并有一定的研究功底,加之皇权在握,因此完全有可能编纂巨型乐律历算丛书《律历渊源》。康熙皇帝采纳数学工作者的建议,于康熙五十一年(1712 年)下诏开馆,用考试遴选的办法选拔人才,历时九年将《律历渊源》100 卷

① [清] 日讲起居注官.清圣祖实录(卷二四八,康熙五十年)[M].1731.
② [清] 爱新觉罗·弘历,撰.于敏中,等编.御制文集(第二集)(卷二十六)[M].武英殿刻本,1764.
③ [清] 爱新觉罗·弘历,撰.于敏中,等编.御制文集(第三集)(卷十九)[M].武英殿刻本,1764.
④ 吴学颢.几何论约·原序[M]//四库全书(八〇二册).上海:上海古籍出版社,1988.

编纂而成。其中《数理精蕴》(1723 年)是专论数学的,是康熙年间编写的初等数学全书,其内容基本上是对西方数学著作的编译。

《数理精蕴》是清代数学研究加强了逻辑推理的又一例证。这部以康熙御制名义编成的初等数学全书共 53 卷①,是由梅瑴成、陈厚耀(1648—1722)、何国宗(？—1767)等主编的《律历渊源》100 卷的第三部分,其余两部分是《律吕正义》5 卷和《历象考成》42 卷。康熙五十二年(1713 年)始编,康熙六十年(1721 年)完成,雍正元年(1723 年)出版。全书分三大部分:上编 5 卷,"立纲明体",主要讲全书的基本理论,包括卷首"河图""洛书""数理本源"和"周髀经解"、《几何原本》3 卷、《算法原本》1 卷;下编 40卷,"分条致用",主要运用上编的理论和定理,展开全书的论述,包括首部 2 卷、线部 8卷、面部 12 卷、体部 8 卷、末部 10 卷;最后附数学用表 4 种,共 8 卷,以备计算使用。它涉及初等数学中的算术、代数、几何、三角等多个分支的内容。《数理精蕴》的编排本身就反映了先理论后应用的思想,从逻辑关系上看,全书把理论论述放在了更重要的地位,从方法上看,论述和证明较多②。

《数理精蕴》的出版标志着明清以来西算输入告一段落,同时也是第二阶段西洋数学传入中国的成果。《数理精蕴》主要介绍从 17 世纪初以来传入的西方数学,但其中也收集了中国古代数学的内容。书中第一卷"数理本源"和"周髀经解"对中国古代数学的"本源"和历史作了叙述。各卷之中还穿插着依据新法解答中国古代算书中的应用问题。这部内容丰富、贯穿古今的数学著作,会通中西且说理清晰,易于学习。

《数理精蕴》出版以来,作为一部由康熙皇帝御制的数学百科全书,在全国流传甚广。一方面乾隆皇帝允许民间刊印,这样了解该著作的人员逐渐增加,很快出现了《数理精蕴》的缩减本和改编本,如庄亨阳(1686—1746),后人将他的遗稿整理编辑成《庄氏算学》8 卷,收入《四库全书》。《四库全书总目提要》记载:"中间大旨,皆遵《御制数理精蕴》,而参以《几何原本》、《梅氏(历算)全书》,分条采摘,各加剖析,颇称明显。"又如屈曾发(1715—1780)的《数学精详》和何梦瑶(1693—1764)的《算迪》等都是以《数理精蕴》为主而著书的。另一方面,《数理精蕴》成为数学教科书,直到清末尚被采用为新兴学堂之教本③。因此《数理精蕴》屡次再版,是清代数学著作再版次数最多者之一。

---

① 郭世荣.论《几何原本》对明清数学的影响[M]//徐汇区文化局.徐光启与《几何原本》.上海:上海交通大学出版社,2011:155.

② 郭世荣.论《几何原本》对明清数学的影响[M]//徐汇区文化局.徐光启与《几何原本》.上海:上海交通大学出版社,2011:155.

③ 李俨.中国数学大纲(下册)[M].北京:科学出版社,1958:546.

三、 康熙皇帝对中国数学发展的贡献

康熙皇帝对中国数学发展的贡献主要有以下三点：首先，我国古算积累了数千年的历史，数学界以好古而著称。试看古算书的书名，如"缉古""益古""续古"之类颇多，即可知崇古风气的浓厚。历史上不少数学研究成果，往往也是渗透在对古算书的注释之中或附其之后。事物往往具有双重性，过分的崇古势必影响了大胆的创新。在明清历法改革中，守旧派墨守古法阻挠新法即是显著的例子。康熙皇帝由于能亲自学习西方近代数学等科学知识，深知西方国家近代科技的先进，以皇帝的权威来提倡西算，这为调整我国传统数学发展的步伐，吸收西方近代数学的成果，的确扫除了不少障碍。倘若不是如此，中国人会因为固步自封、自满自足而再度推迟向西方学习近代数学的时机。其次，康熙皇帝既倡导西算，也重视中算。晚年他组织了自己身边的一些数学工作者，对数学知识进行一番整理。这次整理有两大特色：一是规模大，二是力求把中西算学熔成一炉。康熙六十年，完成了《历象考成》42 卷、《律吕正义》5 卷、《数理精蕴》53 卷（合称《律历渊源》100 卷）的汇编和编译工作。再次，康熙皇帝是位具有较高科学素养的封建帝王，因而十分"识才"。在他的赏识下，重用了一批很有才华的数学家，从而使我国数学研究在清代出现了新成果。如梅文鼎，他是清初民间天文学家、数学家，号称"国朝算学第一"。

四、 康熙皇帝时期由天文生到算学馆

康熙七年，朝廷发表谕示："天象关系重大，必得精通熟习之人乃可占验无误。著直隶各省督抚晓谕所属地方，有精通天文人即行起送来京考试，于钦天监衙门用，与各部、院衙门一例升转。钦此。"[①]在国子监的教学中，天文、算法是合在一起的。《大清会典》"国子监"规定："凡算学之教，设肄业生。满洲十有二人，蒙古、汉军各六人，于各旗官学内考取。汉十有二人，于举人、贡监生童内考取。附学生二十四人，由钦天监选送。教以天文算法诸书，五年学业有成，举人引见以钦天监博士用，贡监生童以天文生补用。"[②]另外，在《国子监志》中记载："国子监算学生，满洲十二名，蒙古、汉军各六名，

① [清] 清官修.大清会典则例(卷一百五十八)[A].见：纪昀.文渊阁《四库全书》(第 625 册)[M].上海：上海古籍出版社,2012.
② [清] 清官修.大清会典则例(卷八十五)[A].见：纪昀.文渊阁《四库全书》(第 619 册)[M].上海：上海古籍出版社,2012.

汉人十二名。又钦天监附学肄业生二十四名，共六十名。凡满洲、蒙古、汉军算学生，俱于八旗官学生中考取；汉人算学生，无论举人、贡生、生员、童生，由监会同算学考取；钦天监肄业生，由该衙门奏拨算学肄业。"①这表明，钦天监博士和天文生都接受了至少五年的天文和算学的科班教育。蒙古族数学家明安图（1692—1765）就曾经学习五年，录用为钦天监天文生，后来在钦天监做出了重要成就。

在张诚和白晋的建议下，康熙皇帝于康熙五十年（1711 年）指定皇三子胤祉（1677—1732）组织成立"蒙养斋"，馆址设在畅春园。蒙养斋的任务是专门从事天文观测以及编纂《历象考成》《数理精蕴》等大型历算著作。《清史稿》对蒙养斋也有记载："圣祖天纵神明，多能艺事，贯通中、西历算之学，一时鸿硕，蔚成专家，国史跻之儒林之列。测绘地图，铸造枪炮，始仿西法。凡有一技之能者，往往直召蒙养斋。"康熙五十一年（1712 年），康熙皇帝命梅瑴成任蒙养斋汇编官，会同陈厚耀、何国宗、明安图、杨道声等编纂天文算法书。康熙皇帝认为"以天文所系极大、必选择得人。令其专心肄习方能通晓精微。诏选满洲官学生六人，汉军官学生四人，令钦天监分科教肄。五十二年，设算学馆于畅春园之蒙养斋。简大臣官员精于数学者司其事，特命皇子亲王董之，选八旗世家子弟学习算法。"②即 1713 年，康熙皇帝正式设算学馆于蒙养斋，选八旗世家子弟学习数学。同时在算学馆，组织学者翻译西方历算著作，编写《律历渊源》等书籍。同年，诏修《律吕》诸书，求海内畅晓乐律者。康熙五十八年（1719 年）十月，命蒙养斋举人王兰生修《正音韵图》。遗憾的是，蒙养斋只是作为一种临时性的机构，历算书籍编纂完成后就被撤销；在康熙时代实际组织科学活动的重要人物是皇三子胤祉，但雍正即位后，胤祉受到打击，蒙养斋算学馆沦为一个有名无实的机构。

五、　雍正皇帝时期的算学馆

雍正皇帝爱新觉罗·胤禛（1678—1735），满族，康熙皇帝第四子。1722 年，康熙去世后，胤禛继位，次年改号为雍正。在位 13 年间，雍正皇帝继续执行先王正确政策，发扬光大，完成了始于康熙年间的大型类书《古今图书集成》。此外，续修《大清一统志》，于乾隆八年成书，续修的还有《大清会典》。雍正十二年（1734 年），"果亲王奏准：八旗官学增设算学教习十六员，每旗择学生资质明敏者三十余人，定于每日未、申两时教以算法。"③

① ［清］文庆、李宗昉. 钦定国子监志（上册）［M］. 北京：北京古籍出版社，2000：281.
② ［清］文庆、李宗昉. 钦定国子监志（上册）［M］. 北京：北京古籍出版社，2000：281.
③ ［清］文庆、李宗昉. 钦定国子监志（上册）［M］. 北京：北京古籍出版社，2000：281.

雍正皇帝对数学教育的贡献之一就是创办书院。书院以往为私人创办,设于名胜之地。清初因为害怕坚持民族气节的汉族知识分子利用书院宣传抗清思想,乃明令禁止。到雍正十一年才允许办书院,有的也由士绅开办。由于国家的支持,雍正时期的书院发展很快,由省发展到州、府、县,大约有4 000所。书院的领导是山长,学生选拔首先通过各州县,再经过省道员和布政司的考察,他们是已进官学的生员和尚未进官学的童生。清朝书院绝大多数成为科举考试的预备学校,但乾嘉时期,部分书院成为朴学讲研之地,在经史的研究方面做出了贡献。

六、 乾嘉时期的数学教育

1. 乾隆年间数学教育变迁概述

到清代中期,即乾隆、嘉庆年间(1736—1820年)兴起的学派——乾嘉学派,以讲究训诂考据为特色,致力于古籍整理和语言文字研究,以数学研究服务于经学,使中国传统数学得以中兴。他们用分析、归纳的逻辑方法研究经史,同时很多古典数学书籍也被发掘出来,得到了校勘和注释。与此同时,该学派或继承"家学",发扬光大,或深造自得,修习成才,或从师问道,学有所成;大都先后以设馆为业,教授数学。这种工作,对发掘和整理祖国数学遗产来说,客观上起到了重要作用。经过这些数学研究者的努力,民间数学教育远远超过了官方数学教育。民间数学教育超过官方数学教育的原因还在于,乾隆三年停止了国子监中算学教育。

对于乾隆年间的官方数学教育的制度、教学内容等情况,《国子监》中有详细记载[①]。

2. 乾嘉学派的数学功绩

乾嘉学派的学术历史背景是其数学教育研究的起点。清代前期的"文字狱",使读书治学的学者人人自危,既不敢研究明末史事担心触犯忌讳,也不敢多写诗文以免无故惹祸。到嘉庆年间,清代的统治已经完全巩固,文化政策上都做了很大调整,容忍那些纯学术的经学研究。于是学者们集中精力研究经学,校勘、笺注,为后来的学者研究扫除了阅读上的障碍,他们在搜集、辨别、整理材料上都取得了很大的成绩,同时在数学发展和教育方面也做出了卓越的贡献。

乾嘉学派的领袖人物是清代考据学家、思想家戴震(1724—1777)。戴震,字东原,安徽休宁人,进士出身,曾任纂修、翰林院庶吉士之职。在哲学上,他认为物质的气是宇宙本原,阴阳、五行、道都是物质性的气;认为理是事物的条理,是事物的规律,不能脱离

---

① [清] 文庆,李宗昉.钦定国子监志(上册)[M].北京:北京古籍出版社,2000:282-283.

具体事物而存在，理就在事物之中，"理化气中"。他还认为宇宙是气化流行的总过程，"天地之气化流行不已，生生不息"。在认识论方面，他认为人的认识能力是"天地之化"，通过耳目鼻口之官接触外物，心就能发现外物的规则，致知格物就是对事物进行考察研究，只有经过观察和分析，才能认识事物。在数学方面，戴震对古典算书作了认真的整理和校勘工作，先后从《永乐大典》中辑出《周髀》《九章算术》《海岛》《五曹》等九部算经，加上收集到的宋版《张邱建算经》《数术记遗》，校勘后一并收入《四库全书》，使许多古算经失而复得，为中国古代数学的存亡续绝作出了重要的贡献。在他的影响下，《测圆海镜》《四元玉鉴》《杨辉算法》等数学名著又陆续被发现，自此掀起了乾嘉时期研究中国古代数学的高潮。因师承风格与地域不同，一般认为乾嘉学派由吴、皖、浙三派组成。吴派以惠栋（1697—1758）为代表，后由钱大昕（1728—1804）、王鸣盛（1722—1797）发展到高峰。皖派以戴震为代表，该派的特点是不盲目崇古，主张为学有根有据，实事求是。这一派学者众多，知名的有程瑶田、段玉裁、王念孙、王引之、孔继涵、凌廷堪、任大椿、郝懿行、朱筠、纪昀、汪中、焦循、阮元等，人才济济，学术成就超过了"吴系"。浙派的开山之祖是黄宗羲（1610—1695），其特点是博经通史，尤以史学见长。乾嘉学派的三个派系在戴震的引领下，不仅在考据训诂方面发扬了中国传统文化的真谛，而且在自然科学特别是数学方面，既弘扬了中国传统数学的精华，又吸收了西方数学的营养，作出了卓越的贡献。乾嘉学派对中国数学的贡献主要表现在以下几个方面。

首先，为复苏和发展在明代衰落的数学起到了积极作用。我国的古籍中，有些是专门的历算书籍，如《周髀算经》《九章算术》等。相当多的并不是数学书，但其中都含有重要的历算知识，如《墨经》《易经》《左传》等，考证清楚这些对通经十分重要。乾嘉学派的考证工作是从通经开始的，但是为了通经而研究和传授数学与其他自然科学知识的目的不同：有人重视"通经致用"的思想，视数学及自然科学为"实学"而加以提倡；有人将数学及自然科学研究作为手段，而忽视他们的独立价值。但是，他们都认为通经必须有渊博的知识。由于他们是为治经而钻研数学，所以使数学的发展受到了很大限制。但是相对于明代衰落的数学教育而言，的确起到了复苏、发展的作用。

其次，乾嘉学派的官学教育和私学教育都培养了许多数学人才。如闫若璩（1636—1704），他是以数学治经的代表人物之一，在其教育授徒中，一定要教授他的教学考证法。惠栋继承家学并设私学教徒，数学名家钱大昕、戴震等皆为其弟子。钱大昕也设私学，梅文鼎族人许多受业于他，钱大昕的侄子钱塘（1735—1790），任江宁府学教授，在割圆术的研究上取得一定成就。戴震"赐惠后学"[1]，而阮元擅长天文、数学，

---

① 佟健华，杨春宏，崔建勤.中国古代数学教育史[M].北京：科学出版社，2007：431.

担任国子监经学博士和算学教官,培养了许多数学人才。

再次,校注数学典籍是乾嘉学派对数学教育作出的重要贡献。戴震任四库全书天文算法类的分教官,"震在四库馆分校天文算法书甚久。其《海岛算经》《五经算术》两种,则震从《永乐大典》中掇拾残剩,集合而成者。曲阜孔公继涵,以震所校《周髀算经》《周髀音义》《九章算术》《九章音义》《海岛算经》《孙子算经》《五曹算经》《夏侯阳算经》《张邱建算经》《五经算术》《缉古算经》《数术记遗》,并震所撰《九章算术补图》《策算》《勾股割圆记》,合而刻之,即今世所传《算经十书》"①。这些书有的已失传,有的讹误连篇,这是戴震在生命的最后五年间,花费极大心血和精力得来的,为整理和丰富中国古代典籍宝库作出了积极贡献。此时,宋之数学几成绝学,由戴震等辑佚,中国传统数学才受到重视和发展,中国传统的科学和数学教育才得到恢复,并且从戴震起,天算开始成为一些人的专门行业,这是中国数学教育史上的一大创举。

最后,乾嘉学派的数学著述为数学教育提供了教材,为中西数学结合打下基础,为数学教育的研究和发展作出了贡献。此举不但保存和发掘了中国古代数学遗产,而且经过他们的校注,学者易于理解,有利于数学教学使用。除戴震外,还有许多人为古数学书进行过校注的工作,如李潢(1746—1812)撰《九章算术细草图说》2卷,《海岛算经细草图说》1卷,《缉古算经考注》2卷;沈钦裴撰《四元玉鉴细草》,罗士琳(1789—1853)作《四元玉鉴细草》;李锐(1769—1817)注释《数书九章》《测圆海镜》等书;罗士琳1839年在北京寻得朱世杰《算学启蒙》朝鲜刻本3卷,即加以校勘付印。

乾嘉学派重考据与经学,他们在数学上虽有一些贡献,但与当时西方数学比较已明显落后,再加上当时闭关锁国,他们从研究适时的实学到整理弘扬中国古代数学,对中国数学教育的发展起到了继往开来的作用。

第二节　学堂的数学教育

一、 社会思潮对数学教育的影响

清代的教育是在政治干涉之下进行的,从清初开始实施"经世致用"教育,后来在乾嘉时期"考证学"的影响下,仍然遵循并实施自明代开始实行的八股文科举考试制

---

① ［清］阮元.畴人传(卷四十二)［M］.上海:商务印书馆,1935:542.

度,并没有能够突破传统教育的束缚。在政治干涉和科举考试制度下,教育家没有教育创新余地。即使是热衷西方科学技术的康熙皇帝也没有设立一个西方式的学堂。在乾嘉时期"考证学"的影响下,龚自珍(1792—1841)、魏源(1794—1857)、冯桂芬(1809—1874)等继承顾炎武(1613—1682)的思想,提倡"经世致用",并打破传统教育,进行了一些教育改革。鸦片战争以后,在外侮日亟、国势日危的情况下,国人寻求强国之路,于是发展教育成为人们关注的主要问题之一。关于引进西方知识的认识方面,中国知识界经历了迂回曲折、由点及面的过程。"在 1840 年至 1860 年间,仅见点点星光,散乱而无系统。军人、官吏所能看到的是西方的船炮火药技术层面。仅林则徐(1785—1850)、魏源稍有远见,主译西书,搜集情报与筹划应对之术,即所谓'翻夷书,刺夷事,筹夷情'也。1861 年至 1894 年间技艺语文教育稍受注意,'西学'一词经冯桂芬之提倡,受到较多士人的重视。但反对学习西方的势力仍旧庞大无比。因此出现了各种理论与说辞,诸如'运会论''西学源出中国论''托古改制论'与'广贵因论'①等。……这些理论,于甲午战争以后,渐为'中体西用论'所代替。②1862 年,在京师设同文馆,这是京师新式学堂的嚆矢。继而 1863 年设立上海广方言馆。"经世学派由内铄的'通经致用'主张,慢慢地于甲午战争以后过渡到外铄的'中体西用',成为近代中国教育思潮之主流,直到民国以后,才渐向西方的教育模式蜕变,这便是中国近代教育思想发展的轨迹。"③

第一次提到中西学者,应为冯桂芬,他在《校邠庐抗议》(1861 年)一书中指出采用西学为"今日论学一要务",建议在广东、上海设一学堂,选颖悟文童住院肄业,"聘西人课以诸国语言文字,又聘内地名师课以经史等学,兼习算学。(一切西学皆从算学起出,西人十岁外无人不学算,今欲采西学,自不可不学算,或师西人或师内地人之知算者俱可。)"④并由此而重声、视学、光学、化学、机械、造船诸学,以其皆"有益于国计民生",而非奇技淫巧。⑤ 这就是"中体西用"思想的胚胎,首见于 1861 年冯桂芬的著作《校邠庐抗议》中,他希望中国能采西学、制洋器、师夷技、图自强,并提出了他协

① 运会论:说明国势是变迁而非固定的,强调个变字;西学源出中国论:西方一切进步的学问,皆由中国流传过去的,经两千余年的发展,而有今日成就;托古改制论:强调制度上的变革,名虽复古,实则模仿西方;广贵因论:强调因势利导,创造新局.
② 苏云峰.近代中国教育思想之演变[A].见:中华文化复兴运动推行委员会.中国近代现代史论集(第十八编):近代思潮(下)[C].台北:台湾商务印书馆,1986:879.
③ 苏云峰.近代中国教育思想之演变[A].见:中华文化复兴运动推行委员会.中国近代现代史论集(第十八编):近代思潮(下)[C].台北:台湾商务印书馆,1986:875.
④ 璩鑫圭,童富勇.中国近代教育史资料汇编:教育思想[M].上海:上海教育出版社,1997:24.
⑤ 苏云峰.近代中国教育思想之演变[A].见:中华文化复兴运动推行委员会.中国近代现代史论集(第十八编):近代思潮(下)[C].台北:台湾商务印书馆,1986:882.

调、处理中西文化关系的基本原则："以中国之伦常名教为原本,辅以诸国富强之术。"[1]

最早提出"中体西用"这一概念的是沈毓桂(1807—1907)。1895 年 4 月,他在《万国公报》第七十五期发表《救时策》一文,文中说:"夫中西学问,本自互有得失,为华人计,宜以中学为体,西学为用。"在甲午战败的刺激下,"中体西用"一词迅速流行于中国思想界。[2]

张之洞(1837—1909)对"中体西用"思想作了比较全面系统的论述。张之洞在《劝学篇》中倡议各省、各道、各府、各州县建立新学堂。他设计的学校体系如下:在各省省会和北京设立大学堂,道、府设立中学堂,州、县设立小学堂,整体上为循级而上的学校系统,低一级的学校与高一级的学校相配套。小学堂的课程为:《四书》、中国地理、中国史事大略、算术、几何、科学基础;中学堂各科课程在小学堂基础上加深,内容包括《五经》《通鉴》(历史)、政治、外语;大学堂的课程又在此基础上加深拓广。为了落实这一计划,他提出的一个建议就是将佛寺道观改为学堂,将寺庙的房产、土地和受益作为教育经费。还提出了废除科举考试中的八股文,除一般的典籍外,加考实用科目时务策,如历史、地理和政治等。[3]

"中学为体,西学为用"教育思想的基本实质是在传授传统的经史之学的基础上,再学习西方科技实用的东西,要求学生先学经史之学,学圣人之心,行圣人之行,然后采西学有用之处补给不足,"中体西用"的思想突破了传统观念的坚冰,在以"中学"为唯一体系的我国思想界打开了一个缺口,使资本主义文明不断渗入进来,给人的思想认识和价值观带来了一系列变化。1902 年,张百熙(1847—1907)、荣庆(1859—1917)、张之洞等人正是在"中体西用"方针的指导下,制定了壬寅学制、癸卯学制,以国家法令的形式启动了中国从传统教育向近代教育的历史性转变。

"中体西用"思想对晚清教育产生了很大的影响,在"中体西用"思想的指导下,我国近代学校教育得到了创立和发展,教学内容"中西并重",传统的教育内容有了一定的革新。算术、几何等自然学科和传统的《四书》《五经》一样成为中小学学堂的必修课程。

19 世纪 90 年代,中国资产阶级改良派发动了一次变法图强的维新运动。主要代表人物有康有为(1858—1927)、梁启超(1873—1929)、谭嗣同(1865—1898)和严复(1854—1921)等人。为了传播他们的改良主义维新思想,培养维新变法人才,他们向

---

[1] 杨宏雨.困顿与求索——20 世纪中国教育变迁的回顾与反思[M].上海:学林出版社,2005:28.

[2] 杨宏雨.困顿与求索——20 世纪中国教育变迁的回顾与反思[M].上海:学林出版社,2005:29.

[3] 郭秉文.中国教育制度沿革史[M].北京:商务印书馆,2014:73.

皇帝上书,通过组织学会、兴办学校、设立报馆、著书、翻译等办法介绍西方资本主义的情况和文化思想,试图以此向统治阶级上层和知识分子宣传维新富国的道理。维新派认为,要想使中国富强,只有向西方资本主义国家学习,设立新式学堂,建立资本主义教育制度,学习西方的自然科学、工程技术和社会政治学说,把西学作为救国的良方,并就旧学还是新学、中学还是西学、科举还是学校等问题与维护旧制度的顽固派展开论战。这场论战,是中国近代史上一次十分重要的思想启蒙运动。

维新变法运动的高潮是 1898 年的"百日维新"(戊戌变法)。这期间,维新派积极"除旧布新",推行新政,颁布了大批维新变法的诏令。除在政治、经济、军事等方面的改革外,属于文化教育方面的主要有:(1) 废八股,改科举;(2) 设立京师大学堂,中、西学并重,并统辖各省学堂;(3) 筹办高、中、小各级学堂,各地书院一律改为中西兼学的学堂;(4) 筹备设立铁路、矿务等各种专门学堂;(5) 建立新译书局,编译外国书籍;(6) 鼓励自由创立报馆、学会,鼓励著书立说、发明创造;(7) 派遣留学生。百日维新期间所颁布的教育改革举措,在实际实行过程中受到了巨大的阻力。1898 年 9 月 21 日,慈禧太后重新执政,发动政变,镇压了轰轰烈烈的维新变法运动。维新变法运动失败后,除京师大学堂外,其他改革举措几乎尽皆废止。但它在中国教育近代化历程中具有重要意义。百日维新运动是一场在维新派志士积极参与和影响下,由封建王朝的最高统治者亲自发动的自上而下的教育改革运动,它对传统封建教育的冲击是强烈的,尤其是八股取士制度被废除。更重要的是它起到了解放思想的巨大作用。

二、 兴学堂

科举制度自隋朝建立以来,便成为统治者选拔人才的重要手段,是封建教育的核心。鸦片战争以后,中国处于外敌入侵、民不聊生的状态。一些开明的知识分子和官吏开始寻求救国真理。同时,他们发现了科举制度的弊端,要求实施变科举甚至废除科举的举措。

1898 年 1 月,严范孙(1860—1929)奏请设"经济专科",他指出:"词科之目,稽古为荣,而目前所需,则尤以变今为切要,或周知天下郡国利病,或熟谙中外交涉事件,或算学律学,擅绝专门,或格致制造,能创新法,或堪游历之选,或工测绘之长,统立经济之专名,以别旧时之科举,标准一立,趋向自专,庶几百才绝艺,咸入彀中,得一人即或一人之用。"[1]由此可见,对于当时中国的处境,严范孙已经意识到学习政治、外交、算学、

---

① 舒新城.中国近代教育史资料(下册)[M].北京:人民教育出版社,1981:34.

法律、机器制造、工程设计等专门知识的必要性。但他的这个奏折只是为科举考试增添了新的考试内容，八股和诗赋小楷依然存在，并没有从根本上改变科举制度。

甲午战争以后，中国进步人士意识到小小的日本竟能战胜泱泱中国，这全部归于中国落后的传统教育——八股取士。它束缚了人才，禁锢了民智，从而使中国一蹶不振。以资产阶级改良派康有为为代表，猛烈攻击科举制度，批评八股取士。他指出："但八股清通，楷法圆美，即可为巍科进士，翰苑清才；而竟有不知司马迁、范仲淹为何代人，汉祖、唐宗为何朝皇帝者！若问以亚非之舆地，欧美之政学，张口瞪目，不知何语矣。"①他又进一步指出："中国之割地败兵也，非他为之，而八股致之也。"②为此，康有为要求"应请定例，并罢试帖，严戒考官，勿尚楷法。"③

1898年5月，梁启超等人的"公车上书"要求下诏废除八股试帖小楷取士制度，凡乡会试和生童岁科一律改试策论。1901年9月，清政府明令废除八股，改试策论。

1901年5月，张之洞等人提出递减取士名额，以学堂生员补充的建议。1903年11月，张百熙、张之洞等人《奏请递减科举注重学堂折》，建议以后每年减少取士名额。但是，这"并非废罢科举，实乃将科举学堂合并为一而已"。④

三、 近代数学的引进与学堂数学教育

中国近代数学教育的诞生并不是偶然的，它是经历了长时间的酝酿之后才形成的。中国近代的数学教育，开始于"西学东渐"——西方科学知识传入中国之时。

明清之际，西方数学通过传教士传入中国，使沉寂多年的中国数学教育又有了一定的活力。1582年，意大利传教士利玛窦来到中国，1600年，徐光启与他相识，徐光启和李之藻向利玛窦学习西方的科学文化知识，并翻译了很多西方科学典籍。利玛窦主张先译天文历法书籍来取悦皇上，打入宫廷，而徐光启认为按照科学顺序，应该先译数学书籍。正因为他这一过人见解，才有汉译本的欧几里得《几何原本》问世。

1607年，由利玛窦口译，徐光启执笔的《几何原本》前六卷在北京雕版刊行。人称徐光启"平生务有用之学"，是指他不尚空谈，而非事事都要致用，《几何原本》的翻译显然就是"不用为用"，并非只是补中国数学理论之不足，而是补中国数学思想之缺失。这是中国人首次较系统深刻地认识到西方数学的思想，但这只是个别的人，并不是人

① 舒新城.中国近代教育史资料(上册)[M].北京：人民教育出版社,1981：37.
② 舒新城.中国近代教育史资料(上册)[M].北京：人民教育出版社,1981：38.
③ 舒新城.中国近代教育史资料(上册)[M].北京：人民教育出版社,1981：39.
④ 舒新城.中国近代教育史资料(上册)[M].北京：人民教育出版社,1981：60.

们普遍认识到这一点。"众用所基"等于说是科学的语言与工具，甚至是认识世界的基础。

从 1842 年开始，西方传教士陆续来到中国，并且带来了很多数学方面的书籍，在中国创办教会学校，开设几何、代数、三角、解析几何和微积分等数学课程，这对中国接受现代数学起到了积极的作用，进而使中国的传统数学逐渐地被西方数学及数学教育所代替，中国的数学教育思想发生了转变。

1857 年，李善兰和伟烈亚力翻译了《几何原本》的后九卷和英国德·摩根的《代数学》、介绍解析几何和微积分的《代微积拾级》。1853 年，伟烈亚力又用中文编写了介绍西方数学的《数学启蒙》，对中国接受现代数学起了积极作用。19 世纪 70 年代，华蘅芳和英国传教士傅兰雅合作翻译了代数、三角、微积分、概率论等方面的数学著作。

19 世纪末，中国开始创办数学杂志。光绪二十三年（1897 年）六月，黄庆澄（1863—1904）在浙江创办了《算学报》，该杂志是普及性的数学刊物，月刊，每期 30—40 页，共出 12 期，于光绪二十四年（1898 年）五月停刊。该杂志的发行，是我国近代数学教育史上的一件大事，虽然从创刊到停刊只有一年之久，但在数学知识的普及方面却起到了积极的作用。①

光绪二十五年（1899 年）八月，朱宪章等人在桂林创办了《算学报》，该杂志是程度较高的数学刊物，以"推求新理为主"，"浅近易知及陈腐无味者"概不登录。《算学报》是一份月刊，在每月的十五日出版，前后共出三期，对数学知识的普及也起到了一定的促进作用。

光绪二十八年（1902 年）正月，赵连璧在上海创办了《中外算报》，前后共发行六册，其中第六册于光绪二十九年（1903 年）正月出版。该杂志的宗旨为"讲求实学，开通风气为主"，"发明旧说，推广新理，远以补现代畴人之不足，近以师东西硕学之所长"。该杂志刊载的内容丰富，既有浅近的算术内容，又有初等的代数、几何、微积分、化学计算法、物理计算法。每册主要包含文编、演说、译编和课艺四部分内容。其译编中绝大多数是对日文数学著作和数学教科书的翻译之作，可补充学校教科书之不足，这是它的特色。

以上这些近代数学著作的引进和数学杂志的创办不仅促进了中国近代数学知识的普及，而且也促进了中国数学教育理论的发展，为未来数学教育的顺利进行做了一定的铺垫。

---

① 李兆华.中国近代数学教育史稿[M].济南：山东教育出版社,2005：222－224.

四、 各种学堂的创立及其设置的数学课程

19 世纪 90 年代,开始产生新学的专门学堂和普通学堂。数学是这些学堂的必修课之一。

1880 年,天津水师学堂,"学生在堂四年中应习功课"中数学占很大比重,在十项中占四项,即有"三、算学至开平立诸方;四、几何原本前六卷;五、代数至造对数表法;六、平弧三角法。"①

1887 年,广东水陆师学堂也有数学课程。

1890 年,江南水师学堂的驾驶和管轮专业中都设了微积分等数学课程,记载:"各门学内有行船法、天文学、汽机学、画图学、数学、代数学、几何学、平弧三角法、地质学、英国文法与翻译与诵读与默写与解字,并写英字作英文。"②

其他的有武备学堂(1885 年)、江南陆师学堂(1896 年)、浙江武备学堂(1897 年)、安徽武备学堂(1898 年)、山西武备学堂(1898 年)、江苏武备学堂(1901 年)、四川武备学堂(1902 年)、江西武备学堂(1902 年)等学堂均开设数学课程③。

1893 年,在武昌设立自强学堂。设方言(外语)、格致(物理)、算学、商务 4 门课。

1895 年,在天津设立中西学堂。中西学堂分头等学堂和二等学堂两级,是我国学校分级之始。头等学堂为大学本科,二等学堂为大学预科(相当于现在的中学),修业各四年。

头等学堂 4 年课程安排如下:

第一年:几何学、三角勾股学、格致学、笔绘图、各国史鉴、作英文论、翻译英文。

第二年:驾驶并量地法、重学、微分学、格致学、化学、笔绘图并机器绘图、作英文论、翻译英文。

第三年:天文工程初学、化学……

第四年:金石学、地学……

第二年后,各就性质所近,可习专门学一种,专门学分工程学、电学、矿物学、机器学和律例学 5 科。

二等学堂招收 13—15 岁,读过"四书"并通一、二经,文理稍顺者为学生。

---

① 朱有瓛.中国近代学制史料(第一辑上册)[M].上海:华东师范大学出版社,1983:509.
② 朱有瓛.中国近代学制史料(第一辑上册)[M].上海:华东师范大学出版社,1983:528.
③ 朱有瓛.中国近代学制史料(第一辑上册)[M].上海:华东师范大学出版社,1983:533-599.

4 年课程分别为：

第一年：英语、数学。

第二年：英语、数学并量法启蒙。

第三年：英语、各国史鉴、地舆学、代数学。

第四年：英语、各国史鉴、格物书、平面量地法。①

二等学堂毕业后升入头等学堂。头等学堂、二等学堂学生定额各 120 人，各分 4 班授课。1898 年增设铁路专修科。1900 年学堂被八国联军所毁，学务中止。1903 年重建，改名北洋大学（现在天津大学前身）。

除以上普通学堂外，还设立了其他很多普通学堂，如湖南时务学堂、浙江求是书院、上海南洋公学等，数学都是必修课。

第三节　浏阳算学馆

1895 年 7 月，谭嗣同给他的启蒙老师欧阳中鹄（1849—1911）写了一封题为"兴算学议"的数万言的信，信中系统地阐述了其变法主张，并据此提出了在浏阳创办算学格致馆的建议。但是对创建算学馆，谭嗣同充满着矛盾心理。他深知这是"衔石填海"之举，又寄望他日能收"人材蔚起之效"。谭嗣同认为"变科举"是"变士"的前提，又是"变法"的前提。建议先在浏阳做实验，邀请绅士讲明时势与救亡之道，设立算学格致馆，学习科学知识，并由此着手，提倡变法。谭嗣同创办算学馆有以下几个原因：首先，他对清廷失望；其次，算学易为士大夫接受；再次，出于对算学本身重要性的认识。正如他在《上江标学院》一文中所说：

为创立算学拟改书院旧章以崇实学事：窃以算数者，器象之权舆；学校者，人材之根本；而穷变通久者，又张弛之微权，转移之妙用。

中国自商高而后，以数学称者，代不乏人，至我朝大备，圣祖仁皇帝纂《数理精蕴》《仪象考成》诸书，穷极幽眇，崇尚西法，海内承学之士斐然向风，若宣城梅氏、大兴何氏、泰州陈氏、休宁戴氏诸儒，撰述流传，不一而足。道、咸之际，海禁大开、西人旅华者，挈其格致算术以相诱助，是时学者渐知西算为有用之学，特廷西士广译西书，现在刊刻行世者不下百数十种。而京师之同文馆、上海之广方言馆、湖北之自强学堂，均以算学课

① 舒新城.中国近代教育史（上册）[M].北京：人民教育出版社,1981：138-141.

士。且国子监原设算学肄业生,满、汉、蒙古,分年教授。北闱乡试,并定有算学举人专额。诚见强邻压处,虎视鹰瞵,中国既与通商,自不能不讲求艺数,以收利权,而固国本。

考西国学校课程,童子就傅,先授以几何、平三角术,以后由浅入深,循序精进,皆有一定不易之等级。故上自王公大臣,下逮兵农工贾,未有不通算者,即未有通算而不出自学堂者。盖以西国兴盛之本,虽在议院、公会之互相联络,互相贯通,而其格致、制造、测地、行海诸学,固无一不自测算而得。故无诸学无以致富强,无算学则诸学又靡所附丽。层台寸基,洪波纤受,势使然也。

伏思算本中国六艺之一,西人触类引申,充积至于极盛,神明化裁,国势益固。

为此仰恳饬谕浏阳县知县立案,准将南台书院永远改为算学馆;并会同公正明白绅者,细定章程,妥为办理。行见观感则效,萌芽长成,立格致之根源,为湘省之先导,其有造于士类者,诚莫大之惠也。

谭嗣同认为在教学方面"先以算学为主,格致则阅看书籍亦可得其大略。且格致无不从算学入手,此算学所以独重也"。

最后,谭嗣同对数学有浓厚的兴趣和深刻的理解。从他的信札和交往中可见一斑。例如,他致汪康年(1860—1911)的第十七封信中提到委托汪康年购买《决疑数学》等事情。致汪康年和梁启超的第二封信中提到购买数学书的事情,信中说:"向格致书室代购英文八线表、英文对数表、英文八线对数表、英文开方表,共四种,各一册。"[1]致不同人的信件中也询问过是否容易买到《算学报》。

他在致汪康年的第十六封信中提到订购并评论《算学报》的问题,例如他说:

《算学报》或谓不佳,然首册皆言至浅者,实无从判断佳否。嗣同颇喜其不厌烦琐。甚便初学耳。或谓其抄袭,然首册仅及加减乘除,诚思加减乘除何须抄袭,且亦不能另生一新法也,但观此后如何。"[2]

在第二十封信中也谈到《算学报》存在的问题时说[3]:

《算学报》见三册矣,前蒙公垂问此作底何如,时甫见一册,不敢率尔妄对。今渐窥见底蕴,似乎不佳。盖算学之粗浅者,本不能更出新奇,则抄袭亦自不足怪,并且不能免。第一册、第二册之图尚有心得之处,至三册,则潦草抄袭而无味矣。

关于数学研究和学习,在致刘淞芙的第十封信中提出了较深刻的看法[4]:

算学但求致用,原非极难。至于钩深索隐,辨析毫毛,则非尽舍去书策,终身尽力

---

① 蔡尚思,方行.谭嗣同全集(下册)[M].北京:中华书局,1981:515.

② 蔡尚思,方行.谭嗣同全集(下册)[M].北京:中华书局,1981:507.

③ 蔡尚思,方行.谭嗣同全集(下册)[M].北京:中华书局,1981:510.

④ 蔡尚思,方行.谭嗣同全集(下册)[M].北京:中华书局,1981:487.

于此，不能殚尽其术。学者欲通经术，亦不可不涉其涯矣。甄氏《五经算术》，实多未备。尝欲仿其体例，演《考工记》轮辐三十、盖弓二十八为割圆之说，三十则以六边起算，二十八则以四边起算。终恐运算不密，必多疏失。至于《王制》之封建，以数较之则不合，盖经有误文也。西法易者极易，难者极难。读几何原本至五、六卷后，即昏然莫辨途径，近者侈言测量，实西法之极简易者，苦无仪器，遂末由致力耳。足下精力绝人，如欲究心此道，试先从浅者入手。国朝经师之书，固为简奥，骤不易解，戴东原尤艰晦，《梅氏丛书》至为明显，而入手次第，犹不分明，则莫如上海所刻之《中西算学大成》，先从第十八卷笔算入手，以及于比例、勾股诸术，由勾股而三角，由三角而割圆，深者乃可以渐及。总之，算学及机器，尚非天下至难。有天下之至难令人望而却步者，则舆地是也。

总之，谭嗣同创办浏阳算学馆，是他的远大政治抱负、对数学的浓厚兴趣和深刻认识相结合的结果。

谭嗣同的变法主张和创建算学馆的主张，得到他老师欧阳中鹄的赞赏，并经过欧阳中鹄的多方面活动后，得到了官方的理解和支持。江标（1860—1899）瞿然特许创建算学馆，批词曰[①]：

据禀。浏阳城乡五书院旧皆专课时文，近拟将南台书院永远改为算学馆，与四书院文课相辅而行，业有专长，学求实用，振今稽古，事创功先，循览禀词，实深嘉尚！当即札饬浏阳县知县立案，准将南台书院改为算学馆。并会同公正明白绅耆，董理经费，细定章程，妥为办理。本院事事核实，乐观厥成。若或有名无实，徒事更张，既失育才养士之心，必开立异矜奇之诮。尚望不避艰难，力求振作，当仁不让，后效无穷，本院有原盼焉！

这样，浏阳算学馆成立了。当然江标的支持起到重要作用。1896 年后，浏阳算学大兴。凡考算学洋务，其名必列于其他州县之上，甚至推为一省之冠，湖南学术风气也由此大开，"凡应试者不得不稍购新书读之"。

虽然浏阳算学馆规模很小，在培养人才方面的作用并不明显，但它具有重要的历史意义。首先，它是湖南维新运动的起点，在当时以守旧闻天下的湖南省起到了首开风气的作用。其次，它也是湖南新学的起点，标志着湖南教育早期现代化的启动。再次，它不仅揭开了湖南维新运动和现代教育的序幕，而且促进了全国维新运动和现代教育的发展。[②]

浏阳算学馆的招生要求、教学形式、教学目的、对教师的要求和待遇等诸方面，在

---

① 蔡尚思，方行.谭嗣同全集（上册）[M].北京：中华书局，1981：184.
② 曹运耕.维新运动与两湖教育[M].武汉：湖北教育出版社，2003：86‐87.

"浏阳算学馆增订章程"(刊《湘学报》第十八册,清光绪二十三年十月六日(1897 年 10 月 31 日))中有详细而明确的规定。

第四节　教会学校的数学教育

基督教在中国的传播,对中国的文化教育产生了深刻影响。基督教的广泛传播和教会学校的建立,为西方数学教育传入中国搭起了桥梁。我们应该客观地认识教会学校为中国数学教育发展所作出的贡献。

一、 教会学校及其数学课程

鸦片战争之后,国门洞开,西方传教士大量涌入中国,他们在凭借特权扩展在中国的势力范围的同时,也带来了西方先进的科学文化知识。为了发展教徒,立足根基,扩大影响,传教士秉承教会政策,在中国各地陆续兴办教会学校。他们以传教为目的,以办学为手段。他们办学照搬西方模式,不仅制度化,而且自成体系,从幼稚园开始到小学、中学、大学,一应俱全;除普通教育外,还兴办职业教育、特殊教育和社会教育等,这些学校的兴建和发展深刻影响了中国教育的发展变化。

教会学校力图让宗教与科学结盟,培养学生的宗教信仰,最终推进传教事业。数学作为基础学科,在教会学校的课程设置中具有重要地位。随着教会学校的发展,教会学校的数学教育水平也随之提高。在教会学校发展的不同历史阶段,其数学教育也呈现出明显的不同。

教会学校在近代中国的发展大体经历三个阶段[1]:

第一阶段,从第一次鸦片战争爆发到第二次鸦片战争结束为教会学校创始时期。这一时期,传教士在香港与通商五口建立一些附设在教堂里的学校。学生多以贫民子弟为主,人数少、规模小。教学内容以宗教知识为主,教育水平停留在小学阶段。校内大都设有数学课程,但程度都为小学水平。这一时期教会学校的成就并不大。

第二阶段,从第二次鸦片战争后到义和团运动为教会学校的发展时期。林乐知认

---

① 杨齐福.教会学校的兴起与近代中国的教育改革[J].扬州大学学报(高教研究版),2000,4(1): 37 - 41.

为："倘若让富有的和聪明的中国人先得上帝之道，再由他们去广泛地宣传富裕福音。……可以少花人力物力，而在中国人当中无止境地发挥力量和影响。"这一阶段西方传教士开始大量创办教会学校，传播西学，教会学校在这个时期向正规化转变，招收对象不再是免费招来的贫寒子弟，而更多地吸收富绅子弟入学。教学内容方面更加注重添设新的学科门类，添加西学内容，而不是像过去只注重宗教知识。

第三阶段，从义和团运动后到清末为教会学校的成熟时期。此时在中国，已经废除科举，确立近代学制，建立新式学堂，这些都为教会学校的发展创造了大好时机。此时教会学校的教学水平和学术水平都有进一步的提高。其教师开始由专业教育工作者来担任，实行分科教学，教学内容以人文科学和自然科学为主。随着教会学校的发展，校内所设的数学教育也有明显的提高。

当时在教会学校中，数学课程是很受重视的，很多学校都设有数学课。其中初、中等学校里的情况如下所述[①]：上海圣芳济学堂开设数学、宁波女塾开设算术。除此之外，光绪二十六年（1900 年）——义和团事变一年，教会里有人调查华南、华东、华中、华北五所美国教会女塾的课程，发现有五所女塾均设有算术课程，其中一所还设有代数、几何、三角学课程，这个调查结果也能够反映当时各女塾的情形。

上海中西书院入学第三年开设数学启蒙，第四年开设代数学，第五年学习平三角、弧三角，第六年学习微分、积分。上海中西女塾中的西学课程按照十年之期进行，十年中每年都有算学课程，第一年主要学习心算，第二年至第五年学习笔算，第六年学习笔算和代数，第七年学习代数，第八年学习形学，第九年和第十年学习八线学。

圣玛利亚女书院的课程分为初级课程四年、备级课程四年、正级课程四年。其中，初级第一年和第二年都学习心算，第三年学习笔算加减法，第四年学习笔算乘除法。备级第一年学习笔算数学第一册具体内容，第二年学习笔算数学第二册命分（分数）至小数，第三年学习笔算比例、百分法和利息，第四年修完笔算数学。正级第一年学习代数。

上海圣约翰大学附属中学修习西学课程和国学课程两类，数学属于西学课程范畴，学校学制年限为四年，每一年均开设数学课程。每年所学习的数学具体内容为[②]：

一年级所用课本为《新算术》。凡入本级者，皆已习加减乘除及命分；在本学年后温习四则问题，以期熟悉精确是科课程，包括小数、百分、利息、时间、英国之度量衡、中美之货币制，并注重于练习心算及应用问题等。

---

① 朱有瓛，高时良.中国近代学制史料（第四辑）[M].上海：华东师范大学出版社，1993：234，262.

② 朱有瓛，高时良.中国近代学制史料（第四辑）[M].上海：华东师范大学出版社，1993：322.

二年级上学期所用课本为温海二氏的《中学算术》。是科课程包括比例、比率、开方、米突制、中国普通之度量衡、英国之货币制及汇兑,并温习一年级之课程。

二年级下学期所学课本为温海二氏的《小代数学》。是科课程包括加减乘除、简易之一次方程问题,及练习公式之应用。

三年级所学课本是温德华斯、密司的《中学代数》。是课最注重因数分解法,例如比率、比例、方根、不尽根、数表图、一次联立方程及二次方程等,都在此学期学习完毕。

三年级还要学习几何学,所用课本为温德华斯之《平面几何学》。

四年级上学期所学课本为霞克司罗培吐登所著之《完全代数》,一学期读毕,并温习一次最重要者,旨在能解答各种习题。四年级上学期还学习几何学,所用课本为密司的《平面及立体几何学》,平面几何学须于此学期读毕。

四年级下学期温习。自 1919 年始,代数与几何并为一科,别无课本,唯教员以各种数学代数及几何学命题令学生解答,便于中学之数学得以温习,并能应用于各种实题。此等教法,与现今美国学校之普通数学相类。

福州鹤龄英华书院学制六年,前两年为预科,后四年为正科阶段。预科第一年学习心算启蒙。正科第一年学习数学,第二年和第三年均学习代数学,第四年学习几何学。镇江女塾学制十二年,前两年学习算法(一至百),第三、四年学习心算,第四、五、六、七、八年级均分期学习数学,第九、十年级学习代数备旨。福州华南女子大学附属中学的课程有中学课程、师范科课程、正科课程。中学第一年、第二年都学习代数,第三年除了学习代数还学习平面几何,第四年学习平面几何;师范第二学年学习算术教授法;正科阶段学习中学代数、平面几何。

除上述教会学校外,其他教会学校也开设了数学课。例如,福建泉州培元学校开设数学课程;武昌文华中学课程分为汉文、英文二科,英文科开设的课程中有笔算、代数等课;天津中西女子中学的数学课学习初级代数和平面几何。

除了上述初、中等学校外,在教会所创办的高等学校里数学课程受到更进一步的重视,在初、中等学校里学习数学的基础上,到了大学阶段数学课程的深度与广度上都有了明显的进步。上海震旦大学课程分文学、质学(科学)两科。质学又分为正课和附课,正课中的数学包括算学、几何、代数、八线、图授、重学、天文学。北京辅仁大学设有数学系。天津工商大学西学斋内设有数学课,第一年学习狄考文(Calvin Wilson Mateer,1836—1908)著《笔算数学》(华文自加法至诸等法完),第二年学习弥纶著《数学》(小数完),第三年学习弥纶著《数学》(上半部),第四年学习弥纶著《数学》(下半部)。山东齐鲁大学正备斋六年内所修数学课程有代数备旨、形学备旨、圆锥曲线、八线备旨、代形合参、微积分学；上正斋三年内所修数学课程为心算、笔算数学等。广州岭南大学所修数学课程为代数、几何、三角；金陵大学堂所开设的数学课程有代数和平面几何；福建华南女子大学所修算学课程有立体几何、大代数学；之江大学开设课程中有算术、代数、几何。

最初的教会学校规模小，教育程度只停留在小学水平，因此靠部分传教士自编教材即可解决问题。文会馆课程中的西学部分，在文会馆有自己的毕业生之前，都是由狄考文夫妇亲自教学。狄考文教授笔算数学和理化。没有课本，狄氏夫妇自行编写，面临不少困难。当时我国书籍都是竖写而且是自右而左直排，教算术就得先学阿拉伯数码，必须自左而右横着写。狄考文就先采用中国传统的写法，如图 7-3[①]，再改用阿拉伯算术字码加以横排，如图 7-4。

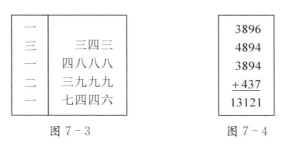

图 7-3　　　　　　　　　　　图 7-4

二、"学校教科书委员会"的成立及数学教科书的编译

随着传教活动的扩展，教会学校不仅数量增加，而且逐步走向正规化。统一规范的教科书成为教会学校面临的十分迫切的问题，在华的基督教传教士开始谋求合作编辑供教会学校使用的教科书。

1877 年 5 月，在华基督教传教士第一届大会在上海举行。教育问题成为此次大会的主要议题。争论的重点集中在教育与传教事业的关系问题上。当时的意见分为两派，一派是以托马斯(E. H. Thomas)为代表，认为传教士的特殊使命是布讲圣经，传播福音，而"世俗教育本身绝不会引导人们更接近耶稣"[②]，因此，教育与传播福音相比，只能算是一件小事。另一派是以狄考文为代表，主张教育为主，宗教在其次。他认为基督教与教育之间，"有着自然而强烈的亲和力，使得它们总是亲密联系在一起"，

---

① 朱有瓛，高时良.中国近代学制史料（第四辑）[M].上海：华东师范大学出版社，1993：474.
② 陈学恂.中国近代教育史教学参考资料（下册）[M].北京：人民教育出版社，1987：47.

"基督教传教士不仅有权开办学校,教授科学,而且这也是上帝赋予他们的使命"①。因此,他建议传教士进行合作和分工,建立一批高水平的学校和编辑世俗教科书。由于各教会的门户之见和大多数传教士的保守性,狄考文的建议未能得到普遍认可,但教科书问题引起了许多传教士的共鸣。美国北长老会传教士丁韪良(M. A. P. Martin,1827—1916)提交了一份关于教会世俗出版物的报告,倡议传教士撰写有关世俗知识的教科书。英国长老会传教士韦廉臣(A. Williamson,1829—1890)建议设立一个组织,专门解决教科书问题。于是大会原有"文字工作委员会"(Committee on Literature)在报告中提议组织一个专门委员会,为当时各教会学校编辑出版一套初等学校教科书。最后大会通过了这个提议,决定委员会名为 School and Textbook Series Committee,直译为"学校教科书委员会",中文名称为"益智书会"②。会议决定"任命丁韪良、韦廉臣、狄考文、林乐知、黎力基和傅兰雅等负责筹备编写一套小学课本,以适应当前教会学校的需要"。"学校教科书委员会"是基督教传教士在中国组织编译出版教科书的机构。它的成立标志着中国近代教科书的产生,沿用至今的"教科书"一词也由此相传开来。

委员会成立后,随即召集了几次会议,并就许多议项取得一致意见③。

"学校教科书委员会"成立之后,教材渐趋规范,内容以西方数学知识为主,涉及算术、几何、代数、解析几何等。比较注意数学知识的逻辑与数学教学的要求,术语及符号亦较规范。加减乘除号分别采用＋、－、×、÷,分数记法采用分子在上、分母在下,数字采用阿拉伯数码,这三点均为进步的表现。

现将在华传教士所编译的数学教科书罗列如下,可分为两类④:

(1) 基督教士所编译的课本:

《数学启蒙》二卷,英伟烈亚力撰,咸丰三年(1853 年),活字本;

《心算启蒙》十五章,美那夏礼撰,同治十年(1871 年),上海美华书馆铅印本;

《西算启蒙》三十四节,光绪十一年(1885 年),活字本;

《形学备旨》十卷,美罗密士原撰,美狄考文选译,邹立文,刘永锡同述,光绪十一年,美华书馆铅印本;

---

① [美] 狄考文.基督教会与教育的关系[M]//陈学恂.中国近代教育史教学参考资料(下册).北京:人民教育出版社,1987:1－6.

② "益智书会"之名源于 1834 年由在广州的英美传教士及部分商人组成的一个翻译出版机构"中国益智会"(The Society For Diffusion Of Useful Knowledge In China)直译为"在华实用知识传播会"。

③ 朱有瓛,高时良.中国近代学制史料(第四辑)[M].上海:华东师范大学出版社,1993:33.

④ 李俨.中国数学大纲(上下册)[M].北京:科学出版社,1958:601.

《笔算数学》三卷，美狄考文辑，邹立文述，光绪十八年(1892年)，美华书馆铅印本；

《圆锥曲线》，美罗密士原撰，美求德生选译，刘维师笔述，光绪十九年(1893年)，美华书馆铅印本；

《代形合参》三卷附一卷，美罗密士原撰，美潘慎文选择，谢洪赉笔述，光绪二十年(1894年)，美华书馆铅印本；

《八线备旨》四卷，美罗密士原撰，美潘慎文选译，谢洪赉校录，光绪二十年，美华书馆铅印本；

《代数备旨》十三章，美狄考文撰，邹立文，生福维同述，光绪二十二年(1896年)，美华书馆铅印本；

《心算初学》六卷(官话)，高葆琛撰，光绪二十二年，美华书馆铅印本。

(2) 天主教士所编译课本：

《数学问答》，德余宾王撰，光绪二十七年(1901年)，上海土山湾书馆铅印本；

《量学问答》，德余宾王撰，光绪二十八年(1902年)，上海土山湾书馆铅印本；

《代数问答》，德余宾王撰，光绪三十年(1904年)，上海土山湾书馆铅印本；

《几何学》(平面)，Carlo Bourlet撰，戴连江译，民国二年(1913年)，上海土山湾书馆铅印本；

《代数学》，Carlo Bourlet撰，陆翔译，民国十七年(1928年)，上海土山湾书馆铅印本；

《课算指南》，天主教启蒙学校用书；

《课算指南教授法》，天主教启蒙学校用书。

上述教科书均为编译之作，而非翻译之作，均为传播宗教服务。以狄考文为例，他在《代数备旨》序中，讲述数学发展史后便说："远涉中华，宣传神子降世，舍生救民之圣道，此固以道为重，望世人同登天路，而得天堂之永生也。"上述教科书均用中文编译，语言简洁明了，通俗易懂，文中结合中国的风俗习惯，国人易于接受，从这一点看来，不论西方传教士是出于何种的考虑，它对于促进西方教科书传入中国具有积极的意义。

下面按笔算数学(算术)、代数学、几何学、三角学、解析几何的顺序，撷取能够反映当时数学教育观、教材水平的教科书进行介绍。

三、数学教科书举例

现就刊印次数较多、流传较广的《算法全书》《数学启蒙》《笔算数学》《代数备旨》

《形学备旨》《八线备旨》《代形合参》等教科书的情况,分别予以介绍。①

(一) 笔算数学教科书

这里仅介绍《算法全书》《数学启蒙》《笔算数学》三种教科书。

1.《算法全书》

《算法全书》(图7-5)是由英国传教士蒙克利夫(E. T. R. Moncrieff)任教于香港圣保罗书院时所编写的教科书,1852年出版,正文共35页。

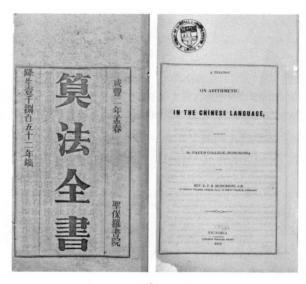

图7-5 《算法全书》书影

该书共六章,内容包括数的概念、加、减、乘、除四则运算,分数、小数、比和比例。每一章内容如下:

第一章 法可写数、加法、减法、九九合数、乘法、分法、记号之理。

第二章 奇零之理、法可分数为原纯份、法可算明极广之数能全分别数、法可算出极小之数多者别数所能全分之。

第三章 法可做奇零更纯实焉、法可更多等奇零使新奇零具有一然下数但要于原数无异焉、奇零加法、奇零减法、奇零乘法、奇零分法。

第四章 十份之一奇零是奇零中之一类、法可写十份之一奇零以捷模焉、先解十份之一奇零之法,有数理宜详达之、法可更素常奇零位十份之一奇零、法可更十份之一

---

① 马忠林,王鸿钧,孙宏安,等.数学教育史[M].南宁:广西教育出版社,2001:143.

奇零为素常奇零、十份之一奇零加法、十份之一奇零减法、十份之一奇零乘法、十份之一奇零分法。

第五章 乘方之法、根数之法。

第六章 比较之法。

《算法全书》摒弃中国传统数学采用算盘演算较为烦琐，且不能回头看步骤的弊端，采用中西算相结合的方式编写该书，是第一部在中国境内用西方数学体系编成的教科书[①]。该书内容浅显易懂，适合各学段学生学习。正如序言中写道[②]：

> 算法以算盘居铺贸易诚然有用，维我辈欲觅一捷法而算之。但为广玄重数，虽竭力劳神以算盘推度，则不可。于是书算法有繁演、算盘不堪其用。余数以盘能定也，但须宜用数十行之算盘耳。更在天文、方田、等书载此广玄之数、须要明载，以至眼睛能观、此以算盘不能。此事初学之书，少者、壮者，皆宜熟习，须当究明其理。并查实其算，则能洞达。且宜读识别书之意旨。惟今是书未逓华文，尚存西文。谅后将定逓于华文、以为便读，西域以字而算，如在首章焉，于是极明，华人亦可以西字而算。惟由意愿。以此算学并西域各款书理，可能知船只渡海相隔岸边何远，知火轮船、车、并天文各等之理。若无是书何由能明焉。在圣保罗书院，吾等首务训习耶稣正理。为宣示诸人，次欲训习算学、天文、等书、为能知识。

> 天主之大奇工也。人若明此定无闲心事奉朦神偶像。凡有欲习西文者，可到圣保罗书院，不需学资本院施教。惟首务者须明耶稣正道。因是理能导人何由得救灵魂永生来世。余理只能益欲生前、与来世无涉也。惟愿诸君熟习之，则能拨开云雾而见青天，也是为序。

此外，在《算法全书》中，用列竖式的形式进行计算，大大简化了运算程序，提高了运算速度。

2.《数学启蒙》

《数学启蒙》（图7-6）是伟烈亚力（AlexanderWylie，1815—1887，如图7-7[③]）撰写的笔算数学教科书。《数学启蒙》的版本不同，开本大小、册数及序的安排也不同。如1886年版本为大开本，两册，有英文序和中文序；1898年版本为小开本，四册，只有中文序。

---

① 高奇.走进中国科技殿堂[M].济南：山东大学出版社，2014：237.
② ［英］蒙克利夫.算法全书[M].香港：圣保罗书院，1852：序.
③ 汪晓勤.中西科学交流的功臣：伟烈亚力[M].北京：科学出版社，2000：扉页.

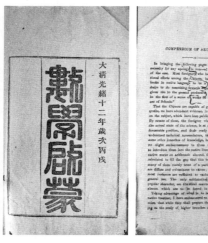

图7-6 《数学启蒙》书影 图7-7 伟烈亚力像

《数学启蒙》序:

天下万国之大,无论中外,有书契,即有算数。古者西邦算学,希腊最盛。周之时,闰他卧刺、欧几里得、亚奇默德,汉之时,多禄某、丢番都,之数人者,皆传希腊之学。然犹未明以十而进定位之理也,此方算数。至唐中衰,独印度自古在昔,已审乎十进之理,无乎不该。自时厥后,阿喇伯诸国,盛行其术,盖阿喇伯得于印度,而欧罗巴人复得之阿喇伯者也。此术既明,比例开方诸法,益为精密。明万历间,英士讷白尔,始造对数,今欧土诸国,皆以笔算用之,算数诸法,于是乎大备。中国算学,肇自皇帝,嬴政焚书,周髀九章尚在人间,后人靡不祖述此书。若夫求一之术,出于孙子算经,南宋末秦道古,因之以成大衍策。元初,李冶、朱世杰两君,以立天元一术,大畅厥旨,荟萃各家,穷极奥渺。自元迄明,此学几绝,而盘珠小术,盛行于世。至万历时,西士利玛窦等至京师,厘定历数,绝学因之复明。利公授西学于李之藻,所著有同文算指,第西法与中法同原。清初,康熙御制数理精蕴,此书于中西诸法皆有次第,西法中有名借根方者,宣城梅氏谓与元人天元术同法,而天元更为精密,于是诸家遂修立天元一,而不习借根方矣。夫古今中西算术,义类甚深,儒者视为畴人家言,不能使间阎小民习用易晓。窃惟上帝降衷,实有恒性,知识聪明,人人同具,彼数为六艺之一,何以至今,不能人人同习耶。余自西土远来中国,以传耶稣之道为本,余则兼习艺能,爰述一书,曰数学启蒙,凡二卷,举以授塾中学徒,由浅及深,则其知之也易。譬诸小儿,始而匍匐,继而扶墙,后乃能疾走。兹书之成,姑教之匍匐耳,扶墙徐行耳。若能疾走,则有代数微分诸书在。余将续梓之,俾览其全者,知中西二法,虽疏密详简之不同,要之名异而实同,术异而理同也。

此序体现了伟烈亚力的长远设想，即采用循序渐进的方式，实现其翻译计划。可以说，之后《代数学》《代微积拾级》的出版，也是这一理想的逐步实现，在某种程度上也体现出他的译书策略。

《数学启蒙》介绍了西方算术知识，并涉及一些代数知识，包括对数和解数字高次方程的霍纳方法。清代学者认为它是一部优秀的教科书，并将其作为学习西方数学的"入门阶梯"，梁启超称赞它"极便初学"。

其目录如下：

第一卷：数目、命位、加法、减法、乘法、除法、各种数表、诸等化法、诸等命法、诸等通法、诸等加法、诸等减法、诸等乘法、诸等除法、命分、通分、求等数法、约分、加分、减分、乘分、除分、小数、小数加法、小数减法、小数乘法、小数除法、循环小数、分化小数法等。

第二卷：正比例、转比例、按分递折比例、递加递减比例等。

伟烈亚力通过《数学启蒙》驳斥了 18 世纪中国人所宣称的一种说法，认为耶稣会士介绍的代数知识和中国传统的数学计算方法（如"天元术"）并无本质区别。在《数学启蒙》中，他以解答一元至四元未知方程为例，说明中国传统的"天元术"和"四元术"与现代代数一样，都能够解决这些问题。他甚至认为中国的"四元术"比耶稣会士的"借根方"更为优越。他还认为，西方学者应该对这两种传统的方法进行深入研究。

3.《笔算数学》

《笔算数学》三卷（如图 7-8），由美国狄考文（如图 7-9①）辑，蓬莱邹立文②宪章同编。光绪十八年（1892 年）狄考文作序，上海美华书馆出版，是中国早期的一部算术教科书，是用白话文（即官话）来编写的中国最早的一部数学教科书③。1906 年由甘肃高等学堂刊《笔算数学》，如图 7-10，该版本是极为罕见的。

读者想要全面了解作者的数学教育思想及《笔算数学》内容，可查阅狄考文的序文④。

该书语言表达通俗易懂，却理深精奥。狄考文认为中国传统数学教科书中采用珠算有诸多不适之处。例如，采用珠算全凭记忆口诀且没有计算痕迹，若其中一步出现

---

① ［美］丹尼尔．W．费舍．一位在中国山东四十五年的传教士——狄考文［M］．郭大松，崔华杰，译．北京：中国文史出版社，2009：扉页．
② 邹立文，清山东平度人，字宪章，与美国传教士狄考文合译《笔算数学》《代数备旨》《形学备旨》等。
③ 莫由，许慎．中国现代数学史话［M］．南宁：广西教育出版社，1987：4．
④ ［美］狄考文．官话笔算数学［M］．邹立文，笔述．上海：美华书馆，1898：序．

错误,须重新进行计算。而笔算不仅计算简便,且有计算痕迹。考虑到中国数字采用竖行汉字书写,西方数字采用横行阿拉伯数字书写,《笔算数学》将两种书写方式并列呈现(先按照竖行形式书写,后附小字体横行形式)。

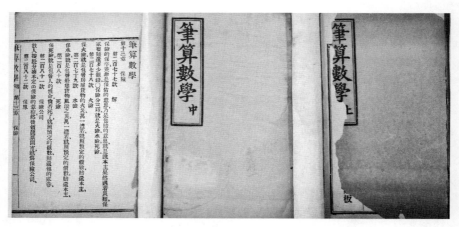

图 7-8　《笔算数学》上海美华书馆藏版,1898 年

图 7-9　狄考文像

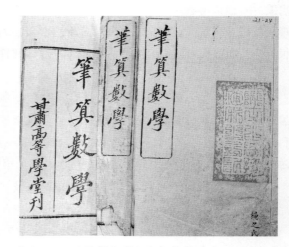

图 7-10　《笔算数学》甘肃高等学堂刊,1906 年

《笔算数学》分上、中、下三卷,共二十四章,2876 个问题,目录及各章大意具体如下:

上卷。第一章:开端。主要介绍数的概念、数的读写和数的记法。第二章:加法(124 问)。第三章:减法(134 问)。第四章:乘法(145 问)。第五章:除法(205 问)。这四章主要介绍数的加、减、乘、除的一些名词术语、符号(＋、－、×、÷)和运算法则。

第六章：诸等(275 问)。主要介绍重量单位、度量单位、时间单位等各自不同单位的换算方法。

中卷。第七章：数目总论(107 问)。主要介绍整数、单数、双数、质数、合数等概念、性质及因数分解，求最大公约数的辗转相除法和求最小公倍数的方法。第八章：命分(440 问)。第九章：小数(271 问)。第十章：比例(108 问)。主要介绍比例、率、前后率、繁比例、同理比例的概念、性质、写法及运算。第十一章：百分法(117 问)。第十二章：利息(122 问)。

下卷。第十三章：保险(25 问)。第十四章：赚赔(73 问)。第十五章：粮饷(14 问)。第十六章：税饷(12 问)。第十七章：乘方(20 问)。第十八章：开方(126 问)。第十九章：级数(98 问)。第二十章：差分(94 问)。第二十一章：均中比例(41 问)。第二十二章：推解(118 问)。第二十三章：量法(81 问)。第二十四章：总杂问(126 问)。

《笔算数学》中例题、习题较多，全书的总练习题均为应用问题。正式采用阿拉伯数字，排印形式仍按照传统执行。《笔算数学》自 1892 年出版以来，修订、重印 30 余次，流传较广，并有几种注释性的著作问世。如朱世增编《笔算数学题草图解》(1906年)，孔宪昌、楼惠祥撰《笔算数学详草》(1906 年)，郁赞廷著《笔算数学全草》(1906年)，张贡九撰《笔算数学全草》(1906 年)，储丙鹁编《笔算数学全草》，范鸿藻、钱宗翰编《笔算数学全草详解》(1911 年)，顾鼎铭撰《笔算数学详草》(1915 年)，等等。从《笔算数学》的版本流传和注释性著作来看，《笔算数学》作为当时小学的算术课本，其影响是非常显著的。在几年内重刊数次并有多种注释，这在数学教科书史上比较少见。

（二）代数学教科书

《代数备旨》十三卷，美国狄考文选译，蓬莱邹立文、平度生福维笔述，1890年出版。狄考文将原本之错误改正后，于 1897 年在上海美华书馆第二次铅印。版本较多，至少有十几种版本①。于 1903 年在上海美华书馆第五次铅印，如图 7-11。《代数备旨》出版后出

图 7-11 《代数备旨》书影

① 吴文俊，李迪.中国数学史大系：副卷第二卷 中国算学书目汇编[M].北京：北京师范大学出版社，2000：204-205.

现了几种注释性的著作问世。① 如:《代数备旨题问细草》六卷,袁钢维撰,光绪二十五年(1899年)四明冯淇源近知书屋出版;《代数备旨全草》十三章,撰人不详(徐锡麟作序),光绪二十九年(1903年)绍兴特别书局石印本(此书又题"余兆麟编,山阴徐锡麟序");《代数备旨补式》十三卷,补遗七卷,清旷阁主人撰,清抄本;《代数备旨详草》,撰人不详,光绪三十一年(1905年)石印本。

狄考文在《代数备旨》序中指出他译此书的目的及此书的特点:

法全而理精,即其用尤广也。凡形学、曲线、八线、微分积分诸学,无不因代数以广其用,即推天文、火器、航海、光学、力学、电学等事,亦无不以代数驭之。故代数之为代数,诚为无不通之数学也。至今著作丛书,其法已广传于万国矣。于咸丰年间,伟烈亚力先生,有一译本名为《代数学》,今年傅兰雅先生有一译本名为《代数术》。此二书虽甚工雅,然而学者仍难就绪。况此二书皆无习问,学者无所推演,欲凭此以习代数,不亦难乎。今此书,系博采诸名家之著作辑成,并非株守故辙,拘于一成本也。书中次序规模,则以鲁莫氏为宗,而讲解则多以拉本森为宗,其无定方程则以投地很德为宗,总以取其所长为是。此诸原本,皆为西国教读之名书,所用名目记号,无不详以解之。所言诸理,无不明以证之。其诸算式,亦无不先作解以显其所以,后立法以示其当然。

全书除"代数凡例"外共十三章,并附有各章习题答案。代数凡例共八条,相当于现在的前言。主要介绍此书的编排特点,学习或教授的建议及要求。要求教师对书中法术一一给予解明证出,对书中习问一一详算;要求学生记忆的只有法术,其余不必背诵。目录及各章大意如下:

第一章:开端。主要介绍全书所用到的基本概念和术语,如已知量、未知量、同数(元字所代之数)、代数符号(加、减、乘、除、根号、等号、不等号、比例号等)、方数、指数、系数、项、代数式、同类项、次数、同次式、式之同数(代数式的化简)等和十一条"自理"②。

第二章:加法。第三章:减法。第四章:乘法。第五章:除法。这四章主要介绍代数式的加、减、乘、除的四则运算和主要性质,同类项和非同类项的合并与化简等。

第六章:生倍。主要介绍最大公因式、最小公倍式的概念及各自的求解方法。

---

① 吴文俊,李迪. 中国数学史大系:副卷第二卷 中国算学书目汇编[M].北京:北京师范大学出版社,2000:206-207.
② 自理即公设,狄考文将这十一条公设当作全书推理的依据。

第七章：命分。主要介绍整式、杂式（代数式含有分式）等概念；分式的性质、分式的约分、通分；整式与杂式的互化；分式的加、减、乘、除运算及化简等。

第八章：一次方程。

第九章：偏程，即不等式。主要介绍不等式（组）的概念、性质、解法及其应用问题。

第十章：方。主要介绍代数式乘方的性质和运算法则，包括牛顿二项式定理展开式及其应用。

第十一章：方根。

第十二章：根几何。主要介绍根几何（带根号之几何）、根次、有绝根式、无绝根式的定义；根式的四则运算、化简等；根式方程的求解，但没有考虑根的检验问题。介绍负数开平方，$\sqrt{-1}$ 称为幻生。

第十三章：二次方程。

《代数备旨》是一部比较简单的代数参考书，作为当时的中学课本，不仅翻译次数多，而且注释性的著作亦较多，其影响是非常显著的。但其数学内容的深度远不及现在初中代数课本，其概念定义亦多与现代不同。[①]

（三）几何学教科书

鸦片战争之后虽翻译进来一些几何学教科书，但是利玛窦和徐光启合译的《几何原本》一直被使用，如1898年由算学书局作为"古今算学丛书"出版[②]。下面仅介绍《形学备旨》。

《形学备旨》（如图 7-12），美狄考文选译，蓬莱邹立文笔述。光绪十年（1884 年）狄考文序；光绪十一年（1885 年）李宗岱序，同年，由上海美华书馆铅印。《形学备旨》是当时中学所用的几何学教科书，内容包括平面几何、立体几何和球面几何，共十卷。

《形学备旨》自光绪十一年初版至宣统二年（1910 年），修订、重印 20 余次[③]。美华书馆、求贤书院、京师同文馆、上海益智书会、成都算学书局等皆出版，其中美华书馆出版最多。

---

① 代钦，松宫哲夫.数学教育史——文化视野下的中国数学教育［M］.北京：北京师范大学出版社，2011：176.
② 刘铎.明本几何原本六卷［M］.上海：上海算学书局，1898.
③ 吴文俊，李迪.中国数学史大系：副卷第二卷　中国算学书目汇编［M］.北京：北京师范大学出版社，2000：270-271.

图 7-12 《形学备旨》书影

《形学备旨》出版后几种注释性的著作问世①。如《形学备旨习题解证》八卷,乌程徐树勋撰,光绪二十八年(1902年)成都算学书局出版;《形学备旨全草》十卷,会稽寿孝天补,光绪三十一年(1905年)上海会文学社石印本,由寿孝天光绪三十一年(1905年)序。

狄考文在《形学备旨》序中说明其编译的基础,对采用"形学"而非"几何"这一名称,也有所说明②:

是书之作大都以美国著名算学之士鲁米斯所撰订者为宗,不取夸多斗靡,惟用简便之法包诸形之用。诚以几何之名所概过广,不第包形学之理,举凡算学各类,悉括于其中。且欧氏创作是书,非特论各形之理,乃将当时之算学,几尽载其书,如第七、八、九、十诸卷,专论数算,绝未论形,故其名为几何也亦宜。而今所作之书,乃专论各形之理,归诸形于一类,取名形学,正以几何为论诸算学之总名也。

全书除"凡例""开端"外,共十卷,目录及各卷大意如下③:

凡例:相当于现今的前言或序。介绍学习此书应注意的事项及学习的方法,如"学此书者必用心习画图之法,使其正斜不差,远近毕肖。盖图对而理自显,图误则理亦随之晦矣。"

开端:主要介绍点、线、直线④、曲线、平面、体、角、直角、锐角、钝角、余角、外角、平行线、三角形、等边三角形、等腰三角形、长方形、正方形、平行四边形、梯形等的概念和

---

① 吴文俊,李迪.中国数学史大系:副卷第二卷 中国算学书目汇编[M].北京:北京师范大学出版社,2000:271.

② [美]狄考文.形学备旨[M].邹立文,笔述.上海:美华书馆,1884:序.

③ [美]狄考文.形学备旨[M].邹立文,笔述.上海:美华书馆,1884:目录.

④ 书中无"线段"这一名词,直线有时指线段.

图式,及全书要用的关系符号、阿拉伯数码和运算符号;特别规定用甲乙l_2表示(甲乙)^2;给出可作的六种情况及形学中要用到的十四条自理。

可作的六种情况是全书作图的依据:第一,自此点至彼点必可作一直线。第二,一直线可任引而长之。第三,两不等线必可由长者截去短者之度。第四,凡直线(线段)必可平分。第五,必可使两直线作角与已定之角等。第六,已定之角必可以直线平分之。

十四条自理是形学的基础,全书各题各证皆由此诸理推广而得:第一,多度各与他度等,即彼此等。第二,等度加等度,合度即等。第三,等度减等度,余度即等。第四,不等度加等度,合度不等。第五,不等度减等度,余度不等。第六,多度各倍于他度,即彼此等。第七,多度各半于他度,即彼此等。第八,全大于其分。第九,全等于其诸分之加。第十,两直线不能作有界之形。第十一,两点之间直线为至短者。第十二,自此点至彼点,只可作一直线。第十三,二度即处处相合,即必等。第十四,相交之两直线,不能各与他直线平行。

各卷内容为:

卷一:直线及三角形。卷二:比例①。卷三:圆及角之度。卷四:多边形之较与度。卷五:求作。卷六:有法多边形及圆面。卷七:平面及体角(多面体)。卷八:棱体。卷九:圆体三种。卷十:弧角形。

（四）三角学教科书

鸦片战争后传入我国的第一本三角学著作为《三角数理》十二卷②,第二本传进来的三角学著作为《八线备旨》。

《八线备旨》(如图7-13),美国罗密士(Elias Loomis,1811—1889,图7-14)原撰,美国潘慎文(Alvin Pierson Parker,1850—1924,图7-15)③选译,谢洪赉(1873—1916)校录。光绪十九年(1893年)仲春潘慎文序于博习书院,翌

图7-13　《八线备旨》书影

---

① 书中无"比"这一名词,都用"比例"指代。

② ［英］海麻士.三角数理［M］.华蘅芳,傅兰雅,译.上海:江南制造局翻译馆,1877.

③ 苏州大学图书馆.耆献写真——苏州大学图书馆藏清代人物图像选［M］.北京:中国人民大学出版社,2008:224.

年出版。《八线备旨》是当时中学的一部三角学教科书。所谓"八线"是指"在单位圆内,圆心角的 8 个三角函数,表示为 8 条线段"。所以研究三角函数亦是研究这 8 条线段,称八线学。该书没有使用三角函数这一术语,但内容则包括了平面三角学与球面三角学。

图 7-14　罗密士像　　　　图 7-15　潘慎文像

《八线备旨》自初版至宣统元年(1909 年),修订、重印 20 余次[1]。由美华书馆、益智书会、申江中西书院、墨润堂出版发行,其中美华书馆出版最多。

《八线备旨》出版后,有注释性的著作问世。[2] 如《八线备旨习题详草》八卷(又名《八线详草》),刘鹏振撰,光绪三十二年(1906 年)绍兴墨润堂出版。

潘慎文在《八线备旨》序言中说明了"八线学"在算学中的重要性和此书内容选译的情况[3]:

算学之致用者,且当以八线学为首屈一指,凡言算学者莫不习焉。是编为罗君密士所辑,取平弧三角形,及测地、量法汇为一帙。理既要简,语皆明晰,而又悉切于用,其深赜之理,则未暇及,盖为初学计也。凡例称:"原本更有论对数与航海法各一卷都为六卷,但对数已经别译,而航海又嫌过略,不足以备学者观览,姑且从删";"原本后附对数、八线、弦切对数、偏较等表以便检查,然诸表皆经登州文会馆另译付梓。阅是书者必当取以合观,而于此不复列焉。"

① 吴文俊,李迪.中国数学史大系:副卷第二卷　中国算学书目汇编[M].北京:北京师范大学出版社,2000:23-24.
② 吴文俊,李迪.中国数学史大系:副卷第二卷　中国算学书目汇编[M].北京:北京师范大学出版社,2000:24.
③ [美]罗密士.八线备旨[M].潘慎文,选译.上海:美华书馆,1893:序.

《八线备旨》共四卷：

卷一：平三角形。卷二：量法。卷三：测地。卷四：弧三角形。

该书有大量的例题和习题。在总习问中，有关平三角形的问题有 24 个，量法 26 个，测地 20 个，弧三角形 16 个。这些问题大都是计算问题。《八线备旨》作为当时中学的三角学课本，流传较广，影响很大。

（五）解析几何教书

传入中国的第一本解析几何教科书为《代形合参》。《代形合参》（*Elements of Analytical Geometry*）（如图 7 - 16），美国罗密士原撰，美国潘慎文选译，山阴谢洪赉笔述。光绪十九年（1893 年）仲冬潘慎文序，翌年上海美华书馆铅印。《代形合参》为解析几何教科书，共 3 卷。

《代形合参》自光绪二十年（1894 年）初版至宣统二年（1910 年），修订、重印 10 余次①。由美华书馆和益智书会出版发行。

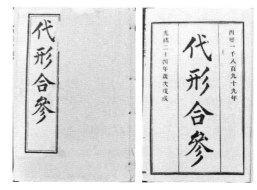

图 7 - 16　《代形合参》书影

《代形合参》出版后，也有注释性的著作问世。② 如：《代形合参解法》，四卷，王世撰，光绪三十三年（1907 年）出版。

潘慎文在《代形合参》序中说③：

算之为学，理深而用广，就其术而类分之，则名可约举也。曰数学，曰代数，曰形学，曰八线，曰微积，已足尽括而无遗，惟立方以上不能绘象，而形学之术穷。若代数则无问四乘五乘以上俱可以式显之，此代数之用所以广于形学也。以代数推形学之题，则难易不可同日而语。然苟无形学条段之本理为之根，则亦无从布式。是故形学得代数而用益广，代数藉形学而理益明，合代数形学之术，遂有以探算学之奥，阐数理之幽，而罗密士君《代形合参》之所由作也。

这表明代数与几何相结合的重要性。《代形合参》是系统论述解析几何的教材，实

① 吴文俊，李迪.中国数学史大系：副卷第二卷　中国算学书目汇编[M].北京：北京师范大学出版社，2000：196.

② 吴文俊，李迪.中国数学史大系：副卷第二卷　中国算学书目汇编[M].北京：北京师范大学出版社，2000：196.

③ ［美］罗密士.代形合参[M].潘慎文，选译.谢洪赉，笔述.上海：美华书馆，1894：序.

即《代微积拾级》前九卷之另译。

在《代形合参》的凡例中概述了其编写体例,说明了书中除数字使用阿拉伯数字外,其他均按照李善兰翻译的《代微积拾级》中名词术语与数学符号,最后指出了代数、几何、三角等学科为学习解析几何学之根基,具体如下[①]:

是编体例,悉准原本,分卷列款,标目设题,一仍其旧,所用名号,皆遵前人,其未尝经见,始酌立一二。原本末附以图显格致之理一卷,于学者不无裨益,爰并译之,卷内引用八线学甚多,即前译八线备旨一书也,数码用亚拉伯字,其便处用着者自知。学此书者,必先于数学、代数、形学、八线等,涉各律涯,更能潜心玩味,始可领会,非然,罕有不望洋与欢者也。

全书共十七章。凡例共六条,主要介绍此书编排的原则,以及此书和形学、八线的关系。目录及各章大意如下:

卷一:有定式形学。第一章:以代数推形学。第二章:作方程图法。

卷二:无定式形学。第一章:点之纵横线。第二章:直线。第三章:易纵横轴。第四章:圆。第五章:抛物线。第六章:椭圆。第七章:双曲线。第八章:二次方程公式。第九章:三次以上式之线。第十章:越曲线。

卷三:立方形学。第一章:空中之点。第二章:空中之直线。第三章:空中之平面。第四章:曲面。第五章:三变数二次公式。附卷:以图显格致之理。

《代形合参》的第一卷系统论述了代数与几何的联系,这些内容为之后解析几何的学习奠定基础。第二卷"无定式形学"与第三卷"立方形学"均是按照点、线、面的顺序展开的。每章开篇均叙述本章的主要内容,抛物线、椭圆与双曲线章中都在章的开篇给出其定义。另外,在第三卷"立方形学"的开篇中没有直接给出"空中之点"表示法,而是使用了"导入式"的教学方法:"前卷所论之点、线皆在平面内已推得平面内之点,乃以其点与此平面内所设二线之距定其方位,今论如有空中之任一点当以何法显之。"该书每章主要知识点以"问题"的方式呈现,然后对其解答,在解答过程中均配有图形。这样的安排,使读者一目了然,真正体现解析几何的基本思想,即数形结合思想。每章内容结束之后均安排有练习题。由于英文原版中直角坐标轴均没有单位长度、方向,因此,《代形合参》中所有直角坐标轴都是这样的形式。《代形合参》很多沿用了《代微积拾级》的数学符号。从翻译体例来讲,《代形合参》的页面设置与英文版未保持一致,未翻译原著的"序"。它更注重知识点的实用性,该书附卷部分主要为解析几何的应用问题,其中包括例题18道,内容为:直角坐标系下分析季节变化、寒暑之年变、十一月内的阴星、地内热度、风力方向、空气压力等。该书中练习题较多,习题均安排在每一

---

① [美]罗密士.代形合参[M].潘慎文,选译.谢洪赉,笔述.上海:美华书馆,1894:凡例.

章之后，习题数量较多，以解答题为主。

《代形合参》作为解析几何学科的第一本教科书，介绍了平面解析几何和空间解析几何中常用的基本概念、定理和有关性质。内容简明易懂，层次清晰，是初学解析几何者适用的教科书。

为了适应教会学校数学教育的需要，所编译的教科书中以上述几种最为流行。以上各种教科书的内容反映了当时教会学校数学教育内容和水平。教会学校对中国数学教育近代化起到积极的推动作用。

第五节　同文馆的数学教育

一、同文馆的创办

在洋务运动期间，清政府兴办了许多学堂，数学课程成为其重要的课程之一。这些学堂存在的时间长短不一。及至清末，尚存的学堂裁撤归并成为新式学堂。尽管这些学堂的数学教育水平参差不齐，却是中国近代数学教育起步与探索的一个不可泯灭的发展阶段。下面以同文馆为例，论述这一时期中国数学教育的状况。

1862 年 7 月 25 日，奕䜣（1833—1898）等人的奏折《奏设同文馆折》建议创办同文馆："以外国交涉事件，必先知其性情"，"欲悉各国情形必先谙其言语文字，方不受人欺蒙。各国均以重资聘请中国人讲解文义，而中国迄无熟悉外国语言文字之人，恐无以悉其底蕴。"[①]当年就创办了同文馆，开始只有英文馆，后来增设了法文馆、俄文馆、德文馆和东文馆。由此可见，同文馆初设之目的是培养外交与翻译人员。1867 年才增设与数学教育有关的天文算学馆。至此，同文馆由单一的外语学堂转变成综合性学堂。1868 年，李善兰被聘请为算学总教习。1901 年，同文馆归并于京师大学堂。《同文馆算学课艺》（如图 7 - 17）是李善兰执教期间对同文馆数学教学的总结，共四卷，这是考察这一时期学堂数学教育的重要史料。

借助这些算学课艺，我们能够发现，该时期的数学教学内容比较丰富，既有中国的传统数学又有西方传入的数学内容。这与清末中国数学发展所呈现的中西融合的特征相一致。比较而言，《同文馆算学课艺》中的数学内容较为全面，且难度较深。这里

① 舒新城.中国近代教育史资料（上册）[M].北京：人民教育出版社,1981：17.

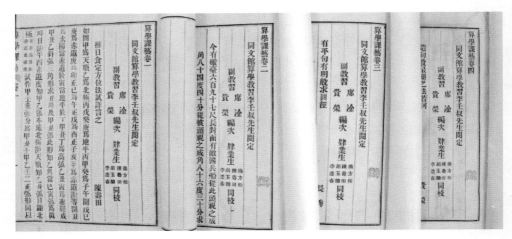

图 7-17 《同文馆算学课艺》一至四卷

既有中国传统数学中的天元术、四元术、不定方程、勾股术、《测圆海镜》中的勾股测圆等内容，又有西方传入的平面几何、平面三角、球面三角等数学知识。同文馆是清廷最早开办的洋务学堂，它的数学教学代表着洋务学堂数学教学水平。

二、 同文馆的学制和教学方式

京师同文馆按年招生，每年招生人数不等。同文馆的天文算学馆，"由洋文而及诸学共须八年。"①八年课程安排如下：

首年：认字写字，浅解词句，讲解浅书；

二年：讲解浅书，练习文法，翻译条子；

三年：讲各国地图，读各国史略，翻译选编；

四年：数理启蒙，代数学，翻译公文；

五年：讲解格物，几何原本，平三角，弧三角，练习译书；

六年：讲求机器，微积分，航海测算，练习译书；

七年：讲求化学，天文测算，万国公法，练习译书；

八年：天文测算，地理金石，富国策，练习译书。

对于"其年龄稍长，无暇肄及洋文，仅籍译本而求诸学者，共须五年"②。各门功课

---

① 朱有瓛.中国近代学制史料（第一辑上册）[M].上海：华东师范大学出版社，1983：71.

② 朱有瓛.中国近代学制史料（第一辑上册）[M].上海：华东师范大学出版社，1983：72.

分年安排如下：

首年：数理启蒙，九章算法，代数学；

二年：学四元解，几何原本，平三角，弧三角；

三年：格物入门，兼讲化学，重学测算；

四年：微分积分，航海测算，天文测算，讲求机器；

五年：万国公法，富国策，天文测算，地理金石。

每学年分为两个学期，有两次假期。

京师同文馆无论八年制课程或五年制课程，数学所占比例最大。按照《清会典》卷一百记载，同文馆数学课程内容主要有以下几方面：（1）凡算学以加减乘除为入门，有笔算、筹算，皆以定位为准（加减乘除均可带分，故须用通分法）；（2）次九章；（3）次八线；（4）次则测量（勾股测量，一般三角测量）；（5）次则中法之四元术；（6）又有正弧三角；（7）天文问题；（8）重学、代微积拾级。

同文馆的数学教学表现为中算与西算的交融性，并且以西算为主。代数学、几何原本、平三角、弧三角、微分积分等五门课以讲授西法为主，数理启蒙、九章算法、四元解以讲授中国传统数学知识为主。所用教材中有《四元解》及李善兰的著作《测圆海镜》、"垛积比类"、《九章算法》等。教材中的解题方法多为中西结合。"四元代数，以之御九章及九章以外各题，因题立法""四元数，上下左右，别以位次，代数乘方正负，分以记号，其相消开方法则同"等属于中西结合法。特别是在求解线性方程组过程中，通常设未知数用"四元术"，而常数、幂次、计算符号用西方符号，化简、消元用代数方法，最简方程先用中法，最后求根用笔算方法，可谓中西结合。这说明，清末数学家在学习和研究西方数学的过程中，逐渐地认识到西方数学的先进性，这使他们有意识地改进了中国传统数学的方法，从而使相对于世界数学水平已经落后的中国数学得以进一步发展。

同文馆考试分月课、季考、岁考、大考四种。月课每月初一举行；季考于二月、五月、八月、十一月等月初一举行；岁考于每年十月初十前，堂定日期，进行面试；大考三年考试一次，由总理衙门执行，优者授为七、八、九品官等，劣者分别降革留学。

三、 同文馆的数学教育成就

同文馆是我国新旧教育的转折点。自从它增设了天文算学馆，已初具新式学堂的模型，更重要的是它掀开了中国数学教育的新一页。同文馆虽非中国最早开设算学课的学习机构，却对当时西方近代数学的传播产生了很大的影响。最能体现同文馆算学教学成效的具体例证应属《同文馆算学课艺》。

　　《同文馆算学课艺》亦称《算学课艺》，有光绪六年（1880 年）同文馆聚珍版、光绪二十二年（1896 年）石印本等版本。书中收录了京师同文馆部分学生的天文算学试题解答。该书题"同文馆算学教习李壬叔（李善兰）先生阅定，副教习席淦、贵荣编次，肄业生熊方柏、陈寿田、胡玉麟、李逢春同校"。同文馆总教习丁韪良序称："开馆以来十有余载，兹由副教习席淦、贵荣等将所积试卷选辑四帙，颜曰《算学课艺》。"

　　《算学课艺》分元、享、利、贞四卷。第一卷五十题，属天文测算、重学测算；第二卷四十六题，属几何类问题；第三卷四十二题，属勾股测圆术；第四卷六十题，属勾股和排列组合；共计一百九十八题。该书收录了席淦、贵荣、汪凤藻、蔡锡勇等五十二位学生的课艺。它是清末数学教育内容的缩影，是研究晚清数学教学内容及教学方式的珍贵素材。

　　同文馆的数学教育代表着中国近代转型期的数学教育，它为清末数学家提供了一个安心学习与研究的环境，并造就了一批数学专门人才，其教学在一定程度上带动了清末学风的转变。新学制初期，各地新学堂纷纷设立数学教育，急需教学人才，同文馆天文算学馆的毕业生承担了国内大部分的数学教学任务，促进了数学在国内的普及。因此，同文馆的数学教育工作是中国近代数学大厦的一块基石，具有重要的历史地位。

第六节　清末数学杂志

　　19 世纪末，在其他科技专业期刊还屈指可数时，中国相继创办了三种同名的数学期刊《算学报》。第一种为黄庆澄编辑出版的《算学报》（1897 年）；第二种为朱宪章等人创办的《算学报》（1899 年）；第三种为傅崇榘创办的《算学报》（1900 年）。傅崇榘的《算学报》创办地为成都桂王桥北街 33 号算学馆，该刊旨在宣传西学博算，开启民智，是成都最早的期刊之一，为木版印刷、线装书形式，仅出版两期即停刊[①]。故本书着重介绍黄庆澄的《算学报》和朱宪章等人创办的《算学报》。

一、 黄庆澄的《算学报》

　　黄庆澄主撰的《算学报》（图 7 - 18）创刊于清光绪二十三年（1897 年）六月，停刊于

---

① 亢小玉，宋轶文，姚远. 晚清 3 种《算学报》与数学专业期刊诞生的意义[J]. 西北大学学报（自然科学版），2017,47(1)：146 - 151.

1898 年 5 月，是中国最早的数学专门刊物。
该《算学报》为月刊，每期 30—40 页，约 10 000
字。创办地为浙江温州府前街，从第 2 期起
在上海新马路梅福里设立分馆，并在时务报
馆、格致书室、六先书局、醉六堂等处设立代
销处。

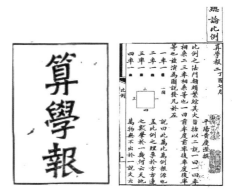

图 7-18　黄庆澄《算学报》书影

　　该《算学报》共 12 期，第 1、2 期为石印，第
3 期起改为木刻。分为 11 个栏目，分别为四则
运算、总论比例、代数钥一、代数钥二、代数钥三、
代数钥四、代数钥五、代数钥六、代数钥七、几何、
开方提要。每一期的具体内容见表 7-1。

表 7-1　黄庆澄主撰的《算学报》内容

期　　数	栏　　目	内　　　容
第 1 期	四则运算	命位、总论加减乘除之法、命分、约分、通分、总论诸分
第 2 期	总论比例	为比例之法门类（附图表）、正比例（附图表）、转比例（附图）、连比例（附图表）、合比例（附图表）、加减比例（附图表）
第 3 期	代数钥一	代数与天元殊途而同归、加法、减法、乘法、除法，另有俞樾序文
第 4 期	代数钥二	诸分和论负指数
第 5 期	代数钥三	诸乘方法（上）
第 6 期	代数钥四	诸乘方法（下）
第 7 期	代数钥五	方程纲领、论互消互求法、论补隅法、论变任一项为零法
第 8 期	代数钥六	论通加为乘之源、论通加为乘之理（附图表）、论通加为乘之变式、论二次式之以二求一法（内分六层）、论三次式之以二求一法（内分十二层）
第 9 期	代数钥七、学代数厄言七则	论三次式以二求一法（内分六层）、论三次式不能化为之根（内分五层）、论三次式虚根实根之所以别、论通四次式为二次式法、论通四次式为三次式法（内分十五层）

续　表

期　数	栏　目	内　　容
第 10 期	几何第十卷释义一	释无等线一（附图）、释无等几何二（附图）、释无等面三（附图）、释相似面四（附图）、释和面五（附图）、释较面六（附图）、释矩七（附图）
第 11 期	几何第十卷释义二	释中线八（附图）、释六和线九（附图）、释六较线十（附图）、释总义十一（附图）、十三合中方线（附图）、附顾氏观光六和六较解（附图）
第 12 期	六书九数，周司徒教民之遗法；开方提要一	总论开方（附图表）、三乘方、附天元定位说、附论西人通分连乘用公倍数法（附表）

　　该《算学报》是一份浅易通俗的数学刊物，重在数学基础知识的普及。[①] 编排采用图文结合的方式，通俗简练，并列出实用的应用题，使读者便于理解并学以致用。"本报专择近日算学中最切要者演为图说，俾学者由浅而深，循序而进，即穷乡僻壤，无师无书，亦可户置一编，按其图说，自寻门径……算学一道，以图教人，其难易相去不啻天壤。本报所重者图，故图多说少，间或标为论说，亦必格外简明，免令阅者生厌。"[②]《算学报》作为我国近代第一份数学专业杂志，在晚清时期我国其他类型的专业科技期刊还寥若晨星之时，能与《农学报》等率先创刊，特别对于作为"母科学"或科学工具的数学来说，意义尤为深远[③]。

图 7 - 19　朱宪章等人《算学报》书影

二、 朱宪章等人的《算学报》

　　朱宪章等人的《算学报》（图 7 - 19）创办于清光绪二十五年（1899 年），月刊，每月十五日出版，是稍晚于黄庆澄《算学报》的第二种专门的数学刊物。其总部设在桂林后库街朱维新堂，在桂林、梧州、浔州（今广西桂平市）、广

① 李兆华.中国近代数学教育史稿[M].济南：山东教育出版社,2005：223.
② ［清］黄庆澄.算学报[J].算学报,1897(1)：序.
③ 亢小玉,宋轶文,姚远.晚清 3 种《算学报》与数学专业期刊诞生的意义[J].西北大学学报（自然科学版）,2017,47(1)：146 - 151.

东、上海、湖南等地设置 10 个代派处。

该报由朱宪章、朱成章、严槐林、严杏林四人共同创办。朱宪章自序道①：

宪章自惟学术谫陋，何敢言绝业，顾以平日浏览算籍，见其间有义理隐奥，晦而未明者，必为表章之有持术，立论或涉舛误者，必为纠正之，有古法阙而未备及繁而未简者，必为补且之，或更张之。于是，日积月累，其所存盖已不少，辄思所以问世者，同门严俊仲文，叔黄昆仲精于算者。也余乃就商之拟为算学报一种，合同志数人，以其平日所得于心者，汇登诸报。月初一册，以问天下，二君皆以余言为题，且乐助其事。余兄仲理闻之，亦谓此乃集思广益之道，宜亟为之，四人者遂相与改订商榷而成斯焉。

严槐林认为应创办一份刊物"以阐明新理新法，纠正谬误为宗，不必泥古法以疑今法，亦不必尊西法而贱中法，庶古今中西之术，一融会而贯通之"②。严杏林认为："为昔人补其未备，辟其新理。今人其知算理无穷，愈推愈密，不必让昔人专美于前。"③

该《算学报》的创办"专为讲求算学而设，以推求新理为主，其有浅近易知及内容陈腐无谓者本报概不登，其有訾非国是，妄议时政者，谨遵上年谕旨，如《湖北商务报》例，概不收录"④。这表明该《算学报》专门刊载创新的算学内容，对于涉及政治、内容浅显、陈腐的文章一概不登。

朱宪章认为，数学在国学中居于重要地位，且"治经与治算，相为表里""未可偏废"。他指出："古之通才大儒，研究遗经，钩稽载籍，未有不贯穿象数、洞达天宫者也。康成千古，儒宗其笈，《毛诗》据《九章》粟米之率注《易》，纬用乾象斗分之数，可知其于数术之学综贯靡遗矣。盖九数为六艺之一，本学人所宜有事而治经与治算，相为表里，则尤未可偏废焉。"⑤他还历数梅文鼎、李善兰、华蘅芳等中国数学大家的成就，表明国学中的算学向来发达。他指出："其在国初之时，治算学者以梅、王二家为大宗。梅博而大，王精而核实，开斯学之先。自时厥后，专门名家之士后先辈出，相领相望，如甘泉罗氏、阳湖董氏、乌程徐氏、钱塘戴氏、杭州夏氏及吾乡先辈邹特夫先生类，皆殚精研思，以成一家之著作，亦几于无法不具，无理不搜矣。自海宁李氏、金匮华氏译出西人代数微积诸术，而于是算学又别开一境。其立术之精妙，迥非向之所谓天元借根及一切中法所能企及。盖算学至斯登峰造极，蔑以复加焉。学者于此苟徒守成法，依数推

① ［清］朱宪章. 算学报缘起［J］. 算学报，1899(1)：1-2.
② ［清］严槐林. 算学报序［J］. 算学报，1899(1)：3.
③ ［清］严杏林. 算学报序［J］. 算学报，1899(1)：2.
④ ［清］编者. 算学报略例［J］. 算学报，1899(1)：1.
⑤ ［清］朱宪章. 算学报缘起［J］. 算学报，1899(1)：1-2.

衍,随人步趋,亡有心得,则亦如屈曾发张作楠算胥之流亚耳,奚足贵哉。"①即便对西学而言,数学也具有重要作用,朱宪章认为:"固不待讲求西学始仆仆然起,而谈算也。比季以来,中朝士夫有见于西人声光汽化诸学之精在乎有算以助之也。于是,算学之风大开。"②

该《算学报》只出版了3期,共刊载了38篇文章(见表7-2),这些文章均为朱宪章、朱成章、严杏林、严槐林四人"平日读书所得"。文章内容分为"论算""演算"两类,"论算"为阐明古义及纠正前人的失误,弥补算法欠缺。"演算"为设题演草及创立新法者附焉如有近人著作并附刻报后。

表 7-2　《算学报》目录

期　号	题　　目	作　者
第一期	测圆海镜九容术解	朱宪章
	割圆八线互求解	严槐林
	小数方根必大于方积论	严槐林
	海宁李氏线面体循环说辨误	严杏林
	江阴宋氏之分还原草辨误	严杏林
	同文馆课艺辨误	严槐林
	代数术一百八十二款辨误	严杏林
	沅湘通艺录蒋氏算术辨误	朱成章
	古九章两鼠穿垣题简术	朱成章
	弧田问率考真四题	严槐林
	解代数式二题	严杏林
	学一斋算课草三题	严槐林 严杏林 朱成章
	解求志书院己亥夏季课题一则	朱成章

---

① ［清］朱宪章. 算学报缘起[J].算学报,1899(1)：1.
② ［清］朱宪章. 算学报缘起[J].算学报,1899(1)：1.

期　号	题　目	作　者
第二期	椭圆自二心与切线正交二线相乘等于短轴半方解	朱成章
	诸尖锥辨	严杏林
	椭圆任一心距短轴必为半长轴解	严槐林
	浑仪两大圈相交相割不相切证	严杏林
	抛物线诸线相等解	严槐林
	求上下不等圆面体新术	严杏林
	椭圆任一点作切纵二线与引长长轴交所交轴之半必为二交点距中点连比例中率解	朱宪章
	任知中垂线容圆径容方边三事之二求勾股弦简术	朱成章
	同文馆课艺简式	朱宪章
	解代数式三则	朱成章
	根指数配偶开方新术	严槐林
第三期	两平圆相交相切必不同心解	严槐林
	三角内求作容方图说	严杏林
	圈除圈等于任何数解	朱宪章
	圆内作六边切形之一即为半径解	严槐林
	强自力斋辨误	朱宪章
	算学奇题一等于二辨误	严槐林
	释勾股及等边三角形上所作各他形相等之理	朱成章
	代数难题简术	严杏林
	同文馆课艺辨误	朱宪章
	学一斋算课题二则	严杏林 严槐林
	证同文馆课艺题九则	朱成章
	代数难题辨误	朱宪章

267

朱宪章等人的《算学报》所刊载文章,涉及初等代数、几何,主要是题解内容,在数学学科研究方面只是个人对于所学数学知识的总结,无突破性和原创性内容。该《算学报》在创刊伊始,编撰者信心很大,"此举专为振兴实学,并非志图戈利,将来报册广售,尚可酌减报费,以便阅者""每册至少以三十篇为限"。但实际上《算学报》只出版了3期便突然停刊,而且每期的篇数远远没有达到初始要求。尽管如此,该《算学报》的创办为我们了解清末知识界努力发展中国数学事业的情况提供了有价值的资料,为清末数学教育史研究提供了一定的参考。①

参考文献

1. 原始文献

[1] [清] 日讲起居注官. 清圣祖实录(卷二五一,卷二四五)[M],1731.

[2] [清] 日讲起居注官. 清圣祖实录(卷二六二,康熙五十四年)[M],1731.

[3] [清] 日讲起居注官. 清圣祖实录(卷二四八,康熙五十年)[M],1731.

[4] [清] 爱新觉罗·弘历,撰,于敏中,等编. 御制文集(第二集)(卷二十六)[M]. 武英殿刻本,1764.

[5] [清] 爱新觉罗·弘历,撰,于敏中,等编. 御制文集(第三集)(卷十九)[M]. 武英殿刻本,1764.

[6] 吴学颢. 几何论约·原序[M]//四库全书(八○二册). 上海:上海古籍出版社,1988.

[7] [清] 康熙. 庭训格言·国学经典[M]. 陈生玺,贾乃谦,注译. 郑州:中州古籍出版社,2006.

[8] [清] 黄伯禄. 正教奉褒(第三次排印本)(下册)[M]. 上海:上海慈母堂,1904.

[9] [清] 清官修. 大清会典则例(卷一百五十八)[M]//纪昀. 文渊阁《四库全书》(第625册). 上海:上海古籍出版社,1764.

[10] [清] 清官修. 大清会典则例(卷八十五)[M]//纪昀. 文渊阁《四库全书》(第619册). 上海:上海古籍出版社,1764.

[11] [清] 文庆,李宗昉. 钦定国子监志(上册)[M]. 北京:北京古籍出版社,2000.

[12] [清] 阮元. 畴人传(卷四十二)[M]. 上海:商务印书馆,1935.

[13] [明] 徐光启. 徐光启集[M]. 王重民,校. 上海:上海古籍出版社,1984.

[14] [清] 清代起居注册康熙朝第二册[M]. 台北:台北故宫博物院,1984.

[15] [清] 编者. 算学报略例[J]. 算学报,1899(1):1.

[16] [清] 朱宪章. 算学报缘起[J]. 算学报,1899(1):1-2.

[17] [清] 严槐林. 算学报序[J]. 算学报,1899(1):3.

---

① 亢小玉,姚远. 两种《算学报》的比较及其数学史意义[J]. 西北大学学报(自然科学版)[J].2006,36(5):858-860.

［18］［清］严杏林.算学报序［J］.算学报,1899(1)：2.

［19］［清］黄庆澄.算学报［J］.算学报,1897(1)：序.

2. 教科书

［1］［英］蒙克利夫.算法全书［M］.香港：圣保罗书院,1852.

［2］［英］伟烈亚力.数学启蒙［M］.上海：六先书局藏版,1898.

［3］［美］狄考文.代数备旨［M］.邹立文,生福维,笔述.上海：美华书馆,1890.

［4］［美］狄考文.官话笔算数学［M］.邹立文,笔述.上海：美华书馆,1898.

［5］［美］狄考文.形学备旨［M］.邹立文,笔述.上海：美华书馆,1884.

［6］［美］罗密士.八线备旨［M］.潘慎文,选译.上海：美华书馆,1893.

［7］［美］罗密士.代形合参［M］.潘慎文,选译.谢洪赉,笔述.上海：美华书馆,1894.

［8］刘铎.明本几何原本六卷［M］.上海：上海算学书局,1898.

［9］［英］海麻士.三角数理［M］.华蘅芳,傅兰雅,译.上海：江南制造局翻译馆,1877.

3. 史料

［1］舒新城.中国近代教育史资料(上中下册)［M］.北京：人民教育出版社,1981.

［2］璩鑫圭,童富勇.中国近代教育史资料汇编：教育思想［M］.上海：上海教育出版社,1997.

［3］朱有瓛.中国近代学制史料(第一辑上册)［M］.上海：华东师范大学出版社,1983.

［4］蔡尚思,方行.谭嗣同全集(上下册)［M］.北京：中华书局,1981.

［5］朱有瓛,高时良.中国近代学制史料(第四辑)［M］.上海：华东师范大学出版社,1993.

［6］陈学恂.中国近代教育史教学参考资料(上册)［M］.北京：人民教育出版社,1986.

［7］陈学恂.中国近代教育史教学参考资料(下册)［M］.北京：人民教育出版社,1987.

4. 著作与期刊论文

［1］钱宝琮.中国数学史［M］.北京：科学出版社,1964.

［2］韩琦.康熙皇帝·耶稣会士·科学传播［M］.北京：中国大百科全书出版社,2019.

［3］［法］白晋.康熙皇帝［M］.赵晨,译.刘耀武,校.哈尔滨：黑龙江人民出版社,1981.

［4］吴文俊.中国数学史大系：第七卷　明末到清中期［M］.北京：北京师范大学出版社,1999.

［5］郭世荣.论《几何原本》对明清数学的影响［M］//徐汇区文化局.徐光启与《几何原本》.上海：上海交通大学出版社,2011.

［6］李俨.中国数学大纲(上下册)［M］.北京：科学出版社,1958.

［7］佟健华,杨春宏,崔建勤.中国古代数学教育史［M］.北京：科学出版社,2007.

［8］苏云峰.近代中国教育思想之演变［C］//中华文化复兴运动推行委员会.中国近代现代史论集(第十八编)：近代思潮(下).台北：台湾商务印书馆,1986.

［9］杨宏雨.困顿与求索——20世纪中国教育变迁的回顾与反思［M］.上海：学林出版社,2005.

［10］郭秉文.中国教育制度沿革史［M］.北京：商务印书馆,2014.

[11] 李兆华. 中国近代数学教育史稿[M]. 济南：山东教育出版社,2005.

[12] 曹运耕. 维新运动与两湖教育[M]. 武汉：湖北教育出版社,2003.

[13] 杨齐福. 教会学校的兴起与近代中国的教育改革[J]. 扬州大学学报（高校研究版），2000,4(1)：37-41.

[14] 马忠林,王鸿钧,孙宏安,等. 数学教育史[M]. 南宁：广西教育出版社,2001.

[15] 高奇. 走进中国科技殿堂[M]. 济南：山东大学出版社,2014.

[16] 汪晓勤. 中西科学交流的功臣：伟烈亚力[M]. 北京：科学出版社,2000.

[17] [美] 丹尼尔. W. 费舍. 一位在中国山东四十五年的传教士——狄考文[M]. 郭大松,崔华杰,译. 北京：中国文史出版社,2009.

[18] 莫由,许慎. 中国现代数学史话[M]. 南宁：广西教育出版社,1987.

[19] 吴文俊,李迪. 中国数学史大系：副卷第二卷 中国算学书目汇编[M]. 北京：北京师范大学出版社,2000.

[20] 代钦,松宫哲夫. 数学教育史——文化视野下的中国数学教育[M]. 北京：北京师范大学出版社,2011.

[21] 苏州大学图书馆. 耆献写真——苏州大学图书馆藏清代人物图像选[M]. 北京：中国人民大学出版社,2008.

[22] [美] 狄考文. 基督教会与教育的关系[M]//陈学恂. 中国近代教育史参考资料（下册）. 北京：人民教育出版社,1987.

[23] 亢小玉,宋轶文,姚远. 晚清3种《算学报》与数学专业期刊诞生的意义[J]. 西北大学学报（自然科学版）,2017,47(1)：146-151.

[24] 亢小玉,姚远. 两种《算学报》的比较及其数学史意义[J]. 西北大学学报（自然科学版）,2006,36(5)：858-860.

第八章　　　清代的数学教育（下）

　　晚清的教育变革，跌宕起伏，从"变科举"到"废科举"，从学"西语""西艺""西技"，再到学习"西政"，从怀疑新学，容纳新学，到推崇新学，新旧思想交锋，各种观念杂陈，中西方文化碰撞，教育气象日新。在"中体西用"思想的指导下，我国近代学校教育得到了创立和发展，百日维新运动为晚清新学制的诞生创造了条件。晚清的中国数学教育在中西方文化的交流和融合中从传统向现代化转型，具体体现在科举制的逐步废除，模仿日本的"癸卯学制"的颁布与施行，新式中小学堂的创立与发展，小学算术教科书及中学算学教科书的翻译与编写，西方中小学数学教育理论的引进与实践，等等。这一阶段的小学数学教科书以参考日本教科书为主，主要有心算教科书、珠算教科书和笔算教科书；中学数学教科书则是由日本、美国翻译进来的各种"新""最新"教科书，主要有算术教科书、代数教科书、几何教科书和三角学教科书。数学教育理论主要有王国维（1877—1927）翻译的日本著名数学家藤泽利喜太郎（Fujisawa Rikitarou，1861—1933)的《算术条目及教授法》，以及渗透在各科教授法著作和各种教科书的序、例言、弁言中的一些内容。

第一节　社会变革与晚清学制的建立

一、 百日维新对数学教育的影响

19 世纪 90 年代，中国资产阶级改良派发动了一次变法图强的维新运动。这场运动中维新派倡导改良中国封建政治的同时，认识到教育发展和人才培养在社会进步中的重要作用，主张以发展教育、开启民智、提高全民族的文化素质来实现革新中国、救亡图存的目标。在文化教育方面倡导"兴学堂，开民智"，并在教育实践中广泛地展开了多种形式的活动。维新运动的领导人认为"变法之本，在育人才；人才之兴，在开学校；学校之立，在变科举"。因而积极倡导新学，十分重视教育，设学校以培养人才，立报馆以宣传变法，建学会以组织力量，译西书以介绍西学，提倡白话文，以便广大国民读书识字作为救亡之道①。

维新派从"开民智"的立场出发，坚决主张摒弃封建文化糟粕，逐渐改变洋务学堂单纯学习外语和艺术技能的局面，扩大西学的范围和中学的学以致用。学习西学，反映在教学上就是大量地增加自然科学和政治制度的内容，在我国封建社会，受传统文化价值观的影响，教学内容中自然科学安排较少，但是维新派认为自然科学对发展人的智力才能具有特别重要的意义。

百日维新推动了中国教育由传统向现代的转型，为壬寅学制、癸卯学制的诞生创造了条件，梁启超草拟的《京师大学堂章程》更是中国近代新学制的萌芽——清廷1902 年公布的壬寅学制中《钦定京师大学堂章程》就是在此基础上修改、补充而成的②。维新变法拉开了 20 世纪中国教育现代化的序幕。维新派从洋务派对西学物质层面的认识，提高到思想制度层面的认识，这是近代中国对西学内涵及价值认识的一大转变，必然影响到整个清末中国的教育改革。

二、 日本对中国数学教育的影响

日本自明治维新后迅速崛起，日本的教育经历了从西洋化到日本化的历程，已对

---

① 吴洪成.历史的轨迹——中国小学教育发展史[M].重庆：西南师范大学出版社,2003：225.
② 杨宏雨.困顿与求索——20 世纪中国教育变迁的回顾与反思[M].上海：学林出版社,2005：42.

西方教育进行了去粗取精、吸收、消化和融合。中国教育学习西方,以日本为媒介,可以减少摸索、尝试的代价,避免走不必要的弯路,收到事半功倍的效果且不悖于国情政体。综合考查多方原因,采取日本模式在当时被公认为是最切实可行的。

1902 年,管学大臣张百熙(1847—1907)所拟订的《钦定学堂章程》(亦称"壬寅学制")是中国近代教育史上第一个法定学校系统,也是中国新式学校体系诞生的标志。为了拟定这个学堂章程,张百熙派京师大学堂总教习吴汝纶赴日本考察,他在考察时期及时地、多渠道地向张百熙汇报了在日本考察的情况,为制定这个学制提供了资料。该章程虽然公布了,但没有得到施行。

1904 年,颁布新的学堂章程——《奏定学堂章程》(亦称"癸卯学制"),可以说该章程是完全模仿日本《中学校数学科教授要目》(1902 年)学制而定,对学校体系、课程设置、学校管理等都作了具体规定。这个章程是中国近代史上最早颁布并经法令正式公布且在全国施行的新学制,一直沿用到清朝覆灭。其实,中国后来建立的学校制度实际上是在这个学制的基础上演变而来的。这个学制的施行改变了中国长期封建式的官学、私学、书院等形式,为中国建立现代形式的学校制度奠定了基础。

《奏定学堂章程》和《中学校数学科教授要目》的数学教学目的、教学法要求和课程设置基本相同。从指导思想的根源上说,《奏定学堂章程》也是以《算术条目及教授法》的思想为基础的。

首先,在教学目的方面,《奏定高等小学堂章程》算术之教学要义(1904 年)"在使习四民皆所必需之算法,为将来自谋生计之基本。教授之时,宜稍加复杂之算术,兼使习熟运算之法"。日本教学算术之教学要义(1902 年)是"使习熟日用之计算,与以自谋生计必需之知识,兼使之思考精确"。二者十分相似。

其次,在教学法要求方面,《奏定中学堂章程》算学教法:"凡教算学者,其讲算术,解说务须详明,立法务须简捷,兼详运算之理,并使习熟于速算。其讲代数,贵能简明解释数理之问题;其讲几何,须详于论理,使得应用于测量求积等法。""中学校教授要目"之"注意七"中提出的几何教学要求为"其讲几何,须详于论理"。

最后,在课程设置方面,中日两国数学课程设置几乎相同,在中学五年的课程相应地设置了算术、代数、几何和三角,中国的课程中多设置了簿记,每周上课学时均为 5学时。

对《奏定学堂章程》所规定的普通中学课程与日本明治三十二年(1899 年)《中学校令施行规则》中规定的普通中学课程进行比较后发现,清末新学制规定的中学堂学制与课程,同日本中学校的学制与课程如出一辙。清末的课程设置基本上移植了日本中学校课程的架构(见表 8-1)。

表 8 - 1 日本中学校与清末中学堂课程比较表①

日本课程	修身	国语及汉语	外国语	历史	地理	数学	博物	物理及化学	法制及经济	图画	唱歌	体操	12 门
清末课程	修身	读经讲经	中国文学	外国语	历史	地理	算学	博物	物理及化学	法制及理财	图画		体操	12 门

自建立新学制以后,中国不但照搬日本的数学教育制度,而且大量翻译使用日本的数学教科书,各级各类学校请日籍教师来华授课②。另外,"教育学""教授法""教育史""学科""课程""教育制度"等教育相关名词等大多直接引自日本。

晚清时期日本对中国数学教育的影响是积极而深远的,无论是新学制的制定与实行、数学教科书的翻译与借鉴,还是教学法的引入与发展,都加速了近代中国数学教育现代化的历程。

三、 学制的建立与数学教育的转变

1902 年颁布的《钦定学堂章程》,虽然没有得以实施,但是它的颁布预示着中国学校教育的未来走向,这为《奏定学堂章程》颁布奠定了良好的基础。1904 年随即颁行的《奏定学堂章程》,对学级的划分、新式教科书的推广使用,都作了更为切实可行的规划。《奏定学堂章程》确定了从幼儿、小学、中学到大学的系统规范的学校体系,并制定出相应的学堂章程。

《奏定学堂章程》包括《蒙养院章程》《家庭教育法》《初等小学堂章程》《高等小学堂章程》《中学堂章程》《高等学堂章程》《大学堂章程》,附《通儒院章程》《初级师范学堂章程》《优级师范学堂章程》《初等农工商实业学堂章程》《中等农工商实业学堂章程》《高等农工商实业学堂章程》《实业教员讲习所章程》《实业学堂通则》《各学堂管理通则》《学务纲要》等子章程。

《奏定学堂章程》规定的全系统共计 21 学年,初等教育共 9 学年,中学与初级师范共 5 年,大学连预科年限为 6 至 7 年。所确定的学校系统如图 8 - 1③。

---

① 吕达.中国近代课程史论[M].北京：人民教育出版社,1994：165.
② 朱有瓛.中国近代学制史料(第二辑上册)[M].上海：华东师范大学出版社,1987：46.
③ 郭秉文.中国教育制度沿革史[M].北京：商务印书馆,2014：83.

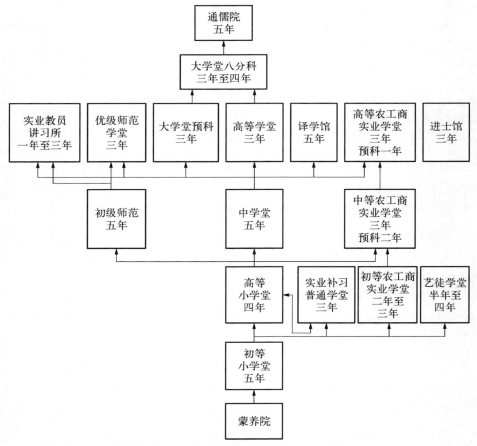

注：实业学徒(补习)学堂也接受那些已在外谋生有志实业的人。

图 8-1 "癸卯学制"中的学校系统

"癸卯学制"的颁行,标志着旧的学校系统的废止和新的从西方移植的现代学校制度的建立。以官学、私塾、书院和科举制为主体的中国传统教育受到了巨大的冲击,在新学制的引导下,中国的数学教育开始了从传统向现代的革命性变革。"癸卯学制"颁行后,中小学教育有了统一的宗旨,教学内容、教材、教学组织形式、教学方法以及管理规章都有了较为严格的标准和要求。在教育形式上,从中国古代最普遍、最典型的私塾和书院,转变为各州县广泛设立的中小学堂。在教学内容上,由中国传统数学向西方现代数学转变,并且数学成为中小学堂的必修科目。虽然引入的教育理论、实践模式与传统教育观念存在冲撞,需要一个漫长的磨合过程,但新学制的颁行大大缩短了中国传统数学教育向西方近代数学教育进化的历程。

第二节 小学堂的数学教育

一、小学堂数学教育概述

（一）"癸卯学制"中的小学堂数学课程

1902 年颁布的《钦定学堂章程》中，分初等教育为蒙学堂、寻常小学堂、高等小学堂三段。从蒙学堂第三年起，加授算学一科。当时称数学为"算学"。

1904 年颁布的《奏定学堂章程》规定小学分为初等小学堂和高等小学堂，七岁入小学堂，初小五年，高小四年。初等小学堂和高等小学堂单独分别设立，鼓励适龄儿童入初等小学堂，不收学费，高等小学堂入学与否，听人民自由。初等小学堂各学科均以汉文讲授，以免抛荒中学根柢。升学至高等小学堂，才能兼习洋文。中学堂以上各学堂，必勤习洋文。其所定学堂课程，大率中人之资力所优为者。今每日功课，少者四五点钟，至多者不过六点钟，藏修息游，各有其时，每星期又歇息一日，较之向来学塾穷年不息、夜分不休者，宽舒多矣[①]。初等小学每天上课五小时，高等小学每天上课六小时。相对于之前的书塾，学堂上课时间不长，学生的课业负担也不重。

小学堂因经费来源的不同，分为官立、公立和私立三种。初高并立的，称为两等小学堂。所有各种小学堂，都受地方官员监督指导，并转报当时省教育行政最高机关"省学务处"备案。1906 年，劝学所成立，各地小学遂直接改由劝学所管辖，而受地方长官监督[②]。

《奏定初等小学堂章程》和《高等小学堂教学科目》将"算学"改为"算术"。其中《奏定初等小学堂章程》规定：设初等小学堂，令凡国民七岁以上者入焉，以启其人生应有之知识，立其明伦爱国家之根基，并调护儿童身体，令其发育为宗旨，以识字之民日多为成效。每星期不得过三十点钟，五年毕业[③]。初等小学堂开设课程有八科，算术是其中之一。算术教授要义为：使知日用之计算，与以自谋生计必须之知识，兼使精细

---

① 陈学恂.中国近代教育史教学参考资料（上册）[M].北京：人民教育出版社,1986：543.
② 周予同.中国现代教育史[M].福州：福建教育出版社,2007：72.
③ 朱有瓛.中国近代学制史料（第二辑上册）[M].上海：华东师范大学出版社,1987：174.

其心思。当先就十以内之数示以加减乘除之方,使之熟悉无误,然后渐加其数至万位为止,兼及小数;并宜授以珠算,以便将来寻常实业之用①。初等小学堂算术教授时刻如表8-2。

表8-2　初等小学堂算术教授程度及时刻表

学　年	程　度	每星期钟点
第一年	数目之名,实物计数,二十以下之算数,书法,记数法,加减	6
第二年	百以下之算术,书法,记数法,加减乘除	6
第三年	常用之加减乘除	6
第四年	通用之加减乘除,小数之书法,记数法,珠算之加减	6
第五年	通用之加减乘除,简易之小数,珠算之加减乘除	6

《奏定高等小学堂章程》规定:设高等小学堂,令凡已习初等小学堂毕业者入焉,以培养国民之善性,扩充国民之知识,强壮国民之气体为宗旨;以童年皆知作人之正理,皆有谋生之计虑为成效。每星期不得过三十六点钟,四年毕业②。高等小学堂开设课程有九科,算术是其中之一。算术教授要义为:使习四民皆所必需之算法,为将来自谋生计之基本。教授之时,宜稍加以复杂之算术,兼使习熟运算之法③。高等小学堂算术教授时刻如表8-3。

表8-3　高等小学堂算术教授程度及时刻表

学　年	程　度	每星期钟点
第一年	加减乘除,度量衡货币及时刻之计算,简易之小数	3
第二年	分数,比例,百分数,珠算之加减乘除	3
第三年	小数,分数,简易之比例,珠算之加减乘除	3
第四年	比例,百分数,求积,日常簿记,珠算之加减乘除	3

---

① 朱有瓛.中国近代学制史料(第二辑上册)[M].上海:华东师范大学出版社,1987:178.

② 朱有瓛.中国近代学制史料(第二辑上册)[M].上海:华东师范大学出版社,1987:189.

③ 朱有瓛.中国近代学制史料(第二辑上册)[M].上海:华东师范大学出版社,1987:193.

在晚清新学制中，适龄儿童要接受九年的小学数学教育。其中，初等小学堂教授的算术内容以基本的加减计算为主，每周的课时数较多。在初等小学堂开设的八门必修课①中，算术是除了"读经讲经"这门课之外，周课时数最多的学科。高等小学堂教授的算术内容更偏重于应用，"为将来自谋生计之基本"，注重实际生活中的技术经验相关知识。算术每周课时数的比重有所下降②，但比起地理、格致等自然学科，仍略占优势。

光绪三十二年（1906年）三月，颁布了"忠君、尊孔、尚公、尚武、尚实"五项教育宗旨，它是为封建统治服务的实用主义教育。尚实一条，是设置数学学科的依据③。

（二）"癸卯学制"中的小学堂算术教学法

在《奏定初等小学堂章程》中没有明确规定算术教学法，但在"学科程度及编制章第二"第十一节中明确要求，"凡教授儿童，须尽其循循善诱之法，不宜操切以伤其身体，尤须晓以知耻之义；夏楚只可示威，不可轻施。尤以不用为最善。"④要求教师教学要循循善诱，让学生知晓廉耻，夏楚存在的意义在于树立威严而非鞭笞学生。"凡教授之法，以讲解为最要，讲解明则领悟易。"⑤课堂授课主要以讲授法为主，注重讲解详细明晰，才能让学生容易领悟，学懂弄通。不仅如此，章程中还强调教师要因材施教，将年龄及学习程度不同的学生分不同等级，采取不同的教授方法，"一堂中学生高下之等必多参差不齐，则教法亦不同等级。"⑥

在《奏定高等小学堂章程》中除了要求教师在讲授之时"不可紊其次序、误其指挥"，教学中循循善诱外，还强调了教师要顾及学生的年龄特征，保护学生自尊心，不能体罚学生，"童至十三岁以上，夏楚万不可用；有过只可罚以直立，禁假、禁出游、罚去体面诸事亦足示儆。"⑦另外，教师要承认并接受学生认知方面的差异，对于"记性过钝实不能背诵者，宜于试验时择紧要处令其讲解"，让这样的学生去多读多背多练多算，熟

---

① 初等小学堂开设的八门必修课程分别是修身（每周2课时）、读经讲经（每周12课时）、中国文字（每周4课时）、算术（每周6课时）、历史（每周1课时）、地理（每周1课时）、格致（每周1课时）、体操（每周3课时）。
② 高等小学堂开设九门必修课，分别是修身（每周2课时）、读经讲经（每周12课时）、中国文学（每周8课时）、算术（每周3课时）、中国历史（每周2课时）、地理（每周2课时）、格致（每周2课时）、图画（每周2课时）、体操（每周3课时）。
③ 魏庚人.中国中学数学教育史[M].北京：人民教育出版社，1987：98.
④ 朱有瓛.中国近代学制史料（第二辑上册）[M].上海：华东师范大学出版社，1987：183.
⑤ 朱有瓛.中国近代学制史料（第二辑上册）[M].上海：华东师范大学出版社，1987：184.
⑥ 朱有瓛.中国近代学制史料（第二辑上册）[M].上海：华东师范大学出版社，1987：184.
⑦ 朱有瓛.中国近代学制史料（第二辑上册）[M].上海：华东师范大学出版社，1987：197.

能生巧。对于"常有记性甚劣而悟性尚可者,长大后或渐能领会,亦自有益。"教师要拓宽让学生学习和理解知识的时间与空间,让学生慢慢自行领悟,"若强责背诵,必伤脑力,不可不慎。"①

清末,在教学法方面,五段式教学法和启发式教学法并存。因新学堂大量涌现,改个别教学为班级授课,赫尔巴特学派的教育理论输入中国,特别是其实用性很强的"五段教学法"被广为宣传,很好地帮助教师编写教案、组织教学。五段式教学法最早在1908年前便通过赴日本留学的师范生传入我国,这一时期各中小学堂从私塾的个别讲解转变为班级上课,"先生讲,学生听"这一套新技术开始建立。五段式教学法仅仅在讲义或口头谈话中推行,小学课本里很少出现。1906年在广明师范时,先进的教师提倡用启发式教学法代替注入式。所谓启发式,是指问答法,不单纯用讲演法言。这风气推广得相当快,优良小学,优良教师,殆以上课用启发为奋斗目标,启发式不等于五段式教学法,提倡启发式,为推行五段开路②。

二、 小学堂数学教科书概述

晚清新学制颁行后,新式小学堂如雨后春笋般涌现,新学制对小学教科书的编辑、审定及管理提出了新要求,刺激了多渠道编写教科书及审定教科书制度的形成。《奏定学堂章程》在"学科程度章第二之第八节"中制定了教科书审定制度:"凡各科课本,须用官设编译局编纂经学务大臣奏定之本,其有自编课本者,须呈经学务大臣审定,始准通用。官设编译局未经出书之前,准由教员按照上列科目,择程度相当,而语无流弊之书,暂时应用。出书之后,即行停止。"③清政府成立专门机构,组织编译中小学教科书。1902年,京师大学堂成立编书局、译书局,在大学堂谨拟译书局章程中提到,紧要着手编撰蒙学课本和小学课本,"教科书通二分等,一为蒙学,二为小学。其深邃者俟此二等成书后,再行从事。"④足见清政府对蒙学及小学教科书编纂的重视。

在新学制下,中国中小学所使用的数学教科书以国人自行编译教科书为主,其中

---

① 朱有瓛.中国近代学制史料(第二辑上册)[M].上海:华东师范大学出版社,1987:197.

② 俞子夷.现代我国小学教学法演变一斑——一个会议简录[M]//陈元晖.中国近代教育史资料汇编(普通教育).上海:上海教育出版社,2007:225-226.

③ [清]张之洞,等.奏定学堂章程[M].台北:台联国风出版社,1970:374.

④ 朱有瓛.中国近代学制史料(第二辑上册)[M].上海:华东师范大学出版社,1987:860.

多数底本取自日本原著或日译西著①，更有甚者直接使用外文原版教科书。鉴于此，蔡元培在《国化教科书问题》中指出："'国化教科书'五个字的意义，就是想把我国各学校（偏重高中以上）的各项教科书——社会科学或自然科学的——除外国文而外，都应当使之中国化。再明白点讲，就是除开外国文一项，其余各种学科，都应该来用中国文做的教本。"②

清末除了官办的京师大学堂的编书处、译书局专门编辑教科书外，还鼓励学堂自编讲义、私家编纂课本及编译西方成书。清政府对编译的教科书严格把关，根据统一的教育宗旨、课程标准，分别由国家、地方、民间个人多渠道、多层次地编辑教科书，再由国家统一审定后颁行，教科书的内容和质量得到了保证。这一时期自编教科书的主要来源是中央编书机构编书、学堂③自编、书坊④自编三种，多渠道的教科书编写推动着清末自编小学算术教科书的发展。

在官编教科书未出版之前，由于各省中小学堂亟需教材，各学堂各科教员按照详细教授要目，自编讲义。"由各省咨送学务大臣审定，择其宗旨纯正，说理明显，繁简合法，善于措词，合于讲授之用者，即准作为暂时通行之本。"⑤

清末出现了很多被广泛使用的、较有影响的数学教科书。例如丁福保的《蒙学心算教科书》（上海文明书局，1903 年）和《蒙学笔算教科书》（上海文明书局，1903 年）、徐寯的《最新笔算教科书》（5 册，上海商务印书馆，1904—1910 年）、张景良的《小学笔算新教科书》（5 册，上海文明书局，1908 年）等。清末具有代表性的小学数学教科书见表 8 - 4。

在新学制颁行的近十年中，我国小学堂数学教科书国人自编的较多。呈现以下特点：（1）编排形式多样，有竖排编写的形式，有横排编写的形式，也有横竖混编的形式。（2）数学符号、数学名词术语中西兼备。清末中国数学教科书的编写者虽然尽可能地按照西方数学的名词术语编写教科书，但有时候也有意无意地使用一些中国传统数学的名词术语，这样在同一本数学教科书中就混合出现了中西数学名词术语。（3）数学

---

① 李兆华.中国近代数学教育史稿[M].济南：山东教育出版社，2005：182.
② 高平叔.蔡元培教育论著选[M].北京：人民教育出版社，1991：583.
③ 这里的学堂是指不同于传统的私塾或书院的具有近代色彩的新式学堂，如南洋公学、无锡三等公学堂、上海澄衷学堂等。"学堂"一词，清末泛指新兴的学校以与国子监、州府县学等官学相区别。壬寅学制颁布之后，普遍使用大学堂、高等学堂、中学堂、小学堂的称谓。至民国元年《普通教育暂行办法》颁行之后，学堂改称学校。
④ 书坊是指各地的民营出版企业。比较典型的书坊有商务印书馆、文明书局、正中书局等。
⑤ 陈学恂.中国近代教育史教学参考资料（上册）[M].北京：人民教育出版社，1986：545.

表 8-4　清末小学数学教科书概况表①

序号	书　　名	册数	编辑(编纂)者	出版社	时　间
1	笔算教科书	2	南洋公学师范院译述		1901
2	蒙学笔算教科书		丁福保	上海文明书局	1903
3	物算教科书	2	（日）文学社编纂所著,董瑞椿、懋堂甫口译,朱念椿、予鸥甫笔述		1903
4	笔算课本	2	王儒怀	上海吴云记书局	1903
5	数学教科书	2	叶懋宣	上海通社	1904
6	数学教科书	2	商务印书馆编译所	上海商务印书馆	1904
7	最新笔算教科书	5	徐寯	上海商务印书馆	1904—1910
8	小学几何画教科书		张景良	上海文明书局	1905
9	蒙学算学画		丁福同	上海文明书局	1905
10	笔算数学	3	（美）狄考文辑 邹立文述	上海华美书馆	1905
11	高等小学用最新笔算教科书	4	王兆枬、杜亚泉	上海商务印书馆	1905
12	初等小学用最新笔算教科书	5	徐寯	上海商务印书馆	1904
13	绘图蒙学习算	4	彪蒙主人	上海彪蒙书室	1906
14	简易数学课本	2	寿孝天	上海商务印书馆	1906
15	高等小学算术教本	4	寿孝天	上海商务印书馆	1906
16	最新初等小学笔算教科书	4	王艺	上海彪蒙书室	1907

---

① 此表是根据北京图书馆编《民国时期总书目(1911—1949)：中小学教材》(北京书目文献出版社,1995)和实藤惠秀监修、谭汝谦主编、小川博编辑的《中国译日本书综合目录》(香港中文大学出版社,1980)以及作者本人相关藏书所制作。

序号	书　　　名	册数	编辑(编纂)者	出　版　社	时　间
17	初等小学算术课本		沈羽	上海中国图书公司	1907
18	高等小学算术教科书	4	陈文、何崇礼	上海科学会编译部	1907
19	小学笔算新教科书	5	张景良	上海文明书局	1908
20	高等小学算术书		王家葇	上海商务印书馆	1909
21	高等小学算术课本	4	石承宣	上海中国图书公司	1910
22	几何画法		（日）印藤真楯、冈村增太郎	南京 江楚编译局	
23	小学笔算教科书	5	张景良	上海文明书局	1908
24	高等小学算术教科书			清政府学部编译图书局	1908
25	吴编算术教科书	4	吴延璜	苏新书社	1910
26	高等小学算术教科书		吴延璜	南洋公学	1910
27	简明初小笔算教科书	4	寿孝天	上海商务印书馆	1910
28	邮传部上海高等实业学堂附属高等小学堂算术教本	6	吴延璜	上海商务印书馆	1911
29	最新初等小学用珠算入门	2	杜就田	上海商务印书馆	1905
30	最新应用珠算教科书	2	杜就田	上海商务印书馆	1907
31	蒙学珠算教科书	1	董瑞椿	上海文明书局	1903
32	心算初学	6	朱葆琛	上海美华书馆	1894
33	蒙学心算教科书	1	丁福保	上海文明书局	1903

教科书种类多样化，珠算、心算、笔算等教科书内容独具中国特色，在引入西方科学知识的同时还保留着中国传统的知识体系。（4）教科书内容的"中国化"。书中实例多从当时中国教育的大背景出发，例题、习题内容贴近学生生活实际，易于学生理解和接受。

三、小学堂数学教科书举例

清末出版的小学堂数学教科书大多是自编的，部分是翻译的教科书，教科书包括珠算教科书、心算教科书和笔算教科书。本节主要介绍的小学珠算教科书有杜就田编《最新初等小学用珠算入门》(上、下卷)；小学心算教科书有朱葆琛著《心算初学》、丁福保著《蒙学心算教科书》；小学笔算教科书有丁福保著《蒙学笔算教科书》、徐寯编《初等小学用最新笔算教科书》、杜亚泉等编《高等小学用最新笔算教科书》、张景良著《小学笔算新教科书》。

(一) 珠算教科书

《奏定学堂章程》规定开设珠算课程，其目的是以便学生将来寻常实业之用。在初等小学第四年和第五年的算术课程中安排了珠算内容，在高等小学堂的算术课程中又安排了珠算教学内容(第二、三、四学年都安排了珠算加减乘除内容)。从初等小学堂到高等小学堂学生共要学习珠算 5 年之久。

按学堂章程中珠算教学要求，国人编辑出版了不少单独的珠算教科书。据不完全统计，1897 年，南洋公学成立后编辑了各学科教科书，其中有《笔算教科书》和《物算教科书》。1902 年，在上海成立文明书局，推出修身、文法、笔算、珠算等多种教科书。1905 年，商务印书馆编辑出版了适应初小程度的格致、算术、珠算、地理等 5 种教科书。

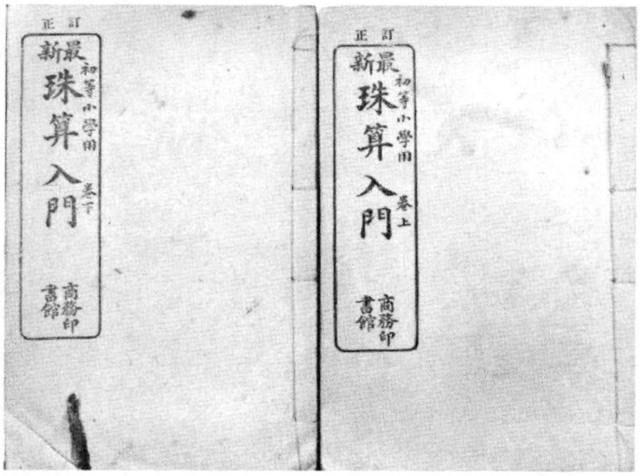

图 8-2 《最新初等小学用珠算入门》书影

其中，《最新初等小学用珠算入门》(见图 8-2)共两卷，杜就田编，商务印书馆出版，1905 年初版，1907 年第四版，1914 年第七版。该书是专门为教师编撰的，是指导珠算的教学用书。

该书具体的编撰目的及背景等从"编辑大意"可知，具体如下①：

本书专为教员教授初等小学校第四年初学珠算之用，此时学生初习连

① 杜就田.最新初等小学用珠算入门[M].上海：商务印书馆，1914：编辑大意.

珠，必须口授，故教科书暂付阙如。

本书为便教员口授，俾省纂辑之劳，然书中所载连珠法之变化，教员宜先体会明白，且反复详细解释之，庶施教时受之者能得其益。

珠算之法，会悟甚难，不独年幼者难于贯通，即稍长者亦不易索解，盖因教授运算时，其连珠之形状，屡次变迁，几为受教者目力之所不能及也，本书插入算盘式，以备教员依式画入黑板，庶几学童易于记忆。

本书第四篇所载乘除，只以一位法数为限，理浅法简，当于幼童脑力，无所障碍。

各项问题，其次序皆互相联络，务宜依序教授，切勿凌躐。

各项问题，教员宜代以白话，讲解务极明晰，不可徒就文字指示。

教授方法，已揭明于每篇之首及教授要旨之内，神而明之，是在当局。

书中所载口诀，最为紧要，宜令学生熟读。

书中有紧要之处，应与学生讲明者，则表以注意二字。

教幼童连算，最宜出以活泼，若一步笨滞，幼童之意索然，教员亦不胜烦苦，此理不可不知。

书中问题不足，教员可随时增补，如有舛误及疏畧之处，亦望临时更正，此不特学生受其利益，抑亦编辑者之祈求者也。

《最新初等小学用珠算入门》编排形式为"篇—课—条"，全书共有 4 篇、12 课、27 条（节）。具体内容如下①：

第一篇 二十以内之布算法：十未满之布算法（一至四之布算法；五至九之布算法），二十未满之布算法（十至十九之布算法）。

第二篇 二十以内之加法及减法：第一类之加法及减法（第一类之加法；第一类之减法；加减法杂题）；第二类之加法及减法（第二类之加法；第二类之减法；加减法杂题）；第三类之加法及减法（第三类加法上；第三类加法下；第三类减法上；第三类减法下；加减法杂题）

第三篇 百以内之布算法及其加减法：百未满之布算法（十至百之布算法）；第一类之加法及减法（第一类加法；第一类减法）；第二类之加法及减法（第二类加法；第二类减法）；第三类之加法及减法（第三类加法；第三类减法）；加减杂题及其应用问题（加减杂题；加法及减法之应用问题）

第四篇 百以内之乘法及除法：一位法数之乘法（因法之第一步运珠法；因法之第二步运珠法）；一位法数之除法（归法之第一步运珠法；归法之第二步运珠法）。

---

① 杜就田.最新初等小学用珠算入门[M].上海：商务印书馆，1914：目录.

《最新初等小学用珠算入门》每一条（节）的内容中先设置教授要旨，其中不仅给出了教学方法、教学步骤等教学活动，而且说明了内容设置的目的与意义，如"加减法杂题"的教学要旨①：

加减法杂题使学生练习之，欲其深悉加法与减法之有分别也，盖学生于前条所学之加减法，多不留意，惟随教师依法为之，实不知其所以然之用法，故遇加减混杂之题，竟有束手无策者，欲防此弊，非令学生练习加减法杂题不可。

（二）心算教科书

清末的数学教育中，心算教育很早就在学校教育中受到重视。在当时的教会学校中数学课程的初期就设置了心算内容。如上海中西书院入学三年开设数学启蒙课程，其中就有心算内容。上海中西女塾中的西学课程按照十年之期进行，其中第一年主要学习心算。圣玛利亚女书院的课程分为初级课程四年、备级课程四年、正级课程四年，其中初级第一年和第二年都学习心算。当时的心算内容没有在教学大纲中明确章节的安排，但是很多学校都在学习初期设置了心算教学内容，所以出现了一些心算教科书，有的是单独出版的，有的是与算术、珠算教科书一起出版的。下面具体以《心算初学》和《蒙学心算教科书》为例做简要介绍。

1. 朱葆琛著《心算初学》

图 8-3 《心算初学》书影

《心算初学》六卷，朱葆琛著，上海美华书馆出版，1894 年初版，是现今发现最早的专门介绍心算的教科书。图 8-3 是该书的 1907 年版，书名后附有"官话"二字，从其出版社和这些标记可以看出该书是官方出版的心算教科书，不是民间流传的数学读物。

《心算初学》是由旧有民间流传的心算书改编而成的，作者站在小学生的角度，结合小学生的心理特征编写，在教学语言及应用举例方面通俗易懂，浅显明晰。从该书的"序"可以看出其编撰目的、编写原则等，具体内容如下②：

心算一书，原为小学发蒙而设，故其为算也，浅之又浅，而至于极浅，近之又近，而至于极近。其余乘法也，亦

---

① 杜就田.最新初等小学用珠算入门[M].上海：商务印书馆，1914：教学要旨.
② ［清］朱葆琛.心算初学[M].上海：美华书馆，1907：序.

不过倍二之数便成四倍,倍三之数便成六之类。其余除法也,亦不过十而二之,是两个五。九而三之,是三个三之类,余法之浅近亦然噫,浅极矣,近极矣,以之发蒙,便利而蓰以加矣。虽然,口授者听及不广,故必笔之于书,而笔之于书或其文理稍深,小儿又不能一览了然,朴不揣谫陋,将旧本之文理心算,改为新成之官话心算,大署悉遵旧本,而间参一二己意,皆因小儿易晓起见,故其话,句句皆小儿对谈的声口,而其事,件件皆小儿习见的物类,然使十数岁小儿,开卷一阅,不待教而也已晓然矣,疏通小儿的聪明,扩充小儿的识见莫此为便,故镌之。

在"凡例"中详细介绍了《心算初学》中数字和一些数学名词的来源,以及数学符号的使用,包括该书的主要结构,对于其中"习问"的使用方法,及对于学者和教者都有相应的使用建议。最后还设置了"奇问数则",激发学生继续探索学习的兴趣和动机。"凡例"的具体内容如下①:

一、是书所用诸号及名目等,悉本笔算数学所载。

二、数目字之便于用者莫如亚拉伯数目字,中国往后,谅必通行,故用之。

三、书中之名目及九九数、天平数②、时数、衡数、量数、度数及其余诸数,皆当使学者念熟,方可济用。

四、书中习问,非欲学者诵读,不过教者将问中之账目念清,使学者随问中之次序,回答明白而已。

五、凡习问每进一步,必设解说一则,为要解明问中之理,作下边诸问的样子,使学者逐问解说出来,非惟便于就绪,且可易于名透。

六、末设奇问数则,为要触动学者之心机,使其不至株守焉耳。

七、教者当于每课习问之外,自出心裁,设下几问,以开导学者,如减法,可问三减三等何数,可问九除九或一除九等何数,诸类的问。余可类推。

该书的主要内容如下③:

第一卷:加法—加号—等号,(第一—七课练习);第二卷:减法—余数—原数—减数—减号,(第八—十课练习);第三卷:乘法—实数—法数—合数—乘号,(第十一—十四课练习);第四卷:除法—实数—法数—得数—余数—除号,(第十五—二十课练习);第五卷:诸等法—化法—聚法—天平数—衡数—度数—量数—时数,(第二十一—二十六课练习);第六卷:命分—命分法—命分念法—分子分母—命分写法,(第

---

① ［清］朱葆琛.心算初学[M].上海:美华书馆,1907:凡例.

② 天平数,即平金银用的一些数。

③ ［清］朱葆琛.心算初学[M].上海:美华书馆,1907:目次.

二十七—四十六课练习）。

　　该书在第一卷开始介绍了心算、四法（即加减乘除法）、数目字、数目的写法等内容。编排形式一律采用竖排编写形式，主要内容介绍之后，分不同的课时设置不同的

图 8-4　《心算初学》第 40 页

习题，一类型为一课时，每一课介绍一种类型的题目，包括口算、计算、应用题。每一课中包含许多"问"，在第一问中会有解说，按照解说可以做下边其余"问"，每一课中的问题几乎一致，作法也相同，以帮助学生巩固所学知识，强化学生的计算思维。书中强调对相应知识点的记忆，指出心算就是使心算账。心算能使学生在小买卖与平常的账目上不用笔和算盘，就能算出数的多少来。书中内容的设置联系紧密，关联性强，方便学生对知识点的应用，如天平数之间的换算就需要分清各个单位之间的换算情况，书中给出天平数表，见图8-4，便于学者背诵记忆。

　　该书采用阿拉伯数字，有的使用汉字大写形式，且数字均为竖排形式书写，即使是小写的两位数也用竖排形式编写。加减乘除运算符号均与现在的相同。其中名词术语与现今的表示不一致，如：实数在乘法中表示乘数，在除法中表示除数；法数在乘法中表示被乘数，在除法中表示被除数。另外，单位换算问题在书中称为"诸等法"。

　　书中数学应用题的编排形式与中国古代数学典籍中的形式一致，如题目开始出现"今有""若有""现有"等字眼，其中使用的计量单位有"斤""两""斗"等，没有使用现代计量单位的痕迹。数学习题的数量多，每一类型的题目大多有二十道以上的习题，所以该书也可以作为学生在家自学的辅导书。

　　2. 丁福保著《蒙学心算教科书》

　　《蒙学心算教科书》（见图8-5），丁福保（1874—1952）著，文明书局出版，1903 年 9 月初版，1905 年 1 月九版。

图 8-5　《蒙学心算教科书》书影

　　《蒙学心算教科书》中突出心算的重要作用,强调心算是笔算和珠算的基础。内容简单易懂,给出了心算口诀并要求学生熟记于心,每节课的例题都注明了教授方法,习题以较简单的"练习心算"为主。从"编辑大意"可以看出其编辑的背景及编辑过程,具体内容如下[①]：

　　是书为初级蒙学而设,故浅之又浅,为向来算术所未有。算术分为二类,曰笔算曰珠算,惟未通笔算、珠算之前,宜先学心算,故是书以心算为主。

　　心算又分为二类,如仅用数目,不及实物者,曰练习心算。如买卖实物而及数目者,曰应用心算。应用心算难于练习心算,是书以浅易为主,故其题大半为练习心算。

　　第十一课至四十课之口诀,系华若汀先生在无锡埃实学堂授算时所录出者,令学生读熟,以期永久不忘。

　　第四十九课至六十课,每课首列之例题,从日本金津长吉之心算教授法译出,心算之方法,大略已备矣。

　　在《蒙学心算教科书》的开篇,增加了"教授术"的内容,其中详细介绍了使用该心算教科书的方法,指出了具体使用的步骤及课堂上针对学生不同的反应随机生成教学内容,具体内容如下[②]：

　　一、教师将课书内之问题,指定一学生而问之。（先问一题）该学生即回答曰某数。

　　二、教师问同班学生,某人所答之数合否,如以为合者,即举手,名曰合决。

　　三、学生有不举手者,教师即问云,汝以为何数。

　　四、发问之时,或择最愚之学生而令答之,倘答数有误,即可以表同班合决时之用心与否。

　　五、答数合者,教师或佯为误状,令诸生合决。

　　六、同班合决答数时,每有随声附和,全未用心者欲除此弊,即令书其答数于石板。

　　七、笔答之弊,在费时太久,合决之弊,在随班附和,故二者宜互相参用。

　　八、自十一课至四十课,皆极紧要之口诀,每课宜令学生读至数百遍,不可因已能背诵而少读也。

　　九、自四十九课至六十课,每课皆有例题,教师先以例题讲解详明。须令学生遵此题之例,而推算以下之问题也（此十二课已概括先算之方法须令学生多习几遍）。

　　十、每课之问题不必一定,教师因学生之智愚,时候之短长,可随时增减或易以

---

① ［清］丁福保.蒙学心算教科书[M].上海：文明书局,1905：编辑大意.
② ［清］丁福保.蒙学心算教科书[M].上海：文明书局,1905：2-3.

他题。

　　该书共六十课,第一到第十课,主要介绍二十以内数的认识及加减乘除的运算;第十一到第四十课,介绍加减乘除的口诀;第四十一课到第四十八课,介绍百以内数的加减法;第四十九至第六十课,主要介绍心算的方法。

　　该书篇幅较短,内容言简意赅,例题习题贴近学生生活实际,习题数量少。如书中第四十二课,自二十一至百之加法中的题目为:问买笔一支,使钱二十文,买墨一块,使钱三十五文,一共使钱若干文。今有三个孩子,一个有花九枝,一个有花十枝,一个有花七枝,问一共有花若干枝①。该书采用竖排编写形式,数字采用大写汉字,需要教师讲解说明的地方,在书中以"注意"的字眼标明。

（三）笔算教科书

1. 丁福保著《蒙学笔算教科书》

　　《蒙学笔算教科书》与《蒙学心算教科书》一起编辑出版,由上海文明书局于1903

图 8-6　《蒙学笔算教科书》书影

年初版,供初等小学堂学生使用。书名冠以"蒙学"二字,说明书中内容是笔算算术最浅显的部分,内容设置简单明了,适合初学算术的学生使用。图 8-6 是该书 1905 年版,在编辑的过程中,作者一改以往笔算教科书的编排,即改变了学完加法运算(包括一位数、多位数)再学减法、乘法和除法运算的顺序,由原来的横向改为纵向,即学习完一位数加减乘除,再学多位数加减乘除的顺序。在学习该书之前建议先学习《蒙学心算教科书》,并且强调心算教科书中的口诀在笔算教科书中仍要使用。

　　具体的编撰背景可以从"例言"中可知②:

　　本书为比算术中最浅近之书,为向来算书所未有,用以启蒙,容或有当。

　　从前教算之书,须学毕多位之加法始学单位之减法。学毕多位之减法始学单位之乘法。学毕多位之乘法始学单位之除法。盖加减乘除之次第然也。然此种教法,往往

---

① [清]丁福保.蒙学心算教科书[M].上海:文明书局,1905:12.
② [清]丁福保.蒙学笔算教科书[M].上海:文明书局,1905:例言.

令学者之脑筋厌倦。故今东西洋教育家，变通旧法，学毕单位之加法，即学单位之减法乘法除法。学毕两位之加法即学两位之减法乘法除法。自少数以至多数，无不皆然。余本此意，以算术授学童，从未至有厌倦。故本书所编之次第，与旧算书稍有不同。

该书自十八课以后，演数稍繁，故每课后皆列答数。除法即乘法之还原，故本书每将乘得之数，为除法之题，欲使学生明乘除互为消长之理也。

该书与蒙学心算教科书相辅而行，故加减乘三种口诀，不复赘述。

该书共三十二课，其法不过加减乘除，然须习之极熟，能使学生演习数遍则尤有益也。

该书校对时，核算或有未周。错误谅不能免。学者随时改正可也。

全书涉及从一位数到四位数的加减乘除运算，具体内容如下[①]：

数之写法；续前课；记号；定位之名；数之读法；续前课；二十以内之加法；二十以内之减法；二十以内之乘法；二十以内之除法；百以内之加法；百以内之减法；百以内之乘法；百以内之除法；千以内之加法；千以内之减法；千以内之乘法；续前课；千以内之除法；续前课；除法中之0；万以内之加法；万以内之减法；万以内之乘法；万以内之除法；多位乘法；多位除法；乘法中之截圈；除法中之截圈；核乘法之简术；总习问。

该书内容的编排体系为每一课先讲授运算法则，然后举例说明。如，对于列竖式计算，书中详细给出了做法，包括怎样对齐数位，如何划线，如何思考得数，这些步骤书中都有具体的介绍。全书的编排形式为竖排编写，数字的写法是大写汉字与阿拉伯数码结合使用，且数字的写法是横、竖排混合的记法，见图8-7。

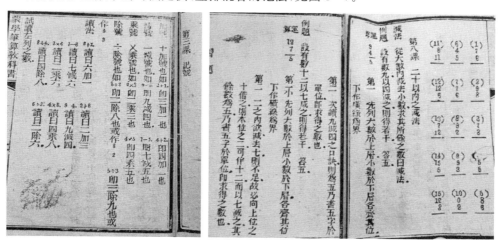

图8-7　《蒙学笔算教科书》中第三课记号和第八课二十以内之减法

---

① ［清］丁福保.蒙学笔算教科书［M］.上海：文明书局，1905：目录.

2. 徐寯编《初等小学用最新笔算教科书》

清末十年,发展最为迅速的是初等教育。小学堂教科书作为推动初等教育发展的重要工具,也迅速发展起来。1904 年,由知名学者与新文化代表人物如张元济(1867—1959)、蔡元培(1868—1940)、杜亚泉(1873—1933)、高梦旦(1870—1936)等组成的高水平编写队伍,以商务印书馆为代表的出版机构积极运作,编写、出版了一套内容与形式俱佳的教科书——"最新教科书"。"最新教科书"中数学方面的有徐寯编的"算术"、杜亚泉及王兆枏编的"笔算"、张景良编的"笔算"①。这标志着正式由政府审定的小学算学课本问世了。"最新教科书"根据学制规定按学年学期编写,并有与之配套的教授书(教授法、教学法)等教学参考书,一经出版便势不可挡,大受欢迎,既取代了其他小学算术教科书,又成为后世小学算术教科书模仿的对象。"最新教科书"是新学制颁布后全国最早、最完整的教科书,开启了我国近代教科书之先河。这套教科书是中日双方团结协助的佳作,是商务印书馆编印的第一套教科书,此书一出,其他书局编印的教科书"大率皆模仿此书之体裁"。

"最新教科书"系列中仅初小、高小就有 11 门、32 种、156 册。徐寯编写的《初等小学用最新笔算教科书》(共五册)和杜亚泉、王兆枏编纂的《高等小学用最新笔算教科书》(共四册),作为贯通初、高等小学堂的一套完整的数学教科书,适应了我国当时的国情,其编写形式、内容、特色等对此后教科书的编写起到了重要的借鉴作用。初等小学和高等小学用的"最新笔算教科书",堪称极佳的"最新教科书"。

徐寯编《初等小学用最新笔算教科书》(见图 8-8),共五册,商务印书馆发行,1904年初版,1907 年十四版。"……其程度按照奏定小学章程并东西各国成法,按年分级。全书五册备小学五年之用。书中前二册兼实物各图,以引起儿童兴味。"该书"编辑大意"能够反映清末小学数学教育的重要情况,故摘录如下②:

古者六年授数,厥有定期,自后世略而不讲,遂有已达成年,而不识加减乘除为何法者,小之而米盐琐屑计算为难,大之而测地步天,无从措手。我国民知识卑陋,此亦其一原因也。方今国家广设学堂,厘定课程,算学一科,与国文并重,童年入学之始,即与讲授,将来或可一挽斯弊,惟是儿童习算,其难有二,文字未通,讲明不易,一也。知识未辟,运算不灵,二也。而今日之为教员者,幼时概未习算,多半于中年后习之,一旦躬亲教授,每以成人补习之程度,施诸童稚,其不扞格不入也。盖几希矣。近人有见及此,亦尝编为课本,期便童蒙,然合诸教育公理,仍嫌未惬,实地实验,亦多窒碍,殊憾事

---

① 此外还包括杜就田、杜秋孙编的《珠算入门》1 册,启明编的《珠算》4 册。

② [清] 徐寯.初等小学用最新笔算教科书(第一册)[M].上海:商务印书馆,1907:编辑大意.

图 8-8　《初等小学用最新笔算教科书》书影

也。本书精心编辑，参照日本寻常小学之程度，兼质诸其国教育名家，凡阅数月，始成一编，虽无他长，要于教育公理，不敢刺谬，世之究心蒙养者，或有取乎，谨举编辑大意如左：……我国旧有码子笔画过繁，且一四二码，有时易与加乘两号相混，不适于学算之用，惟亚拉伯码子，为世界各国所通行，即我国电码，亦皆沿用，故本书列式，概书亚拉伯码子，以便缮写，并以谋他日与世界交通之益焉……

　　该套教科书每一册都有单独的编辑大意，交代了该册是供初等小学第几学年使用及主要内容，每一册末尾都有商务印书馆的书籍广告。编排形式主要是每一册分为几篇，每一篇分为不同的课。较之前出版的小学心算、笔算教科书，该套教科书增加了许多生活中的图画（见图 8-9），以便引起学生的兴趣以及更好地理解数与运算。编排的形式更多样化，注重数形结合，让学生更加容易接受所学内容。另外在使用纸张及教科书的设计方面更加优越，给人一种赏心悦目的感觉。

图 8-9　《初等小学用最新笔算教科书》第 4 页

　　《初等小学用最新笔算教科书》采用了横竖混合和中西数学符号结合的编排形式。这种编排书写形式相对来说虽然有了一定的进步，但是在同一本书中或者在同一页中所书写的数学内容采用横竖不同的编写格式，不免给人一种格式混乱、不规范的感觉。

在第三册的四则运算中提到乘数、被乘数、除数、被除数、两数之差时，同时也使用了中国传统数学中的"实""法""和""较"（见图 8-10）。对于乘除法运算，虽然也采用了印度阿拉伯数字列出算式，但是在运算的解说过程中仍用"实"和"法"。

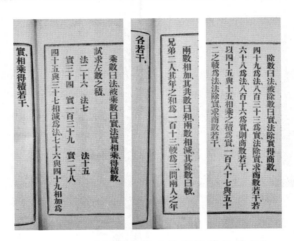

图 8-10　《初等小学用最新笔算教科书》
第 46、47、49 页

3. 杜亚泉等编《高等小学用最新笔算教科书》

《高等小学用最新笔算教科书》（见图 8-11），王兆枬、杜亚泉编，商务印书馆出版，1905 年初版，1908 年六版。

图 8-11　《高等小学用最新笔算教科书》书影

《高等小学用最新笔算教科书》供高等小学堂学生使用，共四册，每学年学习一册，学生可使用四学年。在教科书的体例及文字方面基本与《初等小学用最新笔算教科书》一致，但在内容上仍是独立的，包括数的命名等内容都是单独的。具体内容可以从以下目录得知①：

第一册：命数法及计数法、加法及减法、十进诸名数、乘法、加减乘难题、除法、难题、十进以外诸名数、诸名数难题、小数加法及减法、小数乘法、小数除法、难题。（共四十课）

第二册：分数记法及加减、分数乘除、混分数及带分数、整数之性质、大公生、约分、小公倍、通分之预备、通分、分数乘整数、分数乘分数、分数除整数、分数除分数、分厘法之初步（亦称百分法）、简比例、比例难题。（共四十课）

第三册：叠分数、叠分数之用法、差分法、合比例、分厘法、用钱、钱粮、南米、关税、公债票、股票、保险、简利法、简利难题。（共四十课）

第四册：均中比例、比例难题、利息、期票、利息难题、繁利法、按年存银法、分年还银法、银两、金价、外国货币、平面、立体。（共四十课）

杜亚泉、王兆栻的《高等小学用最新笔算教科书》编写内容体系具有一定的创新性，具体体现在以下三个方面：

首先，从《高等小学用最新笔算教科书》的编写理念、编排方式、具体内容等方面可以体现出"新"的特点，如编辑大意渗透了较多先进的教育思想；编排方式呈现横竖混排的形式；内容中有体现中西交融思想的习题，如中国度量衡与外国度量衡之间的换算。《高等小学用最新笔算教科书》第一册第二十九课讲到："英国一码（即一依亚）约合中国二尺九寸六分。今有布四十五码。问合中国若干尺。"这样的习题体现了当时中西文化交融的现状，使儿童可以接触到中国文化以外其他文化的简单知识，对时代背景有所感知。

其次，在模仿借鉴日本初中算术教科书的基础上追求"本土化"。清末中国数学教育虽然学习模仿日本，但在编写数学教科书方面不完全是这样的。该书承接于《初等小学用最新笔算教科书》，虽然是依据日本小学教科书编写的，但也是经过多次修改后编辑而成，不是完全照搬。书中的例题、习题大多来源于当时中国的实际生活，体现了清末国人自编教科书在借鉴西方外来文化的基础上追求本土化的信念。

最后，内容设置适合儿童水平，选材"生活化"。全书以儿童日常生活中习

---

① ［清］王兆栻，杜亚泉.高等小学用最新笔算教科书［M］.上海：商务印书馆，1908：目录.

见之问题为素材,文字亦适合儿童认知程度,浅显而易于领会。知识点的学习遵循螺旋上升的原则,难度由浅入深,引导学生逐步深入理解,扎实掌握知识。习题切合生活实际,事实题的内容都经调查,数据确切,无向壁虚造者。如第三册书中第二十七课讲到钱粮南米时,给出当时北方和南方征收不同税收的标准。

4. 张景良著《小学笔算新教科书》

《小学笔算新教科书》共五卷,张景良著,1908 年由文明书局出版(见图 8 - 12),

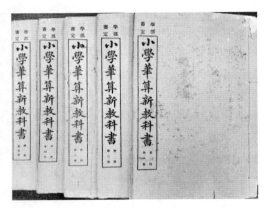

图 8 - 12 《小学笔算新教科书》书影

1929 年出版第三十六版,由文明书局印刷发行,供高等小学使用。

该书采用了横竖混合和中西数学符号结合的编排形式。这种编排书写形式相对于之前的教科书编排有了一定的进步。该书教学内容起点低,难度由浅入深,学生即便没上过初等小学堂也可以看书自学。

该书前四卷为主要内容,第五卷为习题的答案部分,前四卷共有二十二章,内容包括数学中的加减乘除法、分数、小数、比例、开方、级数等知识,涉及范围广,覆盖面大。具体内容如下①:

卷一:第一章 提纲;第二章 加法;第三章 减法;第四章 乘法;第五章 除法;第六章 括号;第七章 诸等数法

卷二:第八章 论数之性质;第九章 命分数

卷三:第十章 小数;第十一章 循环小数;第十二章 命分数与小数之诸等数法;第十三章 比;第十四章 比例;第十五章 百分法;第十六章 利息算

卷四:第十七章 均数法;第十八章 乘方法;第十九章 开方法;第二十章 级数;第二十一章 差分;第二十二章 各形体

依据"编辑大意"可知,该书属于译编,适合高等小学与中学校学生学习使用,亦适合不能进入学校接受教育的学生自学。名称术语在中国原有基础上稍加改变,其

---

① [清] 张景良.小学笔算新教科书(1—4 卷)[M].上海:文明书局,1908:目录.

中语言多采用白话文，恐学生不能准确理解文字叙述所表达的意思特附加图示进行说明。同时在内容设置上充分考虑到学生的实际生活背景，为使学生学会保险、赚赔等方法，特纳入百分与利息、差分等内容。

在内容编排方面，每一章下设置不同欵，这里的欵相当于节。每一欵下先设置文字说明，有的是对概念的解释，也有的是对典型例题的说明解答。欵之后设置了习题，习题没有直接附在题目之后，而是均在第五卷查询。这样的设置在"编辑大意"已有说明。该书习题数量很大，也适合自学使用。当时教师教学所用之书与学生使用之书不同之处在于教师用书题后有答案，而学生用书没有，答案即卷末所附《笔算教科书习题总答》。书中的列式正如"编辑大意"所说，当所占行数较多时会出现横式、纵式交错，或者出现阿拉伯数字方向的不同（图 8-13）。

图 8-13　《小学笔算新教
科书》第 120 页

第三节　中学堂的数学教育

一、中学堂数学教育概述

（一）"癸卯学制"中的中学堂数学课程

《奏定中学堂章程》规定：设普通中学堂，令高等小学毕业者入焉，以施较深之普通教育，俾毕业后仕者从事各项事业，进取者升入高等专门学堂均有根柢为宗旨；以实业日多，国力增长，即不习专门者亦不至暗漏偏谬为成效[①]。中学堂学习五年，开设课程有十二科，分别是修身、读经讲经、中国文学、外国语（东语、英语、德语、法语、俄语）、历史、地理、算学、博物、物理及化学、法制及理财、图画、体操。算学教授要义为：先讲算术（外国以数学为各种算法总称，亦犹中国御制《数理精蕴》定名为数之

---

① 朱有瓛.中国近代学制史料（第二辑上册）[M].上海：华东师范大学出版社，1987：382.

意,而其中以实数计算者为算术,其余则为代数、几何、三角,几何又谓之形学,三角又谓之八线);其笔算讲加减乘除、分数小数、比例百分数,至开方开立方而止;珠算讲加减乘除而止。兼讲簿记之学,使知诸账簿之用法,及各种计算表之制式;次讲平面几何及立体几何初步,兼讲代数。将算学分为算术、代数、几何,各自教授要求如下:凡教算学者,其讲算术,解说务须详明,立法务须简捷,兼详运算之理,并使习熟于速算。其讲代数,贵能简明解释数理之问题;其讲几何,须详于论理,使得应用于测量求积等法①。

中学堂算学教授程度及时刻如表8-5。

表8-5 中学堂算学教授程度及时刻表

学　年	程　　　　度	每星期钟点
第一年	算术	4
第二年	算术、代数、几何、簿记	4
第三年	代数、几何	4
第四年	代数、几何	4
第五年	几何、三角	4

从《奏定学堂章程》中的中学数学教育目标可以看出,清末中学堂数学教育目标在注重熟练的计算能力的同时,还注意培养学生的逻辑思维能力及应用数学的能力和意识。算学每周4课时,是除了读经讲经和外国语两门课程外,课时量最多的科目之一。

(二)"癸卯学制"中的中学堂算学教学法

《奏定中学堂章程》中对算学教学法没有明确要求。实际教学中,仍以赫尔巴特(Johann Friedrich Herbart,1776—1841)五段式教学法为主。从当时学生对中学堂算学教师及课堂的描述中,可对当时中学堂算学教学法略知一二。

当时中学堂算学教员由本国教师和外国教师构成,教科书比较紧缺,缺少合适的算学教科书。本国教师对中学堂算学课程内容先自学再教学生,教学法采用比较传统

---

① 朱有瓛.中国近代学制史料(第二辑上册)[M].上海:华东师范大学出版社,1987:386.

的讲授法,教师一言堂,教师板演,学生照抄,课堂教学效果较差。外国教师比本国教师水平略高,注重应用启发式教学法,循序渐进,边讲边练,关注学生的课堂表现,课堂较为高效。

由于清末处于新旧教育模式的转换和过渡时期,在教学法方面,中学堂算学教师也在不断地摸索和学习适合本国学生的教学法,传统私塾先生式的讲授和从日本引进的赫尔巴特教学法及启发式教学法共存。

二、 中学堂数学教科书概述

在清末数学教科书建设方面,与小学数学教科书由较多国人自编的不同,中学数学教科书几乎都是翻译或编译日本、美国和欧洲的教科书。随着社会的进步,中国中学数学教科书最终实现了自主创新,具有了自己的特色。清末中学数学教科书呈现繁荣景象,由《民国时期总书目:中小学教材》(书目文献出版社,1995 年)、李迪主编《中国数学史大系:副卷第二卷 中国算学书目汇编》(北京师范大学出版社,2000 年)、王有朋主编《中国近代中小学教科书书目》(上海辞书出版社,2010 年)、张晓编著《近代汉译西学书目提要明末至 1919》(北京大学出版社,2012 年)以及笔者私人藏清末数学教科书可知,在 1903 年至 1911 年间出版的主要中学数学教科书有 70 种以上,中学数学教科书的出版企业或机构有 24 家之多。其中,1903 年前文明书局处于领先地位,后来居于出版界巨擘的商务印书馆出版结构完整,各级学校教科书齐全而系统,竞争优势明显,独占鳌头。这种情况直至 1912 年中华书局的创立,其后商务印书馆和中华书局占领了大部分教科书市场份额。

多数教科书在国内出版销售,有些教科书在日本翻译出版之后运回国内销售。另外,出版社和教科书编译者之间没有联系,没有统一的计划,因此编译教科书时,同一本教科书由不同的学者编译出版的情形也不少。例如,日本藤泽利喜太郎、上野清、菊池大麓等学者的数学教科书有不少中文版本。

总之,在清末近十年时间里,20 多家出版企业参与,40 多位中国学者各自翻译编写,翻译 20 多种外国教科书,出版发行 70 多种教科书,这是前所未有的,甚至在民国时期也没有出现这样的繁荣景象。清末中学堂数学教科书概况见表 8-6。

表 8‑6 清末数学教科书概况表①

学科	书 名	编著者	出版者	年份
算术	初等算术新书	（日）富山房编（范迪吉等译）	上海会文学社	1903
	数学教科书	商务印书馆	上海商务印书馆	1904
	数学教科书	（日）藤泽利喜太郎	上海通社	1904
	中学适用算术教科书	陈文	上海科学会	1905
	初等代数学新书	（日）富山房（范迪吉等译）	上海会文学社	1903
	算术教科书	（日）藤泽利喜太郎（西师意译）	山西大学译书院	1904
	新译算术教科书（上、下卷）	（日）桦正董（赵缭，余焕东译）	湖南编译社	1906
	数学新编中学教科书	徐家璋	日本东京清国留学生会馆	1906
	算术教科书	张修爵	上海普及书局	1906
	中学算术教科书	陈幌	教科书编译社	1907
	中学算术教科书	徐光	上海商务印书馆	1907
	中学数学教科书	曾钧	上海文明书局	1907
	新数学教科书	（日）长泽龟之助（包荣爵译）	上海东亚公司	1905
	中等算术教科书	（日）田中矢德（崔朝庆译）	上海文明书局	1908
代数	最新代数学教科书	武昌中东书社编译部	武昌中东书社	1904
	初等代数学讲义	丁福保	上海科学书局	1905

---

① 此表是根据北京图书馆编《民国时期总书目(1911—1949)：中小学教材》(北京：书目文献出版社,1995)和实藤惠秀监修、谭汝谦主编、小川博编辑《中国译日本书综合目录》(香港：中文大学出版社,1980)以及作者本人相关藏书所制作。

学科	书　　名	编著者	出版者	年份
代数	普通新代数教科书	京师大学堂	上海商务印书馆	1905
	中学代数教科书	商务印书馆	上海商务印书馆	1906
	新体中学代数学教科书	（日）高木贞治（周藩译）	上海文明书局、科学书局和群学社联合出版	1906
	代数学教科书	（日）西师意（译）	山西大学译书院	1907
	代数学新教科书	王家菼	上海商务印书馆	1908
	大代数学讲义	（日）上野清（王家宾译）	上海商务印书馆	1909
	代数学教科书	言涣彩	上海群益书社	1909
	改订代数教科书	（日）桦正董（彭王俊译）	东京清国留学生会馆	1905
	最新中学代数教科书	（日）桦正董（周藩译）	上海科学书局	1907
	新代数学教科书	（日）长泽龟之助（余恒译）	上海东亚公司	1908
	查理斯密大代数学	何崇礼、陈文（译）	日本东京科学会编译	1905
	查理斯密小代数学	陈文（译）	上海商务印书馆	1906
	最新中学教科书代数学	（美）宓尔（谢洪赍译）	上海商务印书馆	1905
	新式数学教科书	程荫南	上海昌明公司	1905
几何	初等几何学新书	（日）富山房（范迪吉等译）	上海会文学社	1903
	最新平面几何学教科书	黄传纶,刘采麟,杨清贵	上海昌明公司和日本东京清国留学生会馆	1904
	平面几何教科书	梁楚珩	上海昌明公司	1906
	新几何学教科书（平面）	（日）长泽龟之助（周达译）	东京活版株式会社	1906
	中等教育几何学教科书	何崇礼	科学会编译部	1906
	中等平面几何学阶梯	（日）长泽龟之助（崔朝庆译）	上海会文学社	1906

学科	书　　名	编著者	出版者	年份
几何	最新中学教科书几何学	（美）宓尔（谢洪赍译）	上海商务印书馆	1906
	中学教育几何学教科书——平面部分	何崇礼	上海科学会	1911
	中学教育几何学教科书——立体部分	何崇礼	上海科学会	1911
	初等平面几何学	（日）菊池大麓（任允译）	东京教科书编译社	1906
	中学校数学教科书——几何之部	（日）菊池大麓（仇毅译）	上海群益书社	1907
	新几何学教科书·平面	（日）桦正董（曹钧译）	上海中国图书公司	1907
	新几何学教科书·立体	（日）桦正董（曹钧译）	上海中国图书公司	1907
	平面几何教科书	（日）菊池大麓（黄元吉译）	上海商务印书馆	1903
	立体几何教科书	（日）菊池大麓（胡须译）	上海商务印书馆	1908
	中学教育几何教科书——平面部	（日）上野清（仇毅译）	上海群益书社	1909
	温特渥斯平面几何学	马君武（译）	上海科学会	1911
	温特渥斯立体几何学	马君武（译）	上海科学会	1911
三角	中学教科书平面三角法	陈文	上海商务印书馆	1908
	平面三角法教科书	算学研究会	上海昌明公司	1909
	普通平面三角法	陈树拭	太原晋新书社	1911
	最新中学教科书三角术	（美）费烈伯、史德朗（谢洪赍译）	上海商务印书馆	1907
	平面三角法教科书	（日）桦正董（仇毅译）	上海群益书社	1907
	平面三角法教科书	（日）长泽龟之助（张修爵译）	上海普及书局	1907
	新撰平面三角法教科书	（英）克济（顾澄译）	上海商务印书馆	1907
	高等数学平面三角法	（英）郝伯森（龚文凯译）	上海科学会	1911

清末中学堂数学教科书有以下特点：（1）中学堂数学教科书国人自编的较少，大多是翻译教科书，或者编译教科书。（2）中学教科书封面上没有写初级中学还是高级中学，均为"中学校"或"中学"数学教科书，读者可以根据教科书具体内容或"例言""序"等来判定为中学哪一段的教学内容。（3）国内主要出版地有上海、武汉等，国外是日本东京。（4）翻译教科书大多数来自日本，少量来自美国，不同出版商出版同一作者的不同翻译版本的教科书很常见。（5）中学教科书精装书较多，印制精美，纸张质量优良。（6）教科书以"最新教科书"为时尚。

三、 中学堂数学教科书举例

清末中学堂数学教科书种类繁多，本节选取三类典型的教科书进行简要介绍：（1）谢洪赉译"最新中学教科书"系列，包括《最新中学教科书代数学》《最新中学教科书几何学》《最新中学教科书三角术》；（2）国人自编"新"中学数学教科书，包括武昌中东书社编译部《最新代数学教科书》，黄传纶、刘采麟、杨清贵编《最新平面几何学教科书》；（3）译自日本的中学数学教科书，包括藤泽利喜太郎著、西师意译《算术教科书》，长泽龟之助（1860—1927）著、崔朝庆译《中等平面几何学阶梯》，高木贞治著、周藩译《新体中学代数学教科书》。

（一）谢洪赉的"最新中学教科书"

商务印书馆于 1903 年编印小学"最新教科书"，于次年编印"最新中学教科书"，"为我国编辑整套中小学教科书之始"[①]。谢洪赉（图 8 - 14[②]）编译的这一套中学数学教科书包括：《最新中学教科书代数学》《最新中学教科书几何学》《最新中学教科书三角术》等。在这套教科书出版的同时，不同的出版机构、不同的数学教育工作者争先恐后地翻译、编译教科书，中学数学教科书在神州大地如雨后春笋般地涌现。正如张人风所说："即便今天看来，这套'最新教科书'也可以认为是符

图 8 - 14　谢洪赉像

[①]　魏庚人.中国中学数学教育史[M].北京：人民教育出版社,1987：45.
[②]　苏州大学图书馆.耆献写真——苏州大学图书馆藏清代人物图像选[M].北京：中国人民大学出版社,2008：266.

合近现代教育科学理论而又适合当时中国国情的成功之作。"①它开创了我国教科书编辑中众多"第一","最新中学教科书"对我国近代教材事业的建设,起到了极大的推动作用。

1.《最新中学教科书代数学》

《最新中学教科书代数学》(图 8-15)是由美国教育家、学术领导者、作家宓尔

图 8-15 《最新中学教科书代数学》书影

(William J. Milne,1843—1914)所著,谢洪赉编译,商务印书馆于 1905 年 7 月再版,是我国近代学制公布后第一本中学代数学教科书,也是我国近代教育史上第一套较为成功的教科书。宓尔因任纽约州两所师范大学的校长,并且编写大量数学教科书而闻名。他出版了很多代数、算术、几何、教学法等方面的书籍,《最新中学教科书代数学》的英文版 *High School Algebra* 最早于 1892 年在美国出版。

在此引用书中"译例"说明当时的编排情况②:

一、是书以美国纽约师范学校校长宓尔君所著归纳法代数学为原本,参酌我国情形,略为修饰,以合中学程度(宓君著算学教科书甚富即代数教科书亦三种此为中学所用)。

二、授科学之法,有二大别,曰演绎法,先定名目,立界说,而后剖解其理由;曰归纳法,先以浅近之理,罕譬曲引,使学者有所领会,而后定名立说,此编开卷,即发问数十条,使学者藉以悟代数之为代数,本与数学一贯,法虽各殊,理无二致,则华君若汀所谓既习数学而习代数时所有隔阂可以冰释之说也,各章俱引以此法,使学者循序前进,迎刃而解(西国学校算学教科书近年改良颇多此特其一种今亟译之以贡之学界)。

三、作者自述是编,凡有四长。各章排列之次序,按其理法,自然之深浅关系,步步引人入胜,能握代数学之要领,而不觉其艰难,一也;用语简洁,界说确切,繁文肤词,

---

① 张人凤.我国近代教育史上第一套成功的教科书——商务版《最新教科书》[M]//商务印书馆编辑部.商务印书馆一百年(1897—1997).北京:商务印书馆,1998:375.
② [美]宓尔.最新中学教科书代数学(上卷)[M].谢洪赉,译.上海:商务印书馆,1905:译例.

概从删削，以免扰学者之心目，二也；推论清晰，凡有阐解之处，无不适可而止，不尤不略，三也；题问丰富，不拘一格，使学者熟习驭题之术，而算理自铭刻于胸，不至随得随失，四也。

四、昔年髫龄入塾，数学毕业，续习代数，所用者为狄氏代数备旨，迨四法及命分已毕，尚不明其用处，心辄厌之，后习一次方程，始驭题问，方知此学之精妙有用，固由秉性鲁钝，抑亦教科书之未尽善也，是编章法，加法之后，即继以题问，令学者心神鼓舞，不能自己，其法益美，语之同学，亦有此情，此为新教科书之长处，不可不揭出以告读者。

五、原书问及西国俗尚，所用人地名等，于吾国学者，未免扞格，译时一律改订，求合本国事理，惟英里英尺等，间有仍其旧者，以哩字代英里呎字代英尺，其它亦随时注明。

六、馆课余暇，秉笔述此，始末不越十旬，即付手民，鲁误之讥，知所不免，海内算家学士，检阅之下，如有匡正，尚祈惠教，由发行所转致，以便再版改正。

在译例中，谢洪赉对该书进行了评价，并指出该书编排的好处有四①：

（1）该书知识的排列顺序，由浅入深，步步引人入胜，能够使学生在掌握代数学要领的同时而不会觉得困难或吃力。

（2）话语简洁，概念准确。对于一些繁杂的话语直接删除，以免干扰学生理解。

（3）推论清晰，讲解适当，不过分提示以免扰乱学生思考。

（4）问题丰富，不拘泥于一处，使学生能够习得解题之术，且将其铭记于心，不至于刚学即忘。

《最新中学教科书代数学》分上下两卷，内容编排顺序为：译例、目录和正文内容。该书采用从右到左竖排编写形式，由于公式也采用竖排的编写形式，所以表达十分烦琐，不利于公式的书写。书中很少使用阿拉伯数字，用甲、乙、丙、天、地、人表示未知数，问题序号和页码均由汉字书写，如一、二、三等。每章内容大多由问题引入，进而给出相应的知识点，之后是大量的习题用以巩固所学的知识。书中重点定理及相关知识点采用汉字右侧加点的方式着重强调，相关概念采用黑体字加粗的方式进行强调，便于学者记忆。

《最新中学教科书代数学》上卷目录为②：

第一章：绪论，代数演法，界说，代数式；第二章：代数加法，方程与问题；第三章：

---

① ［美］宓尔.最新中学教科书代数学（上卷）［M］.谢洪赉，译.上海：商务印书馆，1905：译例.

② ［美］宓尔.最新中学教科书代数学（上卷）［M］.谢洪赉，译.上海：商务印书馆，1905：目录.

代数减法,括号,迁项,方程与问题;第四章:代数乘法,方程与问题,乘法特式;第五章:代数除法,指数为 0 与负数,方程与问题;第六章:劈生;第七章:生倍,大公生,小公倍;第八章:命分,化法,去方程之命分,命分加减,命分乘法,命分除法,命分习问;第九章:一次方程;第十章:同局方程,二未知几何,三或多未知几何;第十一章:乘方;第十二章:开方,平方根,立方根,指数之理。

《最新中学教科书代数学》下卷目录为[①]:

第十三章:根几何,化法,加减法,乘法,除法,乘方开方,无绝化有绝;第十四章:根号方程;第十五章:二次方程,纯二次方程,杂二次方程,方程之作二次状者,二元二次方程,二次方程之理;第十六章:比例;第十七章:同理比例,总理,以比例理解命分方程;第十八章:级数,差级数,差级数之专法,倍级数,倍级数之专法;第十九章:总习问;第二十章:幻几何,无与无穷,负得数之解,无定方程,偏程;第二十一章:对数,错列法,排列法;第二十二章:二项例,正整指数,泛系数,级数回求,回级数,指数为任何数;第二十三章:方程之理,方程变化,实根;第二十四章:总习问。

该书名词术语与现代的对照详见表 8-7。

表 8-7　名词术语对照表

序号	名词术语	现代名词术语	序号	名词术语	现代名词术语
1	译例	前言	10	二几何和之平方	完全平方公式
2	习课	练习	11	二几何较之平方	
3	相似项	同类项	12	公生	公约数
4	独项式	单项式	13	大公生	最大公约数
5	总理	定理	14	互相为质	互为质数
6	自理	公理	15	小公倍	最小公倍数
7	覆验	检验	16	命分	分数
8	乘法特式	乘法公式	17	相似命分	同分母分数
9	二几何和较相乘	平方差公式	18	不相似命分	异分母分数

---

① ［美］宓尔.最新中学教科书代数学(上卷)[M].谢洪赉,译.上海:商务印书馆,1905:目录.

序号	名词术语	现代名词术语	序号	名词术语	现代名词术语
19	简方程	一次方程	27	端	种
20	平方程	二次方程	28	习问	练习题
21	立方程	三次方程	29	真几何	实数
22	同局方程	同解方程	30	幻几何	虚数
23	集项劈生法	提公因式法	31	法术	方法
24	质几何	质数	32	展括弧式	去括号
25	合几何	合数	33	无定方程	不定方程
26	劈生	因式分解			

该书有些问题是以例题形式给出解答。书中所设习题大都与实际生活联系密切，从实际问题出发。在此具体给出书中实例以便更详细了解该书特点[①]：

问一 4×5 甲合若干，4 与 5 甲为其合数之何。

问二 5，天，6，4 甲之整生为何。

问三 既 5 与天，除本几何与一之外，不可劈为别个整生，则称之为何等几何。

问四 既 6 与 4 甲，除本几何与一之外，尚可劈分为别生，则称之为何等之几何。

问五 既 6 之二生 3 与 2，皆为质数，则称之为何等之生。

几何之诸生者，即相乘而得此几何之诸几何也。

如甲，乙与（天＋地）为甲乙（天＋地）之诸生。

一几何之诸生，即适能除尽之者。

质几何者，几何之除本几何与 1 以外，更无别个整生者也。

合几何者，几何之除本几何与 1 以外，尚有别个整生者也。

质生者，一生而为质几何也。

劈生法者，分一几何为诸生也。

劈独项式为诸生。

---

① ［美］宓尔.最新中学教科书代数学（上卷）[M].谢洪赉，译.上海：商务印书馆，1905.

问一 24 天^2 地^3 人之质生为何。

解 24 天^2 地^3 人 = 2223 天天地地地人。

法术 分其系数为质生数。

分元几何为质生、法按其指数而书其元字若干次。

求下诸式之质生。

问二 8 甲^2 乙　　　　　　　问三 10 天^2 地^3

问四 15 甲^3 地^2 人　　　　　问五 20 甲天^3 地

问六 42 甲天地^3 问七 36 天地^2 人^3

问八 28 甲^2 丙^2 天　　　　　问九 35 天^2 人^2 丙^3

这是该书第六章劈生中的一节内容。大致是按提出问题、给出定义、例题、解题方法、练习题的步骤进行新知识的讲解。

2.《最新中学教科书几何学》

《最新中学教科书几何学》(见图 8-16)包括平面部和立体部两册精装本,是由美

图 8-16　《最新中学教科书
几何学》书影

国宓尔著、谢洪赉编译,周承恩校勘,商务印书馆发行印刷,1906 年初版,1913 年再版。《最新中学教科书几何学平面部》为前六卷,《最新中学教科书几何学立体部》为后四卷。

《最新中学教科书几何学》内容编排顺序为:译例、教授要言、界说和课文内容。该书采用从右到左竖排编写形式,书中很少使用阿拉伯数字,页码均由汉字书写。书中内容由浅入深、图文并茂。图像虚实线结合,直观明了,阴影适当,具有明显的立体感。每一章的末尾印有一幅精美图画,以增加学生学习兴趣。

该书序中简要阐述几何教育在中国的发展情况及几何教育的重要性,"译例"中说明了编译理念、教科书的优点和排版印刷情况,"教授要言"中有十一条在教学中要注意的事项。

据目前所掌握的资料看,该"教授要言"是在清末数学教育中出现较系统的教学法要求。它注重学生课前预习和课后复习,强调学生口述及书写证明过程,每步之理,需详细说明,简洁明了,便于培养学生的推理能力,再加上题后练习,自不需背诵证语,教师应鼓励学生自出心裁,以培养学生的创造力,一切图画需描摹准确。这样的教授法现在仍然适用,是教师必备的知识。

《最新中学教科书几何学》的"几何学目次"即目录为[①]：

界说，线与面，角，度角，度之相等，证，自理，可作，符号。

平面部

卷一：线与直线形；平行线；三角形；四边形；多边形；提纲；习题。

卷二：圆；量；求限之理；提纲；习题；作题；点之合位。

卷三：比例与同理比例。

卷四：比例线与相似形；提纲；习题。

卷五：面积与等积；提纲；习题；作题；代数解法。

卷六：有法多边形与圆之度量；极大极小度；等势；提纲；习题；作题。

立体部

卷七：平面与体角；体角；棱角；习题。

卷八：棱体；棱柱体；棱锥体；相似有法棱体；公式；习题。

卷九：圆柱体；圆锥体；公式；习题。

卷十：球；弧角与弧多边形；球体度量；公式；习题；作题；总习题；迈当度数表。

该书中名词术语、图形表示等均采用中国传统的表示方法。用呷、哦、唎、叮等天干地支前加口字旁表示大写英文字母，用甲、乙、丙、丁等表示小写英文字母。还有在天干或地支的右上角加一撇的表示法，相当于现行使用的 a'、b' 等。数学符号中加、减、乘、除、平行、垂直等表示和现行的表示方法一样，只是大于和小于号都是竖排写法，和现行的表示方向不同。而表示等积的符号，在现行的教科书中已不再出现。这些大都仿照《形学备旨》中的表示方法。

3.《最新中学教科书三角术》

《最新中学教科书三角术》（图 8 – 17），美国费烈伯和史德朗原著，谢洪赉翻译，商务印书馆出版，1907年 3 月初版，1910 年 2 月五版。

《最新中学教科书三角术》的编排顺序为：译例、目次和正文内容。《最新中学教科书三角术》与"最新中学教科书"中其他有关数学方面的教科书不同，该书采用从左至右横排编写形式，页码均用阿拉伯数

图 8 – 17　《最新中学教科书三角术》书影

① ［美］宓尔.最新中学教科书几何学［M］.谢洪赉，译.上海：商务印书馆，1906：几何学目次.

字,这在晚清教科书中也是特例。书中没有名词对照表,就连正弦、余弦等三角函数也是用汉字书写,而不是用字母表示。字符大小适宜,排版有致,适合阅读。在该书的最后有商务印书馆出版的其他书目的广告等。

在"译例"中,编译者明确提到了该书的使用范围,即该书仅供中学教授,而不是专家研究之用,所以力求简洁。在作者原序中,讲了该书的特色,如:该书所讲平三角和弧三角十分简明;解三角形的公式清楚地罗列出来;习题丰富;用图像法解三角函数;以新法描摹弧三角的图形;用图解弧三角形,等等。[①] 该书附有各种数表,由熟谙算学的学者校勘,力求准确,供学者查阅与参考,十分方便。

《最新中学教科书三角术》全书共分为三部分,第一部分为平三角术,第二部分为弧三角术,第三部分为对数表。

"平三角术"目录为[②]:

第一章　三角函数:角;三角函数之界说;三角函数之号;函数之相关;正三角形锐角之函数;余角之诸函数;$0°,90°,180°,270°$ 与 $360°$ 之函数;补角之函数;$45°,30°,60°$ 之函数;(一天),($180°-$天),($180°+$天),($360°-$天)之函数;($90°-$地),($90°+$地),($270°-$地),($270°+$地)之函数。

第二章　正三角形:解正三角形之法;借正三角形解斜三角形。

第三章　三角公式:(11)至(14)四公式之证;和角较角之正切;倍角之函数;半角之函数;函数和较之公式;三角反函数。

第四章　斜三角形:公式由来;三角形面积公式;疑端;解三角形之法——(1)已知一边两角,(2)已知二边与其一边之对角,(3)已知二边与其间角,(4)已知三边;演习。

第五章　真弧度　曲线代表法:真弧度;三角函数之周复;曲线代表法。

第六章　推对数术;推三角函数术;棣美弗之例;双曲线函数;级数式;推对数术;推三角函数术;棣美弗之例;单数之根;双线函数。

第七章　杂题:函数之相关;正三角形;等腰三角形与有法多边形;三角方程;斜三角形。

"弧三角术"目录如下[③]:

第一章　正弧三角形与象限三角形:正三角形公式之由来;纳氏之术;疑端;象限

---

① ［美］费烈伯,史德朗.最新中学教科书三角术[M].谢洪赍,译.上海:商务印书馆,1910:译例.
② ［美］费烈伯,史德朗.最新中学教科书三角术[M].谢洪赍,译.上海:商务印书馆,1910:目录.
③ ［美］费烈伯,史德朗.最新中学教科书三角术[M].谢洪赍,译.上海:商务印书馆,1910:目录.

三角形。

第二章　斜弧三角形：公式之由来；以对数推算之公式；斜弧三角形之六端与法问；疑端；弧三角形之面积。

第三章　天文地舆算题：天文算题；地舆算题。

第四章　弧三角形之实验解法：弧三角形之实验解法。

公式汇录：三角术之诸公式

附录：平三角术弧三角术假弧三角术三者之相关

答式汇录

"对数表"目录为①：

1. 五位真数对数表；2. 五位弦切对数表；3. 微角之五位弦切对数表；4. 四位纳氏对数表；5. 四位真数对数表；6. 四位弦切对数表；7. 四位弦切真数表；8. 真数之方数根数表；9. 自 0 至 2.5 每隔 0.1 之双线函数及指函数；10. 各种恒数表。

正文内容共 154 页，答案 18 页，对数表 178 页，对数表所占比例大约为全书内容的一半。书中图形比较丰富，函数图像比较清晰，能够帮助学者学习。在每章的末页附有一张精美的插图，增加了该书的美感。并且书中附有公式的目录。该书中的名词术语、数学符号等都是采用中国传统的表示方法。加、减、乘、除、乘方、开方等表示方法和现在相同。

（二）国人自编"新"中学数学教科书

1. 武昌中东书社编译部编《最新代数学教科书》

由武昌中东书社编译部编辑并于 1904 年发行的《最新代数学教科书》，绿色布面精装本一册，正编内容 172 页，附录 31 页（图 8-18）。

该书"绪言"指出代数注重培养人的数学思维，突出了代数在数学学科中的重要地位。该书编辑背景及过程可从"绪言"可看出。

从绪言可知，本书以日本真野氏和宫田氏合编的《代数学教科书》为蓝本，并参考其他外国教科书改编而成，可作为中学校、师范学校、高等女学校等同程度学校的教科书使用。该书的特点是设问较多，能吸引学生注意力，使学生学习兴趣盎然而不觉枯燥乏味。该书采取横排编写方式，便于学生算式的书写、例子的引入和版面的整洁。

《最新代数学教科书》的编排体系为："编—章"，后附有习题和复习题。具体内容

---

① ［美］费烈伯，史德朗.最新中学教科书三角术［M］.谢洪赉，译.上海：商务印书馆，1910：目录.

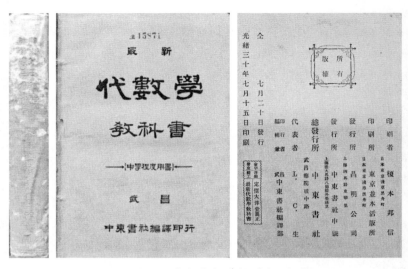

图 8-18 《最新代数学教科书》书影

如下[①]：

第一编　绪论：符号之定义；代数式；定义之扩张；负数

第二编　加减乘除：加法；减法；括弧；乘法；除法

第三编　方程式：一元一次方程应用问题；多元一次联立方程式；联立一次方程应用问题

第四编　分配所关之公式及因数：分配所关之公式；因数

第五编　最大公约数；最小公倍数

第六编　公数式：公数式之基本性质；约分、通分；公数式之加减乘除；续一次方程式

第七编　二次方程式：一元二次方程式；一元二次方程式应用问题；续一元二次方程式；多元联立方程式；联立方程式应用问题；根之释义

第八编　乘幂；根

第九编　无理式：指数；无理数；根之近似值

第十编　比及比例：比；比例

第十一编　等差级数；等比级数

第十二编　排列及配合：排列；配合

---

① ［清］武昌中东书社编译部.最新代数学教科书[M].上海：武昌中东书社,1904：目录.

第十三编　二项定理数

第十四编　对数及年金：对数之基本性质；对数表；复利及年金

附录　不等式

答问　例题；复习杂题

每一编设置若干欵（节），每一欵讲明一个知识点，知识点之间环环相扣，难度循序渐进。书中直接给出知识点定义，再举例说明，需要强化练习的知识点后面附有练习题。习题设置重难点明晰，偏难的知识点相应的习题也较多。应用题结合中国的生活实际，但也保留了一些翻译日本的痕迹，如在一元一次方程式的应用这一知识点后附有习题（图 8－19）。

12. 明治二十八年時住居英法美三國之日本人總數爲6343法國比英國少91人美國比英法二國和之33倍少15人求住居英法美之日本人各若干.

13. 日清戰爭之際某將卒兵若干獲勝後檢其兵數負傷三十人其餘戰死者九十八分之一又到援兵三百四十五人連前壯健之兵共有一千八百人求最初之兵數幾何.

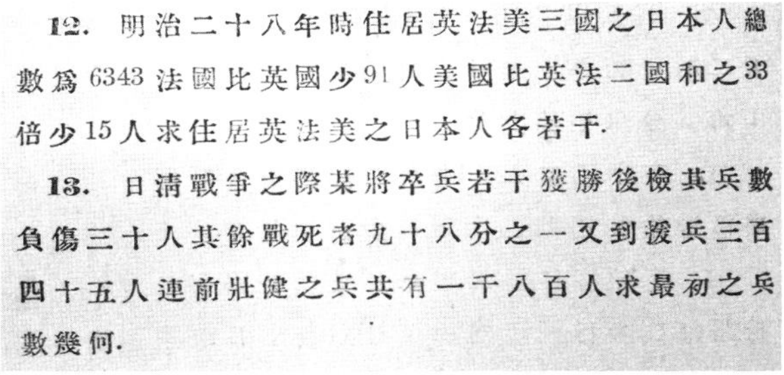

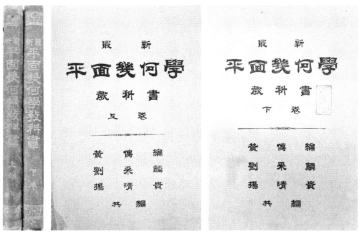

图 8－19　《最新代数教科书》第 62 页

2. 黄传纶、刘采麟、杨清贵编《最新平面几何学教科书》

黄传纶、刘采麟、杨清贵编著《最新平面几何学教科书》（图 8－20），由上海昌明公

图 8－20　《最新平面几何学教科书》书影

司和日本东京清国留学生会馆发行,上下两卷,布面精装,上卷于 1904 年 10 月初版,1905 年 4 月订正再版,1906 年 4 月三版;下卷于 1905 年 9 月初版,1906 年 7 月再版。

《最新平面几何学教科书》上卷目录如下[①]:

第一编　直线:第一节一点上之角;第二节平行直线;第三节三角形;第四节平行四边形;第五节正射影;第六节对称图形;第七节轨迹;第一编之杂题。

第二编　圆:第一节基础之性质;第二节中心角;第三节弦;第四节弓形角;第五节切线;第六节二圆;第七节内接形及外接形;第八节作图题;第二编之杂题。

《最新平面几何学教科书》下卷目录如下[②]:

第三编　面积:第一节上直线之面积;第一节下圆之面积;第二节作图题;第三编之杂题。

第四编　比及比例;第四编之例题;第四编之问题。

第五编　几何学上之比及比例:第一节基础之性质;第二节相似直线形;第三节面积;第四节轨迹;第五节作图题第五编之杂题。

该书几乎每一小节下都包括"定义、定理、该节之例题和该节之问题",体例十分清晰;编排采用西式横排编写,书中用粗细不同的线来区分不同真命题和假命题,每个重要的概念或者语句,皆通过大字体现,以引起教师和学生的注意。书中内容难度递增,说理朴实,适合作教师的教学用书,也适合学生自学。该书虽分两卷,但该书字体总体偏大,看起来较为舒适,且使用中国传统符号表示未知数,这些字符数相较于其他字较小(图 8 - 21)。

(三)译自日本中学数学教科书

1. 藤泽利喜太郎著、西师意译《算术教科书》

《算术教科书》(图 8 - 22),藤泽利喜太郎著,西师意翻译,1904 年由山西大学译书院出版。

该书"序"阐明了采用西方符号的原因及该书的编译理念。

该书目录如下[③]:

---

① [清] 黄传纶,刘采麟,杨清贵.最新平面几何学教科书(上卷)[M].上海:上海昌明公司,东京:清国留学生会馆,1906:目录.
② [清] 黄传纶,刘采麟,杨清贵.最新平面几何学教科书(下卷)[M].上海:上海昌明公司,东京:清国留学生会馆,1906:目录.
③ [日] 藤泽利喜太郎.算术教科书[M].西师意,译.上海:山西大学译书院,1904:目录.

图 8-21　《最新平面几何学教科书》第 224—225 页　　图 8-22　《算术教科书》书影

第一编　绪论：读数法又命数法；叙数法又记数法；小数。

第二编　四则：加算又加法；减算又减法；乘算又乘法；除算又除法；四则设题。

第三编　诸等数：米突式度量衡；东邦度量衡；货币；时辰；诸等通法；诸等命法；诸等加减；诸等乘算；诸等除算；诸等设题。

第四编　整数性质：倍数及约数；九去法；素数及素因数；最大公约数；最小公倍数；设题。

第五编　分数：分数诸论；约分；通分；分数化作小数；小数化作分数；分数加算；分数减算；分数乘除；循环小数之加减乘除；分数设题

　　　　答

该书正文部分共计 327 页，内容较为详细，习题较多，如第二章便有五个"问题汇集"，共计 126 道练习题，内容中还穿插着"课题"，共计 163 道练习题，可见其练习题之多。此外，例题数量也比较多，并且附有详细的讲解，注重知识点的练习和应用。该书采用竖版右至左排列，公式或算式部分采用竖排横写或横排书写。在第五编的最后设置"答题汇集"，供学生参考使用。书末附有"正误"表，供教师和学生参阅。

2. 长泽龟之助著、崔朝庆译《中等平面几何学阶梯》

《中等平面几何学阶梯》（图 8-23）由日本著名学者长泽龟之助著，崔朝庆译，上海会文学社 1906 年出版。

图 8-23 《中等平面几何学阶梯》书影

该书的编写意图及理念如序言①：

余编纂此书之意,盖欲使学者先将几何学简易之理注入于脑中,然后以几何学授之自能迎刃而解,乃习几何学必需之书也。此书不但适于中学校之初级且合于师范学校简易科之用。余如商业学校实业学校以及高等女学校皆可使先习此书,后习几何,盖行远自迩,登高自卑,未有不由阶梯而能跃入于精微之域者也。

《中等平面几何学阶梯》是几何学学习的入门教科书,对概念从点、线、面依次结合实际生活进行概述,空间、位置、形状、大小等亦结合生活实际编写,便于读者理解这些抽象的概念,如对于形状,这样描述②：

就吾辈日用之物而言,有圆者,有方者,其他种种之形状,不堪殚述,如笔筒与砚,其形状迥不相同也。

故曰物体有形状,其形状不同,故其名不同。

《中等平面几何学阶梯》内容编排顺序为几何学阶梯总目、卷数、正文、问题。其中每卷内容前叙述有"中等教育平面几何学阶梯卷几、日本长泽龟之助编纂、静海崔朝庆译"。整本教科书平面部分对概念的界定依次从该书第一条到第九十九条、立体部分共为十五条。教科书后附有罗马字母、希腊字母表及其日文表示。部分章节中插有风景图案,这样看起来美观,能够更好地激发读者的学习兴趣。

《中等平面几何学阶梯》内容分两部分：平面和立体。其中平面部分有六卷,内容包括绪论、直线与角、三角形、多角形、圆、面积。立体部分涉及多面体、曲面体求积算法等。

全书编写采用繁体字、白话文,对于图形的描述采用西文表述方式,即采用英文字母表示,简单明了,易于阅读。角的表示亦与现行数学教科书相同,对于字母的表示还没有完全的系统化。《中等平面几何学阶梯》中的名词术语与现行数学教科书名词术语大部分相同。但随着数学符号西化,名词术语的表述也相应地有所变化,有一部分名词术语流传下来,也有一部分名词术语不再沿用。该书的文字介绍部分采用竖排形式,而数学表达式部分采用竖排和横排的混合编排形式,同时采用西方数学符号(图 8-24)。

---

① [日]长泽龟之助.中等平面几何学阶梯[M].崔朝庆,译.上海：上海会文学社,1906：序言.
② [日]长泽龟之助.中等平面几何学阶梯[M].崔朝庆,译.上海：上海会文学社,1906：序言.

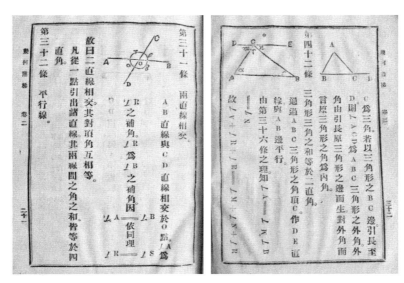

图 8 - 24　《中等平面几何学阶梯》第 21、32 页

3. 高木贞治著、周藩译《新体中学代数学教科书》

《新体中学代数学教科书》（三卷线装本，图 8 - 25），高木贞治（TeijiTakagi，1875—1960）著，周藩译，1906 年由上海文明书局、科学书局和群学社联合出版发行。该书原著在日本较有影响，译者周藩认为该教科书"其学理在日本书中亦最为新颖与《代数备旨》真有霄壤之别。"

《新体中学代数学教科书》没有序言、例言等，直接进入讲授内容。

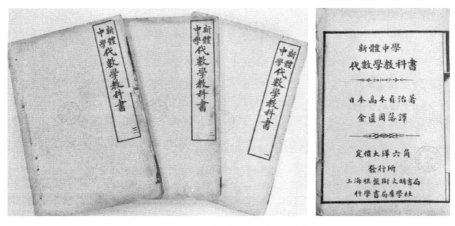

图 8 - 25　《新体中学代数学教科书》书影

该教科书有以下特点：

首先,译者在翻译目录前面写了"代数记号中西对译表"(图8-26),即将日文原著中的西方数学符号改为中国天干地支的汉字和其他汉字,促进学生更好地了解西方数

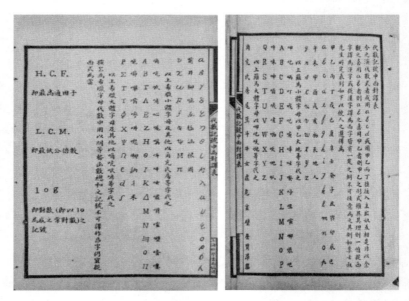

图8-26 《新体中学代数学教科书》中的代数记号中西对译表

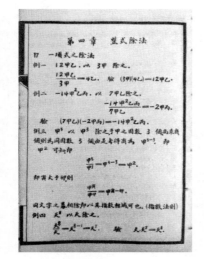

图8-27 《新体中学代数学
教科书》第18页

学符号和中国传统数学符号或术语之间的关系。同时,也在西方数学中渗透了中国传统文化元素,在整本教科书中彻底地贯彻了这一理念(图8-27)。

其次,该书呈现新概念时,先说明学习新概念的必要性,然后借助实例解释该概念,最后通过"例题"巩固概念的学习。例如,"第二章负数"的"负数之意义"中提到:

欲计算之结果通过0用,故于算术中之数(正数)之外,用一种新数,实为必要。今0、1、2、3…自0始顺次并记整数。试自右向左看之,3减1为2,2减1为1,1减1为0,又自0减1则云—1(负1),自—1减1,则云—2(负2),自—2减1,则云—3,以下以次第类推而至无穷。

接着用实例说明了负数,然后列出"例题",这里

的"例题"与其说是例题，还不如说是习题。因为"例题"仅提问题或计算题，没有任何解答过程。

"负数的大小"和"绝对值"安排在一起，通过概念与实例解释了二者的关系。"＋及－之记号，表数之正负，则云性质之符号（或单云符号）消去负数前所记性质之符号－，则其数字表正数，云此负数之绝对值。例如－1、－2 之绝对值为 1、2。凡负数小于 0，又二负数之大小，与其绝对值之大小相反。"①

再次，该教科书注重问题解决。在第三卷"附录第一问题集"中给出 300 道题，共 32 页；"附录第二"给出"几何学之问题""不等式""最大最小"问题，通过例题解释，并附加了 42 道"例题"，这里的"例题"具有习题的性质，便于学生充分地巩固练习。第三卷最后用 28 页篇幅列举了各编"例题"的答案。

最后，该书每卷正式内容后面介绍了当时出版的教科书内容。第一卷有《司密司大代数学例题详解》《丁氏代数学初步》（无锡丁福保编）、《最新中学代数学教科书》（日本桦正董著，无锡周藩译）、《代数备旨详草》《形学备旨详草》《代微积拾级详草》《简明几何学教科书》（作者不详）等，此外还有其他学科的教科书介绍。第二卷有《初等算术讲义》（无锡丁福保编）、《初等算术讲义详草》（无锡陶赞著）等。第三卷有《笔算数学讲义》（以美国狄考文《笔算数学》为蓝本编写，作者不详）、《中学代数学讲义》（杭州王兰仲著）、《平面三角法讲义》（日本奥平氏著，无锡周藩译）、《新式高等代数学教科书》（以日本上野清、长泽龟之助的相关教科书为蓝本编写，作者不详）。

第四节　中小学数学教育理论与研究

甲午战争后，为挽救国内日益深重的民族危机，广大爱国学子纷纷负笈东渡，开启留日新浪潮②。中国历来有重视数学教育的传统，清代末期对数学教育的重视程度更是前所未有③。留日学生介绍欧美及日本的数学教育思想和教育制度，尤其是翻译介绍许多世界著名教育家的传记及著作，对中国近代教育产生了巨大的影响。其中比较

---

① ［日］高木贞治.新体中学代数学教科书[M].周藩，译.上海：文明书局，科学书局，群学社，1906：3.
② 杨真珍.清末留日学生与中国教育近代化[D].重庆：西南大学，2007：1.
③ 李迪.清末（1860—1911 年）对数学教育的倡导与实践[J].内蒙古师范大学学报（哲学社会科学版），2003（2）：5-9.

典型的是赫尔巴特数学教学观和教育理论——五段教学法,以及藤泽利喜太郎的著作《算术条目及其教授法》的引进,为中国的课堂教学改革带来了契机,中国从此有机会通过向日本学习教育教学理论,进而与西方进行沟通交流,为世界文化贡献中国的学术力量。

一、 赫尔巴特数学教学观及其教育理论——五段教学法

(一) 赫尔巴特数学教学观

赫尔巴特是德国著名的哲学家、教育家和心理学家。赫尔巴特对数学学科提出了独到的观点,下面简要论述他对数学及数学教学法所持有的见解。

第一,要重视几何教学。赫尔巴特在关于数学教学方法方面的论述中首先提出:"数学课程设置与其它课程相比有些特殊性,这纯粹是由于推迟和忽视数学教学所造成的现象。"[①]关于数学教学内容方面,他非常重视几何教学,认为通过几何教学能够激发学生的想象力。赫尔巴特指出:"人们由于算术而忽视了组合与几何教学,并试图证明那种教学没有激发起数学的想象力。"[②]假如直观能力的培养表现为一种教育自身的事情,那么引导就必然构成为连接两者和数学间的纽带[③]。

第二,教学困难要适当。赫尔巴特认为在数学教学过程中不要过早地增加数学教学上的某些困难问题。这些困难问题主要体现在语言、教师习惯的观念和各种要求的混杂等。

第三,要正确理解数字的含义。赫尔巴特指出:有人把数视为若干单位之和,其实不然,数字也不是积的和。数字"2"并不是意味着两件东西,而是翻倍,不管是一还是许多的翻倍都是如此。在这种讲话方式中用单数名词来说是不无裨益的。只要将数字概念和数目混淆,并停留在渐进数上,学生对数字的概念就意味着没有达到成熟[④]。

第四,不要把理解题目的困难同计算本身混淆起来。赫尔巴特指出人们在做算术例题时常常会把理解题目的困难同计算本身混淆起来,这是不应该的,一定要避免出

---

① [德] 赫尔巴特.普通教育学·教育学讲授纲要[M].李其龙,译.北京:人民教育出版社,1989:324.
② [德] 赫尔巴特.普通教育学·教育学讲授纲要[M].李其龙,译.北京:人民教育出版社,1989:324.
③ [德] 赫尔巴特.赫尔巴特文集·教育学(卷二)[M].李其龙,郭官义,译.杭州:浙江教育出版社,2002:81.
④ [德] 赫尔巴特.普通教育学·教育学讲授纲要[M].李其龙,译.北京:人民教育出版社,1989:325.

现。如，速度、路程与时间、资本、税金与时间等概念放在算术练习之前，必须对其作出适当的解释，不应该使学生在理解题目上出现疑惑。对于那些对算术概念仍感到困难的学生，这时应该为他们举一些他们所熟悉的例子，使他们能够重新产生算术思维，而不必对此绞尽脑汁。

第五，数学教学的教育价值——培养学生的思维及扩展学生的知识面。赫尔巴特指出"整个数学教学的教育价值主要取决于教学对学生的整个思维与知识范围影响有多深"①。他强调教师应该发挥学生的主动性，而不是单纯地开展教学。

第六，数学练习要适当，重点应该是将数学知识运用到自然科学中。赫尔巴特强调教师不能将学生太长久地限定在一个狭小的范围之中，教学必须要及时地向前进行。教师不要在基础知识方面让学生永无休止地进行练习。他认为这样虽然能够使学生对其所增长的技巧感到高兴，但这样的练习将无助于学生对科学的重大方面形成概念。有些练习在适当场合是必须的，但是不能占据工作的时间。同时，他又提出："假如要把数学与技术知识结合起来的话，那么自然常识比单纯练习例子就更显得重要，更适合于数学了。"②

以上内容是对赫尔巴特关于数学教学观点的简单概括。他的这些思想观点，无论对当时还是现在与将来的数学教育来说都是不无裨益的。但是他的这些数学思想观点似乎对中国清末的数学教育没有产生什么影响，这或许是他的相关著作没有被及时引入中国所致。

（二）赫尔巴特教育理论——五段教学法

赫尔巴特的教育学以其伦理学和心理学为基础，伦理学指明了教育目的，心理学提供了实现目的的途径和手段。他从主智主义心理学出发，提出教育性教学的主张，反对"无教育的教学"。赫尔巴特强调只有在掌握知识的基础上，才能形成学生的道德意识和行为。他认为教育性教学的必要条件和首要任务在于激发儿童对学习具有强烈、全面而匀称的多方面兴趣。他将兴趣分为两类，一类是属于认识周围自然现实的，包括经验的兴趣、思辨的兴趣和审美的兴趣，另一类是属于认识社会生活的，包括同情的兴趣、社会的兴趣和宗教的兴趣。在此基础上，赫尔巴特拟订了范围广泛的课程体系。依据他的统觉心理学，提出了教学的形式阶段理论。他指出教学过程就是形成学生观念体系的过程，并将教学进程分为四个阶段：明了、联想、系统和方法，他还建议

---

① ［德］赫尔巴特.普通教育学·教育学讲授纲要[M].李其龙，译.北京：人民教育出版社，1989：329.
② ［德］赫尔巴特.普通教育学·教育学讲授纲要[M].李其龙，译.北京：人民教育出版社，1989：330.

教学中应采用单纯提示的、分析的和综合的教学方法。赫尔巴特所提出的教学进程四个阶段，非常有助于教师教学和学生掌握知识，可谓是教学论发展史上的一座丰碑，为提高教学质量作出了卓越的贡献。赫尔巴特的教育学说后经他的学生发展和推广，形成了赫尔巴特学派。

著名的五段教学法即由赫尔巴特学派所提出。将赫尔巴特的教育学给予发展和推广的代表人物是他的学生戚勒(T. Zitter，1817—1882)和莱因(Rein，1847—1929)。戚勒把赫尔巴特所提出来的"明了"分为两个阶段，得到了分析、综合、联想、系统、方法的教学过程。莱因则在前面加了一个预备阶段，并对赫尔巴特所提出的四个阶段作了更符合教学实际的修改，从而将教学过程演变为五个阶段，即，预备：教师从全班学生熟悉的知识开始上课，即从在先前的观察或感知的基础上形成的清晰概念开始新课；提示：提示新课程、讲解新教材；联系：教师引导学生对前两段所呈现的材料进行比较，注意新材料中哪些部分是在预备阶段已经熟悉的，哪些是超出了原有的材料，通过比较和联系，教师越是仔细地把新知识和旧知识结合起来，学习就越成功；总结：教师把引起学生注意的那种新知识的其他实例呈现给全班同学，借助这种实例，学生就能概括在第三阶段中学到的知识；应用：教师可以让学生回答一些问题，或者解释一段文章，应用主要是针对当天所授的课，进一步给学生布置例题，要求每一个学生根据已经概括出的规则独立地解决问题。以后又有人将其加以正式化，成为"赫尔巴特学派的五段教学法"。

赫尔巴特学派的五段教学法揭示了课堂教学的规律。这对指导和改进教学实践起到了积极作用，它标志着教学过程理论的形成。赫尔巴特学派的教学理论，重视系统知识和技能的传授，发挥了教师在教学中的主导作用，加强了课堂教学并使之规范化，使教学方法得以改进、教学质量得以提高。这种教学过程理论，在欧美各国流行、统治长达半个世纪之久，对19世纪后半叶至20世纪初欧美中小学教学，特别是文科教学产生了广泛的影响。但是，随着社会的发展，赫尔巴特学派的教学理论逐渐暴露出一定的弊病，如它忽视了学生的主动性，忽视了学生个人经验和能力在教学中的重要作用，把课堂教学变成千篇一律的五个阶段的僵化模式，抑制了学生学习的积极性，不利于教学的改进，等等。教学步骤本应随着学科、单元、教师、学生、教学条件等因素的变化而改变，但五段教学法要求教学恪守该模式，导致思想僵化，所以后来被摒弃①。

---

① ［德］赫尔巴特.赫尔巴特文集・哲学(卷一)[M].李其龙,郭官义,译.杭州：浙江教育出版社,2002：38.

（三）赫尔巴特教育理论——五段教学法对中国的影响

清末，中国最盛行的教学法是讲演式的注入教学法，后来这种教学法被当时比较进步的、由日本传入中国的德国赫尔巴特学派的五段教学法而取代。赫尔巴特学派的五段教学法之所以能够传入中国，至少有三点原因：

第一，清末中国的教育学著作，无论是翻译、编译或自撰，主要都受日本的影响。此时赫尔巴特学派的五段教学法在日本十分盛行，可以说赫尔巴特学派的五段教学法的精神充斥于日本颁布施行的各种教规、教则之中。在中国学习日本之际，日本的数学教学亦主要推崇赫尔巴特学派的五段教学法，所以中国把它翻译引介过来。

第二，赫尔巴特学派五段教学法能够满足中国当时的教育需求，五段教学法自身的特点和优点比较明显，对中国的课堂教学能够起到良好的促进作用。

第三，中国留学于日本的师范生和来中国讲学的日本教习，他们也成为赫尔巴特学派的五段教学法传入中国的一个重要力量。因为当时中国各级师范学校科目包括教学法基本上都是由日本教习来任教，而这些日本教习除了直接讲授赫尔巴特学派的五段教学法外，还身体力行地在自己的课堂教学中加以应用，并用于指导师范生的实习。

赫尔巴特学派的五段教学法自 20 世纪初通过日本传入中国，至中华人民共和国成立，其在中国的传播主要分为三个阶段。

第一阶段为传入阶段，时间大约在 20 世纪初，主要体现在师范学校的教学活动中。此时，五段教学法的传播主要借助国内师范学堂和赴日本留学的师范生。无论是来中国的日本教习还是留学日本归来的留学生，都受赫尔巴特学派五段教学法的影响。在新学制颁布后、兴办学堂期间，中国聘请了许多日本教师来华讲学。包括教学法在内，多数教学任务都由日本教师承担，并用以指导中国师范生的实习。诚然，学堂中任教者也有从日本归国的留学生，他们也成为赫尔巴特学派五段教学法在中国传播的重要力量。但是在传入初期，"五段教法仅仅在讲义或口头谈话中推行"[①]，并且仅仅在都市中的师范附属小学和模范小学中推行，对中国数学教育所产生的影响并不十分明显。

第二阶段为应用阶段，时间大约在辛亥革命前后，主要是借助单级教授法传播和推广的。清宣统元年（1909 年）江苏省教育会选派杨宝恒、俞子夷和周维城三人去日

---

① 董远骞，施毓英．俞子夷教育论著选[M]．北京：人民教育出版社，1991：474．

本考察单级教授法①,历时三个月。归国后他们开始筹办单级教授法练习所,前后共创办两届。随后,参加考察的三人均被频频请到各地演讲②。同时,清廷学部也连连发文,提倡推广单级教授法。至此,单级教授法在中国许多地方得以推广,随之赫尔巴特学派的五段教学法在中国进入了应用阶段。实质上,日本的单级教授法只是班级的编制形式发生了改变,即把不同年级、不同年龄和不同程度的学生编制在一个班级里进行教学。这在一定程度上影响了教学的实施,但其基本教学法仍未跳出赫尔巴特学派五段教学法的窠臼。所以,日本的单级教授法实质上成为推广赫尔巴特学派五段教学法的有力载体。根据中国最早赴日本考察单级教授法的成员之一——俞子夷先生的论述即可明白:"单级只是编制方式,教学法实质仍不外日本通行的那一套所谓赫尔巴特的五段法。"③

第三阶段为盛行阶段,时间大约在民国时期。自民国成立后,中国的教育事业有了一定的发展,学生人数增长迅速,初小和师范教育逐渐扩充,这直接扩大了赫尔巴特学派五段教学法的应用。特别是以师范学校及其附属小学为中心带动其他学校,取得了不错的效果。同时,中国各大书局编写的教科书都必备一套教师用的参考书,并且是依据赫尔巴特学派五段教学法的教学理论编写的参考书;中国相关杂志上也频频刊载与赫尔巴特学派五段教学法相关的论文、教案设计等。

当然,当时中国的国情在一定程度上也限制了赫尔巴特学派五段教学法在中国的传播和影响。据俞子夷先生的回忆,他在1921年前后走访过苏北五个县的乡村,发现单级小学多数与旧日的私塾没有什么差别。试想在中国文化相对比较发达的江苏省教育尚且如此不平衡,全国的情况也就不言而喻了。

当时的中国却并不局限于五段教学法。因为有些科目或教材很难用五段教学法硬套,所以有时中国教师也采用一些变通的办法,主张采用四段教学法(如国文读法教学法的预备、提示、整理和应用,将联系和总结统称为整理)或者三段教学法(如算术教学法,多数情况下省去整理阶段)。这样,赫尔巴特学派五段教学法经过了不断地完善,逐步满足中国课堂的需求,导致其与最初从日本引进来的面貌不同了,成为更符合中国国情的独特教学法。

---

① 单级教授法是复式教学(将两个年级以上学生组成一个班级教学)的一种,以小学四个年级的学生编成一个班级而实行的教学,其特点是不同年级的学生同时在一个班级由一位教师上课。辛亥革命后,各地小学数目骤增,导致师资奇缺。1914年公布的《视察京师公私立各学校通知书》和《教育部整理教育方案草案》,要求各地广设单级小学和推广复式教学。

② 俞子夷.现代我国小学教学法演变一斑——一个会议简录[M]//董远骞,施毓英.俞子夷教育论著选.北京:人民教育出版社,1991:471-472.

③ 董远骞,施毓英.俞子夷教育论著选[M].北京:人民教育出版社,1991:470.

综上所述，可见赫尔巴特学派五段教学法在中国传播推行的时间之长、方式之多、范围之广、影响之深。

二、 王国维翻译藤泽利喜太郎《算术条目及教授法》

清末，内忧外患的政治局面迫使清政府在教育方面进行大力改革，尝试通过向外国学习先进数学教育理论扭转时局。在这一时期，王国维翻译日本数学家藤泽利喜太郎的《算术条目及教授法》就是日本近代学制自然而然地融入中国教育改革的重要标志，由此中国引进和建立了现代数学教育制度，为日后中国数学教育现代化奠定了坚实基础。

王国维，字静安，又字伯隅，号观堂，亦号永观，浙江海宁人，清秀才，中国近代国学大师。这位中国近代著名大学者，先后从事哲学、文学、戏曲史、甲骨文、金文、古器物、殷周史、汉晋木简、汉魏碑刻、敦煌文献以及西北地理、蒙元史的研究，在国内外学术界产生了巨大影响[①]，不仅对文学研究和历史研究等做出了卓著贡献，而且对我国近代教育的发展也做出了杰出贡献。他有关教育研究的译著和论著颇丰富，共有 26 种，其中与数学教育有关的有译著《算术条目及教授法》（藤泽利喜太郎原著）、《叔本华之哲学及教育学说》。除此之外，其译著《辩学》中也有不少数学归纳法等数学方法论的内容。这些工作是王国维在 24 岁到 34 岁的十年间完成的，这些论著反映了当时西方国家教育新思潮。特别是，青年时代的王国维能够及时地翻译出版这些教育学、心理学、数学教育等方面的著作，足以说明他对我国当时教育不发达的状况以及对教育研究重要性的认识多么深刻。

王国维翻译藤泽利喜太郎的《算术条目及教授法》更是填补了中国近代中小学数学教育理论研究的空白。正如钱剑平所说："王国维独具慧眼，翻译引进了《算术条目及教授法》一书，不能不说是对近代数学教学的一大贡献。"[②]然而，至今为止查阅到中国数学教育史研究论著中，几乎看不到王国维的名字[③]。同时，众多王国维研究者们忽略了王国维对中国近代数学教育的重要贡献。事实上，王国维翻译藤泽的《算术条目及教授法》对中国数学教育的研究与发展起到了极其重要的作用。

藤泽利喜太郎是日本近现代数学教育的奠基人。藤泽利喜太郎的一生醉心于数

---

① 雷家宏.王国维：中国学术史上的奇才[J].华中国学,2019(1)：191-194.
② 钱剑平.一代学人王国维[M].上海：上海人民出版社,2002：67.
③ 代钦.王国维与我国近代数学教育[J].内蒙古师范大学学报(教育科学版),2006(5)：70-72.

图 8-28 《算术条目及教授法》
日文版书影

学教育,编写了教科书——《算术教科书》(明治 29 年)、《算术小教科书》(明治 31 年)和《代数学教科书》(明治 31 年)。另外,他以比较教育研究的方法著成《算术条目及教授法》(明治 28 年,如图 8-28)和《数学教授法讲义》(明治 33 年)两本数学教育研究著作,并提出了"数学教育研究是一门学问"的观点。正如小仓金之助所说:"藤泽利喜太郎作为大学教授,菊池大麓从事教育行政(作者注:菊池为日本文部省大臣。)以后,可以说他们俩成为日本数学界的独裁性的权威。"[1]"最初被统一的日本数学教育,在文部大臣菊池大麓的领导下、大学教授藤泽利喜太郎的观点下,向欧美改革运动的相反方向发展起来的。"[2]特别是,藤泽在《算术条目及教授法》中提出的"普通算术不需要理论"等主张获得了日本政府的允许和支持,最终使日本数学教育走向了全国统一的道路。当然,其中日本数学家菊池大麓的主张和行政手段也起了至关重要的作用。可以说,藤泽利喜太郎的数学教育思想和菊池大麓的数学教育主张奠定了日本现代数学教育的基础。也就是明治 35 年(1902 年),"中学校数学科教授要目"完全是根据藤泽利喜太郎和菊池大麓的数学教育思想而制定的。藤泽利喜太郎所主张的在大学数学学科的教授采用"讨论班"的教学模式,培养了日本的林鹤一、高木贞治等著名学者,更构筑了日本数学教育的基础。日本的数学研究能得以迅速发展并接近世界先进水平,藤泽利喜太郎对此起到的作用是极其重大的。继菊池大麓以后,藤泽利喜太郎成为影响日本数学进展的关键人物。

藤泽利喜太郎编写的教科书以及他独到的数学见解在我国数学教育的发展过程中产生过积极作用。清末,新学制建立后,中国开始大量翻译使用日本的数学教科书,即使没有被翻译成汉语的日本数学教科书也被直接采用。其中就有藤泽利喜太郎所编写的数学教科书,包括《算术教科书》(日本西师意译,山西大学译书院,1904 年)、《中学算术新教科书》(赵秉良译,商务印书馆,1911 年)、《续初等代数学教科书》(黄际遇译,商务印书馆,1917 年)等。直接使用的有《算术教科书》(上下册,大日本图书,1896 年)和《代数学教科书》(上下册,大日本图书,1898 年)等。例如,王国维描述他在

---

① 小仓金之助.数学教育史:一つの文化形態に関する歴史的研究[M].東京:岩波書店,1941:345,356.
② 小仓金之助.数学教育史:一つの文化形態に関する歴史的研究[M].東京:岩波書店,1941:345,356.

上海东文学社学习时，数学老师是日本教习藤田丰八，所使用的数学教科书即为藤泽利喜太郎所编写的。算术、代数两部教科书是藤泽利喜太郎编写的《算术教科书》和《代数学教科书》，这两部教科书在当时的日本是很有影响的。1917 年，我国著名数学教育家黄际遇在翻译藤泽利喜太郎的《续初等代数学教科书》时，对该书习题进行详细解答并出版成书——《续初等代数学问题解义》（商务印书馆，1917 年）。《续初等代数学教科书》是日本 20 世纪初高等学校第二部（理、工、农科预科）和高等师范学校采用的教科书（第一年课程），黄际遇对该书给予了很高的评价："此书尤为从事数学之教育家所不可一日缺者……日本高等学校之预科及文部省教员之检定，有非读此书不可之势。"

《算术条目及教授法》是藤泽利喜太郎的数学教育著作，该书集数学教育思想方法、数学认识论、日本与英国、德国算术的比较等内容于一身的日本数学教育奠基性理论著作。该书具体目录如下①：

第一编泛论：普通教育中数学科之目的；算术科之目的之特殊；英、法、德算术之共；以算术解释代数上之事项之困难；于算术中深入整数论之不可；于英国算术与代数之区别；于本邦算术之来历；所谓理论留义算术于本邦普通教育之不适当之事；所谓理论留义算术于本邦普通教育之上之弊害；竞争试验之材料中不可重置算术；算术即日本算术；注意。

第二编各论：算术条目；数学之定义当自算术中除之；定义；数之呼法及数之写法；四则；诸等数；整数之性质；分数及循环小数；比及比例；步合算及利息算；开平方、开立方、不尽根数；省略算；级数、年金算；求积、对数。

该书由两部分内容组成，第一部分为数学教育的理论，主要阐述了数学教育的目的、数学的特点、从算术中删除理论、德国和英国的数学教育情况；第二部分为算术的具体内容。书中蕴含着丰富的数学教育思想。

首先，藤泽利喜太郎明确提出了数学在普通教育中的教学目的②。

藤泽利喜太郎利用"体育锻炼"来生动形象地比喻"数学学习"，从而精辟地阐述了数学教育的功能，即数学是锻炼思维的体操，这也是数学的教育价值所在。同时，他分析了数学科学抽象性等特征以及数学学科教育目的的特殊性。

其次，藤泽利喜太郎明确阐述了抛弃理论算术的主张。即，他针对当时的日本普遍重视在算术中的理论的倾向。在《算术条目及教授法》第一篇中，明确指出了在算术

① 谢维扬，房鑫亮.王国维全集（第十六卷）[M].杭州：浙江教育出版社，2009：385－386.
② 谢维扬，房鑫亮.王国维全集（第十六卷）[M].杭州：浙江教育出版社，2009：387.

中引进理论的各种弊端。他的这些主张得到了日本政府的支持,对日本数学教育走向全国一统的道路产生了巨大影响。更具体地说,他的主张对日本明治 35 年(1902)的《中学校数学科教授要目》的制定产生了直接的影响。事实上,在藤泽利喜太郎在世期间,日本一直实施了按藤泽教育思想的数学教育制度①,也就是在 1933 年前日本未能实施混合数学教育。从 1930 年代中期,日本开始实施混合数学教育直至现在。

　　1901 年,王国维翻译了藤泽利喜太郎的《算术条目及教授法》,并连载于《教育世界》(1901—1902),1902 年被收入教育世界出版所印行的《教育丛书》初集第四册中。该译著填补了清末中国小学数学教育的理论研究与实践的空白,对中国数学教育产生了积极影响。另外,该译本出版 7 年后,又被赵秉良重新翻译并由上海南洋官书局会文社出版。由此可见,该书对中国当时的数学教育影响之深远,也为日后中国数学教育现代化奠定坚实的基础,帮助中国数学融入世界数学的主流之中。

参考文献

1. 教科书

［1］杜就田. 最新初等小学用珠算入门［M］. 上海:商务印书馆,1914.

［2］［清］朱葆琛. 心算初学［M］. 上海:美华书馆,1907.

［3］［清］丁福保. 蒙学心算教科书［M］. 上海:文明书局,1905.

［4］［清］徐寯. 初等小学用最新笔算教科书(第一册)［M］. 上海:商务印书馆,1907.

［5］［清］王兆枏、杜亚泉. 高等小学用最新笔算教科书［M］. 上海:商务印书馆,1908.

［6］［清］张景良. 小学笔算新教科书(1—4 卷)［M］. 上海:文明书局,1908.

［7］［美］宓尔. 最新中学教科书代数学(上卷)［M］. 谢洪赉,译. 上海:商务印书馆,1905.

［8］［美］宓尔. 最新中学教科书代数学(下卷)［M］. 谢洪赉,译. 上海:商务印书馆,1905.

［9］［美］宓尔. 最新中学教科书几何学［M］. 谢洪赉,译. 上海:商务印书馆,1906.

［10］［美］费烈伯,史德朗. 最新中学教科书三角术［M］. 谢洪赉,译. 上海:商务印书馆,1910.

［11］［清］武昌中东书社编译部. 最新代数学教科书［M］. 上海:武昌中东书社,1904.

［12］［清］黄传纶,刘采麟,杨清贵. 最新平面几何学教科书(上卷)［M］. 上海:上海昌明公司,东京:清国留学生会馆,1906.

［13］［清］黄传纶,刘采麟,杨清贵. 最新平面几何学教科书(下卷)［M］. 上海:上海昌明公司,东京:清国留学生会馆,1906.

［14］［日］藤泽利喜太郎. 算术教科书［M］. 西师意,译. 上海:山西大学译书院,1904.

［15］［日］长泽龟之助. 中等平面几何学阶梯［M］. 崔朝庆,译. 上海:上海会文学社,1906.

① 松宫哲夫. 伝説の算数教科書〈緑表紙〉［M］. 東京:岩波書店,2007:63-64.

〔16〕〔日〕高木贞治. 新体中学代数学教科书〔M〕. 周藩,译. 上海：文明书局,科学书局,群学社,1906.

2. 史料

〔1〕朱有瓛. 中国近代学制史料（第二辑上册）〔M〕. 上海：华东师范大学出版社,1987.

〔2〕郭秉文. 中国教育制度沿革史〔M〕. 北京：商务印书馆,2014.

〔3〕陈学恂. 中国近代教育史教学参考资料（上册）〔M〕. 北京：人民教育出版社,1986.

〔4〕俞子夷. 现代我国小学教学法演变一斑——一个会议简录〔M〕//陈元晖. 中国近代教育史资料汇编（普通教育）. 上海：上海教育出版社,2007.

〔5〕〔清〕张之洞,等. 奏定学堂章程〔M〕. 台北：台联国风出版社,1970.

3. 著作与期刊论文

〔1〕吴洪成. 历史的轨迹——中国小学教育发展史〔M〕. 重庆：西南师范大学出版社,2003.

〔2〕杨宏雨. 困顿与求索——20 世纪中国教育变迁的回顾与反思〔M〕. 上海：学林出版社,2005.

〔3〕吕达. 中国近代课程史论〔M〕. 北京：人民教育出版社,1994.

〔4〕魏庚人. 中国中学数学教育史〔M〕. 北京：人民教育出版社,1987.

〔5〕周予同. 中国现代教育史〔M〕. 福州：福建教育出版社,2007.

〔6〕李兆华. 中国近代数学教育史稿〔M〕. 济南：山东教育出版社,2005.

〔7〕高平叔. 蔡元培教育论著选〔M〕. 北京：人民教育出版社,1991.

〔8〕苏州大学图书馆. 耆献写真——苏州大学图书馆藏清代人物图像选〔M〕. 北京：中国人民大学出版社,2008.

〔9〕〔德〕赫尔巴特. 普通教育学·教育学讲授纲要〔M〕. 李其龙,译. 北京：人民教育出版社,1989.

〔10〕〔德〕赫尔巴特. 赫尔巴特文集·教育学（卷二）〔M〕. 李其龙,郭官义,译. 杭州：浙江教育出版社,2002.

〔11〕〔德〕赫尔巴特. 赫尔巴特文集·哲学（卷一）〔M〕. 李其龙,郭官义,译. 杭州：浙江教育出版社,2002.

〔12〕董远骞,施毓英. 俞子夷教育论著选〔M〕. 北京：人民教育出版社,1991.

〔13〕钱剑平. 一代学人王国维〔M〕. 上海：上海人民出版社,2002.

〔14〕小仓金之助. 数学教育史：一つの文化形态に関する历史的研究〔M〕. 东京：岩波书店,1941.

〔15〕谢维扬,房鑫亮. 王国维全集（第十六卷）〔M〕. 杭州：浙江教育出版社,2009.

〔16〕松宫哲夫. 伝说の算数教科书〈绿表纸〉〔M〕. 东京：岩波书店,2007.

〔17〕张人凤. 我国近代教育史上第一套成功的教科书——商务版《最新教科书》〔M〕//商务印书馆编辑部. 商务印书馆一百年（1897—1997）. 北京：商务印书馆,1998.

〔18〕杨真珍. 清末留日学生与中国教育近代化〔D〕. 重庆：西南大学,2007.

〔19〕李迪. 清末（1860—1911 年）对数学教育的倡导与实践〔J〕. 内蒙古师范大学学报（哲学

社会科学版),2003(2):5-9.

　　[20] 雷家宏.王国维:中国学术史上的奇才[J].华中国学,2019(1):191-194.

　　[21] 代钦.王国维与我国近代数学教育[J].内蒙古师范大学学报(教育科学版),2006(5):70-72.

第九章　　民国初期的数学教育

　　本章论述自 1912 年中华民国成立后的"壬子—癸丑学制"的建立至 1922 年的"壬戌学制"的制定为止的数学教育。辛亥革命的胜利推翻了封建君主专制制度，结束了清王朝的封建统治，建立了共和政体，传播了民主共和理念，深刻地影响并推动了近代中国的社会变革。从 1912 年"壬子—癸丑学制"的建立到新文化运动的兴起，西方的教育理论、教育方法、教育制度、教育模式被大量引进，实用主义教育、军民国教育、美感教育等教育思潮多元并争，拓展了中国教育界的视野。中国数学教育的重心从学习日本、德国转向学习美国，注重教育的实用性。在中小学校数学教育方面，统一的学制与教育部的成立推进了学校教育的普及，教学理念及教学方法呈现多元化发展。这一期间在上海、南京和北京等地已开展数学教学研究活动，在江苏省成立"算学商榷会"，在北京开展小学数学课堂教学活动。在商务印书馆、中华书局等出版巨头的推动下，民初翻译、编译和自编的中小学校数学教科书无论数量、质量还是水平都取得了长足的进步。在此期间，中国现代数学事业虽然已经起步，但师资力量薄弱，高等数学教科书缺乏，使得高等数学教育的发展曲折而艰难。本章在介绍民国初期社会思潮和数学教育变革的基础上，对中小学校及高等学校的数学教育及数学理论研究进行概述。

第一节　民国初期的社会思潮和数学教育变革

　　1912 年 1 月 1 日中华民国临时政府成立,同年 1 月 9 日成立教育部,蔡元培任教育总长,并立即对封建教育进行改革,颁布了一系列的教育改革令。在这一转折时期,为适应新的政体变革,废除清末颁布的学制与宗旨,建立新的教育宗旨,确立"注重道德教育,以实利教育、军国民教育辅之,更以美感教育完成其道德"的教育方针,培养新国民。在实利主义教育思想的影响以及实利主义的教育方针指导下,数学教育也发生相应的变化。

一、 实利主义教育思想、实用主义教育思想与民初数学教育

　　清末民初,在社会各界人士高呼振兴实业的影响下,"尚实"也成为教育宗旨之一。辛亥革命以后,实利主义教育颇受新兴资产阶级重视。孙中山认为,民国建立,民族、民权问题基本解决,应集中精力解决民生问题。他号召学界努力谋求"建设之学问",要求在学校教育中对学生因材施教,"按其性之所近,授以农、工、商技艺,使有独立谋生之材"[①]。陆费逵认为,国民要自立,必须具有"生活之智识,谋生之技能,而能自食其力",主张把实利主义作为教育方针的源泉[②]。实利主义教育思潮在蔡元培、陆费逵以及中国资产阶级的提倡下迅速发展起来。

　　在实利主义教育思想的影响下,南京临时政府颁发的《普通教育暂行办法》中强调[③]:① 学堂名称一律改为学校;② 初等小学允许男女同校;③ 小学读经科一律废止,注重手工科,三年及以上加设珠算;④ 各种教科书务合民国教育宗旨,清学部颁行的教科书一律禁用;⑤ 高等小学以上,体操课应注重兵式操;⑥ 中学废止文、实分科;⑦ 中学及初级师范学校修业年限均由五年改为四年;⑧ 废止毕业生奖励出身。同时规定,初等小学算术科自第三学年始应兼课珠算。禁止读经、禁用清末教科书,保证了教育为民主共和服务的方向。强调初等小学自第三学年开始应兼课珠算,并且在《小

---

① 孙中山,著.邱捷,李吉奎,林家有,等编.孙中山全集续编(第一卷)[M].北京:中华书局,2017:317.
② 李华兴.民国教育史[M].上海:上海教育出版社,1997:210.
③ 田正平,王炳照,李国钧.中国教育通史(12):中华民国卷(上)[M].北京:北京师范大学出版社,2013:33.

学校教则》中说明,要使儿童习日常之计算,增长生活必须之知识……兼授本国度量衡币制之要略。高等小学校首宜就前项扩充之,渐进授以整数、小数、诸等数、分数、百分数、比例,并得授日用簿记之要略……算术问题宜择他科目已授事项,或参酌地方情形切于日用者用之①。从珠算加入初等小学的课堂,到本国度量衡的方法,以及算术问题的取材考虑实际应用的情形,还包括簿记方法的学习,都是小学校数学教育在实利主义思想影响下的呈现。结合实际生活情境进行学习算术知识,之后将其所学的算术知识应用于实际生活中。

实利主义教育思想与实用主义教育思想是两种联系较为紧密的教育思想。约翰·杜威(John Dewey,1859—1952)于1919年5月1日抵达上海,1921年7月1日离开北京回国。他在11个省进行学术演讲,其实用主义教育思想在全国范围内流传甚广。杜威的学生胡适、陶行知在杜威来华讲学前后对其实用主义教育思想进行了介绍。杜威的平民教育思想、儿童中心主义观点等,在1922年中华民国北京政府颁布的新学制系统改革令中就有相应规定,诸如"适应社会进化之需要""发挥平民教育之精神""使易于普及"的原则,都有实用主义教育思想的体现②。也就是在实用主义教育思想的影响下,商务印书馆推出了《实用主义数学》教科书以应时之需。

二、 新文化运动与五四运动影响下的数学教育变革

从辛亥革命到"五四"运动期间,中国教育由原来以日本教育为蓝本的模式改为学习欧美教育。新文化运动和"五四"运动更加义无反顾地否定传统,弘扬民主与自由发展。相对而言,在整个民国时期,从新文化运动兴起到南京国民政府建立前的十余年间,是中国文化界生态环境最宽松、思想最解放、教育改革最活跃的时期之一。

在新文化运动的影响下,人们探寻中西方数学教育的差异,受到西方教育思想、理论、学说的影响,形成了一个较为活跃的数学教育时期。在众多思想的影响下,人们找到了批判旧教育的理论依据,发展为新教育理论基础。教育界人士包括转变思想观念的教育者和从日本、美国留学归来的知识分子。在努力革新观念与对国内教育现状不满的情形下,教育界人士将其自身的教育理论结构与学习的国外教育理论交融,成为了影响中国数学教育的主力军。美国式的自由主义、民

① 课程教材研究所.20世纪中国中小学课程标准·教学大纲汇编:数学卷[M].北京:人民教育出版社,2001:9.
② 李华兴.民国教育史[M].上海:上海教育出版社,1997:270.

334

主主义教育,多层次、多系统、多渠道的办学体制,对实际应用的注重,一批归国留美学生(如胡适、陶行知、郭秉文、蒋梦麟、张伯苓等)的社会影响与所处重要行政岗位,加上杜威、孟禄、推士、麦柯尔等美国教育家来华讲学后产生的轰动性效应,使中国教育界明辨择善,把教育改革的参照重心由日本转向美国[①]。数学教育在上述教育思想与社会背景下,从教学方法到教学模式都发生了转变,许多人翻译了多种来自美国、德国等国的数学教科书,并且在此基础上进行了结合国情的自编数学教科书工作。

第二节　小学校的数学教育

自鸦片战争到辛亥革命结束,中国经历了被迫签订不平等条约、割地赔款等屈辱的历史。1912 年中华民国建立,封建统治已经结束,封建思想却仍旧根深蒂固。小学校的数学教育也在一定程度受到了时局的影响。在这一时期,资产阶级与封建主义思潮的纵横交错、碰撞融合使得小学数学教育的课程不断调试与改进。统一学制的建立与教育部的成立推了小学校的普及。在教育部成立之后,蔡元培等人通力协作,对封建旧教育进行改造,最终使得小学校的教育逐渐步入正轨。在此基础上,小学校的数学教育也逐渐受到人们的重视。

一、小学校数学教育概述

（一）小学校数学学习要求与课程

1912 年 1 月 19 日教育部公布《普通教育暂行办法通令》。其中规定[②]:学堂一律改为学校,堂长改称为校长;各州、县小学三月初五一律开学;每年两个学期;初等小学可以男女同校;教科书合乎民国宗旨,清学部颁行教科书一律停用;小学读经科废止;小学手工科加重;高等小学体操科应注重兵式操;初等小学算术科,自第三学年起兼课珠算……

《普通教育暂行办法通令》对原有学制进行了更改和说明,对教育服务宗旨进行改

---

① 李华兴.民国教育史[M].上海:上海教育出版社,1997:9.
② 朱有瓛.中国近代学制史料(第三辑上册)[M].上海:华东师范大学出版社,1990:2.

造,强调了保证小学校开学开课的重要性和必要性,并且对手工科、体育活动课程进行说明,要求小学算术增加珠算。同年教育部颁布的《教育暂行课程标准》在规定课程科目的同时,对各科的课程时间也明确说明,其中初等小学中,国文课时最多,每周10课时,算术次之,每周5或6课时;高等小学中,国文课时最多,每周10课时,然后是中华历史地理每周5课时,算术每周4课时。虽然课时比重不及国文,但是算术已经成为一门小学阶段必学的主要学科。

1912年的《小学校教则》[1]对算术课的要求如表9-1与表9-2所示:

表9-1 初等小学校各学年教授程度及每周教授时数

学 年	教 授 程 度	每周授课时数
第一年	20以内之数法、书法及加减乘除	5
第二年	百数以内之数法、书法及加减乘除	6
第三年	通常之加减乘除	6
第四年	通常之加减乘除,小数之读法、书法及其简易之加减乘除等(珠算加减)	5

表9-2 高等小学校各学年教授程度及每周教授时数

学 年	教 授 程 度	每周授课时数
第一年	整数,小数,诸等数(珠算加减)	4
第二年	分数,百分数(珠算加减乘除)	4
第三年	分数,百分数,比例(珠算加减乘除)	4

1916年的《国民学校令》[2]对算术课的要求如表9-3与表9-4所示:

《小学校教则》与《国民学校令》中都强调了:(一)适应儿童的身心发展。所教授的内容与儿童年龄的发展水平相匹配,适应儿童身心所接受的水平。(二)学习内容

[1] 课程教材研究所.20世纪中国中小学课程标准·教学大纲汇编:数学卷[M].北京:人民教育出版社,2001:9-10.
[2] 课程教材研究所.20世纪中国中小学课程标准·教学大纲汇编:数学卷[M].北京:人民教育出版社,2001:11-13.

表9-3　国民学校(初等小学)各学年教授程度及每周教授时数

学　年	教　授　程　度	每周授课时数
第一年	百数以内之数法,书法,二十以内之加减乘除	5
第二年	千数以内之数法,书法,百数以内之加减乘除	6
第三年	通常用之加减乘除(珠算加减)	6
第四年	通常用之加减乘除及简易之小数诸等数加减乘除(珠算加减乘除)	5

表9-4　高等小学校各学年教授程度及每周时数

学　年	教　授　程　度	每周授课时数
第一年	整数,小数诸等数(珠算加减)	4
第二年	分数,百分数(珠算加减乘除)	4
第三年	分数,百分数,比例(珠算加减乘除)	4

是生活必需。面对日常生活的需要,如买卖、交易、从事职业的需求,需要掌握适当的数学知识与必备的后续学习的基础。(三)学习要求达到"反复熟习与应用自如"。对于学生学习算术的基本知识,要求学生能够非常熟练地进行计算,且比较自如地应用所学知识解决问题。这是达到目前所说的认识、了解、熟悉、应用中比较高的层次要求。(四)算术的教授要求解释清楚明了演算与推理过程。要求教师熟悉心算,给学生讲解时不仅重视熟悉与应用,还要渗透推理过程以及演算的方法与理由。(五)建立学科联系。一些算术问题,可以用其他学科中学习的背景知识来作为引入,便于理解知识与激发兴趣;也可以应用算术知识来解决其他学科遇到的问题,体现算术学科的工具性,并且在这个过程中应用所学知识强化解决过程。

　　对比《小学校教则》与《国民学校令》,其区别包括:(一)《国民学校令》中强调知识技能应为国民生活所必需,即显示其政治色彩。(二)《国民学校令》强调了在学习过程中选择合适的教授方法,建立方法之间的联系,即在探索教授方法的适应性。(三)《国民学校令》初等小学阶段的课程难度有所增加。第一学年由20以内数的读法、写法与加减乘除更改为100以内数的读法、写法以及20以内数的加减乘除;第二学年由100以内数的读法、写法与加减乘除更改为1 000以内数的读法、写法以及100

以内数的加减乘除;第三学年在原有基础上增加了珠算加减法。学习内容的扩充会导致学习难度的提升,具体教科书中的实际实施情况将在后面的小学校数学教科书部分进行说明。

(二) 小学校算术课程教学方法

民国初期的教学方法主要采用个别教学法和启发式教学法。个别教学法由私塾的教学方法演变而来,教师出示例题讲解,学生听过讲解之后进行习题演练,教师再逐一检查讲解。顾树森先生撰写的《京津小学参观记》中记载直指庵小学的两个初等小学三年级算术案例,就是个别教学法的直接体现。具体如下①:

其一,初等三年级算术科,教师示题于黑板上,令儿童计算之。所书之题如下:

两问题各求其积数

1. 204 里　以 4 乘之

2. 162 里　以 5 乘之

以下两个问题各求其相等数

1. 875 里　以 5 除之

2. 956 亩　以 7 除之

儿童演算毕,各举手以示,教师逐一至儿童前检答,于是有儿童举手至数十分,教师仍不顾及者。

其二,初等三年级系教授珠算。教师出一题于黑板,令儿童各录于簿上,并讲解,继令各生出算盘计算之。算出答数,即记于上,而后教师依次令儿童,复以所答之数算出,与答数相对。

个别教学法中,主要进行学生自学或教师讲授、学生练习、教师一一讲解三个过程。课堂中启发环节较少,学生在模仿中学习解决问题的方法,对于方法的多样性探索不足。教师一一讲解环节也有其裨益,通过学生与教师面对面单独沟通来了解学习过程中的不足,并且教师可以针对学生出现的练习错误进行及时讲解,解决学生心中所惑和补充所学不足。但一一讲解的效率比较低,导致其他学生在等待过程中浪费时间,所学题目较少,变式练习也较少推进。这表明在民国初期大量兴办小学,不少小学校由私塾改建,但是教师教学思想与教学方法难以从原来的私塾中走出来。

也有很多小学校在研究教学方法、探讨学生的能动性以及调动学生的兴趣方面积极改进,在沿革优秀教学方法的同时寻求提高课堂效率与氛围的方法。顾树森先生撰

---

① 朱有瓛.中国近代学制史料(第三辑上册)[M].上海:华东师范大学出版社,1990:271-272.

写的《京津小学参观记》中记载了北京女子师范学校附属小学的算术课例[①]：

第二时参观初等第一年算术科，授三之倍数。教师画各种圆形于黑板，以行数数之法，并以教鞭击黑板作声，令儿童数之。又令儿童自己绘画于石板上以数之，利用种种方法，以达数数之目的，引起儿童兴味，不致生厌倦之心，且全级儿童均能注意肃静，毫无回顾纷拢之弊。惟未利用计数器及各种计数实物，为可惜耳。

高等第一年系算术科，演算术练习题，令儿童先自行讲解，并指定一二人演算式于黑板上，余均坐而观之，继又令一人以他法再演。此法颇能养成儿童自动，引起其注意。惟用此法演算一题，所费时间甚多，于儿童学习经济上未甚宜也。

这表明，教师利用画图、课堂小游戏调动学生的学习兴趣。与此同时，在教学中也采用先动手解决，遇到困难后，不断地用问题串来启发学生，再思考探索。但是在具体教学示例中看到，教师仅仅用一个问题启发后归于讲解，虽有启发式教学的融入，但具体启发的过程还需要深化。

教学有法，教无定法。每一节算术课都是需要教师不断探索、结合学生实际进行的。但是在私塾改进、新建小学校、小学教育普及的过程中，出现问题是不可避免的，但是启发式的思想融入、一一讲授的精准对接都是有其进步意义的。

二、　小学校数学教科书

（一）　小学数学教科书发展概述

民国初期，"壬子—癸丑学制"颁布后，教育部按照民国的宗旨废止或修改清末教科书，同时以"小学校令"所确定的教育目标为指导，编写教科书。这一时期教科书仍实行审定制，却是小学算术教科书由初创走向发展的第一步。1912 年 9 月，教育部公布《审定教科用图书规程》，规定初等小学校、高等小学校的教科用书可"任人自行编辑"[②]，唯须合乎部定学科程度及教则之旨趣。此时教育部将重心放在审定与发行教科书的工作上，而把编写任务交由民间和出版机构进行。

出版机构中则以商务印书馆和中华书局两大书坊为主。商务印书馆早在清末兴办新教育时就曾编撰出版了"最新教科书"，开创了中国近代教科书编撰的新记录。民国成立后，应时势需要于 1912 年秋季开学前出版了全套的"共和国教科书"。1912 年 11 月，陆费逵、戴克敦等在上海创办中华书局，在 1913—1926 年间，相继编辑出版了多种新

---

① 朱有瓛.中国近代学制史料（第三辑上册）[M].上海：华东师范大学出版社，1990：267.
② 王权.中国小学数学教学史[M].济南：山东教育出版社，1995：124.

制教科书,其中有《新编中华算术教科书》《新式算术教科书》等,便于各地小学试用或选用,对于推进小学数学教学的进步并切实保障近代小学教育制度的实施起到了积极的作用。

教科书的民间著作者或校订者以骆师曾、寿孝天(1868—1941)、黄元吉等为主。

这里主要介绍骆师曾编《高等小学校用(珠算)共和国教科书新算术》、寿孝天编《国民学校春季始业共和国教科书新算术(笔算)》、骆师曾编《高等小学校春季始业共和国教科书新算术(笔算)》和北京教育图书社编《高等小学校学生用实用算术教科书》等小学数学教科书。

（二）小学数学教科书举例

1.“共和国教科书”

（1）骆师曾编《高等小学校用(珠算)共和国教科书新算术》

《高等小学校用(珠算)共和国教科书新算术》(如图 9-1)共有三册,由教育部审定使用,骆师曾编纂、寿孝天校订,商务印书馆出版发行。第一册 1913 年初版,1914 年再版;第二册 1913 年初版;第三册 1913 年第五版。版权页又名《高等小学新算术(珠算)》。

图 9-1 《高等小学校用(珠算)共和国教科书新算术》书影

该套教科书由编辑大意、目录、正文及版权页构成,其中编辑大意仅在第一册出现。

首先,表明该套教科书的使用对象是高等小学校学习珠算的学生,另外有配套的教师用书;其次,规定了该书的使用年限及授课时数,该书每册均由三十六课组成,依据新制,建议教师在第一学期教授第一课至第十五课、第二学期教授第十六课至第二十六课、第三学期教授第二十七课至第三十六课,教师亦可根据情况进行适当调节;再次,珠算的应用多见于记账,故而该书第一册列记账八法,方便学生练习;最后,学习珠算关键在于运珠,运珠之关键在于口诀,书中介绍"珠算运珠,全赖呼诀,但旧传口诀,容有未妥之处,兹特酌易一二字,以期学者之易悟"[①]。而珠算学习过程中减法已蕴于加法之中,故而编写该书时采用加法、减法交叉进行,为方便学生记忆,书末附通用口诀。

　　该书于重要概念下设下划线以作标记,同时为便于学生练习珠算的加减法,第一册设置了八项记账法的训练,分别是杂账、经折账、伙食账、杂用账、收入账、来往账、流水账和四柱法。书中设置的部分问题,用图示表示珠算的具体运珠过程。如图 9-2,第三册例四,表示 97 713 除以 987 的运珠过程及结果,黑珠表示参与计算及操作的数字,运珠所依据的口诀附于对应的图下面,方便学生依据口诀进行运珠,而计算所得结果以两条直线作为下划线以示区别。

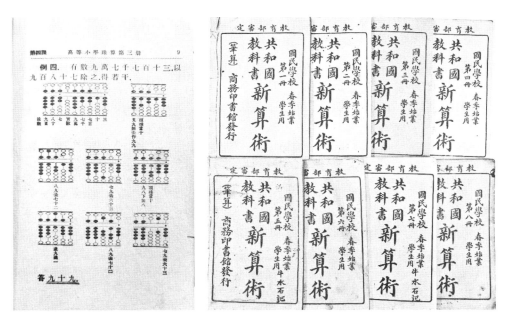

图 9-2　《高等小学校用(珠算)共和国　　　　图 9-3　《国民学校春季始业共和国
　　　　教科书新算术》第三册第 9 页　　　　　　　　教科书新算术(笔算)》书影

　　(2) 寿孝天编《国民学校春季始业共和国教科书新算术(笔算)》

　　《国民学校春季始业共和国教科书新算术(笔算)》共八册(如图 9-3),由教育部审定,寿孝天编纂,商务印书馆编译部校订,商务印书馆印刷发行。

---

① 骆师曾.高等小学用(珠算)共和国教科书新算术(第一册)[M].上海:商务印书馆,1916:编辑大意.

　　此书由封面、教育部审定《共和国教科书新算术教案批》、阿拉伯数字 0—9 的各种写法(如图 9-4)、编辑大意、目次、正文、附录和版权页八部分构成。其中第五册与第八册没有批文,第一、二、六、七册附有完整批文,而第三、四册仅附有本册的批文。这里就完整批文展示如下[①]:

　　教育部审定《国民学校春季始业用共和国教科书新算术教案批》

　　查是书体例与教科书相符应准作为国民学校教授用书(民国六年四月十四日第一至四册批)

　　该书赓续前册编辑内容尚属妥善应准审定作为国民学校算术教授用书(民国七年十二月卅日第五册至八册批)

商务印书馆谨启

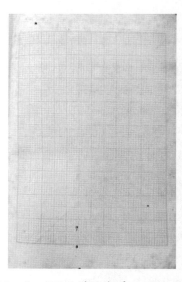

图 9-4　《国民学校春季始业共和国　　　　图 9-5　《国民学校春季始业共和国
　　　　教科书新算术(笔算)》扉页　　　　　　　　　教科书新算术(笔算)》里封

　　此外,各册教科书书末附录有加法表、倍数表(乘法表)、加法练习表、平方数立方数表、诸等数表。从"编辑大意"可以看出:

　　首先,列明了该套教科书的编写目的,是为"增进国民计算之智力"并普及国民教育,编写过程中充分考虑了儿童心理发展的顺序并教授以生活必需之常识。

　　其次,教科书的教授内容分为四个阶段,各阶段的学习内容循序渐进。

---

①　寿孝天.国民学校春季始业共和国教科书新算术(笔算)(第一册)[M].上海:商务印书馆,1912.

再次,笔算的学习表明八册教科书的适用年限和教授时数,每两册适合一学年教授,每册十八课,每册一学期。

最后,教授内容及问题背景皆取自学生的日常生活,以直观为重,图画居多。第三、四、六、八册书之后附有网格纸(如图 9-5),便于学生书写数码或者画图使用。教员授课使用的教授法则另辑书进行补充。

八册教科书每册均设置十八课,正文均以"。"表示句读,没有使用其他符号。内容上多以图画展示,而这些图画都是学生生活中所熟悉的,目的是让学生通过数具体物品的数目这种较为直观的方式来进行系统学习。对于每种形式的运算,教科书给出的运算方式是采取分步进行计算,在每种练习的后面都配置了相应的一系列应用问题,学生能够得到充分的训练。此外,教科书设置的练习及问题大都选自学生的日常生活,如计算土地面积有多少平方丈、买粮食需付钱多少文、分黄豆可得多少升等。每部分问题之上都有重要知识点作为提示且没有解析答案。

(3)骆师曾编《高等小学校春季始业共和国教科书新算术(笔算)》

《高等小学校春季始业共和国教科书新算术(笔算)》共六册(如图 9-6),骆师曾编纂、寿孝天校订,由商务印书馆出版发行,经教育部审定,春季始业学生使用。教科书

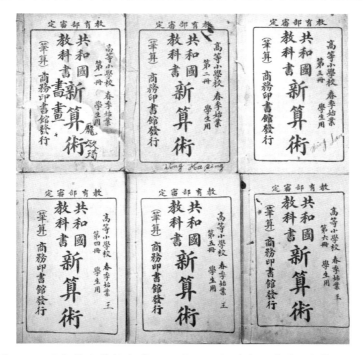

图 9-6　《高等小学校春季始业共和国教科书新算术(笔算)》书影

目录题名《高等小学笔算》,第四册版权页又题名为《高等小学新算术》。

该套教科书第一册版权页受损,具体出版时间及版次不详;第二册于 1912 年初版,1920 年 20 版;第三册于 1912 年初版,1921 年 109 版;第四册 1912 年初版,1913 年 40 版;第五册 1912 年初版,1913 年 37 版;第六册 1912 年初版,1913 年 28 版。书共分六册,每一学年用二册,适合三学年之用。书各册所分配之教学内容如表 9 - 5[1]。

表 9 - 5　《高等小学校春季始业共和国教科书新算术(笔算)》各册书所分配之教学内容

第一年	第一册	整数及小数,十进诸等数
	第二册	非十进诸等数,万国权度通制法附外国度量衡
第二年	第三册	分数,附分数与小数之关系
	第四册	百分法,四则应用问题
第三年	第五册	分数,百分法
	第六册	百分法,比例,日用簿记

"编辑大意"中说明了该套教科书专为学生学习算术使用,珠算及教员用书另行编纂,还表明了教科书的适用年限,每两册适合一学年教授。另外,详细列明了每册书的学习范围,同时学习内容取自"社会上所常用""生活上所必需",且循序渐进。在学习度量衡时,建议采用中外对照的方法。

全书应用问题没有答案,学生需要独立思考完成。重要概念名词下设单条横线以作提示,第二册与第六册中的例题答案下设两条横线作警示,但第三、四、五册的例题的答案没有作处理。此外第二册在学习"各月之日数"时,还学习用手进行表示的学法,书中还以画图形式予以说明(如图 9 - 7)。

2. "实用教科书"

1913 年中小学各学科共和国教科书问世之后,欧美实用主义教育思想开始影响中国数学教育,于是,教科书建设者们也为了满足基础教育需要开始编写实用教科书。在此背景下,北京教育图书社编辑了《高等小学校学生用实用算术教科书》(六册,商务印书馆出版,1915 年),如图 9 - 8。该套教科书于民国初期在欧美数学教育的影响下产生,教科书没有序言、编辑大意或例言。

各册内容如下:

[1] 骆师曾.高等小学校春季始业共和国教科书新算术(笔算)(共六册)[M].上海:商务印书馆,1913:目录.

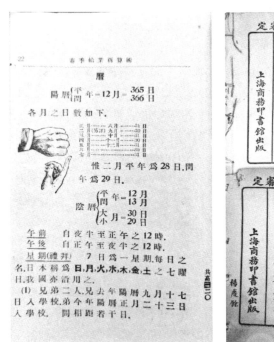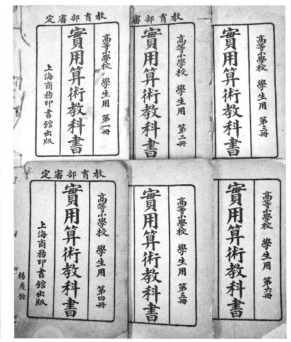

图 9-7　《高等小学校春季始业　图 9-8　《高等小学校学生用实用算术教科书》书影
共和国教科书新算术
(笔算)》第二册第 22 页

第一册(40 页)：整数及小数、十进诸等数；

第二册(42 页)：非十进诸等数、外国权度货币；

第三册(41 页)：分数、分数与小数之关系；

第四册(40 页)：百分算；

第五册(43 页)：分数、百分算、比例：

第六册(46 页)：比例、日用簿记要略及总复习。

（三）小学数学教科书特点

1912 年 1 月中华民国成立，同一天陆费逵宣告中华书局成立，陆续出版中华教科书一套，这是中华民国第一套系统而完整的教科书[①]。1912 年 2 月，《中华书局宣言

---

① 石鸥.民国中小学教科书研究［M］.长沙：湖南教育出版社,2019：86.

书》在著名的《申报》上刊登①：

> 立国根本在乎教育，教育根本，实在教科书。教育不革命，国基终无由巩固；教科书不革命，教育目的终不能达也。往者，异族当国，政体专制，束缚抑压，不遗余力，教科图书铃制弥甚。自由真理、共和大义莫由灌输，即国家界说亦不得明，最近史实亦忌直书。哀我未来之国民究有何辜，而受此精神上之惨虐也。同人默察时局，眷怀宗国，隐痛在心，莫敢轻发。幸逢武汉起义，各省响应，知人心思汉，吾道不孤。民国成立，即在目前。非有适宜之教科书，则革命最后之胜利仍不可得。爰集同志，从事编辑。半载以来，稍有成就。小学用书，业已藏事，中学、师范正在进行。从此民约之说，弥漫昌明；自由之花，乔皇灿烂。俾禹域日进文明，华族获保其幸福，是则同人所馨香祷祝者也。兹将本局宗旨四大纲列左：一、养成中华共和国国民。二、并采人道主义、政治主义、军国民主义。三、注重实际教育。四、融合国粹欧化。

宣言书进一步阐明了教科书的重要性以及编写宗旨与要求，即为中华民国服务的同时注重实际教育，因此，"共和教科书""实用教科书""新式教科书"等小学算术教科书根据这一宗旨而生。纵观这一阶段的教科书，有以下鲜明的特点。

1. 教科书编辑更加规范、清晰，突出各项程序

《初等小学用共和国教科书新算术教授法》的"编辑大意"中描述："教授法有五段三段之别，在算术科，授定义规则，宜用五段法，授练习问题，宜用三段法，本书因谋形式之画一，每课皆只分预备、提示、练习三段，其宜用五段法者，即将比较、总括两段消纳于提示、练习之中。"②

教科书的编辑有科学的、规范的结构，定义的学习利用五段法：预备、提示、练习、比较、总括，而练习则用三段法。此外这套书中还提到："各课中，有教法须特别注意者，则列注意一项，有教材须别加考证者，则列参考一项。"细致的编排结构，专门列出"特别注意"的项目和仍需考证的"参考"项目。可见编著者治学态度十分严谨，以对学习者负责任为出发点编辑教科书。

另有《幼稚识数教授法》和《初等小学用共和国教科书新算术》等书中分别在"编辑大意"中阐释了寿孝天作为编辑者的治学态度与教学理念，具体为："本书每段首揭'教材'，叙明幼稚书中所载之图画，次列'教授要项'，分为'目的''教法''练习'三项，略定程序"③，"本书各册，或附有习字帖，或附有网格纸，以备临写数码及画面积图之需。"④"本

---

① 陆费逵.中华书局宣言书[N].申报,1912,2(23)：7.

② 寿孝天.初等小学用共和国教科书新算术教授法[M].上海：商务印书馆,1913：编辑大意.

③ 寿孝天.幼稚识数教授法[M].上海：商务印书馆,1914：编辑大意.

④ 寿孝天.幼稚识数教授法[M].上海：商务印书馆,1914：编辑大意.

书每册,均另编教授法及教案,以供教员之用。"①

这体现了教材编辑规范,极具指导性,书中每段编有教授要项,要点分为"目的、教法、练习",程序性突出,有助于儿童规范、高效地掌握知识,同时为儿童提供便利,也为教员提供便利。

2. 教科书主张突出重点,探究原理,指导学生深入掌握知识并强化实用性

寿孝天在《初等小学用共和国教科书新算术教授法》"编辑大意"中讲道:"算术为最有秩序之学科,教授之范围,宜有所归宿。本书于每课之首,各标明宗旨,名曰要旨。"②遵循算术学科的秩序,明晰教授的范围与重点,每课特编辑教授要旨。指导学生依据要点学习主要内容,对于学生掌握知识更便捷有效。

另外,倪文奎编纂、上海中华书局印行的《高等小学校用新式算术教科书》(共六册)在"编辑大意"列明了教科书的编写宗旨是为熟习日常之计算、增长生活必需之智识以及练成机敏善悟之才;适用时间及教授内容,即每册可供学生一个学期十八周的学习使用;同时还对教师提出了教授建议,如须向学生展示解题的关键、何时用乘法、何时用除法;学习内容多涉及除法、利息及复比例,而这些内容学生日常生活均可接触到,同时学习之后又可用其解决实际问题,真正达到"学以致用"的效果。其编辑思想强调自由、平等,学习内容注重国民生活的基本知识技能,充分体现了民国初期政治、经济、文化的新特点及其对小学教科书的要求。所学知识与生活实际紧密联系,前后知识由浅入深,尤其第六册综合性较强,旨在培养学生解决生活中问题的能力,而这与我国教育传统中的"学以致用"相契合。

3. 尊重儿童身心发展规律,合理安排授课时间

在寿孝天编写的《初等小学用共和国教科书新算术》"编辑大意"中这样描述:"本书以增进国民计算之智力为目的,用适宜方法,顺儿童心意发达之序。""予以生活必需之常识。""生徒个性,于习算尤为不齐,教育本旨,在于普及。舆使鲁钝者仰企而莫及,宁使聪明者熟练其已知,故本书程度,取渐进,不取骤进。"③由此可知,这一阶段的教科书编写者已经关注教科书的内容与儿童身心发展相适应,出于尊重儿童发展规律,遵循教育的普及发展,指出教科书编写应尊重儿童个性与发展的不平衡性,针对个体差异,选择渐进方式,争取照顾鲁钝者而不是聪明者。这体现了教科书的编辑应符合儿童学习、掌握知识的规律,初期学习知识以直观为主,以及学习材料与时间安排都需

① 寿孝天.初等小学用共和国教科书新算术[M].上海:商务印书馆,1926:编辑大意.
② 寿孝天.初等小学用共和国教科书新算术教授法[M].上海:商务印书馆,1913:编辑大意.
③ 寿孝天.初等小学用共和国教科书新算术[M].上海:商务印书馆,1926:编辑大意.

适宜。

这一阶段的小学算术教科书不仅关注儿童的身心发展规律,结合应用实际,并且关注激发学生的学习兴趣,主张突出学习重点并激励学生探究原理,在结束清末教科书模式的同时开辟了民国教科书的新体系。无论"共和教科书""实用教科书"还是"新式教科书",都突出了实用这一宗旨,从习题的设置内容,到具体实际的应用情境都贴合具体的生活实际,这也反映了人们迫切求变的心理。这些教科书在新旧交替的历史时期发挥了重要的作用,为后续小学数学教科书的发展作出了重要贡献。

第三节　中等数学教育

中等教育作为普通教育承上启下的重要环节,一方面对初等教育的发展与提高起导向作用,另一方面又为高等教育提供了坚实的支撑。清末学制对五年制中学堂的规定,最初采用日本模式,中学西用,施行单科教育,1909 年因亟需人才,转而效仿德国学制,试行文、实分科,后又因办学条件的不足和学生不适而取消。民国初期"壬子—癸丑学制"仍采用日本单科制,中学修业期则由五年减为四年。

本节在概述民国初期中学和师范学校的数学教育,包括教学目标及要求、课程设置、教学方法及教科书使用情况的基础上,讨论民国初期"壬子—癸丑学制"下的中等学校的数学教育实施基本概况。

一、 中等学校数学教育概述

民国初期百废待兴,实利主义教育思潮占有重要地位,蔡元培作为中华民国首任教育总长,把实利主义教育列为民国教育方针五项内容[①]之一,把算学、物理、化学等自然学科归入实利教育的内容,并提倡将几何学与美感教育相结合。1912 年蔡元培在《对于教育方针之意见》中指出:"算学,实利主义也,而数为纯然抽象者。希腊哲人毕达哥拉斯以数为万物之原,是亦世界观之一方面,而几何学各种线体,可以资美育。"[②]

---

① 民国教育方针五项内容分别是:军国民教育、实利主义教育、公民道德教育、世界观教育、美感教育。
② 朱有瓛.中国近代学制史料(第三辑上册)[M].上海:华东师范大学出版社,1990:96.

（一）中学的数学教育

1. 教育宗旨的变革

民国初期学制的制定不是对清末学制的全盘否定，而是继承和发展了其合理部分，批判并改造了其不合理部分。清末学制采用日本模式，中学五年毕业，1912年学制较清末学制相比，中学减少一年，四年毕业，且中学为普通教育，文、实不必分科。民国初期取消前清学部"忠君、尊孔、尚公、尚武、尚实"的教育宗旨，尤其是"忠君""尊孔"两项给予全盘否定，但"尚武""尚实"的成分予以保留并发展，改为"注重道德教育，以实利教育、军国民教育辅之，更以美感教育完成其道德"的教育宗旨。

袁世凯倒行逆施，大肆进行文化教育领域的封建复辟活动，教育制度也随之变更，尊孔复古的教育制度让民国初期刚刚发展起来的教育出现短暂的停滞。1915年7月31日袁世凯颁布《国民学校令》，其总纲第一条为："国民学校施行国家根本教育，以注意儿童身心之发展，施以适当之陶冶，并授以国民道德之基础及国民生活所必需之普通知识技能为本旨。"①弃日本单轨制，取德国双轨制，中学文、实分科，并在中学设置预备学校，施以普通教育为升入中学做准备。1916年10月废止了袁世凯"爱国、尚武、崇实、法孔孟、重自治、戒贪争、戒躁进"的教育要旨，继续施行"壬子—癸丑学制"，后新文化运动的兴起，为1922年新学制的颁行开辟了道路。

2. "壬子—癸丑学制"中的中学数学课程设置

"壬子—癸丑学制"中各级各类学校的课程均设置数学课程，并且数学是入学考试中的重要考核科目。1912年12月教育部公布的《中学校令施行规则》规定，中学修业期限四年，开设科目为修身、国文、外语、历史、地理、数学、博物、物理、化学、法制经济、图画、手工、乐歌、体操。中学入学资格，为高小毕业生及同等学历者。前者人数在超过中学招生数时，应行入学考试，考试科目为国文、算术两科；后者必须进行入学考试，考试科目为国文、算术、历史、地理、理科等②。

《中学校令施行规则》第七条提出数学教学目的的要求，"数学要旨在明数量之关系，熟习计算，并使其思虑精确。数学宜授以算术、代数、几何及三角法。女子中学校数学可减去三角法。"③普通中学及女子中学数学科目每周学时数如表9-6所示。

① 陈学恂.中国近代教育史教学参考资料（中册）[M].北京：人民教育出版社，1987：247.
② 朱有瓛.中国近代学制史料（第三辑下册）[M].上海：华东师范大学出版社，1992：441.
③ 朱有瓛.中国近代学制史料（第三辑上册）[M].上海：华东师范大学出版社，1990：353.

表 9-6　1912 年 12 月《中学校令实施规则》中数学周学时数及课程安排[①]

课程 / 学年	周 学 时 数		数学课程安排	
	普通中学	女子中学	普 通 中 学	女子中学
第一年	5	4	算术、代数	算术、代数
第二年	5	4	代数、平面几何	代数、平面几何
第三年	5	3	代数、平面几何	代数、平面几何
第四年	4	3	平面几何、立体几何、平面三角大要	平面几何、立体几何

　　1919 年教育部抄送《中学校校长会议决议增进中学校国文数学外国语程度办法训令》中提出"中学校毕业生国文数学外国语各科成绩均欠优长",遂"谋增进程度之法"。"中学校国文数学外国语三科,宜特设学科主任。"数学科教授方法应有如下改进:一、课前先期预习,教授时用启发法引导自动。二、熟记定理定义以及公式,俾便运算。三、问题多加练习,俾生徒自行思索,进于敏捷。四、查演草记分,并多临时试验。五、宜多演与他科学相关之文题,俾近实用。六、设备应用器械及模型使有实地亲察及计算之机会[②]。当时语数外三科得到高度重视,特设学科主任,提升至主课地位,对今天的学校教育也产生了一定的影响。数学教授方法的改进,重视在教学过程中使学生掌握灵活的思考与计算的能力,培养学生数学思考与应用的习惯,凸显了民国初期教育对数学学科教学的重视及数学学科在中等教育中的关键地位。

　　3. 教学法的变革

　　从清末到 1919 年之前,赫尔巴特的五段式教学法依靠其较强的程序性和可操作性在我国风行一时,但其理论是以教师和课本为中心,忽视学生的主体地位,教师往往因为缺乏对理论的深入研究而使课堂教学流于形式。中等学校的教授法大都采用讲演式的注入方法,学生不过是一群旁观者而已[③]。1913 年教育部通令全国中等学校,奖励采用"教员口讲、学生笔记"的教授方法,目的在于让学生在数学课堂中眼、耳、手、脑并用,更多地参与到教学活动中,但教学法本质仍然是教师讲演式的注入方法。1919

① 课程教材研究所.20 世纪中国中小学课程标准·教学大纲汇编:数学卷[M].北京:人民教育出版社,2001:210-211.
② 朱有瓛.中国近代学制史料(第三辑上册)[M].上海:华东师范大学出版社,1990:365-366.
③ 陈学恂.中国近代教育史教学参考资料(中册)[M].北京:人民教育出版社,1987:448.

年以后受新文化运动及杜威教育学说的影响,中等学校的教学法发生了一定的变革,趋向于启发式教学法和自学辅导法。社会科学鼓励自学,学生课外阅读参考资料,做充分的课前准备,在课堂上互动、讨论、质疑,再由教师加以辅导订正。数学等自然科学更加注重实验,学校成立独立的实验室或科学馆,学生分组实习,教师仅帮助整理并说明原理。在教学过程中防止教师包办一切,以发展学生的积极性和主动性,又教师适当予以指导,避免学生在探索中没有头绪浪费时间。1922年新学制颁行后道尔顿制大为流行,部分中学施行道尔顿制。民国初期的中等学校对不同数学教学法的接纳,体现了国人在数学教育改革中自主探求适合当时中国国情的教育教学方法的大胆尝试。

4."壬子—癸丑学制"下的中学数学教育实施情况

《中学校令》第一条规定"中学校以完足普通教育、造成健全国民为宗旨"[1]。但实际上,对最广大的"国民"而言,能完成初小四年的学业已非易事。据民国初期社会调查,提供一名儿童入小学读书,家庭平均承担的费用是每月5元,一般家庭根本难以负担。一般劳动人民子女即使有幸入学,也绝大部分在初小辍学;能经过三年高小,再升入中学者,无论学生本人或其家长都不再满足于所谓"普通教育"。于是中等教育只能以升学至上的人才教育为依归,在高小毕业程度与高等教育入学标准之间安排自己的教育计划[2]。可见当时中等教育的定位比较尴尬,初等教育学制年限过长,学费负担过重,高小毕业后的毕业生继续入中学学习更多是以升学为目的,中学课程偏向预备教育性质,不升学则无从就业,中学肄业学生较多,中学毕业后的学生就业问题也得不到有效解决,是当时中等教育的弊端之一。1915年黄炎培在《教育杂志》第七卷第五期中提出"学生毕业无出路,为方今教育上亟待研究之一问题","夫毕业者百人,失业者三十,似未为多"[3]。吴家煦提出的补救之方法是"人才教育与普及教育并轨进行,实业教育与实利教育同时着手是也"[4]。

民国初期虽废除了清末"忠君""尊孔"的封建教育宗旨,提升了女子的社会地位,开设专门的女子学校,但在中学校中男女生比例还是比较悬殊。依教育部统计,夫中学毕业力能升学者,或不及十分之一;高等小学毕业力能升学者,或不及二十分之一[5]。可见在当时的学制下,只有少数学生能坚持完成完整的初等教育和中等教育,能升高等学校继续深造的学生极为少数。

① 朱有瓛.中国近代学制史料(第三辑上册)[M].上海:华东师范大学出版社,1990:351.
② 李华兴.民国教育史[M].上海:上海教育出版社,1997:119.
③ 黄炎培.考察本国教育笔记[J].教育杂志,1915,7(5):1-5.
④ 吴家煦.教育前途之二大问题[J].中华教育界,1915,4(4):1-6.
⑤ 璩鑫圭,童富勇.中国近代教育史资料汇编:教育思想[M].上海:上海教育出版社,2007:795.

（二）师范学校的数学教育

民国初期改制，教育宗旨和制度发生了变化，师范教育也随之变革，在师范学校称谓上，将优级师范学堂改为高等师范学校，公共科改为预科，分类科改称本科，加习科改称研究科；初级师范学堂改称师范学校，完全科改称第一部，简易科改称第二部，完全科中又增加预科；临时及单级两种小学教员养成所改为小学教员养成所，1915 年 11 月又改为师范讲习所。在师范学校设置上，从前优级师范学堂以省立为原则，现高等师范学校改为国立；初级师范学堂原以府立为原则，现师范学校以省立为原则，1915 年简易科取消；初级女子师范学堂改为女子师范学校，亦以省立为原则，修业期延长至五年，与男子师范学校等同。

与中学相对应，本节只讨论师范学校，即清末初级师范学堂的数学课程设置及办学情况。

1. "壬子—癸丑学制"中师范学校数学课程设置

1912 年 9 月，教育部公布《师范教育令》，其中第一条规定师范学校以造就小学校教员为目的。专教女子之师范学校称女子师范学校，以造就小学校教员及蒙养园保姆为目的。高等师范学校以造就中学校、师范学校教员为目的。女子高等师范学校以造就女子中学校、女子师范学校教员为目的①。在学科程度和课程设置上，规定师范学校分第一部和第二部，前者预科修业 1 年、本科修业 4 年，后者修业 1 年。第二部视地方情形可以不设。其中，第一部学习科目有修身、教育、国文、习字、英语、历史、地理、数学、博物、物理、化学、法制经济、图画、手工、农业或商业、乐歌、体操、缝纫、家事园艺等，并规定，师范学校应设附属小学校，高等师范学校应设附属小学校、中学校。女子师范学校于附属小学校外应设蒙养园，女子高等师范学校于附属小学校外应设附属女子中学校，并设蒙养园。师范学校得附设小学校教员讲习科；女子师范学校，除以前项规定外，并得附设保姆讲习科②。

同年 12 月教育部公布了《师范学校规程》，其中关于数学的主要内容有：考试科目，高小毕业者为国文、算术，同等学力者为国文、算术、历史、地理、理科等。《师范学校规程》更对各部各科的课程设置及教学要旨，作了详细具体的规定。其中第十六条给出了数学教学目标："数学要旨，在明数量之关系，熟习计算，兼使思虑精确，并解悟

① 朱有瓛.中国近代学制史料(第三辑下册)[M].上海：华东师范大学出版社,1992：436.
② 朱有瓛.中国近代学制史料(第三辑下册)[M].上海：华东师范大学出版社,1992：437.

高等小学校及国民学校算术教授法。""数学宜授以算术、代教、几何、簿记要略及教授法。"①1912 年《师范学校规程》中周课时数及课时安排见表 9－7。

表 9－7　1912 年 12 月《师范学校规程》中周学时数及课程安排（数学）

课程\学年	周 学 时 数		课 程 安 排	
	师范学校	女子师范	师 范 学 校	女 子 师 范
预科	6	5	算术	算术
第一年	4	3	算术、代数、簿记	算术、代数
第二年	3	3	代数、平面几何	代数、平面几何
第三年	2	3	代数、平面几何、教授方法	代数、平面几何、教授方法
第四年	2	2	立体几何、平面三角大要	平面几何、立体几何

2. 师范学校数学课程内容的改进

民国初期师范学校的数学课程设置在后来的实践中被不断地讨论与改进。1915年全国教育会联合会议决案《拟请修改师范课程案》提出，数学科加珠算去平三角大要。"宜自预科至本科一年，于数学原有钟点内，酌加珠算，庶几师范小学供求相应。至平三角大要，……徒耗学生脑力，以删去为宜。"②师范学校的数学教育中加入珠算更符合当时中国的国情，师范学校主要培养小学教员，而掌握珠算是实用主义教学思潮下极为重要的基本技能，小学毕业生学会珠算即可更为熟练地进行日常的计算活动，师范学校数学课程中珠算内容的加入大有裨益。平面三角内容较为抽象，理论性强，对学生的理解能力、分析能力都有较高的要求，重在培养学生抽象严谨的数学思维能力，但对于小学教员来说，是否掌握平面三角内容并不影响其小学数学课程的教学，在师范学校数学课程中去除该项内容也在情理之中。

3. 师范学校的发展与改革

民国初期的师范教育注重教育实习，要求师范教育理论与实习并重。1913 年教育部又发布《中华民国教育新法令》③，法令要求在师范学校下设立附属学校，为师范

---

① 朱有瓛.中国近代学制史料(第三辑下册)[M].上海：华东师范大学出版社,1992：441.

② 朱有瓛.中国近代学制史料(第三辑下册)[M].上海：华东师范大学出版社,1992：464.

③ 朱有瓛.中国近代学制史料(第三辑下册)[M].上海：华东师范大学出版社,1992：460.

学生实习所用。"各师范学校校长教员,对于最后学年之学生,务须依照部定时间督率指导,切实练习,使学生于教授理法,得以逐渐体会,运用自如。"另外,因亟需小学教员,师范学校还专门设立小学教员讲习科,1915 年 11 月教育部将小学教员讲习所改称师范讲习所,体现了民国初期小学教员的严重匮乏及民国政府对初等教育和师范教育的重视。为了让师范学校毕业生更好地服务于小学教育,1918 年教育部通令"各省教育厅师范生毕业后限令服务,并根据地方生活程度,适当提高薪资待遇,以使其安心工作。如有借故规避者,则遵章严令该生将学费悉数退还学校。"[①]

民国初期黄炎培大力倡导实用主义教育,指出民初师范教育种种弊病,"近见师范教育有一种危机,请研究之。某师范某科三年毕业,问其课程,则修身讲伦理;国文读极高深之古文;……理化大讲方程式;算术外又学代数,滔滔论因子分解法二三周。而调查其成绩,则伦理学名词难记;……理化方程式,但识外国文记号,氧气性质如何,居室通气法如何,均未能说明;代数算术习题,均待教师板演而抄之。"提出要打破平面的教育,实施立体的教育,给出各学科教学的改进方法。在算术方面,"演算命题,多用实事或实物。习诸等必备各种度量衡器,使实验之。关于土地面积,则令实地量度,兼授珠算簿记,(并宜略授各种新式簿记。)示以钞票钱票式样及各国货币,并授验币法。"[②]将数学知识应用于实际生活中,突出了数学的实用功效。

经亨颐 1919 年提出改革师范教育的意见,"师范是教育之母",肯定师范教育的重要地位,指出现行师范学校目的不清,师范毕业生资格不明,主张把师范教育另立一个系统,称为"师范学制系统"。高等师范学校,改称"第三期师范学校",养成中等学校科任教员;师范学校改称第二期师范学校,养成小学(高等小学)教员;讲习所改称第一期师范学校,养成国民学校教员[③]。经亨颐对师范教育按培养目标不同而分级设立的改革意见对今天的师范院校改革仍有一定的指导意义。

二、 中等学校数学教科书

民国初期,教科书的革新作为教育改革的重要组成部分,通过一系列的审定规程逐渐趋于制度化和法制化。教科书的革新,还表现在以规程形式确定了教科书的审定办法。1912 年 5 月教育部颁布的《审定教科书暂行章程》,明令废止读经。1912 年 9

---

① 朱有瓛.中国近代学制史料(第三辑下册)[M].上海:华东师范大学出版社,1992:462.

② 陈学恂.中国近代教育史教学参考资料(中册)[M].北京:人民教育出版社,1987:297.

③ 陈学恂.中国近代教育史教学参考资料(中册)[M].北京:人民教育出版社,1987:370.

月13日正式公布《审定教科用图书规程》14条,主要内容包括:初高等小学校、中学校、师范学校教科用图书,"任人自行编辑,惟须呈请教育部审定";所编教科书"应根据《小学校令》《中学校令》《师范学校令》","图书发行人,应于图书出版之前,将印本或稿本呈请教育部审定";送审样本,"由教育部将应修正者签示于该图书上",发行人应即照改,并"呈验核定";凡经审定合格的教科书,每册书面"载明某年月日经教育部审定字样";各省组织图书审查会,"就教育部审定图书内择定适宜之本,通告各校采用"①。各书局依据民国政府的教育法令编印教科书,明确了教育部审定教科书的制度,并强调各级学校必须采用教育部已审定出版之图书为教科书。

（一）中学数学教科书发展概述

1912年7月教育部召开临时教育会议,改定学制,并规定教科书用审定制,高梦旦、庄俞、傅运森、谭廉、杜亚泉、凌昌焕、邝富灼等编辑共和国教科书。"凡小学、中学、师范学校各科用书,无不齐备,各校纷纷采用。"②商务印书馆按照新规定改编共和国教科书,商务印书馆在民国初期编辑教科书的概况表(见表9-8)③如下:

表9-8　商务印书馆编辑教科书概况表(1912—1922)

初版时间	书 名 种 数	编 印 原 因
1912	共和国新教科书国民学校用十一种。高级小学用六种,教员用十六种。中学用二十三种,教员用评注及参考书等九种。	1912年7月教育部召开临时教育会议,教育部公布小学校令初小四年、高小三年。
1913	单级教科书初等小学用,修身、国文、笔算、珠算四种,教授书四种。	
1914	商业学校用书八种,民国新教科书中学、师范学校用十种,师范学校用书二十余种。	
1915	半日学校用修身、国文、算术三种。	
1916	实用教科书国民学校用三种,高等小学用六种,教授法九种。	改小学校为国民学校

① 国民政府教育部.审定教科用图书规程[J].教育杂志,1912,4(7):10-11.
② 陈学恂.中国近代教育史教学参考资料(中册)[M].北京:人民教育出版社,1987:421.
③ 陈学恂.中国近代教育史教学参考资料(中册)[M].北京:人民教育出版社,1987:428-429.

续　表

初版时间	书　名　种　数	编　印　原　因
1920	新法教科书初级小学用六种,高级小学用十四种,教员用书二十五种。	教育部通令国民学校全用国语教授,高等小学国语、文言参合教授。
1921	新撰教科书初级小学用三种,高级小学用七种,教员用八种,中学用九种。	

其中,商务印书馆出版发行的中学数学教科书集中在1912年共和国教科书、1914年民国新教科书和1921年新编教科书。从民国时期教科书的水平来看,"中学方面较优者似乎民国四、五年编印的民国教科书及最后编印的复兴教科书两套"。① 由于政体突然变更,时间仓促,共和国教科书的水平不尽如人意,但仍不失为当时最权威的系列教科书之一。

（二）中学数学教科书举例

民国初期,教科书的出版企业主要有商务印书馆和中华书局,中华书局1912年才建立,因此它的竞争能力远不及商务印书馆。这些出版企业响应国家的规定重新修订教科书,出版了共和国教科书和中华教科书。下面简要介绍当时最受中学推崇的"共和国教科书"系列、"实用教科书"系列和师范学校用数学教科书。

1."共和国教科书"

商务印书馆"新编共和国教科书说明"很好地反映了国人对教科书历史使命的认识:"国之兴衰。以教育之优劣为枢机。无良教育。何以得良国民。无良教科书。何以得良教育。……本馆即将旧有各书遵照教育部通令大加改订。……博采世界之最新主义。期以养成共和国民之人格。"②

中学校用共和国数学教科书以分科编写,包括:算术(寿孝天编,191页)、代数学(上下卷,骆师曾编,274页)、平面几何(黄元吉编,173页)、立体几何(黄元吉编,65页)、平三角大要(黄元吉编,55页)。算术、代数和平面几何学相当于初中数学教科书内容。

---

① 王云五.王云五文集(伍):商务印书馆与新教育年谱(上下册)[M].南昌:江西教育出版社,2008:830.
② 王云五.王云五文集(伍):商务印书馆与新教育年谱(上下册)[M].南昌:江西教育出版社,2008:71,416,831-832.

中学校用共和国教科书是按《中学校课程标准》的要求以算术、代数、平面几何、立体几何和平三角大要的顺序展开的，呈现以下几个特点：

① 教科书简明扼要。由其页数可知，代数学供中学校一年级到三年级学生学习，共 274 页，包括习题。该套教科书内容适度，表述简洁，每项内容安排了 4～5 道例题、5～10 道习题，应用题的习题较多。

② 教科书封面上方有"教育部审定"字样，右侧有"中学校用"字样，中间有"共和国教科书"字样，左下角有"商务印书馆出版"的字样。封面二上有"教育部审定批语"，如《共和国教科书算术》"批语"写道："该书编辑条次属清晰于中学生应具之算术知识叙述颇为详备。"又如《共和国教科书代数学》"批语"写道："此书颇简单明晓，准作为中学校用教科书。"其他教科书亦然。但这套教科书再版时，在后面增加了 1～3 页的教科书广告。

③ 教科书均有"编辑大意"，对教科书的编纂进行简要概述，说明了教科书学习期限、内容结构、名词术语、文字排列等。

④ 每本教科书均有"绪论"，回答何谓算术、代数学、几何学和三角学的问题，并给出相关符号、定义、公设（公理）、定理。在各篇章中又给出相应概念的定义，并为所有数学名词术语附上了英文名词。正如代数学"编辑大意"中所说："数学来自西欧。各种译名，以西文可免歧误，然若另编中西对照表，未免费翻检之时刻。今于名词初见之处，即用西文原名。附注于后，举目可得，似于学者更为便利。"

下面分别介绍这套中学校用共和国数学教科书中的寿孝天编《中学校用共和国教科书算术》、黄元吉编《中学校用共和国教科书平三角大要》。

（1）寿孝天编《中学校用共和国教科书算术》

《中学校用共和国教科书算术》（如图 9-9）是由寿孝天编纂，骆师曾校订，1913—1917 年版，商务印书馆发行印刷，最多版次 20 版。《中学校用共和国教科书算术》虽有不足，但也超越了清末完全翻译他国教科书的现状，体现了国人自编教科书的实力。

《中学校用共和国教科书算术》编排顺序为："编辑大意"、目次和正文内容。有页眉，按奇偶页分别标有"页码、篇章标题及具体内容"，这说明教科书编写、排版形式已经进入现代阶段。该书采用从左至右横排编写形式，页码均用阿拉伯数字。中文名词都是黑体加粗，重要的定义、规则均用下划线标记，使人一目了然。定义、公理、定理等都采用统一编号，混在一起。在每一名词术语第一次出现的时候，均有英文。字符大小适宜，排版有致，适合阅读。在书的最后有商务印书馆对该书的总体评价及该书的价钱等。卷末附有习题答案，以便学生进行自主练习。

图 9-9 《中学校用共和国教科书算术》书影

在此引用书中"编辑大意"说明当时的编排情况①：

一、本书备中学校算术教科之用。

二、按中学校课程标准。教授算术。在第一学年。同年并授者。又有代数。全年授课约计二百小时。本书即以供一百小时之用。

三、算术为小学已习之学科。与代数几何等之中学始习者不同。温故知新。诵习较易。故本书之篇幅。按时分配。较之数学科他种教科书之篇幅为多。

四、中学与小学。学科虽同。程度自异。本书共分十二篇。如级数开方省略算等。固为小学所未习。即其他各法为小学所已习者。亦多探溯原理。更进一解。俾与中学之程度相应。

五、世俗习惯之名称。有不容不矫正者。如年利月利。概称几分是也。本书所用。一以小数定位为准。十分之一称分。百分之一称厘。庶就一贯而免歧混。

六、中外度量衡之比较。向分为两种。一种以 1 密达等于 3.24 尺为基础。一种以 1 密达等于 3.125 尺为基础。前者准据学理。后者为现行制所采用。本书特两列之。

七、本书于名词初见处。附注英文原名。于词句紧要处。特别标以黑线。于篇幅转页处。必令文字终止。无非为批阅者图其便利也。所虑雠校未精。讹误不免。

① 寿孝天.中学校用共和国教科书算术[M].上海：商务印书馆，1917：编辑大意.

倘蒙方家指正。跂予望之。

首先,在"编辑大意"中编者明确提到该书的使用范围及授课时间。此书供中学校使用,按照中学校课程标准教授算术,全年授课约为二百小时,该书供一百小时之用。

其次,书中强调温故知新的学习方法。算术是小学已经学过的学科,初中算术是在复习小学算术的基础上进一步提高,因而相对于代数、几何学习起来较容易。"温故知新"是我国优秀的传统教学方法,在孔子的《论语·为政》中就有"温故而知新,可以为师矣"。这符合儿童的学习心理,在复习旧知识点的基础上,学习新的知识,有助于新旧知识的联系,促进知识的迁移,进而使新知识更加牢固地存储在大脑里。书中也提示教授者应依据教授内容的重要程度合理安排时间,算术作为主体知识自然要比几何、代数的初步知识用时多。

再次,书中还重视小学算术与初中算术知识的衔接,以及初中算术与初中代数、几何知识的衔接。小学算术与初中算术学科虽然相同,但是学习程度要求不同。在小学算术中已经学习的知识,到初中算术更多的是探求追溯原理性的知识,如分数、小数、整数之性质等,主要学习其概念之意义、转换及复杂的计算等;而没有学过的知识,如"级数、开方、省略算"等中学程度之知识,需要在已有数学知识的基础上学习有一定难度。然而级数、开方还有书中的求积等内容又是初中算术教科书中学习的一些简单的代数、几何的内容,是算术与几何、代数的衔接性知识,为之后的代数、几何课程的学习打基础。另外,明确称谓之统一,说明中外度量衡比较的标准。第五条提到,中国传统提法的沿用,如在利息算中,年利月利统称为几分。书中以小数定位为准,十分之一称为分,百分之一称作厘,书中整个相关内容都这么称谓,一以贯之,避免混淆,因而书中将百分法写作分厘法。中外度量衡比较的标准有两种,一种是 1 密达等于 3.24 尺,这是依据于学理;另一种是 1 密达等于 3.125 尺,这是现行制采用的,书中依据两个标准对中外度量衡进行区分比较,可见编辑者对内容编辑的细致、合理。

最后,书中注重教科书编辑形式的全面、专业。第七条介绍,书中名词第一次出现时,附注英文原名,以求中英文对照,更加准确地理解名词之含义,也为将来中西文对照深入研究数学知识做铺垫。书中重要的概念、规则等字下标以黑线,以示醒目,容易引起学生注意。篇幅转页处即停止编辑文字,重新在下一页编辑,便于学生翻阅。可见,编辑者为学生学习提供便利,考虑周到,用心良苦。

例题与习题中应用题的内容选择上除了经典的传统题目,如鸡兔同笼、兔狗步数、龟鹤足数、种田耕地、买卖大米、茶叶、牛马等以外,还联系当时社会实际选取了新的题目，如：经纬度、摄氏度计算、酒精沸点、物体坠落、玻璃水银重量计算等。题材的选取符合当时社会实际情况，没有随意编造题目之事。因为算术是解决实际问题，所以利用实际确切的素材更有助于学生对知识的学习。值得注意的是，应用题素材类型丰富，除取自生活实际外，在应用题的素材中也融入了一些其他学科内容的知识或科普知识，如碳酸水重量、太阳转速、月球运动等，这不仅丰富了应用题素材的多样性，而且开阔了当时学生的视界，向他们普及科普知识。通过数学认识到数学以外的世界，也促使学生认识到数学与其他学科的密切关系，以及算术作为科学之基础的作用。

民国初期，国人自编初中算术教科书中名词术语基本仿照西方的表示法，大多已接近现行教科书中的表示，但因编辑者自身受传统数学文化的影响，也有一部分保留了中国传统的用语。书中的例题序号均用汉字排序，如例一、例二等。用“∷”表示等比，把“$\surd$”称之为根号，这些表示在现行的教科书中已不出现。该书使用根号时，有时用“$\surd$”，如$\surd 25$，也有少数时用类似于这种符号“$\sqrt{}$”，如 151 页。不过这个符号与我们现行教科书的写法不同，它不是一笔写成，“$\surd$”与上面一横并没有完全连接，而是有一条缝隙，且这一“横”书写较粗较重，不是一个整体，似是排版印刷时后加上的，如图 9－10、图 9－11。书中有些概念与生活实际密切相关，如保险、关税、利息等，并附有从 2 厘至 1 分的复利息表。

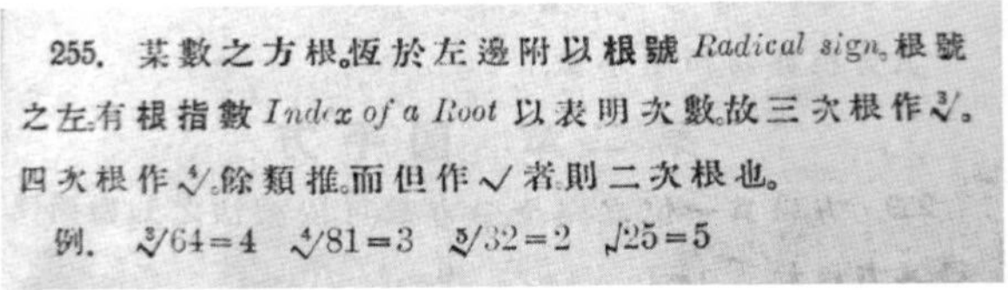
255. 某數之方根。恆於左邊附以根號 *Radical sign*。根號之左。有根指數 *Index of a Root* 以表明次數。故三次根作$\sqrt[3]{}$。四次根作$\sqrt[4]{}$。餘類推。而但作$\surd$者。則二次根也。

例. $\sqrt[3]{64}=4$　$\sqrt[4]{81}=3$　$\sqrt[5]{32}=2$　$\sqrt{25}=5$

图 9－10 《中学校用共和国教科书算术》第 149 页

书中的名词术语较今天使用的名词术语有些变化。首先，“实、法、较”作为传统四则运算的名词保留了下来，但是将“法”称为“自动之数”，将“实”称为“被动之数”却是其他书中没有的。至于延伸到“法为自动之数，实为被动之数”，也是与“法”为一个量度“实”的标准，是可以变化的，而“实”是随着“法”的变化而变化的，所以“法”称为“自动之数”，“实”称为“被动之数”。其次，“杂题”和“杂循环小数”是中国传统表述，现行的“混合题”“混循环小数”则是来源于日本初中算术教科书中的表述，一直沿用至今。再次，“生数”“素数”“自乘积/二乘幂”“三乘积/立方积/三乘幂”都是中国传统算术的叫法，而“因数”“质数”“平方”“立方”是西方笔算中的叫法，可见初中算术教科书中名词术语逐渐由中国传统向西方笔算中统一的名词术语转变。“分厘法”是沿用中国传统表述。最后，“赢数”“输数”“角台”“角锥”非常形象地表达了其中蕴含的意思，而现行的“过剩数”“不足数”“棱台”“棱锥”显然是沿用西方叫法，没有了中国传统的特色。此外，“完数、不完数、输数、赢数”的概念在之后的初中算术教科书及现在小学算术中已没有了。

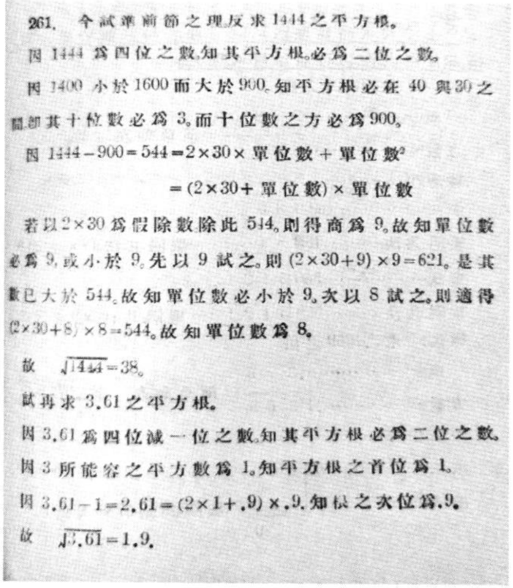
261. 今試準前節之理反求1444之平方根。

因1444爲四位之數，知其平方根，必爲二位之數。

因1400小於1600而大於900，知平方根必在40與30之間，卽其十位數必爲3，而十位數之方必爲900。

因 1444－900＝544＝2×30×單位數＋單位數^2

＝(2×30＋單位數)×單位數

若以2×30爲假除數除此544，則得商爲9，故知單位數必爲9，或小於9。先以9試之，則(2×30＋9)×9＝621，是其數已大於544，故知單位數必小於9。次以8試之，則適得(2×30＋8)×8＝544，故知單位數爲8。

故 $\sqrt{1444}=38$。

試再求3.61之平方根。

因3.61爲四位減一位之數，知其平方根必爲二位之數。

因3所能容之平方數爲1，知平方根之首位爲1。

因3.61－1＝2.61＝(2×1＋.9)×.9，知根之次位爲.9。

故 $\sqrt{3.61}=1.9$。

图 9－11　《中学校用共和国教科书算术》第 151 页

该书共 191 页，后附答数部分 13 页，因为定义的名词后跟着相应的英文单词，所以书中没有附中英文对照表。教科书中的相关知识点不按概念、定理等分类，而是混在一起，采用统一编排序号的形式。例题紧跟在相关知识点的后面，即介绍一个知识点，后面大多会设计几个例题在这个知识点的后面。有些知识点后面即使没有例题，也会有相应的举例介绍。在某些知识点后面，书中注有“注意”二字，对该知识点进行补充说明。该书共有五十个问题，分布在各章的后面，每个问题中又包含了 2～30 个不等的小题。该书的相关知识点采用直接给出的方式，之前并没有过渡与铺垫，习题的难度适宜。

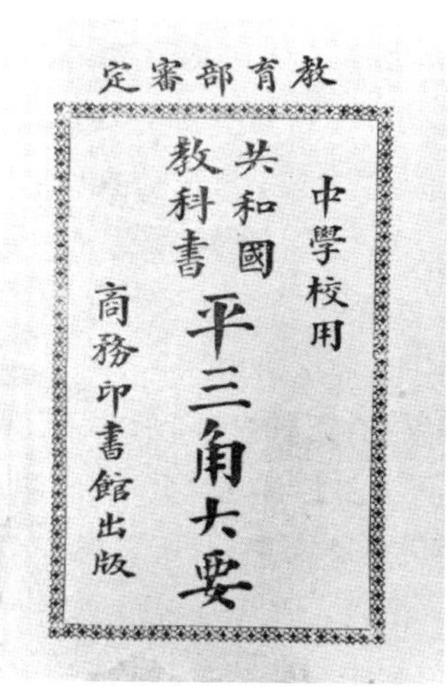

图 9－12　《中学校用共和国教科书平三角大要》书影

(2) 黄元吉编《中学校用共和国教科书平三角大要》

黄元吉编《中学校用共和国教科书平三角大要》(图 9－12)，1913 年 12 月由商务印书馆初版，至 1923 年 7 月出版第 18 版。

《中学校用共和国教科书平三角大要》采用从左至右横排编写形式，用大写英文字母表示几何图形，页码均用阿拉伯数字。书中图形丰富，在必要处均用图形说明，帮助理解题意。在该书的最后有商务印书馆对该书的整体评价等。

在此引用书中“编辑大意”说明当时的编排情况①：

① 黄元吉.中学校用共和国教科书平三角大要[M].上海：商务印书馆，1921：编辑大意.

一、本书备中学校平三角教科之用。

二、按中学校课程标准。第四学年三角与几何并授。是三角仅占学年之半。故本书内容。力求简要。俾得于规定年限以内。从容毕业。

三、本书于每节纲要。均加黑线为志。以便学者随时注重。

四、本书于名词之下。附注英文。以备参证。

五、卷末所附各简表。系备学者练习之用。若近于 0° 及 90° 之角。其圆函数。仍依密表检算为是。

六、本书于演式及说明处。务取浅显。恐犹未尽谛当。海内宏达。匡正是幸。

在"编辑大意"中，编者明确提到该书的使用范围及授课时间。由于按照中学数学课程标准的要求，三角的教授仅占第四学年的一半时间，所以该书在内容的编排方面力求简洁，以使得学生能够在规定的年限里顺利完成学习任务。

《中学校用共和国教科书平三角大要》的目次为：

图 9-13 《中学校用共和国教科书平三角大要》扉页背面

第一篇：锐角之圆函数（第一章：圆函数之定义；第二章：角与圆函数之关系；第三章：45°等角之圆函数；第四章：直角三角形之解法；第五章：高及距离）

第二篇：普通角之圆函数（第一章：任意角之圆函数；第二章：于直角倍数相和或差之角之圆函数；第三章：合角之圆函数；第四章：普通三角形之关系；第五章：普通三角形之解法；第六章：测量之应用）

附录：表三种（圆函数表；圆函数对数表；对数表）

《中学校用共和国教科书平三角大要》共两篇十一章，正文内容 55 页，其后附有三种表（圆函数表、圆函数对数表及对数表）16 页和习题答案 8 页。由于书中在定义的名词后附有相应的英文单词，所以没有单独列中英文名词对照表。目录之后附有希腊文字对照表，包括希腊字母的大写和小写写法及其名称。该书在重点强调之处标有"注意"二字，旨在提示读者对此处应特别加以留意。扉页背面（如图 9-13）是与该书配套的习题书目介绍，书名为《中学校用共和国教科书平三角大要问题详解》，这本书按照《中学校用共和国教科书平三角大要》中习题出现的次序，对问题进行了详细解答，并且充分利用图形的直观性辅助题目。

《中学校用共和国教科书平三角大要》中的定义、公理、定理、系等采用统一编号的方式，习题的序号也是承接上节习题的次序。书中的定理及需特别注明的地方都加下划线作为标志，便于学者学习与注意。有英文作指导，不会出现名词误差。推理用到前面所学内容时，在内容后用括号注明其序号，便于学生查看。卷末附有各类简表，以便学生进行练习。

书中的定理、例题、习题等都渗透着分类的思想，如第一篇的第四章中直角三角形之解法，将问题分成 11 类进行解决。习题中也有从分类角度设置的题目，如图 9 - 14 所示。该书内容和习题量偏少，以简洁为主，这会导致很多内容没有深意，且练习不到位。

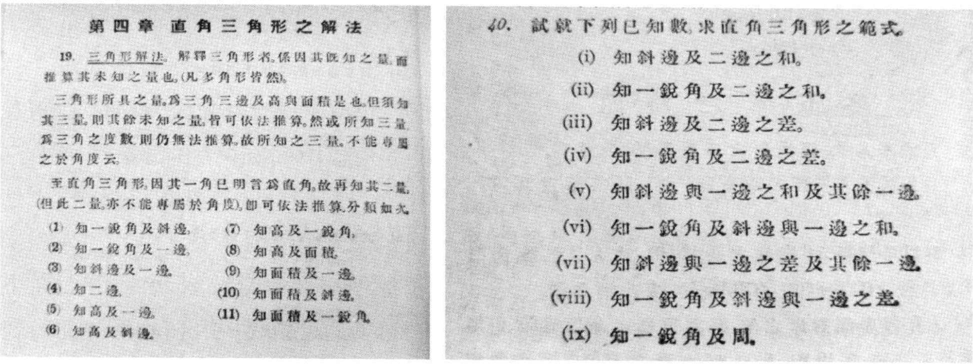

第四章　直角三角形之解法

19. 三角形解法。解釋三角形者。係因其既知之量。而推算其未知之量也。(凡多角形皆然)。

三角形所具之量。爲三角三邊及高與面積是也。但須知其三量。則其餘未知之量。皆可依法推算。然或所知三量。爲三角之度數。則仍無法推算。故所知之三量。不能專屬之於角度云。

至直角三角形。因其一角已明言爲直角。故再知其二量。(但此二量。亦不能專屬於角度)。即可依法推算。分類如次。

(1) 知一銳角及斜邊。
(2) 知一銳角及一邊。
(3) 知斜邊及一邊。
(4) 知二邊。
(5) 知高及一邊。
(6) 知高及斜邊。
(7) 知高及一銳角。
(8) 知高及面積。
(9) 知面積及一邊。
(10) 知面積及斜邊。
(11) 知面積及一銳角。

40. 試就下列已知數。求直角三角形之範式。
(i) 知斜邊及二邊之和。
(ii) 知一銳角及二邊之和。
(iii) 知斜邊及二邊之差。
(iv) 知一銳角及二邊之差。
(v) 知斜邊與一邊之和及其餘一邊。
(vi) 知一銳角及斜邊與一邊之和。
(vii) 知斜邊與一邊之差及其餘一邊。
(viii) 知一銳角及斜邊與一邊之差。
(ix) 知一銳角及周。

图 9 - 14　《中学校用共和国教科书平三角大要》第 14、24 页

民国初期，国人开始自编三角教科书，名词术语基本仿照西方的表示。《中学校用共和国教科书平三角大要》中的名词术语大多已接近现行教科书中的表示，如定义、公理、定理等。书中的几何图形都用英文字母表示，角用希腊字母表示，简单明了。只是用“圆函数”代表“三角函数”，用“cosec”表示余割，这种表示与现行的教科书不同。

书中的例题序号均用阿拉伯数字排序，如例 1、例 2 等。定理采用汉字排序，如定理一、定理二等。将符号“$\surd$”或“$\sqrt{\quad}$”称之为根号，如$\surd 5$ 等(如图 9 - 15)，这些表示在现行数学教科书中已不出现。

《中学校用共和国教科书平三角大要》呈现如下特点：

① 装帧方面。该套教科书为普通洋装书籍，装订牢固，但是纸质易碎，不易保存。民国初期正处于手工造纸向近代机械造纸和印刷阶段过渡的时期，普通洋装书工艺简单、快捷、成本低，适宜大量生产。但由于装帧工艺还很落后，在使用过程中很容易造成

图 9-15 《中学校用共和国教科书平三角大要》第 37 页

破损。该书有布面、纸面两种，经济稍宽裕的学校可用布面，定价较纸面贵了一角，美观而耐用，毕竟学校皆从节俭，纸面本畅销，而布面本销数极少。

② 在编排形式上完全采用横排编写形式，应用英文字母表示几何图形，用希腊字母表示角，大大简化了教科书的内容，方便实用，简明扼要。重点内容采用加下划线的形式强调，重点突出。在名词后加上英文原名，统一名词术语，为熟习英文的学生提供方便，不致概念混淆。教科书附有"编辑大意"，阐明了教科书学习期限、内容结构、名词术语、文字排列等。教科书封面上方印有"教育部审定"字样，右侧有"中学校用"字样，中间有"共和国教科书平三角大要"字样，左下角有"商务印书馆出版"的字样。封底印有"教育部审定批语"："是书按照新制选取，教材删繁就简，尚属妥洽，准予审定作为中学教科书之用。"

③ 编写方法上，力求浅显、精练。一方面为了如期完成教学计划，另一方面期望适合学生心理发展的需要。思想性较强，突出了教科书的思想性，从定理、系的证明到例题、习题的运算，分类思想贯穿始末。

④ 内容简明扼要。书中习题大幅减少，与西方传入的三角学教科书大为不同。例题、习题的设置简单，内容较少，答数部分尚属全面。该教科书图形也十分丰富，图文并茂易于学生理解。

⑤ 民国初期，国人自编三角学教科书中的名词术语基本仿照西方的表示方法，但名词术语尚没有完全统一。名词术语大多与现行的表示方法相同，但也有一些沿用了清末的表示，如根号的表示方法前后不一致。

2. "实用教科书"

受实用主义教育思潮的影响，数学教育工作者编写了"实用主义数学教科书"，商务印书馆从 1915 年开始推出"实用教科书"系列。商务印书馆在中学实用教科书出版通告中指出："现今教育之趋势，应提倡实用，已为教育家所共识，故必有适宜之教科书方足以达此目的。本馆有鉴于此，延聘名宿编纂实用初高等小学教科书外，复特编中学实用教科书，全套以期先后一贯，供各学校之采用，其特点如下：（一）各书无论形式材料，皆以合乎世纪应用为主。（二）各书材料之多寡，悉准部定时间分配，无过不及之弊。

（三）各科学说，均采自东西洋之最新者，并参合我国情势，悉心编纂，非旧日出版之书可与比拟，至于印刷鲜明、装订精美、插图丰富、定价低廉、尤其余事，现修身、国文、本国史、本国地理陆续出版，余已付印，不日出全。"[①]另外，科学会编译部于 1913 年左右推出一套中学理科教科书，有算术、几何学、动物学、代数学、平面三角法等。1916 年，商务印书馆又与科学会编译部出版了中学用"实用主义教科书"系列。下面就以陈文编写的"实用主义数学教科书"为例，简要介绍民国初期实用教科书的编写特点。

陈文编写的"实用主义数学教科书"包括算术、几何、代数和三角，均为布面精装本，其前三者如图 9-16，由科学会编译部出版，商务印书馆发行。

图 9-16　《实用主义中学新算术》《实用主义代数学教科书（中学校用）》
《实用主义几何学教科书平面（中学校用）》书影

（1）陈文著《实用主义中学新算术》

陈文著、科学会编译部 1916 年初版的《实用主义中学新算术》，根据"编辑大意"说明当时的编排情况[②]：

编辑大意

一、本书专备中学校算术教科之用。

二、本书按照中学课程标准。约授一百二十小时。

三、本书之材料多取于余乙巳年所编之中学适用算术。然于各事项及各问题均已参酌现时情形，多所变更。条理亦与前书不同。

---

① 石鸥，吴小鸥.中国近现代教科书史（上）[M].长沙：湖南教育出版社，2012：198.
② 陈文.实用主义中学新算术[M].上海：商务印书馆，1916：编辑大意.

四、算术为小学已学之学科,本书于小学已学各项但述其原理。其小学未习各项,则述其原理并详解其计算之方法。

五、小数一项。本书采用成,分,厘,毫,诸旧名。与长度,重量,国币及百分算之成,分,厘,毫,一律,颇便教授。

六、定则一项为一切法则之基础。故别为一章,详加说明。

七、长度地积,容量,重量,均以四年一月公布之权度法为根据。与他书沿用旧制者不同。

八、万国权度通制,(旧译米突制今从权度法定名。)以用略号为便。本书所用各种略号悉本国通用之原文。(即 m,a,l,g,等)比臆造之记号较合于实用。

九、比例用处最多。依本书之法,计算甚便宜熟练。

十、百分算最有益于实用。本书编纂已力求单简,不可不全习。

十一、开方法分数段。较他书易有把握。宜分段讲授。

十二、问题多取材于实例及有关于科学之事项。

十三、问题之次序及种类。本书特为注意演习时不宜躐等。

十四、本书与实用主义代数学一贯。并与实用主义几何学相关联。代数学及几何学,现已印刷行将继此出版。

十五、本书初版,校雠未精。倘有讹误,亟望方家。匡其不逮一一指正。

中华民国五年九月

"编辑大意"中阐明该书较小学算术更注重数学原理及更详细的计算方法,并且将定则单独列为一章,予以详细说明。对于比例、百分算等实用性强的知识点介绍更简单便捷的计算方法,使学生熟练计算。书中例习题多与现实生活密切联系或涉及科学常识。本书无论是"编辑大意"还是内容设置都与书名相呼应,反映出此教科书的编写与实用主义相符,譬如百分算、问题的取材、次序及种类都为实际应用服务,同时分数的定义采用"份数定义",体现了倍比关系;小数命法采用原来的成、分、厘、毫、丝、忽、微、纤等旧名;序号表示采用大写字母与阿拉伯数字混用,如"例一""29. 多位数之减法";应用题解答时将单位加之于对应数字的右上角,如在解答第 49 页的杂题 52 时采用的计算时公式之一为 $230^{毎}-188^{毎}=42^{毎}$;在学习"外国度量衡及钱币"时,还将始于法国后流行至二十多国的通制长度、地积、容量、重量对照表,按照法文原名、英文名、音译名、略号及进位进行详细说明。此外,书中将关键点、易错点等处以"注意"加以标注。

该书虽是初中算术单科教科书,但编写内容与当时的混合算学教科书理念一致,即将初中算术、代数、几何知识融合起来,使儿童循序渐进地掌握数学知识。

（2）《实用主义代数学教科书（中学校用）》

下面通过引用《实用主义代数学教科书（中学校用）》"弁言"阐述著者编写理念，具体如下[①]：

弁言

是书与实用主义中学新算术、实用主义几何学、实用主义平面三角法，合为一系，（编辑缘起，载在实用主义几何学开篇（以德国白），涅二氏所著之葛莱主义数学中之代数学为底本。参以英美之学说，编纂而成，全书注重函数及图表（函数及图表为当世理化工艺诸学科所必需）。所有代数式，均用图表显明，或用图式解之，如一元及二元之一次方程式，其函数均在一直线上，仅于坐标纸（即方格纸）上书一直线或二直线，便可看出所求之根，并可应用于理化诸学。或本之作汽车及他种运动之图式运行表。一元二次方程式，其函数均在一抛物线上，仅用抛物线板，就坐标纸上书一抛物线或二抛物线，便可看出所求之根。二元二次方程式，其函数均在一圆，或一椭圆，或一抛物线，或双曲线上。可依各曲线解之。表指数函数则有指数曲线，回转指数曲线则成对数曲线，既能证实代数式，且计算极便，而三次以上之方程式，用图式解之，亦不甚难。至代数的解，如群比例，半负对数之计算，对数表之检法，高次之算术级数，年金之计算及应用，复素数（即虚数与实数合成之数）旧译复虚数，殊不适当，之算法，等。亦皆有用之新法，且为前此之代数学书所不具，代数学之能直接施诸实用者，当以是书为嚆矢。际兹印刷出版，滕以教言，其亦当世数学家所不弃舆。

中华民国六年一月连江陈文识

从"弁言"可知，本书以葛莱（Grund）主义中学数学教科书之《代数学》为底本，并参照英美书籍编纂而成。因为函数及图表为理化工艺学科所必须，所以全书重视函数及图表的应用，将一元一次方程、一元二次方程、二元二次方程乃至三次以上方程都结合函数图像求解，甚为简便，既体现了经世致用的编纂思想，也突出了数形结合的数学思想方法的应用，并且这种数形结合的数学方法是之前教科书所不具备的，是该书的独创之处。

全书共计 333 页，内容丰富，重要之处均用引号或加粗加大字体，法则、注意之处用[法则][注]标注以示教师和学生关注。此外，全书现代意义上的例题十分丰富，而习题很少。在该书书末编者给出注意事项：

排列及班次，记数法，实际计算上尠用之，故本书不复采入，欲知其详，可参看查理斯密小代数。

二项式定理，本不在初等数学之范围，且用微分式导之甚易，详在实用主义微分积

---

① 陈文.中学校用实用主义代数学教科书[M].上海：商务印书馆，1919：弁言.

分学。(或参看查理斯密小代数学)。

(3)《实用主义几何学教科书平面(中学校用)》

在《实用主义几何学教科书平面(中学校用)》的"实用主义数学编辑缘起"中,对为什么以"实用主义"名义编写这套教科书做了详细的说明。具体如下①:

实用主义数学编辑缘起

世界进化,学术益繁,数学之应用亦益广。若函数,若图表,遂为各种学业所必需。从前之数学教科书,仅注重解法,至是乃不适于用。是以十余年来,欧美各国,均有改订数学教授课程之议。英国于1901年,有柏黎(Perry)教授,在英国学术协会,提出改革之议案。美国于1902年,有慕安氏为美国数学会之主席,曾称许柏黎氏之说,报告于列席各会员。德国同时有以葛莱(Grund)教授为中心之一学团,议决详细之改革案。并经德国教育部许于某种学校试用。法国当1902年改订学科课程时,早变从前之数学教授课程。嗣后遂本实用主义教授,未几有贺烈尔之数学教科书,1908年德国有门白连德森及涅精古(D. Behrend senund Dr. E. EÖtting)合著之葛莱主义中学数学教科书(Lehrbuchder Mathematiknachmodernen Grundsatzen)风靡全国。英美二国,近年出版之数学教科书,几何学多用代数式显明,(并注重应用之作图及实测)代数学多用图表,亦为改良之结果。日本文部省,本年(1916年)译成《新主义数学》(即德国白涅二氏合著之葛莱主义数学)极力提倡,大有采用斯主义之倾向。我国近年出版之数学教科书,虽不下数十种,然本实用主义编纂者尚属缺如。因是不揣固陋。窃取葛莱主义数学为底本,参以英美之学说,辑成是书。然有当为诸君告者。葛莱主义数学,仅有几何,代数,三角,且上及解析几何,微分积分,而算术缺然。按诸我国情形,中学教科,算术实不可缺。因取余前著之中学适用算术,删繁就简,并易以应用之新事项,使与代数几何相关联,名曰《实用主义中学新算术》。自兹以下各册曰《实用主义几何学》,《实用主义代数学》,《实用主义平面三角法》,统言之则曰实用主义数学。谨将实用主义数学与旧数学相异之点,略说于次。

(一)大体

旧数学注重学理方面,为纯然之科学。(以公理为基,依次用演绎法证明。)

实用主义数学注重应用方面,为研究学理及其应用之科学。(注重函数及图表务适于当世之用。)

(二)教授材料

旧数学教授材料用讲解式,为注入的教育。(教材均为学理,依一定之次序解释,

---

① 陈文.中学校用实用主义几何学教科书(平面)[M].上海:商务印书馆,1919:实用主义数学编辑缘起.

至应用之项,除二三例题外,殊少言及,且极有用之图表,亦未尝讲授。)

实用主义数学,教授材料用启发式,为自动的教育。(教材以有生意且有效用者为限,于说明定理及法则之前,以预习题引起学生之思想,并注重与理化,天文,工艺诸学科相关之事项,及与生活相关之诸问题。)

(三) 分科

旧数学依形与数之别,分科之界限极严,其诸分科,一若各自独立,不相为谋。(如算术仅计算常用之数。代数学仅言数理。几何学仅研究图形,不脱宥克宜式之窠臼。至坐标之用法及图表,必俟习解析几何学时始行讲授。)

实用主义数学,分科不似旧数学之谨严,常视数学如一机物体,使其分科互相辅助,有相生相感之关系。(如算术不仅计算常用之数,并为代数学之基础,旦与几何学相关联。代数学亦不仅言数理,时与几何学相通。且授坐标之用法。一面以几何的图形表代数式,一面以代数式显明几何关系,终则两者全然融合。(三角法亦然)务于初等数学之范围内,养成微分积分之思想。总之注重函数及图表,俾学者进习微分积分及解析几何学较为容易。几何学亦不仅研究图形。初于图形,弃固定性,取可变性,教以回转及移动。并注重手与眼之练习。渐进始于定理,作图及练习,用已证明之定理为根据。并举其实际应用之事项。而与代数学及解析几何学相通,更如前述。与宥克宜式之几何学迥然不同。

(四) 问题

旧数学之问题,除算术外,大都偏重学理。(如代数学注重各式之解法。几何学注重各事项之证法。所设之题,往往陷于不自然及臆造之弊。而实际之应用问题,转属缺如。)

实用主义数学之问题。多属应用问题。(以合于自然现象及实际之事物者为限。其不自然及臆造之问题,概不列入。故代数学于解法外注重图表,几何学于证法外注重活动的作图及实测。要以不离于实用为务。)

实用主义数学与旧数学相异之点大略如此。至当注意之事项。亦略具于是。故自此以下诸册,不复冠以编辑大意。

编者识

《实用主义几何学教科书平面(中学校用)》具体内容如下[①]:

编首几何初步

第一章立体,面,线,点;第二章直线;第三章平面;第四章线份之比较及大;第五章

---

① 陈文.中学校用实用主义几何学教科书(平面)[M].上海:商务印书馆,1919:目录.

平面图形圆;第六章直角;第七章矩形及方形;第八章长及积之测定;第九章圆柱,圆锥,球;第十章立体之模型及其展开面;第十一章角及回转;第十二章接角及对顶角;第十三章平行线及平行面;第十四章平行移动及平行线上之角;结论。

Ⅰ．平面几何学

第一编三角形

第一章平面图形;第二章三角形之边;第三章三角形之角;第四章三角形之作图题;第五章全同之定理;第六章对称轴;第七章等脚三角形及等边三角形;第八章三角形之边及角之关系;第九章基本作图题;第十章练习及作图问题。

第二编四角形及多角形

第一章普通四角形;第二章平行四边形;第三章梯形;第四章多角形。

第三编圆

第一章弧,中心角及弦;第二章切线;第三章二圆;第四章圆周角;第五章外接圆及内切圆。

第四编面积

第一章矩形之求积;第二章平行四边形,三角形,梯形,及多角形之求积;第三章面之比较及变化;第四章比达哥拉士之定理。

第五编比例及相似

第一章线份之比例;第二章相似;第三章关于直角三角形之比例,比例中项;第四章关于圆之比例。

第六编代数学与几何学之关系

第一章代数式之作图;第二章代数的函数之图表;第三章正十角形之作图,黄金截法;第四章几何作图题之代数的解法。

第七编三角形,正多角形及圆之计算

第一章三角形之计算;第二章正多角形之计算;第三章圆之计算;第四章关于作图问题之通法。

附录Ⅰ．不可通约之线及无理数;Ⅱ．希腊文字之发音。

记号及略语

＝等于　△三角形

＞大于　□矩形

＜小于　≌全同

∥平行　∽相似

⊥垂直　⌒书于字上为弧之记号

∠角　　§为款字之记号

R 直角　∴故

＋,－,×,÷之用与算术同

米突制长度之略号用 m,cm,mm,km,等。与文字并列时加用方括[]。

平分及立方之记号与算术同。

Ⅱ．立体几何学

第八编立体总论

第一章在空间之直线及平面之位置；第二章立体之射影像；第三章平行射影；第四章角柱及圆柱；第五章角锥及圆锥；第六章球。

第九编空间之直线及平面

第一章在空间之直线及平面之位置；第二章平面之垂线,直线之垂直面；第三章平行直线及平行平面,互掀直线；第四章直线及平面间之倾角。

第十编体积

第一章角柱及圆柱；第二章角锥及圆锥；第三章截头角锥及截头圆锥；第四章球；第五章球及其部分之计算；第六章正多角体；第七章关于多面体之"欧烈尔"定理。

《实用主义几何学教科书平面(中学校用)》为平面几何与立体几何合订本,分别为242 页和 103 页。全书重要之处,皆用引号或加粗加大字体标注以示学生关注。全书数学符号的使用已从中国传统符号"甲乙丙……"转变为国际通用符号。全书例习题较多,但平面几何与立体几何合订在一起,略有不便,后将其分为四册出版,以平装本形式于 1923 年出版第一版。

综合上述教科书编写情况,陈文编写的"实用主义数学教科书"呈现如下特点:

首先,实用主义教育风潮极为盛行,而当时相应的实用主义教育的实施及教科书的编纂工作仍然滞后,国人只能参考国外流行的实用主义教科书加以改变以适用于本国国情。本套教科书就是在此背景下,以德国葛莱主义数学为底本,参照英美之学说,删繁就简,结合中国国情编纂而成。

其次,突出数学的实用性,将数学作为工具学科,看作为研究学理及其应用之科学。注重数学与理化、天文、工艺等学科的相互关联。为解决问题编排了与生活密切相关的数学内容。例习题的设置均以实际应用为主,提倡数学知识与学生日常生活的紧密联系,注重学生实用技能的培养。

再次,实用主义教科书将数学各科看作一个有机整体,算术、代数、几何各分科相辅相成,算术作为代数的基础,关系密切不必多言,代数也可以由用函数图像及直角坐标系与几何学和三角相关联。书中重视在初等数学教学过程中,渗透极限思想,为高等数学以及微积分的学习奠定基础。

另外,注重函数及图表的应用。如《实用主义几何学教科书平面(中学校用)》"编辑大意"中指出,若函数,若图表,遂为各种学业所必需。《实用主义代数学教科书(中学校用)》弁言中也强调,全书注重函数及图表(函数及图表为当世理化工艺诸学科所必需),所有代数式,均用图表显明,或用图式解之。

最后,教材的编纂注重启发学生思维,教授材料采用启发式,在讲解定理及法则之前,设置预习题以引起学生的思考。

3. 师范教科书

民国初期师范学校的教科书以秦汾、秦沅合编《中学校师范学校用民国新教科书代数学》《中学校师范学校用民国新教科书几何学》为例,概述其教学内容及编辑特点。

(1)秦汾、秦沅合编《中学校师范学校用民国新教科书代数学》

《中学校师范学校用民国新教科书代数学》(如图9-17)为上下两编合订本,精装,由教育部审定,秦汾、秦沅合编,上海商务印书馆出版。1914年初版,1921年十五版。

图9-17 《中学校师范学校用民国新教科书代数学》商务印书馆出版,1921年

版权页又称为《民国新教科书代数学》,同时在版权页附有《教育部审定批词》,批

词采用自上而下、自右向左的形式印刷。具体如下[①]：

教育部审定批词

中学师范用民国新教科书

代数学

是书理论应用均极谨严，编节次序亦便教授，自是近出代数教科书之善本，准予审定作为中学校及师范学校教科。

该书编排顺序为封面、"编辑大意"、正文，上编末端附加问题集，下编则附加总习题、中西名词索引及版权页。借"编辑大意"说明当时的编排情况[②]：

编辑大意

是书依据教育部令编辑，专为中学校，女子中学校，及师范学校，女子师范学校之用。说理务求浅显。俾能解普通算术者。学时均能领会。教授是书者。宜注意以下数端。

一．本书绪论。为算术代数之过渡。故占篇幅甚多。提揭纲领。唤起兴味。胥在于是。幸勿以冗长责之。

二．[减][除]定义及[形式不易]之原则。乃数学之筋节。本书再三申说。不厌重复。教者学者。均宜注意。

三．自然数以外之数。其意义及法则。均出于一种人为的规约。近世数学家。已有定论。故本书不取姑息之说明。以期学者不至误入歧途。

四．本书中定理数则。间有不宜于初学者。然同级学生。其思想程度。决非一致。或完全证明。或仅述大要。是在教师斟酌行之。且各校教授时间不同。讲解之际。亦宜由教师善为伸缩。

五．本书问题选择颇严。不矜丰富。学者务须逐问计算。不可略去。如以过少为嫌。可于卷末总习题中择取适宜之若干题以备应用。

六．本书所设习题。另刊答案及问题详解以备参考之用。

七．本书于重要名词之旁。皆注西文。卷末并附索引。以资参考。

"编辑大意"中首先表明了该套教科书专为"中学校""女子中学校""师范学校"及"女子师范学校"使用，其中绪论部分内容虽长，却是算术与代数的过渡，同时是该书后续学习的基础。其次，教师教授时应向学生着重说明减、除的定义及其变形原则，同时因自然数以外数的意义及法则比较抽象，教师也应向学生进行说明以免误入歧途。再

---

① 秦汾，秦沅.中学校师范学校用民国新教科书代数学（上编）[M].上海：商务印书馆，1921：版权页.

② 秦汾，秦沅.中学校师范学校用民国新教科书代数学（上编）[M].上海：商务印书馆，1921：编辑大意.

次,教师教学要应注意因材施教,根据学生的思想程度可适当伸缩。最后,每个重要名词首次出现时均在其后附有相应的英文名称,便于学生对照学习,书末还附有"中西名词索引",便于学生对照学习以及自学外文书籍。

该套书上编包含四卷附三个问题集、下编包含六卷另附总习题及"中西名词索引"。代数学总目如下①:

上编

绪论:代数学之目的及使用之记号;代数学之效力;关于代数式之定义及定则;简单之方程式;代数学上之数;代数学上之数之计算。

第一编整式:关于整式之各定义及整理之方法;整式之加减;整式之乘除;整式之扩张及系数分离之计算。

第二编一次方程式:普通一次方程式;应用问题;联立一次方程式;联立方程式解法;应用问题。

第三编整式之续:乘算公式;因式;最高公因式;最低公倍数。

第四编分式:分式之定义及变异外形;分式之加减乘除;分方程式。

下编

第五编二次方程式:无理数;普通二次方程式之解法;虚数;二次方程式之根;二次方程式应用问题;二次方程式之根与系数之关系。

第六编特殊根:平方根;立方根。

第七编各种方程式:分方程式;无理方程式;高次方程式;联立方程式。

第八编二项定理:顺列;组合;二项定理。

第九编指数及对数:指数;对数;对数表;复利及对数难题。

第十编比例及级数:比;比例;等差级数;等比级数。

总习题(上、下)

中西名词索引

该书中的关键知识点及易错点用"注意"加以标注(如图 9 - 18(a)),但在符号使用方面比较混乱,如根号的使用存在"$\sqrt{}$""$\sqrt{}$"两种情况(如图 9 - 18(b))。在内容设置上由浅入深,上编内容相对简单,以整式、分式的计算为主,例题及问题集大多与实际背景关联不大,但例题中涉及鸡兔同笼问题。下编内容较为抽象,涉及排列组合、指数及级数等知识。此外,教科书设置了英文单词对照及中西名词索引。

---

① 秦汾,秦沅.中学校师范学校用民国新教科书代数学(上下编)[M].上海:商务印书馆,1921:目录.

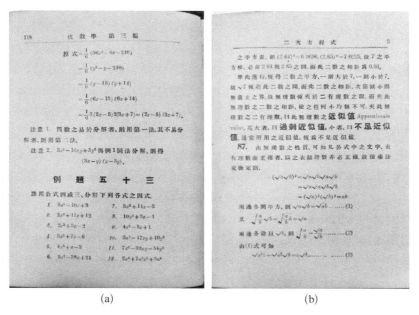

(a)　　　　　　　　　　　(b)

图 9 - 18　《中学校师范学校用民国新教科书代数学》
上编第 118 页、下编第 3 页

（2）秦汾、秦沅合编《中学校师范学校用民国新教科书几何学》

《中学校师范学校用民国新教科书几何学》全一册，精装本（如图 9 - 19），正文共

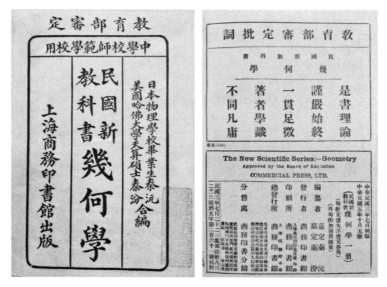

图 9 - 19　《中学校师范学校用民国新教科书几何学》书影

316 页。经教育部审定，由秦汾、秦沅合编，上海商务印书馆出版发行。1914 年初版，1916 年出版五版。另有一册精装本为 1929 年出版的第二十三版，与该书相比，除版权页删去了教育部的审定批词以及广告页改为由教育部大学院审定的"现代初中教科书"广告之外，主体学习内容没有改变。

该书的编排顺序为封面、"编辑大意"、目录、正文、附录、中西名词索引、版权页及商务印书馆出版的教科书广告，其中版权页附有"教育部审定批词"如下①：

教育部审定批词

民国新教科书几何学

是书理论谨严始终一贯，足证著者学识不同凡庸

除批词按照从上至下、自右向左的方式编排之外，其他部分则按照自左向右的形式编写。借该书"编辑大意"说明其编排情况②：

编辑大意

是书依据教育部令编辑。专为中学校，女子学校，及师范学校，女子师范学校之用。意在练习学生思想，使渐趋于严密。教者学者。均宜注意下列数端。

一．书中理论。务求正确。间有语似重复或文似疏漏者。然其似重复处。乃必需双方说明。而其似疏漏处。乃直接据理推定者也。

二．本书绪论中所述论理学语数则。初学者或难领会。据编者经验。初授是书时。只述大要。而于第一编末复讲之。复讲时即引第一编中之定理以为佐证。则学者自能融会贯通。若初讲时即抱一［必须人人领会］之奢望。则必徒劳而无功矣。

三．本书必及比例之定义。较为奇特。与学生在小学校所习之比例，颇有扞格之势。非编者故以艰深文漏也。盖比之性质。不因量之可以通约与否而异。而小学校所习之比例。则以可以通约者为限。苟不明揭不可通约之量。而漫以可以通约者之性质授之。非但不能启发学生之心思。实无异诱之以入歧途矣。编者于此。几费踌躇。然终守定理论正确之主义。不敢移易。如学生之学力必不能及，则不妨决然略去。而明示以理论上之缺陷。以俟后来之补习。

四．本书为简便起见，时用代数之记号。然证明时仍需按图申说不可迳用代数之法运算。

五．本书第二编作图题颇多。足以引起学生之兴味。

六．本书例题之部。似乎过略。然中等学生。得此已足。不必以多为贵。

---

① 秦汾，秦沅.中学校师范学校用民国新教科书几何学[M].上海：商务印书馆,1916：版权页.
② 秦汾，秦沅.中学校师范学校用民国新教科书几何学[M].上海：商务印书馆,1916：编辑大意.

七．吾国高等科学。尚多采用欧美书籍。故本书于重要名词之后。皆注西文。后附索引。以资参考。

根据"编辑大意"，该书专为"中学校""女子学校""师范学校""女子师范学校"学习使用，编写目的是为"练习学生思想，使渐趋于严密"。由此可见，该教科书旨在通过几何的学习，训练学生严密的推理论证能力。教师在实际教学过程中，应当注意：对于初次学习几何的学生，不必强制要求人人都能准确领会，教授时只讲述大概即可。直线作为几何的基础，教师可于第一编最后再次进行讲解，以加深学生理解及印象。而学习第二编时，则可以第一编学习的内容为基础，既有利于学生回顾已学知识，又便于前后知识衔接；该书的比例内容有别于小学所学，教师可因材施教——选择删去学生难以理解的内容或者指明理论上的不足，而随着学生知识的增长后续进行补充。全书虽采用代数符号，但教授几何中的证明时要强调根据具体情况、按照图形进行，不可一味追求代数解法。与众不同的是该书含有较多作图题，足以在引起学生学习兴趣的同时，培养学生动手操作能力以及想象力。该书于重要名词及书末附相应西文，亦可便于教师在教授时参考外文教科书。

该书共有七编，目录如下[①]：

绪论

第一编直线：定义及公理；角；平行直线；直界形；平行四边形；轨迹

第二编圆：基础性质；圆心角；弦；圆界角；切线；二圆之关系；内接及外接形；作图法

第三编面积：定理；作图

第四编比及比例：定义及绪论；定理

第五编比例之应用：基础定理；相似直界形；面积；轨迹及作图

第六编平面：平面与直线之平行；垂线；平面角及多面角；多面体

第七编曲面形：球；圆墙及圆锥

附录：量之计算；计算题

中西名词索引

该书于重要内容或易错点处以"注意"两字作为标注，附录中有计算题171道。学习的几何内容涉及平面及立体，在绪论中描述了什么是线、面、点、立体等概念，然后定义了命题、公理、定理。把公理定义为"就吾人经验所能确定，而据之以为推理之基础者"，并列出了九条普通公理。定理为"以既知之命题为基础，得证明其为正确者曰定

---

① 秦汾，秦沅.中学校师范学校用民国新教科书几何学[M].上海：商务印书馆，1916：目录.

理",并指出定理是由两部分构成,即"假设"与"终结"。在此基础上,给出了"定理之模范",即四种命题之间的关系。所涉及的作图问题都是采用规、矩且基于三条基础法,作图问题有设—作图—作法—证明四步。整体上与翻译的日本几何教科书相比,内容与体系上均发生了一些细微的变化。

在符号使用方面,部分已接近现代记法,比如以大写字母表示图形顶点或线段交点,平行四边形、三角形及角的符号也与现行教科书相同,但部分符号的使用存在不同,譬如在表示序号时也会采用"甲""乙""丙"等汉字表示。定理及证明过程中的序号则用"甲""乙""丙"来表示、用≡表示全等、用两条短竖线表示线段的平行、用≧表示大于等于,同时部分核心概念也与现在不同,譬如圆界角表示圆周角,截头直圆锥表示圆台。此外,该书还呈现如下特点:

第一,内容的选取上,除包括前一阶段几何教科书的所有内容之外,增加了轨迹问题。其中,轨迹、作图问题分散到相应的每一部分内容中。

第二,在公理的选择上,这一时期几何教科书与《几何原本》相比,普通公理数目增加,共设有九条普通公理;几何学公理减少,共有四条,仍然是严格的欧几里得论证几何体系。

第三,在习题配置上,注重将所学的知识应用于解决一些问题,但同时也带来了几何教科书的繁、难等问题。在"尚实"这一教育方针的指引下,这一阶段的几何教科书在强调论理的基础上,更偏重于实用,注重将所学的知识应用于解决一些问题,学生基本上能将所学的几何知识,例如合比例、面积、体积等知识应用到实际生活当中去。可以说,这一时期的几何教育还算是成功的。但大量"繁、难、偏、旧"习题的存在,加重了学生的几何学习负担。

综上所述,民国初期的教育法令法规较为完善,有法可依,有章可循,中等学校和师范学校的数学教科书以自编为主,基本上摆脱了翻译照搬外国教科书的局面,国人自编的中国数学教科书有计划地大量出版,教育部重申教科书审定制度,也从制度层面上提高了教科书的质量和水准。可以说,这一时期我国数学工作者已经具备了编写中学数学教科书的雄厚实力,为后续教科书事业的发展奠定了坚实的基础。

第四节　数学教育理论与研究

在近现代历史上,中国数学教育模仿日本数学教育模式,学习德国赫尔巴特教育思想,效仿美国实用主义教育模式,探索了数学教育教学方法、研究途径和实验改革道路。自 1912 年至 1922 年新学制颁布实施,中国数学教育研究呈现三个特征:第一,国人借助国外教学理论进行教学法实验研究,如俞子夷在南京、上海等展开了小学数学教学实验,成立江苏省"算术商榷会",在北京、广东等地开展了数学教学实验研究活动;第二,数学家和数学教育家撰文研讨数学学习法,如以何鲁为代表研究治算学之方法;第三,有些数学教育工作者或数学家虽然没有单独发表论文阐述数学教育理论问题,但在他们编写的数学教科书弁言、序言或例言中也反映了当时的数学教育思想。

一、 数学教学法的探索

（一） 民国时期数学教学法实验研究

在民国期间,中国进行了各种数学教学实验研究,但起步较晚,没有明确的研究方向,规模并不大。正如《第一次中国教育年鉴》中所提出:"中国教育自清末变法维新以来,朝野人士莫不知强国之本在于教育,于是对于教育之推进革新,不遗余力。唯是当时主持教育者,对于教育,毫无主张而进行步骤,又无一定方向,以致在制度方面,时而抄袭日本,时而模仿欧美;至于教学方法,忽而采道尔顿制,忽而采文纳特卡制,忽而采设计教学法,盲从附和,不加审察,步趋既紊成效自鲜。"[①]但有些教学实验研究也取得了一定的成效,如著名教育家俞子夷(1886—1970)的设计教学法和珠算笔算混合教学实验研究等。

19 世纪末 20 世纪初,教育实验在西方兴起,引起教育思想方法的巨大变革。20 世纪 10 年代开始,教育实验研究思想方法陆续传入中国。当时,中国数学教育实验研究的开创者俞子夷等数学教育研究者进行了一些数学教学实验研究。

首先,俞子夷的设计教学法实验包括改造的设计教学法和随机教学法两个方面。1918 年,美国教育家克伯屈总结归纳出设计教学法。1919 年,俞子夷在南京高等师范学校附小首次进行了设计教学法实验研究。设计教学法与传统教学法不同,它以儿童为本位,以儿童的自愿活动为中心,注重儿童的兴趣和需要,结合社会实际,开展一系列的计划、实施、评价等活动。俞子夷首先把课程分成四类:属语言文字类者;需要动手制作者;各种游戏,包括数字游戏;唱歌与舞蹈。然后"布置四间相应的教室,供一、二年级三个班与幼儿园轮流使用。特设一个'低级指导',总负责。科目的界限打破,

---

① 周邦道.第一次中国教育年鉴(戊编)[M].上海:开明书店,1934:181.

上课时间改用分数制,教材仍预定。……我们仍有大纲,预定一学期、一学年应学的内容,应达到的标准"①。

俞子夷进行设计教学法实验时,"对旧传统仅作局部的改变",这与原来意义上的设计教学法有所不同,已经变成了中国式的设计教学法。该实验虽然打破了学科的界限,但并没有废除课程,只不过按儿童的活动类型分类而已。

随机教学实验,即算术教学结合在其他科中进行。俞子夷对随机教学进行了改造。他对低年级儿童进行了随机教学实验。他认为,不必用正式学数学的形式,而是在日常生活中,随机引入一些大小、长短、共多少、剩多少等数量用语,并根据情况教学生一些简单的数量问题。在高年级儿童中仍然采用系统的教学法。另外,随机教学法主要采取数学教学法游戏化的做法。

其次,珠算笔算混合教学实验。俞子夷针对"要不要珠算教学"这个问题,于1936—1937年间,在小学进行了珠算笔算混合教学实验研究。他认为珠算笔算混合教学是最经济的教法,"珠算比笔算后教,应当多方利用笔算中已学过的方法技术。笔算除法已教试商,珠算除法仍应继续。如此,珠算有基础,而笔算得以巩固。"②俞子夷的珠算笔算教学实验将珠算教学建立在笔算基础上,攻克了珠算口诀的难关,而且能使笔算、珠算教学相得益彰。

除俞子夷的实验研究外,上海、浙江等地在小学进行了数学教学实验③。这些实验研究采用了等组法、输组法、单组法等实验方法,也取得了一定的成果。

(二) 中国民间数学教育研究团体——江苏省"算术商榷会"

1915年7月13日,在南京成立了江苏省"算术商榷会",主要由著名教育家俞子夷领导。商榷会的宗旨为:"专就小学算术科发表实地研究之心得,由各会员互相商榷,以资算术教授之改良进步。"④商榷会的商榷方法规定为,会员提出讨论议案后进行定期讨论,之后形成改善数学教学的方案,有时也请专家给中小学教员作报告。1916年,算术商榷会的第一阶段讨论研究报告书《算术商榷会报告书》,由上海国光书局出版,如图9-20。

从研究团体的作用来看,"算术商榷会"具有重要历史意义,正如傅种孙所说:"中国有史以来就有很多数学家,如商高等,他们的工作至今有史可稽,但他们的合作事

---

① 王权.中国小学数学教学史[M].济南:山东教育出版社,1996:374.
② 王权.中国小学数学教学史[M].济南:山东教育出版社,1996:376.
③ 周邦道.第一次中国教育年鉴(戊编)[M].上海:开明书店,1934:190-191.
④ 俞子夷.算术商榷会报告书[M].上海:上海国光书局,1916:1.

迹,则很少见。直到民国,各数学家仍然是各学其学。"①数学教育工作者更是如此,各做各的,没有使他们能够团结合作的组织,而"算术商榷会"起了个良好的开头。它为以后的数学教育政策的制定和数学教育研究提供了一定的依据,因为商榷会的主要领导俞子夷先生,参与了其后的中国数学教育制度的制定工作,并起草了于 1923 年颁布的《小学算术课程纲要》。

图 9-20　《算术商榷会报告书》上海国光书局出版,1916 年

（三）民国时期课堂教学研究

民国时期的数学教育工作者留下了丰富而珍贵的数学课例研究文献,我们很难就当下的课例研究水平是否高于当时的课例研究水平做出判断。为使读者更好地了解当时的课例研究情况,下面展示当时的一节算术课教学研究过程。

这是 1914 年 4 月 25 日在北京女子师范学校附属小学校进行第一次教授法研究会时的数学课例研究。研究会对即将毕业的师范生的授课进行批评指导。实习生授课,指导教师和其他实习生进行批评指导。批评指导的目的在于:"又批评者,所以批评教育之方法也,与个人感情毫无关系。法有可疑,质问之可也。质问之不足,讨论之可也。夫当质问讨论时无好恶、无利害,所求者一是非善否而已,此真所谓研究也。研究会必如是,然后可持之久远而不患无成效之可睹矣。诸君勉旃。"②

课例研究按如下八个步骤进行:

（一）教授者自陈。（二）批评者自问。（三）教生批评。（四）小学教师批评。（五）师范教师批评。（六）级任教师批评。（七）小学主任批评。（八）主席者批评。

以下是初等科第三学年第三学期第三周土曜日(星期六)第一时算术教授案③:

教授者:林温如

题目:第十四课,除法(共和国教科书新算术第六册)

教材:授两位法数之除法,其商数皆为三位。

要项:(一)形式上,(1)商数之十位为 0 者,(2)商数之个位为 0 者,(3)商数之

① 中国数学会第一次代表大会总结报告[J].中国数学杂志,1951,1(1):48.
② 邓菊英,李诚.北京近代小学教育史料(上册)[M].北京:北京教育出版社,1995:247.
③ 邓菊英,李诚.北京近代小学教育史料(上册)[M].北京:北京教育出版社,1995:247-248.

十位个位均为 0 者。（二）实质上，使物品之分给法，并布匹纸张等之名称。

准备：小黑板、教鞭、色粉笔。

目的：使知法数两位，商数三位之除法及其应用。

时间：全课教授分六小时。

方法：

（一）预备

（1）练习心算：(a) $25÷5=△$　(b) $36÷6=△$　(c) $80÷40=△$　(d) $200÷5=$ $△$　(e) $300÷5=△$　(f) $405÷5=△$　(g) 有纸 360 张，6 人分之，问每人得几张。(h) 有布八匹，共长 640 尺，问每匹布长若干。

（2）指示目的：今日授汝等以商数十位为零之除法

（二）教授

（1）示例：(a) $6\,479÷31=△$　(b) $5\,125÷25=△$

（注意）初商后因余实不足容法数，再添一位，故次商为 0。

（2）揭示式题：(a) $6\,992÷23=△$　(b) $7\,654÷19=△$[①]

(c) $8\,098÷22=△$[②]　(d) $7\,042÷14=△$　(e) $7\,904÷13=△$

此时令一、二儿童先解释之。

（3）巡视桌间。

（4）板上订正：此时令二、三儿童先演算于板上，至订正时先问全体生徒与板上所演之式有无异同，若无错误，则奖勉之，有错误，教者再以色笔订正之，令其照板上自行更正。

（三）应用

（1）揭应用题：(a) 有布 7 112 匹，分给 14 人，问每人得若干匹。(b) 有纸 8 360 张，分给 40 人，问每人得若干张。

此时令一、二儿童先解释其意义。

（2）巡视桌间：此时如全体儿童已经演毕，令一、二生口唱答数，再令全级儿童决定之。

（3）板上订正：此时令一、二儿童先演算于黑板。订正之法，与教授段同。（若时间不足，即于簿上订正之。）

（4）收集练习簿。（令每排最后之人收之）

---

① 两题不能整除，应有误，原书如此，这里照录。

② 两题不能整除，应有误，原书如此，这里照录。

课堂教学结束后,按照事先确定的顺序展开了认真的批评指导。首先,授课者陈述自己的讲课情况,认为讲课"教态呆板,多不合法"。讨论的问题概括如下:例题的数量、小黑板的使用、内容呈现顺序与形式、练习题的多寡、教学进度与学生接受的关系、商数的个位数为零与十位数为零的区别、一节课内容不宜过多、对于应用题教师先讲解还是让学生先讲解题意、擦掉已讲内容的板书是否合理、如何激发学生的兴趣和积极性、重视学生的提问及反馈、心算特征、课堂巡视时间过长但是针对性的指导不够、只关注学习好的学生而忽略学习一般的学生、教师课堂提问不明确、彩色粉笔的使用不得当、没有能够关注学生的举手、讲课声音大但缺乏抑扬顿挫感、新内容与已学内容的衔接不够、没有能够交代实法商与名数和不名数的关系、时间分配是否合理等。

最后,主席作了总评价[①]:

观林生教授大致不谬,第一次能若此,是亦足矣,即诸生批评,亦颇多中肯语,甚可喜也,予不复细评,仅就其大者言之。

(1)练习心算未能合法。当练习心算时,首宜使儿童心意沉静,然后教者朗诵其数(诵时实数法数等均须清晰),使之思索,后再使之答述,既答述后即使不谬,亦不可遽以是为满足也,必再问其如何运算之法,然后取决于全级,则心算之效用自得。

(2)说明例题未能扼要。今日例题,重在位置,位置之关系非比较不明,苟以十位加圈与不加圈者两相对照,方可使儿童明其加圈之理。又今日式题均系十位为零,是本时间之主眼,而教者订正时未有一言及此,是目的全失去矣。

(3)解释问题尚嫌含糊。今日应用问题,既重在分解,分解之法,实数如何,法数如何,其名数不名数之关系,不可不剀切说明,且其答数与式题有何关系,皆常使之注意,不可仅稽其对与不对而已也。

这是一项典型的小学除法课例研究,记录的内容非常详细,批评讨论非常认真而深刻。

二、 数学学习方法研究

在民国初期,著名数学家和数学教育家何鲁(1894—1973)研究数学教育,同时也介绍引进来的史密斯的数学教学理论。

---

① 邓菊英,李诚.北京近代小学教育史料(上册)[M].北京:北京教育出版社,1995:254.

何鲁,字奎垣,1894 年出生在四川省广安县,1904 年以第一名的成绩考上了初创的成都机械学堂,三年后毕业被保送到南洋公学(上海交通大学前身),后又转入清华学堂(清华大学前身)就读,因参加学潮而被学校开除。1912 年,何鲁获得留法公费,他是抱着"科学救国"的理想前往法国留学,学习理工,至法国不久便进入里昂大学学习,用三年的时间便完成规定的学分,1919 年他以优异的成绩成为首位获得科学硕士学位的中国人,是年归国。他以阐明"由一种变数发展到各种变数"的理论,董声世界数学之林。何鲁先后在南京高等师范学校、中法通惠工商学院、大同大学、中国公学、东南大学、安徽大学、重庆大学、云南大学、北京师范大学等学校的理学院或数学系任教,并担任过其中一些学校的校长、理学院的院长、数学系的主任等,其教育生涯长达 50 余载,为发展中国现代数学教育做出了重要贡献。自 1919 年归国在南京高师任教授起,亲自主讲微积分、高等代数以及预科数学基础课等,先后培养出物理学家严济慈和吴有训、核物理学家钱三强、原子物理学家赵忠尧、化学家柳大纲、数学家吴文俊和吴新谋、数学教育家余介石等著名科学家和教育家。

何鲁亲自参加数学教科书的编写工作,编著了《新学制高级中学教科书代数学》(商务印书馆,1923 年)《高中代数学》(科学会出版,1924 年)等以及"算学丛书"由商务印书馆出版的《行列式详论》(1924 年)、《虚数详论》(1924 年)、《二次方程式详论》(1927 年)和《初等代数倚数变迹》(1933 年)以及《变分法》(商务印书馆,1950 年)、《微分学》(上海书局,1928 年)等。何鲁一直关心中小学数学教育,并对其有深入的研究,除了出版相应的中学数学教科书,还发表了数篇具有一定影响的关于中小学数学教育的论文。

1. 数学概念的界定之研究

严谨性是数学的三大特点之一,数学概念是学习数学的基础,若数学教科书中数学概念的界定含糊不清,会引起人们的误解,给学习数学带来很大的不便。可当时国人关于数学概念的界定还不够严谨,何鲁先生对此发文进行指正。1919 年,在《科学》杂志上连载了何鲁的《治算学方法》,包括算术和小代数两部分内容。

算术中论述的内容包括"整数之特性及其运用""分数""无理数""高等算术(即数论)略论""过数(即精确数与近似数之差)""结论及治法"。

第一小节"整数之特性及其运用"首先给出关于整数的三个概念,分别为"数之名""数之义""数之用"[①]。并通过甲、乙两类物数量的对比与组合得到从一到三再到无穷整数的表示。此三个概念是层层递进的关系,为说明这种关系,何鲁通过童子买

---

① 何鲁.治算学方法[J].科学,1917,3(7):724 – 731.

果子,一个果子对应一铜钱的生活实例,说明了"数之名虽生,而其义则未定也。"①"数之义"的用途则通过对比三种不同布料的长度来说明不同类的事物不可比,同类事物用不同单位来衡量也是不可比的。由此说明"数之义"实则是指只有同类的事物用相同的单位才可以相互做比较。"数之用"体现了整数在生活中的应用,且用途非常广泛。如何鲁所言,整数的用途一方面可以将同类事物累积起来,得出新的数量,这在日常生活中是非常常见的。另一方面则是关于整数特性的论述。在这里何鲁清晰地论述了整数的加减乘除运算律及其应用。说明了整数加法的交换律、结合律,乘法的交换律和结合律,以此基础上给出乘法的分配律,并加以证明。之后便仿照加法的运算律说明减法与加减混合算式的结合律,同时给出并说明列竖式运算的方法。之后论述了乘法实际为累加而后得到,于是便得出乘法的意义和交换律。除法运算亦通过乘法的逆运算进行了其意义的论述。说明了除法的可除尽与不可除尽的情况。

在第二小节"分数"中,认为分数的含义,是从不足以用整数表示而分单位开始的。分数亦涉及加减法运算,就必须知道分数加减法运算与乘除法运算的含义,这些都在文中给予了完整的解释与分析。最后说明只有首先知道了分数的含义,才能明白分数的用途,只有将用于日常生活之中的分数抽象提炼出来,我们才能将其特性研究明白。因此,不论是整数还是分数,要想研究它们的特性,都有赖于实验,而不能纯粹抽象为算学家的符号,分数与整数是数学的基础,因此应该"当循自然发展之迹以立论"②。

第三小节"无理数"通过有理数的类比得出无理数:以大于 2 者为一类,小于 2 者为二类,则 2 适为第三类数。譬如以各数之平方大于 2 者为一类,而以其平方小于 2 者为二类,当此两类增减时,中无有一数其平方为 2;于是此两类数定一新数为$\sqrt{2}$,谓 $\sqrt{2}$ 为两类数之公限③。之后又论起了有理数与无理数的加法与乘法运算。

第四小节"高等算术(即数论)略论"说明了有别于算术的数论知识。首先介绍了壹数,"除一及本数以外,无他数可以除尽者也。壹数之数为无穷。"之后分析了壹数与非壹数的性质,引用了数学家费马氏(Fermat)、梅耳散(Merseume)、巴斯加尔(Psscal)④(如下):

---

① 何鲁.治算学方法[J].科学,1917,3(7):724-731.
② 何鲁.治算学方法[J].科学,1917,3(7):724-731.
③ 何鲁.治算学方法[J].科学,1917,3(8):826-834.
④ 何鲁.治算学方法[J].科学,1917,3(8):826-834.

第○路	1							
一	1	1						
二	1	2	1					
三	1	3	3	1				
四	1	4	6	4	1			
五	1	5	10	10	5	1		
六	1	6	15	20	15	6	1	
七	1	7	21	35	35	21	7	1

·····································

第○行	一	二	三	四	五	六	七

倭爱勒氏(Euler)、哥氏(Goldbach)关于壹数的证明,说明了当数越大时,壹数问题越困难,并且无一定法。之后介绍了三角形数与等差级数之间的关系、巴斯加尔三角的分析、齐数、同畸式等理论。通过这些例证说明了数论的新颖奇奥。

第五小节"过数",所谓过数,即精确数与近似数之差,这在日常度量与计算中必不可少。随后何鲁介绍了相关过数,即过数与真数之比,为了衡量精确阶级与原量的差别程度。何鲁对于中国学生将圆周率经常取值 $\frac{22}{7}$、3.141 6 或 3.141 592,认为这是比较随心所欲的。他认为:"不知多一位小数,精密阶级即大十倍,往往结果应为百分之一之精密阶级者,而彼不惧书其小数至十余位。此不独吾国学子作病,欧洲亦然。"[1]说明了在教学中必须要严格控制近似值的精密程度。这也反映了数学这一学科严密性的性质与特点。

第六小节"结论及治法"中指出当时比较流行的关于算术的两种界定:"算术者,数值之计算"和"算术者,断量之计算"的弊端。即二说均可谓能区别算术代数之异同,惜均未能确赅一科之意。前者的缺陷是将数论和理论算术不能囊括其中;后者的缺陷是在算术运算中涉及无理数时,实际上与连续数有关。

综上,何鲁给出算术的界定及其理由如下:"欲为算术立一确当界说,必先划清范围,而以高等数论别属。普通算术(指中学高级程度)则当赅理论实演二者,其界说曰:算术者,本数之原性以成其运用者也。本数之原性之为言,谓自有一,即算术也。一加一为二,二加一为三,推而至于可加任二数,可加任若干数,而加法成矣。反加为减,

---

[1] 何鲁.治算学方法[J].科学,1917,3(11):1175-1179.

累加为乘,反乘为除,累乘为乘方,分单位而有分数,严比较而有无理数,如绎丝然,得其绪治其全矣,何必计其值哉? 故吾病前二界说之适而不广,别而不精也。"①

小代数中论述的内容有"代数定义之不当""正负量名称之不当""理论及取材之不当"。

第一小节"代数定义之不当"中,何鲁对于当时译著者常将代数定义为"代数者论数理之科学也"表示怀疑,认为这样的代数定义不恰当,并提出自己的不同见解。"算学中除几何、解析几何、高等代数、数论机械等而外,何一非论数理者? 故有此二语,代数之义实不为之加明,一也。吾尤怪当日编者之下笔也,虽本书犹未能窥其全;而遂漫然立辞,而有此与全书膜不相关之说,二也。"②之后何鲁给出了欧洲当时比较流行的对于中学代数教本关于代数概念最好的说法,"代数之目的,在化简或推广凡关于数之问题;盖以符号代运用,故简;以字代数,故通云云。"③说明了这一概念相比中国编著者的概念较为完善,但并不是特别贴切的。何鲁认为:"代数者,继武算术别创新数,以同一符号(+,-,×,…)化简或推广凡关于数之问题者也。"④

第二小节"正负量名称之不当"说明了量一共有两种类型,一种是仅有大小,另一种是既有大小又有方位。而课本中有正量和负的说法,何鲁指出,提出这种说法的人不知道量是没有正负的,只有数是有正负的,因此课本中的正量和负量是牵强附会的。"譬有甲君介于乙丙二君之间而面同方;是二人者,必一以为甲在其左,一以为甲在其右,夫甲君之地位一也;或左之,或右之,皆对于乙丙地位而强为区识者也。故于数亦然。"⑤不如说量是表示大小的,而正与负则是量的形容词,比如一千金,人们赚得了它则实为一千金,如果人们负债了一千金,则钱数还是不变的。以此来说明当时教本中定义的正负量的概念是不恰当的。之后以容器中抽干空气为真空的状态,说明了即使人们认为真空是没有任何事物的,但是并不能真正地证明,而仅仅是在人现有认知水平上所承认的事物而已。因此,正如何鲁所言,"盖科学虽精纯如数学,邃衍如化学,博赜如物理,深研者仅能讨求事与事或物与物对待关系,于一事一物之独立性质,则未尝从事焉;或虽从事,亦假为之说以便解释某某现象之理论而已。"⑥

第三小节"理论及取材之不当"提出"代数教科书理论"之不透,"以己之心思才力,

---

① 何鲁.治算学方法[J].科学,1917,3(11):1175-1179.
② 何鲁.治数学方法:第二章小代数[J].科学,1918,4(2):124-128.
③ 何鲁.治数学方法:第二章小代数[J].科学,1918,4(2):124-128.
④ 何鲁.治数学方法:第二章小代数[J].科学,1918,4(2):124-128.
⑤ 何鲁.治数学方法:第二章小代数[J].科学,1918,4(2):124-128.
⑥ 何鲁.治数学方法:第二章小代数[J].科学,1918,4(2):124-128.

折衷于古今专家以立说。用飨读者。盖算学成书之难,又有如此者,而俗人偏容易下笔,此不佞之所大惑不解者也。"①应该做到"必先有真透之理论,次有适当之取材"才为合适。并通过因数分括法、倚数(今作函数)、引数者(今作微系数)的例子说明了教材中取材的不当之处。指出论理与取材之关系:"论理真透,取材不适当,其失也偏。取材适当,而论理不真透,其失也肤。惟兼之乃克深近。"②

在这里,何鲁指出当时翻译数学教科书的人,将代数定义为"代数者论数理之科学也"之不妥,"代数教本中有正负量之说"之错误,"代数教科书理论"之不透,"取材"之不合适,可见其对代数教科书有深入的研究。

2. 数学教学法方面的研究

1923 年 1 月,何鲁发表了一篇《算学教学法》③。文中指出:"中国算学教育之坏,原因有二,其一师资不足,其二书籍太少。改良之,当从造就师资及编纂书籍入手,乃得根本上解决,断非一二篇教学法空文所生效,盖教师资格不足,虽与以良好之教法,彼亦无力实施,书籍缺乏,则无参考故也。"④何鲁先生一语道破当时中国教育中存在的问题之原因,并身体力行地编写数学教科书和从事数学教育、培养数学教师。文中指出写作该论文的目的在于"在助好学深思者之融会贯通,及供海内外专家之讨论,末附造就师资及编纂书籍办法,深盼教育当局之探择力行,则算学教育界前途之幸也"⑤。体现了何鲁对中国数学教育发展前途的重视以及数学教育工作者的殷切期盼。

《算学教学法》包括了五个方面的内容,分别为"算学原理""算学方法""算学教学法""附造就师资及编撰书籍辨法""附中等算学补编要目"。

第一部分"算学原理"中,指出了算学和其他数学分支相似,算学之初起源于实践和日常生活实验,"譬如算术为运用数之科学:人类之初,其于一物,意中恒存某一物之相,迨欲分别多寡,则相约称一物,二物,三物等等,物类各别,志物之数则同;数学家研究数之运算,成为法则,以物附数,则日用问题即以解决;所以必抽相者,取其通而免重复也。不有物相,数何所附丽;不欲别识多寡,数之名何从生。"⑥说明了之所以称之为代数,实则是抽象之抽象,与算术不同,因为代数与算术所用的方法是有差异的。之

---

① 何鲁.治数学方法:第二章小代数[J].科学,1918,4(2):124 - 128.
② 何鲁.治数学方法:第二章小代数[J].科学,1918,4(2):124 - 128.
③ 何鲁.算学教学法[J].数理化杂志,1923,2(1):21 - 27.
④ 何鲁.算学教学法[J].数理化杂志,1923,2(1):21 - 27.
⑤ 何鲁.算学教学法[J].数理化杂志,1923,2(1):21 - 27.
⑥ 何鲁.算学教学法[J].数理化杂志,1923,2(1):21 - 27.

后又说明了几何对于代数的重要性,"综而论之,算术及分析论数,几何究形,而机械言动,自解析几何发明后,数形问题乃融而为一,即几何之任一问题,均可以代数解,而代数之任一问题,亦可以几何说明也。用数者通,用形者显,各有其长。"①体现了数学各部分分支的关系以及数形结合的思想方法。

第二部分"算学方法"论述了算术的目的、代数的目的、算术的法则以及代数的法则,"算术目的在直接运算数,而代数目的则在求量与量之关系,再就已知量得未知量;故一为直接计算,一为间接计算。算术上之法则,皆依数义而成,极简易,实极精深。代数有正负数,必先假为律以支配之,于虚数亦然尽为解方程式之预备,其实可解者不过三四次方程,外此,皆特例也。"②同时介绍了两种几何研究问题的方法,"几何研究问题有二:其一依某种条件画一图,求证此图合某种情形,此定理也;其二求画一图合某种条件,此问题也,在定理,则有前提,有结论,当依前题推至结论,所谓证也。"③

第三部分"算学教学法"论述了文章的核心内容,首先分析了当时中国算学教育的现状,当时的算学教学内容很浅,而且在讲述时只是草草讲一遍,真正能够理解并运用的学生很少。在正值中学学制革新期间,何鲁认为应该增加算学教授内容,同时为了使学生更好地理解与掌握算学知识,要增加讲授的遍数。"算术、代数、几何等至少须授三次"④,并且根据学生掌握的程度来把握每一次讲授的内容与程度。在讲授内容方面,他建议应该增加讲授投影几何、初步理论机械学,在高级中学的阶段则应该增加讲授中等算学补编,而不必讲授大代数和微积分。何鲁借助自己在南京高等师范学校的经历说明了中等算学基础的重要性,只有打好算学基础,学习高等算学才势如破竹,否则异常艰难。同时针对中学教师也给出了他的一套践行方法。何鲁指出中学教员对于学生学习算学来说至关重要,因此教师必须要经过严格的考试,才能够获得教员资格。而且在当时教育背景下,每一个教师应该能兼任多科的教学,同时将所教学科的知识关联起来,以使学生感受到各门学科之间的联系与区别。增加算学学习的动力与研究的趣味,提高学生的应试水平,增强学生的学习能力,中国算学教育发展的前途才能更加光明。

第四部分"附造就师资及编撰书籍辨法"中论述了对于教师的培养与考核办法,"在大学设高等师范班,以最严格考试法征取学生,一切尽篇官费。志在篇算学教员者,须读中等算学,每日至少须演十五道中等算学题,题目预由教授编成,由浅而深,其

---

① 何鲁.算学教学法[J].数理化杂志,1923,2(1):21 - 27.
② 何鲁.算学教学法[J].数理化杂志,1923,2(1):21 - 27.
③ 何鲁.算学教学法[J].数理化杂志,1923,2(1):21 - 27.
④ 何鲁.算学教学法[J].数理化杂志,1923,2(1):21 - 27.

练习成绩,均须存录。"①同时给出大学中的高等师范班的教学内容,"大代数注重方程式论,解析几何注重二次曲线及曲线制法,并须学微积分、高等几何、投影几何,及投影画、理论机械学、高等物理、高等天文、科学方法论等。"②何鲁认为,作为一名中学算学教师,不仅要掌握算学相关专业知识内容,而且学会怎样教书亦是必不可少的。因此他强调在每年的毕业考试中必须注重师范生的口试,只有通过了这门考试,才可以获得算学教师的资格。同时如果教师想继续深造,就可以进入大学的暑期学校由专家进行教授。针对当时的教育发展情况,何鲁提出了当务之急是提高教师的教学程度,只有教师水平上升,教师才能在教学方法上完善,进而提高中国的算学教育水平。而另一个当务之急则是改进和编写算学教科书。当时中国出版的科学书籍非常少,教师多专用一本书,如果换书则不能教授了。因此,何鲁认为应该找相关领域的专家编写教科书,编写书籍包括中等算学、分析、几何、数论、机械学全书若干部,博采众长,为学生及教师参考之用。同时"可编新制中学第一次、第二次、第三次用中等算学教科书,及中等算学补编,皆今日所急需者也"③。

第五部分"附中等算学补编要目"部分中,论述了补编教科书中知识点的定义与相关的例题,分别为:数之原理、论过数、相近数值运算、初等制图法、高等算术浅论、方程式绪论、联立方程式、理论二次方程式、倚数、平面经纬、极大极小浅论、几何补篇、锥形截面、三角补篇,共 14 个补编知识点要目。对每个知识点给出了所需的解释与例题举例,非常详细。

何鲁还结合自己的教学实践,于 1934 年发表了《中等算学新教法》。他指出:"新教法者乃原理派之教法,别于旧派或直觉派或实验派而言也。算术仅及正整数分数之运算;代数则加入负数及解方程式;几何为觉察空间之科学其对象为图形。是三科皆各受特殊原理支配,以为推演。此等原理即各科之基础,机关重要。古之算学家,或认原理为天经地义,或认为直觉的,或以为出于实验。皆不加以讨论。凡涉及讨论原理则成哲学。哲学家不事推演,仍无圆满之答案。自非欧派几何发明后,算学乃进步至成为原理派算学。学者靡然向风,竞趋此途,然在中等教育则尚未依次施教。吾国科学落后,允宜急起直追,故草此篇,以供当代科学家之采择焉。"④

何鲁用爱因斯坦的话说明旧法教授与新法教授的不同之处,即"原理派所获之进步在能从客观与直觉内容中细微分出逻辑与形式部分,依原理派之意见只逻辑与形式

---

① 何鲁.算学教学法[J].数理化杂志,1923,2(1):21-27.
② 何鲁.算学教学法[J].数理化杂志,1923,2(1):21-27.
③ 何鲁.算学教学法[J].数理化杂志,1923,2(1):21-27.
④ 何鲁.中等算学新教法[J].科学,1934,18(1):12-14.

部分算学之研究对相,而直觉内容或其他皆不与焉"。[1] 并用过两点只能作一条直线为例说明了旧式解释与新式解释的不同之处,旧式解释偏重于定理的直觉性,多从哲学方面考虑那些不证自明的东西。而新式解释不设想有任何直觉,仅设想数学原理的可使用性,认为数学原理应该是纯粹形式的,与实验无关,丝毫不含直觉。

通过举例说明旧法教授与新法教授的异同点,并在此基础上,何鲁提出了新法教授的含义与指向。"新法教授,乃在先将原理提出,准之以为推演,一切无关元素及浮辞可以剔除净尽,学生经此初浅训练后,即能养成科学头脑,便于求新及进研高深学问。余曾实施此法于重庆大学附属高中学生,初授几何即能领受,并能自动作题,其高年级之程度太差者,如是教其复习,即能有极快之进步,故知有推广必要,是则操觚之私意耳。"[2]而且通过他应用这种新法教授的时间发现相比于旧法教授有很大的优势,抓住算学知识内容的核心要点进行讲述,才能使学生更快地形成良好的数学思维与知识框架,在算学的学习中获得更大的进步和提升。

参考文献

1. 教科书

［1］骆师曾.高等小学用(珠算)共和国教科书新算术(第一册)[M].上海:商务印书馆,1916.

［2］寿孝天.国民学校春季始业共和国教科书新算术(笔算)(第一册)[M].上海:商务印书馆,1912.

［3］骆师曾.高等小学校春季始业共和国教科书新算术(笔算)(共六册)[M].上海:商务印书馆,1913.

［4］寿孝天.初等小学用共和国教科书新算术教授法[M].上海:商务印书馆,1913.

［5］寿孝天.幼稚识数教授法[M].上海:商务印书馆,1914.

［6］寿孝天.初等小学用共和国教科书新算术[M].上海:商务印书馆,1926.

［7］寿孝天.中学校用共和国教科书算术[M].上海:商务印书馆,1917.

［8］黄元吉.中学校用共和国教科书平三角大要[M].上海:商务印书馆,1921.

［9］陈文.实用主义中学新算术[M].上海:商务印书馆,1916.

［10］陈文.中学校用实用主义代数学教科书[M].上海:商务印书馆,1919.

［11］陈文.中学校用实用主义几何学教科书(平面)[M].上海:商务印书馆,1919.

［12］秦汾,秦沅.中学校师范学校用民国新教科书代数学(上下编)[M].上海:商务印书馆,1921.

---

① 何鲁.中等算学新教法[J].科学,1934,18(1):12-14.
② 何鲁.中等算学新教法[J].科学,1934,18(1):12-14.

［13］秦汾,秦沅.中学校师范学校用民国新教科书几何学[M].上海：商务印书馆,1916.

2. 史料

［1］朱有瓛.中国近代学制史料(第三辑上册)[M].上海：华东师范大学出版社,1990.

［2］朱有瓛.中国近代学制史料(第三辑下册)[M].上海：华东师范大学出版社,1992.

［3］陈学恂.中国近代教育史教学参考资料(中册)[M].北京：人民教育出版社,1987.

［4］璩鑫圭,童富勇.中国近代教育史资料汇编：教育思想[M].上海：上海教育出版社,2007.

［5］周邦道.第一次中国教育年鉴(戊编)[M].上海：开明书店,1934.

［6］邓菊英,李诚.北京近代小学教育史料(上册)[M].北京：北京教育出版社,1995.

3. 著作与期刊论文

［1］孙中山,著.邱捷,李吉奎,林家有,等编.孙中山全集续编(第一卷)[M].北京：中华书局,2017.

［2］李华兴.民国教育史[M].上海：上海教育出版社,1997.

［3］田正平,王炳照,李国钧.中国教育通史(12)：中华民国卷(上)[M].北京：北京师范大学出版社,2013.

［4］周予同.中国现代教育史[M].福州：福建教育出版社,2007.

［5］魏庚人.中国中学数学教育史[M].北京：人民教育出版社,1987.

［6］石鸥.民国中小学教科书研究[M].长沙：湖南教育出版社,2019.

［7］课程教材研究所.20世纪中国中小学课程标准·教学大纲汇编：数学卷[M].北京：人民教育出版社,2001.

［8］王权.中国小学数学教学史[M].济南：山东教育出版社,1995.

［9］王云五.王云五文集(伍)：商务印书馆与新教育年谱[M].南昌：江西教育出版社,2008.

［10］石鸥,吴小鸥.中国近现代教科书史[M].长沙：湖南教育出版社,2012.

［11］俞子夷.算术商榷会报告书[M].上海：上海国光书局,1916.

［12］陆费逵.中华书局宣言书[N].申报,1912,2(23)：7.

［13］中国数学会第一次代表大会总结报告[J].中国数学杂志,1951,1(1)：48.

［14］何鲁.治算学方法[J].科学,1917,3(7)：724－731.

［15］何鲁.治算学方法[J].科学,1917,3(8)：826－834.

［16］何鲁.治算学方法[J].科学,1917,3(11)：1175－1179.

［17］何鲁.治数学方法：第二章小代数[J].科学,1918,4(2)：124－128.

［18］何鲁.算学教学法[J].数理化杂志,1923,2(1)：21－27.

［19］何鲁.中等算学新教法[J].科学,1934,18(1)：12－14.

［20］吴家煦.教育前途之二大问题[J].中华教育界,1915,4(4)：1－6.

［21］国民政府教育部.审定教科用图书规程[J].教育杂志,1912,4(7)：10－11.

［22］黄炎培.考察本国教育笔记[J].教育杂志,1915,7(5)：1－5.

第十章　　　民国中期的数学教育

随着新文化运动的推进,学制改革呼声高涨。在中国近代教育史上,1922年"新学制"(壬戌学制)是一座里程碑。它的诞生,是中国教育界注重博采中外、明辨择善,力求创立一个适合本国国情的学制系统的重要标记。[①] "壬戌学制"比较贴近当时中国国情,较大程度地推动了民国教育的发展。在"壬戌学制"的推动下,民国中期的数学教育发展迅速,符合中国国情的中小学算学课程标准的修订与施行,课程与教学方法的更新与推广,学校的普及、民众的需求、出版社的竞争,使得中小学数学教科书事业迅猛发展,初中混合算学教科书、分科教科书并行发展,初中实验算术和实验几何教科书也得到一定的发展。吴在渊、俞子夷、傅种孙、刘亦珩等数学家、数学教育家活跃于中小学数学教育舞台上,为民国中期中国中小学数学教育事业的发展贡献了力量。这一时期是中国近代数学教育发展最繁荣的时期,数学教科书向多元化发展,翻译引进日本著名数学教育家小仓金之助的《算学教育的根本问题》、美国数学教育家舒慈的《中等学校算学教学法》等著作,俞子夷撰写《小学算术教学法》;《中等算学月刊》《数学杂志》等数学教育杂志得以创办。这期间在教育部的安排下,傅种孙、刘亦珩等数学教育家积极组织和开展各地的中学数学教师"讲习班"活动。在此期间,高等学校的数学教育也进入了繁盛期,高等学校数学系(包括含数学专业的学系)达到40多个,高校数学系教师阵容持续壮大,高等数学课程不断革新,高等数学教材大多使用欧美数学原著,中外数学家的数学交流日益频繁。

[①] 李华兴.民国教育史[M].上海:上海教育出版社,1997:151.

第一节　壬戌学制的建立与中国教育的转型

一、学制概述

随着西方教育思想的涌入及一批接受先进思想的留学生回国后对西方教育的宣传,加之杜威(John Dewey,1859—1952)和孟禄(Paul Monroe,1869—1947)相继来华讲学,使得当时的中国教育被美国教育思想所笼罩。从 20 世纪 20 年代起,中国教育受杜威的影响颇深,杜威从 1919 年 5 月 1 日至 1921 年 7 月 11 日在中国宣传实用主义教育思想,在中国产生了很大反响。实用主义教育思想指导下的课程和教材不断涌现,如由陈文著、科学会编译部出版的《实用主义平面三角法》《实用主义代数学教科书》《实用主义几何学教科书》等。

受美国"六三三制"的影响,当时中国教育界针对中小学教育脱离生活实际的状况,改革的呼声很高,最终全国教育会联合会于 1919 年发起讨论修改学制的倡议,成为新学制的酝酿准备阶段。1921 年 10 月,召开第七届全国教育联合会议,颁布了《学制系统草案》,规定中等教育采用选科制,将中学分为初高两阶段各三年。其分科性质,有宜于"四二制"或"二四制"者,得酌量变通。其后,各省市进入讨论及试行阶段。该《学制系统草案》得到众多专家的评议。如学制年限方面,蔡元培提倡"中学宜以四二制为通则"[①]。廖世承(1892—1970)在苏州讲演《中小学沟通问题》时,主张"中学宜采用三三制",并基于现行中小学学制上的缺点,提出中学实行"三三制"的好处,认为:"三三制是适合个性的,顺应时代潮流的;四二制是不适合个性的,偏于理想方面的。"[②]此外,在第七届全国教育会联合会会议期间,孟禄除发表演说外,还与各省代表及《学制系统草案》的起草人黄炎培、袁希涛等进行了广泛的讨论与交流。他关于改革学制的意见和主张得到了与会代表的广泛认可。可以说,"孟禄为此次学制会议指明了改革的方向,他的演讲成为学制改革的指导思想,其精神对学制草案的制定产生了深刻的影响,进一步坚定了人们最终采纳美国教育模式的决心。"[③]

---

① 蔡元培.全国教育会联合会所议决之学制系统草案评[J].新教育,1922,4(2):126.

② 璩鑫圭,唐良炎.中国近代教育史资料汇编:学制演变[M].上海:上海教育出版社,2007:950.

③ 周洪宇,陈竞蓉.旧教育与新教育的差异:孟禄在华演讲录[M].合肥:安徽教育出版社,2013:5.

自 1921 年全国教育会联合会议决新学制后,全国教育界人士群起研究,各学校亦有试办者,教育部鉴于学制改革刻不容缓,于是对新学制进行审定与颁布。1922 年 7 月 1 日,教育部召集学制会议及其议决案,并公布章程。中学校实行"四二制",但得依地方情形,是否选用"三三制"。9 月,决定两者并存,以"四二制"为原则,"三三制"为例外。10 月 11 日,在济南召开全国教育会联合会,重点讨论新学制的问题。会议决定,中学校仍以"三三制"为原则,"四二制"与"二四制"为副则。11 月 1 日,北洋政府以大总统令颁布施行《学校系统改革案》,即"壬戌学制",亦称"六三三制"。该学制以之前会议通过的"新学制草案"为蓝本,是借鉴美国的学制。然而,该学制的制定并非盲目跟风,而是在借鉴与吸收欧美先进教育经验和教育理论的基础上,经过长期酝酿、反复讨论等择善而从的结果,是当时教育界集体智慧的结晶。与"壬子—癸丑"学制相比,壬戌学制在中等教育阶段体现出以下几个特点[1]:

首先,将学制阶段的划分建立在对我国学生身心发展阶段的研究上,这在中国近代学制发展史上是第一次。

其次,延长了中学年限,改 4 年为 6 年,提高了中学教育的程度,克服了旧学制中中学只有 4 年而造成知识基础浅的缺点,改善了中学与大学的衔接关系,有利于提高中等教育的水平;中学分成初、高两级,不仅增加了地方办学的伸缩余地,而且也增加了学生选择的余地;在中学开始实行选科制和分科制,力求使学生有较大发展余地,适应不同发展水平学生的需要。

最后,不再单列出女子学校,意味着承认男女受教育的完全平等。

继学制改革之后,全国教育会联合会又提议组织了新学制课程标准委员会,着手进行课程改革,于 1923 年 5 月颁布了《中小学课程标准纲要》,并在各地施行。由于 1922 年"壬戌学制"比较符合当时中国的情况,后来经过 1928 年、1932 年、1940 年多次修补,除了在某些方面有所改动外,总体框架一直延续下来,并一直沿用到新中国成立。

"壬戌学制"是中国教育近代化发展到一个重要阶段的标志,标志着国家学制体系建设的基本完成。

二、 学制演变对数学教育的影响

"壬戌学制"对民国时期数学教育的发展起到了巨大的推动作用,在中国数学教育

---

[1] 杨芳.中国历代教育制度与教育思想的发展历程[M].北京:北京工业大学出版社,2019:121-122.

发展史上有着深远的影响。新学制公布后,全国教育联合会组成"新学制课程标准起草委员会"草拟中小学课程纲要,议决中小学各科毕业标准,编订各学科课程要旨,又请专人拟定各学科课程纲要。1923 年,由胡明复起草《新学制课程标准纲要——初级中学算学课程纲要》。"初中算学①,以初等代数几何为主,算术三角辅之,采用混合方法。始授算术,……并随时输入代数几何观念……再由代数几何,渐渐引入三角大意,三角分量,亦略占全部六分之一。"②

　　1922 年"新学制"颁布后,由全国教育会联合会新学制课程标准起草委员会发起,请各专家分别拟定新课程标准,在 1923 年《新学制课程纲要总说明》中拟定高级中学三角和代数由汪桂荣起草、几何与解析几何大意分别由何鲁与倪若水起草。基于各地方情形不同,该纲要仅供全国教育界参考,不强求一律实施。随后,在《新学制课程纲要总说明》的基础上,由郑宗海、胡明复、廖世承、舒新城、朱经农、陆士寅起草,委员会复订的《高级中学课程总纲》中将高级中学课程内容分为三部分,即公共必修、分科专修和纯粹选修三类。要求高级中学分设诸科,如以升学为主要目的者称之为普通科,普通科分为第一组和第二组。其中,第一组注重文学及社会科学;第二组注重数学及自然科学。

　　1929 年 9 月,教育部中小学课程标准起草委员会制定了《高级中学普通科暂行课程标准说明》,基于"旧时普通科分文理两科,虽曰适合学生个性,便于升学,唯分化过早,于研究高深学术,殊多窒碍。缘为学首贵沟通,治哲学者以高深数学为基础,治心理学者亦取径于生理学生物学。反之,自然科学之应用,亦与社会科学有关。故高中学生允宜涉猎各科,略窥门径,以为升学后专攻深造之准备,不宜立文理两科之名而强为区分"③。故普通高中课程标准即以此为标准,不再分科。该标准印行后,由教育部

---

① 自 1922 年至 1939 年,使用"算学"之名称,自 1939 年开始使用"数学"之名称,理由是:"令各中等学校将算学名称改为数学。查历来各校呈报表册,应列数学科目,常有以算学二字并行通用者,殊属未恰。按黄帝时隶首作数,见载后汉书,是此项学科,最初即以数作表称。三代以降,以算为计数之筹,算字从竹,凡投壶较射用以纪胜负之具皆属之。世以其具计数之用,遂相沿而与数学溷连,似有未当。且数学之定义,简言之,为研究数理而以法计之,则无论如何形具方式,咸不能离此定义而另具范园。由礼乐射御书数古作六艺,而至有清之数理精蕴御制钜籍,皆未尝兼以算称,可澄此种歧立名词,纯属迻译者互异其称所致。况国内各大学,均以数学系名,未见并称算学者,尤资佐证。为此,当今各校嗣后对于算学名称,统应纠正改为数学,以切实义。"详见:韩朴,田红.北京近代中学教育史料(上、下册)[M].北京:北京教育出版社,1995:128-129.
② 课程教材研究所.20 世纪中国中小学课程标准·教学大纲汇编:数学卷[M].北京:人民教育出版社,2001:212-213.
③ 课程教材研究所.20 世纪中国中小学课程标准·教学大纲汇编:课程(教学)计划卷[M].北京:人民教育出版社,2001:121.

通令各省市教育行政机关转发各高级中学研究或实验,将所得结果报告委员会①,共同商讨、修订后,正式公布,使全国高级中学一律遵行,即《高级中学普通科算学暂行课程标准》。

1932 年,教育部组成中小学课程及设备标准编订委员会汇集各方意见,对 1929 年颁布的暂行课程标准进行修订。同年公布《高级中学课程标准总纲》,对高级中学三个学年六个学期各科教学时数进行了规定,其中算学一门在六个学期的授课时数分别为每周 4、4、3、3、4、2 小时,共计 20 小时。随后推行《高级中学算学课程标准》。

1936 年,教育部颁布《高级中学算学课程标准》,该课程标准系由教育部根据各地反映"教学总时数之过多及高中算学课程繁重殆有一致之表示",而对 1933 年颁布课程标准进行修订而成。决定高中自第二学年起,将算学中除三角和平面几何外均分甲乙两组,第一学年每周仍为 4 小时,第二、三学年甲组每周 6 小时,乙组每周 3 小时,其课程内容甲组与原标准相同,乙组较原标准降低。

第二节　小学校的数学教育

一、 小学校数学教育概述

在民国中期,先后颁布了《新学制课程标准纲要》(1923 年)、《小学课程暂行标准》(1929 年)、《小学各科课程标准》(1932 年)、《小学算术课程标准》(1936 年)等关于小学算术的课程文件。文件内容包括课程目标、作业类别、各学年的详细课程内容和教学要点。文件执行过程中,根据调查以及研究发现的情况进行课程目标与内容的调整,以期促进小学生更好地学习与发展。

(一) 小学校算术课程目的变化

民国中期的四次课程指导文件中,小学算术课程的目标要求分别如下②。

1923 年《新学制课程标准纲要　小学算术课程纲要》目标:

---

① 该标准起草本部职员有:黄建中、谢树英、洪式闾、赵廷为、黄振华、黄守中、熊正理、沈恩祉、蒋息岑、张邦华、郑奠、郑鹤声、周祜、黄遵,及本会常务委员朱经农、赵乃传、吴研因均分别参加。

② 课程教材研究所.20 世纪中国中小学课程标准·教学大纲汇编:数学卷[M].北京:人民教育出版社,2001:14,17,22,27.

练习处理数和量的问题,以运用处理问题的必要工具。要点如下:

(一)在日常的游戏和作业里,得到数量方面的经验;(二)能解决自己生活状况里的问题;(三)能自己寻求问题的解决法;(四)有计算正确而且敏速的习惯。

1929年《小学课程暂行标准 小学算术》目标:

(一)助长儿童生活中关于数的常识和经验;(二)养成儿童解决日常生活里数量问题的能力;(三)练成儿童日常计算敏速和准确的习惯。

1932年《小学各科课程标准 算术》目标:

(一)增进儿童生活中关于数的常识和经验;(二)培养儿童解决日常生活问题的计算能力;(三)养成儿童计算敏速和准确的习惯。

1936年《小学算术课程标准》目标:

(一)增进儿童生活中关于数量的常识和经验;(二)培养儿童解决日常生活问题的计算能力;(三)养成儿童计算敏速和准确的习惯。

在课程指导的纲要或标准中,都强调了三点,即数的经验、数量问题的解决、计算的速度与准确率。这些都是后续学习的必备基础,在现今的小学数学教学中也是如此,即在日常学习与生活中积累数学经验,进行数学知识的学习、计算能力与解决问题的培养以及数学思维的延伸。将1929年《小学课程暂行标准 小学算术》中的"养成儿童解决日常生活里数量问题的能力"改为1932年《小学各科课程标准 算术》中提出的"培养儿童解决日常生活问题的计算能力"。通过小学算术的学习,梳理问题、确立数量关系、提升计算能力。多次修订后的培养目标为后续课程的设置与学习指明方向。

1929年《小学课程暂行标准 小学算术》在1923年《新学制课程标准纲要 小学算术课程纲要》基础上进行了较多的细化与补充。首先在格式上采用表格式呈现方式,其次在内容上对知识的描述更加清晰细致。如在1923年《新学制课程标准纲要 小学算术课程纲要》中要求的"1. 十以下的加减九九",在1929年《小学课程暂行标准 小学算术》中细化为:"一、1到9数目的认识……三、和不过九的加法基本加法九九的练习。四、9以下各数的减法基本九九的练习。"对教学有了更为细致的指导。

1936年《小学算术课程标准》中的"各学年作业要项"与1932年《小学各科课程标准 算术》比较接近,只是笔算部分删除了五条内容并稍作调整。纵观四次课程指导文件中的作业要项,1929年、1932年、1936年比较详细,根据所学习的内容进行对应的练习。几次更改变化具有如下特点:(一)关注儿童数学常识的积累,建立数学经验与数学知识的联系。例如,1932年《小学各科课程标准 算术》中新增"一、大小、长短的认识。二、轻重、厚薄的认识"。让学生通过对日常事物的大小、长短、轻重、厚薄的认识,引起学习数学兴趣,同时为后续计量单位的学习奠定基础。(二)关于货币的认识,随着实际货币流通情况而更改学习内容。例如,1932年《小学各科课程标准 算术》中第一、二学年进行铜元、银元的认识,在1936年《小学算术课程标准》中更改为铜币、镍币的认识。小学生学习知识的目的在于应用其解决日常生活中的问题或作为后续学习的基础,当通行货币发生变化时,对应学习的货币知识也随着变化。(三)注重作业的实践性意义。例如,1932年《小学各科课程标准 算术》中"三十七、家庭学校所用物品的成本、工价、市值的估计调查",在后续已经被删除。对物品价格的调查便于操作、利于数量的运算与练习,后面因为事例比较常见不再单独布置调查类的作业。(四)关注图形类别的划分。对于"菱形、梯形、平行四边形的认识和应用",后续删除菱形,改为"梯形、平行四边形的认识和应用"。梯形与平行四边形是两种不同的特殊四边形,定义相近,而菱形作为一种特殊的平行四边形,如果并列设置不符合并列分类的要求。作业要项是显示具体学习内容的一个重要方面,根据所学内容来进行练习与巩固,进而达到掌握知识的目的。作业要项的不断细化、部分删除与调整,都是为了知识体系更加完整与规范,更好地巩固所学知识。

(二)小学校算术课程方法

在之前的算术教学指导文件中,较少对教学与学习方法做细化的要求,随着教育改革的推进,教学方法受到人们的关注。每一学年的儿童年龄特征不同,注意力的保持、所接受的知识程度等都有很大区别。在指导纲要或者标准中,进行方法概述或说明,为教师教学提供了一定的参考和指导依据。

1923年《新学制课程标准纲要 小学算术课程纲要》中,概要说明了算术教学中的注意要点和教学方法。一、建立生活与数学学习的联系,利用生活情景或游戏激发学习兴趣与求知欲,并且注意设置学习情景与学生学习生活相关,而非仅仅是成人熟悉的场景;二、注意练习计算,并强调激励学生在练习中不断提高准确率和计算速度;三、教学原理应用归纳法,不适用演绎法。

1929年《小学课程暂行标准 小学算术》、1932年《小学各科课程标准 算术》、1936年《小学算术课程标准》的教学方法基本一致。主要包括:一、学习时间方面:一二年级不设定正式时间,三四年级每节课5~10分钟进行算术练习,五六年级每节课10分钟进行算术练习。二、取材关注儿童生活实际,并且给出具体的范围建议:"第一二学年以日常衣,食,用品等问题为范围;第三四学年以衣,食,住,行和学校作业,家庭经济等问题为范围;第五六学年以衣,食,住,行和学校,家庭,社会,国际等经济问题为范围,特别注重买卖找钱折扣等的练习。但须就本地情形、儿童兴趣,而随时活用。"
三、教学与学习方式方面:一二年级依托于游戏,三四年级将问题故事化,五六年级运用四则计算进行问题解决。逐层深入,以激发兴趣为前提,学习过程中锻炼表达与理解力,有一定知识基础的五六年级利用所学知识解决实际问题,体会数学的有用性以及解决问题的成功体验。四、强调计算的重要性,包括心算作为计算的基础,笔算和珠算作为解决的基本工具,概算与验算进行计算的检验。多种方式并用,深入发掘计算内容,强调计算的重要。五、教学过程由浅入深,关注知识联系,运用归纳法。数学知识环环相扣,从学习需求出发,迁移所学知识方法进一步学习,或在对比中学习,都可以强化学习效果。强调运用归纳法而不用演绎法的原因在于,演绎法一般由特定理论开始,进行演绎推理,而归纳法可以从特例开始,逐步推广,较于前者更加形象便于理解。五、关注数学学习的情感。1929 年《小学课程暂行标准　小学算术》教学方法中还对练习方法的多样性进行了强调,"练习的方法,应多方变化;并应利用儿童的'成功的兴味',使自努力。"①在解决问题中体会方法的多样,并从而收获成功的喜悦与体验,促进儿童更加努力学习数学。在数学学习中,游戏与活动能增加数学学习的趣味,而在解决问题中收获的成就感更是继续学习的原动力。

二、 小学校数学教科书

（一）小学校数学教科书发展概述

民国中期,商务印书馆、中华书局为两大最具实力的出版机构。"1923 年中华书局出版了 32 种 144 册教科书。1923 年商务印书馆更是出版了 107 种 247 册教科书,1924 年又出版了 99 种 127 册教科书。两家书局的出版量此时都达到历史上的高峰。"②教科书出版发行的激烈竞争,推动了教科书的发展。从这一时期的教科书水平来看,"从许多公正无私的批评归纳起来,小学方面较优者似乎是最初编印的最新教科书和最后编印的复兴教科书两套。"③学校的普及、民众的需求、出版社的竞争,使得民国中期的小学数学教科书在这一阶段迅猛发展,代表性的教科书如下表 10 - 1:

---

① 课程教材研究所.20 世纪中国中小学课程标准·教学大纲汇编:数学卷[M].北京:人民教育出版社,
　2001:20.
② 石鸥.民国中小学教科书研究[M].长沙:湖南教育出版社,2019:169.
③ 王云五.王云五文集(伍):商务印书馆与新教育年谱(上下册)[M].南昌:江西教育出版社,2008:829.

表 10－1　民国中期小学校数学教科书概况表

序号	教科书名	册数	编者	出版机构	出版年份
1	《小学校初级用新学制算术教科书》	8	骆师曾、段育华	上海商务印书馆	1923
2	《小学校高级用新学制算术教科书》	4	骆师曾、段育华	上海商务印书馆	1924
3	《新学制小学教科书高级算术课本》	4	杨逸群	上海世界书局	1925
4	《新学制适用新小学教科书算术课本(高级)》	4	张鹏飞	上海中华书局	1923
5	《新主义教科书小学校高级用算术课本》	4	杨逸群、唐数躬	上海世界书局	1929
6	小学初级学生用新主义算术课本	8	戴渭清、赵宗预,等	上海世界书局	1929
7	《小学校用新学制珠算教科书》	4	骆师曾	上海商务印书馆	1925
8	《新标准教科书民智初级　算术教本》	8	曹淑逸、王文新	上海民智书局	1930
9	《基本教科书算术》	8	骆师曾	上海商务印书馆	1931
10	《新标准教科书民智算术　教本》	4	施仁夫	上海民智书局	1931
11	《小学算术课本》	8	赵侣青	上海中华书局	1933
12	《复兴算术教科书(初小)》	8	许用宾、沈百英	上海商务印书馆	1933
13	《算术课本》	4	陈邦彦	上海世界书局	1933
14	《复兴算术教科书(高小)》	4	顾柟、郑尚熊	上海商务印书馆	1933
15	《高小算术课本》	4	刘振汉、姜文渊	上海青光出版社	1934
16	《小学珠算课本》	2	宋若愚	上海中华书局	1935
17	《小学算术课本》	1	岳筠笙、张种园	北平师范大学附属小学	1935
18	《复兴算术教科书(高小)》	4	胡达聪、顾柟	上海商务印书馆	1937

（二）小学校数学教科书举例

民国出现了教科书编写热潮，教科书的编写出现了较大差距。教科书审定制度的出台，进一步规范了教科书内容的范围与程度。教育团体与出版机构在教科书的编写中贡献自己的力量，留学归来的学者也为数学教科书的编写注入更多内容。1922年11月颁布《学校系统改革案》，1923年发布《新学制课程标准纲要》，在"改革案"与"纲要"的统一要求下，数学教科书的编写更加规范，在民国中期相继出版了"新学制算术教科书""新主义算术教科书""复兴小学算术教科书"等适用于初级小学和高级小学的小学算术教科书。下面仅选择几种代表性的教科书来论述这一时期小学数学教科书的发展情况。为了展示其编写理念和具体内容，列出所选教科书编辑大意的同时，也列出珠算教科书和复兴算术教科书的详细目录。

1. 新学制算术教科书

1922年"新学制"颁布，1923年商务印书馆的"新学制算术教科书"陆续推出，当时课程标准纲要还没有颁布。可见，在学制和课程标准纲要的研制过程中，教科书编撰就已经在悄然进行了。"新学制教科书"是商务印书馆依据新学制要求迅速组织编写出版的一套蔚为壮观、影响深远的教科书，高水平的编撰团队、品种齐全的教科书体系、以儿童为中心的设计理念、国际化的内容取材、综合化的编写体例是这套教科书的最大特点①。在商务印书馆的"新学制算术教科书"发行后，中华书局与世界书局也不甘示弱，陆续发行"新学制算术教科书"。在数学家全力编写与出版社激烈竞争中产生的"新学制算术教科书"，成为了一批有深远影响的小学教学参考资料，也为后续小学数学教科书的发展奠定了坚实的基础。

首先，"新学制算术教科书"体现了儿童中心思想。从儿童的适应性出发，根据不同年龄的儿童情况来进行课程内容设置。关注初学儿童的学习兴趣，如在骆师曾、段育华编《小学校初级用新学制算术教科书》的"编辑大意"中强调："4. 从前算术教科书，初年级就教授计算的形式，教育虽十分启发，学生却很难领悟。本书为避免此点，第一年用有乐趣的图书，从直观引起数量的基本概念，从第二年起，才注重计算的形式。5. 本书时时插入游戏、故事、寓言的图书或文字，以引起习算的乐趣。"从学生的接受能力入手，注重启发学生的数学学习兴趣与学习情感，以直观为主，在学习与积累后不断向复杂计算、抽象的数学内容延伸。

其次，"新学制算术教科书"体现了实用主义思想。在清末"经世致用"的教育观，

---

① 石鸥.民国中小学教科书研究［M］.长沙：湖南教育出版社，2019：146.

民国初期实用主义、实利主义的影响下,"新学制算术教科书"关注与实际生活的联系,并且延伸至学习算学知识以解决实际生活中的问题。如在骆师曾、段育华编《小学校初级用新学制算术教科书》的"编辑大意"中强调:"7. 本书有时插入表演,使学生练习社会生活上的实用。"骆师曾、段育华的《小学校高级用新学制算术教科书》"编纂大意"中专门对学习的算术知识中应用的方面作出说明:"关于应用方面的,有各权度制,各国币制,复名数,百分法,利息,簿记等,关于几何学方面的,有平面形,图线表等。"该书中的第三册设置:

第一章百分法应用:(1)百分法的用处;(2)百分率的读法;(3)有母子和同百分率求母数;(4)有母子较同百分率求母数;(5)折扣;(6)赚赔;(7)用钱;(8)关税;(9)从价税,从量税

第二章 货币:(1)货币;(2)银币,铜币;(3)纸币;(4)货币定制;(5)银圆银角的重量;(6)成色;(7)银圆银角的成色;(8)银两;(9)库两,关银;(10)规银;(11)规银的算法;(12)库银关银规银的比较;(13)银码,银钱市值;(14)银洋钱市;(15)上海银洋钱市;(16)标金足赤;(17)金市;(18)汇兑;(19)国内汇兑;(20)邮汇

第三章 外国货币制

第四章 利息

上述教科书中各章节的内容都是在学习基本的算学知识基础上,进行实际应用,并且还会建议教师在实际学习中鼓励学生积极实践,将数学知识的学习与应用紧密联系起来。

另外,教科书的编纂与适用中都强调了教学法的使用。骆师曾、段育华编《小学校初级用新学制算术教科书》强调"另配置有教授书,详说教学的方法,教员用该书教授,可以不必预备"。专门教学方法的强化与教科书的配套编写,为教师使用过程中进一步理解教科书提供了便利,对教科书的使用有了更加规范与细致的指导,也是后续教学指导参考书的基础。

最后,"新学制教科书"注重知识之间的联系,初级小学用书与高级小学用书以及中学教科书之间都设置了知识的衔接与方法的过渡,并且算术与几何知识在教科书中采用相互结合方式进行巩固深化,便于学生接受和理解,还强调了数学与其他学科的联络。

下面对较为典型的新学制小学算术教科书进行介绍。

(1)《小学校初级用新学制算术教科书》

1923年商务印书馆根据《小学算术课程纲要》编辑出版了"新学制算术教科书",

其中有骆师曾和段育华编纂的《小学校初级用新学制算术教科书》(共八册,如图 10 - 1)。

《小学校初级用新学制算术教科书》编纂理念等可从该书"编辑大意"中得到了解,具体如下①:

1. 本书依新学制小学课程纲要编纂,是专给初级小学生习算术用的。

2. 本书为小学生容易明白起见,文字都用语体;第一册排列清楚,不加标点;第二册起,附加新式标点。

3. 本书共八册,每两册可用一学年。

4. 从前算术教科书,初年级就教授计算的形式,教育虽十分启发,学生却很难领悟。本书为避免此点,第一年用有乐趣的图书,从直观引起数量的基本概念,从第二年起,才注重计算的形式。

图 10 - 1 《小学校初级用新学制算术教科书》书影

5. 本书时时插入游戏、故事、寓言的图书或文字,以引起习算的乐趣。

6. 本书有一部分的方法和原理,先使学生自由动机,后用归纳法建造。

7. 本书有时插入表演,使学生练习社会生活上的实用。

8. 本书注重练习,以便达到计算迅速、结果正确的目的。

9. 本书另有教授书,详说教学的方法,教员用该书教授,可以不必预备。

(2)《小学校高级用新学制算术教科书》

骆师曾和段育华出版了《小学校高级用新学制算术教科书》(共四册,如图 10 - 2),于 1924 年商务印书馆出版。

《小学校高级用新学制算术教科书》的编纂理念等可从该书"编纂大意"中得到了解,具体如下②:

(一) 这部书依新学制小学课程纲要编纂,是专给高级小学学生学笔算用的。全书共分四册,每册可用半学年。

(二) 算术一科,最要紧的是法则;但是也该讲解理由,也该注重应用,也该输入些几何学的知识;本书每册之中,把这几种调和分配,使学生常有趣味,不生厌倦。书中内容:关于理法方面的,有整数,小数,分数,比例,公式,简易方程等;关于应用方面

---

① 骆师曾,段育华.小学校初级用新学制算术教科书(第一册)[M].上海:商务印书馆,1923:编辑大意.

② 骆师曾,段育华.小学校高级用新学制算术教科书[M].上海:商务印书馆,1924:编纂大意.

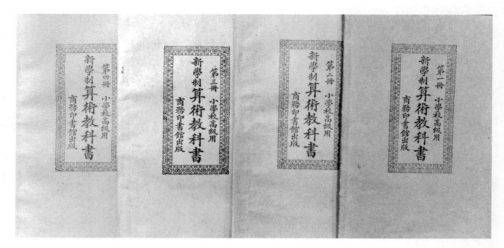

图 10-2 《小学校高级用新学制算术教科书》书影

的,有各权度制,各国币制,复名数,百分法,利息,簿记等;关于几何学方面的,有平面形,图线表等。

(三) 这部书内容的分配,或往复循环,或后先照应,或系统分明,或教材混合,择宜编纂,不拘一格。

(四) 这部书注明章节,不分课数,以便教员容易提示,并且可以斟酌活用;每册都有教授书,以便教员参考。

(五) 数目定名,最通行的,有万进制十进制两种。万进制从万以上,每四位有一名,照各国通行的三位分节,读起来很不便当,因此民国四年,教育部教科书编纂室审查会主张恢复十万为亿,十亿为兆的古义,采用十进制,到兆为止。本书继续这个意思,从兆以上,采用千进的方法,每三位留用十进制里一个相当的旧名,删去中间其余各名,称为十进千进混合制,和从前的纯粹十进制,对照如下表:

十进千进混合制	个	十	百	千	万	亿	兆	十兆	百兆	秭	十秭	百秭	涧
纯粹十进制	个	十	百	千	万	亿	兆	京	垓	秭	穰	沟	涧

如是不但没有旧时一位一名的麻烦,并且顾到了各国三位分节的便利,这都是从教育部新主张推广起来应有的结果。

该套教科书在学习记数法时有罗马记数法、横行记数法及直行记数法,而数字的表示方式有罗马数字、大写数字(一到九的九个数汉字加○字或者采用汉字的大写体)、码子字和阿拉伯数字,同时关于位数较多的数字有分节法和撤节法两种方法。万国权度制的学习则是以表格的方式介绍各个单位间能够进行转换的进率。此外,在学习债券、支票、簿记等与生活实际相关的内容时,以图的形式展示对应的样例,增进学生学习兴趣的同时缩小与现实的差距,真正实现理论与实践的紧密结合。

(3)《小学校用新学制珠算教科书》

《小学校用新学制珠算教科书》共四册,如图 10-3,由骆师曾编纂,商务印书馆1925—1926 年出版。

图 10-3 《小学校用新学制珠算教科书》书影

借"编纂大意"说明其编排情况①:

编纂大意

(一)本书依小学第三年到第六年(就是初级三四年高级一二年)的程度编纂,是专备小学校学生学珠算用的。

(二)全书共分四册,每两册依圆周循环做结束;教材的编制很活动,小学后四年中,都可以用补充教材和授课时间做伸缩,酌量分配,或者一学年用一册,或者一学年用两册,或者初级不学珠算,等到高级单用第三第四两册,都无不可。

(三)学习珠算,最要紧的是口诀;本书把各种口诀,细分层次,详说理由,使儿童明白造诀的缘故,容易记忆。

(四)本书每教一个法子,都有很详细的算盘图;图中用实心珠如●的,是已经记数的;用空心珠如○的,是没有记数的;用空心珠附加号如⊕的,是新添上去的;用实心珠附减号如●的,是新拨去的;看起来十分清楚,不会相混,这是本书的特色,从前珠算书里没有用过。

---

① 骆师曾.小学校用新学制珠算教科书[M].上海:商务印书馆,1925:编纂大意.

（五）珠算要能够应用，全在练习纯熟；向来珠算书中，练习的材料，很觉得枯燥乏味，本书要避免此点，时时插入精美图画和游戏材料，引起儿童学习兴趣，这也是本书的特色。

（六）本书材料，都和新学制小学算术教科书联络，在该书已经教过的名词本书引用起来，不再加解释。

（七）各册都另外有教授书，详讲教学的方法。

该套教科书专为小学第三年到第六年学生学习珠算使用，充分考虑这一学段学生的情况，多采用图示方法表示具体的运珠过程，材料也为"精美图画和游戏材料"，同时注重学生运珠口诀的训练和应用。

该书每部分内容学习之后附有练习题，方便学生及时巩固所学知识。全书附加图形较多，并呈现如下特点：

首先，算盘是整个珠算过程的基础，该书目录后第一页用图展示算盘，使学生熟悉算盘各部件名称及其所代表的意义，既为后续学习奠定基础，又便于学生出现记忆混乱时复习使用。其次，运珠是珠算的精髓，同时也是学生掌握的重点及难点，该书对拨珠指法及计算中的具体运珠过程进行图示化展示，并且不同的珠代表不同的运算（其中不同的图代表的意义参见"编纂大意"），可以方便课上没能及时理解的学生课下使用。最后，口诀是珠算学习的"加速剂"，该书以口诀贯穿整个学习并注意随时进行复习。综上所述，该套教科书既适合于教师教学使用，同时又可作为无法进入学校的学生自学使用。

2. 新主义小学算术教科书

三民主义教育就是以实现三民主义为目的的教育，就是各级行政机关的设备和各种教学的科目，都以实现三民主义为目的的教育[①]。在强化三民主义教育的背景下，世界书局出版的教科书命名为"新主义教科书"。教科书中除了对爱国主义教育进行强化外，还关注教学方法与学习方法的指导、学习兴趣的培养以及数学知识的应用于实践等内容，在之前编纂教科书的基础上进行了修改与完善。

《新主义教科书高级小学算术课本》版权页即名《新主义教科书高级小学算术课本》，"编辑大意"页页眉及目录页又名《后期小学算术课本》，由上海世界书局印行如图10-4。下面引用"编辑大意"了解当时的编排情况[②]：

---

① 沈云龙.近代中国史料丛刊续编（第43辑）[M].台北：台湾文海出版社，1966：29.
② 杨逸群，唐数躬.小学高级学生用新主义算术课本[M].上海：上海世界书局，1929：编辑大意.

图 10-4　《小学高级学生用新主义算术课本》书影

编辑大意

（一）本书采用最新的体例编辑,注重下面几件事项:

（1）日常的计算;（2）生活必需的材料;（3）养成儿童思考力;（4）养成儿童判断力;（5）以儿童能自习做主旨;（6）与各科相联络为标准。

（二）本书分四册,第一学年用二册,供高级小学两学年之用。各学年教材的排列都根据各地小学算术测验的结果,和编者实际教学的经验而定,兹将各学年教材排列的次序,列表如下:

第一学年	第一册	整数和小数,本国复名数。
	第二册	整数性质,分数,小数分数互化法。
第二学年	第三册	外国复名数,复名数分数,百分法,利息。
	第四册	比例,求积,簿记。

（三）本书各种方法的排列，采用直进法；应用问题的编入，采用圆周法。所以头绪清楚，脉络贯通。每册都以一学期十八周，分做十八课；每课视材料的繁简，又分节编辑。每节中法则的解释，都用归纳法。

（四）本书的材料，斟酌社会状况，体会儿童心理而编辑，务使上接初级小学，下衔初级中学。其有在初级算术课程，已经学过某种法则的大概，本书就再详加说明，俾儿童彻底明了。而在初级中学算术里面所应详细研究的，本书就举其大要，俾儿童树立根基。其于度，量，衡，币，年，月，日，邮寄，电报，租税，交通，存款，股份，公债，保险，利息，买卖，以及寒暑表，几何形体，簿记法等，都斟酌程度，以合于儿童生活环境为主，切于人生实用为归。

（五）本书内容，除上列几条外，尚有数特点：

（1）某种法则学完之后，另有总习题，以资熟练，问题的排列法，依据学习心理，凡新授的法则，历时尚暂，记忆较易，所以问题少些；已学过的法则，历时已久，记忆较难，所以问题多些。总使儿童对于旧法，得时常复习的机会。

（2）问题中所编入的材料，一方注意引起兴味，像自然现象，历史，地理，工艺，美术等；一方又注意教育，像关税、国际贸易，国债，国货等；都看材料的性质，编入问题的中间。

（3）关联各法，都用回环证明，像分数，百分，利息，比例，求积等法；或和加减互求法有关，或和乘除还原法有关。所以设例证明，全应用这几条定理，俾儿童明了法的效用，可举一反三，即此悟后。

（4）凡和代数几何有关系各法，像括号变化，影响于减除等号；百分，利息，比例，求积等公式，前后互换位置，结果仍不变其相等；一则和代数正负号有关，一则和代数方程式有关，因此每设问题，令儿童证验；立法则，给儿童证明，又像解释分数，用线段法；证明面积和体积的大小，用图形法；都所以使儿童藉明几何学的真谛。凡学过这部算术的儿童，将来学习混合法算学，有事半功倍的效果。

（5）外国名数和簿记法，为我人处世生活所应知。本书特把重要各法，编入其中。译名普通，账式简明。其有为社会上需用较少的，概不编入。

（6）本书前后各册，都互有关联，所以已经读过的课本，学生务必保存，以便温习，而备参考。

（7）本书按课按节，另编有教学法，以便教师指导学生研究时，有所依据。

此书"编辑大意"与杨逸群编《新学制小学教科书高级算术课本》（上海世界书局，1925 年）基本一致，不同的是此套书在注重儿童知识、技能获得的同时强调爱国主义精神的培养，同时整体上强调归纳法的融入。

　　该套教科书目录设置与杨逸群编《新学制小学教科书高级算术课本》一样,重要名词术语首次出现时以双直线为下划线作标注,分数的加减借助线段的图示完成。每部分内容都是以研究、总括、法则、举例、注意、练习六步。

　　该书的特点正如"编辑大意"所示:

　　① 每节开篇都是"研究"。主要是提出一些问题,引起学生的思考和兴趣。

　　② 该书也在恰当的时候介绍一些数学史,如介绍记数法时,就介绍了中国古代及罗马记数方法。

　　③ 在习题选取方面亦颇为"实际"。如,甲午一役赔款所生之公债 54 355 000 镑,庚子一役赔款所生之公债 73 500 000 镑,试计其总额求其差。另有一题列出因建筑铁路所借之公债,罗列出借各国银行清单,求总额等。

3. 复兴小学算术教科书

　　"复兴教科书"之名是有源起的:1932 年"一·二八"事变,日军进犯淞沪,商务印书馆总管理处、总厂及编译所、东方图书馆等处被炸焚毁,损失巨大,被迫停业。10月,商务印书馆因教育部颁行小学校课程标准,于是乘复业之时,"本服务文化之奋斗精神,特编复兴教科书一套,以为本馆复兴之纪念"[①]。"复兴教科书"可以说是一套集大成的教科书,编印精良、图片细致,超过以前各种教科书,"复兴教科书"标志着民国时期中国教科书发展的高峰[②]。"复兴教科书"的发行暗示从商务印书馆的复兴到中国教科书发展的复兴,因此"复兴教科书"也是民国中期教科书发展的一个重要标志。

　　《复兴算术教科书》是根据 1932 年 10 月颁布的《小学各科课程标准算术》编写,并经审定的有代表性的小学算术教科书,全套教科书包括:许用宾和沈百英编《复兴算术教科书(初小)》八册、顾柟、胡达聪等编《复兴算术教科书(高小)》四册;顾柟、郑尚熊编著《复兴算术教科书(高小)》四册、宋文藻等编《复兴珠算教科书(初小)》二册;宋文藻等编《复兴珠算教科书(高小)》二册。

　　许用宾、沈百英编《复兴算术教科书(初小)》八册,由商务印书馆发行,如图 10-5。1933 年 5 月初版,1937 年 4 月审定本第一版。

　　顾柟与胡达聪编《复兴算术教科书(高小)》四册,1937 年由商务印书馆出版发行,如图 10-6。

　　顾柟与郑尚熊编著《复兴算术教科书(高小)》四册,1933 年由商务印书馆发行,如图 10-7。

---

① 商务印书馆.商务印书馆图书目录(1897—1949)[M].北京:商务印书馆,1981:附录.
② 毕苑.建造常识:教科书与近代中国文化转型[M].福州:福建教育出版社,2010:124.

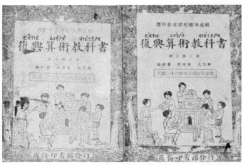

图 10-5 《复兴算术教科书(初小)》书影

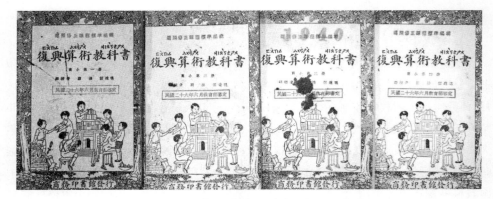

图 10-6 《复兴算术教科书(高小)》书影

图 10-7 《复兴算术教科书(高小)》书影

　　《复兴算术教科书》(初小、高小)的编写多采用单元制,把教程分成若干个大单元,而每个大单元又分成若干个小单元。课时之间界限分明,每一课时为一页。这套书有以下特点及不足:

（1）在内容选择上，低年级的教学内容比较重视从儿童的经验和需要出发，高年级注重社会应用。"学用图画及故事，从直观欣赏引起儿童习算的动机。"因为初小程度的儿童一开始学习算术有两层困难：一是"没有学习算术的需要；初小程度的儿童，年龄小，与社会很少接触。在自己的生活状况里，无论衣、食、住、行大都由家长代办，用不到什么计算"。① 因此，当时有人主张，初小程度的儿童不必特设时间练习算术，只需教师随时随地为儿童寻求需要来教学计算，用种种方法为增进儿童的经验和常识就行了，这种主张使算术科的教学时间不能保证，有被其他学科挤走教学时间的可能；并且算术教学中重在练习，既要从儿童的经验和需要出发，又要有足够的练习时间。二是"缺乏数量方面的常识：初小程度的儿童，常识缺乏，普通的度、量、衡、货币……等单位都不了解。教'升'不知升的大小，教'尺'不知尺的长短"②。因此该套教科书对教学内容的处理，比较重视上述两方面的因素。如初小第二册第十八课"铜币和铜元的认识"，教材的主题图是妈妈领着小孩在商店里买东西。先要求儿童看图，教师问儿童：是否拿铜元去买过东西？买的是什么东西？这些东西大约几个铜元？然后再做买卖游戏。教学内容的处理从儿童社会生活经验出发，从需要出发，使儿童既认识了铜币、铜元以及它们的用处，并在实际应用中达到教学目的。

高小则较注重社会应用。除了计量单位（包括长度、时间、重量、容量等）的认识和应用之外，在分数乘除法学习之后，把折扣的应用、利息问题（求利银、求本银、求利率、求时间）等列入教科书。如高小第二册第五十六课"求利银"，先教学利银的计算法，然后进行应用。同样，在学习第三册第十一课"百分的应用"时，教学内折、佣钱、关税、保险、汇兑、损益等社会实际应用的知识。

尽管教科书中有意识地编入了一些实在的具体事例，但在联系学生生活实际方面尚有欠缺的地方。主要是选择例题仅考虑学习概念、法则的需要，缺乏与实际的紧密联系。

（2）在内容编排上，有些内容前后联系不够紧密，内容重复较多。如学习 2 至 9 的乘法九九之前，先进行 18 以内的乘法练习。练习从 2 个 2 个地数、3 个 3 个地数、4 个 4 个地数到 5 个 5 个地数，然后进行乘法竖式练习，对乘法的意义及口算方法不作讲解。这样尽管花了 5 课时，但到 2 至 9 的乘法九九学习时又要重新教乘法的有关知识。如 2 至 9 的乘除法九九练习，到学习 9 的乘除法九九时，只有 9×9、81÷9 的乘除法还没有学习过，其余的均在前面 2 至 8 的乘除九九中学过，编排上与前面的几个课

---

① 许用宾.复兴算术教学法（第一册）[M].上海：商务印书馆，1937：1.
② 许用宾.复兴算术教学法（第一册）[M].上海：商务印书馆，1937：1.

时一样,没有侧重点。前面已学过的知识,在后面又作为新的内容进行教学,用这样的形式学习九九,教学效率不高。再如高小第二册"小数加减法的练习"中出现了几分之几,以及用几分位来定小数部分各数的位置等,而分数教学要在小数部分教学之后,内容编排显得有些混乱。

(3) 比较重视心算和速算。整套教科书把计算放在首位。在上课前或上课中常有心算或速算练习。帮助儿童熟练计算,形成技能。从初小第三册至初小第八册,还专门设有一至两课时的速算教学。从内容的安排来看,速算教学主要是进行练习,而较少讲具体的速算方法。但游戏则是低年级每一课时都进行的一种教学形式。

(4) 应用题故事化。应用题是当时小学算术教学中的一个重要内容,但"儿童学习算术,最怕的是算术应用题,这是根本上的缺点"。而学习算术,就是"要解决种种生活里的应用,倘使怕算,不会算,那么学非所用,何贵于算术一科"。那么怎样才能使儿童应用题学得好呢? 就要使儿童"明了境遇里的需要,使应用题故事化"。"倘使一类里的应用题,叙述得像故事一样",他们便觉得这问题接近实在的"境遇",很容易把儿童的心引到他们的经验里去。并要求儿童对于这种问题,"不必想是加还是减,是乘还是除,只须照了想象的境遇去解决就是了。"①在低年级的教学中,应用题故事化更为突出。当时还指出,要求常常在故事中插些数量的问题,这是应用题教学的基础。到中高年级,应用题教学故事化的程度减少,但应用题又称"事实题",本身也是一个简短的故事。所以仍然要把应用题的事实一一地给儿童讲清楚。由此可知,那时的应用题教学主要依赖于教师唤起儿童对有关生活经验的回忆和想象,并由此而发现解答方法。

第三节　中学数学教育

一、　中学数学教育概述

数学原是一个整体。中国传统数学并无代数、几何、三角之分,数学教育亦从未分科。直至近代,欧几里得《几何原本》、借根方、八线(三角)等相继传入中国,导致清末

---

① 许用宾.复兴算术教学法(第一册)[M].上海:商务印书馆,1937:5.

以来的数学教科书以分科为主要趋势。五四运动后,杜威实用主义教育开始流行,美国的教学模式在中国广泛传播。一种将算术、代数、几何、三角合并成"混合算学"的教学法随之盛行。

1922—1929 年,中国强制推行初级中学混合数学。之后在一部分学者的反对声中,初级中学数学教科书呈现混合与分科并行的两种形式。高级中学进行分科数学教学。

1929 年,南京政府大学院(后改组为教育部)根据全国教育会议议决组成中小学课程标准起草委员会编订《初级中学算学暂行课程标准》,令各省作为暂行标准,试验推行。初中设 14 门科目,180 学分,其中算学 30 学分。算学兼订混合制与分科制两种标准,由各校自行采用。初中三年算学各部分授课时数如表 10－2 所示。

表 10－2　《初级中学算学暂行课程标准》中算学各部分知识时间分配

每周时数／学期　学年	上学期	下学期
一年级	5 小时算术	2 小时算术　3 小时代数
二年级	3 小时代数　2 小时几何	2 小时代数　3 小时几何
三年级	2 小时代数　3 小时几何	2 小时几何　3 小时三角

1932 年,教育部组成中小学课程及设备标准编订委员会汇集各方意见,对 1929 年颁布的《初级中学算学暂行课程标准》进行修订,并颁布《初级中学算学课程标准》。具体课程时间分配如表 10－3 所示。

表 10－3　《初级中学算学课程标准》中算学各部分知识时间分配

每周时数／学期　学程	第一学年		第二学年		第三学年	
	第一学期	第二学期	第一学期	第二学期	第一学期	第二学期
算术(附简易代数)	4	4				
代数			3	3	2	2
几何(附数值三角)			2 (实验几何)	2	3	3

1933 年,江苏省教育厅仿照该课程标准,对部分课程进行了调整,如表 10-4。

表 10-4　江苏省教育厅《初中算学进度表》中时间分配①

每周时数　学期　　学程	第一学年		第二学年		第三学年	
	第一学期	第二学期	第一学期	第二学期	第一学期	第二学期
算术	4	2				
代数		2	2	2	2	2
几何及数值三角			3	3	3	3

1936 年,教育部颁布《初级中学算学课程标准(修正)》。该标准是教育部根据各地反映"教学总时数过多",对 1932 年颁布的课程标准进行修订而成。

高中学生必修的算学教材属于代数、几何、三角及解析几何的范围。

1932 年颁布的《高级中学算学课程标准》中算学一门课程具体时间分配如表 10-5。

表 10-5　1932 年《高级中学算学课程标准》中时间分配

每周时数　学期　　学程	第一学年		第二学年		第三学年	
	第一学期	第二学期	第一学期	第二学期	第一学期	第二学期
代数			3	3	2	
几何	3	2				
三角	1	2				
解析几何大意					2	2

1936 年,教育部颁布《高级中学算学课程标准(修正)》。算学课程的时间分配如表 10-6 所示。

---

① 孙宗堃,胡尔康.初中标准算学几何(下册)[M].上海:中学生书局,1935:初中标准算学教本叙.

表 10 - 6 1936 年《高级中学算学课程标准(修正)》中算学课程时间分配

每周时数 学期 学程		第一学年		第二学年		第三学年	
		第一学期	第二学期	第一学期	第二学期	第一学期	第二学期
三角		2	1				
几何	平面	2	3				
	立体			2(甲)	2(甲)		
代数				4(甲) 3(乙)	4(甲) 3(乙)	2(甲)	2(甲)
解析几何						4(甲) 3(乙)	4(甲) 3(乙)

二、 中学数学教科书

(一)中学数学教科书发展概述

1922 年新学制颁布后,初中开始实行混合数学。在实施的过程中,由于师资缺乏,脱离旧轨,另创新法也并非易事,因此大部分学校仍采用分科教科书。迫于混合数学存在的问题,商务印书馆在出版《新学制混合算学教科书》(初级中学用)的 5 个月后,不得不另编一套分科的数学教科书以适应这种要求,故"现代初中教科书"应运而生。而中华书局则在商务印书馆出版《新学制混合算学教科书》(初级中学用)的期间,同时出版混合与分科两种数学教科书,分别为:程廷熙、傅种孙《新中学教科书初级混合数学》和胡仁源编《新中学教科书平面三角法》。此外,民国初期所编的三角学教科书有的仍继续印行。如,"共和国教科书"一直使用到 1929 年,各初级中学可自行选订教科书。

据北京图书馆、人民教育出版社合编《民国时期总书目——中小学教材》(书目文献出版社,1995 年),中学数学教科书有 398 种;据王有朋主编《中国近代中小学教科书总目》(上海辞书出版社,2010 年),民国中学数学教科书有 477 种,而且据我们所藏民国数学教科书看,该"总目"也并不全。可见将这一时期中学数学教科书全部说明是难以完成的事情。因此,选取最具影响的商务印书馆和中华书局出版的中学数学教科书来概述其发展情况。这一时期的初中数学教科书的发展概貌如表 10 - 7。

表 10‑7　课程标准下商务印书馆与中华书局出版的成套初中数学教科书

学　　制	商　务　印　书　馆	中　华　书　局
壬戌学制(1922) 新学制课程标准纲要(1923)	1. 实用主义(中学新)教科书 2. 新法教科书 3. 新学制教科书 4. 混合算学教科书 5. 现代初中教科书 6. 中等教育系列教科书	1. 新式教科书 2. 新编教科书 3. 新中学教科书 4. 初级混合数学教科书
暂行课程标准(1929)		
初级中学算学课程标准(1932) 初级中学算学课程标准(修正) (1936)	复兴初级中学教科书	新中华教科书算学

　　民国中期,中国中学数学教育主要学习借鉴西方中学教育的体制、方法和经验,引进国外教材,并结合中国的实际情况,摸索创建中国的教育体系。经过数十年的努力,数学教育日趋完善。1932年《高级中学算学课程标准》颁布,各大出版企业先后出版了多种高中数学教科书和教学参考书。除商务印书馆、中华书局两家仍占主要地位外,还有世界书局、民智书局、正中书局、中华印书局等均出版了一定数量的高中数学教科书,达到民国中期国人自编高中数学教科书的鼎盛时期。1922—1937年商务印书馆和中华书局出版使用的国人自编高中数学教科书如表10‑8。

表 10‑8　课程标准下商务印书馆与中华书局出版的成套高中数学教科书

课　程　标　准	商　务　印　书　馆	中　华　书　局
壬戌学制(1922) 新学制课程标准纲要(1923)	新学制高级中学教科书	
暂行课程标准(1929)		
高级中学算学课程标准(1932) 高级中学算学课程标准(修正) (1936)	复兴高级中学教科书	新课程标准适用高级中学教科书 修正课程标准适用高中教科书

　　民国时期高中数学教科书得到长足发展,达到了很高的水平。

　　其一,这一时期继续施行教科书审定制,自编教科书严格遵照教科书制度出版,翻译教科书不一定受教科书制度的制约。

其二，教科书翻译与自编的转变关系：（1）高中数学教科书从清末的翻译日本教科书为主转向翻译美欧数学教科书为主，这一时期翻译出版的高中数学教科书主要是温德华士教科书；（2）从清末以翻译国外教科书为主转向自编教科书为主。

其三，民国时期高中数学教科书向多元化方向发展：（1）许多数学家独立或合作编写高中数学教科书；（2）商务印书馆和中华书局等几十家出版企业出版教科书；（3）自编教科书、翻译教科书和原版教科书被同时使用。

其四，教科书现代性方面，1912年至1922年间，仍然延续着清末传统数学教育的教科书，自1922年颁布新学制后，函数、解析几何等内容进入高中数学教科书中，中国数学教育与世界数学教育潮流接轨。

（二）初中数学教科书举例

1. 混合数学教科书

混合数学是指将算术、代数、几何、三角等数学分科融合在一起，在教学上是与分科教学法相对而言的。混合数学源于欧美国家[①]：

在欧美最初极力提倡混合教授法的，是德国的大算学家菲利克斯·克莱因（Felix Christian Klein，1849—1925），他的功绩在算学教育史上是不可磨灭的。因为他努力鼓吹的结果，乃由全（笔者注：德）国算学专家集会制定有名的划分时代转变的米兰改造方案（*Meraner Lehrplan*），白连德孙（Behrendson）和哥丁（Gotting）根据这方案，编成一部混合法教科书（*Lehrbuch der Mathematiknach Modern Grundsatzen*），日人森之郎译作'新主义算学教科书'。这部书是以代数和直观几何的混合为主要题材，辅以三角和算术，特别偏重函数观念和图解。

随后，美国的穆尔（E. H. Moore，1862—1932）受克莱因和培利（John Perry，1850—1920）的影响，也提倡改造算学教育，并"在1902年全美数学年会上，作了'关于数学的基础'的长篇报告"[②]。他主张[③]：

（1）在中学应将各科（算术、代数、几何、物理）混合在一起，搞统一的数学。

（2）在专门学校要把三角、代数、解析几何、微积分混合成一个学科。

（3）教学形式可以采取实验的方法。

---

① 余潜修.中学算学采取混合教授法的商榷（下）[J].中等算学月刊,1933,1(2)：1-5.
② 张奠宙,曾慕莲,戴再平.近代数学教育史话[M].北京：人民教育出版社,1990：66.
③ 张奠宙,曾慕莲,戴再平.近代数学教育史话[M].北京：人民教育出版社,1990：66.

（4）改良运动不应只是变革的，而应该是发展的。

根据这个主张而出版的混合法教科书很多，实验的效果也很显著，其中最流行的要算布利氏（E. R. Breslich）所编——《布利氏新式算学教科书》（三编），"这部书比我们先讲的德国书，写得更要彻底，每卷的卷末都附有日常计算必要的种种数值表，这就可以想见实用主义色彩的浓厚了，可惜材料太多，用作初中的教科书，似乎有些不太恰当，并且有许多地方不适合于中国的国情，所以采用的结果，没有多大的成效。"①

20 世纪 10 年代末至 20 年代，中国教育开始由以日为师转向学习美国，1917 年郭秉文先生赴欧美考察教育，回国后将《布利氏新式算学教科书》作为南京高等师范学校②试用教本，试用效果良好。此书受到教育界的广泛关注，自 1920 年起，我国陆续翻译《布利氏新式算学教科书》，于 1922 年 12 月经教育部审定，将此书作为中等学校及甲种实业学校算术科用书。1923 年公布的《初级中学算学课程纲要》规定："初中算学，以初等代数几何为主，算术三角辅之，采用混合方法……以上各科教材，……编制上务宜混合贯通。"③由于该纲要要求初中数学的所有部分采用混合教授法，这对教科书的编写提出了新的要求④：

1923 年 8 月中旬，在中华教育改进社第二届年会上，数学教学组对数学科是否采用混合教学法进行了专门的讨论研究。会上鉴于：（1）免除学习困难；（2）易于联络；（3）节省时间；（4）适于实用；（5）增加兴趣等理由，由卫淑伟、程延熙两人提出了此案，讨论决定认为初级中学宜用混合教学法。并根据各校的实际情况，或是用分科教科书，由教员随时参合教授，或是采用混合教科书。觉得小学没有混合的必要，而高中宜专门研究，不宜混合。因而决定仅对初级中学数学采用混合教学法。这可谓是中国"混合数学"之端。

在这次年会上，也有不同的观点。如：（1）主张用分科教科书，而混合教授系统不明；（2）认为采用混合教学法书籍太少，没有选择的余地；（3）用混合教学法但不用混合教科书似不甚妥，但无善本。

---

① 余潜修.中学算学采取混合教授法的商榷（下）[J].中等算学月刊,1933,1(2)：1-5.

② 但由于各校师资水平和学生数学基础参差不齐、混合教科书编制不能满足师生要求，以及是否采用混合教学法引起的争执等因素，于 1941 年取消了混合数学教学。值得关注的是，商务印书馆另发行一套共四编的《布利氏新式算学教科书》，平装十六开本，相较于精装本而言，前三编内容完全相同，并在其基础上增加了第四编。

③ 课程教材研究所.20 世纪中国中小学课程标准·教学大纲汇编：数学卷[M].北京：人民教育出版社,2001：212.

④ 张奠宙,曾慕莲,戴再平.近代数学教育史话[M].北京：人民教育出版社,1990：65.

混合教学指混合一切科目,或数种科目之教材,行施教学而言,与分科教学相对立。古来之教育,偏重知识,其结果遂致各种教材分成门类,而儿童所习因亦不外各科独立之内容。故旧式之教育往往有与实际过于隔离之弊。最近诸学家,有鉴于此,乃创为教育即生活之说,以为教育非为生活之准备,乃是生活之本身,其义甚精,足救前此之失。是说既行,于是教学论上亦大受影响,凡百教学皆讲所以适合生活之道,而混合教学之讲因以发生。盖实际生活内情最杂,一问题之范围大抵涉及各种之知能,断难划分清楚,建科别类;故教育果应与生活相合,则分科教学之效用,自不如混合教学之大。[①]

由此可见,混合教学在当时具有相当高的地位。因此,除了徐甘棠、王自芸、文亚文、唐梗献翻译的《布利氏新式算学教科书》(三编,商务印书馆,1920—1924 年)外,自1923 年始,混合数学教科书还有:程廷熙、傅种孙编写的《新中学教科书初级混合数学》、段育华编写的《新学制混合算学教科书初级中学用》。《布利氏新算学教科书》(四编,商务印书馆,由徐甘棠译,寿孝天校对;第一编于 1920 年 6 月第二版;第二编于1922 年 5 月初版,1930 年 4 月八版,由王自芸译,寿孝天校对;第三编于 1924 年 8 月初版,1930 年 5 月四版,由文亚文、唐梗献译述;第四编由余介石译,但无版权页)。可以说上述这套翻译的初中混合数学教科书开启了我国进行混编教科书尝试的序幕。

(1) 程廷熙、傅种孙编《新中学教科书初级混合数学》

1922 年"壬戌学制"颁布后,北京高等师范学校附中试办三三制初级中学,拟初中数学采用混合法教授,但旧教科书不适用,美国中学生与我国中学生学习程度不同等原因,《布利氏新式算学教科书》不能为教科书完美之选择。我国混合数学创始人程廷熙(1890—1972)、傅种孙(1898—1962,图 10 - 8[②])在该校担任教学,于是借此机会,两人合编《新中学教科书初级混合数学》。

图 10 - 8　傅种孙像

《新中学教科书初级混合数学》(如图 10 - 9)由程廷熙、傅种孙编,共六册,由中华书局于 1923—1925 年陆续出版。《新中学教科书初级混合数学》在当时是质量较高、使用较广的一套混编教科书。

---

① 唐钺,朱经农,高觉敷.教育大辞书[Z].上海:商务印书馆,1933:1088 - 1089.

② 傅种孙.傅种孙数学教育文选[M].北京:人民教育出版社,2005:扉页.

图 10-9 《新中学教科书初级混合数学》书影

　　该套教科书供三三制初级中学三年用,每学期一册,计划每周授课五小时。一、二两册以算术为主,加入代数方面的方程公式,几何方面的图形作图法、面积等,并介绍数学在实际生活中的应用。三、四册以代数为主,以几何三角为辅。五、六册的重点又回到几何,第六册涉及到了如实数理论等较为复杂和抽象的内容,难度比较大。

　　下面以第二册第十七章"三角形"中三角形面积推导为例(如图 10-10)。

　　教科书里直接交代三角形面积公式之后,再介绍三种推导方法,即先连接三角形三边中点作三条中位线,将三角形分割成四个三角形;再用割补法将四个小三角形以不同方式进行拼凑,拼出三种平行四边形,它们的面积均等于原来三角形面积。这样处理三角形面积公式的方法,在其他数学教科书中没有发现。这种处理方法有以下的教育价值：一是通过三种方式推导出三角形面积公式，对学生的一题多解能力的培养具有重要的启示；二是对学生的探究能力的培养具有促进作用；三是利用割补法、拼凑法证明三角形面积公式，为后面推导梯形面积公式提供了思路。

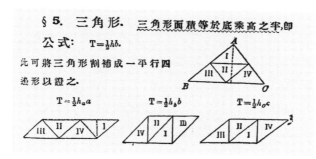

图 10-10　《新中学教科书初级混合数学》第二册第 145 页

勾股定理的学习中也涉及割补法，如第二册第十七章割补术面积篇[1]：

§ 11. 派达哥拉司（Pythagoras）氏定理　直角三角形勾方加股方等于弦方（如图 10-11），公式：$a^2 + b^2 = c^2$。

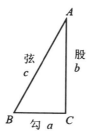

图 10-11　《新中学教科书初级混合数学》第二册第 128 页

此定理完全可用割补术证之，其图甚多，兹将著名的三种列下：

定理直接给出直角三角形三边之间的关系，并图示出哪一边为勾，哪一边为股，哪一边为弦，在图中直角三角形的顶点均用英文字母表示，角的对应边也用小字母表示。该叙述中采用了中西结合的方法。定理的证明没有给出具体的推论过程，在编者弁言中指出"第十七章专用割补术说明面积，不务证明，教授时务令学生用刀剪纸张实行割补，切勿仅指图空谈了事。"[2]强调学生自己动手实践，通过对图形的割补，直观地表示出

① 程廷熙，傅种孙. 新中学教科书初级混合数学（第六册）[M]. 上海：中华书局，1923：128.
② 程廷熙，傅种孙. 新中学教科书初级混合数学（第六册）[M]. 上海：中华书局，1923：编者弁言.

定理的成立,不强调严谨的证明过程。例如,图 10-12(a)中,就是截取 LH 等于 JF,以斜边 AF 长为边长作正方形,再分别以 LH 为边长作正方形 $LHEM$,以 AJ 为边长作正方形 $AJLD$,最后可以得到正方形 $AJLD$ 加正方形 $LHEM$ 等于正方形 $AFEB$。

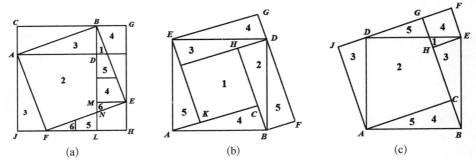

图 10-12　《新中学教科书初级混合数学》第二册第 128 页

由于该套教科书采用混合编写方式,勾股定理内容设置除第二册第十七章割补术面积篇,还有第六册第十四章广派达哥拉司定理与第十五章面积。下面先介绍第六册第十四章广派达哥拉司定理,内容如下[①]:

§9. 广派达哥拉司定理　直角三角形两腰之平方和等于弦之平方,易言之,即三角形内对直角边之平方,等于余两边平方之和。是为派达哥拉司定理。若三角形内对锐角或钝角之边将如何? 亦各有一定理,称为广派达哥拉司定理(Generalized Pythagoras' theorems)。

定理一　三角形内对锐角边之平方,等于余两边平方之和,减去一边与他边在此边上射影相乘积之二倍。

题设:如图 10-13,$\triangle ABC$ 内之 $\angle B$ 为锐角,A,B,C 各对边为 a,b,c,BC 边在 AB 边上之射影 BD 以 p 表之。

题断:$b^2 = a^2 + c^2 - 2cp$ 。

证:$b^2 = \overline{CD}^2 + (c-p)^2$ 或 $\overline{CD}^2 + (p-c)^2$,

即 $b^2 = \overline{CD}^2 + c^2 + p^2 - 2cp$ 。

$\because \overline{CD}^2 + p^2 = a^2$,$\therefore b^2 = a^2 + c^2 - 2cp$ 。

定理二　钝角三角形内对钝角边之平方,等于余两边平方之和,加以一边与他边在此边上射影相乘之二倍。如图 10-14,$\angle B$ 为钝角,试证 $b^2 = a^2 + c^2 + 2cp$ 。

---

① 程廷熙,傅种孙. 新中学教科书初级混合数学(第六册)[M]. 上海:中华书局,1923:92.

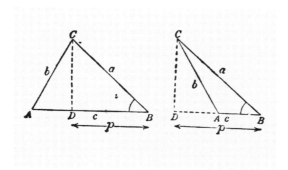

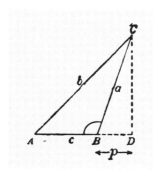

图 10 - 13 　　　　　　　　　　　　　图 10 - 14

勾股定理的推广并没有与勾股定理放在同一册教科书中,而是在第六册的十四章中讨论线段之计算的时候,编排了定理的推广。主要原因是因为定理的推广证明方法采用代数分析法,在比例线段的相似和射影定理下完成,与割补法求面积迥然不同。在定理的推广中首先回顾了什么是勾股定理,其次又提出问题,若三角形内对锐角或钝角之边情况又如何。虽然在之前的几何教科书中也有设置该问题,但是讨论的形式和证明步骤的书写方式完全不同。该套教科书通过题设厘清问题,再由题断明确指出要解决的问题,从题设到题断清晰明了。证明过程的书写方法更趋近于现今数学教科书中的证明过程,使用数学命题之间的逻辑符号,言简意赅。

在后续的第十五章面积中,再次给出勾股定理完整的证明过程,具体如下:

§15. 派达哥拉氏定理①

Pythagoras 定理　直角三角形弦上之正方形等于余二边上正方形之和。

题设:$\triangle ABC$ 之 $\angle C=$rt$\angle$,AS,CQ,CP 为 AB,AC,BC 三边上之正方形。

题断:$AS=CQ+CP$。

证:如图 10 - 15,作 $CD\perp AB$ 于 D,延长之交 RS 于 E。联 CR,BQ,则 $\triangle ABQ\cong\triangle ARC$,$\triangle ABQ$ 之底为 AQ,高为 AC(AC 为 BC,AQ 两平行线间之距离,亦即等于由 B 至 AQ 之距离也)。

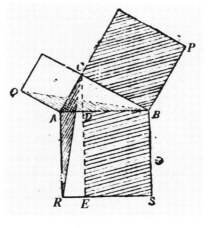

图 10 - 15

① 程廷熙,傅种孙.新中学教科书初级混合数学(第六册)[M].上海:中华书局,1923:117.

$$\because \triangle ABQ = \frac{1}{2}AQ \cdot AC = \frac{1}{2}\square CQ,$$

$$\therefore \square CQ = 2\triangle ABQ。$$

同理 $\square AE = 2\triangle ARC$。

$$\therefore CQ = AE。$$

同理 $CP = BE$。

相加 $CQ + CP = AS$。

纵观两册教科书中的勾股定理内容,分别从代数意义和几何意义两个不同的角度描述定理。并且从割补篇到线段计算再到面积篇,将勾股定理相关内容进行拆分后融入到各个章节当中,将混合教学法展现得淋漓尽致。这样的编排方式与以往教科书的编排具有很大的不同,该教科书对于每一阶段的学习要求是不同的,所以对定理的学习也体现了从了解到掌握循序渐进的过程。由于勾股定理的核心是直角三角形三边之间的关系,所以先从边之间的关系给出表达式。再根据线段之间的比例关系,将其归类为"线段之计算"一节当中,用代数法证明了定理的推广。而定理本身的详细证明则采用几何法,即编排到"面积"一节中。混合编排可以做到数形结合,将几何和代数相联系,前后衔接自然,有助于学生明了数学内部各学科之间的相互关联。

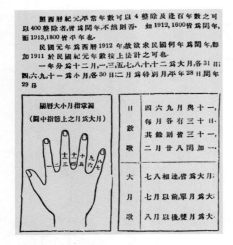

图 10 - 16 《新中学教科书初级混合数学》第二册第 58 页

值得一提的是,该套教科书还注重实用,与日常生活联系紧密。例如,由于一般人不重视时间观念,作者在第二册第十二章特安排"时间"一章,此章为该书独有。正如教育部对其审定批语所言:"是书取材新颖,尤注意本国习惯上所用之一切计算,可谓自有数学教科书以来,得未曾有。"[1]"时间"一章的内容包括[2]:(1) 导言;(2) 日与时;(3) 经纬度;(4) 经差与时差;(5) 分日线;(6) 标准时;(7) 授时法;(8) 阳历;(9) 阴历;(10) 纪年法。编者弁言中还指出:"授第十二章时,最好令学生各购本年观象台历书一本以为参考。"[3]我们来看书中这一章的一个片段:如图 10 - 16,将大小月用指

① 江宁,张鹏飞. 新中学教科书初级混合法算学(第一册)[M]. 上海:中华书局,1923:扉页.

② 程廷熙,傅种孙. 新中学教科书初级混合数学(第六册)[M]. 上海:中华书局,1923:序言.

③ 程廷熙,傅种孙. 新中学教科书初级混合数学(第六册)[M]. 上海:中华书局,1923:编者弁言.

掌图表示,便于学生形象记忆大小月,不致于混淆不清,同时编有大月歌、日数歌来帮助学生记忆,帮助学生减轻学习负担,激发学生学习数学的热情。

(2) 段育华编《新学制混合算学教科书初级中学用》

段育华编《新学制混合算学教科书初级中学用》(如图 10 - 17)共六册,由中国著名数学家胡明复(1891—1927)校订,商务印书馆于 1923—1926 年发行。段育华曾与周元瑞合编《算学辞典》(商务印书馆,1938 年)、合译《西洋近世算学小史》(D. E. Smith: *History of Modern Mathematics*)(商务印书馆,1934 年),并被收入万有文库中。

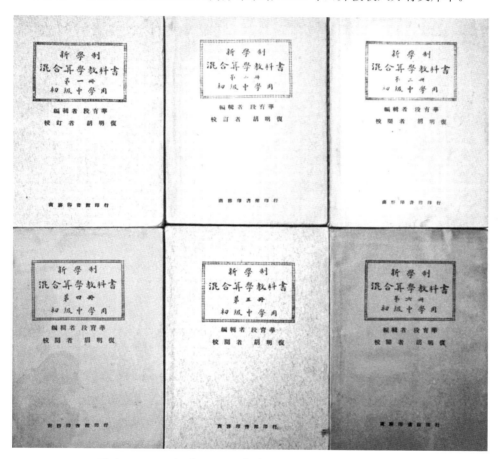

图 10 - 17　《新学制混合算学教科书初级中学用》书影

《新学制混合算学教科书初级中学用》这套书完全按照"新学制课程纲要"编写,供三年制初级中学使用,要求每周至少学习五小时。该书采用混合编制,注重代形参伍并授。《新学制混合算学教科书初级中学用》纯用白话讲解,并加新式标点,教师易教,学生易学。在名词术语第一次出现的地方,附注英文,便于学生日后研究外文书籍,这也免去了翻译失真的毛病。值得一提的是,该书在借鉴《布利氏新式算学教科书》的同时,加入许多独创内容,例如质因数检验法、最大公约图解、去括弧图解、分数乘除图解、连九分数同循环小数单位的关系等。该书中也设置了不少现代数学内容:初中一年级就有直角坐标系、函数图像;初中二年级有向量,根据物理中力的分解与合力,用平行四边形解释向量;初中三年级安排了二次曲线内容和三角函数内容。

(3)江宁、张鹏飞编《新中学教科书初级混合法算学》

除上述两种混合数学教科书外,还有张鹏飞编的《新中学教科书初级混合法算学》,全套书共六册,由中华书局于 1923 年 8 月发行初版。《新中学教科书初级混合法算学》仿照布利氏教科书编法,将算术、代数、几何与三角四科混合编纂,内容以初等代数与几何为主,算术与简易三角为辅。采用德国 F·克莱因实用主义思想,注重函数图表,学理与应用兼筹并顾。该套书的编写符合学生心理发展特点,内容由浅入深、循序渐进,文字通俗易懂,习题井井有条。正如"编辑大意"中所说:"不高陈玄义,徒苦初学;亦不似工师之只言应用,流于器械,失训练思想之要旨。"[1]教育部审定批语中指出:"《初级混合法算学》内容缜密,于几何、代数、算术等学之关联处,配合甚巧,又每隔数十页必插入数学史略,于采用西算之余,复能辉我国光与学者自重之心,而促其向学之志,莫善于此,审定批准,作为初级中学教科书。"[2]该书附载丰富的中外算学略史及畴人小传,见表 10-9。

表 10-9　数学史(数学文化)素材融入教科书的统计表

	中　国	册　数	欧　洲	册　数
算学史略	我国算学史略	第一册	欧洲算学史略	第一册
	河图洛书	第一册	算号史略	第一册
	九章算术	第一册	关系号史略	第二册
	西算传入我国史略	第二册	代数学史略	第三册
	形号	第二册	几何学史略	第四册
	我国圆周率史略	第二册	三角法史略	第五册

[1] 江宁,张鹏飞.新中学教科书初级混合法算学(第一册)[M].上海:中华书局,1923:编辑大意.
[2] 江宁,张鹏飞.新中学教科书初级混合法算学(第一册)[M].上海:中华书局,1923:扉页.

续 表

	中 国	册 数	欧 洲	册 数
算学史略	我国大衍天元四元史略	第三册	算号之范围	第四册
	正负史略	第三册		
	我国之正负号	第三册		
	商高定理	第三册		
总计	10处		7处	
	中国著名数学人物	册 数	外国著名数学人物	册 数
畴人小传	黄帝	第一册	牛顿(Isaac Newton)	第一册
	周公	第一册	亚奇默德(Archimedes)	第一册
	徐光启	第二册	利安那多(Leanadrdo)	第二册
	秦九韶	第三册	迦旦(Cardan)	第三册
	李冶	第三册	微艾陀(Vieta)	第三册
	朱世杰	第三册	造乃士(Thales)	第四册
	李善兰	第三册	辟塔果拉斯(Pythagoras)	第四册
	华蘅芳	第三册		
	商高	第四册		
	刘徽	第四册		
总计	10处		7处	

由表 10-9 可知,相比其他混合教科书,尤其注重中国数学史(数学文化)的融入,全书共插入数学史 34 处,其中插入中国数学史 20 处。

例如图 10-18,河图、洛书传自上古伏羲氏,为我国"数图之祖"。加减实出于河图,乘除殆出于洛书,河图、洛书中包含的数学知识有数字性、对称性、等和关系、等差关系等。

2. 混合数学教科书特点

民国中期我国学者自编混合数学教科书,取《布利氏新式算学教科书》之精华,吸

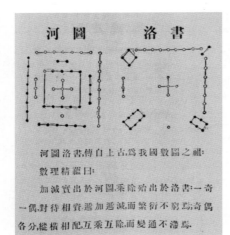

图 10-18 《新中学教科书初级混合法算学》第一册中的河图洛书

收中国数学之传统文化,促使混合教科书本土化,借以引起"崇拜者之观念,立高尚之志趣"。上述三套自编混合数学教科书具有以下共同特点。

（1）采用混合编排方式

以上三套教科书均采用混合编制,打破算术、代数、几何、三角的分科界限,融四科于一书教授。在以往的分科教学中,以开方为例,讲算术时仅教学生如何开方、开立方。讲代数时,天资聪颖的学生在学完全平方公式之后,能悟出开平方、开立方之原理,但大多数学生未发现它们之间的联系。讲几何时,结合图形讲完全平方公式时,学生尚不能联系算术、代数所学内容,久之,学生愈发学不懂数学,愈觉得数学枯燥乏味。采用混合编排,有利于加强算术、代数、几何、三角之间的联系,有助于学生在学习相关内容时达到融会贯通之效果。正如杜佐周所认为:"利用这种方法排列教科书,学生对于数学一科,必可更加有趣味;所得到的知识技能,必可更加切于实用;个性方面的不同,亦必可更加容易补救。再者,用这种方法教学,无论学生将进而研究高深数学或其他各种职业,都可得到相当的益处。即使学生有中途辍学的,亦可无遗漏之恨。"[1]

程廷熙、傅种孙编的《新中学教科书初级混合数学》在"编辑大意"中指出该书的优点:"采用混合编排,算术、代数、几何、三角意义上虽可分开,然彼此皆有相互的关系,而实际上势有不可分离的。"[2]该书根据深浅难易,将算术、代数、几何、三角混合编排,使学生不仅易于理解所学内容,而且节约时间,达到融会贯通、事半功倍之效果,进而提高我国数学教学质量,提升数学教科书编写水平。

段育华编写的《新学制混合算学教科书初级中学用》在"编辑大意"中指出:"全书以代数几何为主,算术三角为辅,合一炉而冶;不拘门类,循着数理自然的秩序;编法特出心裁,和一切旧本,迥然不同。"[3]全书第一册以算术为主,并渗透一些代数几何观

---

① 杜佐周.数学的心理[J].教育杂志,1926,18(5):1-12.
② 程廷熙,傅种孙.新中学教科书初级混合数学(第六册)[M].上海:中华书局,1923:编辑大意.
③ 段育华.新学制混合算学教科书初级中学用(第一册)[M].上海:商务印书馆,1923:编辑大意.

念,以为辅助;第二册以代数为主,以算术三角为辅;第三册至第六册以代数几何为主,以算术三角为辅。即都以代数和几何混合教授,分量略相等,时合时分。

江宁、张鹏飞编写的《新中学教科书初级混合法算学》在"编辑大意"中指出:"本书采美布利氏会通编法;将算术代数几何三角四科,混合编撰;然苦心配置,处处适当,相助而不相妨,实有互相发明之利。"[1]该套教科书以初等代数、几何为主、算术与简易三角为辅。第一、二册基本上完全介绍算术、代数的知识,从第三册开始每一册安排了相应的几何内容。该套书注重算术、代数与几何的联系,例如在第一册讲不名数的加减乘除时,先从算术过渡到几何再过渡到三角。

但由于编写教科书队伍还未成熟,对混合教科书的"整体性"考虑不足等原因,社会各界对混合教科书提出一些批评。刘亦珩认为当时的混合教科书,"至若目下所通行之混合制,则非牛非马,将完全不能融合之教材,勉强混合之,不仅不能涵养学生之函数观念,亦且不能使学生对于数学有明了之概念。"[2]余潜修认为我国当时的几套混合教科书"不过是披上一件混合的新式时装,仍摆脱不了传统的束缚"[3]。余潜修对混合教科书的评论如下:

① 程廷熙、傅种孙所编的混合数学往往只顾自己的兴趣与学识,完全不顾及学生的兴趣和程度,这或许是偏见太深的缘故。如在此书中反复详细讨论循环小数是没必要的,因为这不切实用。

② 段育华编的混合算学教科书(第一册)详细讨论 13 和 17 的因数检验法(辗转相除求最大公约数法)、循环小数和鸡兔同笼等问题,是没有必要的,原因是所用方法太烦难或者是脱离实际生活。并且指责道:"这一切在纯粹算术的教科书里,我们都主张删减一些,不致使初学者感到畏惧和枯燥,不料竟发现于混合算学里面,这真有些令人不解!"

③ 江宁、张鹏飞编写的混合算学内容太简浅,有些地方不但没有兼筹并顾,并且对于许多必要的教材,可以说是不筹未顾。

(2) 注重代数与几何之间的融合并突出数形结合思想

混合数学教科书将代数与几何融合讲授,注重数形结合思想,有利于实现代数、几何、三角的融合与过渡,使得知识编排更加合理,更符合学生的心理发展规律。将代数知识直观形象化,能够激发学生学习数学的动机,使学生明了各科知识之间的相互关联,能够在庞杂零碎的数学知识中得到有机统一的观念。

① 江宁,张鹏飞.新中学教科书初级混合法算学(第一册)[M].上海:中华书局,1923:编辑大意.
② 刘亦珩.中等数学教育改造问题[J].安徽大学月刊,1934,2(1):1-40.
③ 余潜修.中学算学采取混合教授法的商榷(下)[J].中等算学月刊,1933,1(2):1-5.

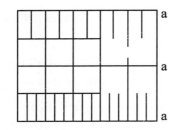

图 10-19 《新中学教科书
初级混合数学》
第一册第 132 页

程廷熙、傅种孙编的《新中学教科书初级混合数学》中的数形结合思想也非常丰富。例如图 10-19,为使学生明了扩分定律(一分数之子母同以一整数乘之,分数之大小不变),将抽象的数字用直观的线段表示,学生通过观察线段,对其中的等量关系一目了然,进而自己得出:

$$\frac{3}{5} = \frac{6}{10} = \frac{9}{15} = \cdots,$$

$$\frac{3}{5}a = \frac{6}{10}a, \frac{3}{5}a = \frac{9}{15}a。$$

又如讲解正比例时,首先给出正比例的定义,之后举例加以说明。例如工人作工每日工价 2 元,则其所得工资与时间成正比例,将其数与形结合表示在坐标纸上,更容易观察出工作日数与工资的变化关系,也能更深刻地理解正比例的含义。运用同样的方法给出反比例的定义,并通过图像加以说明。此数形结合思想对后面学习正反比例函数及其图像打下良好的基础。

张鹏飞的《新中学教科书初级混合法算学》从第三册开始正式讲授几何与代数,基本上都以"代形参伍并授,时合时分,全看数理上的可能"。例如第八编"特式之积",给出了诸如:

$$(a+b)^2 = a^2 + 2ab + b^2, (a-b)^2 = a^2 - 2ab + b^2, (a+b)(a-b) = a^2 - b^2$$

之后,在第二章"特式之积与面积之关系"中对以上式子分别结合几何图形进行了解释[1]:

二线段和之正方形,等于各线段之正方形和加二线段之长方形之二倍所得之和;二线段差之正方形,等于各线段之正方形和减二线段之长方形之二倍所得之差;二线段和及差之正方形,等于各线段之正方形之差。见图 10-20。

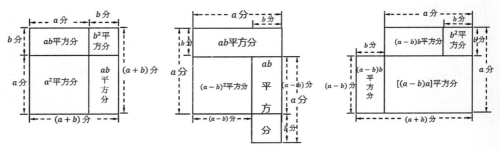

图 10-20 《新中学教科书初级混合法算学》第三册第 83 页

---

[1] 张鹏飞.新中学教科书初级混合法算学(第三册)[M].上海:中华书局,1923:83.

又如图 10-21,借助几何图形帮助学生直观地理解数量关系,并用算术和代数两种解法,使学生体会几何、算术、代数三者之间是相互关联的,同时注重算术向代数、几何的过渡,使学生体会运用代数解法的简洁性。

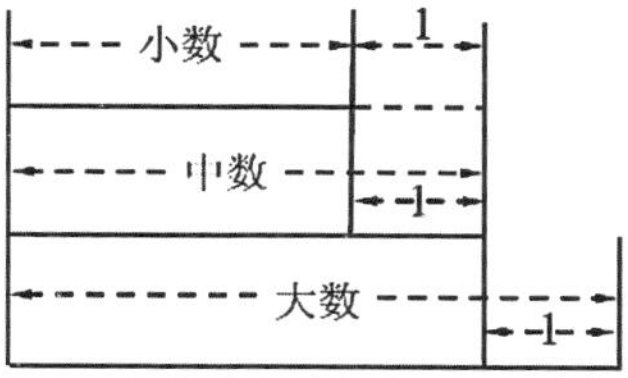

例:设 3 个连续整数之和为 48。求此 3 数各为若干?

【算术解法】

观图可知 48 为中数之 3 倍,

则中数为 $48÷3$.

故所求之数为 $17,16,15$.

【代数解法】

设 x 为中数,

则 $x+1=$ 大数,$x-1=$ 小数.

依题得方程式 $(x+1)+x+(x-1)=48$. [前后式皆表所求三数之和]

解之,得 $x=16$.

由是 $x+1=17,x-1=15$.

故知所求之三数为 $17,16,15$.

图 10-21 《新中学教科书初级混合法算学》第一册第 96 页

段育华编《新学制混合算学教科书初级中学用》中,对混合教学提出要求:用有形的线段,去显示无形的数理,是引导初学到理论上去最好的方法;用线段来表示数,用字母来代线段,可引起算术、代数、几何三科的关系。①

如图 10-22 所示,教科书第一册为便于学生理解去括号的方法,将式子 $c-(b+a)$ 用线段表示,从图(a)观察到,将线段 a,b 相加后,再从线段 c 内减去,与用线段 c 先减去 b,再减去 a 所得结果一样,得到 $c-(b+a)=c-b-a$。观察图(b),线段 a,b 相减之后,再从线段 c 内减去,结果同线段 c 内减去线段 b,再加上线段 a,是一样的,即 $c-(b-a)=c-b+a$。将抽象的式子在线段上表示,学生更容易理解括号前是负号时,应该如何去括号,而不至于死记硬背。即使死记硬背记住去括号的方法,在实际运用时仍然容易出错。在第一册渗透数形结合思想,有助于初一年级学生更加直观化、形象化地理解抽象的数学知识,对后续学习平方差公式、完全平方公式等知识有莫大的帮助。

---

① 段育华.新学制混合算学教科书初级中学用(第一册)[M].上海:商务印书馆,1923:编辑大意.

(a) (b)

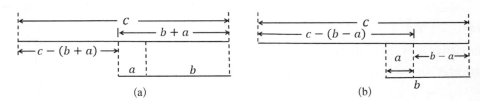

图 10－22 《新学制混合算学教科书初级中学用》第一册第 34 页

(3) 注重数学史、数学文化融入教科书

四套混合教科书中都比较注重数学史、数学文化的融入，引导学生了解数学家的生平事迹，激发学生对古人不懈探索的敬佩之情，引起学生学习数学的兴趣，进一步培养对数学的热爱。

《布利氏新式算学教科书》的显著特点是融入了丰富的数学史料(共介绍了 26 位数学家，并对一些重要数学概念或事件作了简要介绍)、地理知识、物理现象、社会现象等，这些内容与数学知识有机结合。如图 10－23，在一页纸的正面附数学家笛卡儿的肖像，并在该页的背面简要介绍了其生平。

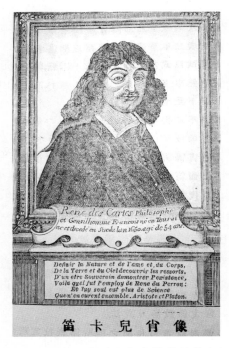

图 10－23 《布利氏新式算学教科书》第一编第 300 页

【備考】 π之值爲歷來疇人所孳孳尋求而終不可窮盡者也．周髀算經從徑一周三以計日道，迄今木工圬者仍用之．後漢張衡(78—139 A.D.)謂 $\pi=\sqrt{10}$ 吳人王蕃(219—257 A.D.)求得 $\pi=\frac{142}{45}$．魏景元四年(263 A.D.)劉徽注九章算術創以六觚之面割之又割，求得周徑相與之率爲3.14，世稱爲「徽率」．劉氏之法卽吾人上節所用者也．南北朝祖冲之(429—500 A.D.)更開密法，斷定 $3.1415926<\pi<3.1415927$．祖氏又爲分數計算之便，設 $\frac{22}{7}$ 及 $\frac{355}{113}$ 二數以代圓率，前者稱爲「冲之約率」後者稱爲「冲之密率」．西算未入中土以前，圓率之精無過冲之密率者．

世界古國惟埃及 Papyrus Rhind 載 $\pi=3.1604$ 較吾國周髀算經爲早．希臘號稱精通幾何，而計圓率最精者莫過於 Archimedes(287—212 B.C.)，得 $\pi=3.14$ 或 $\frac{22}{7}$，西洋人稱爲 Archimedes value，卽中國人所謂徽率及冲之約率也．印度 Aryabhatta 發現 $\pi=3.1416$ 時代與冲之同而數值則不如密率精．歐人之知 $\pi=\frac{355}{113}$ 自 Adriaen Anthonisg (1527—1607)始，蓋在祖冲之以後千有餘年矣．

冲之而後千有餘年，至於清，始有朱鴻樾求圓率至四十位，不誤者二十五位．

$$\pi=3.1415926535897932384626 43,$$

$$\frac{1}{\pi}=3.1830988618379067153776 75,$$

蓋師法杜德美(Tu Tê—mei 法人在中國傳道者者也．曾紀鴻用 Gregory's series 算 π 至百位．當此之時歐人已由35位進至100位，200位，440位，530位，607位，707位，而吾國則止於百位而已．歐人已因計算之困難，尋得許多急斂級數矣，更進而證明 π 之超越性矣，吾國人則毫無建白也．

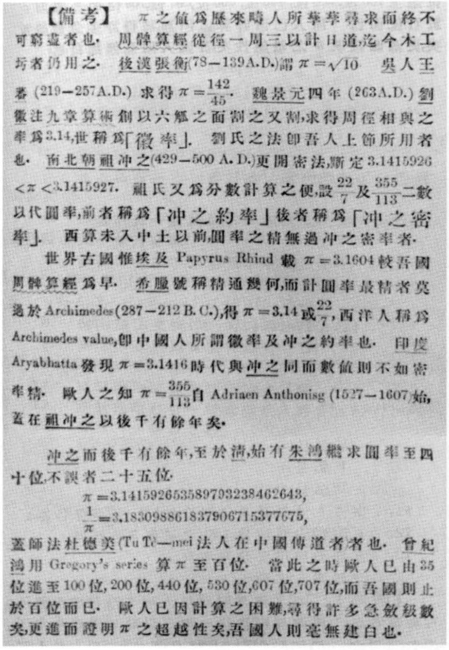

图 10－24 《新中学教科书初级混合数学》第六册第 143 页

程廷熙、傅种孙编的《新中学教科书初级混合数学》受《布利氏新式算学教科书》的影响，在内容编排上重视数学史的融入，特别是重视中国数学史的融入。例如第五册第八章“孙子数物”“大衍求一术”，第六册第二章“廉法表”等。融入方式上，有的是一些定理用发现者或证明者的名字命名，如阿基米德定理；也有的以[备考]形式单独介绍某一内容的历史，如第六册第 143 页对圆周率历史的介绍(图 10 - 24)。

段育华编《新学制混合算学教科书初级中学用》中共插入 30 位数学家小传及肖像，其中 28 位与《布利氏混合算学教科书》相同，是外国数学家，与后者不同之处在于增加了中国数学家徐光启和李善兰的介绍。

江宁、张鹏飞编写的《新中学教科书初级混合法算学》尤其注重数学史(数学文化)的融入，与其他混合教科书相比，不仅增加了中国数学人物的介绍，例如黄帝、周公、刘徽、李冶、朱世杰、商高等著名人物，还增加了算学史略，包括我国算学史略、欧洲算学史略(图 10 - 25)。“隶首作九章算术，为我国有算术之始。若黄帝于西元前 2697 年登帝位时，即命隶首作之，距今当若干年?”“Thales(泰勒斯)为希腊最古之算学家，生于西元前 640 年，Thales 生时距黄帝登位时若干年?”①在习题中融入数学史，不仅增进

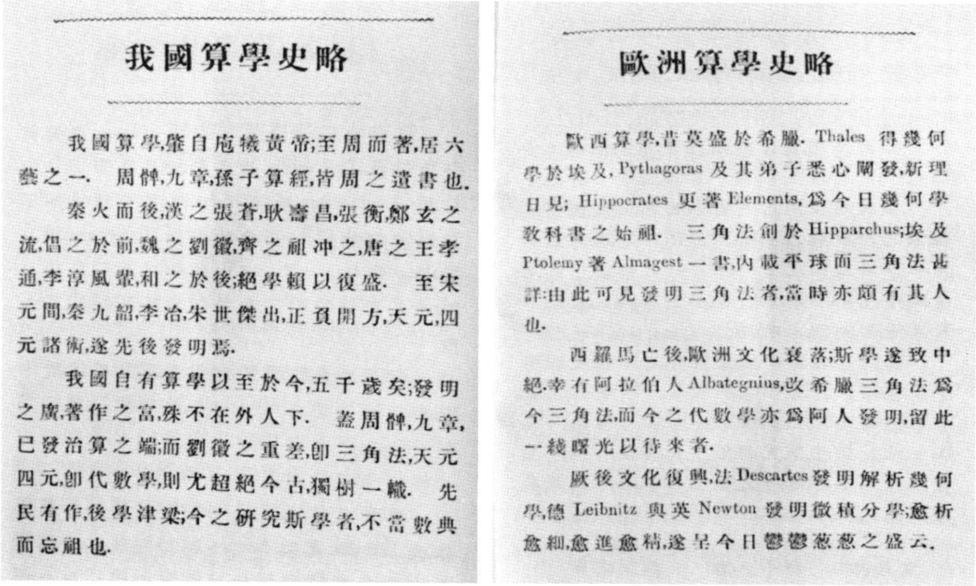

我國算學史略

我國算學，肇自庖犧黃帝；至周而著，居六藝之一. 周髀，九章，孫子算經，皆周之遺書也.

秦火而後，漢之張蒼，耿壽昌，張衡，鄭玄之流，倡之於前，魏之劉徽，齊之祖冲之，唐之王孝通，李淳風輩，和之於後；絕學賴以復盛. 至宋元間，秦九韶，李冶，朱世傑出，正負開方，天元，四元諸術，遂先後發明焉.

我國自有算學以至於今，五千歲矣；發明之廣，著作之富，殊不在外人下. 蓋周髀，九章，已發治算之端；而劉徽之重差，卽三角法，天元四元，卽代數學，則尤超絕今古，獨樹一幟. 先民有作，後學津梁；今之研究斯學者，不當數典而忘祖也.

歐洲算學史略

歐西算學，昔莫盛於希臘. Thales 得幾何學於埃及，Pythagoras 及其弟子悉心闡發，新理日見；Hippocrates 更著 Elements，爲今日幾何學教科書之始祖. 三角法創於 Hipparchus；埃及 Ptolemy 著 Almagest 一書，內載平球面三角法甚詳：由此可見發明三角法者，當時亦頗有其人也.

西羅馬亡後，歐洲文化衰落；斯學遂致中絕. 幸有阿拉伯人 Albategnius，改希臘三角法爲今三角法，而今之代數學亦爲阿人發明，留此一綫曙光以待來者.

厥後文化復興，法 Descartes 發明解析幾何學，德 Leibnitz 與英 Newton 發明微積分學；愈析愈細，愈進愈精，遂呈今日鬱鬱葱葱之盛云.

图 10 - 25 《新中学教科书初级混合法算学》第一册

① 江宁，张鹏飞. 新中学教科书初级混合法算学(第一册)[M]. 上海：中华书局，1923：31.

了学生解题的兴趣,而且拉近了学生与古人的距离。在数学史的学习过程中,学生不仅可以和同伴交流,还可以和古人"交流",在交流中产生思维碰撞的火花,在交流过程中点燃研究数学的兴趣。

(4)重视训练,习题设置丰富

数学学习离不开习题的训练,因此在数学教科书中设置习题必不可少。四套混合教科书皆设置大量习题,习题注重数学实用,并且学生可以自由选择适合自己能力的习题进行练习,以达到温故而知新的目的。

《布利氏新式算学教科书》大都是讲一两个概念或定理之后安排至少5道习题,让学生在掌握了基本结论之后将其运用于解决具体问题。作者尤其重视学生应用知识解决实际问题的培养,在应用题方面用了很大篇幅,在每一个重要知识点的讲解后都安排各种实际问题。

《新中学教科书初级混合数学》中的习题数量多,题型也很丰富,包括计算题、作图题、应用题、证明题等。每册习题的数量都在500道以上,第四册课后习题更是多达1 351道。重要知识点后有大篇幅的应用题。有许多重要定理和公式的证明都是以习题的形式出现,更有许多小节内容以习题替代,可见作者重视训练的同时重视知识的运用。

《新学制混合算学教科书初级中学用》除了习题设置丰富外,还在习题中安排一些自相矛盾的问题,如"船长故事"中的"65=64"等问题,培养学生的批判性思维。

《新中学教科书初级混合法算学》非常注重几何作图的练习,如图10-26所示,这些图形具有对称性,学生通过作图,享受数学美的体验过程,锻炼作图技能,增强动手实践能力,激发创新能力,同时为后面学习其他几何作图打下坚实的基础。

在习题中培养学生数学思维,锻炼学生数学逻辑,激发学生数学学习兴趣,有利于学生掌握所学知识,将所学知识熟练地运用到生活实践中,达到数学知识源于生活又服务生活的目的。

(5)实用主义色彩浓厚

"经世致用"是中国自古以来的传统。混合数学教科书在编制时既注重理论,又注重实用。例如,《新中学教科书初级混合算学》第二册第十二章"时间"涉及天文学知识(如图10-27),第十五章"日用计算"涉及我国货币之兑换、金银币之兑换、赚赔、保险、赋税等知识,第十六章"利息"涉及经济学知识。第一册第六章"栽植题算法""流水题算法""年龄题算法"等,以及在许多章最后一节的"应用问题""杂例"等,无不体现注重数学应用的特点。《新学制混合算学教科书初级中学用》的每一章末尾有一节或多节内容涉及数学应用。例如第六册第三章"三角形解法"中有"解三角形的应用""三角学在物理上的应用""三角学在测量上的应用",用来促进学生对所学内容的理解,同时理论联系实际,将所学知识应用于实践。

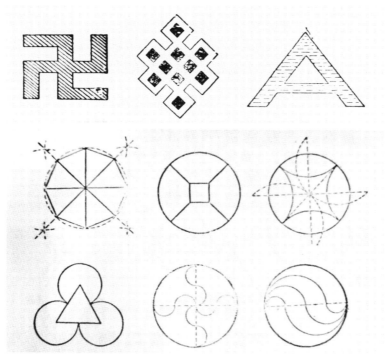

图 10-26　《新中学初级混合法算学》第二册第 78、80 页

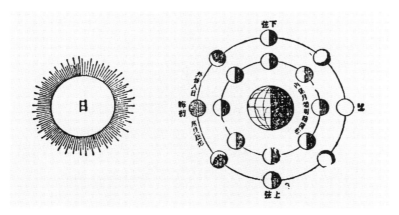

图 10-27　《新中学教科书初级混合算学》第二册第 59 页

3. 复兴初级中学数学教科书

1936 年《初级中学算学课程标准(修正)》颁布后,"复兴教科书"陆续进行了修订。这套教科书分别委托各地现任中学教师,以及素有研究经验者担任编辑。王云五指出:"一般公论,此一套最后出之中小学教科书与最前出之最新教科书,在历次所编教科书中堪称佳作。"①此套"复兴初级中学数学教科书"取材适合课程标准、编排符合学生心理发展,广受学者们的欢迎,得到教育界的赞许,遂一直使用到 1949 年。"复兴初级中学数学教科书"书目见表 10-10。

表 10-10 "复兴初级中学数学教科书"书目

书　　名	编　者	版　次
复兴初级中学教科书算术　上册	骆师曾	1937 年 10 月初审核定本第一版,1947 年 4 月初审核定本二百四十一版
复兴初级中学教科书算术　下册	骆师曾	1937 年 10 月初审核定本第一版,1947 年 4 月初审核定本二百二十九版
复兴初级中学教科书代数　上册	虞明礼	1933 年 7 月初版
复兴初级中学教科书代数　下册	虞明礼	1933 年 7 月初版,1934 年 11 月二十九版
复兴初级中学教科书算术　上册	余介石重编	1938 年 7 月修订本第一版
复兴初级中学教科书算术　下册	余介石重编	1938 年 7 月修订本第一版
复兴初级中学教科书几何　上册	余介石,徐子豪	1933 年 7 月初版,1935 年 5 月四十四版,1940 年 5 月一三三版
复兴初级中学教科书几何　下册	余介石,徐子豪	1933 年 7 月初版,1935 年 5 月三十六版,1940 年 1 月九十一版
复兴初级中学教科书三角	周元瑞,周元谷	1933 年 7 月初版,1948 年 5 月一五〇版
复兴初级中学教科书三角	周元谷	1933 年 7 月初版

在《教育杂志》第二十五卷第七号(夏季特大号,1935 年)上的复兴教科书广告为:

---

① 王云五.王云五文集(伍):商务印书馆与新教育年谱(上下册)[M].南昌:江西教育出版社,2008:71,416,831-832.

"复兴初级中学教科书,遵照课程标准,注重民族复兴,表现科学精神,提倡生产教育。"①

（1）骆师曾编《复兴初级中学教科书算术》

骆师曾编著、段育华校订的《复兴初级中学教科书算术》（如图 10-28）；依据 1932年教育部公布的《初级中学算学课程标准》编写,供初中第一学年学习算术使用。书中特别注重实用知识的学习,如该书取材丰富,"书中材料崭新,并且都是调查社会上的实例编入"；习题"多取实际问题和常态生活问题",主要涉及工程问题、水管问题、当量问题、定差问题、定和问题、行程问题、余不足问题、和差问题、货币计算问题等,注重对题型解法的归类,使学生能举一反三、触类旁通,在解决实际问题时能左右逢源、随机应变。此外,教科书的设计充分考虑了教师的教和学生的学,教学安排有弹性,注重激发学生的兴趣及培养学生的实际操作能力,这在教师水平参差不齐的年代尤为重要。

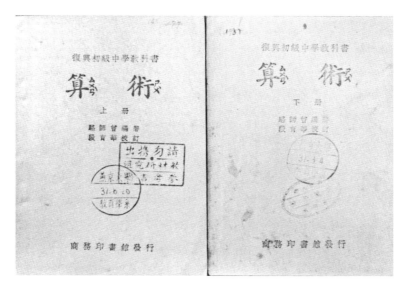

图 10-28　《复兴初级中学教科书算术》书影

该教科书重视基本计算能力的培养,整数四则、小数同省略算、复名数、百分法设置的例题与习题较多,分数、比例、开方等方面的题目设置也不少,遵循了算术教科书内容设置的基本规律,但对代数知识中的开方亦非常重视。值得注意的是,该书非常重视知识点间的合理关系,将小数与省略算放在一章,将比例、平均数、统计图表、物价

---

① 教育杂志[J].1935,25(7)：277.

指数等放在一章，有助于学生对不同知识的连贯掌握，促进知识体系的系统化，从而收到事半功倍的效果。随着中外联系的加深，作者单独设置了“中外货币”一章，更有利于学生对当时最实用知识的有效吸收。

在书中“省略算”的部分，主要用于小数的应用练习中，在很多情况下要考虑小数的位数问题。对于一些钱币交易、造屋制衣等简单的生活问题，使用到的小数位数一般不会超过三位，但有些实际问题却要使用更多位数的小数来计算，如计算田地、货币交换等要用到小数第五、六位，使用到圆周率的则可想而知。而事实上，即使是辛苦地计算出来了最终结果，但往往也使用不到那么多位数的小数。因此有必要进行省略算。对于省略算，一方面要节省计算时间，另一方面还要不妨碍结果的准确。那么对于省略算的加减乘除也有其各自的方法。如图 10－29，省略加法要求算到小数第三位[①]：

照上面的例对照一下，就可以知道省略加法和普通加法不同的地方，只要照要用的小数位，多截二位，另外都弃掉不算；这多截的二位，一样照加，但只要心中暗算，不必写出。

这里用文字清楚地交代了省略加法的计算方法，并用具体竖式将普通加法和省略加法放在一起对比，直观地展示出省略加法的计算方法，同时看到其结果的准确性。

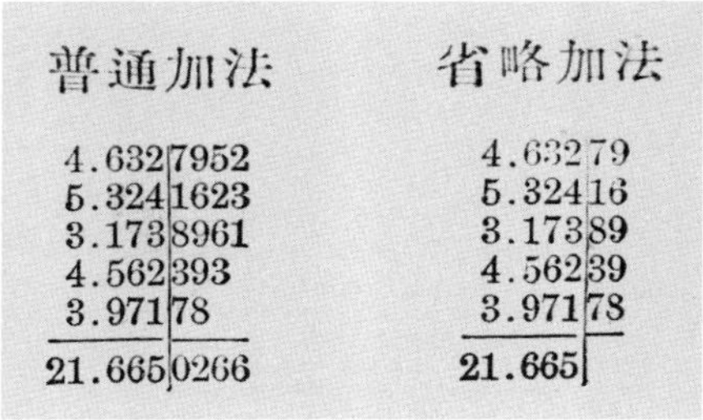
普通加法

4.632|7952
5.324|1623
3.173|8961
4.562|393
3.971|78
21.665|0266

省略加法

4.632|79
5.324|16
3.173|89
4.562|39
3.971|78
21.665|

图 10－29 《复兴初级中学教科书算术》第 61 页片段一

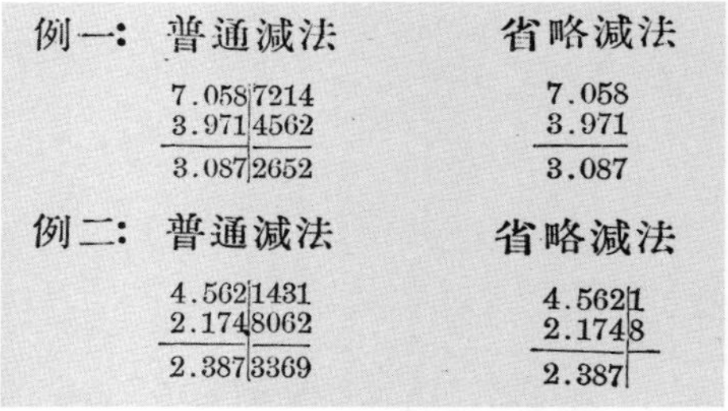
例一： 普通减法

7.058|7214
3.971|4562
3.087|2652

省略减法

7.058
3.971
3.087

例二： 普通减法

4.562|1431
2.174|8062
2.387|3369

省略减法

4.562|1
2.174|8
2.387|

图 10－30 《复兴初级中学教科书算术》第 61 页片段二

那么对于省略减法，如图 10－30（图为算到小数第三位），其方法是只要按照要用的小数位截位，另外都弃掉不算，而如果弃掉的第一位被减数比减数小，那么该多截一位，但也只要暗算，不需写出。而对于省略乘法的计算，如图 10－31（图为要求计算结果到小数第二位）。(A)式为普通法，到(B)式是从乘数左边的数字乘起，(C)式为省略乘法，它和(B)式列法相通，先写被乘数，照要用的小数位多截二位，就在所截的末位下

① 骆师曾．复兴初级中学教科书算术（上册）[M]．上海：商务印书馆，1947：61．

面写乘数的个位,但要把乘数的次序颠倒,这样就可以从右侧开始计算,然后用乘数各位同上面对着的被乘数向左乘起,右边的被乘数弃掉,如图中(C)式各部分积所示,但如舍弃的第一位需进位,还要并入积中,就这样乘完再将各行相加,弃掉右边多截的二位后便得出最终的积。

省略算的学习确实使多位的小数计算变得简单,在实际生活应用当中十分得力,但它也有它的计算方法,若有不慎,将会得到错误的结果,尤其是省略乘法的计算。因此,只有在熟练掌握省略算的计算方法后,才能更加有效地将其运用。省略算在当时的教科书中的呈现及学习,对于学生学习小数计算,甚至是所有的计算来说,无疑是"另一种"计算方法,而不局限于常规的计算方法,可以开拓学生的思维。

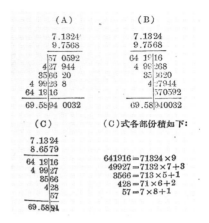

图 10-31　《复兴初级中学教科书算术》第 63 页

(2)虞明礼编《复兴初级中学教科书代数》

虞明礼编著、段育华校订的《复兴初级中学教科书代数》于 1933 年 7 月初版后,有多种版本,本书中采用 1948 年 7 月修订本第一版(如图 10-32),该版本是由荣方舟改编,由国立浙江大学理学院数学系教授钱宝琮校订,私立光华大学附中数学教员倪若水协校。

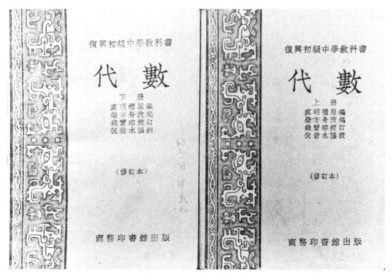

图 10-32　《复兴初级中学教科书代数》书影

《复兴初级中学教科书代数》根据教育部颁布的修正课程标准编撰,分为上下两册,上册供初中第二学年使用,下册供初中第三学年使用。该书以解方程为主体,以计算为中心。编排不仅注重知识逻辑结构,还兼顾学生心理发展,正如作者在"编辑大意"中提到:"本书叙述任何算法与原理,必先提出问题,吸引学生注意,树立学习目标,启其向前探讨之志趣,然后逐步解析归纳,加以论证。"①由于初学代数比较困难,学生对于一些知识一知半解,做题只能照葫芦画瓢,因此该书前半部分,将学生容易出错的地方随时提出,以期纠正"似是而非之思想,而立正确之观念"。此外,该书中部分名词术语与现在使用的有所不同,如该书中,二数和的平方即完全平方公式、二数差的平方即平方差公式、应变数即因变量、自变数即自变量等。书末附有"代数学英汉名词索引"供学生参考学习。

(3)余介石、徐子豪编《复兴初级中学教科书几何》

余介石、徐子豪编著的《复兴初级中学教科书几何》(如图 10-33)于 1933 年 7 月初版。

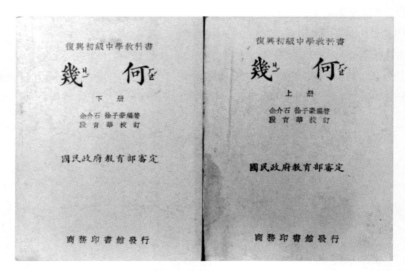

图 10-33 《复兴初级中学教科书几何》书影

《复兴初级中学教科书几何》按照部颁课程标准编写,供初级中学第二、三学年学习使用,该书与复兴初级中学教科书代数以及数值三角两书联系密切,若同时采用,可收互相启发之效。该书共八编,第一二编为实验几何学,第三至第八编为理解几何学,

---

① 虞明礼.复兴初级中学教科书代数(上、下册)[M].上海:商务印书馆,1933:编辑大意.

其中第四五编论直线形。该书大多讲授平面几何内容,仅在第二编中有少量立体几何内容。该教科书语言通俗易懂,内容设置符合学生心理发展,知识编排循序渐进,在初学者所能理解范围之内,但不失严谨性。如"第四五编为论直线形,但轨迹与三角形内共点线部分,初学每感难解,故移入第六编圆内合并讲授。正多角形性质,则分配于圆,比例内相当部分,其与圆的关系,则与面积合为第八编几何计算。"①该书习题设置丰富,附有总习题一百四十则,供学生学习完该书复习时使用,藉收融会贯通之效,教师可根据时间的多少,以及学生学习程度的高低,酌量分配选择习题。此外,该书另编有教员准备书,内容涉及教材摘要、时间支配、教法要点、问题略解等项,以供教师教学参考。

（4）周元瑞、周元谷编《复兴初级中学教科书三角》

周元瑞、周元谷的《复兴初级中学教科书三角》（如图 10-34）由上海商务印书馆于 1933 年 7 月印行初版。

《复兴初级中学教科书三角》根据 1932 年《初级中学算学课程标准》编写,共六章,适用于一学期,每周两小时。该书仅讲授数值三角的内容,除了必要的三角函数公式外,其他恒等式一概省略,并移至高中讲授。该书以简洁为主,主要目的在于培养学生三角的初步认识。所以其中编写的内容比较简要,以使得学生能够在规定的年限内顺利完成学习任务,且习题多从实例入手。该书编印精良,图形、图表丰富且细致,极受欢迎,使用范围最广,是再版次数最惊人的一本三角学教科书,成为民国时期三角学教科书发展史上的一座里程碑。

图 10-34　《复兴初级中学教科书三角》书影

《复兴初级中学教科书三角》中将"三角函数"亦称之为"三角比",三角比都是跟着角度在改变的。在角度一定的时候,三角比就有一定的数值。如果角度改变,三角比也就相应的改变。那么照函数的定义说,三角比是角的函数,所以三角比又叫做三角函数。符号方面,《复兴初级中学教科书三角》已接近现行表示。如已经出现"∵""∴"等符号。但该书中还没有使用角的符号"∠",面积的表示方法也与现行教科书表示有所不同,采用直接写出字母的方式表示面积。如四边形 ABCD 的面积用 ABCD 表示,

---

① 余介石,徐子豪.复兴初级中学教科书几何[M].上海:商务印书馆,1933:编辑大意.

三角形 FBA 的面积用 $\triangle FBA$ 表示。根号的写法与《共和国教科书平三角大要》中一致,采用"$\sqrt{\quad}$"来表示。以 10 为底的常用对数用 log 表示。如以 10 为底 100 的对数,书中表示为 log 100。常用对数中经常出现类似 $\bar{3}.6732$ 的表示,这种写法表示 3 是负数,0.6732 是正数。

在 1933 年 7 月初版《复兴初级中学教科书三角》中,部分内容有误,书中给出了勘误表,在 1948 年 5 月一五〇版中已得到更正。

4. 复兴初级中学数学教科书特点

复兴初级中学数学教科书按照课程标准编写,供三年制初级中学使用,第一年程度较低,习题较少。自第三册起,习题增多,更加注重习题的演练。教材内容衔接有序无重复遗漏,无跃进式等弊端。难易程度适中,符合课程标准,适应学生的身心发展,习题数量多而题型丰富,但避免偏、难、繁的题目,便于教师因材施教,选择适合大多数学生的习题在课堂上演练,其余题目由学生在课下根据学习程度高低选择适合自己的题目进行作答,以达到温故知新、熟能生巧的目的。通过分析复兴中学数学教科书具体内容,发现其具有以下共同特点。

(1)注重举例、说理

本套复兴初级中学教科书在叙述中注重举例、说理,避免平铺直叙,而且"于说理处,力求透彻,务期满足学习心理之要求"。[①] 如《代数》每章(新知识)开篇设"×××之需要",以具体例子解释本章内容之必要性,引起学生的兴趣;有的还著"引论",详细说明本章内容的含义、地位、主要问题、与已学内容的联系等,使学生于学习之初了解新知识的概貌,做到心中有数。《几何》于细微处或配以图解,或巧举实例,让学生获得直观印象。例如介绍长方形的面积不直接给出公式,而是先定义面积单位,再将长方形的长和宽按长度单位等分,则其所含面积单位的个数就是其面积的大小(图10-35)。又如,为了引出几何证明的必要性,让学生观察[②](图 10-36、图 10-37、图10-38),发现眼见的结论并非绝对准确的结果。《算术》则擅长举生活实践中的例子,帮助学生明理达意,如以买稠情境说明误差的含义。《三角》中如在平常实际的工作中量度距离,因直接量度有时很不容易精确或不可能测量,故有时须用间接方法。书中以具体的例子将实际问题转化为在直角三角形中进行解答,并配以图形,根据相似三角形原理得出需要测量的距离。其中涉及一些步骤的理由,均在该步骤后增加"何故?"二字,并在证明之后予以解释,帮助学生明理达意。

---

① 虞明礼.复兴初级中学教科书代数(上、下册)[M].上海:商务印书馆,1933:编辑大意.
② 余介石,徐子豪.复兴初级中学教科书几何[M].上海:商务印书馆,1933:56.

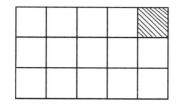

图 10-35　《复兴初级中学教科书
几何》第 56 页

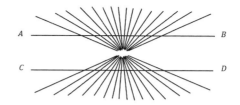

图 10-36　《复兴初级中学教科书
几何》第 82 页

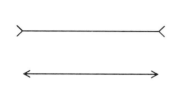

图 10-37　《复兴初级中学教科书
几何》第 56 页

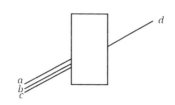

图 10-38　《复兴初级中学教科书
几何》第 56 页

（2）重视体现数学的价值

1932 年《初级中学算学课程标准》的教学目标中指出：“使学生能明了算学之功用，并欣赏其立法之精，应用之博，以启向上搜讨之志趣。”①因此本套复兴初级中学教科书在素材选择、内容呈现上特别注重体现数学的应用价值，以提高学生的学习兴趣。

在选材方面，注重与生活实际相联系，体现数学始终为生活服务的特点。如《算术》中编排了中国与外国度量衡、货币的单位及单位换算的知识，还介绍了存、借款中利息的计算方法；又如在比例一章中设置“量树法”，通过比例关系阐释大树的测量原理，使学生运用比例关系解决实际问题，同时在实践中更好地理解比例关系。《代数》中列一元一次方程解决的应用问题种类繁多，包括年龄问题、鸡犬问题、分桃问题、时钟问题、工程问题、数字问题等；《几何》中介绍了测量长度的直接和间接方法，以及求简单平面图形面积和立体图形体积的公式；《三角》中编入了三角法在物理和测量上的应用。例题和习题的选择也倾向于与学生生活相关的实际问题，正如《三角》的编辑大意所声明的：“本编习题之选择，仅及实际问题，以切于学生生活状况者为限。”②

---

① 课程教材研究所.20 世纪中国中小学课程标准·教学大纲汇编：数学卷［M］.北京：人民教育出版社，2001：228.

② 周元瑞，周元谷.复兴初级中学教科书三角［M］.上海：商务印书馆，1937：编辑大意.

在内容呈现方面,各册教科书在编写时遵循 1932 年《初级中学算学课程标准》中教学法所要求的:"新方法和原理之教学,应多从问题研究及实际意义出发,逐步解析归纳,不宜仅用演绎推理,练习题多选实际问题和常态问题,少选抽象问题和假设疑难问题。"①如《代数》每介绍一新的知识,总要先谈论这一知识在数学或应用上的价值,因此,本书中包含了"负数之需要""整式四则之需要""因式分解在代数上之地位""二次方程之需要""分式之需要""何以需要分式方程""不尽根数之需要""虚数之需要""级数之需要""对数之需要"等条目,《算术》在"比同比例"一章"讲授比重,相似直角三角形,图线表,物价指数,杠杆等等,既可明比的应用,又可藉此格外了解比的意义。"②《三角》教科书中,在讲述直角三角形解法时,将问题分为五种情况,每种情况各举一实例分别讲解,以此学习解直角三角形的方法。又如《几何》为说明相似形在测量中的功用,举多个例子(图 10-39、图 10-40):

4. 臨窗遠眺,直持 5 寸長的鉛筆,使下端與目齊.眼望上端,和山頂在一直線上.已知人距鉛筆 1 尺 2 寸,距山腳約 77 丈,求山高.

图 10-39 《复兴初级教科书几何》例子

6. A,B 兩地為山所阻不能直達,今取一可直達 A,B 兩地之一處 C,並取 AC 的中點 D,BC 的中點 E.量得 DE 的距離,就可推求 A,B 二地的距離.試寫出 AB 和 DE 的關係式來(AC,BC 的長,都不必知道).
設 DE=100 丈,求 A 和 B 相隔距離.

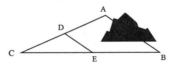

图 10-40 《复兴初级教科书几何》例子

(3) 注意渗透思想方法

本套教科书中不乏思想方法的运用,下面举几例说明。《代数》多处用到类比思想,如"凡算术四则中视为至难之问题,一经利用代数方程,即可立得其解,且有多数问题,在算术中视为情形复杂,无法求得其解者,在代数上引用联立方程,亦

---

① 课程教材研究所.20 世纪中国中小学课程标准·教学大纲汇编:数学卷[M].北京:人民教育出版社,2001:230.
② 陈岳生.复兴初级中学算术教员准备书[M].上海:商务印书馆,1940:165.

往往甚易推解，代数之用，亦即伟矣。”代数教科书开篇即列举题目，如年龄问题、鸡犬问题、分桃问题等，分别用算术和代数两种解法，并且习题部分要求学生用算术、代数两种解法，使学生体会学习代数学的目的，体现代数式的简洁性、代数解法的便捷性。

《算术》中同样有类比思想，例如，“小数加减法和整数加减法相同，只要把和差里的小数点，和原数的小数点对齐。”①如图 10－41，类比整数的加法来学习小数的加法，学生将计算整数加法的方法迁移到小数加法的方法，便很快能掌握小数加法的计算方法，教师教起来容易，学生学起来轻松，一举两得，何乐而不为。《算术》中也有数形结合的思想，如图 10－42。

例一:
115.3804
0.1100
23.0000
1.5000
+ 5.2460
145.2364

例二:
0.08
26.3
9.
0.803
+ 0.01
36.193

图 10－41　小数加法的计算

(1) DE=EF=FG=GD=20，是初商。
(2) DEFG=20^2=400。
(3) AGFH+ECIF+FIBH=384，是次商实。
(4) EF+FG=2×20=40，是廉法。
(5) FI=BI=BH=HF=8，是次商。
(6) EF+FG+FI=48，是廉隅共法。

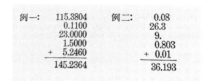

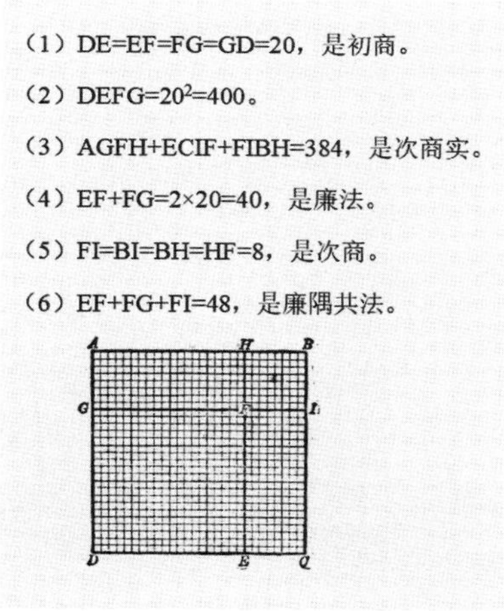

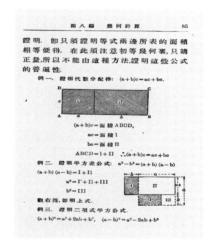

图 10－42　《复兴初级中学教科书算术》第 187 页

第八編　幾何計算　85

證明. 卽只須證明等式兩邊所表的面積相等便得. 在此須注意初等幾何裏,只講正量,所以不能由這種方法,證明這些公式的普遍性.

例一. 證明代數分配律: (a+b)c=ac+bc.

(a+b)c=面積 ABCD,
ac=面積 I
bc=面積 II
ABCD=I+II　∴(a+b)c=ac+bc

例二. 證明平方差公式: $a^2-b^2=(a+b)(a-b)$
(a+b)(a−b)=I+II
a^2=I′+II+III
b^2=III
觀右圖,卽明上式.

例三. 證明二項式平方公式.
$(a+b)^2=a^2+2ab+b^2$,　$(a-b)^2=a^2-2ab+b^2$

图 10－43　《复兴初级中学教科书几何》第 85 页

《几何》中的思想方法有从特殊到一般、化归转化、数形结合思想等。如图 10－43 所示，将几何与代数结合，运用更加直观的方式帮助学生理解抽象的代数式，避免学生死记硬背公式，以便将公式更好地用于解决实际问题，体现了数形结合思想的优越性。同时体现了各科之间是有机的整体，并不是孤立的个体。

《三角》中蕴含分类讨论、从特殊到一般等数学思想方法。如图 10－44，在学习解

① 骆师曾. 复兴初级中学教科书算术(上册)[M]. 上海：商务印书馆，1947：70.

29. 第二類　已知二邊與一非夾角　這一類情形中，有時會沒有解答的。若三角形ABC,已知a, b和A三項,可應用正弦定律

$$\frac{a}{\sin A}=\frac{b}{\sin B}$$

以求B；但是在用對數算時,設使得到的結果是

$$\log\sin B=0,\quad \sin B=1,\quad B=90^{\circ},$$

那末就是直角三角形。

設　$\log\sin B>0$，即 $\sin B>1$，那是命題的錯誤,因爲決無此理的。

設　$\log\sin B<0$ 及 $b<a$，那末只有一個答數。

設　$\log\sin B<0$ 而 $b>a$，那可得到兩個答數。

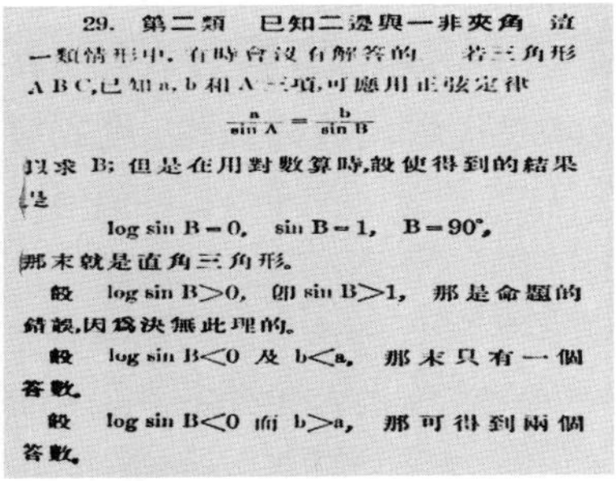

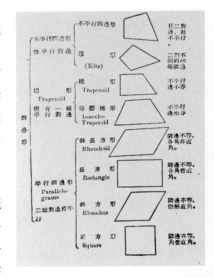

图 10-44　《复兴初级中学教科书三角》第 75 页

任意三角形时，首先将已知条件分成四种情况分别讨论，在对每一种情况进行具体操作的过程中，渗透了分类讨论的思想方法。在学习解直角三角形后，又安排了解任意三角形的方法，达到由特殊到一般的转化。

（4）注重知识的系统性、结构性

复兴教科书注重对知识进行归类，当某一知识点分类较多或易混淆时，书中会有知识图谱帮助学生厘清概念，便于学生学习时进行横向比较和纵向比较，有利于知识的精细加工，有助于学生在头脑中建立自己的框架图，使得知识系统化，结构化。

如图 10-45，《几何》中对四边形的分类，有助于学生辨别有关四边形、平行四边形、梯形等概念，并配有相应的图形和文字解释，帮助学生在头脑中形成图象表征。这种框架图式的内容呈现方式，使得知识系统而清晰、直观而明了。同时渗透分类讨论思想，帮助学生在学习时养成注意分类讨论、重视对知识的归纳总结，厘清学习思路等良好习惯。

图 10-45　《复兴初级中学教科书几何》第 131 页

（5）体现了各科的融合，但仍有提升空间

1932 年《初级中学算学课程标准》实施方法概要中规定："本科用分科并教制，或混合制，可由各校自行酌定。惟不拘用何方式，须随时注意各科之联络并保持固有之精神。"[①]"复兴初级中学数学教科书"采用分科制编排，各科作者在编写时也都考虑各科间的融会贯通。例如，《算术》在"利息开方二章中，常用文字代表数目，以图叙述的便利，而预先灌输代数观念"。《代数》每列出一元一次方程解实际问题，必同时列出其算术解法，两相对比，突出代数解法的优越性，同时由类比算术研究问题的思路和方法，启发代数上的相应思路和方法。如前所

① 课程教材研究所. 20 世纪中国中小学课程标准·教学大纲汇编：数学卷[M]. 北京：人民教育出版社，2001：230.

述,《几何》"举几何图形证明代数恒等式的例子,以见几何代数互相阐明的效用"[①]。再如,各科都有比和比例的内容,代数上讲比、比例的性质以算术中的比、比例的算法为基础,而几何中的线段比、三角中的三角比又以前二者为基础。然而,总体而言,各科自成一体,各自为政,缺乏上位观点的统一。

5. 著名数学家所著初中数学教科书

(1) 吴在渊编著的教科书

吴在渊所处时代,中国教育事业正处于一个大变革时期。他提出了"中国学术,要求自立"的主张。"自立之道奈何? 第一宜讲演,第二宜翻译,第三宜编纂,第四宜著述。"[②]他毕生致力于中国数学教育,为兴研究学术之风,创办大同大学;为促进教科书中国化,提高国人自编教科书水平,编著数学教科书数种;为提高我国数学教育质量,参与数学名词术语审定,参与制定中学数学课程标准,研究初等数学,并发表研究成果数篇。可谓一代宗师,鞠躬尽瘁,死而后已。

吴在渊(1884—1935,如图 10 - 46[③])是我国现代著名的数学家、数学教育家,为我国现代数学教育做出了杰出的贡献。1884 年,吴在渊诞生于江苏省武进县一个贫困家庭,他的母亲为了让他接受良好的教育,节衣缩食,送他到私塾学习。吴在渊天赋异禀,十分聪明。19 岁时吴在渊去南京求职,到周彣甫所在书院当抄写员,白天抄写,夜间学习日文原版数学书籍。最后不仅无师自通日语,而且数学素养大有长进,成为一位自学成才的数学家、数学教育家。

1904 年,吴在渊任职北平高等农业学校教师,后又历任清华、八旗、高等实业、农业学校教职。1911 年,吴在渊同胡敦复等人创办"立达社",立达社于 1912 年在上海创办了大同学院,也就是大同大学的前身。他在 1923 年参与了数学名词术语的审定,1928—1932 年参与中学数学课程标准的制订,并对初等数学研究颇有心得。他生前在《学生杂志》上连载了多篇几何、代数和三角方面的文章,去世后的若干遗稿在《中等算学月刊》上被集中刊载[④]。

图 10 - 46 吴在渊像

---

① 余介石,胡术五,徐子豪.复兴初级中学教科书几何教员准备书[M].上海:商务印书馆,1934:169.

② 吴学敏.我的父亲[J].中等算学月刊,1935,3(9、10):72 - 86.

③ 中等算学月刊[J].1935,3(19):扉页.

④ 代钦,李春兰.吴在渊的数学教育思想[J].数学通报,2010,49(3):1 - 5,15.

吴在渊一生著书丰富,他认为教科书是"教师工作之器也"。他编著教科书有两个目的:一是传播算学知识;二是提高国人自编教科书的水平。他反对抱残守缺,固步自封,主张吸收先进的科学知识和学术思想,但不崇洋媚外。吴在渊编著的主要教科书如表 10 − 11 所示。

表 10 − 11　吴在渊编著的主要教科书

序号	教 科 书 名 称	出 版 机 构	出版时间
1	《近世初等代数学》(大同大学丛书)	商务印书馆	1922
2	《近世初等几何学》(上、下册,大同大学丛书)	商务印书馆	1925
3	《数论初步》	商务印书馆	1931
4	《新中学教科书·算术》(与胡敦复合著)	中华书局	1924
5	《新中学教科书·初级几何学》	中华书局	1924
6	《高级中学用新中学几何学》①(与胡敦复合著)	中华书局	1925
7	《现代初中教科书代数学》	商务印书馆	1924
8	《中国初中教科书·初中算术》	上海中国科学图书仪器公司	1932
9	《中国初中教科书·初中代数》(上、下)	上海中国科学图书仪器公司	1932
10	《中国初中教科书·初中三角》	上海中国科学图书仪器公司	1932
11	《中国初中教科书·初中几何》(上、中、下)	上海中国科学图书仪器公司	1932
12	《初等几何学轨迹》	大同学院	1917
13	《几何圆锥曲线法》	大同学院	1917

---

① 《高级中学用新中学几何学》(全一册),由胡敦复、吴在渊编,胡明复校订,上海中华书局印刷发行,1932年 7 月第十六版,1933 年 9 月第十九版,第十六版版权页又名《新中学教科书高级几何学》。

续　表

序号	教 科 书 名 称	出 版 机 构	出版时间
14	《中国初中教科书几何学》①（上、下）	上海中国科学图书仪器公司	1947
15	《新课程标准适用·高级中学几何学教科书》（上、下）	中华书局	1934
16	《修正课程标准适用·高中平面几何学》（上、下，与张鹏飞合编）	中华书局	1941（第七版）
17	《修正课程标准适用·高中立体几何学》（与陶鸿翔合编）	中华书局	1937（再版）

　　当时的出版社纷纷向吴在渊约稿，争相出版他的著作，从表 10-11 可看到出版吴在渊编教科书的出版社均为当时著名的出版社。除上述教科书外，吴在渊去世时还留下了《微积分纲要》等十余种编著的教材和讲义。在吴在渊所编著的这些数学教科书中，有些曾多次再版，如表 10-11 中第 8~11 这套教材是吴在渊根据 1932 年新课程标准编写的，一直出版到 20 世纪 40 年代末，1947 年 12 月出版的是第十一版。

　　吴在渊对于教科书的观点，在其编著教科书的序言及"编辑大意"中可见一斑。吴在渊认为，好的教科书能够节省教师和学生的时间，教师可以把注意力集中在观察学生对知识的理解和演算的过程上，专心教学，可收到事半功倍的效果，正所谓"教贵有善书"。吴在渊在编写几何教科书与代数教科书时力求贯通，尽量避免将其割裂开来。例如编写代数教科书，会适当介绍几何图形的量的名称，阐述如何求简单图形的面积、简单几何体的体积等，与几何学建立一定的联系。吴在渊编写的中学数学教科书的特点有：

　　① 开宗明义。吴在渊发现，当时市面上发行的教科书，第一章普遍是直接罗列若干定义，接着是代数式的计算和整式的四则运算，而到了列方程解应用题部分，就变得混淆而杂乱，使学生有无从下手的感觉。故吴在渊编写数学教科书时尽量改善这一情况，开宗明义。例如，《近世初等代数学》开篇即交代了代数学的含义："代数学者，用文字代数，以研究关于数之问题者也。"②《现代初中教科书代数学》第一章第一个标题即

① 出版公司出版该教科书时，将上册的作者姓名写错为"吴渊在"，下册的作者姓名正确。
② 吴在渊. 近世初等代数学[M]. 上海：商务印书馆，1922：1.

代数学的第一目的："代数学的第一目的，在用文字表数，可照题意立式，使演算简单显明。"①之后又指出第二目的："代数学的第二目的，在使计算所得的结果可以普遍适用。"②此种安排或阐明了代数学的含义，或指明了学习目标和方向。之后再介绍具体的数学新定义，学生学习时就能够对代数学先有一个宏观上的认识，明确学习的方向。这种安排对初学者可谓恰到好处，一来使学生学得津津有味，目标清楚，又为解题储备了充分的理论知识和能量。

② 教科书取材丰富。不论几何还是代数都在参考各国教科书的基础上，选取适合本国的知识，加以讲解证明，过程详细，理论应用兼筹并顾。《高级中学用新中学几何学》中关于比例的内容，除了参酌英美的教科书外，还融入了法国的教科书内容，既避去了英美教科书中比例内容沉闷之感，又激发了学生学习的兴趣。

③ 内容简洁明了，易于学生理解。编写过程中，吴在渊所著教科书的部分定义、定理内容在不同版本中也是有所差异的，但整体呈现出越来越清晰明了的趋势。吴在渊斟酌衡量之下，选择最适宜学习者理解的内容，颇费经营，用心良苦。如《近世初等几何学》中，直线的定义是"一线过其上二点旋转而各新位置恒与其原位置相合者曰直线"。《高级中学用新中学几何学》中，直线的定义是"直线者任置其任一部分于又一部分上，两点重而全相合者也"。1947 年的《中国初中教科书·初中几何》中，直线的定义是"一线，打着滚，但其中两点不离原处，若此线在打滚中各新位置始终与原位置相合，则此线叫做直线"。由以上三种定义可以看出，第一种定义中"旋转"一词易引起学习者误解，不易于学生学习，而后的两种定义就更为形象具体。吴在渊所著教科书中的内容和其他教科书也有所不同，有些教科书中直线被定义为"二点间最短之径"，该定义被用作定理可以，但没有对直线的本质特征做出确切的说明，所以作定义有些不妥。

④ 激发学习兴趣，锻炼数学思维。几何教科书中，除了给出定理习题的一般证法外，有时还在每一编编末给出一题多证的示例。一题多证，除了能启发学生活用定理，还可以锻炼他们的思维，引起学习者兴趣，使"学习者难中感乐，因乐忘难，端在此事"③。吴在渊也认为，学习或做事，如若有兴趣，就不觉难。解除困难的方法，"在授课者固宜悉心研求，而在为学者则宜勉力自克。且难之中有趣，趣生则感难之心自减，

① 吴在渊.现代初中教科书代数学(上册)[M].上海：商务印书馆,1937：1.
② 吴在渊.现代初中教科书代数学(上册)[M].上海：商务印书馆,1937：7.
③ 吴在渊,胡敦复.近世初等几何学[M].上海：商务印书馆,1926：编辑大意.

且将乐此而不疲。"①如《高级中学用新中学几何学》中②：

317. 作图题三. 求所设二线分之比例中项。设二线分 m, n, 求其比例中项。

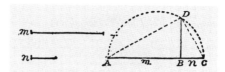

图 10-47　《高级中学用新中学几何学》第 223 页

【解一】引任意直线 AC, 在其上取 $AB=m$, $BC=n$, 但令 C 在 AB 之延长线上, 以 AC 为直径, 作半圆 ADC; 从 B 引 AC 之垂线, 与半圆周会与 D; 则 BD 即为所求之比例中项。如图 10-47 所示。

【解二】取 $AB=m$, $AC=n$, 而令 C 在 A, B 之间; 以 AB 为直径作半圆周 ADB; 从 C 引 AB 之垂线 CD, 与半圆周会与 D; 连结 BD, BD 即为所求之比例中项。如图 10-48 所示。

【解三】如前, 取 $AB=m$, $BC=n$, 而令 C 在 A, B 之间; 以线分 AB 为直径, 画半圆周; 从 B 引切线 BD, 则 BD 即为所求之比例中项。如图 10-49 所示。

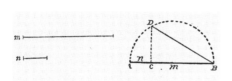

图 10-48　《高级中学用新中学几何学》第 223 页

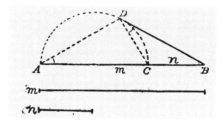

图 10-49　《高级中学用新中学几何学》第 224 页

书中除了给出以上三种不同解法, 另给出相应证明, 此处不详细说明。学生在学习一种解法后, 发现还有其他方法, 探求知识的欲望被激发。同时, 学生也可以根据自己的情况, 选择最适合自己的一种方法来掌握该学习内容。

⑤ 详解做题过程, 总结做题技巧。初学者在初始学习几何或代数时, 做题时总觉得毫无头绪, 没有思路。因此编写教科书时, 在详尽讲解的基础上, 另于章末总结做题方法, 举例向学习者展现分析问题、解决问题的过程。如代数学书中, 总结做题的公式、方法; 几何学书中, 总结定理、辅助线的作法。如此安排, 使学生于各章章末对该章所学内容、做题方法理解得更为系统。

① 吴在渊, 胡敦复. 近世初等几何学[M]. 上海: 商务印书馆, 1926: 序.
② 胡敦复, 吴在渊. 高级中学用新中学几何学[M]. 上海: 中华书局, 1933: 223.

⑥ 采用横排编写，统一编排序号。教科书中的相关知识点不按概念、定理等分类，而是混在一起，采用每一编统一编排序号的形式。在编排形式上完全采用横排，名词后加上英文原名，统一名词，为熟习英文的学生提供方便，不致混淆。如《中国初中教科书·初中几何》第三编理论几何学①：

圆 198. 定义六十八　旁接圆。一圆切于三角形的一边及他二边的延线，则此圆叫做三角形的旁接圆（escribed circle）。

现选取吴在渊编著的《近世初等代数学》《近世初等几何学》为例进行分析。

图 10‑50　《近世初等代数学》书影

（2）《近世初等代数学》

《近世初等代数学》（如图 10‑50）为布面精装本，由吴在渊编辑，1922 年 9 月初版。

该教科书有两个序言，其中序一署名是胡敦复，序二署名为吴在渊。实际上这两个序言都是由吴在渊所写。吴在渊先生的女儿吴学敏说："父亲的主张，在他的《近世初等代数学》的序里说得很透彻。此序被胡敦复先生所见，便说：'你处于教员地位而如此放言高论，批评当世学者，似乎不妥，还是用我的名字发表吧。'那时敦复先生仍是立达的社长和大同院长，且在位日久，成绩斐然，社会中人无不知大同之敦复先生。敦复先生改了末一段，用他的名字发表，即现在的序一。父亲另做一序，即现在的序二。当时敦复先生对父亲一片好意，第一怕父亲得罪人，第二如此之言论，出于敦复先生之口，效力大些。即所谓'登高而呼，声非加疾而所闻者远'的意思。"《近世初等代数学》有以下一些特点：

① 成书背景

"工欲善其事，必先利其器"。教科书，教学之参考也，教师之器具也。"壬寅—癸卯"学制后，大多翻译日本书籍，但"壬戌学制"颁布以后，教师皆用西书，敷衍塞责，可避编写之烦；学生醉心西化，学识浅近。但由于各国传统文化、学生程度不同等原因，一味西化教科书，不足以启发学生智慧，不益于提高学生成绩，不利于中国数学教科书编写队伍发展，最终导致中国数学教育质量难以提升。吴在渊指出，参考国外教科书，应取其精华，去其糟粕；同时将我国传统文化的精髓融入数学教科书的编写中，以展现我国特色。例如算术教科书中，度量衡的单位（丈、尺、石、斗、斤、两等）为我国独有，外

① 吴在渊.中国初中教科书·几何学（上册）[M].上海：中国科学图书仪器公司，1947：302.

国的教科书不曾提及,而这些单位在当时的生活中又必不可少。因此,编写适应中国国情,适合中国学者发展的教科书势在必行。为使教科书本土化,吴在渊等人开始自编教科书,《近世初等代数学》便应运而生。

② 编写理念

首先,编排简洁精练,避免冗而不精。

吴在渊在《近世初等代数学》的"编辑大意"中提到:"寻常教科书,其开端第一章,大抵皆罗列若干定义,继以代数式之计算及整式之四则。及至以方程式解应用问题时,则淆然杂陈,学者又有一时无从措手之叹。"①该书尽力避免此种弊端,开宗明义。例如,交易律、结合律等,形式偏难,普遍证明之法又不易理解,在整式四则中不会出现,因此该书决然舍去,只有在乘法应用时略微提及。

其次,内容由浅入深,循序渐进。

该代数学教科书适用于初级中学学生,故选取初等代数学知识。编者在"编辑大意"中提到所编知识理论不能太深,编排次序要适合初学者。为便于初学者理解正负数四则,采用数形结合思想;为初学者提供便利,将廉法表与综合除法放在四则运算之后。方程式作为代数学的主体,为了使学生掌握方程式的精髓,该书讲解方程式循序渐进,举例丰富,题型富于变化,帮助学者举一反三,融会贯通,养成良好的推理能力,为解析几何的学习打下坚实的基础。但教授顺序可以变通,例如循环教授,教师根据授课时数、学生学情酌量伸缩。

最后,重演算,备应用。

《近世初等代数学》既注重演算,又重视代数知识的应用,但极力避免机械的练习。对于初学者,想要演算一题,总是先查看答案,广觅详解,对理论漠不关心,容易造成机械学习。该书尽量矫正此种弊端,在书中不附答案,演算之题步骤详细,在题中有时也蕴含着讨论微意,激发学者的学习兴趣、逻辑思维。此外,该书习题设置颇多,便于教师从中选择上课必须板演的典型问题,同时便于学习程度不同的学生根据自己的能力选择习题练习。习题选材大多来源于实际问题,题中所设的数据也要力求使其符合实际、恰当准确,以达到切合实际以及丰富学生的兴趣的目的。

③ 编排形式

《近世初等代数学》在编排形式上完全采用横排编写形式,重点内容采用加下划线的形式强调,并在相应知识点后标有"注意"二字,方便实用,简明扼要。

例题采用大写数字排序,如例题一、例题二等。内容和习题的量适中,既能达到练

---

① 吴在渊. 近世初等代数学[M]. 上海:商务印书馆,1922:编辑大意.

习之目的,也不致使学生厌烦。每章分布着多组习题,第几章就是第几习题,组号用大写的英文字母标明,如"第二习题 B",即为第二章第二组习题。平均每讲解二到三个小知识点就设一组习题,但没有在章末或编末设复习题。所以本书习题针对性较强,基本上是对新知识的巩固和检验,但综合性较低。还有在部分名词后加上英文原名,为熟习英文的学生提供方便,不致混淆。

④ 名词术语

《近世初等代数学》出版于算学名词审查之前,该书所使用的名词,仍沿用先贤李氏华氏等所用的词汇,《现代初中教科书代数学》出版于算学名词审查之后,两套教科书部分名词术语略有差异。《近世初等代数学》如是说:"有诸数当演算而成一数者,宜用括弧括之,其形如(),{},[]。有时用一线(——)代括弧,是名括线。"[①]《现代初中教科书代数学》则说:"括号有数种形式,如纵括丨,横括—,圆括(),方括[],曲括{}等。"[②]再如数的加减法部分,前者说:"正数,零,及负数,总名曰代数学上之数,""0 既为正数,又为负数。"[③]后者则避开 0 的正负问题,只是说:"正数负数为代数学中的数,略称代数数,""故正数为比 0 大的数,负数为比 0 小的数,正负数有相反的性质。"[④]

⑤ 习题设置

《近世初等代数学》所编列问题(习题)的主要目的有三点:第一,练习学过的方法。一方面,紧随新知识点的问题,学生能够及时巩固当前所学习的知识,不至于因为时间的关系对所学知识产生隔阂。另一方面,相间安排的杂题是为了"择当杂用学过之定理以练抉择判断之能力"[⑤],学生能够时时复习先前学习的知识,不至遗忘。第二,培养学生的推理能力。在相对简单的问题中渗透讨论的思想。遇到问题,引导学生从多个角度进行观察思考,从而发掘隐微、不明显的条件,为日后探赜索隐打下基础。问题所涉及的范围时有变化,这样做是为了督促学生不要过分依赖于一贯的做法,应依据题目的变化而采取相应措施,调整解题策略,做到因题而异。第三,为进一步学习数学做准备。在习题设置时,选择一些易于证明的公式或定理,以问题的形式呈现,学生解决这些问题的同时,对所证明的公式或定理有了一定程度的了解。等到日后学习更深的数学知识,再遇到相关定理公式,学生就会感到熟悉。

---

① 吴在渊.近世初等代数学[M].上海:商务印书馆,1922:4.
② 吴在渊.现代初中教科书代数学(上册)[M].上海:商务印书馆,1937:8.
③ 吴在渊.近世初等代数学[M].上海:商务印书馆,1922:7-8.
④ 吴在渊.现代初中教科书代数学(上册)[M].上海:商务印书馆,1937:75-76.
⑤ 吴在渊.中国初中教科书·几何学(上册)[M].上海:中国科学图书仪器公司,1947:编辑大意.

（3）《近世初等几何学》（上、下册）

《近世初等几何学》（如图 10-51）是"大同大学丛书"之三，布面精装，由商务印书馆出版，上册于 1925 年 2 月初版，于 1926 年 2 月再版，下册于 1925 年 5 月初版，1930 年 12 月三版，由吴在渊和胡敦复编著，由胡明复和华绾吉校订。

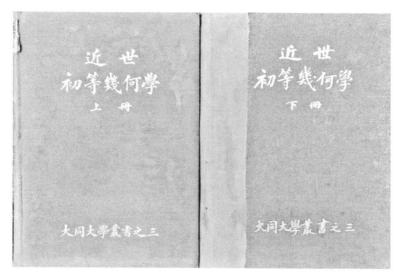

图 10-51　《近世初等几何学》书影

胡敦复（1886—1978，如图 10-52[①]），出生于江苏省无锡县教育世家，数学教育家，被章士钊誉为"中国第一流教育家"。胡敦复幼年聪颖好学，先后在南洋公学、震旦学院与复旦公学师从吴稚晖、蔡元培与马相伯。1907 年 9 月胡敦复赴美求学，在康奈尔大学专攻数学。1911 年，胡敦复出任帝国清华学堂（迁入清华园的游美学务处）教务长。后因抵抗清华学堂的殖民教育，胡敦复率 11 位中国教员忿然辞职，于 1912 年 3 月 19 日在上海创办了中国人自己的大学——大同大学。1917 年胡敦复携手蔡元培入中国科学社。

鉴于此，在大同大学成立不久，胡敦复便领衔成立了"大同大学丛书"编辑部，编辑人员有胡敦复、吴在渊等

图 10-52　胡敦复像

---

① 程民德. 中国现代数学家传（第三卷）[M]. 南京：江苏教育出版社，1998：16.

14 人，他们都是学贯中西的饱学之士，大同大学所用的教材和参考用书，大都由他们自己编写。这些书包括《近世初等代数学》《数论初步》《新中学教科书算术》《新中学教科书初级几何学》《新中学教科书高级几何学》《初等几何学轨迹》《几何圆锥曲线法》等，这些工作为我国早期的大学和中学的数学教科书建设起了重要作用。

《近世初等几何学》的扉页设有明代数学家徐光启《几何原本》杂议中的一段话："下学工夫有理有事。此书为益，能令学理者去其浮气，练其精心；学事者资其定法，发其巧思，故举世无人不当学。闻西国古有大学，师门生常数百千人，来学者先问能通此书，乃听人。何故？欲其心思细密而已。"

《近世初等几何学》内容分析：

① 内容编排方面

吴在渊在"编辑大意"中指出："本书以理论为经，实用为纬，纯为便于初学之故。"[①]该书为新中学及师范学校教学而编撰，避高深之学问，艰深之理论。例如，"比例基础定理"，纯粹几何学家运用插合法论证，虽然此种方法极好，但是对初学者太难；实用几何学家运用代数法论证，虽然简便，但是系统太乱。综合考虑之后，本书最终采用代数证法，以便于初学者理解此定理。而对于超出初学者能力范围之内的内容，如圆锥射影、反形非调和比对合等，断然舍去。再者，本书更加注重实用性，以使得初学者知道几何学在日常生活中有极大用处。为了初学者在实用方面便利起见，吴在渊认为："凡工程，建筑，航海，测量，绘图，物理等方面，能应用初等几何而为初学力所能胜之问题，皆尽量载入。"[②]

在"编辑大意"之后，有"告初学者"，将初学几何者在学习中遇到的困难一一列出，并给出解决方法，如：记忆定理时"务须在证法上，图形关系上，会通上着意，不必在字句上死忆"；证题前要绘图，"图不精则将陷于谬误"；做题时"不宜轻视易作之题"，求轨迹题时，如做不出来，"可先就题意绘出轨迹中若干点，得其全线，于是再考察此线之特征以定施解之途径"。一篇简短的"告初学者"，却可使初学几何的学生在学习中省了不少力气，可见编者用心良苦。

② 名词术语方面

在《近世初等几何学》中，大部分名词术语同现行教科书一样，如点、线、同位角、平行线等。只有少部分和现行教科书中的名词术语不同或在现行教科书中并未出现。

---

① 吴在渊，胡敦复. 近世初等几何学[M]. 上海：商务印书馆，1926：编辑大意.
② 吴在渊，胡敦复. 近世初等几何学[M]. 上海：商务印书馆，1926：编辑大意.

一些定义定理内容表述虽与现在不同,但其几何意义是一样的。表 10 - 12 给出书中部分与现行教科书不同的名词术语。

表 10 - 12　名词术语比较

异　　　同	《近世初等几何学》	现 行 教 科 书
不同	线分	线段
	延线	延长线
	等分线	角平分线
	多角形	多边形
	系	推论
	假设	条件
	终决	结论
	两定理之倒	逆定理
	本定理	原定理
	到否定理	逆否定理
	归谬证法	反证法
现行教科书中未出现的名词术语	旁心	/
	弓形角	/
	线束	/
	旁接圆	/
	鸢形	/
	二点分于调和	/
	调和相属点	/
	调和点列	/
	应位相似	/
	相似轴	/

书中还有一些数学符号与现在的表示有所差异,见表 10-13 所示。

表 10-13 数学符号列表

名　称	符　号	名　称	符　号
轴对称于	∧	平行移动关系	⫫
中心对称于	И	角	∠′
已经证明	Q. E. D.	已经解得	Q. E. F.
差	~	诸正方形	Ⓢ
诸三角形	△Ⓢ	诸平行四边形	◇Ⓢ

书中其他一些符号与现行教科书中所用一致,但在用字母标注图形时,会将一些字母进行明确规定,如:三角形中,a,b,c 为顶点 A,B,C 所对之边,A',B',C' 则表示 a,b,c 之中点。

③ 习题设置方面

在练习题选择方面,吴在渊选择的都是一些"俾学者足以发展能力而不致畏难"[①]的习题,除了一些实用题外,凡是不假思索就可以得到答案的题目不采用,初学者解决不了的题目也不采用。对于学习者来说,经过一番思考之后方可得出答案的题目才更具有挑战性。

在练习题编排方面,每一编末均有相对应的习题供学生练习,最后一章还有杂题,可供程度较好的学生进行学习。习题中定理题,即证明题与实用题、作图题均分开设置。问题设置的难易程度适宜,内容和问题的量适中,既能达到练习之目的,也不致使学生厌烦。

④ 例题设置方面

本书例题的设置紧跟在相关知识点的后面,即介绍一个知识点,后面大多会设计几个例题在这个知识点的后面。有些知识点后面即使没有例题,也会有相应的举例介绍。在某些知识点后面,书中注有"注意"二字,提醒学生注意。

例题大多选用与实际生活有关联的问题。吴在渊认为,可"令初学者知数学在寻常日用方面亦有莫大之功用"[②]。如《近世初等几何学》中,讲到直线图三角形的内容

---

① 吴在渊,胡敦复.近世初等几何学[M].上海:商务印书馆,1926:编辑大意.
② 吴在渊,胡敦复.近世初等几何学[M].上海:商务印书馆,1926:编辑大意.

时,根据所讲定理,有这样一例题:"A 为一发光点,光之射线 AC 遇一镜 SR 于 C,其折线为 CB,若 $C'C \perp SR$,则 $\angle ACC'$ 为投射角(*angleo fincidence*),$\angle C'CB$ 为折射角(*angleo freflection*),依物理定律,折射角与投射角相等,即 $\angle i = r$;从定理七,$\angle a = b$,即 $\angle ACS = BCR$。声浪之反折,弹力之反弹,等皆与此同。"①(此题中有些符号与图中标出不符,图中 c 应为 C,图中 C 应为 C',图中 $\angle z$ 为例题中 $\angle i$。)如图 10 - 53 所示。在定理之后,依据定理内容,与物理中镜面折射、声波反折、弹力反弹相联系,使学生知道数学与物理等其他学科也有一定的联系。

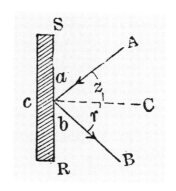

图 10 - 53　《近世初等几何学》第 136 页

此前的教科书,总是在介绍若干定理以后才有一例题,这样对于编者确实是可以省去很多功夫,但对于学习者,学习的新知识得不到及时巩固,长此以往没有一点益处。在《近世初等几何学》序言中吴在渊说:"每讲一二定理,必有数题,可应用最近所学定理练习,题虽不难而成文,决不以算术题滥竽充数。"②

⑤ 证明题设置方面

书中的证明题在求证时分左右两部分,左侧是证明过程,右侧是证明步骤中用到的定理定义或是需要学生注意的地方。下面以第二编第二章平行线"22. 定理十六"进行说明(图 10 - 54)。

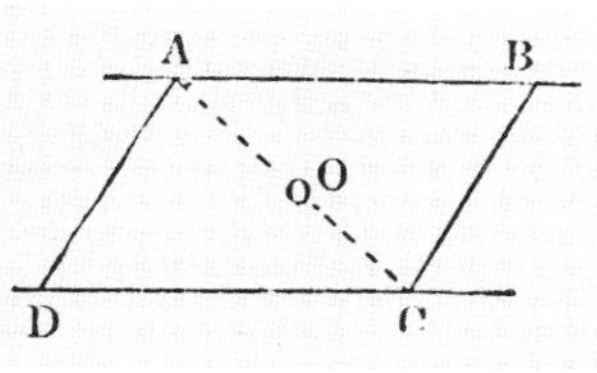

图 10 - 54　《近世初等几何学》第 103 页

22. 定理十六

夹于二平行线间之平行线分相等。

［假设］$AB /\!/ CD$,$AD /\!/ CB$,而 AD 及 BC 夹于 AB 及 CD 之间。

［决终］$AD = BC$。

［证］联 AC,以 AC 之中点 O 为对称中心,

因 $AB /\!/ CD$,$AD /\!/ CB$,　　　　　　　　　假设

故　$AB \cap CD$,$AD \cap CB$;　　　　　　　定理十五系八

由是　　　$B \cap D$;　　　　　　　　　　　定理十四(三)

① 吴在渊,胡敦复. 近世初等几何学[M]. 上海:商务印书馆,1926:136.
② 吴在渊,胡敦复. 近世初等几何学[M]. 上海:商务印书馆,1926:序.

$$然\ A \cup C，\qquad\qquad 定理十四系五$$

$$\therefore\quad AD = BC。\quad Q.E.D. \qquad\quad 定理十四（二）$$

从该定理的证明可以看出，该定理先将文字转化为数学语言，即数学符号，证明过程中将所用依据写在该步旁边，帮助学生理解。证明过程用符号表示，没有过多的文字叙述，简单明了，一目了然。

（三）高中数学教科书举例

民国中期政局动荡不安，列强入侵，军阀混战，这样的混乱局面下教育很难有序开展。教育总长频繁更换与教育法令、法规、政策不断调整，使得国家很难有一个长远、连续、全局性的教育方针。从另一个方面看，这也为教育思想的多元化以及教育实践的多样性提供可发展的空间。受社会背景的影响以及新学制的推行，数学教科书的审定、出版也在日益增多，教科书的编写和出版包括商务印书馆、世界书局以及其他书局，数学家，翻译工作人员以及数学教师等。这一时期的数学教科书不仅数量巨大、种类繁多，而且各具特色、质量提升，形成了新的教科书发展格局，为后续教科书的发展打开了新局面。1927 年南京国民政府成立，国民政府在确定三民主义教育思想基础上对全国的教育进行了统一的管理，对教科书的编写有了统一的要求——维系国民党的统治地位，国文教科书受影响较大，数学教科书因学科的特殊性并没有受到过多限制。经过前期数学教科书的翻译与编写积累，数学教科书进入了更高的发展阶段。

清末、民国初期即有教科书的审定制度，民国中期这一制度并无荒废，且让有实力的出版社竞争出版数学教科书，在鼓励和保护民间出版机构的同时保障其基本利益并实施激励措施。把教科书的选择权交给了地方、学校、校长、教师等实际参与教学的人，以质量为先和满足实际需求的原则，调动了更多有识之士参与教科书的编写与改进，形成了教科书发展的高潮。下面以商务印书馆的"复兴高中数学教科书"、数学家何鲁编写的《新学制高级中学教科书代数学》、翻译教科书《汉译温德华士代数学》为代表对民国中期高中数学教科书进行介绍。

1. 以商务印书馆"复兴教科书"为代表的高中数学教科书

受社会背景的影响，民国中期的高中数学教科书的审定、出版、发行、使用经历了曲折复杂的过程。民国初期高中数学教科书的发行市场主要是商务印书馆与中华书局之间的竞争。到了民国中期，新学制施行后推动了教科书的编写与出版，教科书的出版机构增多，改变了原有的局面，形成了教科书编写热潮。在这一时期，商务印书馆仍是主要的出版机构，推出了"新学制教科书"。1928—1929 年间，许多出版机构推出了新教科书,商务印书馆与中华书局也相应根据要求出版了教科书、教授书以及参考书。1933—1934 年,商务印书馆推出了一套"复兴教科书"。

1933 年起,商务印书馆开始出版"复兴初级中学教科书"和"复兴高级中学教科书"。同时开明书店的"开明算学教本"经修订后继续供应。商务印书馆将"复兴教科书"进行了修订,且重编了《平面几何学》和《立体几何学》。同时,还按"修正"课程标准新编了高级中学教科书,如《三角学》《解析几何学》等。修订的"复兴高级中学教科书"包括《三角学》《平面几何学》《立体几何学》和甲组用的《代数学》,以及"高级中学教科书"。

纵观民国时期教科书的水平,"从许多公正无私的批评归纳起来,小学方面较优者似乎是最初编印的最新教科书和最后编印的复兴教科书两套;中学方面较优者似乎是民国四、五年编印的民国教科书及最后编印的复兴教科书两套。"[①]由于政体突然变更,时间仓促,共和国教科书的水平不尽如人意。"民国教科书"和"复兴教科书"水平较高的原因有两个方面:其一,新课程标准之草拟讨论,早已公开,商务印书馆当时力量雄厚,得以及早筹备,并尽量利用旧有经验与采取各套教科书之优点;其二,教科书编撰者皆为国内该科之著名专家,故教科书内容特佳。王云五先生评价这些教科书时说:"虽学制迭有变更,该套教科书在理本已失效,而教育界仍多沿用不改,可为证明。"[②]

王云五利用北平、香港二分厂,在秋季开学前赶印出教科书满足全国各学校的需要,利用劫后余存的旧纸型,选出一批重印,称作"国难版"。1936 年《高级中学算学课程标准(修正)》颁布后,"复兴教科书"陆续进行了修订。商务印书馆出版的"复兴高级中学数学教科书"共 9 种,包括代数、几何(平面几何和立体几何)、三角、解析几何等多种,具体如表 10-14。

表 10-14　复兴高级中学数学教科书

标　准	书　名	编　者	版　次
高级中学算学课程标准(1932)	复兴高级中学代数学(上、中、下)	虞明礼	1935 年 2 月初版
	复兴高级中学几何学	余介石张通漠	1934 年 7 月初版,1934 年 9 月四版

① 王云五.王云五文集(伍):商务印书馆与新教育年谱(下册)[M].南昌:江西教育出版社,2008:830.
② 王云五.王云五文集(伍):商务印书馆与新教育年谱(下册)[M].南昌:江西教育出版社,2008:831.

续　表

标　准	书　名	编　者	版　次
高级中学算学课程标准（1932）	复兴高级中学几何学	胡术五余介石张通漠	1934 年 7 月初版,1935 年 5 月增订一一版,1947年 12 月增订四九版,1949 年 12 月增订五二版
	复兴高级中学三角学	李　蕃	1934 年 3 月初版,1934 年 8 月四版
	复兴高级中学解析几何学	徐任吾仲子明	1934 年 9 月初版,1946 年六月审定本第三一版
高级中学算学课程标准（修正）（1936）	复兴高级中学代数学(上、下)	虞明礼原著,荣方舟改编	1934 年 8 月初版,1936 年 5 月二次订正一一版,1946 年 9 月二次订正五三版(上册);1935 年 2 月初版,1926 年 5 月二次订正八版,1947 年 1 月二次订正五〇版(下册)
	复兴高级中学代数学(上、下)	荣方舟	1936 年 8 月初版,1946 年 1 月三〇版(上册);1936 年 8 月初版,1948 年 8 月三四版(下册)
	复兴高级中学平面几何学	胡敦复荣方舟	1936 年 7 月初版,1948 年 12 月一〇九版,1949年 12 月一一七版
	复兴高级中学立体几何学	胡敦复荣方舟	1936 年 7 月初版,1946 年 9 月三一版

　　王云五怀着民族义愤和复兴图书馆业的雄心,本着"服务文化之奋斗精神,特编'复兴教科书'一套,以为本馆复兴之纪念"[①]。作为复兴之用的"复兴高级中学教科书",以分科形式,参考多本欧美教科书后结合本国的具体情况编写,整体上内容丰富充实,论理严谨明确;安排顺序根据知识的学习顺序且兼顾前后衔接;注重思想方法渗透;关注数学史知识的融入,名副其实于"复兴"之说。"复兴高级中学数学教科书"的特点如下:

　　(1) 知识的组织与呈现方面

　　首先,关注知识的连贯性与一体性。数学知识具有一体性的特点,由浅入深地学习、循序渐进地深入会收到更佳的教学效果。而教科书作为教学的直接指导,知识的

---

① 商务印书馆.商务印书馆图书目录(1897—1949)[M].北京:商务印书馆,1981:附录.

安排顺序直接引导教师的授课顺序与学生的学习顺序,因此一个模块知识学习的连贯性与一体性有助于学生构建完整的知识体系,并不断地延伸思想、拓宽思路。如《复兴高级中学教科书代数学》中各种方程式集中安排,不同于其他教材。由一次而二次、三次、四次以至 n 次,连续讨论,原原本本,一贯相承,比之分期叙述、零零碎碎,实有事半功倍之效。

其次,内容的组织与呈现形式新颖,一些教科书中内容以单元组织、以知识条目呈现。还有教科书采用标注法进行注释,便于学生理解数学名词与定义。

如,李锐夫(原名李蕃)编著《复兴高级中学教科书三角学》采用单元制度组织内容,全书共分十一章内容,各章自成单元。在每一单元中,采用条目编码的方式呈现知识,这些条目或以知识点(如锐角之三角函数、余角函数等)命名,或以知识类型(如正弦定律、德摩定理之扩充等)命名。呈现方式为"第一章……1. ……2. ……例……习题……"。采用单元制度组织内容是这一时期中学算学教材的趋势。对于在中学采用单元制,余介石认为:

算学中定义定理法则的繁多,往往使学生感到有如七宝楼台,拆下来不成片段,其流弊限于机械的记忆,将学习的兴趣,尽行失去。又算学的组织,本在精练零碎的常识,成一精密普遍的系统,但为心理次序的关系,仍须从常识引入,不能采取完密逻辑的方式编制,故在此情形学生虽可步步入胜境,而易生散乱无序的感想。欲救此弊,宜将最基本的观念为中心,将各部教材与此等观念关系,归纳成若干单元,如此易使学生透彻了解基本观念,则对其他部分,亦易明白,且由此记忆较便,并可增应用能力。

如,"三角函数及其基本性质"这个单元,就是以三角函数观念为中心,将坐标、余角函数、特别角函数、函数值、负角函数、函数基本关系等内容组织在一起。知识以条目形式呈现,从视觉角度就是一些知识点的累积,零碎有余而系统感不足,如今这种呈现方式已成为历史。

如,徐任吾等编著《复兴高级中学教科书解析几何学》采用标注法。主要体现在三个方面:一是在数学名词旁注英文翻译,如曲线(Curve)、变数(Variable)、常数(Constant)等。二是对于重点知识点注有"注"与"注意"字样,如图 10-55,以达到提醒、解

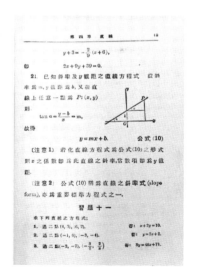

图 10-55 《复兴高级中学教科书解析几何学》第 43 页

释、总结的作用,以便学生更好地掌握。三是给出脚注的形式,对部分知识点给出解释与提示,且在书末附有"公式集"附录,供学生学习。

(2)既关注与初中知识的区别又重视知识之间的衔接

初中数学知识是高中数学知识的基础,而高中数学知识则是初中的延续,教科书中不仅需要引导学生复习旧知识作为新知的正向迁移,还需要区别理解深入学习后的内容与之前学习内容的区别。如,《复兴高级中学教科书代数学》在内容编排上,一次方程式出现较晚。虽然一次方程式在初中代数中宜尽量提早,以显示代数之功用;但在高中代数则不然。高中代数中的方程式应注重同根原理及根之变化。理论较广,讲授不宜过早。而在复习初中代数部分时,往往只列标题,使学生将固有知识自主回味,并加以整理。促进学生在自行思考、复习、巩固,培养自学习惯的同时建立与初中知识之间的联系。另,如余介石等编著《复兴高级中学教科书几何学》,该书注重与初中几何密切衔接,更在开篇配以初中平面几何复习一篇,以便学生后期学习查找。而初中几何学习中一些理论不完备之处,该书颇加注意,如不可通约量定理,都有严密的讨论。

《复兴高级中学教科书平面几何学》将勾股定理内容设置在第三编"面积",这导致

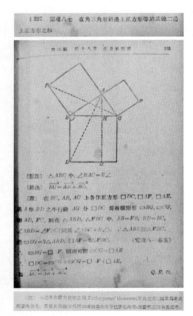

图 10-56 《复兴高级中学教科书平面几何学》第 154 页

证明方法与初级中学不同。在这里主要强调的是图形之间的面积关系,而不再讨论线段之间的关系。所以,该定理的描述以及证明方法在此书中都是从面积的角度展开的,如图 10-56,证明方法则是采用欧几里得的证明法。与初中类似的是,也将语言文字描述改为数学命题形式,提出[假设][终决][证]的形式,完成定理的证明。该证明方法是以分析法为主,执果索因,用三角形共底等高面积相等的原理,从而得出结论。

(3)数学概念与名称的严格化以及使用西方数学符号

纵观民国期间教科书的数学概念,屡屡出现描述不够准确的情况,而"复兴教科书"中数学概念的表述更为严格。如《复兴高级中学教科书代数学》中不滥用函数名称。函数虽为高等数学中的重要观念之一,但其意义乃在研究函数与其所含变数两者相应变化之关系,和代数式之各种基本运算实为两回事。故非

确有需要时,决不滥用函数名称,以免头绪繁多,学生感受辨别不清之苦,且图解扼要。图解属于解析几何范围,其在代数之用,不过是说明方程式之性质及解法。西方数学符号的使用意义重大,在翻译教科书中出现过将西方数学符号翻译为汉字的做法,但使得表达更为复杂,不易于学习者理解。《复兴高级中学教科书代数学(甲组用上、下册)》中,全书均使用西方数学符号,较为简便。且在书末附有"英汉名词索引",供学生学习参考。

(4)论述严谨,讲究方法,富有启发性

教科书的记述没有一味平铺直叙,凡遇简易部分为学生易于自动探索的,采用发问的形式,逐步导出。这样可使学生感觉所得结果是自己搜讨的收获,可以提高兴趣并增强其自信心。同时,经过独立思考的过程,对抽象观念与运用方法能够较为透彻明了。该书涉及定理、公式均给出严格的推导过程,即对于数学,不仅要知其然,而且要知其所以然。这样才能举一反三,触类旁通。这一时期其他高中三角教科书多将对数单列一章,如赵修乾编《新学制高级中学教科书三角术》(商务印书馆,1924 年)、傅溥编著的《高中三角法》(世界书局,1932 年)、裴友石编著的《新课程标准世界中学教本高中新三角》(世界书局,1936 年)等。对此,李蕃则认为:"对数非三角学之范围,惟在解三角形时,应用之以简其运算,故本书不另设一章,而仅在第三章中稍加复习。"[①]强调知识间的逻辑顺序及因果关系。正如刘宏谟所说:"故鄙意以为编教本者应于此特别注意,或插叙一法之史迹,或表彰发明者之研究经过,或于分节述论之先,作一概括的描述,或于既经讨论之后,加以综合的观察,庶学者能深透其意义,增广其见识。……如是则纲系严整,意味盎然,斯为完善之教本矣。"[②]

(5)注重数学思想方法的渗透

如,李锐夫(李蕃)编著《复兴高级中学教科书三角学》,书中内容贯穿了数形结合、分类、极限等数学思想方法。在第五章"三角形边与角之函数之关系"中,通过推理论证得出正弦定理的公式表达,并利用文字进行表述。随后,给出正弦定理的几何意义,实现了代数与几何的结合,体现了数形结合的思想方法。在证明余弦定理时,渗透了分类的思想,即将三角形分为锐角三角形和钝角三角形两种情况分别进行讨论,最后得出统一结论。此外,在三角形解法中也将已知条件分类进行讨论,体现了分类的思想。该书对 0°及 90°的三角函数利用极限法进行求解。此外,渗透的其他数学方法也较多。如,三角函数线表示法,应用单位圆、分析法绘制三角函数图像等。

徐任吾等编著《复兴高级中学教科书解析几何学》中也十分注重数学思想方法的

---

① 李蕃.复兴高级中学教科书三角学[M].上海:商务印书馆,1950:编辑大意.
② 刘宏谟.算学教科书改良意见[J].中等算学月刊,1934,2(9):4-8.

渗透。在该书中得出某些结论时,有时从特殊到一般,有时从一般到特殊。在第五章"圆"中,先给出圆心在$(0,0)$(原点)的圆的方程式$x^2+y^2=a^2$,之后推广到圆心在任一点(h,k)的圆的方程式为$(x-h)^2+(y-k)^2=a^2$。又如第四章"直线"中,在给出直线的截距式方程$\dfrac{x}{a}+\dfrac{y}{b}=1$后指出,若直线与$x$轴或$y$轴平行,或通过原点,则不能化成此形式的方程。这种方法是从一般研究特殊情况。另外,书中蕴含了分类讨论的方法,在第七章"圆锥曲线种类之判别"中,将方程式$Ax^2+Bxy+Cy^2+Dx+Ey+F=0$中B^2-4AC的值分成三种情况分别讨论:若$B^2-4AC<0$,为一椭圆;若$B^2-4AC=0$,为一抛物线;$B^2-4AC>0$,为一双曲线。

(6)注重数学史知识的渗透

但凡科学的发现,必有一番原委,三角学也不例外。介绍该领域的相关知识,有利于学生了解其发展的过程,从而更好地学习。如,李锐夫(李蕃)编著《复兴高级中学教科书三角学》开篇第一章就给出三角学的定义、起源及其研究范围:"三角学英文为Trigonometry源于希腊文τριγανον(三角形)及μετρον(量)二字,盖量三角形之意也;换言之,即在研究三角形之边与角之关系耳。但时在今日,其范围大加扩充,所有关系于角之代数研究亦所属焉。"这段话还明确了三角与代数之间的关系。再如,该书中介绍六十分制时,同时给出其来历,即巴比伦天文学家取一年为三百六十日之意也。又如,在推导圆内接四边形面积公式后,补充说明"此乃十六世纪印度数学家白拉美格楼达(Brahmegupta)所发明"。并在发明者及其国籍的下方加下划线以表强调。

总体来看,从效仿日本到学习欧美,从直接翻译到结合国情编写,民国中期的高中数学教科书在这一时期发生质的飞跃。数学符号的使用促进了与西方数学接轨的速度,前期积累的教科书翻译编写经验丰富了高中数学教科书的内容与形式,关注数学思想方法与数学学习方法渗透显示了教科书编写者的智慧,对知识的循序渐进吸收与一贯性、整体性的把握使得高中数学教科书对实际课堂的实效性进一步提升,对数学名词、数学概念的进一步规范为后续数学教科书的发展奠定了基础。也就是在这一阶段,我国高中数学教科书的编写达到了一个高潮。

2. 数学家编写的高中数学教科书

民国中期有一些数学大家也投入到中学数学教科书的编写工作,他们在数学方面有专门的研究,并且有日本、欧美等国的留学经历,将所学的知识与经历结合,以期为我国的中学数学教科书做出自己的贡献。当时,胡敦复、吴在渊、余介石、傅种孙、虞明礼、汪桂荣、荣方舟、秦沅、秦汾、徐子豪、周元谷等专家积极参与数学教科书编写工作,保证了数学教科书的质量。教科书的编写,包括数学教科书的编写,必须有充分时间,悉心商讨,始能有良好的成绩①。我国著名数学家和数学教育家陈建功,因其多年数学学习的积累以及日本留学与教学经历,对数学教育思想、数学教育史和数学史的认识是较系统而深刻的。虽然他的名篇《二十世纪数学教育》发表于1952年,但实际上他的数学教育思想和精神早在20世纪30年代已经形成,并付诸实践。他积极投入中等数学教育工作,编写了教科书《高级中学甲组用高中代数学》《高级中学学生用高中几何学》,这些教科书被广泛使用,并产生积极影响。

数学家担任教科书编写者的优势包括以下几个方面:首先,吴在渊、程廷熙、傅种孙、陈建功、胡明复、余介石、何鲁、张鹏飞等著名数学家积极投入编写中学数学教科书的行列,起到引领作用。其次,他们有的独自编写一种教科书,有的编写完整的一套教科书,并不断修改再版多次。最后,他们编写教科书并不是昙花一现,多数数学家长期致力于教科书的建设。数学家编写教科书,一方面能在宏观上把握国内外数学教科书的发展情况,另一方面能够保证数学教科书内容的系统性。当然部分教科书也会出现难度稍大、数学符号使用不够规范以及数学定义与大学定义混用的情况,但可通过再版不断地修订完善。作为汇集丰富的数学知识、中西结合的教育理念以及迫切改进国民数学教育的愿望于一身的数学家们,为民国中期的高中数学教科书的编写做出了重要的贡献。

数学家、数学教育家何鲁曾留学法国里昂大学,是1919年第一位考取法国科学硕士的中国人。他认为直译欧美书籍"与我国学生程度不合",何鲁的留学经历促使他编写适合中国学生使用的教科书《新学制高级中学教科书代数学》(如图10-57),旨在使学习者明白"至何处为算术之推广;何处为代数之推广;分析之肇始"的同时增加研究算数兴趣。

下面借该书"序"说明具体的编排情况:

近行代数学教本,多由欧美书直译,与我国学生程度不合,且于代数意义及方法均付阙如,故习代数者往往不知代数为何物,即知者亦不过能为公式之机械计算而已。欧美学生之深造机会甚多,故中等教科书虽稍嫌不完备,尚不足为累;我国学生则反是,不于

图10-57　《新学制高级中学教科书代数学》书影

① 王云五.王云五文集(伍):商务印书馆与新教育年谱(下册)[M].南昌:江西教育出版社,2008:831-832.

中学奠其基础,则研究之兴趣不生,则至一无所得而止,故余以为在中国编教科书,其责任重大,决非率尔操觚者所能胜任。兹余以十余年之经验,数阅月之苦思成此书,读者可以见篇名而知代数之意义。至何处为算术之推广;何处为代数之推广;分析之肇始;皆不惮详言,冀为读者一贯之助。吾知此书出,学者研究算学之兴趣,必因之增加。得此津梁,自可进窥奥,固不无裨益于世也。

该书第三篇得余友向迪璜教授之助为多,附及之以志谢。

中华民国十二年夏　季曾何鲁识于学海室

该书重要数学概念首次出现时同样在其后附相对应的英文单词,便于学生对照学习提高英文水平。单从学习内容来看,该书涉及的代数学知识要比现行高中数学内容深,诸如它包含行列式,而现行数学教育中系统学习行列式是在大学课堂里。但从高观点角度看,此举不乏提升高中学生对代数学的深入认识以及对其进一步学习数学的期待。此外,该书根式的符号存在混乱情况,有待进一步提高。但从编写理念和角度以及对学习内容的巩固方面来看,该书都堪称优秀。

3. 翻译的高中数学教科书

民国时期,人们的民族危机意识被唤醒,一些有志之士把教育作为挽救民族危亡的有效良方。"欲任天下之事,开中国之新世界,莫亟于教育"[①]。特别是新政实施的教育改革、科举制度的废除和新式学堂的兴办等,这些建设性的改革是教育转向正规化的推手。在教育逐渐走向正规化的同时,数学作为一切科学技术的基础学科更加受到了重视。在当时数学教科书内容不够充实、水平也受到限制,严重阻碍数学教育发展的情况下,本着"古为今用、洋为中用、师夷长技以制夷"等思想,翻译和直接使用他国的教科书成为了一种必然。同时为满足国人学习数学的需要,提高数学教育水平,大量外文原版、国人翻译或编译的数学教科书犹如雨后春笋般应运而生,这种景象堪称中国数学教育发展史的一大特点。而受中西方文化差异的影响,西方固有的文化表述方式国人不易接受。所以当时的国人认为:"西书甚繁,凡西学不切要者,东人(日本人)已删节而酌改之,中东情势、风俗相近,易仿行,事半功倍,无过于此。"[②]翻译教科书被传入中国后经历了直接翻译、多本融合、结合国情编译等处理方式,对高中数学教学起到了重要的推动作用。

民国时期翻译的数学教科书是清末的延续与发展,一方面继续再版、翻译清末时期反响较好的数学教科书,另一方面根据时代的发展,不断引进、翻译欧美等国的数学

① 梁启超.南海康先生传[M].北京:中华书局,1989:63.
② 舒新城.中国近代教育史资料(下册)[M].北京:人民教育出版社,1961:976.

470

教科书。然而,中国在当时所引进的外国数学教科书大多在原产国早已流行甚久。如,温德华士所著三角学教科书于 1882 年在美国初版,中国在其出版 29 年后才首次引进,并逐渐在中国流行起来。可见,中国当时在引进数学教科书方面较为滞后。甚至有可能出现原产国已经弃之不用的教科书却在中国流行的现象。数学教科书的翻译主要通过以下几个途径实现。

第一,留学生的贡献。留学生翻译的数学教科书有些在国外出版发行后再运到中国销售,有些则在国外翻译后由国内出版发行,他们对中国近代数学教科书的发展做出了不可磨灭的贡献,如马君武、段育华、秦汾等。其中,马君武是中国近代著名教育家和政治活动家,也是留美回国的学者之一,他虽不是数学家,却翻译和编写了不少数学教材,其中三角学教科书是翻译突罕德的著作。马君武与蔡元培同享盛名,有"南马北蔡"的美誉。

第二,由于直接引进外国原版数学教科书成本较高,使得一些平民百姓家的学生难以负担,故中国当时出现了大量的誊印本。如,北师大算学丛刻社负责誊印了大量的外国原版数学教科书。当然,为了减少成本,教科书的质量远不如原版。使用英文版教科书有优点也有缺点。优点在于英语水平得到较大提高,缺点在于英文版教科书内容题材有些不适合中国的实际。此外,由于学生学习的是英文版教科书,会产生对现在的中文数学名词完全陌生的窘况。由此催生了汉译教科书。

第三,鉴于英文原版数学教科书毕竟只适合少数精英教育学校,大多数普通高中仍要依靠中文版的教科书进行教学,故在这种情况下同时大量出现了各种外国数学教科书的汉译本。如,以《温德华士平面三角法》《葛氏平面三角学》为主流,后有《罗氏平面三角法》《赫奈二氏平面三角法》《龙氏平面三角学》等。这些汉译本由商务印书馆、中华书局、世界书局、文明书局等各大教科书出版企业出版发行。

审定制度方面,民国时期虽然对国人自编教科书有审定制度,但是对翻译教科书没有严格审定要求,从客观上讲对翻译教科书也很难实施审定。因为仅从翻译的中学数学教科书情况而言,其种类较多,各种原版教科书出版的前后时间有的相差数十年,如温德华士教科书原版是在 19 世纪 80 年代出版的,而布利氏混合数学教科书原版是在 20 世纪 20 年代出版的。数学教育工作者根据国内教学需要和各自的喜好翻译进来大量的外国中学数学教科书,这些教科书不受国家教科书制度的制约。由数学家根据自己对外国数学教科书的了解进行筛选、翻译后推行使用。使用比较广泛的高中代数教科书译本有 Wentworth 著《温德华士代数学》和 Henry Burchard Fine 著《范氏大代数》。高中几何教科书译本有 Wentworth 著《温德华士几何学》和 Schultze-Sevenoak-Schuyler 著《三 S 几何学》。高中三角学教科书译本有 Wentworth 著《温德华士平面三角法》,葛蓝威尔(W. A. Granville)著《葛氏平面三角学》,章彬译《汉译龙氏平面三角法》,薛仲华译《波郤特氏新三角法》,李友梅译《霍尔乃特高中三角学》,王允中译《二 B 平面三角学》。高中解析几何教科书译本有 Percey F. Smith-Arthur Sullivan Gale 著《斯盖二氏解析几何学》,Percey F. Smith-Arthur Sullivan Gale and John. Haven Neelley 著《斯盖尼三氏新解析几何学》和韩焕堂等译《龙氏解析几何学》。其中温德华士系列教科书在国外影响较大且在我国译本较多。

温德华士(George Albert Wentworth,1835—1906),美国数学家、数学教育家,他一生出版著作 50 多部,大多数为数学教科书,例如:

(1) Practical Arithmetic(1883 年)

(2) Exercisesin Arithmetic(1887 年)

(3) Grammar School Arithmetic(1892 年)

(4) Elementary Arithmetic(1894 年)

(5) Advanced Arithmetic(1898 年)

(6) Elements of Algebra(1881 年)

(7) Plane Trigonometry and Tables(1882 年)

(8) Shorter Coursein Algebra(1886 年)

(9) College Algebra(1892 年)

(10) New School Algebra(1898 年)

(11) Analytic Geometry(1886 年)

(12) Plane Geometry(1899 年)

(13) First Stepsin Geometry(1902 年)

(14) Planeand Solid Geometry(1903 年)

(15) Plane Trigonometry(1891 年)

(16) Planeand Spherical Trigonometry(1891 年)

这些教科书涉及算术、代数、几何、三角等学科,多为中学所采用,也有一些用作大学教科书,如《温特渥斯解析几何学》(1908 年)。他的数学教科书在当时美国教科书市场占有重要的地位,1898 年他称自己的中学代数教科书已售一百万册以上,并且销售量还在逐年增加。1906 年温德华士去世后,他的儿子乔治·温德华士(George Wentworth)与史密斯对其数学教科书进行了多次修订,使得在 19 世纪80 年代到 20 世纪 20 年代间温德华士系列教科书主宰着整个美国数学教科书市场。

面对当时数学教学急需大量优秀的数学教科书,而国人自编数学教科书极少,且自编教科书的经验不足、质量亦不如外文版数学教科书的情况,温德华士的数学教科书传入中国,这在一定程度上解决了当时国人对于数学教科书的需求,无形中推动了数学教育的发展。另外,温氏教科书在编写方面具有内容说理明晰、选材详备,使教者易于教,学者易于学等优点,对以后数学教科书及数学参考书的编写具有很好的借鉴意义,如 1925 年我国出版较早的一部数学专业词典收录的数学术语及英文名称的注释就参考了温德华士的代数和几何教科书。下表为清末至民国时期出版和使用的温德华士数学教科书(汉译本)汇总(表 10 - 15)。

表 10 - 15　清末至民国时期出版和使用的温德华士数学教科书(汉译本)

序号	书　　名	译　者	出版社	初版年代
1	汉译温德华士初等代数	李树葉	文化学社	1936
		杨凤荪等	北平科学社	1936
		田镜波	华北科学社	1936
2	汉译温德华士高中代数	屠坤华	商务印书馆	1925
3	汉译温氏高中几何学 (原名:汉译温德华士几何学)	张　彝	商务印书馆	1911
4	温特渥斯立体几何学	马君武	科学会编译部	1922
5	温特渥斯平面几何学	马君武	科学会编译部	1922
6	汉译温斯二氏立体几何学	王周卿,高焕文	北平科学社	1940
7	汉译温斯二氏平面几何学	万允元等	科学社	1935
8	温特渥斯解析几何学	郑家斌	科学会编译部	1908
9	汉译温德华士三角法	顾裕魁	商务印书馆	1911
10	平面三角	沈昭武	文明书局	1912
11	平面三角学	高佩玉,王俊奎	文化学社	1932
12	汉译温斯二氏平面三角学	封嘉义	科学社	1936
13	汉译温德华士代数学	屠坤华	商务印书馆	1910

图 10-58 《汉译温德华士代数学》书影

其中,《汉译温德华士代数学》(如图 10-58)译自 Wentworth's Elementary Algebra,由屠坤华译述,上海商务印书馆出版发行,1910 年 11 月初版。《汉译温德华士代数学》共 461 页,由序言、目录及正文构成。

该书既可作为中学及中学以上的学校教学使用,又适合学生自修。全书采用先易后难的方式进行编排,同时采用图解及问题的形式方便学生理解及深入学习。因该书译自西方学者温德华士,学生也可在汲取知识的同时学习英文,进而达到开拓视野的效果。

《汉译温德华士代数学》目录如下:

第一章 界说及符号;第二章 一次方程;第三章 正负二数;第四章 加法减法;第五章 乘法除法;第六章 特式法术;第七章 生数;第八章 公生及公倍;第九章 命分;第十章 命分方程;第十一章 同局一次方程;第十二章 同局一次方程问题;第十三章 图解;第十四章 无定一次方程;第十五章 偏程;第十六章 乘方及开方;第十七章 指数之理;第十八章 根式;第十九章 幻数;第二十章 二次方程;第二十一章 同局二次方程;第二十二章 比例,同理比例,变数;第二十三章 级数;第二十四章 变数及极限;第二十五章 杂级数;第二十六章 对数;第二十七章 错列法及排列法;第二十八章 二项例;第二十九章 杂例题。

全书各知识点后紧附"习问",以便学习练习巩固之用,遇到知识学习的关键点处则会以"注意"二字作为提醒。涉及应用题的"习问"会在之前设有"问题之语及解",其作用相当于现行教科书的"例题",而例题中的问题解答程序包括设未知数、寻找题设中的关系并用符号表示、列等量关系、求解和作答几步。该书虽在翻译时与当时国内已有名词术语进行结合,但仍存在不统一的情形,像根号的符号表示就有多种形式,如"$\sqrt{\quad}$"或"$\sqrt{\quad}$"。此外,所用名词术语也与现行教科书有所不同,如用"公生"表示"公约数",用"质生"表示"两数互质",用"倍生"表示"公倍数",用"叠分"表示"分式",用"幻数"表示"虚数"等。

温德华士数学教科书作为当时在中国被广泛使用的数学教科书之一,具有如下特点:

第一,内容设置方面,难度由浅入深、体例井然、简明易懂,在每一章之后均设有例题一节,是对部分定理和例题证明的补充。书中附有一些教学法方面的内容,如在内容的注释中加入附注,表明学生已有知识情况和对现有推论的证明步骤之间的关系等;在《汉译温氏解析几何学》的序中提到,学生在学习了一定算术、代数、几何和三角知识之后,才能更好地领会这本解析几何等。

第二,温德华士数学教科书内容讲解详细、图文并茂,使得教者易于教、学者易于学,是较好的教科书。例如温德华士与史密斯合编的几何学,其内容和温德华士的几何在内容上是一样的,"不同之处有三:① 温斯二氏几何学,删去了第九编圆锥曲线;② 在最初部分增加了作图基本方法与视错觉例题两段,删去了四种命题部分;③ 最后增加了几何游戏与几何简史两段。所增加的部分,都是学生应该知道的一些知识,也能引起学生的兴趣,它是一本较好的教科书。"[1]

第三,习题、例题设置方面,温氏数学教科书课后习题量过多,这虽然符合当时教育的"尚实"精神,但学生不断地做重复性练习,不利于培养学生的创造性。另外有些表述烦琐,严谨性不够强,内容顺序安排不合理,有些解法或证明较繁。同时作为教科书,有些例题和内容可以删去,如对于中学生来说,表之构造和正切定理可以删去。

温德华士数学教科书在中国的使用经历了这样的一个发展过程:1910 年以前使用英文原版,随着温氏数学教科书的使用量不断增多、影响力不断增大,各种汉译版本不断地涌现,在这个过程中,国人自编数学教科书的潜力不断地被发掘出来,出现了很多优秀的国人自编的数学教科书,如寿孝天的《算术》不管是在理论的严谨性上还是在方法的巧妙性上都毫不逊色于国外的数学教科书,秦汾、秦沆合编的《民国新教科书几何学》在内容上与温氏几何学相同,但文字精练,内容顺序安排等都优于温氏几何学。正是翻译教科书的引进,为后续国人自编教科书奠定良好的基础,也因为其弊端逐渐被符合国情的自编教科书所取代。

民国中期涌现一批外国的数学教科书,使得翻译外国数学教科书在当时成为热潮。翻译的高中数学教科书在清末和民国初期的基础上进一步发展起来,翻译教科书的经验不断提升。民国中期,翻译的高中数学教科书有如下特点:第一,1922 年新学制颁布后,分为初中和高中两个阶段,而这一时期翻译的数学教科书大多是供高中使用的,且占全部数学教科书近一半的份额,初中则几乎都是使用国人自编本。第二,民国时期中国数学教科书的学习方向虽由日本转向美国,但并没有完全放弃向日本学习,这一时期,菊池大麓、上野清、长泽龟之助等日本学者编写的三角学教科书仍一直再版,可见日本的影响一直存在。第三,翻译的数学教科书大多与国体变更、数学教育

---

① 魏庚人.中国中学数学教育史[M].北京:人民教育出版社,1987:133.

制度等无关。以《温德华士平面三角法》为例，其英文原本于 1882 年出版，由美而日，风行已久。中国取自日本，以暂解当时中国数学教科书短缺的燃眉之急。中国最早的译本是在清末出版的，之后国家政体改变，中国易君主为共和，国体虽改，但此书仍同前时一样颇受各学堂所欢迎。这一现象从侧面反映了翻译的数学教科书与国体变更毫无关系，也不受数学教育制度的制约。第四，教科书书名问题。与中国自编数学教科书不同的是，外国数学教科书一般用其作者的名字作为书名的组成部分，而中国这种情况较少，包括我们许多出版社登出的广告也很少刊登作者的名字。这不仅是宣传工作方法的失误，从更深层说，也是缺乏文化意识的表现。因为书是作者写出来的，是与作者分不开的。书的优劣及其价值固然与内容等有关，但绝不是有了优秀的素材就有了优秀的教科书，而是要看其作者是谁，写得如何。

总之，民国中期翻译的数学教科书对中国数学教科书的编写产生了示范作用，其影响深远。借鉴外国数学教科书的编写经验，使得中国自编数学教科书得到长足发展，并逐渐适合中国国情，趋于完善。

第四节　数学教育理论与研究

1922 年 9 月教育部通过了《学校系统改革案》，公布"壬戌学制"，新思想的融入与新学制的建立都在民国初期的铺垫下，为民国中期的数学教育发展提供了生机。受日本、欧美等数学教育理论与改革思想的影响，数学教育家们开始了数学教育理论的探索与数学教育实践的开展。下面具体介绍这一阶段的影响较大的数学教育理论与研究，具体包括俞子夷数学的教学实验与《小学算术教学法》、小仓金之助与《算学教育的根本问题》、舒慈的《中等学校算学教学法》。

一、俞子夷数学教学实验与《小学算术教学法》

俞子夷是中国近现代著名的教育家。他毕生从事小学教育的实验和研究，对小学算术教材教法进行了可贵的探索。他的教育研究特点是深入教育实践，理论联系实际。在创建适应中国国情的小学数学教材、教学体系上做出了卓越的贡献。俞子夷在从事小学数学教学研究的同时，晚年还研究了小学数学教学研究史。他是承前启后、连续研究新中国成立前与新中国成立后的数学教育的典型人物之一。

（一） 俞子夷关于设计教学法的数学教学实验

俞子夷进行的最著名的教学实验之一就是设计教学法教学实验，他被认为是推行设计教学法最有力的人之一。俞子夷的设计教学法实验包括改造的设计教学法和随机教学法两个方面。

1919 年，俞子夷在南京高等师范学校附小首次进行了设计教学法实验研究。实验的详情记载于俞子夷的《一个小学十年努力记》一书中。俞子夷的设计教学法取得了良好的效果。1921 年，《第七届全国教育联合会议决案》指出：设计教学法"法良意美，无逾于此"，认为应逐渐推及全国[①]。

俞子夷认为，游戏是儿童活动的中心，因而宜采用随机教学方式。该教学法有详细的游戏计划、目的和具体要求，要求在练习中游戏。

俞子夷对设计教学法也有深入的理论研究，他在《设计教学法》（《教育汇刊》第四集，1922 年 9 月）一文中阐述了设计教学法的来源、定义、内容，设计教学法的优缺点以及如何实施设计教学的策略。并且讨论了设计与训练、设计与练习、时间表与升级问题等。他认为设计教学就是让学生自己感觉到知识的缺乏，从而自己主动来学习这方面的知识。俞子夷对传统教学与设计教学进行了比较，认为设计教学法受益于学生，即他认为"旧法是送教材，新法是学生自己要的。前者一时接受，离校即忘；后者劳力虽多，却学生实在得益。"[②]并建议在初步试行设计教学法时，年级和编制不能全部废除。

（二） 俞子夷《小学算术科教学法》

在 20 世纪 20 年代的教育实验运动中，俞子夷以算学测验著称，编制了大量的教育测验，对改变传统考试、促进教育研究科学化起到了积极作用。通过几年的探索和实践经验，俞子夷对算术教学逐渐形成了自己的观点，他于 1926 年编写了《小学算术科教学法》一书。该书是中国早期理论性很强的一本数学教学法教科书，也是当时较有影响的数学教学法教材。该书的出版标志着俞子夷的教育研究与实践开始步入一个新的阶段。下面以俞子夷的论著《小学算术科教学法》（商务印书馆，1929 年，如图 10 - 59）来阐述他的数学教学思想及其对中国当今数学教育的积极作用。

---

① 李桂林.中国现代教育史教学参考资料[M].北京：人民教育出版社,1987：515.
② 董远骞,施毓英.俞子夷教育论著选[M].北京：人民教育出版社,1991：37 - 38.

图 10-59 《小学算术科
教学法》书影

《小学算术科教学法》共十章,各章内容如下:数目、数目的名字、数目字;加法;减法;乘法;除法;诸等数;小数;应用问题;关于百分的各种;分数。他的教育思想在该书中都有一定的体现。俞子夷在完成该书之前曾编写过《小学算术科教学法》一书,但是该书是理论性、总括性地叙述小学算术教学法,在实际教学中不宜于使用。而《小学算术科教学法》是以实例为根据,是比较切合实际的教学法,对于从事小学算术科教学的教师具有良好的参考价值。该书内容的编制并不是按照教科书的次序,而是以加减乘除法等分类来编写的。每类中都包含各个教材中相关的内容,俞子夷给出了比较详细、比较切实的具体教学法。所以不论使用哪种教科书的教师都能按照教材在本书中找到确切有效的教学方法,实施于实际的教学中。俞子夷认为"学习如砌墙一样,只有每块砖砌得坚固时,全墙自然也就坚固了"。所以,该书特别注重的一点是详细地分析各种基本算法步骤。该书在中国的影响很大,曾多次出版,如,在 1931 年再版,是当时师范小丛书之一;1948 年又一次印刷,成为国民教育文库之一。除了该书以外,关于小学教学法的书籍,俞子夷还出版了《小学算术教学之研究》(中华书局,1935 年)。

(三) 俞子夷的教育研究思想观点及其影响

普及教育是俞子夷最主要的教育思想。他认为不但要普及城市小学教育,而且要重视普及农村小学教育,要有一套适合中国城乡实际的小学教材教法,以便节约财力、精力和时间,取得最佳的教学效果。因此,他将毕生的主要精力放在小学教材教法的研究上。从早年办单级(复式)教授练习所到晚年办国民教育实验区,他一直都关心农村的复式教学。在早期,他反对"取貌遗神",赞成搞"四不象",这在他的《小学实施道尔顿制的批评》[①]明显地体现出来,从而摸索五段教学法和道尔顿制的改造,以及建立中国式的设计教学法。后来则力图创建适合中国国情的教材教法,特别是算术教材教法体系。俞子夷的教育研究思想,不仅对当时的教育理论研究和教学实践产生了极大影响,而且对中国今天的数学教育研究和数学教学也具有重要

---

① 董远骞,施毓英.俞子夷教育论著选[M].北京:人民教育出版社,1991:148.

的启迪作用。

首先,俞子夷教育研究的特点是深入教育实践,理论联系实际。他的这种研究精神在中国近代教育家中是罕见的。俞子夷指出:"经验并不是不必要的,实在是很重要的,但是经验没有理论去指导,往往要走迂远的路,或者走入不正当的路。"①他在算术中重视实践,反对唯心论和机械论。可见,他在几十年取得的所有教育成就都是他始终注重理论联系实际的结果。

其次,俞子夷的教育思想对今天的数学教育也具有重要的启示作用,他的思想方法体现在以下三个方面。

第一,在教学上,俞子夷强调应该注意教授之经济观。他认为得当的教学方法能够产生教育经济,他明确提出:"从事教育者,若不明效果和方法之适应,则教育上之消耗(即时间之消费、精神之虚耗)必巨。"②俞子夷认为算术教授之经济观应该是"日常教授当以所用方法所耗时间及精神——与所得效果相较量,此之谓教授之经济观。"③这种观点,在今天的数学教学中也具有重要的参考价值。目前,在中国数学课堂教学中,课堂的有些不科学的、形式的、烦琐的提问和过多的机械练习等等,在无形中给学生的心理等方面造成不良影响,从而给教学带来负面影响。

第二,理论联系实际、生活与数学相联系的数学教学研究思想方法。从俞子夷的数学教学研究的论著中,很难看到空洞抽象的理论论述,把理论知识使用得恰到好处,把学校数学与学生生活实际有机地结合起来,甚至把学校当作个小社会来研究。

第三,严谨的数学教育研究的治学态度。在俞子夷的数学教育研究的相关论著中都能体现出他治学态度的严谨。他能够结合教学实际对教学情况进行细密的分析,这可以从他的论文——《算术教授上之谬误》一文中明显地体会出来。

二、 小仓金之助与《算学教育的根本问题》

小仓金之助(Kinnosuke Ogura,1885—1962)是影响中国中小学数学教育的一位日本数学教育家。他留学法国、大力提倡培利-克莱因数学教育思想,对中国中小学数学教育也产生颇多的影响。小仓金之助的数学教育思想主要体现在其著作《算学教育

① 董远骞,施毓英.俞子夷教育论著选[M].北京:人民教育出版社,1991:49-50.
② 俞子夷.算术教授革新之研究[J].教育杂志,1918,10(1):18-28.
③ 俞子夷.算术教授革新之研究[J].教育杂志,1918,10(1):18-28.

的根本问题》(颜筠译,上海商务印书馆,1930 年),如图 10 - 60。

图 10 - 60　《算学教育的根本问题》书影

具体目录如下:

第一篇　算学教育的现状

第一章　日本的算学教育——一　关于算学教育的疑问;二　算学教育的特征;三　教授的实际;四　算学教育史之瞥见。

第二章　世界各国的算学教育改造运动——一　英国;二　法兰西;三　德国;四　北美和众国;五　日本。

第二篇　算学的本质

第一章　从论理上看来的算学——一　纯正算学的意义;二　直观的论理;三　孤立主义与融合主义。

第二章　从应用上及自然科学上看来的算学——一　实用算学;二　算学和自然科学的关系;三　相关关系。

第三章　算学与教育——一　论理算学看来的算学教育;二　算学教育更是关于形式陶冶的价值底旧说;三　较近教育心理的算学教育论。

第三篇　算学教育私论

第一章　序论——一　我的立足地;二　算学难解的原因;三　算学教育的顺序;四　给想做专门家的人们的算学教育。

第二章　本论——一　算学教育的意义;二　心理学说和我说底调和;三　实验的方法;　思想的自由和融合主义。

第三章　各论——一　算学实验室;二　图解与数值计算;三　可被导入的新教材;四　中学校算学教授要目;五　教授要目的说明。

第四章　结论——一　科学教育底有机的统一;二　教育的自由;三　实用和理想。

附录　第一　教育心理学者所创案的教授要目

附录　第二　实用算学书籍目录

(一)小仓金之助的数学教育思想

小仓金之助提出:"征于学生心理的发展,鉴于算学发达的痕迹,是为教育上唯一可采之道。"①他认为数学教育的意义在于科学精神的开发,否定以往的所谓"形式陶冶"。数学教育的核心是函数观念的养成。数学学习应该尊重实验与直观。混合数学教学能够真正体现数学的教育价值。"高唱自由与直观,顺应少年的心理发展而向科学的精神开发进行,这是我的论说的基调。而科学的精神之根本的函数观念,是为达到算学从来与我们的生活有亲密的关系。我深信如是而行,算学教育上的实用主义和理想主义才得握手。"②

第一,小仓金之助主张良好的数学教育应该做到论理性、实用性和心理性三者的有机统一。在数学教育中要以调和的精神来选择教材、决定教法。

首先,小仓金之助主张数学教育必须做到实用性。他针对当时日本脱离实用的数学教育提出:"我们从事数学教育研究的时节,一定要思虑到真正地好好发展,创造人间生活的问题。"③即数学教育是必须重视实用性的,是为了满足人们的生活需求和进行其他科学研究的工具。当然,并不是说小仓金之助排斥数学的论理性,他说离开实用性而过于重视形式论理的数学教育会使学生失去学习的兴趣,从而导致数学难学。

其次,小仓金之助提出忽视数学教育论理性的原则,无异于数学教育的自杀。他强调:仅仅是实用性原则,不足以支配整个的数学教育。数学具有特殊的方法和观念,有系统的体系。它并不是公式的堆垒,也不是图形的汇集,而是由推理组成的体系。数学不但其内容在事实上有价值,其所用之方法也具有教育上的价值。断片的推理,不但见诸任何学科,也可从日常有条理的谈话得之。但是,推理之成为论理的体系者,限于数学一科。数学具有这样的教育价值,称为论理的价值,是为论理的原则。若数学教育中忽视论理的原则,无异于数学教育的自杀。

最后,数学教育的顺序必须顺应学生心理发展的一般规律。小仓金之助说:"假设人们的一生分三期。第一期的幼少年时代,就是惊异想象的时代,所见闻的都无非是新的,游玩公园,散步街头,都可增进他的经验。第二期的青年壮年时代,是为心身发达的时代,这是不顾多少缺陷而大试活动奔放的时代。到了第三期,便渐成批判的回顾的状态,逐致坚实较重于奔放了。"④算学的发达痕迹为:"算学和其他一切的科学同样的,以人间的日常生活所直接必要的要求之下,日常的体验为基本而生的,是为第一期。在次之时代,综合、抽象、一般化这等的结果,而渐作或科学的算学,并且丰富其内容,是为第二期。及到第三期,加批判于第二期的算学而严正之,除去论理的缺陷,逐

---

① ［日］小仓金之助.算学教育的根本问题[M].颜筠,译.上海:商务印书馆,1930:124.
② ［日］小仓金之助.算学教育的根本问题[M].颜筠,译.上海:商务印书馆,1930:130.
③ ［日］小仓金之助.算学教育的根本问题[M].颜筠,译.上海:商务印书馆,1930:103.
④ ［日］小仓金之助.算学教育的根本问题[M].颜筠,译.上海:商务印书馆,1930:109.

至组织所谓公理主义的算学。"①由此,他得出人的一生心理的变迁和数学思想的发展有着显著的类似性,从而,提出数学教育要顺应学生心理发展的一般规律,数学教育的顺序必须与学生的心理发展顺序保持一致,这才是有意义的数学教育。某些数学教材虽然具备高度的实用价值和论理价值,若不符合学生的心理成长原则,那么这些教材也就不适合于作为教育的内容。

第二,数学教育的意义是科学精神的开发,数学教育的核心是函数观念的养成。

小仓金之助认为,数学教育的核心内容就是科学的精神中坚,而数学中的函数观念不但能够说明科学的因果关系,而且又和我们的人类生活有着千丝万缕的联系。所以,数学教育的核心内容就是函数观念的养成。他还强调其所谓的函数观念,绝不仅仅是指函数之解析的表示,它也包括函数图象和函数值表等,并且函数图象通行于各学科。函数观念的中心是函数思想,这是科学精神的实质体现,所以数学教材中要不断渗透函数思想。函数观念是和我们的生活共存的。动物学家赫胥黎说:"科学是受整顿了的常识"②,小仓金之助指出整顿常识的工具就是函数观念。

第三,数学的学习应该重实验、尊直观,这是因为大自然拥有无尽的科学之泉。

大科学家爱因斯坦曾说过:"所有事物,不可不先在野外的自然的物象之间教授了。最初的基础不是仅在如今日的教室里可能作成的。"可见,科学精神的学习,必须先要与大自然直接接触,这样在不知不觉中就产生了直观。小仓金之助认为数学与其他自然科学一样,直观是发现之母。所以提出数学的学习,应该采取实验的学习方法,要先从图形的观察、实验及附带它的作图、计算入手。法国数学教育家雅克·阿达玛(Jacques Solomon Hadamard,1865—1963)也曾有过类似的观点:"不可不引导学生至于自行发见事实。所以,算学不可不立足于实验科学之上。"通过与大自然直接接触,可以使学生根据实物进行形象直观地学习数学知识,如借助土地的面积计算及大小的比较,塔高的计算等等来学习算术、几何等知识内容。另外,也可以使学生回顾数学的发展历程,了解到原来数学是依实际的需要而产生的。为了进行直观的数学教育,小仓金之助指出学校数学实验室应该具有的一些物品及设备,以备学生进行数学实验,掌握数学知识。对于直观的数学教育,小仓金之助强调:"直观教育绝不是仅为算学的准备教育而供给初始的教授的,我们直至教育的最后,也不可不尊重直观。"③

第四,混合数学能够发挥数学教育的真正意义。

① [日]小仓金之助.算学教育的根本问题[M].颜筼,译.上海:商务印书馆,1930:109.

② [日]小仓金之助.算学教育的根本问题[M].颜筼,译.上海:商务印书馆,1930:119.

③ [日]小仓金之助.算学教育的根本问题[M].颜筼,译.上海:商务印书馆,1930:126.

小仓金之助指出：人类的祖先由经验出发，在漫长的历史长河中，建成科学的殿堂。人们不是仅仅满意于实验结果下数值的罗列。以自然为师，在实验中，学生自己逐渐地抽象他们自身的数学。很好利用这个时机，从近似逐渐地向正确的方向发展。相反地，强迫学生来理解抽象的定义和定理，而不考虑这些概念是怎么从具体事实中出现的，这不仅妨碍学生对数学的理解，而且使数学成为枯燥无味的东西。迫使学生无条件接受这些抽象的定义和公理，束缚了学生尊贵的自由意志。小仓金之助认为"打破无用的形式，尊重思想的自由之时，我们不得不弃了算学各分科的孤立主义，而采用融合主义。"[①]他还进一步指出"融合主义大有研究上的便利"。关于这一点的认识，就代数与几何融合的利益而言，大数学家拉格朗日就曾有之。在100多年前，拉格朗日就在其初等算学讲义上写着："代数和几何若各异道自行，则其进步迟而应用狭小。然这等科学合体之时，他们必从相互之间，得其新鲜的生命力，而向急速的，完全的进行的。"[②]

关于提倡融合主义，而反对孤立主义的数学教学，小仓金之助还有以下的论点："依融合主义，我们才得判断不越过数学各分科之于人生的必要程度，某处当减轻削除，某处当增补导入，而发挥真的数学教育的意义，大行其时间与劳力之上的经济。"[③]"行广众人生一般底真必要的教材之选择，以算学为达到科学的精神之养成的大目的，不可不彻底的轨着融合主义。"[④]总之，小仓金之助坚决反对分科主义，大力倡导融合主义，并从历史的角度用爱因斯坦、克莱因和拉格朗日等著名科学家的观点来进一步论证自己主张的正确性。

（二）小仓金之助的数学教育思想对中国的影响

小仓金之助的数学教育思想对中国的数学教育产生了很大的影响。主要体现在以下三个方面。

首先，1924年《算学教育的根本问题》刚一出版，中国的颜筠就将其译成了中文，并于1930年用横排书写的形式在商务印书馆出版，该书在中国翻译出版后受到中国读者们的喜爱。并且于1934年进行第二次印刷，这次是用竖排书写形式出版的。陕西师范大学魏庚人教授就曾受益于该书："我年轻的时候，读小仓金之助先生的书，特别是其中的《数学教育的根本问题》使我激动不已，使我受到了很大的教益。小仓先生的科学精神和实用数学等对我一生产生了极大的影响。对小仓先生的世界性的视野

---

① ［日］小仓金之助.算学教育的根本问题[M].颜筠，译.上海：商务印书馆，1930：128.
② ［日］小仓金之助.算学教育的根本问题[M].颜筠，译.上海：商务印书馆，1930：128.
③ ［日］小仓金之助.算学教育的根本问题[M].颜筠，译.上海：商务印书馆，1930：129.
④ ［日］小仓金之助.算学教育的根本问题[M].颜筠，译.上海：商务印书馆，1930：130.

让我颇感惊讶。日本数学教育曾经有过杰出的前辈。"①该书对改进中国数学教育也起到了十分有益的作用。

其次,小仓金之助的数学教育思想通过中国数学家、数学教育家刘亦珩与陈建功在中国广泛传播。其思想是中国现代数学家刘亦珩和陈建功的数学教育思想的重要来源。刘亦珩在日本留学期间从师于小仓金之助。陈建功曾三次东渡日本,在日本深造期间亦研读过小仓金之助的著作。刘亦珩和陈建功深受小仓金之助的影响,归国后,他们大力宣传小仓金之助的数学教育思想。各自具体表现在:刘亦珩在 1934 年的北平师范大学暑期讲习班的教师培训上大力倡导小仓金之助的数学教育思想;1952 年,陈建功在《中国数学杂志》上发表题为《二十世纪的数学教育》的论文,其思想来源于 1935 年小仓金之助在岩波数学讲座——数学教育,基于陈建功在中国的学术地位和影响,小仓金之助的数学教育思想得以对新中国的数学教育产生了很大影响。

再次,中国的中小学数学课程标准的修订、数学教科书的编写和数学教学法等方面因刘亦珩和陈建功的影响都发生了很大的变化。

另外,小仓金之助与中国著名数学史家李俨有过长达 30 年之久的书信交往。为了研究日本数学史,小仓金之助自 1932 年开始研究中国数学史,并通过上海的商务印书馆给李俨写信索取了中国数学史方面的文献。小仓金之助参考借助这些文献发表了一系列论文,并且这些论文很快被翻译成中文,在中国的学术杂志和报刊中发表②。如,(1) 朱少先译《极东数学国际化与产业革命》(日本:《中央公论》,1934 年 1 月号)在《学艺杂志》(1935 年)第 14 卷第 2 号上发表。同时若黎译的该文发表在《中国经济》(1935 年)第 3 卷第 3 期上。(2)《中国数学的社会性——在古算书中看到的秦汉时代的社会状态》(日本:《改造》,1934 年 1 月号)的中文翻译连载于《大公报》(1934 年 7 月 12 日和 1934 年 7 月 26 日)和 7 月 26 日的《世界思潮》(张申府编著)上。另外,李俨先生在写作《中国算学史》(上海商务印书馆,1937 年)的过程中也得到了小仓金之助在资料方面的帮助③。小仓金之助与李俨等中国学者的交流大约在 1937 年中断了。自 1956 年开始,他和李俨、刘亦珩恢复了书信来往。在他们彼此中断联系期间,小仓金之助一直期盼着与中国同行的交流早日恢复,也是这样的互助与影响促进了数学教育的交流与沟通。

---

① [日] 松宫哲夫. 日中数学教育交往近 150 年的轨迹[J]. 内蒙古师范大学学报(教育科学版),2007 (12):70 - 72.

② [日] 松宫哲夫. 日中数学教育交往近 150 年的轨迹[J]. 内蒙古师范大学学报(教育科学版),2007 (12):70 - 72.

③ 李俨. 中国算学史[M]. 上海:商务印书馆,1937:序.

三、 舒慈的《中等学校算学教学法》

20 世纪 30 年代以前，中国关于中学数学教学法的研究没有引起人们的重视，其原因是他们认为："只要对于普通教学法或教学原理加以注意就足以应用在算学教学上。"[①]由于这种认识上的错误，可能是导致中国关于中学数学教学法进行研究的人寥寥无几的原因之一。其实，普通教学法和教学原理固然重要，但是它们只是概括各学科的普遍理论，而各学科有其独特的性质，对于各学科的特殊性质，它们是不适用的。所以，对于具有特殊性质的数学，它们也是不适用的，认真专门研究中学数学教学法势在必行。

1934 年，商务印书馆出版了由苏笠夫翻译的美国纽约大学舒慈（Arthur Schultze）教授于 1912 年著的 *The Teaching of Mathematics in Secondary Schools*，中文译名为《中等学校算学教学法》（1935 年的版本，图 10 - 61）。早在 1919 年，北京师范大学的《数理杂志》第 3 期中刊载了该书的第一章，这是由张忠稼所翻译的；1922 年，北京师范大学的《数理杂志》第 1 期中刊载了该书的第三章，这是由张鹏飞和张邦铭合译的。

图 10 - 61 舒慈《中等学校算学教学法》书影

由于在美国享有盛名的数学教学法书籍 D. E. Smith 的《初等算学教授法》和 Y. W. Young 的《中小学数学教授法》等讨论的内容范围很广，但对于具体的数学教学问题没有讨论，所以舒慈针对这一现象，编写出版了《中等学校算学教学法》。虽然该书研究范围狭小，仅限于中学数学教育的相关问题，但讨论的内容是很具体很详尽。在该书中，作者极力主张数学教师应缩减叙述方面，却积极指示如何训练学生自己去解答问题，而不是使他们只学习一些算学的事实。

《中等学校算学教学法》这部著作应该是引入中国最早的关于中学数学教学的著作。苏笠夫为该书作了序，指出：这本著作很能具体地把中等学校的算学教授实际，清清楚楚地写出来，最宜于应用。现在特意译出以供算学教师或预备作算学教师者参

---

① ［美］Arthur Schultze. 中等学校算学教学法[M]．苏笠夫，译．上海：商务印书馆，1935：ii.

考。并希望引起中国教育界对于算学教学的注意。他认为：中国普通学生，特别是中等学校的学生不喜欢数学，唯一的(至少是主要的)原因是教学不得其法。建议中国中等学校的算学教师若是不愿意再敷衍塞责，那么就应该担负起研究和改良中等学校算学教学法这个责任。但是，就国内当时的情况，中国中等学校的数学教学法著作可以说是极其匮乏，同时也很少有人注意到这一点。

该书共有二十一章，除了纯粹教育的讨论之外，该书还有几章内容是专门讨论纯数学的，这些内容对于数学教学影响很大。该书各章标题如下：

第一章　算学教学的效能所以低微的原因；第二章　算学的价值与算学教学的目的；第三章　教学方式与教学方法；第四章　算学的基础；第五章　定义；第六章　怎样教学几何的初步命题；第七章　几何上的练习题；第八章　三角形相等；第九章　平行线；第十章　第一篇里的各种论题；第十一章　证题法；第十二章　圆；第十三章极限；第十四章　几何第三篇；第十五章　作图法；第十六章　作图不能——有法多边形；第十七章　关于立体几何的几点；第十八章　实用问题；第十九章　代数的学程；第二十章　代数的主要部分；第二十一章　三角法的教学法。

该书对于中等学校代数、几何、三角的教学法研究得比较透彻，其中几何方面的论述占多数，代数和三角则相对少些。

1934 年，乙阁先生对该书给出了很高的评价，并且对中国中学数学教师给予了一定的期望[1]：

此书为中等学校算学教师必备之书，除第一章所言情形偏重美国方面，且多属过去事实外，其余各章，皆极详明。对于几何的教学法，尤为注重，几占全书三分之二。关于几何中最难之作图及轨迹两部分，举例綦多；作图不能问题，亦有相当讨论，为几何教师必备之常识。即立体几何图形在黑板上的画法，亦均言及，可谓细心之至。代数三角教学法，比较占篇幅少，此因美国中学课程编制与吾国现行学制不同，不足为本书之瑕点。原序中谓此书系为素无经验的教师或将来预备做教师的人们写的，以个人愚见，便是有经验的教师，也该人手一编，以资印证或比较。此种书在吾国出版界中，真如凤毛麟角，很希望借本书之力，引起有经验之教师，创作合于现情之中等算学教授法，则幸甚矣。

苏笠夫能够在中国关于中等学校数学教学法极其缺乏之际翻译该著作，对于中国当时的中等学校数学教育而言可谓是及时雨。这为中国中等学校数学教师及其他从事数学教育研究的工作者研究如何进行中学数学教学起到了重要的借鉴作用。

---

[1] 乙阁.介绍新出版的两部书[J].中等算学月刊,1934,2(8)：48.

民国中期阶段,数学教育家对数学教育的改革进行了不断的尝试与努力。俞子夷进行的连续数学教学实验,注重激发儿童学习兴趣的同时打破学科界限,为小学数学教育注入了新鲜血液,并且其著作《小学算术科教学法》为数学教学提供了切实的参考。舒慈的《中等学校算学教学法》为中学教师与研究者提供了宝贵的资料。小仓金之助与中国李俨等学者进行较多的学术交流,对我国数学教育有一定的影响。

综上,民国中期的数学教育在中西相斥相容、中日互通互动的情况下,在数学教育理论与实践的相互作用下,延续优秀的数学教育传统,同时引进国外的数学教育理论与思想,为后续的数学教育发展奠定了坚实的基础。

四、 中学数学教师培训活动

"国将兴,必贵师而重傅。"教师的发展是国家发展的重要指向标。1922年"壬戌学制"颁布以来,将高等师范学校改为师范大学还是普通大学,各界人士产生了严重的意见分歧。经"高师改大"运动后,除北京高等师范学校改为北京师范大学,其余五所高等师范学校[①]都先后改为或并入普通大学,此举模糊了教师教育和普通教育的界限。遂普通大学算学系毕业生成为中学算学师资的主要来源,但普通大学仅注重学科知识的培养,对专业训练、健全人格的培养未受到重视,会产生下列危害[②]:

① 大学毕业生未受专业训练,对学生身心发展规律以及教学方法、教学原则不是很清楚。或是因为程度太高,主见太深等原因,往往认为教科书内容较为浅近,或学生发问稍多,则大声训斥。

② 大学课程专注高深,严密论理,在于养成专家型人才;而中学课程注重实用,不能有十分严密的理论,故在代数几何基础方面均不甚严密。

③ 大学课程在于专精,有专于分析者,专于几何者;而中学课程则内容较浅显,范围较广。如中等师范学校须散簿记,统计;中等工业三角须教平面三角,最小平方算;中等商业学校须教商业算术,高等利息的那个,均为大学算学系所不注重之学程。

④ 普通大学毕业生对如何激发学生的兴趣,习题的选择,学习如何指导,如何激发学生思考等方面的研究稍微欠缺。

据统计,由表10-16可知,中等学校只有15.81%的教员受过专业训练,从大学毕业的教员占将近25%,其他项占近32%,相当于十个中学教师中有八个不懂教育。这

---

① 其余的五个高等师范学校是:武昌高师、沈阳高师、南京高师、广东高师、成都高师。

② 汪桂荣.中学算学师资训练问题[J].教育杂志,1935,25(7):129-133.

乃是全国各省市师资平均水平,各省市间差距颇大,现以教育发达的浙江省为例,根据该省 1931 年度的统计,全省中等学校教员资格亦颇不健全。大学毕业的占 31.81%,留学国外的占 6.06%,专门学校毕业的占 25.05%,师大及高师毕业的合计只占 10.44%,其他一项则占有 26.64%。以上其他一项,大约以在县立及私立学校者为多,在省立学校者则甚少。[①]

表 10-16　我国中等学校教职员的资格表[②]

资　格	教　员	职　员
留学外国者	6.63%	4.83%
师范大学毕业者	4.39%	3.55%
大学毕业者	24.83%	17.52%
高等师范毕业者	11.42%	9.71%
专门学校毕业者	20.74%	17.22%
其他	31.99%	47.62%

由此,中等学校教员提升专业水平,增进教育效能势在必行。各省市开始举办暑期师资培训班,鼓励在职教员积极参与进修,以培养优良之中学师资。

(一) 部办各种理科培训班概况

1923 年 10 月 22 日,第九届全国教育会联合会议在昆明举行,与会者提出,为促进全国义务教育的发展,提高教师质量,应于师范学校设立研究教育的暑期学校,聘请教育专家主持讲习,尤其应注重国文、算术的补习及教育原理方法的指导实验。自此,全国各地相继举办暑期师资培训班。如清华学校、洛氏驻华医社及中华教育改进社就于 1924 年暑假合作举办科学教员暑期研究会,共有 80 余人参加暑期研究会,研究内容分为物理、化学、生物三组,各分中英文两组。

1927 年,南京国民政府成立后,由于中小学在职教师质量低下,学生成绩不理想,南京国民政府逐渐开始重视教师培训工作,制定了一系列中小学教师培训规定,旨在

---

① 潘之赓.浙江二十年度教育统计概述[J].浙江行政周刊,1933,5(6):1-4.
② 王世杰.第一次中国教育年鉴(丁编)[M].上海:开明书店,1934:127.

提升中小学教师质量,促进教育发展。

1928 年 5 月,大学院颁发中央训练部制定的《促令各地设立中小学校教员暑期讲习会办法》,要求各地方设立中小学校教员暑期讲习会,开展教师培训工作。

1932 年,据统计,中等学校学生会考成绩中,以数理化生等科最差。分析其原因,或是因为教材不适合学生用,或是因为课程设置有待改善,或是因为教师教法欠佳、有待提高。因此,1934 年,教育部颁发《指定公私立大学举办中等学校理科教员暑期讲习班办法大纲》,强调指定大学应尽可能举办讲习班,旨在充实改善与提高中等学校理科教学方法,鼓励教员研究兴趣,提高理科办学水平,使其满足学生的需要,适合学生的发展。教育部指定公私立大学共十六所,分别是:中央大学、北京大学、北平师范大学、清华大学、南开大学、武汉大学、中山大学、浙江大学、金陵大学、交通大学、大同大学、厦门大学、山东大学、广西大学、四川大学、湖南大学。讲习班开班时间为一个月。编制及讲习内容如下[①]:

(一)讲习科目有算学、物理、化学、生物四科,分为算学、理化、生物三组。每组又分初高两级,初级为初中教员而设,高级为高中教员而设。

(二)讲习班每周授课十八小时,每天上午七点至十点上课,上午十点至十二点、下午三点至五点讨论实际教学问题。

(三)讲习内容主要有:(1)各科的纲要及其新发展(约占 25%),教学法与教材的研究(约占 50%),实验及实验设备的研究(约占 25%),除此之外,讲习班学员不仅需学习自己所修学科,还得选修其他学科中等内容。

(四)缴纳学费十元,讲义费二元,住宿费二元。学费由原校担任,旅费由原校酌量津贴,讲义住宿费,杂费等由原省市教育行政机关或原校担任,膳食费归教员自备。

(五)每校选派代表理科教员一人至四人(算学理化生物各一人,高中得选派算学物理化学生物各一人),但在十二级以上的学校得增派一二人,六级以下的学校得减派一人。

(六)各大学视其设备人才情形决定最高容纳人数。

(七)讲习班授课完毕须进行结业考试,成绩合格者由各省教育厅或学校颁发讲习成绩证明并注明其科目。

(八)有成绩证明书者可以免中等学校教员检定实验之一或者全部。

(九)曾受暑期讲习的理科教员应负改进原校理科教学之责。

教育部发出公报后,各省纷纷出台相应政策,并在本省期刊发表公告,招贤纳士,

---

① 章则:指定公私立大学举办中等学校理科教员暑期讲习班办法大纲[J].教育周刊,1934(192):4.

选聘富有中等教育经验者、学识丰富者担任此次讲习班讲师。鼓励理科教员积极报名参加此次培训。讲习班授课时间均为一个月,讲习内容均为各科的纲要及其各学科的新发展趋势,各科的教学法以及对教材的研究,理化生三科注重对实验及实验器材的研究。各省在讲习内容占比方面稍有不同,但总体相同,相差不超过 5%。讲习成绩证明书大多为举办讲习班的学校颁发,极少数为省教育厅颁发。

现以浙江省举办中等学校理科教员讲习班为例:

浙江省与浙江大学在 1934 年连续发布举办理科教员讲习班章则、办法。此次讲习班在暑假期间举行,为期一个月(七月五日至八月五日)。以讨论中学理科教学法,及中学理科教材与设备上各种问题,以及介绍各种科学之最近发展为宗旨。该班遵照部定办法,设置数学、理化、生物三组,每组分初级和高级两组。每组授课每级教学时间各七十二小时,生物理化两组,每星期另加实验两次。数学组培训班时间分配表见表 10 - 17。

表 10 - 17　浙江省数学组教员培训班时间分配表

高级组授课内容	普通教学法	与初级组合者	高级单独讲授者	总　　计
时间分配	12 小时(全体合并)	24 小时	36 小时	72 小时

初级组授课内容	普通教学法	与高级组合者	初级单独讲授者	总　　计
时间分配	12 小时(全体合并)	24 小时	36 小时	72 小时

浙江省暑期讲习班成立委员会,由校长聘请张荩谋先生担任主席,委员会成员有苏步青、李乔年、郑晓沧、王世颖、郦坤厚、贝时璋。数学组由苏步青先生担任主任,数学组讲师有苏步青、陈建功、钱宝琮、朱叔麟四人,助理员有毛信桂、冯乃谦两人。讲习班学员人数以一百六十人为限,但实际听讲理科教员 66 人,其中由省立学校选送者 34 人,由县立学校选送者 14 人,由私立学校选送者 16 人,由省立贫儿院选送者 2 人。听讲完毕后,各班教师分别加以考核,评定成绩等第,成绩合格者,由本大学发给讲习成绩证明书,以资证明。获得证书,可依法免除中等学校教员检定实验部分或全部。

又如国立北京大学、清华大学合办的中等学校理科教员暑期讲习班,讲习班设在清华大学,分为算学、生物、理化三组,每组包括高、初两级,不另外分班教授。讲习班分名额暂定一百五十人,按照区域分配,北平市五十名、天津市二十名、河北省四十名、各组人数由各中学请各该区域主管教育机关平均支配列车报送之其他省市四十名,由各中学迳向国立北京、清华大学合办中等学校理科教员讲习班委员会报名。算学部的指导教师有冯汉叔、杨武之、周培源、江泽涵、胡沇东、郑桐荪。

1935 年,教育部颁布《中等学校各科暑期讲习讨论会办法》,通令各省市教育行政机关与教育部指定的公私立大学共同举办算学、理科、历史、地理、英语等科暑期讲习班。

1936 年 6 月 6 日,教育部训令,为提高各级学校师资,订定 1935 年实施办法,其中第二条为"令饬各省市教育厅局,会同教育部指定之各优良大学,办理中学师资进修班。"①

经过 1934 年、1935 年、1936 年三期暑期教员讲习班的开办,获得合格证书人数较少,教员参与培训积极性不高,效果未达到期望值,教育部于 1937 年变更办法,另定大纲。教育部于 1937 年 5 月 11 日公布"二十六年暑期及师范学院讲习班办法大纲",开设算学、理化、生物、英语四科讲习班。大纲中规定暑期中学及师范学校教员讲习班由教育部规定的各省市各设一区,由各该区主管教育厅局与指定区内公私立大学共同负责办理。②

教育部指定的公私立大学共 27 所,比 1935 年多 10 所,在安徽省、陕西省、河南省、云南省、山西省等地新开设讲习班 5 所,上海、北京、广东、四川四地在原有讲习班基础上增设 5 所讲习班,大大提高了中学教师参与培训、提高教学水平的积极性。但仍有省份未开设暑期讲习班,需前往附近省、市参加讲习班。江苏省学员须到上海南京参加讲习,但须由江苏教育厅津贴上海南京两处教授费一千元;江西省学员须至湖北参加讲习,但需由江西教育厅津贴湖北教育厅一千元;河北、天津、察哈尔、绥远、宁夏学员,须至北平参加讲习,但需由河北教育厅津贴北平市指定教授费一千元;贵州学员须至云南、四川等处参加讲习,青岛、威海卫育学员至山东参加讲习③。

教育部在管理制度、教员选拔方面均比之前严格,更加趋于正规化。第四条为"每区设一主任,由主管教育厅局会同各该区内指定之大学,推举有名教授呈教育部聘任主持一区内讲习班事宜。"④各科教师由主任、主管教育厅长及各大学校校长聘任,优先选择会同办理的大学教授中各科的专家以及在中学中富有教学经验教师与研究者担任主讲。教员选派后若无重大事故不得延期至下届参加,违者解除聘请。讲习班设教务组和事务组,有专门人员掌管出勤、缺席、考试、缴纳费用等事情。若在培训期间,学员有三分之一的时间缺勤,将在培训结束时没有资格参加考试,即不予颁发合格

---

① 吴惠龄,李壑.北京高等教育史料第一集(近现代部分)[M].北京:北京师范大学出版社,1992:447.
② 中央法规:二十六年暑期及师范学员讲习班办法大纲[J].湖北省政府公报,1937(303):28-30.
③ 本年暑期中学及师范教员讲习班办法公布[J].湖北教育旬刊,1937,1(9):4-10.
④ 本年暑期中学及师范教员讲习班办法公布[J].湖北教育旬刊,1937,1(9):4-10.

证书。

在选派学员时,应考虑以下原则:① 毕业于大学较早者先于时期较后者;② 国立大学或认可之外国大学以外之学校毕业者先于国立或认可之外国大学毕业者;③ 以前未参加暑期讲习或参加暑期讲习次数较少者先于已参加或参加次数较多者;但不合于各该类学校教员之规定资格者不得选派①。

抗日战争爆发后,南京国民政府为保证教师培训继续进行,1939 年,教育部主办第一届中等学校教员暑期讲习班,由各省教育厅从公私立师范学校或高级职业学校、初级职业学校教员选送 176 名教员到北京进修。讲习班课程分为必修课程和选修课程,必修课为教育心理、最近教育学说、精神讲话等课程;选修课程分别是各科的发展及各科教学法,就数学学科的选修课程来说,"最近数学之发展"由国立北京大学理学院教授冯祖荀主讲,"数学教学法之商榷"由国立北京大学理学院教授程廷熙担任主讲。1940—1949 年期间,教育部颁布关于暑期理科教员讲习班的法令法规较少,各地方对于理科教员师资培训的积极性逐渐下降。

但自 1934 年举办的暑期理科教员培训班,是一场大规模的,以教育部为统领,各省、各高等院校共同参与举办的师资培训班。师资培训班针对性强,注重解决理科教学中的弊病,在讲授学科知识的同时,注重培养教师的教学技能。由各大高校举办师资培训班,有利于加强中等教育和高等教育的衔接性,促进大学和中学教师的交流。以数学学科为例,有利于中学教师用高等数学的视角审视中等数学,同时有利于高等数学教师站在初等数学的角度研究数学。此外,将讲习班获得的成绩合格证书与教员检定制度联系起来,加强了在职教师参与培训的积极性,对提升教师的专业发展,提高学生学习成绩,增进各地教学质量,有着关键性的作用。

按照国家教育部的指示,1934 年到 1944 年间,北平师大、西北师院和陕西省举办过五次中学理科教员暑期讲习会。② 1934 年,北平师范大学举办首期"中等学校理科教员暑期讲习班",从河北省、河南省、山东省、山西省、安徽省招集 200 名教师(其中算学组 50 多名),并且全部是所在地区的骨干教师。算学组共四位主讲人,分别是傅种孙、刘亦珩、赵进义、王仁辅。讲习班分为初中组和高中组,每天安排讲座和讨论各两个小时。算学组讲习班讲座的科目有:(1)初中算学教材教授法;(2)高中算学教材教授法;(3)数学之发展及应用。在讨论环节,傅种孙又与其他三位专家对参加培训的学员提出的问题(内容涉及练习题、对差生的补救、学生对数学的兴趣、教科书、教材

① 本年暑期中学及师范教员讲习班办法公布[J].湖北教育旬刊,1937,1(9):4-10.
② 傅种孙.傅种孙数学教育文选[M].北京:人民教育出版社,2005:345.

教法、作业批改、数学名词统一问题等方面)给予了明确的回答。这些问题不仅是参加培训学员的困惑,而且是当时整个国内中等数学教育所面临的问题。因此,问题的解答无疑是对中国中等数学教育的另一重要贡献。讲习班结束以后,在北平师范大学数学系办公室成立"中等数学教育研究会",该会成立目的是讨论数学教育的理论问题,旨在促进中国的数学教育改革运动。1935 年举办第二期"中等学校理科教员暑期讲习班",1937 年举办第三期,但由于爆发"卢沟桥事变",讲习班被迫中途停止。北平师大西迁至陕西,与国立北平大学,国立北洋工学院组建西安临时大学,后又迁至陕南城固,成立西北联合大学,继续举办暑期讲习班。现以傅种孙和刘亦珩对中学数学教师培训内容为研究对象。

（二）傅种孙的各地讲座及内容

傅种孙(1898—1962),1916 年进入北京高等师范学校(今北京师范大学)数理部学习,1920 年毕业后留校任教,曾担任北京高等师范学校教授、系主任、教务长、副校长等职务。傅种孙纵跨清末、民国、新中国成立三大历史时期,积极参与北京高等师范学校和中学数学教师教学改革工作,对提高教师科研水平、提升师资质量、促进数学教师继续发展做出卓越贡献。可谓是"中国数学教育革新运动的倡导者和开拓者之一。[①]"北京师范大学张英伯教授称他为"中国现代数学教育的先驱,最出色的数学老师。"[②]其中以教育部办的暑期讲习会为例,自 1934 年举办暑期讲习会以来,傅种孙多次担任中等算学教员暑期讲习会主讲,累积的讲题有 32 个,见表 10 - 18。

表 10 - 18　1933—1945 年间中学数学教员暑期讲习会讲稿题目

序号	题　　目	序号	题　　目
1	自然数与遗传性	6	圆
2	扩张与因袭	7	角
3	零之特性及其所引起的纠纷	8	无穷小与无穷大
4	比例与相似形	9	关于数和量的浅近问题
5	求积术与割补法	10	作图漫谈

---

① 苏日娜.傅种孙数学及数学教育贡献研究[D].呼和浩特:内蒙古师范大学,2014:57.
② 张英伯.傅种孙——中国现代数学教育的先驱[J].数学通报,2008,47(1):8-10.

序号	题　目	序号	题　目
11	联立方程的公解	21	交换律与结合律
12	释数学	22	几何公理体系
13	算术中有关求一术之问题	23	几何学基础大纲
14	逆圆函数及其恒等式	24	扩大几何学绪论
15	任何进法之循环小数	25	三角函数之恒等式及方程
16	几何二元论	26	是非有无能否之辨
17	循环排列问题	27	数学之万法归宗
18	循环小数循环位数问题	28	前事不忘,后事之师
19	从五角星谈起	29	中学数学教材精简之报告
20	弓形面积近似值	30	中学教材教法讨论总结

注：其中联立方程的公解、任何进法之循环小数在北京师大和陕西西安均有讲授,故不重复罗列。

傅种孙终生以数学教育为职业,站在数学教师岗位上,为国育师育才,庭前桃李,馥郁成行,为中学数学教员师资培养做出了不可磨灭的贡献。

（三）刘亦珩讲座内容——以 1934 年北平师范大学暑期讲习班为例

刘亦珩(1904—1967),字君度,又名一塞、守愚,我国现代数学家、数学教育家。1904 年 11 月 8 日出生于河北省安新县北冯村。一生执着于数学教育,1933—1935 年执教于安徽大学,编写教材《初等近世几何学》,由当时我国唯一的专门出版数学书籍的机构——北京师大算学丛刻社正式出版,这是自该社成立以来,出版的第一部由我国学者编写的大学数学教科书。1935—1937 年任教于北平师范大学,1937—1967 年任职于西北大学,开拓陕西省现代数学教育事业,创立微分几何研究中心。毕生致力于数学研究,他认为"近世科学文明,皆以数学为基础,苟无数学素养,一切学问皆谈不到。"[①]发表论文数篇,著书丰富,自编讲义高等解析几何学、数论、群论、微分几何等十余种,翻译著作十余部,且尚未出版发行论文、翻译底稿 220 万字。重视数学教师培

---

① 刘亦珩.数学教育改造与师资养成[J].师大月刊,1933(3):22-26.

训，在安徽大学执教期间，暑假专程赶回北平师范大学参加"中等学校理科教员暑期讲习班"，并担任四位主讲人之一。此后在 1935 年与 1937 年举办的数学教师培训上，刘亦珩强调要重视中等学校数学教学的改革与研究，为数学教育事业培养了大批人才。

刘亦珩在 1934 年北平师范大学举办的"中等教员暑期理科讲习班"中的讲演题目为《教材的理论方面问题》，并于该年 10 月以《中等数学教育改造问题》为题目正式发表，包括四个方面的内容：现在中等数学教育之通弊、数学教育之意义、教材之选择与改良、教学法之讨论，这也是讲习班学习讨论的主要理论问题。关于教学法方面的讨论包括：混合与分科、天性与兴趣、函数概念的培养、预习问题与家庭作业、作业的处理问题。

五、 中国数学会《数学杂志》与数学教育

（一） 中国数学会《数学杂志》

1. 中国数学会的成立

中国数学会是中国建立最早、规模最大、影响最广的全国性数学学术团体。其是由各地数学会、社的负责人，和曾经组织过学术团体的老一辈数学家积极酝酿，由何鲁、熊庆来、胡敦复、朱言钧、顾澄等人倡议并筹建的，是全国性地推进数学和数学教育的学术性、非营利性的学术团体。《数学杂志》第一卷第一期中顾澄的"弁言"中说道[1]：

前年秋，何君奎垣来沪，发起数学专会，拟出刊物，推进数学。两次集议。询谋佥同。不佞乃弛书各省同志征求意见；并以出两种刊物相期。盖学会与政党有别，有会员而无著述，虚有其名，徒滋物议，不如其已。幸各方不弃，复函赞成，共同发起。遂于去年七月正式成立大会。议决出两种刊物，甲为会刊，乙为杂志，本刊是也。

中国数学会的成立相比日本在 1877 年成立的"东京数学会"是比较晚的，陈省身先生曾对成立晚的原因进行过解释："原因是北方的姜立夫、冯祖荀诸数学前辈怕麻烦，不愿负责行政，后来南方的顾澄愿意干这件事，但自知资格不够，于是请了上海交通大学的胡敦复先生任首届主席，这样才在上海创会。"[2]

1935 年 7 月 25—27 日，在上海交通大学图书馆举行了中国数学会成立大会，来自各地的代表共 33 人，并推选胡敦复为主席，袁炳南为记录。25 日上午，胡敦复致

---

[1] 顾澄.数学杂志创刊弁言[J].数学杂志,1936,1(1)：1.
[2] 张奠宙.中国近现代数学的发展[M].石家庄：河北科学技术出版社,2000：105.

开幕词,另外还有教育部代表陈可忠先生、上海交通大学校长黎照寰先生、中国科学社代表杨孝述先生相继致词。25 日下午,中国数学会讨论会章逐条修正并通过了《中国数学会章程》,且阐明了学会的宗旨是"以谋求数学之进步及其普及为宗旨。" 26 日上午,选举董事 9 人:胡敦复(主席)、顾澄、何鲁、冯祖荀、周达、秦汾、郑之蕃、黄际遇、王仁辅;理事 11 人:熊庆来、朱言钧(常务)、范会国(常务)、段子燮、孙光远、陈建功、江泽涵、曾昭安、魏嗣銮、苏步青、何衍璇;评议会评议 21 人:钱宝琮、束星北、胡浚济、汤璪真、胡坤陞、武崇林、傅种孙、曾远荣、褚一飞、徐治、刘俊贤、陆慎义、蒋绍基、郭坚白、高扬芝、郑尧拌、单粹民、陈荩民、陈怀书、刘正经、陈作钧。26 日下午,讨论会务并决议中国数学会的会址设在上海亚尔培路 633 号中国科学社明复图书馆。

中国数学会在 1935 年的成立大会上决议筹办出版两种数学杂志,甲为会刊,即《中国数学会学报》(即现在的《数学学报》),并组织会刊编辑委员会,选举苏步青、熊庆来、朱公谨、孙光远、江泽涵、曾昭安、刘俊贤为编辑委员,其中苏步青为总编辑,华罗庚为助理编辑,《中国数学会学报》只刊载有创作的作品,并且备与各国著名杂志相交换,旨为中国数学界在国际有地位;乙为杂志,即《数学杂志》(即现在的《数学通报》),顾澄为总编辑。

2.《数学杂志》的创办

中国数学会成立之后,除了举行定期常会、宣读论文、讨论关于数学研究及教学种种问题之外,还接待外国学者来华讲学、派专员出席国际数学家大会和数学名词审定委员会审查数学名词。中国数学会的另外一项重要工作是编辑、出版刊物《数学杂志》(图 10-59)。

图 10-59 《数学杂志》第一卷(共四期)

1936年8月,《数学杂志》正式出版,并在杂志上发布征求稿件启示[①]:

本杂志发刊宗旨,已详第一期弁言。惟同人绵力微薄,其望海内外人士不吝赐教,惠寄宏文,籍匡不逮。兹订投稿规约数则,尚希垂察是幸:(一)来稿务请缮写清楚,并加标点。如有插图附表,必须制版者,请用墨色。(二)来稿如系翻译,请附寄原本。(三)来稿请注明姓名、住址。(四)来稿无论登载与否,概不退还;但预有声明,并附有寄回邮资者,不在此限。(五)来稿经登载后,版权即为本会所有;但另行约定者,不在此限。(六)来稿经登载后,当酌送本刊。(七)来稿请径寄上海海格路交通大学顾养吾或上海大四路光华大学朱公谨收。

中国数学会对宣读论文、编辑出版《数学杂志》是非常重视的。《数学杂志》的编委会成员的组成是很权威的。顾澄(主编)、何鲁、武崇林、段子燮、张镇谦、陈怀书、傅种孙、汤彦颐、刘正经、蒋绍基、褚一飞、钱宝琮、魏嗣銮、胡敦复等都担任过《数学杂志》的编委。由此可见,中国数学会对《数学杂志》的创办与发展着力之重。

《数学杂志》的主要内容包括:(一)基本观念之讨论;(二)中外论著之批评;(三)会员研究之心得;(四)各国名著之译述;(五)大学教材之绍介;(六)中国古算之考订;(七)国内著述之提要;(八)中外数界之消息。

从1936年8月到1939年11月,《数学杂志》共出两卷五期,中文发表。第一卷为季刊,出一卷四期。1939年11月出版了第二卷第一期。总计前后共发表数学文章53篇,其中有9篇为连载。实载数学文章44篇。另外,数学会的会务报道和数学界消息报道共8篇。

中国数学会作为全国性的数学会,自然把普及数学教育作为办刊理念。在《数学杂志》的第一卷第一期的127页载有《中国数学会章程》。而且在章程中也再次阐明了学会的宗旨在于沟通国内外数学家之间的学术交流,促进国内数学的发展与学术的进步。

在《数学杂志》第一卷第四期顾澄的"编余赘语"中也进一步阐述了刊物的宗旨。对于新知识的介绍以及新思想方法的传播,在《数学杂志》中论文占的比例很大,文章的质量相当高。例如:钱宝琮在该杂志上发表的《唐代历家奇零分数之演进》《中国数学中整数句股形研究》《唐代历家奇零分数记法之演进》以及章用的《阳历甲子考》等数学史论文;华罗庚的《k乘方数之等和问题》等数论方面的论文;朱言钧的《数学认识之本源》《存在释义》《数理逻辑导论》等关于数理逻辑文章;等等。

《数学杂志》上发表的这些文章,主要包括数学史、数理逻辑、数学译著、数学教育、

---

① 编辑委员会征求稿件启示[J].数学杂志,1936,1(1):133.

高等数学、数论。这些都是在当时刚发展的新兴学科，引起了数学家以及数学研究者进一步研究现代数学的兴趣，极大地推动了现代数学的发展，使现代数学在国内得到更广泛的普及与传播。

（二）《数学杂志》中与数学教育相关的文章

数学教学是教学的一部分，中小学数学教育是整个数学教育的重要组成部分，好的教学法是搞好数学教育的关键。教学原则是有效进行教学必须遵循的基本要求，它不仅指导教师的教，也指导学生的学。朱言钧在《数学杂志》第一卷第三期（1937 年 2 月）上发表了《苏格腊底讲学方法的应用》，这是中国数学教育研究中首次深刻地论及古希腊著名思想家和教育家苏格拉底的论文。

朱言钧认为，教育最紧要的任务是训练思维，尤其是要教会学生能够在不受外界干扰的情况下独立思考。如何进行这种思维的训练就是教育的核心任务。

任何一门学问的难易都取决于其对象的繁杂程度以及基于对象所使用的方法。在众多科学中，数学与众不同：它是纯粹的思理科学。因其对象独具抽象性，且所用的方法也是经验所不能及的，但同时它又兼具其他科学的一般方法。因此，数学的教学法也应该另辟蹊径。既然学生单纯听讲并不能感悟数学的真理。那么，如何培养学生独立思考的能力呢？这里，朱言钧认为苏格拉底的启发式教学法就是很好的助力。

1. 苏格拉底教学法

苏格拉底作为古希腊的著名哲学家，他从不直接教授人们哲学真理，而是以启发式的方式让人们去感悟。具体做法是：将学生聚集在一起，自由讨论；教师只需提供思想的资料，期间认真倾听。当教师发现学生思路有误，应该及时并设法让学生自己发现错误并加以改正。学生通过亲身参与、独自思考获得的知识更能印象深刻。这种获得知识及真理的方法，也是训练学生思想的重要手段。

数学与哲学同为纯粹的思理科学，因此，教授数学也应有异曲同工之处。德国数学家威尔斯特拉斯（Weierstrass，1815—1897）也曾主张用苏格拉底的启发式教学法来教授数学，可惜的是，他并没有指出应该注意或与众不同的地方。此外，威尔斯特拉斯的主张更适应于那些思想已经成熟、对于数学应用已经熟练的学生；于初学数学者而言，可以说收效甚微。在朱言钧看来，如果正确运用苏格拉底的启发式教学法，那必将对中小学的数学教学产生积极的推动作用。

2. 如何用苏格拉底教学法教授数学

学习数学必须反复推敲、独自用思、独有所悟。若采用苏格拉底教学法进行数学的日常教学，教师除了自身要对数学有清晰的认识以及拥有深厚的数学素养之外，同时应该注意①：

（1）鼓励学生大胆发表意见,使课室中充满活泼之气。

（2）学生所发表的意见即使如何荒谬,不可稍露讥笑之色,宜虚心接受,细加考察,且顺从其意,督促前进,直至学生自知不可通而后已。

（3）当学生自知错误之时,宜好言慰之,如"这种错误,从前大数学家某某人也犯过的……"并列举历史上的事实或趣味的故事以转移一时的空气,然后更鼓励之,如"既然如此,我们又得到了一种新教训,即此路不通,再求别路罢。"

（4）万不可以所知炫人,应以学生之友人自居,共同设法,谋问题的解决。

（5）当困难在前,无法进行时,可举一实例以破僵局,令学生就此实例细考而抽象之。

（6）注意关键所在,让学生说出,虽一字之谬,一言之差,不可轻易放过。

（7）当迁延多时,理终未得之时,学生中性情暴急者或不堪忍耐,起立说道"这又不对,那又不对;先生,究竟怎样是对呢?"此时宜和颜悦色对他道,"我也不知道怎样是对呢?"此话说后,或致全堂肃然无声;历数分钟后,教师宜先破沉寂,道"好孩子,你还记得最后所说的话吗? 请再说一遍。"于是讨论又可进行了。

（8）最要者莫如教师对所讲授的材料,确有心得,确能融会贯通,否则如仅能看懂教本,做留声机还恐失事理之真,他决不敢应用苏氏方法的。

数学所讨论的问题,大多自有其渊源。实际教学中,学生遇到的困难大多分为三类:数学概念过于抽象、相似的概念容易混淆、数学家著书过程中没有清晰阐述概念等的由来。因此,教师一方面宜常举些浅易的问题来让学生加以推广,借以培养学生提出问题的能力;另一方面,在讲解新方法时,应该先采用旧方法来处理新问题,等到无法解决时,再因势利导,从而达到启发学生思想的目的。

对于学生数学学习不理想的现象,有人将其归咎于教法不当。朱言钧认可其中的合理之处,他深信:如果在合理范围内,正确应用苏格拉底教学法,那么数学教学或将迎来一片光辉灿烂的未来。

参考文献

［1］璩鑫圭,唐良炎.中国近代教育史资料汇编:学制演变[M].上海:上海教育出版社,2007.

［2］课程教材研究所.20世纪中国中小学课程标准·教学大纲汇编:数学卷[M].北京:人

---

① 朱言钧.苏格腊底讲学方法的应用[J].数学杂志,1937,1(3):125–131.

民教育出版社,2001.

[3] 课程教材研究所. 20世纪中国中小学课程标准·教学大纲汇编：课程（教学）计划卷[M]. 北京：人民教育出版社,2001：121.

[4] 唐钺,朱经农,高觉敷. 教育大辞书[Z]. 上海：商务印书馆,1933.

[5] 王世杰. 第一次中国教育年鉴（丁编）[M]. 上海：开明书店,1934.

[6] 吴惠龄,李壑. 北京高等教育史料第一集（近现代部分）[M]. 北京：北京师范大学出版社,1992.

[7] 沈云龙. 近代中国史料丛刊续编（第43辑）[M]. 台北：台湾文海出版社,1966.

[8] 舒新城. 中国近代教育史资料（下册）[M]. 北京：人民教育出版社,1961.

[9] 李桂林. 中国现代教育史教学参考资料[M]. 北京：人民教育出版社,1987.

[10] 许用宾,沈百英. 复兴算术教科书（初小）[M]. 上海：商务印书馆,1933.

[11] 胡达聪,顾柟. 复兴算术教科书（高小）[M] 上海：商务印书馆,1937.

[12] 韩朴,田红. 北京近代中学教育史料（上、下册）[M]. 北京：北京教育出版社,2001.

[13] 骆师曾,段育华. 小学校初级用新学制算术教科书（第一册）[M]. 上海：商务印书馆,1923.

[14] 骆师曾. 小学校用新学制珠算教科书[M]. 上海：商务印书馆,1925.

[15] 杨逸群,唐数躬. 新主义教科书高级小学算术课本[M]. 上海：世界书局,1929.

[16] 孙宗堃,胡尔康. 初中标准算学几何（下册）[M]. 上海：中学生书局,1935.

[17] 骆师曾,段育华. 小学校高级用新学制算术教科书[M]. 上海：商务印书馆,1924.

[18] 段育华. 新学制混合算学教科书初级中学用（第一册）[M]. 上海：商务印书馆,1923.

[19] 江宁,张鹏飞. 新中学教科书初级混合法算学（第一册）[M]. 上海：中华书局,1923.

[20] 骆师曾. 复兴初级中学教科书算术（上册）[M]. 上海：商务印书馆,1947.

[21] 虞明礼. 复兴初级中学教科书代数（上、下册）[M]. 上海：商务印书馆,1933.

[22] 余介石,徐子豪. 复兴初级中学教科书几何[M]. 上海：商务印书馆,1933.

[23] 吴在渊. 近世初等代数学[M]. 上海：商务印书馆,1922.

[24] 吴在渊. 现代初中教科书代数学（上册）[M]. 上海：商务印书馆,1937.

[25] 吴在渊,胡敦复. 近世初等几何学[M]. 上海：商务印书馆,1926.

[26] 胡敦复,吴在渊. 高级中学用新中学几何学（全一册）[M]. 上海：中华书局,1933.

[27] 吴在渊. 中国初中教科书几何学[M]. 上海：中国科学图书仪器公司,1947.

[28] 李蕃. 复兴高级中学教科书三角学[M]. 上海：商务印书馆,1950.

[29] 何鲁. 新学制高级中学教科书代数学[M]. 上海：商务印书馆,1923.

[30] 温德华士. 汉译温德华士代数学[M]. 屠坤华,译. 上海：商务印书馆,1910.

[31] 张鹏飞. 新中学教科书初级混合法算学（第三册）[M]. 上海：中华书局,1923.

[32] 周元瑞,周元谷. 复兴初级中学教科书三角[M]. 上海：商务印书馆,1937.

[33] 程廷熙,傅种孙. 新中学教科书初级混合数学（第六册）[M]. 上海：中华书局,1923.

[34] 李华兴. 民国教育史[M]. 上海：上海教育出版社,1997.

[35] 杨芳. 中国历代教育制度与教育思想的发展历程[M]. 北京：北京工业大学出版社,2019.

[36] 石鸥. 民国中小学教科书研究[M]. 长沙：湖南教育出版社,2019.

[37] 王云五. 王云五文集(伍)：商务印书馆与新教育年谱(上下册)[M]. 南昌：江西教育出版社,2008.

[38] 许用宾. 复兴算术教学法(第一册)[M]. 上海：商务印书馆,1937.

[39] 张奠宙,曾慕莲,戴再平. 近代数学教育史话[M]. 北京：人民教育出版社,1990.

[40] 程民德. 中国现代数学家传(第三卷)[M]. 南京：江苏教育出版社,1998.

[41] 商务印书馆. 商务印书馆图书目录(1897—1949)[M]. 北京：商务印书馆,1981.

[42] 毕苑. 建造常识：教科书与近代中国文化转型[M]. 福州：福建教育出版社,2010.

[43] 周洪宇,陈竞蓉. 旧教育与新教育的差异：孟禄在华演讲录[M]. 合肥：安徽教育出版社,2013.

[44] 傅种孙. 傅种孙数学教育文选[M]. 北京：人民教育出版社,2005.

[45] 魏庚人. 中国中学数学教育史[M]. 北京：人民教育出版社,1987.

[46] 陈岳生. 复兴初级中学算术教员准备书[M]. 上海：商务印书馆,1940.

[47] [日] 小仓金之助. 算学教育的根本问题[M]. 颜筠,译. 上海：商务印书馆,1930.

[48] [美] Arthur Schultze. 中等学校算学教学法[M]. 苏笠夫,译. 上海：商务印书馆,1935.

[49] 梁启超. 南海康先生传[M]. 北京：中华书局,1989.

[50] 董远骞,施毓英. 俞子夷教育论著选[M]. 北京：人民教育出版社,1991.

[51] 余介石,胡术五,徐子豪. 复兴初级中学教科书几何教员准备书[M]. 上海：商务印书馆,1934.

[52] 李俨. 中国算学史[M]. 上海：商务印书馆,1937.

[53] 张奠宙. 中国近现代数学的发展[M]. 石家庄：河北科学技术出版社,2000.

[54] 蔡元培. 全国教育会联合会所议决之学制系统草案评[J]. 新教育,1922,4(2)：126.

[55] 余潜修. 中学算学采取混合教授法的商榷(下)[J]. 中等算学月刊,1933,1(2)：1-5.

[56] 杜佐周. 数学的心理[J]. 教育杂志,1926,18(5)：1-12.

[57] 刘亦珩. 中等数学教育改造问题[J]. 安徽大学月刊,1934,2(1)：1-40.

[58] 吴学敏. 我的父亲[J]. 中等算学月刊,1935,3(9,10)：72-86.

[59] 中等算学月刊[J]. 1935,3(19)：扉页.

[60] 教育杂志[J]. 1935,25(7)：277.

[61] 代钦,李春兰. 吴在渊的数学教育思想[J]. 数学通报,2010,49(3)：1-5,15.

[62] 刘宏谟. 算学教科书改良意见[J]. 中等算学月刊,1934,2(9)：7.

[63] 俞子夷. 算术教授革新之研究[J]. 教育杂志,1918,10(1)：18-28.

[64] [日] 松宫哲夫. 日中数学教育交往近150年的轨迹[J]. 内蒙古师范大学学报(教育科学版),2007(12)：70-72.

[65] 乙阁. 介绍新出版的两部书[J]. 中等算学月刊,1934,2(8)：48.

[66] 汪桂荣. 中学算学师资训练问题[J]. 教育杂志,1935,25(7):129-133.

[67] 潘之赓. 浙江二十年度教育统计概述[J]. 浙江行政周刊,1933,5(6):1-4.

[68] 章则:指定公私立大学举办中等学校理科教员暑期讲习班办法大纲[J]. 教育周刊,1934(192):4.

[69] 中央法规:二十六年暑期及师范学员讲习班办法大纲[J]. 湖北省政府公报,1937(303):28-30.

[70] 本年暑期中学及师范教员讲习班办法公布[J]. 湖北教育旬刊,1937,1(9):4-10.

[71] 张英伯. 傅种孙——中国现代数学教育的先驱[J]. 数学通报,2008,47(1):8-10.

[72] 刘亦珩. 数学教育改造与师资养成[J]. 师大月刊,1933(3):22-26.

[73] 苏日娜. 傅种孙数学及数学教育贡献研究[D]. 呼和浩特:内蒙古师范大学,2014.

[74] 顾澄. 数学杂志创刊弁言[J]. 数学杂志,1936,1(1):1.

[75] 编辑委员会征求稿件启示[J]. 数学杂志,1936,1(1):133.

[76] 朱言钧. 苏格拉底讲学方法的应用[J]. 数学杂志,1936,1(3):125-131.

第十一章　　民国后期的数学教育

　　1937 年抗战全面爆发，中华民族危机日益加剧，教育事业岌岌可危。在时局动荡、艰苦卓绝的条件下，民国后期大中小学学校教育发展艰难且缓慢。为了保护学校的师资力量和知识财富，国民政府制定相应的政策方针，高等学校几度迁移。数学教科书方面，在继续使用民国中期数学教科书的基础上，也编写一些数学教科书。数学教育理论与实践方面，翻译引进了美国著名数学家 G·波利亚（George Polyga，1887—1985）的《怎样解题》，刘开达撰写了《中学数学教学法》，同时中小学数学教师也开展了一些教学研究活动。

第一节　抗日战争爆发后的中国教育

1937 年 8 月 27 日,国民政府教育部颁布《总动员时督导教育工作办法纲领》,对全国各级教育工作做出指示。指示都是临时性应急措施,有利于稳定各级学校和其他文化机关的人心,也有利于加强对学生的国防训练,满足国家国防的需要。但"务力持镇静,以就地维持课务为原则"并不切合实际。由于战事的影响,大多数学校在全面抗战的第一年中其实都无法维持课务。汪家正就指出:"从彷徨到坚定,这中间,差不多经过了一年①。在这彷徨和混乱的一年中,我国教育所蒙受的损失,极其严重,在此时间,大多数学校都无法维持原状,以致学生人数顿减。"②

随着战区日益扩大,中国教育界一部分人士主张变更教育制度,以配合抗战需要,提出高中以上与战事无关的学校,应改组或停办,教师和学生应征服役,捍卫祖国,认为初中以下学生未到兵役年龄,亦可变更课程,缩短年限。1937 年 12 月南京沦陷后,关于战时教育的议论,更是甚嚣尘上。但国民政府高层认为:抗战是长期的,各方面人才,直接或间接均为战时所需要。我国大学生本不多,每一万国民中仅有一名大学生,与英美教育发达国家相差甚远。为自力更生,抗战建国之计,原有教育必得维持,否则后果将更不堪。至就兵源而言,以中国人口之众,尚无立即征调大学生之必要。因此,国民政府提出"战时须作平时看"的教育方针③。

1938 年 3 月 7 日,陈立夫在重庆出任国民政府教育部长④。他上任伊始,发表了《告青年书》,表明陈立夫对青年从事军事工作的态度,即平时以自愿为原则,但国家需要时,须服从国家征调。他上任后还对全国教育工作,提出了实施方针。这些实施方针以"战时须作平时看"为前提,既有中国教育的根本方针,也有大学教育、专科学校、中等教育、小学教育和社会教育的不同方针,是陈立夫主政教育部时期关于战时中国教育工作的指导原则。

1938 年 4 月,中国国民党临时全国代表大会通过《中国国民党抗战建国纲领》。

---

① 此处"一年"指 1937 年 7 月卢沟桥事变爆发后的一年。
② 汪家正.抗战期间教育设施的总清算[J].东方杂志,1946,42(17):17-26.
③ 教育部教育年鉴编纂委员会.第二次中国教育年鉴(一)[M].上海:商务印书馆,1948:10.
④ 陈部长谈今后教育方针[J].教育通讯,1938,创刊号:2-3.

其中有 4 款为教育纲领内容：（1）改订教育制度及教材，推行战时教程，注重于国民道德之修养，提高科学之研究与扩充其设备；（2）训练各种专门技术人员，予以适当之分配，以应抗战需要；（3）训练青年，俾能服务于战区及农村；（4）训练妇女，俾能服务于社会事业，以增加抗战力量。[①] 这是中国国民党为团结和动员全国力量，正式制颁的关于教育工作的总体要求和目标。

同时，这次大会通过《战时各级教育实施方案纲要》，规定了战时各级教育实施的 9 个方针："一曰，三育并进[②]；二曰，文武合一；三曰，农村需要与工业需要并重；四曰，教育目的与政治目的一贯；五曰，家庭教育与学校教育密切联系；六曰，对于吾国固有文化精粹所寄之文史哲艺，以科学方法加以整理、发扬，以立民族之自信；七曰，对于自然科学，依据需要，迎头赶上，以应国防与生产之急需；八曰，对于社会科学，取人之长，补己之短，对其原则整理，对于制度应谋创造，以求一切适合于国情；九曰，对于各级学校教育，力求目标之明显，并谋各地平均之发展，对于义务教育，依照原定期限，以达普及，对于社会教育与家庭教育力求有计划之实施。"[③]第 2 至 4 个方针与陈立夫主持教育部后对中国教育工作提出的根本方针直接相关。

关于学制，《战时各级教育实施方案纲要》规定："对现行学制，大体应仍维持现状，惟遇拘泥、模袭他国制度，过于划一而不易施行者，应酌量变通，或与以弹性之规定，务使用事制宜，因材施教，而收得实际效果。"关于学校迁移与设置，该纲要规定："对于全国各地各级学校之迁移与设置，应有通盘计划，务于政治、经济实施方针相呼应，每一学校之设立及每一科系之设置，均应规定其明确目标与研究对象，务求学以致用，人尽其才，庶几地尽其利，物尽其用，货畅其流之效可见。"关于师资，该纲要规定："对师资之训练，应特别重视，而亟谋实施，各级学校教师之资格审查与学术进修之办法，应从速规定，为养成中等学校德智体三育所需之师资，并应参酌从前高等师范之旧制而急谋设置。"关于各级学校各科教材，该纲要规定："对于各级学校各科教材，应彻底加以整理，使之成为一贯之体系，而应抗战与建国之需要。尤宜尽先编辑中小学公民、国文、史、地等教科书及各地乡土教材，以坚定爱国、爱乡之观念。"关于中小学教学科目和大学各院科系，该纲要规定："对于中小学教学科目，应加以整理，毋使过于繁重，致损及学生身心之健康，对于大学各院科系，应从经济及需要之观点，设法调整，使学校教学力求切实，不事铺张。"关于中央和地方教育经费，该纲要规定："对于中央及地方

---

① 中国国民党抗战建国纲领[J].解放，1938，(37)：1-2.

② 三育指德育、智育、体育。

③ 战时各级教育实施方案纲要[J].教育通讯，1938，(4)：8-10.

之教育经费,一方面应有整个之筹集与整理方法,并设法逐年增加,一方面务使用得其当,毋使虚糜。"①

　　根据上述 9 个方针,国民政府教育部还规定了各级教育实施目标和施教对象。如关于小学教育,规定"小学教育应为国民基础教育,以发展儿童身心,培育其健全体格,陶冶其良善德性,教授以生活之基本智能。施教之对象应及于全体学龄儿童,并应在预定年限达普及教育之目的。"关于中学教育,规定"中学教育应为继续小学施行国民基础教育,以造就社会之中级中坚分子,及准备进修专门学术为二大目的。初级中学应普遍设立于各县,招收小学之优秀儿童;高级中学由省分区设立,招收初中毕业之优秀学生。"关于大学教育,规定"大学教育应为研究高深学术,培养能治学、治事、治人、创业之通才与专才之教育。其学院之设施,应以国家之需要为对象。"②

　　这些教育政策与方针是全面抗战初期国民政府教育部坚持"战时须作平时看",积极谋划教育发展大计的产物。它们重在推进中国各级教育发展,培养各类人才,同时使教育服务于抗战大业,具有鲜明的时代特色。

第二节　小学数学教育

一、 小学数学教育概述

　　在 1937 年至 1949 年之间,颁布的小学课程标准中,关于小学算术的分别是 1941年的《小学算术科课程标准》和 1948 年的《算术课程标准》。两个"标准"中对小学算术的教学目标、内容、时间、教授要点与程度都进行了说明。

（一）小学算术教学时间与课时安排

　　在这一阶段,受到战争的影响,《战时各级教育实施方案纲要》规定③:
　　学制。初等教育仍采用多轨制,有一年制、二年制短期小学,四年制、六年制小学,

---

① 战时各级教育实施方案纲要[J].教育通讯,1938(4):8-10.
② 教育部教育年鉴编纂委员会.第二次中国教育年鉴(一)[M].上海:商务印书馆,1948:11-12.
③ 王权.中国小学数学教学史[M].济南:山东教育出版社,1996:223.

达到全国 80% 以上儿童入学。

设置。全国各县应划自治最小单位为学区,每区设短期小学一所。联合几个小学区至少设四年制小学一所,为短期小学的中心小学。

教材。各级学校所用的各种教材与教科图书,国家应划出专款,聘请有名学者及有教学经验的专家暨教师从事搜集、整理、编订。

课程与体系。中小学课程标准过于繁重,学生不易负担,应重加审订、酌并科目、减少时间,等等。

在战争影响下,为了保证初等教育的顺利进行以及没有参加过初等教育的人们能够补充学习,采取多轨制与短期小学等多种形式联合学习。1941 年《小学算术科课程标准》和 1948 年《算术课程标准》中的算术课程要求如表 11 - 1 和表 11 - 2 所示:

表 11 - 1　1941 年《小学算术科课程标准》中教学时间安排建议

学　　年	第一学年	第二学年	第三学年	第四学年	第五学年	第六学年
授课时间	60 分钟	150 分钟	180 分钟	笔算 150 分钟 珠算 60 分钟	笔算 150 分钟 珠算 60 分钟	笔算 150 分钟 珠算 60 分钟
每周教学节数	2	5	6	7	7	7

表 11 - 2　1948 年《算术课程标准》中教学时间安排建议

学　　年	第一学年	第二学年	第三学年	第四学年	第五学年	第六学年
授课时间			180 分钟	笔算 150 分钟 珠算 60 分钟	笔算 150 分钟 珠算 60 分钟	笔算 150 分钟 珠算 60 分钟
每周教学节数			6	7	7	7

算术课程教学时间安排上的最大区别就是 1941 年《小学算术科课程标准》中的一、二年级的固定授课时间改为 1948 年《算术课程标准》中的第一、二学年不特设教学时间,要在日常生活、常识、劳作、体育等科以及自由游戏中随机教学,注重心算。一、二年级的认识数字以及简单的加减计算在日常生活中应用比较广泛且便于理解,在关注算术知识与日常生活联系的同时注重激发学生数学学习兴趣,将具体的算术知识体验融合在各个科目,进而为后续三年级算术的学习奠定基础。第一、二学年不特设教学时间是否有助于系统地开启算术教学? 这是一个值得思考的问题。

（二）小学算术课程目标

两个"标准"中关于课程目标的具体要求如下。

1941 年《小学算术科课程标准》课程目标[①]：

一、增进儿童日常生活中关于数量的常识和观念；二、培养儿童日常生活中的计算能力；三、养成计算敏捷和准确的明确习惯。

1948 年《算术课程标准》课程目标[②]：

一、指导儿童了解日常生活中关于"数"的意义，有"数"的正确观念；二、指导儿童解决日常生活中关于"数"的问题，培养其理解思考的能力；三、养成儿童计算正确迅速的能力和习惯（包括心算、笔算、珠算）。

1941 年《小学算术科课程标准》课程目标中强调了关于数量的常识与观念，以及计算能力与习惯，与之相比，1948 年《算术课程标准》课程目标有较为明显的差异。首先 1948 年《算术课程标准》课程目标中强调了"数"的意义，在此基础上递进培养正确的"数"的观念；其次，在关注计算能力的同时，强调理解力与思考力的培养，还强调了运用数学知识解决数学问题的能力，而在 1941 年《小学算术科课程标准》中重点说明计算内容，对于理解思考能力上并没有做出具体要求；最后，1948 年《算术课程标准》中说明正确而迅速地计算不仅是一种习惯还是重要的能力，并对计算的类型进行细化说明。

（三）小学算术课程教学要点与具体内容

1941 年《小学算术科课程标准》与 1948 年《算术课程标准》中的算术教学内容基本相同。

比较 1941 年《小学算术科课程标准》与 1948 年《算术课程标准》有以下区别和共同点：

其一，教学内容从不同角度分类。1941 年《小学算术科课程标准》将每一学年的教学内容分为教材大纲与要目两部分，1948 年《算术课程标准》将每一学年的教学内容分为认数、实测、日常活动和问题、计算方法四部分。

其二，一、二年级与三年级设置的内容量有所不同。1941 年《小学算术科课程标

---

① 课程教材研究所.20 世纪中国中小学课程标准·教学大纲汇编：数学卷［M］.北京：人民教育出版社，2001：32.

② 课程教材研究所.20 世纪中国中小学课程标准·教学大纲汇编：数学卷［M］.北京：人民教育出版社，2001：42.

准》中一、二年级有固定的课时内容,而 1948 年《算术课程标准》将一、二年级的算术内容融合在生活、实践以及各个学习科目中,没有专门固定的算术内容,这就使得要在学习三年级的知识前系统地补充一、二年级的知识点,因此三年级的知识容量较大。

其三,重视计算。计算是小学算术学习中十分重要的内容之一,不仅需要计算的准确性,还要培养学生的计算速度。1941 年《小学算术科课程标准》和 1948 年《算术课程标准》都专门强调,每次教学笔算之前,要有五分钟到十分钟的心算练习。将心算的练习时间做详细说明,更是强化了心算的重要性,沿袭之前"纲要"中对计算的重视与要求。

其四,更加关注算术在实际生活中的应用。1948 年《算术课程标准》中将计算、测量、钱币认识等内容的应用部分专门作为一个学习内容叫做"日常的活动与问题"。从计算和数、钱币数量单位的认识与运算中衍生出具体的数学活动以及它们在实际生活中的应用,对应课程目标中的理解应用能力培养。

二、 小学数学教科书

抗日战争时期与战后一段时期,学校教育也不能正常进行。针对这种情况,政府对教育方针与教育宗旨进行调整,要求统一思想编写和使用小学数学教科书。算术教科书内容相对简单,并且结合实际编写应用问题,较多地涉及军事题材。数学教科书中还涉及国防、航空、气象等题材,用以激发学生的爱国情怀以及学习数学知识的积极性。还有一部分教科书,就以学习知识保卫国家为主旨设序或命名,如《初级算术》《国防算术》等。

(一) 程宽沼编《国防算术》

《国防算术》(如图 11 - 1),程宽沼编著,商务印书馆出版,1937 年 10 月初版。此书共上、下两册,适用于高小初中补习,共十六章。在该书自序中表明了编写此书的背景、目的及算术对于儿童思维训练以及国防常识掌握的意义重大。

《国防算术》的"自序"如下[①]:

我国自鸦片战争以迄于今,饱受帝国主义的压迫与凌辱。河山破碎,疮痍满目,言之真令人痛心。究其原因,实由于过去人民总是苟且偷安,自私自利,徒顾小我,没有

---

① 程宽沼.国防算术(上册)[M].上海:商务印书馆,1937:自序.

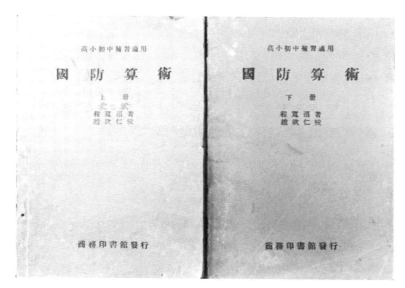

图 11-1　《国防算术》书影

国家观念,终至民族精神萎靡,民族意志消沉,我们今后欲打破民族危机,救亡图存,最根本的办法,要赶快把握现代的新国民——趁他们富于可塑性的时期,充分予以国防的训练,使每个儿童都有丰富的国防学识,从而激起他们爱国雪耻的思想,和实践的志愿,那便是国防教育的适合时代性。

……

算术是锻炼思想的学科,寓国防训练于算术,使儿童由严密的事实的分析,进为事实的深刻的认识,踔厉的情绪的奋发,那便是著者要使国防常识与算术沟通联络的微意,也便是本书的一点小小的贡献。

本书遵照教育部最近颁布的小学算术课程标准和各大书局所出版的教科书加以补充而成。

本书分上下两册,专供小学高级儿童课内或课外练习,每册足供一学年之用。

本书取材,以儿童为本位,纵的方面,包括着上自欧洲大战,下至前近的国防常识与逐渐进步的情形。横的方面,包括着各帝国主义的军备竞争与未来的动向。

本书各单元,各叙述以简单而容易明了的事实,各问题各自成一个段落,前后一贯时,儿童易于分别计算。

本书计算的数字,都有所根据,问题力求自然而有兴趣,可以帮助儿童事实的想象。

该书取材上至欧洲大战,下至当时的国防常识。目录框架按国防常识排列,在国防常识标题下列出算式学习的知识点,但题型较单一,有丰富的实物图片,有利于知识的记忆。该书遵照课程标准,尽可能以最佳方式把国防常识与算术知识相结合,既可以锻炼儿童思维,激发爱国情感,又可掌握国防知识,热爱国家,奋起抗争。但是国防的标题与算术标题的结合不是很好,正文与标题标注区分不明显。练习题除了学习数学知识,还交代一些历史事实。

(二)赵侣青等编《新课程标准适用小学算术课本》

《新课程标准适用小学算术课本》由赵侣青等编著,上海中华书局于 1933 年出版(如图 11-2),书中"编例"说明了作者的编写理念:

图 11-2 《新课程标准适用小学算术课本》书影

一、本书遵照教育部最近颁布的小学算术课程标准编辑。

二、本书供给全国小学校高级学生课本之用,共分四册,一学期一册。

三、本书各单元编法大致如次:

1. 问题——就儿童生活中所有的事实或想象发问;2. 解答——就事实或想象题解答;3. 方法——指示计算的方式,逢有注意事项或公式或表解都附入;4. 定义——用文字来解释初见的名词或术语的意义;5. 例题——举例题设,书中不列算式,让儿童自己试算;6. 练习——计划适当机会配置计算题,使学生多所练习。

四、本书每若干单元有一复习,每一册有一总复习。

五、本书特点:

1. 用归纳法编制;

2. 教材排列多活动,富兴趣;

3. 应用题以适合儿童生活为标准;

4. 度量衡遵用国民政府颁布的市用制与标准制。

六、本书每册都有教学法,详述教学方法,并有补充题及测验题目。

第三节　中等数学教育

一、中等数学教育发展概述

1937—1941 年间,中学依然采用"三三制"。1939 年 4 月,第三次全国教育会议在陪都(重庆)举行,始有设置六年一贯制中学的决议。故 1941 年开始,中学除"三三制"外,另设"六年一贯制",不分初中和高中。基于学校试验的情况,暴露出一些弊端,故1948 年修订的课程标准仍以"三三制"为原则。1937—1949 年间,初高中数学课程标准共经历 5 次修订,数学课程的设置也随着课程标准的修订而不断完善。

1941 年教育部根据第三次全国教育会议提出的"适应抗战建国之需要",对 1936年各科课程标准重新进行修订并颁布《修正高级中学数学课程标准》,该课程标准相比1936 年课程标准教学时数有所减少,内容略有调整。该课程标准目标有六[①]:

(1)充分介绍形数之基本观念,使学生认识二者之关系,明了代数、几何、三角等科呼应一贯之原理,而确立普通数学教育之基础。(2)切实灌输说理推证之方式,使学生认识数学方法之性质。(3)供给学生研究各学科所必需之数学知识,以充实学生考验自然与社会现象之能力。(4)继续训练学生计算及作图之技能,使其益为丰富敏捷。(5)注重启发学生之科学精神,养成学生函数观念。(6)数理之深入与其应用之广阔,务使成相应之发展,俾学生愈能认识数学本身之价值,及其与日常生活之关系,油然而生不断努力之志向。

该标准中规定了数学各门课程的课时数,并按照三角、几何(平面、立体)、代数、解析几何的顺序展开,见表 11-3。

教育部于 1941 年 9 月颁布《六年制中学数学课程标准草案》,实行数学课程六年一贯制,其目标有五[②]:

[①] 课程教材研究所.20 世纪中国中小学课程标准·教学大纲汇编:数学卷[M].北京:人民教育出版社,2001:257.

[②] 课程教材研究所.20 世纪中国中小学课程标准·教学大纲汇编:数学卷[M].北京:人民教育出版社,2001:265.

表 11-3 1941 年《修正高级中学数学课程标准》中各门课程时间支配

时数 \ 学期 课程		第一学年		第二学年		第三学年	
		第一学期	第二学期	第一学期	第二学期	第一学期	第二学期
三角		2	2				
几何	平面	2	2				
	立体			2(甲)	1(甲)		
代数				3(甲) 3(乙)	4(甲) 3(乙)	2(甲)	
解析几何						2(甲) 3(乙)	5(甲) 3(乙)

(1)介绍学生形象与数量之基本观念,使能了解其性质,及二者之关系,并明了运算之理由与法则,及各分科呼应一贯之原理,而确立普通数学教育之基础。(2)供给学生解决日常生活中数量问题之工具,及研究各学科所必需之数理知识,以充实其考验自然与社会现象之能力。(3)训练学生计算及作图之技能,使能纯熟而准确,精密而敏捷。(4)注意启发学生之科学精神,养成学生函数观念。(5)提示学生说明推证之方式,更于理论之深入与其应用之广阔,务使成平行之发展,俾学生能确知数学本身之价值,并欣赏其立法之精微,效用之宏大,以启发其向上探讨及不断努力之志趣。

其中对算术、代数、平面几何、立体几何、三角、解析几何各门课程的教学时数进行了规定,如表 11-4 所示。

表 11-4 1941 年《六年制中学数学课程标准草案》中各门课程时间支配

时数 \ 学期 课程	第一学年		第二学年		第三学年		第四学年		第五学年		第六学年	
	一	二	一	二	一	二	一	二	一	二	一	二
算术	4	4										
代数			4	4	2	2	2	2	2			
平面几何					2	2	2	2	3			
立体几何									1	2		
三角									2	2		
解析几何											3	5

对于中学采用六年一贯制原则,引起了一些学者的反对意见。如陈伯琴在《谈谈六年制中学数学课程》一文中认为:"今欧美各国,中学数学,无不采圆周制,迨有由也。今一概抹煞,完全直经编制,使教材之排列,太重逻辑次序,而完全忽略心理之进程,此实违反现代教育之精神。"①故之后修订的中学数学课程标准,依然以"三三制"为原则。

1948 年,教育部颁布《修订高级中学数学课程标准》,其目标在于②:

(1)介绍形数之基本观念,使学生充分了解其关系,明了代数、几何、三角等科呼应一贯之原理,而确立普通数学教育之基础。(2)练习说理推证之方式,使学生切实熟习数学方式之性质。(3)供给研究各学科所必需之数学基本知识,以充实其经验自然及社会现象之能力。(4)继续训练学生切于生活需要之计算及作图等技能,俾更臻纯熟正确。(5)培养分析能力,归纳方法,函数观念及探讨精神。(6)明了数学之功用,并欣赏其立法之精,组织之严,应用之博,以启发向上搜讨之兴趣。

各门课程安排仍按照 1941 年《修正高级中学数学课程标准》中三角、几何(平面、立体)、代数、解析几何的顺序展开。不同的是,在最后一学期并设"数学复习",具体时间支配,如表 11-5 所示。

表 11-5　1948 年《修订高级中学数学课程标准》中各门课程时间支配

时数＼学期 课程		第一学年		第二学年		第三学年	
		第一学期	第二学期	第一学期	第二学期	第一学期	第二学期
三角		2	2				
几何	平面	2	2				
	立体			2			
代数				2	4	1	1
解析几何大意						3	
数学复习							3

① 陈伯琴.谈谈六年制中学数学课程[J].科学教学,1942,2(3):8-11.
② 课程教材研究所.20 世纪中国中小学课程标准·教学大纲汇编:数学卷[M].北京:人民教育出版社,2001:279.

二、中学数学教科书

（一）中学数学教科书发展概述

这一时期教科书的审定由国立编译馆负责,中学教科书的审定逐步实现了国定制。虽然中国在 1937—1949 年期间政局动荡,各大出版企业均在不同程度上遭受破坏,然而中学数学教科书建设并没有因此而衰落。众多数学教育工作者、教科书出版企业等各方力量化悲愤为动力,克服重重阻力,积极组织编写、出版数学教科书,使得数学教科书建设在相对困难的条件下,依然稳步前进。

1937—1949 年,中学数学教科书的审定工作分为两个阶段:

第一阶段,自 1936 年《初(高)级中学算学课程标准》公布后至 1941 年《修正初(高)级中学数学课程标准》公布之前。1937 年出现的教科书饥荒现象,给国民政府强行取消教科书审定制,继而以部编制代替提供了借口。"部编制下的国定教科书,是国民政府教育部通令各省市统一采用的教科书的通俗名称,而不是此类教科书的法定名称。"①国立编译馆从 1937 年以后承担起国民政府赋予的教科书编审工作的职能——掌管教科书及学术文化书籍的编译事务,隶属于教育部,并一直持续到 1949 年国民党政权垮台。

第二阶段,1941 年《修正初(高)级中学数学课程标准》到 1948 年《修订初(高)级中学数学课程标准》时期。1941 年开始,中国正式实行教科书国定制,教科书采用国定本。"国定本即为教育部命令所属的国立编译馆,按照中小学校的全部科目,编成一整套的教科书,通过所属的教育图书审查委员会审定。"②1942 年 1 月,教科书编辑委员会并入国立编译馆,进行编辑国定教科书的工作。从编辑程序上说,国定教科书还是比较认真的③:

每稿完成,先由编译馆各科专家审阅修改,再送馆外专家校订,然后由教育部核定付印,是为暂行本。自初编以致核定,每一过程均有修改,往往数易其稿。暂行本供应以后,一方面再召集国内各出版机构富有编辑经验人员或重庆附近教育学术专家分次举行修订会议,逐课研讨,提供意见,编译馆汇集各方面意见,再交全体编纂人员详加

---

① 吴永贵.民国出版史[M].福州:福建人民出版社,2011:453.
② 李春兰.清末民国时期的数学教科书[M]//丘成桐,杨乐,季理真.数学与教育:数学与人文·第五辑.北京:高等教育出版社,2011:105-106.
③ 张定华,苏朝纲,邹光海,等.中国抗日战争时期大后方出版史[M].重庆:重庆出版社,1999:274-275.

参酌,众意签同,然后审定改版出书,是为修订本。

随着编写的教科书数量逐渐增多,对连带发生的印刷运销问题也采取了相应的措施。1943 年 4 月,国定中小学教科书七家联合供应处成立,简称"七联处"。"七联处"的成立,是国民政府教育部为了推行国定本教科书而采取的新举措,指定商务印书馆、中华书局、正中书局①、世界书局、大东书局、开明书店、文通书局等 7 家出版社,专门承担国立编译馆主编的国定中小学教科书的排印运销任务。各家的资历和资金情况不同,所承担供应的份额亦不一样,协商分配的结果是,商务、中华、正中各 23%,世界 12%,大东 8%,开明 7%,文通 4%②。从严格意义上来说,"七联处"的成立是一种官方行为,且其联合的范围也仅局限于国定本中小学教科书的印制与发行。1946 年组成"十一联"分享国定本教科书市场。1947 年 7 月,国定本教科书开放版权,各公私机构均可申请印行国定本教科书。

总之,国民政府对教科书编审制度采取了越来越严格的控制政策。"'国立'招牌顶掉了民营出版社所编的本子,从此达到了教科书的完全一致。而且,后方物资匮乏,印刷教科书的纸张政府统一分配。规定教科书由商务印书馆、正中书局、中华书局、世界书局、开明书店、文通书局、大东书局七家按各自原来份额比例出版和发行。不久抗战结束,中小学教科书的出版体制延续到全国解放。"③

1937—1949 年处于政局动荡的阶段,各方面条件相对困难,教科书的编纂也相对零星分散,不如民国中期系统完整,没有出现民国中期那样规模宏大的教科书。这一时期使用的国人自编初中数学教科书来自两个方面:一方面,再版民国中期口碑较好的数学教科书,如"复兴初级中学教科书""修正课程标准适用教科书"等。另一方面,在相对困难的条件下编辑出版适应当时情形的数学教科书以供应学校急需之用,如"更新初级中学教科书"等。教科书审定方面,1941 年后,要求各校改用国定本教科书。然而,当时学校采用的依然是原来的教科书。如,商务印书馆出版的《复兴初级中学教科书三角》一直使用到 1949 年。再如,中华书局出版的《修正课程标准适用初中三角法》至 1947 年仍被使用。又如,正中书局于 1935 年出版了《建国教科书初级中学》,并一直使用到 1948 年。

从数量上来看,1937—1949 年出版使用的国人自编高中三角学教科书较民国中

---

① 正中书局挟官书局之威,在教科书出版上迎头赶上,迅速崛起,被时人称之为"第六大书局"。根据教科书出版企业在当时所占的教科书市场份额来排名,前五名分别为:商务印书馆、中华书局、世界书局、大东书局、开明书店。

② 吴永贵.民国出版史[M].福州:福建人民出版社,2011:67.

③ 汪家熔.民族魂——教科书变迁[M].北京:商务印书馆,2008:224.

期大有增加。据目前掌握的资料来看,1923—1936 年出版使用的高中三角学教科书大致有 10 种,而民国后期,除再版一些民国中期反响较好的高中三角学教科书外,仍在相对困难的条件下编写了一些供高中使用的高质量的数学教科书,且在此期间出版的教科书相对较多。正中书局、世界书局、龙门联合书局等出版企业积极地加入高中数学教科书出版的行列中来,使得 1937—1949 年出版的高中数学教科书呈现出繁荣的景象。

(二) 初中数学教科书举例

20 世纪 30 年代实验教育思潮在中国中小学的自然科学和数学教育中兴起,特别是在初中数学教育中开始实施实验教育,首先出现的是实验几何教学。所谓实验几何,其性质即与原始之几何相类,其方法乃在直接考察图形,迳行引出结论,而未尝企图作逻辑之严格推证①。这种实验几何教学不是几何教学实验,而是把自然科学教育中的实验思想渗透在初中几何教育中。于是出现了与实验几何教学计划及配套的实验几何教科书,实验几何教科书是相对于理论几何(亦称理解几何或证明几何)而言的。与此同时,与实验几何教科书对应地出现了实验初中算术教科书,它也可以与理论算术对应。下面介绍民国后期几种具有代表性的实验教科书。

1. 汪桂荣《初级中学实验几何学》

《初级中学实验几何学》(见图 11 - 3)由汪桂荣著,正中书局 1935 年出版。该书是

图 11 - 3 《初级中学实验几何学》书影

根据 Shibli 的《最近几何教学之趋势》、Breslich 中的《中学算学教学法》、Smith 的《几何教学法》三本书,以及英国、美国实验几何的教材、混合算学等十多本教科书,并结合作者的几何教学经验编辑而成。

1927 年,汪桂荣被其母校扬州中学聘为首席数学教员,期间参与了教育部中学数学课程标准的修订,并担任浙江大学暑期讲学会算学教学法讲师,浙江教育厅中学算学毕业会考主试委员,江苏省算学教学进度编订员。出版《高中平面三角》《高中平面几何》《初中算学实验几何学》《数值三角》等,是中等教育协会、中学师范教育研究会和中等算学研究会会员。抗战时期,汪桂荣被教育部聘为部聘教授。1944

---

① 代钦.民国时期实验几何教科书的发展及其特点[J].数学教育学报,2016,25(1):15 - 20.

年,国民政府教育部经各大学推荐,选派十五名各个学科著名学者到美国考察,第一批67人中就包括汪桂荣①。1949年,汪桂荣病逝于南京。

《初级中学实验几何学》全书共九章,132页,作者在"编者自序"中阐明为什么编写实验几何学②:

推理几何之教学,开始时最感困难。第一,学者初无几何观念,对于术语不宜了解。第二,学者尚无运用圆规和直尺作精确图形之训练。盖无论证定理,求轨迹,作图以及计算问题,均非有精确图形,不足以助其思考。第三,关系严格之论理思想,学者不易领会,即优秀学者亦只照书死记,毫无教育价值。第四,所有教材大都离生活情形太远,学者不感兴趣。第五,根据实际之测验,学者开始读推理几何时,个性差别甚大。有对于已习功课尚能了解者,亦有毫无所知者,欲免以上诸困难,除在教推理几何之前,先教实验几何外,别无办法。

在"编者自序"中还介绍了德国、英国、美国等国实验几何学发展及中国中学算学教学的弊端。

教实验几何的目的是"使学者由观察及实验认识几何形体,发现其简单的关系,以及求几何量的大小"。关于该书的编写原则,"编者自序"中提到③:

(1)注重实用教材。使学者与大自然接触,认识各种几何形体,了解几何与人生之关系,并使学者能用几何解决各种实用问题。(2)注重自发活动。一切命题均由学者自行作图,自行测量自行寻求结果。一切模型,均由学者自行制造,自行研究。(3)注重归纳方法。一切结论,均由学者从实例中归纳得来,应用演绎之处甚少。(4)注重学习心理。关于名词之解释,注重实例说明,不用严格定义,常引用折纸方法指示结论,学者读之颇有兴趣。(5)注重融合制度。凡与算术及代数有关之处务使与各该科设法联络。(6)注重充分练习。凡尺,圆规,量角器,三角板等之使用,均给以多数有变化的习题,使之练习,务使学生对于若干名词,若干结果,得与充分练习之中,不知不觉记忆纯熟并能自由使用之。

同时,编者在"编辑大意"中明确地提出了实验几何的十三条教学目标④:

(1)发展学者空间观念及空间思想;(2)养成学者于自然,工艺,及家庭诸方面所遇几何形体有欣赏之能力;(3)训练学者如何运用直接量法与间接量法;(4)给予学者自动研究之机会,如此可以使学者智慧日渐增进;(5)指示学者如何使用尺,圆规,量

---

① 胡佳军.汪桂荣中学数学教学之研究[D].呼和浩特:内蒙古师范大学,2016:8.
② 汪桂荣.初级中学实验几何学[M].南京:正中书局,1935:编者自序.
③ 汪桂荣.初级中学实验几何学[M].南京:正中书局,1935:5-6.
④ 汪桂荣.初级中学实验几何学[M].南京:正中书局,1935:3-4.

角器,三角板等绘图工具;(6)使学者估计几何量之大小;(7)使学者自由观察认识几何事实;(8)使学者有自行发现几何关系之能力;(9)使学者有从特别事实,推求普遍结论之能力;(10)使学者有爱精确整洁之习惯;(11)从游戏以及职业两方面,提起学者对于几何学习之兴趣;(12)使学者认识几何与文化之关系;(13)为研究推理几何及其他算学构一良好基础。

书中多让学生通过实验测量得出结论,让学生亲身经历实验过程,加深对知识的理解,如平行四边形的对边相等、对角相等,圆的内接四边形对角互补等。注重几何与算术的融合,善用割补法,利用割补法求平行四边形、三角形、梯形面积等。如书中让学生通过倒水对同底同高的不同容器体积之间的比较,用实验的方法让学生感知圆柱体和圆锥体体积的关系。另外,书中对于制作模型的方法有较详细的介绍。除了利用直尺与圆规精确作图以外,还需要制作一些立体图形,民国时期的教学资源相对来说较匮乏,特别是对于一些立体几何的制作有些难度,在这种情况下,汪桂荣则巧妙地教导学生利用生活中的实物来制作模型,如关于柱、锥体或用铅丝制成模型,或用山芋、萝卜切成模型,平行六面体等于同底同高长方体用铅丝制成模型等。

2. 张幼虹编《修正新课程标准适用实验初中算术》

《修正新课程标准适用实验初中算术》(上、下册)(简称《实验初中算术》)(见图 11-4),张幼虹编,上海建国书局出版,1934 年 8 月初版。该书与民国时期著名数

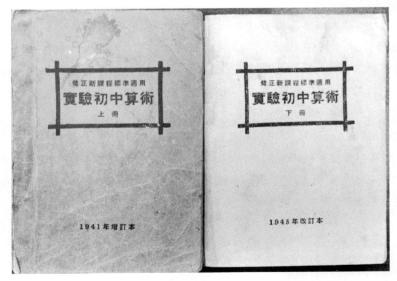

图 11-4 《修正新课程标准适用实验初中算术》书影

学教育家汪桂荣的《新课程标准适用初中实验几何学》平行地出现,在上海和江苏等教育发达地区影响很大,也可以说《实验初中算术》是当时具有代表性的初中算术教科书。汪桂荣先生为《实验初中算术》写的序言充分肯定了《实验初中算术》的诸优点。

《实验初中算术》上册书首依次设有"学习算学最应注意的几件事""汪桂荣先生序""自序""编辑大意""目录""告学者""引言"。

《实验初中算术》的显著特点之一是交代了学习算术的 10 条注意事项,包括听课、练习、细心与纠错、书写规范、核对答案、理解是否错误、困难面前不退缩、不耻下问、互相学习和帮助、不做学习中的"盗贼"等十个方面。书中明确告诉学生学习数学必须勤奋、踏实,否则就学不成,就像欧几里得向托勒密国王所言:"学习几何学没有为国王铺设的大道。"①强调互相学习的方法,用现在使用的"合作学习"表述也不为过。

由于汪桂荣本人极力主张实验教学,他从教育背景、教材选择、学习心理及编写理念等方面言简意赅地高度评价了《实验初中算术》。该序言中也反映了当时实行混合数学(融合主义)教学的情况。一言以蔽之,《实验初中算术》是张幼虹基于自己经验领悟与研究体会、数学教育改革之需要和融合主义之思想编写而成的。

由"自序"中可知,张幼虹《实验初中算术》与《实验几何》不同,它不仅包括算术学习中的实验,而且也包含算术教学实验之意。他在"编辑大意"中指出了初中算术实验的意义②:

1. 本书编辑完全遵照教育部最近颁布课程标准及江苏省教育厅所订进度表。其最重要之点有三:

(1)部颁标准主张算术中应教省略算和统计大意,编者特各列一章。

(2)部颁标准主张算术中应教速算法和心算练习,编者特按其应用的法则,分列于各章。

(3)部颁标准和省订进度表主张求积法在实验几何中教学,又省订进度表主张数的开方在代数中教学。编者特将此两章列为附篇。教者可按各校实况及教学时间斟酌取舍。

2. 本书教材完全与高小算术密接联络,不取重复。凡小学已习者,只略述大概;容易忽略及应须补充者,详为说明。且重理解,以树研究算学之基础。

《实验初中算术》注重"统计大意",在整本教科书中占 31 页之多,内容也丰富。另外,开方法和求积法设置在一起,主要考虑数学内部的逻辑联系,例如就正方形、正立

---

① [美]莫里兹.数学家言行录[M].朱剑英,译.南京:江苏教育出版社,1990:57.

② 张幼虹.修正新课程标准适用实验初中算术(上册)[M].上海:建国书局,1941:编辑大意.

方体的求积问题而言,乘方和开方是互逆的运算。求积法中也设置了三角形面积、四边形面积、多边形面积、立体图形的体积和圆面积,在三角形和四边形面积的基础上进入勾股定理的学习。从不同几何图形面积知识的衔接性看,这种安排是极为科学的。但是从初中数学整体角度讲,这种设置与实验几何(或分科几何教科书)的相关内容有些重复。这就要求授课教师根据实际情况灵活分配教学任务了。

《实验初中算术》遵循了因材施教理念,除照顾多数学生的需求外,也充分考量学有余力学生的学习诉求,兼顾了大众教育和精英教育。同时也考虑到学生的独立完成作业,实际上强调了自主学习。

这些编写理念都是站在施教者的立场上提出的。《实验初中算术》在"编辑大意"之后,也提出了"告学者"8条,实际上站在受教者的立场上重新表达了《实验初中算术》的理念,这种做法无论是从教师角度看还是从学生的角度看,都充分体现了一种亲近感。

"引言"向学生们展示了学习算学的"为什么""是什么"和"怎么做"的问题,促使学生更加主动地学习算学。

《实验初中算术》中将学习和研究的概念没有加以区分,研究也是学习的意思。"如何研究算学"中的"研究",将学习算学的活动当作一种研究活动。这就说明,算术的学习既是一种实验活动,又是一种研究活动。这种理念具有很强的时代特点。简言之,初中算术学习就是一种研究性活动。在另一层面上,作者进而论述学习算学的目的,他说:"它们(现代文明利器)都和算学具有密切的关系。简单地说,算学不但和现代文明利器有密切的关系,就是别的学科也不能完全脱离它。至于日常生活关于算学,更是日不可缺。概括一句话,为应付生活,为研究科学,均须精通算学。"①

初中算术与小学算术有何区别?告诉学生小学算术范围小而浅,初中算术范围大而深。

如何研究算学?这里再次强调三条:第一要细心预习;第二要努力练习;第三要时常温习。

总之,算术是算学根基,开始不能偷懒,不畏难,将根基打好,他日方有成就的可能。

概言之,《实验初中算术》在"学习算学最应注意的几件事""汪桂荣先生序""自序""编辑大意""告学者"和"引言"中十分简要地提出了学习算学的目的、学习方法、学习兴趣和毅力、通过认真学习算术培养良好的学习习惯、坚忍不拔的毅力和诚实做人的

---

① 张幼虹.修正新课程标准适用实验初中算术(上册)[M].上海:建国书局,1941:引言.

道理。从这个意义上说,《实验初中算术》既是一部算学教科书,又是一部德育教科书。

《实验初中算术》上册目录如下①:

第一章　论数量;第二章　基本四法;第三章　四则杂题;第四章　整数的性质;第五章　分数;第六章　小数;第七章　省略算;第八章　诸等数。

《实验初中算术》下册目录如下②:

第九章　比及比例;第十章　百分法;第十一章　利息;第十二章　统计大意。

(附篇)第十三章　开方法;第十四章　求积法;附求积公式一览。

《实验初中算术》内容丰富,这里仅对统计内容作简要举例分析。统计内容不是中国传统数学内容,是19世纪末从西方传入中国的。一开始中学没有统计内容,后来随着西方中学教科书的传入逐渐地在中学数学中设置统计内容,有的教科书单设一章统计,有的教科书不设单章,有的教科书在设单章的同时在不同的章节中设置与统计有关的例题和习题。《实验初中算术》采用了最后一种方式,这对学生更好地掌握统计并解决相关问题极为重要。

《实验初中算术》中设有非统计章中的统计题。如在《实验初中算术》第二章"基本四法"中的与统计有关的习题(见图11-5)。其中题(a)是求清朝不平等条约中国政府赔款总数。从两方面理解该题:一是该题为后续学习统计知识打基础;二是通过该题的学习,学生了解外国列强欺辱中国,以及清朝政府的腐败无能等历史事实,同时也树立学生的爱国主义思想和民族危机意识。

图11-5　《实验初中算术》第15页

《实验初中算术》第十二章为"统计大意",包括统计大意、统计的功用、次数分配、位数数量、众数、中数、平均数(通常算法、简捷算法)、物价指数、列表法、线段表、格栏幅线、格栏幅线的效用、直条图、圆形图等14项内容。每一项内容首先介绍概念,其次举例说明,最后给出若干习题。

"统计大意"是:搜集同事实的一群数量,依次归类,再由此算出一种考察通盘的

---

① 张幼虹.修正新课程标准适用实验初中算术(上册)[M].上海:建国书局,1941:目录.
② 张幼虹.修正新课程标准适用实验初中算术(下册)[M].上海:建国书局,1941:目录.

新数量,有时还列表画图使阅读者容易明了,便于考察,这叫统计。统计有社会统计、经济统计、教育统计等。初中主要学习日常见到的统计大意。"统计的功用"是:化纷乱各套的数量为简括,并求变化及相互间的比较和关系,以推测未来的趋势,借作改进的方针。"位置数量"包括众数、中数和平均数三种。《实验初中算术》中用例举法描述性地定义了"位置数量"。例举如下①:

学者在学生期间,日辛月勤,每以获得优良的考分,为无上的报酬。所以每次小考后,同学中有喜有悲,有愤而用功的,有益求上进的,种种情形,皆由分数比较而生。然一般人只就表面比较,其悲喜之感,或实得其反。譬如,某甲第一次算学小考为 76 分,76 分就表面论,已近优等,似可喜。如该次全班的考分,76 分尚为最少之数,当转喜为悲,辈不如人。又第二次小考为 68 分,就表面论中等,且较第一次少 8 分,似应悲。但该次全班的考分,68 分为最多之数,当转悲而喜,喜人之不如我。由是可知一套数重一数,欲求其比较之价值,必须明了该数在该群中的位置如何。欲探得位置,须先在该群中推求一种新数量,作为比较的标准。此种所得的数量,叫做该数的位置数量。

对其他概念都直接给出定义,然后举例解释。从整体上看,《实验初中算术》中统计内容占 31 页,占全书内容的 10%,需要 12—15 课时学习。

《实验初中算术》求积法是第十四章,在第十三章"开方法"之后。"求积法"包括三项内容:(a) 求面积完全用割补术证验。求表面积与体积或用展开图,或用实验法说明。(b) 知三边求三角形面积之定理,非割补法所能说明;但量地时颇具应用。故亦将该公式编入。(c) 直角三角形定理,应用于求积之处甚多,且其理亦可用割补术证验,故亦编入。这是第十四章的提要,从该提要可以发现以下两点:首先,"割补法"(该书中亦称"割补术")是实验几何的方法之一,也是中国传统几何学中构造有规则整体的重要方法。该方法的学习符合初中生由直观思维、归纳类比思维等转向演绎思维的过渡期的心理特点。其次,《实验初中算术》中没有采用"证明"这个术语,而采用"证验"这个术语。这是非常贴切的,因为在初中几何的学习中所谓"证明"的过程,都是采用割补法进行截图和拼图,只体现经验和直观,并没有进行真正意义上的证明。因此采用"证验",证验也就是现在的验证。在清末、民国时期,有些汉字是从日本汉字借用的,如现在的"介绍",一开始为"绍介"等。总之,"证验"和"割补法"是相互呼应的。求积法的内容以三角形面积、直角三角形定理、多边形面积和圆面积的次序展开,均采用了割补法(见图 11 - 6)。

---

① 张幼虹.修正新课程标准适用实验初中算术(下册)[M].上海:建国书局,1941:261.

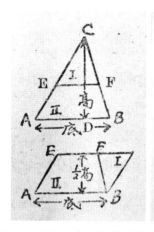

（1）317 页：三角面积公式求法　　　（2）319 页：直角三角形定理的证验

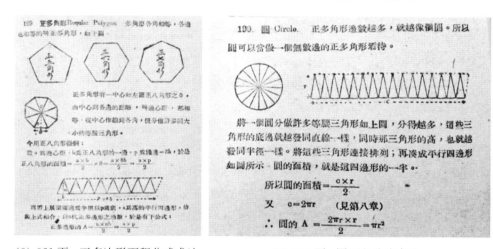

（3）321 页：正多边形面积公式求法　　　（4）322 页：圆面积公式求法

图 11-6　《实验初中算术》书影

　　《实验初中算术》推导平面图形面积时采用了逐步递进的方式，即三角形到四边形、四边形到正多边形、正多边形到圆。在求圆面积时采用直观方法，将圆从圆心开始进行多次平均分割，得到很多扇形，扇形越多其形状越接近等腰三角形，于是把每一个小扇形当作等腰三角形。这里也体现了直线和曲线的辩证关系，即化曲为直的思想方法。

3. 俞鹏、石超的《修正课程标准适用初中新几何》（上、下册）

　　《修正课程标准适用初中新几何》（上、下册）（图 11-7），俞鹏、石超主编，世界书局出版,1948 年 1 月初版。

图 11-7 《修正课程标准适用初中新几何》书影

在《修正课程标准适用初中新几何》的"编辑大意"中交待了该书的编辑背景、编排特点,并提出了实验几何教学理念及学习方法。

该书目录如下[①]:

卷一　实验几何

第一章　几何学基础;第二章　基本作图题;第三章　用量法发见直线型及圆的特征;第四章　作图题和图解法;第五章　平面形和立体的度量。

卷二　理解几何

第一编　直线型;第一章　绪论;第二章　初步　定理及证法;第三章　三角形(一);第四章　作图题的证明;第五章　垂线和平行线;第六章　三角形(二);第七章　多角形的角;第八章　不等线段和不等角;第九章　作图题的解法;第十章　平行四边形;第十一章　对称和轨迹;第十二章　三角形的心。

由目录可知,该书的内容分为实验几何和理解几何二卷,内容设置由以下几个部分组成:(1) 在"几何学基础"中介绍几何学、点、线、面、体、直线、平面、平面几何学、角、直角与垂线、平角、补角、锐角与钝角、周角与共轭角、优角与劣角、角的单位、二面角等基本概念方法,均为通过学生的直观观察或实验测量来实现。(2) 作图工具和作

① 俞鹏,石超. 修正课程标准适用初中新几何(上册)[M]. 上海:世界书局,1948:目录.

图题。(3) 用量法发现直线形及圆的特性。(4) 作图题和图解法。(5) 平面形和立体的度量。主要内容涉及量法(包括各种度量)及作图问题,其中量法部分主要包括线段、角、垂线及平行线、圆、各种几何体的面积和体积。

该书以问答题、实验题和练习题的次序展开。问答题有 11 组,实验题有 28 组,练习题有 14 组,每组题又由若干小题组成。在认为没有必要探究的地方只设置问答题和练习题,如"几何学基础"和"基本作图"中只有问答题和练习题。而"用量法发现直线形及圆的特性"一章中先给出相关的几何概念,然后通过一些实验题,让学生按照提示去实验,最终以命题的形式归纳出相关的几何性质。实验题中涉及有目的性的探究实验及作图过程中无目的性的实验。

如书中探究"两直线相交对顶角相等"时,就是有目的性的实验,具体如下:

实验题一(如图 11 - 8):

(1) 画相交两直线。

(2) 用量角器把四只角 a,b,c,d 都量出,看 $\angle a$ 同 $\angle b$ 的关系怎样? $\angle c$ 同 $\angle d$ 的关系怎样?

(3) 再任意画相交两直线,把对顶角剪下了,看它们能不能一一叠合?

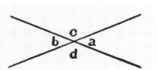

图 11 - 8 《修正课程标准适用初中新几何》第 20 页

根据这个实验,可知:

§27. 二直线相交,对顶角相等。

由此可见,此题属于指向性地直接考察对顶角的大小关系,像这样有目的性的实验题中多提及"根据这个实验"或"根据上法多作实验"等字句,最终以命题的形式归纳出相应的几何性质。

另外,书中特别注重作图方法,通过作图发现各种几何图形的性质。其中有些作图题指向性明确可直接得出性质(如实验题二),有些作图题是在作图过程中或根据作图结论得出相关的几何性质(如书中实验题四)。

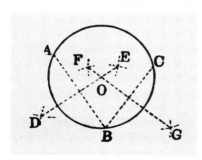

图 11 - 9 《修正课程标准适用初中新几何》第 63 页

实验题二:过不在一直线上的三点作一圆。(如图 11 - 9)

已知:三点 ABC 不在一直线上。求作:过 ABC 的圆。

作法:1. 连接 AB,BC。2. 作 AB 的垂直二等分线 ED,再作 BC 的垂直二等分线 FG,相交于 O。3. 用 O 做圆心,OA(或 OB,OC)做半径作圆,即得。由这作图法可知:过不在一直线上的三点,仅能作一圆。

由这个作图法,可知:

§98. 过不在一直线上的三点,仅能作一圆。

事实上,该作图过程颇有启发性,如给出一部分圆弧后,学生可以应用这种作图法使圆弧扩展为完整的一个圆。

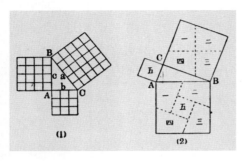

图 11-10 《修正课程标准适用初中新几何》第 63 页

实验题四:"直角三角形三边相互的关系"的学习。(如图 11-10)

作直角三角形各边上的正方形,若各边能量得整数的,则如图(1),知斜边上正方形的面积,等于余二边上正方形面积和;若不能量得整数的,则如图(2),用割补法,也得同样结果。

设 $AB=c$,$BC=a$,$CA=b$,则得[毕氏定理]$a^2=b^2+c^2$。

书中还适当安排了立体几何的一些基本概念和几何体的表面积、体积的内容。首先,通过二平面的位置关系,给出了二平面平行和二平面相交的概念,其中二平面相交产生二面角的概念,并给出了二面角的定义。在此基础上,介绍了直线与平面的平行和相交关系,在相交关系中介绍直线与平面的垂直关系。其次,基于上述概念,介绍立体的度量、表面积与侧面积、直六面体、体积单位、直角柱等概念,用实验的方法推导出直六面体、正立方体、直角柱、直圆柱、直角锥、直圆锥、直锥台、球等的体积公式和表面积公式。

例如,推导直圆锥的体积和表面积公式时表述如下(如图 11-11):

用泥、石膏或面粉做等底、等高的直圆锥,再把这些泥、石膏或面粉来做一个底和直圆锥底相等的直圆柱,恰好和前面的直圆锥等底又等高。故得:

[公式]直圆锥的体积=$\frac{1}{3}×$高×底面积=$\frac{1}{3}×$高×半径$^2×π$,

直圆锥的表面积=$\frac{1}{2}×$斜高×底周+底面积=半径×π×(斜高+半径)。

此题是使学生通过动手操作对同底同高的不同几何体之间的转换,通过实验让学生从

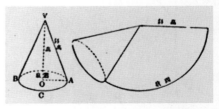

图 11-11 《修正课程标准适用初中新几何》第 88 页、89 页

已知的圆柱体体积公式到未知的圆锥体体积公式,从而掌握两者之间的关系。

最后设置练习题,练习题分为两种:一种是对几何定义学习的巩固练习,如针对三角形的定义及其分类,提出一系列的相关问题;另一种是对实验题得出的结论进行延伸或变式练习。另外,该书还在练习题或习题中安排了大量有趣的作图题,目的在于使学生熟练掌握作图方法并加深对作图原理的理解,同时培养学生的几何学审美能力。如书中安排如下作图题(见图11-12):

图 11-12　《修正课程标准适用初中新几何》中的作图题

实验教科书是20世纪30年代国人自编的、最具特色且使用最多的初中数学教科书。纵观该时期的实验教科书,可总结如下特点:(1)实验教科书的内容选择直观、学生感兴趣的知识为切入点,符合学生认知规律发展特点,改变了以往教科书中以定理证明开篇的形式,通过让学生观察几何图形及算式,激发学生的学习兴趣,引导学生积极思考。(2)实验教科书中强调教学仪器的使用,使学生养成不断实验的科学态度及准确敏捷地使用数学工具的习惯。(3)实验教科书中注重几何与算术的结合,数形结合方法的渗透有利于开拓学生的数学思维,提升学生的数学能力。(4)实验教科书倡导并采用直观教学法,与自主探究、发现等教学法有机地结合在一起。如实验几何以体、面、线、点的顺序定义符合学生的认知规律,是典型的直观教学。(5)在实验教科书的练习或习题中安排了与生活密切相关的知识,如流水问题、寒暑表问题等,还有较多的趣味作图题,目的在于使学生熟练掌握知识并加深对知识的理解,培养学生数学知识的应用能力及几何学审美能力。

(三)高中数学教科书举例

1. 国人自编的高中数学教科书

1936年进行了高中数学课程标准的修订。此后,高中数学课程标准又经历了

1941 年及 1948 年两次修订。高中数学课程标准每次的修订都与当时的学制及数学教育现状紧密相连。其间国人自编的高中数学教科书对中国的数学教育产生了很大的影响。下面从代数、几何、三角和解析几何 4 个方面介绍 1937—1949 年间具有代表性的国人自编高中数学教科书。

（1）国人自编的高中代数教科书

《建国教科书　高级中学代数学（甲组用）》（如图 11－13）由尹国均编写，上海正中书局 1936 年出版，在民国时期使用较多，是较有代表性的国人自编高中代数学教科书。该教科书共 385 页，作者编写该本教科书的根据为"最近教育部颁布课程标准，高中代数学分甲乙二组，本书系根据甲组标准编辑。"[①]同时结合学生的学情，对于解决学生不易理解的内容，添加了很多图解。在习题设置上，强调加强定理的应用以及与理化天文有关系的问题，增加学生学习的兴趣，养成学生思考的能力。教科书的内容直接影响到学生学习的质量，因此教科书中的名词术语与概念是至关重要的，该版教科书明确指出其中名词等多采用当时通行的表示方法，不仅节省了教师教学和学生数字计算的时间，而且展示了教科书的权威性，这也是该版教科书受到广泛欢迎的重要原因之一。

图 11－13　《建国教科书　高级中学代数学（甲组用）》书影

《建国教科书　高级中学代数学（甲组用）》目录如下：

第一章　数系大意与运算律；第二章　代数式的运算；第三章　一次方程式与一次函数；第四章　不等式；第五章　高次方程式和有理整函数；第六章　无理函数；第七章　指数函数；第八章　极数；第九章　排配分析；第十章　或然率；第十一章　复素数；第十二章　方程式论；第十三章　行列式论；第十四章　无穷级数；第十五章　连分数。

该教科书的内容设置较为完整，每节课的知识点设置详细，深入浅出，同时注重习题的设置，在几小节课之后，设置相应的习题，帮助学生练习和总结提升，注重知识点的实际应用，以及与天文学、物理学等多学科之间的交叉应用，提高学生的综合能力，锻炼学生的数学思维。

---

① 尹国均.建国教科书　高级中学代数学（甲组用）［M］.上海：正中书局，1945：3.

需要指出的是,该本教科书不仅在正文内容中讲述知识点,而且在习题部分亦将知识点呈现出来,如习题 1.1 中就向学生展现了数的基本运算公律:

基本运算公律　数的运算始于加法,由同数的重复相加产生乘法。关于加法乘法有下列公律:

1. 对易律:

$$a+b=b+a,$$
$$a \cdot b=b \cdot a。$$

2. 结合律:

$$a+b+c=(a+b)+c,$$
$$(ab)c=a(bc)。$$

3. 配分律:

$$a(b+c)=ab+ac。$$

这些公律无从证明。数学家由正整数的运算发现这些性质,以后就假设一切数的运算也受这些运算律的支配。一部代数学都是由这三律推演的结果。

这里不仅教给了学生数的基本运算律,而且向学生展示了公律的无法证明原则。同时介绍了代数学是这三律推演的结果,说明了基本运算律的重要性,也教给了学生代数学是根据基本运算律的推演从而不断发展起来的。如此在练中学、在学中练的编排方式,对增强学生的数学应用意识起到了推进作用,对构建学生的数学知识体系有很大帮助。

（2）国人自编的高中几何教科书

余介石的《新编高中平面几何学（上、下册）》为民国时期使用范围较广、具有代表性的几何学教科书。《新编高中平面几何学（上册）》（如图 11 - 14）由中华书局于 1941 年 5 月出版第十二版。该本教科书首先呈现了何奎垣先生序,何奎垣先生对改版教科书进行了点评,指出:"秩序聚密,说理周详,适合学子。"[1]同

图 11 - 14　《新编高中平面几何学（上册）》书影

---

① 余介石.新编高中平面几何学（上册）[M].上海:中华书局,1941:1.

时本书最精彩的地方在于比较了平面几何和球面几何,对培养学生的洞察能力和研究能力大有益处。书中余介石认为几何中应该注意五个事项[1]:

一者,平面及空间轨迹,所当注意,此为解决一切问题之根本。二者,平面之对称,平移,旋转及位似图,应推广于空间,依克莱恩(Klein)之意,此等概念,乃初等几何之不变群。换言之,即初等几何图形性质,对此等群而为不变也。三者,初等几何,乃可度几何,故当注意长短,面积,体积,容积之量法。四者,圆锥形截线,除直线与圆而外,尚有抛物线,椭圆,双曲线等,应细研其几何性质,及其公同性质。五者,书中多依综合法叙述,以示谨严,而不适于寻求。学者宜常将定理改作问题,以为寻求,必能助其精进。

他认为平面及空间轨迹是解决一切问题的根本;将平面的对称、平移、旋转及位似图在空间推广;初等几何是可度几何,要注意长短、面积等的度量方法;应仔细研究圆锥形截线的几何性质和公共性质;为显示本书编写的严谨性,多用综合法解题,内容编排紧密有序,知识点周到详尽,有利于学生的学习。

《新编高中平面几何学(上册)》"编辑要旨"中详尽表述了该书的基本情况,其编写依据是 1936 年教育部颁布的高级中学课程标准,该本教科书的页数、分成的部分以及授课时数和习题等如下所示[2]:

2. 本书共分九编,256 页,内有习题四七。按教育部课程标准,高中教授平面几何时间,约共有 90 小时之谱;每小时授 $2\frac{1}{2}$ 页,每二小时有习题一次,足资练习。

教科书是学生学习知识的第一手工具,因此教科书内容的编排是否符合学生的心理与认知的接受能力是至关重要的,这也是一本教科书质量好坏的重要衡量标准之一。同时习题是锻炼学生理论与实际相结合能力的重要工具,一本高质量的教科书一定会在例题和习题上下足功夫。余介石的《新编高中平面几何学(上册)》就是根据学情和学生的学习心理编排,深入浅出,对重要的知识点反复强调,增加相关习题的练习,帮助学生达到熟能生巧的程度。该书还深刻贯彻部颁课程标准的指示,积极探索内容定理的启发式学习,提高学生学习的兴趣[3]:

5. 部颁课程标准内教法要点,谓初中已习之定理,宜再用启发式之解剖,尽量用递证法,以明思考之途径,此即本书第一编至第四编所注意的事项。凡初中几何各定理,无一不提出,除少数极简易者外,皆加解析,指示证解的线索,且提示的证法皆与一

① 余介石.新编高中平面几何学(上册)[M].上海:中华书局,1941:1-2.
② 余介石.新编高中平面几何学(上册)[M].上海:中华书局,1941:3.
③ 余介石.新编高中平面几何学(上册)[M].上海:中华书局,1941:3.

般初中课本所载的不同,以期引起学生学习的兴趣,且免生重复乏味的感想。

......

9. 初中几何所述各基本图形的定义,高中生断无尚不明了之理,部颁标准的教法要点中,也未有一语及此,故本书概不补述以避重复,而免学之生厌。

10. 本书各习题,为书中极重要的一部分,选择和分配,皆经过慎重的考虑,务使已学过的理论和方法,都在习题中遇着应用的机会,以为理解之助。各题均按难易次序排列,由浅入深,其中难题,可引起学生向上探求的兴趣,养成自动研究的习惯。

随后该书编写了"告读者",说明该本教科书编写很有弹性。对于学生程度优良的班级、略逊的班级以及学生程度优劣不等的班级,针对具体情况进行具体分析,详细论述了对于不同班级的学生情况,教师如何运用教科书中的知识以及讲授的内容范围和程度等情况,很大程度上适应了高一学生程度不同的问题。

《新编高中平面几何学(下册)》(如图 11 - 15)于 1941 年 5 月出版第十一版。

该教科书条理非常清晰,书中的每一个知识点都用标号来排列,并在下面加下划线,较为清晰和醒目。同时善于运用表格和思维导图配合知识内容的讲解,如在教科书的第 1 编第 1 页中,在论述几何学目标及定义的时候,利用表格清晰地说明了几何元素之间的两种关系,如表 11 - 16:

图 11 - 15　《新编高中平面几何学(下册)》书影

表 11 - 6　《新编高中平面几何学(下册)》中几何元素关系表格

关系 ＼ 元素	点⇌线⇌面⇌体		
运动关系	点动成线	线动成面	面动成体
界限关系	线以点为界	面以线为界	体以面为界

同时在习题中,以导图的形式对初中已经出现的几何名词加以整理,详尽地介绍了各个名词之间的关系链条,对教师的教和学生的学都有非常大的帮助。

（3）国人自编的高中三角学教科书

三角学是数形结合的典范,该时期国人自编高中三角学教科书在内容编排上注重图像法、图像与图表并用的方式,体现了便利性、简洁性和趣味性。如余介石编著的《新课程标准适用高中三角学》集实用性、心理原则、系统性、严谨性、灵活性于一体,内容设置对学生的学情分析颇为深刻详尽。作为中华书局主推的国人自编高中三角学教科书,其教学效果不言而喻。下面以该书为例进行详细介绍。

图 11 - 16 《新课程标准适用高中三角学》书影

《新课程标准适用高中三角学（全一册）》（如图 11 - 16)于 1934 年 8 月初版。该书以教育部颁布的高中普通科课程标准为依据,并加入其他适当教材,和中华书局出版的新课程标准适用初中数学教科书程度紧密衔接,以适合高中教学之用。

《新课程标准适用高中三角学（全一册）》"编辑要旨"中指出了该书内容编排的情况,首先系统复习初中已经学的锐角三角函数的应用,然后学习三角学的基础,即广义的三角函数,之后学习三角形的应用,最后学习反三角函数的意义以及三角函数式的普遍解。以一条主线进行编排,条理清晰,通过内容编排的顺序,即可了解教材内容的相互联系及阐发的关键[1]:

本书依据学习心理,排列教材,由浅入深,并将互相关联的教材集于一处,反复申说,使学生的注意集中,增加练习的机会,而达到纯熟的目标。

第一章论锐角三角函数的应用,将初中已习的数值三角,加以系统的复习,并为全书作一总纲。以后六章,共分三段,第二、三两章,研究广义的三角函数,讨论其性质以及公式的变化,是为三角学的基础。第四、五两章,详述三角形性质和实际应用问题,以明三角学的效用。第六、七两章,以角的观念为中心,自弧度法入手,论及造表法,各表精密度,以及小角等的计算问题,是为第六章。第七章则由函数值定角,以立反函数的意义,而论三角方程式的普遍解。故全书以角、函数、三角形性质三基本事项,分成三单元,为中心编制,俾初学者学后,对于三角学一科,易得一条理明晰的概念,并可了然于全部教材互相联络及阐发的关键。

余介石所编写的教科书均极其注重习题,在习题的设置上紧扣学生的心理与接受

---

① 余介石.新课程标准适用高中三角学(全一册)[M].上海:中华书局,1947:序.

能力,按照由浅入深的难易次序进行排列设置,采用最近发展区理论,在充分为学生打好基础的同时,还设置了学生向上探索的较难题目,为不同学生的发展留下空间,同时提高了学生探究学习的兴趣以及自主学习的习惯[①]:

本书各习题,是书中极重要的一部分,选择和分配,都经过慎重的考察,务使已习过的理论和方法,都在习题中遇着应用的机会,以为理解的帮助。各题均按难易次序排列,由浅入深,其中难题,可引起学生向上探求的兴趣,养成自动研究的习惯。

同时也考虑到学生学习能力的不同,以及不同层次学生的数学学习情况,故该教科书编写具有弹性[②]:

高一学生程度每不甚整齐,故本书编制,采取极有弹性的方法。如学生在初中时,不甚了解数值三角,则宜详授第一章,而略去本书中附有星号各节,如此可省去全书五分之一,且均系较难部分的补充教材(即不在课程标准订定各项以内者),则学生自易了解,而全书不至有不及授完之虞,其补充教材,可指定班中程度优良学生,自行研习。如班中学生均甚优良,则第一章可作为初中数值三角的复习,而详授附有星号的各部分或一部分。故程度较劣的学生,习本书尚可循序渐进,高材生仍有发展才力的机会,建立优良的进修基础。

教科书注重三角与几何、代数等学科的联系,极为注意书中各科联络的地方,贯彻新课程标准中的要求,可帮助学生认识数学的和谐性,将各部分融会贯通。

教科书排列审慎,理论透彻,应用广泛,且编制具有弹性,可作高中教科书使用。书中"广义角三角函数"这个单元,就是以三角函数观念为中心,将广义角函数、相关角、相关角函数、负角的各函数、三角函数的变值与变迹等内容组织在一起,以条目形式呈现。此外,《中等算学月刊》的第 3 卷第二期上还刊登了该书的广告语:"理论精当,而甚明晰,诚为刻下高中最适宜之优良课本也。"从中可以看出其对我国三角教学起到了一定的积极作用。

该书在南京市立第一中学、钟英中学、汇文女中等校试教多次,效果普遍反映良好,成为中华书局在 1937—1949 年主推的一本国人自编高中三角学教科书。

(4) 国人自编的高中解析几何教科书

自 1922 年"新学制"颁布之后,高中开始学习解析几何学,原有的汉译解析几何学教科书与英文原版解析几何学教科书不再适合高中使用。因此,国人开始尝试自编解

---

① 余介石.新课程标准适用高中三角学(全一册)[M].上海:中华书局,1947:序.
② 余介石.新课程标准适用高中三角学(全一册)[M].上海:中华书局,1947:序.

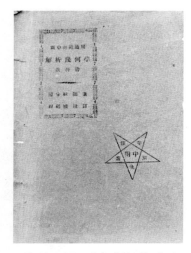

图 11-17 《高中师范通用解析几何学教科书》书影

析几何学教科书,如陈守绂编、程廷熙校订的《高中师范通用解析几何学教科书》(如图 11-17)等。

该书由北平算学丛刻社于 1937 年印行,是一本平面解析几何学教科书,该书为高中与师范学校通用教科书,遵照教育部颁布的《师范学校课程标准》编纂而成,专供师范学校或进修解析几何者使用。

该书最大的特点是内容浅显易懂,知识点广度适中,注重解析几何学的基本概念,书中没有安排射影、参数方程式、坐标转换等内容,极坐标内容论述简单,说明当时师范学校所学解析几何内容相比高中难度略显减小,这与编写者编写思想有关。

该本解析几何教科书注意数与形的基本观念,同时力求将数形结合的思想贯穿于其中,使学生认识到二者的重要关系,锻炼其数学思维能力。

2. 翻译的高中数学教科书

1937—1949 年翻译的高中数学教科书亦主要包括代数、几何、三角与解析几何四个方面。下面将具体介绍 Henry Burchard Fine 的《范氏大代数》,Arthur Schultze, Frank L. Sevenoak, Elmer Schuyler 的《三 S 几何学》,William Anthony Granville 的《葛氏平面三角学》以及 Percey F. Smith, Arthur Sullivan Gale and John. Haven Neelley 的《斯盖尼三氏新解析几何学》。

民国时期,翻译的高中代数学教科书较少,其中《范氏大代数》使用最多、影响较大。该书原名 *COLLEGE ALGEBRA*,是美国高等学校教科书,由 Boston, NewYork, Chicago, London, Atlanta, Dallas/Columbus, SanFrancisco: Ginn and Company,1901 年初版,1904 年再版,如图 11-18。

著名数学教育家张奠宙先生也曾学习过该书,并对其中排列组合之后的"概率"计算印象深刻。《中等算学月刊》第二卷 1—10 期"教科书难题解答"连续刊载高中代数、几何、三角、解析几何等科的题目解答,而代数就是选择了《范氏大代数》中的部分难题作了解答,由此可见其当时的影响。

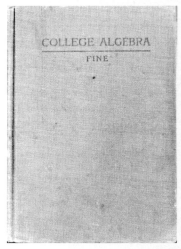

图 11-18 *COLLEGE ALGEBRA* 书影

该书内容分两编①：

第一编　数：自然数；数法；加法及乘法；减法与负数；除法及公式；无理数；虚数及复数。

第二编　代数：基本演算；一元一次方程；联立一次方程组；除法；有理整式之因数；最高公因数与最低公倍数；有理分式；对称函数；二项式定理；开方；无理函数；根式及分指数；二次方程；二次方程之讨论；极大与极小；高次方程之可用二次方程解之者；联立方程之可用二次方程解之者；不等式；无定一次方程；比及比例；变法；等差级数；等比级数；调和级数；逐差法；高级等差级数；插入法；对数；排列与组合；多项式定理；或然率；算学归纳法；方程论；三次方程与四次方程；行列式及消去法；无穷级数之收敛；无穷级数之演算；二项级数；指数级数；对数级数；循环级数；无穷连乘积；连分式；连续函数之性质。

这样处理是缘于教育部和出版总署下发了一份通知，鉴于当时新教材编纂尚未完成，旧有教材可以继续使用。选用《范氏大代数》作为底本删节使用是因为其之前被广泛使用，颇受好评。

20 世纪 30 年代，《三 S 几何学》在我国使用极广。《三 S 几何学》英文原版名为 *PLANE AND SOLID GEOMETRY*（如图 11 - 19），初版于 1913 年，其中译本约有十多种，从 1928 年一直被使用到 1948 年。这里仅介绍国立北平大学附属中学校算学丛刻社的译本，如图 11 - 20。

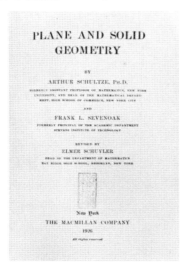

图 11 - 19　《三 S 几何学》
英文原版书影

图 11 - 20　《舒塞司三氏平面几何学
教科书》书影

---

① ［美］Henry Burchard Fine.汉译范氏大代数［M］.田长和，译.北平：华盛书局，1935：目录.

　　"三 S"是代表美国数学大家 Schultze，Sevenoak，Schuyler 三人的名字，他们三人在美国对于中等数学的教学法有深入研究，并有极其丰富的编写经验，所以他们所编的教科书说理严密精当，选材适宜，教者易教，学者易学。

　　《舒塞司三氏平面几何学教科书》共八编和附录。前五编为平面几何部分，目录如下：

　　绪言

　　第一编　直线与直线形；第二编　圆；第三编　比例、相似多边形；第四编　多边形之面积；第五编　正多边形、圆之度量。

　　后三编为立体几何部分，包括：

　　第六编　空间之直线及平面；第七编　多面角；第八编　多面体、柱及锥，球。

　　附录包括：

　　平面几何之实用题，三角函数，几何学简史，重要公式。

　　该书是一部较为优秀的教科书。正如著作自述"每版主要的目的是在引导学生有系统地学习几何功课。这个目的支配了本书材料的选择及排列。希望几何教师发现这个理想有几部分是实现的。"[1]在编写时做到：（1）从实验几何入手，容易引起读者的兴趣，而输入明确的基本观念。（2）证明之前，先说明着手方法，俾学者容易明了证明步骤。（3）习题多用问答式及测验式，费时少而收效多，且插图丰富，易于学习。（4）次要材料，列入附录中，教材有伸缩之余地。（5）教材应有尽有，不必另外补充材料。难怪人称此书是一本"教的人容易教，学的人容易学"的好书。

　　《中等算学月刊》第三卷第二期的封面上刊登了广告语："三 S 所著之《Plane and Solid Geometry》其价值与二十年前之温德华氏几何学相仿在我国销行极广"，从中可看出其影响力之大和对我国几何教学起到的积极作用。

　　1937—1949 年间，翻译的高中三角学教科书种类和版本较多，中国使用较广的是葛蓝威尔的《葛氏平面三角学》。

　　葛蓝威尔（William Anthony Granville，1863—1943）的著作颇丰，所著数学教科书在美国的各个州被广泛使用。其数学方面的著作主要有：

　　（1）*Plane and Spherical Trigonometry and Four-Place Tables of Logarithms*（1909 年）；

　　（2）*Elements of the Differential and Integral Calculus*（1904 年）；

　　（3）*Elements of the Differential and Integral Calculus*（1909 年）；

　　（4）*Elementary Analysis*（1910 年）；

---

① ［美］Schultze-Sevenoak-Stone. 新三 S 平面几何学［M］.周文，译.上海：上海科学社，1946；原序.

（5）*The Fourth Dimension and the Bible*（1922 年）。

葛蓝威尔的《葛氏三角学》是众所周知的一部经典的三角学教科书，原名 *PLANE AND SPHERICAL TRIGONOMETRY AND FOUR-PLACE TABLE S OF LOGARITHMS*，如图 11 - 21。自 1909 年英文版问世以来，被广泛使用。该书于 1937 年由美国耶鲁大学数学教授 P. F. Smith 及 J. S. Mikesh 重行增订，书名订正为《葛斯密三氏平面三角法》，内容更加充实，编制与叙述等方面更加完善。《葛氏三角学》原书包括平面三角和球面三角两部分，中国在引进该书的过程中，将两部分内容分开出版。其中，平面三角英文版有两种版本，一种由算学丛刻社进行誊印，封面书名为英文，内附中文书名《葛蓝威尔平面三角法教科书》和中文的"重刻序"，并有精装和平装两种版本（如图 11 - 22）。中国流行的另一种英文版本是截取英文原版的平面三角部分进行出版，没有中文。在

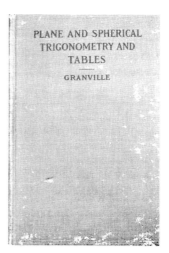

图 11 - 21　《葛氏三角学》英文原版书影

《葛氏平面三角学》英文版畅销中国的同时，也出现了大量的汉译版本，并在 20 世纪 30 年代的中国影响至深。《葛氏平面三角学》在神州大地生根发芽，开花结果，对中国数学教育产生了重要的影响。

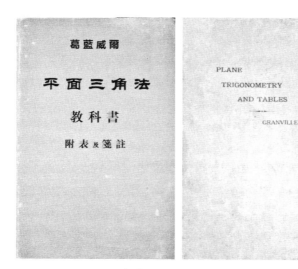

图 11 - 22　算学丛刻社誊印精装本和洋装本

《葛氏平面三角学》英文原版采用从左至右横排的形式编写。书中图形、图表、图

象等较为丰富,且附有彩图。英文原版的"序"中说明了该书的编写情况[①],明确指出该书的使用范围:

本书可供高等学校、专门学校、师范学校、高级中学以及自修之用。对于大学入学考试所需的题材尤为注意。书中所含材料对于初学者来讲似属过多,但问题组织得法,教师可根据教学的实际情况酌情删减。

对于平面三角部分内容的安排,葛蓝威尔特别指出两个问题:一为三角函数,是用比来定义的。二为对数,学习对数的目的在于简化计算。书中例题的演示十分详细,一方面帮助学生逐步理解知识,另一方面可以作为模板供学生效仿。习题的选择经过仔细推敲,并按照习题的难易程度进行排列,以达到逐层深入的目的。

《葛氏三角学》英文原版中平面三角部分共 10 章 94 节。正文内容 191 页,后附三个对数表(38 页)。其目录为[②]:

第一章 锐角三角函数,直角三角形解法;第二章 任意角的三角函数;第三章 三角函数间的关系;第四章 三角分析;第五章 角的通值,反三角函数,三角方程式;第六章 三角函数图象;第七章 斜三角形的解法;第八章 对数的理论及应用;第九章 近于 $0°$ 或 $90°$ 的锐角;第十章 公式集要。

《最新中等教科书三角法》(山东基督教共合大学出版社,1914 年)是中国《葛氏三角学》最早的译本。该译本将英文原版全盘翻译,平面三角与球面三角完备。然而,该书虽早在 1914 年就引进中国,但并没有推广开来。直至 1933 年,《葛氏平面三角学》才开始在中国流行起来。首先以王国香为代表,于 1933 年 1 月由戊辰学社出版社发行《汉译葛蓝威尔平面三角法教科书》,随后在同一年,蔚兴印刷厂、艺文书社、北平科学社、算学丛刻社、北平文化学社等出版企业也有译本或编译本相继出版。此后的 1934—1948 年间,不同作者在不同的出版企业仍不断地出版其汉译本。据目前所搜集的资料来看,前后共有 16 个出版机构参与《葛氏平面三角学》的出版工作,其汉译本前后约有 19 种之多(如表 11 - 7)。

表 11 - 7 《葛氏平面三角学》汉译本概览

序号	书 名	译 者	出版社	出版年
1	最新中等教科书三角法	Liu Gwang Djao	山东基督教共合大学出版社	1914

① 此"序"是笔者根据英文版翻译而成,在此仅翻译了葛蓝威尔"原序"中有关平面三角部分的论述。
② 基于各汉译本均有不同程度的错误,故本目录是在参考各汉译本的基础上,作一定程度的修改而成。

续　表

序号	书　名	译　者	出版社	出版年
2	汉译葛蓝威尔平面三角法教科书	王国香	戊辰学社	1933
3	汉译葛兰氏高中平三角术	陈湛銮	蔚兴印刷厂	1933
4	汉译葛兰威尔平面三角	徐谷生	艺文书社	1933
5	汉译葛氏平面三角学	高佩玉,卢晏海,王俊奎	北平科学社	1933
6	高中平面三角法教科书	韩桂丛,李耀春,王乔南	算学丛刻社	1933
7	汉译葛氏平面三角学	佘杭,褚保熙	北平文化学社	1933
8	汉译格氏高中平面三角学	庄子信,李修睦	南京书店	1934
9	汉译葛氏平面三角学	王绍颜	华北科学社	1935
10	葛兰蕙氏平面三角法	吴祖龙	世界书局	1935
11	葛氏最新平面三角学	王允中	科学书局	1939
12	汉译葛氏平面三角学	程汉卿	科学书局	1939
13	葛斯密平面三角学	顾树森	中华书局	1914
14	中等学校用葛斯密平面三角学	金立藩	中华书局	1940
15	汉译葛氏平面三角术	虞诗舟	新亚书局	1941
16	最新葛氏平面三角	王允中	上海书店	1946
17	葛氏重编平面三角学	周文德	中国科学图书仪器公司	1947
18	增编葛兰氏高中平三角术①	陈湛銮	清华印书馆	1947
19	葛氏平面三角学	邱调梅	人民教育出版社	1947

　　通过对比英文原版及其汉译本,不仅可以明显感受到译者翻译风格的不同,同时也可以看到一些名词术语大致的演变过程。如表 11-8 所示。

---

① 《数学教育》杂志(南中国数学会,1947,1(1))对该译本进行了宣传:"以原书为蓝本,依新课程标准,重行改编,异常衔接,天衣无缝,且简要详明,教学两方面感便利,加以排印精致,校对正确,战前已风行各著名高级中学,现托本馆刊行,特介绍如上!"不难看出,其中有些评价是不恰当的。

表 11-8 《葛氏平面三角学》英文原版及六种汉译本名词术语对照表

序号	英文原版	王国香译本	高佩玉译本	韩桂丛译本	褚保熙译本	庄子信译本	王绍颜译本	现行名词
1	difference	差	差	差	较	较	差	差
2	angular measure	度分法	度制/六十分制	度量法/六十分法	六十分法/度计算法	量角法	度制/角制	角度制
3	circular measure	弧度法	弧制	弧量法	环周计算法	圆弧量法	弧角制	弧度制
4	general value of an angle	角之一切值	任意角	任意角/角之通值	角之通值/任何角	角之通值	任意角	任意角
5	inverse trigono-metric functions	逆三角函数/反三角函数	逆三角函数	逆三角函数/反三角函数/逆圆函数	逆三角函数	逆三角函数/反圆函数	反三角函数	反三角函数
6	graphs of functions	图式	图示/图形	图象	图解/图形	图示/图形	图形/图解	图象
7	variables	变量	变数	变量	变数	变数	变数	变量
8	constants	常量	常数	常量	常数	常数	常数	常量
9	periodicity	周期性	周期	周期性	周期性	周环性	周期	周期性
10	law of sines (cosines)	正（余）弦定律	正（余）弦律	正（余）弦定率	正（余）弦之定律	正（余）弦定律	正（余）弦定律	正（余）弦定理
11	regular polygons	有法多边形	正多边形	正多边形	正多边形	正多边形	有法多边形	正多边形
12	vertical line	直立线	直立线	直立线	垂直线	直垂线	垂直线	垂线
13	horizontal line	水平线	水平线	水平线	水平线	平直线	水平线	水平线
14	rectangular coordinates	直交坐标	直交坐标	垂直坐标	矩形坐标	正坐标	直坐标	坐标

序号	英文原版	王国香译本	高佩玉译本	韩桂丛译本	褚保熙译本	庄子信译本	王绍颜译本	现行名词
15	common system of logarithms	常用对数	常对数	常用对数	常用对数	常用对数系	常用对数	常用对数
16	trigonometry functions	三角函数	三角函数	三角函数	三角函数	三角函数	三角函数	三角函数
17	quadrants	象限	象限	象限	象限	象限	象限	象限
18	logarithms	对数	对数	对数	对数	对数	对数	对数
19	limit	极限	极限	极限	极限	极限	极限	极限

由表 11-8 可见,这些名词术语呈现以下几个特点:

第一,书中大部分名词术语与现行表示一致。如,三角函数(Trigonometry Functions)、象限(Quadrants)、对数(Logarithms)、极限(Limit)等。这一现象反映了 20 世纪 30 年代出版使用的三角学教科书中,名词术语的继承性较高。

第二,有一些名词术语虽与现行有一定的差异,但可视为基本一致。如,逆三角函数(反三角函数)、常量(常数)、变量(变数)、周期(周期性)等。

第三,有些名词术语在各译本中意思相近或相似,但表达不同,是译者根据各自的理解进行翻译的,体现了各自的翻译特色。如,角度制一词有度分法、度制、度量法、量角法等译法等。再如,弧度制被译为弧制、弧量法、环周计算法、圆弧法、弧角制等。又如,任意角一词被各译者译为角之一切值、角之通值等。

英文原版《葛氏三角学》出版后的二十余年,风行全美,其优点如下:

(1)圆背精装,封面印有英文书名及作者,书脊除印有英文书名及作者外,还印有出版公司。纸张较厚且很平滑,手感较好,保存至今依然如新。

(2)内容的选材取舍,斟酌至当,兼顾理论与实用两个方面。前后知识间的衔接,遵照学生学习心理的特点及理论的次序,深浅适宜,条理清晰。

(3)系统严谨,定义、定理等知识准确,说理详明、显豁,论述言简意赅,多采用归纳法。学生易学,教师易教。书中涉及重要的知识,采用黑体字加粗的形式,起到强调醒目的作用。

(4)注重函数等基本观念的渗透,同时为学生自主学习留有余地,以培养学生的理解能力。书中习题极丰富,以实用问题尤多,大约有一二百组,约占全部习题的五分之一。

然而,再完美的教科书将其置在一定的社会背景下也有其弊端所在,葛蓝威尔所著《葛氏三角学》自然也不例外。如,造表法与表的准确度不合中国部颁课程标准。三角形解法,分真数与对数两种计算,过分耗费教学时间,又不常用余对数,且解任意三角形的对数计算格式散乱。对数在三角学中虽重要,但仅限于数值计算,而对三角学本身的理解则没有丝毫关系,该书过分强调对数部分。虽然该书存在一些不足之处,但毕竟其优点已远远盖过了其不足,故在当时的情况下,《葛氏三角学》不失为三角学教科书的一大善本。

在《葛氏平面三角学》各种汉译版风靡中国的同时,也出版了大量与之配套的习题详解。如,李直钧编《汉译葛兰威尔平面三角法习题详解》(出版社与出版时间不详),高佩玉编译《葛氏平面三角法习题详解》(北平科学社,1946 年),吴秉之编译《汉文葛氏平三角法习题详解》(北平中原书店,1933 年),江泽编演《葛氏平面三角习题详解》(北平科学社,1933 年),王静岚和柯玉芬编演《汉译葛氏平三角法习题详解》(北方学社,1935 年)等。其中,高佩玉编译的《葛氏平面三角法习题详解》再版次数较多,到1946 年 10 月已再版 13 次。

1950 年 7 月,新中国教育部颁布《数学教材精简纲要(草案)》,选定了一批教科书,其中三角教科书仍包括《葛氏三角学》。可见,《葛氏三角学》在中国的影响一直延续到 20 世纪 50 年代初期。

与国人自编高中三角学教科书相比,翻译的三角学教科书占据大部分市场份额,尤其在 20 世纪 30 年代及以后,翻译的数量远远超过国人自编高中三角学教科书的数量,其使用的范围也较自编的教科书广泛。在一定程度上反映了中国三角学教科书编写的规律,即一方面翻译国外优质的三角学教科书,另一方面不断编写适合中国使用的三角学教科书,而在其发展的过程中,稍有停滞,即 20 世纪 30 年代可看作是国人自编三角学教科书的短暂停滞期,其间不断吸收来自国外的营养,为后续编写优质的三角学教科书积蓄能量。

这一时期国人自编高中解析几何学教科书呈现繁荣景象。国人在自编教科书的同时,选取与新学制课程标准接近的欧美解析几何学教科书进行翻译,使得解析几何学教科书汉译本数量也在增加,汉译解析几何学教科书的英文底本主要来自欧美,在汉译本中,以《斯盖尼三氏新解析几何学》为主。

"斯盖尼三氏"代表的是 Percey F. Smith, Arthur Sullivan Gale 和 John. Haven Neelley,"新"字代表 P. F. Smith 和 A. Gale 所编《斯盖二氏解析几何学》之新版,内容有所增加。英文原版《斯盖尼三氏新解析几何学》(如图 11 - 23)在美国的影响较大。

1904年"癸卯学制"颁布之后,中国部分中学使用《斯盖尼三氏新解析几何学》英文原版,解析几何学是新兴学科,中学生学习起来会感到很吃力。民国时期《斯盖尼三氏新解析几何学》在中国被多次翻译,汉译本版本较多。

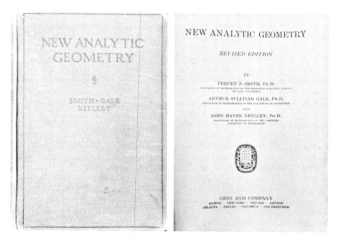

图 11-23　《斯盖尼三氏新解析几何学》英文原版书影

《斯盖尼三氏新解析几何学》英文原版采用自左向右横排编写形式,该书内容丰富,条理明晰,易学易教。该书的汉译本中均只有翻译原版的"序",在此引用英文原版的"序",了解编者的编写意图①:

本校订版中,许多教师向所赞美各点,著者已着意为之保留;且依经验上之见地完善之。书中大旨,疏少更易。所添论题,足增学者之兴趣。至于重排上之变化,其目的纯为预备一种更确当之程序且将较新颖较繁难之论题于适当之时期输入之。本版取第一版之新材料为标准,此事当为读者所见谅。解析几何学课程现今当然包括超越曲线、参数方程式、图形及经验方程式诸章。许多教师愿将立体解析几何学部分略微缩短,现版已应彼等所请;但欲实施一种充满的课程,以供进窥微积分之基础者,则必需之材料,亦已搜集其中矣。全部问题,悉经校订,有数组冠以"特别研究"目标者,依惯常言之,此种问题施之普通练习,实属太难,而为例外学者所设耳。

在英文原版的"序"中明确指出编写该书的宗旨:一为内容务必丰富,为之后学习微积分作准备;二为特设难题,为高深研究者打好基础。该书的平面解析几何部分在原来的基础上增加了超越曲线、参数方程式、图形、经验方程式等章,立体解析几何的内容有

---

① [美] P. F. Smith, A. Gale, J. H. Neelley. 斯盖尼三氏新解析几何学[M]. 程凯丞,译. 上海:商务印书馆,1934:序.

所缩减。

《斯盖尼三氏新解析几何学》英文原版内容包括平面解析几何与立体解析几何两部分。共 17 章,159 个小节,323 页。

平面解析几何部分共 12 章,目录如下:

第一章 引用公式及表;第二章 卡氏坐标;第三章 曲线及方程式;第四章 直线;第五章 圆;第六章 抛物线椭圆及双曲线;第七章 坐标之变换;第八章 切线;第九章 极坐标;第十章 超越曲线;第十一章 参数方程式及轨迹;第十二章 函数图形及经验方程式。

立体解析几何部分共 5 章,其中后两章为空间解析几何的补编,具体如下:

第十三章 卡氏空间坐标;第十四章 空间之平面及直线;第十五章 特别曲面;第十六章 空间解析几何补编;第十七章 坐标之变换 各种坐标制。

在丁梦松译本、李熙如译本和程凯丞译本中,除程凯丞译本将椭圆面、单叶双曲面与双叶双曲面的图形安排于书的最后,以附页给出外,丁梦松与王俊奎译本、李熙如译本中的目录设置以及内容安排与原著完全相同。

名词术语与数学符号的翻译,一定程度上存在差异。将《斯盖尼三氏新解析几何学》英文原版与三种汉译本进行对比,窥探这一时期数学名词的使用情况,如表 11 - 9。

表 11 - 9 《斯盖尼三氏新解析几何学》英文原版与 3 种汉译本名词术语对照表

序号	英 文 原 版	丁梦松译本	李熙如译本	程凯丞译本	现行名词
1	Cartesian Coordinates	狄卡儿坐标	狄卡儿坐标	卡氏坐标	笛卡儿坐标
2	Rectangular Cartesian Coordinates	狄卡儿直坐标	狄卡儿直角坐标	卡氏正坐标	直角坐标系
3	Axis of abscissas	x 轴或横轴	x 轴或横轴	x 轴或横坐标轴	x 轴或横轴
4	Axis of ordinates	y 轴或纵轴	y 轴或纵轴	y 轴或纵坐标轴	y 轴或纵轴
5	slope	斜率	线坡	线坡	斜率
6	asymptotes	渐近线	渐近线	几近线	渐近线
7	Conjugate hyperbolas	配偶双曲线	配偶双曲线	共轭双曲线	共轭双曲线

续　表

序号	英 文 原 版	丁梦松译本	李熙如译本	程凯丞译本	现行名词
8	Equilateral hyperbolas	等轴双曲线	等轴双曲线	等边双曲线	等轴双曲线
9	rectangular hyperbola	直角双曲线	直角双曲线	方形双曲线	直角双曲线
10	Parametric Equations	襄变方程式	襄变方程组	参数方程式	参数方程式
11	Ruled surfaces	直纹面	直纹面	法面	直纹面
12	The hyperboloid of one sheet	单叶双曲面	单叶双曲面	一支双曲线曲面	单叶双曲面
13	The hyperboloid of two sheets	双叶双曲面	双叶双曲面	两支双曲线曲面	双叶双曲面
14	amplitude	振幅	波幅	振幅	振幅

《斯盖尼三氏新解析几何学》英文原版与汉译本是当时最为流行、使用极广的高中解析几何学教科书，许多教师对该教科书给予了高度的评价。

北平培华女中在教学中使用《斯盖尼三氏新解析几何学》的英文原版，每周授课5小时，解析几何学教师尹以莹认为该书清楚明白。北京市通县潞河中学也使用该教科书的英文原版，解析几何教师崔鸿章认为："本书所讲者虽不甚丰富，然由浅入深，颇宜中学生之用，凡解析几何之普遍学识，无一不加详细讨论。"[1]

丁梦松与王俊奎译《斯盖尼三氏新解析几何》被很多学校使用，唐山丰滦中学解析几何教科书使用该译本，解析几何学每周授课3小时，解析几何学教师李文祥对该译本给予了肯定，认为该书"教材丰富，编制完善，讲解透彻，论证详明"[2]。山西太古铭贤中学也是使用该本，教师王子由认为高三使用该书甚佳。

江泽、黄彭年译《汉译斯盖尼三氏新解析几何学》也颇受欢迎，北平崇实中学曾使用该译本，解析几何学每周授课时间为2小时。教师富汝培认为该书在只讲授平面解析几何部分时，应该注意，不然恐难讲定。天津中西女中曾讲授李熙如的《斯盖尼三氏解析几何学》译本，解析几何学课程每周要求授课3小时，教师宋士忱认为该译本条理清晰。北平贝满中学使用霍宏基《斯盖尼三氏解析几何学》译本，解析几何学教师杨学

① 李文海.民国时期社会调查丛编：文教事业卷（二编）[M].福州：福建教育出版社,2014：328.
② 李文海.民国时期社会调查丛编：文教事业卷（二编）[M].福州：福建教育出版社,2014：332.

英认为该教材适宜。

此外,《斯盖尼三氏解析几何学》被青岛文德中学作为教科书使用,指出:"本书教授高中除十三章后应减去外,其余部分均尚相宜,尤以坐标变换及切线二章讲解极为详明,于学生益处甚大,各章习题亦稍嫌多,应酌量减去。"①天津汇文中学也曾使用《斯盖尼三氏新解析几何学》,教师武金铎指出使用该书的主要原因为该教科书符合课程标准,国内流行的解析几何学教科书皆与该教科书相似。河北省昌黎汇文中学要求解析几何学课程的授课时间为每周 3 小时,使用的教科书为《斯盖尼三氏新解析几何学》,解析几何学教师于震指出该教科书问题稍嫌多等不妥之处。另外,北平育英中学也曾选用《斯盖二氏解析几何学》与《斯盖尼三氏新解析几何学》为解析几何学教科书。

1950 年颁布的《数学精简纲要(草案)》中没有明确规定高中数学课程总目标。在《高中解析几何精简纲要(草案)》的"精简说明"中对解析几何的课程章节、习题总数、课程结构调整、删减内容、具体内容的讲解重点以及使用的教科书等都有明确规定,"提纲参考书以斯盖尼三氏解析几何学教科书为主,斯盖二氏解析几何学和开明新编解析几何学(刘薰宇编)为副。"②

该书有如下特点:

第一,选材范围广泛,内容极为丰富。各章内容安排匀称,理论与实用兼顾。凡属于平面解析几何中的基本定理以及应用问题,该书皆已搜罗殆尽。唐山丰滦中学教师李文祥认为《斯盖尼三氏新解析几何学》中立体解析几何部分稍有简略,但亦足以供中学生之用也。该教科书中例题与习题也极为丰富,习题有解答题、作图题以及证明题。在每一个定理之后均设置例题,以示定理的应用,然后在后面安排习题以供学生练习,且设置数个难题以为备选,如图 11-24。

第二,以函数概念为中心,注重数形结合思想的渗透,适应最新数学的发展趋势。在"第十二章 函数图形及经验方程式"中重点论述了函数的性质。另外,在推理过程中多用归纳法、重用分析法,能激发学生的积极性,增强学生的推理能力。该教科书说理详明显豁,易学易教。

第三,重视重要知识点的标注,以醒眉目。李熙如译本中在重要定义与定理之下,以曲线或直线标示。丁梦松与王俊奎译本中部分以曲线标注,但是标注地方较少。程

---

① 李文海.民国时期社会调查丛编:文教事业卷(二编)[M].福州:福建教育出版社,2014:329.
② 课程教材研究所.20 世纪中国中小学课程标准·教学大纲汇编:数学卷[M].北京:人民教育出版社,2001:304.

凯丞译本中均以直线标出,且在名词术语旁注有英文翻译。

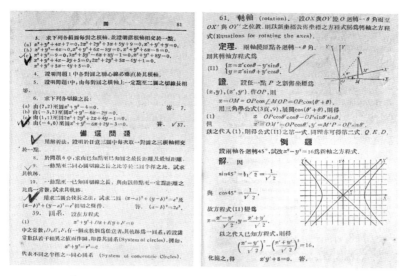

图 11-24 《斯盖尼新解析几何学》第 81、117 页

总之,民国时期翻译的数学教科书对中国数学教育的发展有着不可估量的影响。随着这些翻译引进的数学教科书的使用,逐渐缩短了中国的数学教育与世界数学教育发展的距离,为中国数学教育注入了新鲜的内容,培养了一批具有近代化知识的学生。同时为国人自编数学教科书提供了示范,通过借鉴外国数学教科书的编写经验与内容,促进了中国自编数学教科书的不断进步,使得中国数学教育得到长足发展。

第四节　数学教育理论与研究

民国后期国人借鉴国内外中小学各科教学法自编的教学法著作在数量上逐渐增多,内容得到扩展,水平也逐渐提高,其中一些著作对各科教学法进行了详细论述,成为师范教育的经典教科书。数学教学法方面影响较大的国人自编著作有钟鲁斋的《小学各科新教学法之研究》(商务印书馆,1934 年)和《中学各科教学法》(商务印书馆,1938)、刘开达的《中学数学教学法》(商务印书馆,1949 年)以及《中华教育界》《教育杂志》《中等算学月刊》等数学杂志上刊载的相关文章。另外,民国后期,美国波利亚的数学教育理论开始在国内盛行,尤其是《怎样解题》中论述的数学方法对我国数学教育理论产生了积极而深远的影响,起到了重要的借鉴作用。

一、钟鲁斋的数学教育理论

钟鲁斋(1899—1960),现代著名教育家。分别于 1923 年、1927 年获上海沪江大学学士学位、文学硕士学位。1930 年获斯坦福大学教育学博士学位。曾参与创办梅州第一间大学——嘉应大学,并先后任上海沪江大学国文系主任兼教授、北平国立清华大学文学院院长、厦门大学教育学院教授、中山大学教育研究所指导教授等职。抗战时期,在香港创办南华学院,亲任院长。1960 年,因病在香港逝世,享年 61 岁。他一生从事教学实践和教育理论研究,为教育事业奋斗终生,他将教学实践与教育理论相结合,笔耕不辍。在教学法方面,著有《小学各科新教学法之研究》(商务印书馆,1934年)《中学各科教学法》(商务印书馆,1938 年)等著作。

(一)《小学各科新教学法之研究》中的数学教学法

钟鲁斋的《小学各科新教学法之研究》中总结的数学教学原则的具体内容如下[1]:

(1)选择算术教材应当符合下列原则:一、教材与本学科目的,有密切关系者。二、须适合儿童心理者。算术问题要与儿童经验和能力相称。三、须注意生活的材料。(2)教数学要用具体的东西或绘画给儿童看。应当设法把抽象的转变为具体的。(3)宜注意练习,养成准确敏捷的习惯。(4)宜设种种算术游戏或竞赛。(5)宜备种种算术教具。(6)宜注意实际应用问题。(7)宜注意方法和步骤。(8)宜多用诊断测验。(9)取材与教学法须依年级高低而异。(10)教学生解决算题宜用归纳法而不宜用演绎法。

该书提出,教学过程包括下列五个步骤[2]:

第一步,预备。引起动机、发生疑难、决定目的。第二步,讨论与研究。讨论解决法、问答、立式演算。第三步,练习。试习、检验、练习。第四步,共同订正。揭示算式、正误、对照、质疑。第五步,考核成绩。

(二)《中学各科教学法》中的数学教学法

在整个教学法的发展过程中,中学教学法研究著作不多。最有代表性的便是钟鲁

---

① 钟鲁斋.小学各科新教学法之研究[M].上海:商务印书馆,1934:190 - 225.
② 钟鲁斋.小学各科新教学法之研究[M].上海:商务印书馆,1934:190 - 225.

斋的《中学各科教学法》,该书对中学数学教学法进行了详细的论述①:

数学教学法项目的第一节是算学教学的目标,详细地介绍了初中和高中数学教学目标。第二节是算学的价值,分别介绍了数学科的直接价值和间接价值,即阐述了数学科的教育价值。第三节是算学教学应注意的要点,也就是数学教学原则:(1)要选择优良的教本。(2)教学算学应有相当的设备。(3)要注重观察数学。(4)教算学在初中重归纳法在高中则宜兼用演绎法。(5)教算学宜用启发法不宜用讲演法。(6)宜教学生练习作图。(7)宜教学生读定义定理的方法。(8)宜选择适当的练习题。(9)宜排列适当的练习时间。(10)宜教学生演算练习题的方法。(11)宜指导学生善用图画室。(12)宜改正学生通常所犯的错误。(13)宜补充国防化的算学教材。

在第四节算学教学之过程一节中,钟鲁斋建议可采取文纳特卡制或道尔顿制,如果用普通教学法,教学方法可分以下五个步骤:(1)预备;(2)提示;(3)练习;(4)质疑与订正;(5)考核成绩②。

在教育原则方面,钟鲁斋注重学生的年龄特征和心理发展,强调将数学知识与学生的现实生活建立密切的联系,提倡循序渐进的教学方法,在教学中将抽象的知识具体化,以适应学生的身心发展。在算学教学方面,对于不同阶段的学生归纳法和演绎法的教授与掌握也要有所侧重,对于小学生,习题宜适当设置游戏、竞赛等直观的趣味性强的题目,对于中学生,在教学解题的过程中则更需要注重数学思想方法的渗透。在教学方法方面,钟鲁斋提倡教师需要引导学生养成正确的思想和分析、自学的能力,扫除依赖虚伪的积弊。倡导文纳特卡制或道尔顿制教学法,延续并改进了前期赫尔巴特学派的五段式教学法,小学更注重学生的讨论,中学则更注重使用启发式教学,将考核作为教学过程不可或缺的一部分。另外,由于当时中国局势动荡,在算学教学中也同样注重爱国主义思想的渗透和国防化算学教材的使用。

二、 刘开达《中学数学教学法》

1944 年 10 月 4 日,教育部部令委任刘开达为教育部国民教育辅导研究委员会组主任③。刘开达于 1939 年至 1948 年在《中华教育界》《教育通讯(汉口)》《国民教育指导月刊》等教育期刊杂志上发表中学数学教学相关论文十余篇。他积极组织各级国民

---

① 钟鲁斋.中学各科教学法[M].上海:商务印书馆,1939:196-217.
② 钟鲁斋.中学各科教学法[M].上海:商务印书馆,1939:217-222.
③ 教育部公报[N].1944,16(10):6.

教育研究会，重视教师的专业培训，提高教师福利待遇，以大力发展国民教育。

（一）中学数学教材的研究

刘开达在其《中学数学教学法》（商务印书馆，1949年，如图11-25）一书中的第二章对中学数学教材的范围、选择的标准、编排的法则等进行了研究论述。

图11-25　刘开达编《中学数学教学法》书影

关于中学数学教材的范围，刘开达将数学教材选择的范围分为必须教授的教材和补充的教材[①]。补充的教材包括课本外的练习题、新方法与新定理、课外参考书、微积分教材等课外补充教材。数学教授的教材分为必须教授的教材和补充的教材，既拓展了学生学习数学知识的广度，又兼顾了不同水平学生的数学学习，尤其是"增加新方法与新定理"一条，把与教材中内容相关的新方法和新定理作为补充教材，在现在看来，仍具有一定的前瞻性。

数学教材内容选择的标准要做到[②]：

（1）要注意适用。教材要顾及日常生活的需要与其他方面应用的目的，减少过于抽象的理论教材。（2）要适合环境。例题习题的选择应与时俱进，注意时间性和空间性。（3）应能训练理解能力。尽量充实能引起学生思考的资料，以训练学生的理解能力。（4）应能引起学习兴趣。在教材中可以将有关历史及欣赏方面的资料穿插于数学内容中，以激发学生的学习兴趣。（5）应根据学生的已有经验。教材要重视学生的已有知识及生活经验，学生容易学，教师也容易教。（6）应合于各科教材的重心。

中学数学中的每一科目都各有其中心目标，如初中的数值三角，是以数值计算和直角三角形解法为中心目标的，高中的平面三角，是以任意三角函数、斜三角形解法和和差倍半角三角函数、三角方程式及反三角函数等为中心目标的。

教材内容确定后，就要对其加以适当的组织和排列，这样才能做到经济而有效，对此他提出教材内容编排的法则为[③]：

---

① 刘开达.中学数学教学法[M].上海：商务印书馆，1949：15.
② 刘开达.中学数学教学法[M].上海：商务印书馆，1949：17.
③ 刘开达.中学数学教学法[M].上海：商务印书馆，1949：18.

（1）应侧重心理顺序。教材编排要符合由浅而深、由近而远、由简单到复杂、由具体到抽象等原则。（2）应多用归纳法则。对于许多公式定理的由来和证明,编排应多用归纳法则,先把许多普通而具体的事实搜集起来,再分析综合得出结论,这样才能使学生明了而有趣。（3）应多用分析步骤。教材中问题的演解、定理的证明应多用分析步骤,即从问题或定理的结论,根据过去已成立的定理与法则,逐步逆推,直到假设为止。用这样的分析方法,可以启发学生思考与指导演证方法。（4）应多采用单元制度。编排教材要根据教材的中心目标,分成一个或几个单元。这样不但使教师在教学时便于准备与实施,也便于学生得到系统与有连贯性的明确观念。（5）应便于教师教学与学生阅读。教材的编排要条理清楚、解说简明,多用数字算式表示,减少文字说明,力求简单扼要。

（二）中学数学教学原则

刘开达强调教师不仅要研究自己如何去教,同时还要研究学生如何去学,掌握学生的学习规律对教师的教学大有裨益。第三章在介绍桑代克学习律的基础上,提出十四点在教数学时教师应遵循的原则[①]:

原则 1,在教任何数学教材以前,一定先要引起学生们需要学习此项教材的动机;原则 2,凡是比较重要的数学教材,我们要使学生记得和熟练,一定要详细讲解,多加练习,并时时提出复习;原则 3,凡是特别重要或困难的数学教材,我们要使学生彻底了解与加深印象,一定要施行特殊教学,才能达到所希望的目的;原则 4,需将有相互关系的数学教材组织起来,在教学时更易明了,在练习时更易记得。在介绍讲演式、问答式、自学辅导式、实验式四种教学方式的基础上提出四种教学原则;原则 5,多用问答式;原则 6,问用演讲式;原则 7,使用教材宜用实验式;原则 8,简易教材宜用自学辅导式;在介绍综合法与分析法、演绎法与归纳法、探讨法三种教学方法的基础上,相应地提出三条教学原则;原则 9,普通多用综合法与演绎法;原则 10,对于不易明白的定义定理等,要用归纳法去进行教学,对于不易演解的习题,要用分析法去指导解法;原则 11,用探讨法的问题,来做问答教学的资料与帮助自学辅导的进行。另外,还有一些补充原则;原则 12,我们教学生学习数学一定要给与充分的学习刺激;原则 13,要原谅学生其初学习时的种种错误并设法去加以纠正;原则 14,要利用已经知道的知识,来融化新教的教材。

刘开达就如何进行有效的讲解、如何鼓励学生预习、如何吸引并维持学生的注意

---

① 刘开达.中学数学教学法[M].上海:商务印书馆,1949:31-47.

力、如何培养和保持学生的学习兴趣、如何减少个别差异在教学上的影响、如何指导并鼓励学生演题、如何活用教学方法等各种教师在教学中遇到的实际问题事无巨细地予以解决办法[1]。另外,刘开达提出数学教学的重要信条,也是教师必须遵守的规则[2]:

(1) 教的要浅要少还要慢;(2) 多启导问答与注重自动;(3) 多练习复习与奖励参考;(4) 多查考试验与竞赛;(5) 要注意个别差异;(6) 要指示学习方法;(7) 要重视学科性质和学生类别。

刘开达的数学教学法理论与实践相结合,教学过程与教学内容紧密结合并给出具体案例,对算术、代数、几何、三角等具体教学内容也给出了明确的教法[3]。刘开达对于中学数学教材的研究对今天的数学课程改革及教材的编纂仍有一定的启示和借鉴作用,他提出的数学教学原则仍值得当今的中学数学教师学习和参考。

三、波利亚《怎样解题》

乔治·波利亚(如图 11 - 26[4])是世界著名的数学家和数学教育家,1887 年 12 月 13 日出生于匈牙利布达佩斯,1985 年 9 月 7 日卒于美国加利福尼亚州帕洛阿尔托(Palo Alto)。波利亚对数学研究兴趣极为广泛,他在概率论、组合数学、图论、几何、代数、数论、函数论、微分方程和数学物理等领域都有所建树。他撰写了(包括与他人合

图 11 - 26　波利亚铜像

---

① 刘开达.中学数学教学法[M].上海:商务印书馆,1949:66 - 74.
② 刘开达.中学数学教学法[M].上海:商务印书馆,1949:63 - 66.
③ 见:刘开达著上海商务印书馆 1949 年出版的《中学数学教学法》第六章至第十章.
④ ICME - 6,即第六届国际数学教育大会,于 1988 年 7 月 27 日至 8 月 3 日在匈牙利首都布达佩斯举行。这两枚铜像收藏于内蒙古师范大学代钦教授工作室.

作)250 多篇论文。波利亚著有《怎样解题》《数学的发现》《数学与猜想》等重要的数学教育论著。他的这些著作被译成多种文字出版,对世界数学教育产生了深刻的影响。自 20 世纪 40 年代开始,中国陆续翻译出版了波利亚《怎样解题》《数学与猜想》《数学的发现》等著作。由于中译本的《数学与猜想》和《数学的发现》是在 1952 年以后被翻译引入的,所以下面仅以《怎样解题》这部著作为例,来论述波利亚对民国后期中国数学教育的影响。

（一）《怎样解题》在我国的传播

波利亚的《怎样解题》是他多年思考数学教育教学的结晶,他一贯主张数学教育的主要目的之一就是培养学生解决问题的能力,教会学生思考。1914 年,他在苏黎世时,就准备研究数学解题的规律,用德文写了一个提纲。后来他在英国数学家哈代的启发下,1944 年在美国出版了《怎样解题》。其中"怎样解题表"总结了解决数学问题的一般规律和程序,对数学解题研究和培养学生解决问题的能力有着深远的影响。英文版的《怎样解题》问世后不久,中华书局于 1948 年出版了周佐严翻译的《怎样解题》(图 11-27),这也是波利亚的著作第一次在我国出版。20 世纪 80 年代以后出现了波利亚著作的简体字版、繁体字版,甚至还出现了蒙古文等少数民族文字版,掀起了一股"波利亚热",这对我国数学教育教学的发展,起到了极大的促进作用。

图 11-27　《怎样解题》书影

周佐严翻译的《怎样解题》只有三部分,分别为:第一部分"数学解题教学";第二部分"解题问答——对话";第三部分"促发术各论"。波利亚在该书的第二版中增加了一部分内容,即为第四部分"题目、提示、解答"。后来中国学者都是以第二版为底本,不断地翻译出版《怎样解题》,其中有阎育苏译、1982 年科学出版社出版的版本;涂泓和冯承天译、2002 年上海科技教育出版社的版本等。

（二）波利亚的数学教育思想

《怎样解题》的开头就是"怎样解题表",该表是《怎样解题》的精髓,也是它的主导思想。事实上,《怎样解题》通过教室里问题解决目的的展现和"探索法小词典"中富有启发性的例题来阐释"怎样解题表"的程序。① 波利亚通过各种有趣的问题,非常巧妙而合理地展示了数学问题解决方法。但波利亚是以已经存在的问题为出发点,没有涉及数学化的问题。因此,几乎没有出现相关问题的数量化、抽象化的思考方法,也没有论及"如何养成思考这些问题的习惯"。但是就总体而言,他以问题解决过程为基础,构造性地展示了思考方法。

波利亚在漫长的数学教学研究岁月中,有机地结合了精湛的教学艺术与杰出的数学研究,提出了丰富而特有的数学教育思想。波利亚数学教育思想是以他的数学观为基础的。他认为数学既是一种演绎科学,又是一门实验性的归纳科学。波利亚的数学观决定了他的数学教育思想。关于数学学习,他认为生物发生律可以运用于数学教学与智力开发。基于这种思想,他对数学史及许多著名数学家如欧几里得、阿基米德(Archimedes,公元前287—公元前212)、笛卡儿、高斯(Gauss,1777—1855),尤其是欧拉(Leonhard Euler,1707—1783)的论文进行了深入研究,认真剖析他本人及当代人发现数学定理及其证明的认识过程,体察人类认识数学的思想、方法与途径,从而提出了一些重大的数学教育思想与方法论原理。

波利亚在《数学的发现》中提出了著名的数学教学与学习的心理三原则,即主动学习原则、最佳动机原则以及阶段循序原则②。

主动学习原则:教师在学生的课堂学习中,仅仅是"助产士",他的主导作用在于引导学生自己去发现尽可能多的东西;引导学生积极地参与提出问题、解决问题。他认为科学地提出问题需要更多的洞察力和创造力,这很可能成为一项发现的重要组成部分。而学生一旦提出了问题,那么他们解决问题的注意力会更集中,主动性会更强烈。教师的教学应立足于学生的主动学习。

最佳动机原则:如果学习者缺少活动的动机,那么就不会有所行动。波利亚认为对所学材料产生兴趣是最好的学习刺激,而紧张的思维活动后所感受到的快乐是对这种活动最好的奖赏。

阶段循序原则:根据生物发生律的思想,将数学学习过程由低级到高级分成三个不同的阶段:(1)探索阶段,是人类的活动与感受阶段,处于直观水平;(2)形式化阶段,引入术语、定义、证明,上升到概念水平;(3)同化阶段,将所学的知识消化、吸收、融会于学习者的整体智力结构中。每一个人的思维必须有序地通过这三个阶段。

---

① [美] George Polya.怎样解题[M].周佐严,译.上海:中华书局,1948:1.
② [美] 乔治·波利亚.数学的发现——对解题的理解、研究和讲授[M].刘景麟,曹之江,邹清莲,译.北京:科学出版社,2006:283-287.

波利亚极其关心中学数学教师的培养,退休后亲自主持了一些教师培训班,制定了培训计划与课程。他主张课程要加强与初等数学的联系,自始至终要强调方法论,要突出启发式推理和历史来源。他建议:

(1)培训数学教师时应该为他们提供独立工作的机会,其难度要适当,其形式可采取解题方法讨论班或其他合适的形式。

(2)教法课必须紧密地与课程内容或教学实习相联系,讲授教法课的大学讲师必须至少掌握硕士一级的数学知识,并且要有数学研究工作经验以及教学实际经验。

《怎样解题》问世以来,引起了学者们的广泛关注。学者们学习研究它的思想方法,更进一步地发展了波利亚的数学教育思想。波利亚的这些数学教育方面著作的出版,使得他成为当代的数学方法论、解题研究与启发式教学的先驱。在新中国成立之前该著作对中国的影响不算突出。改革开放后,其著作在中国被陆续再翻译出版,对中国的影响与日俱增,可以说他的数学教育思想对中国的数学教学改革以及数学解题研究水平的提高有着举足轻重的影响。如果要追溯在1952年前《怎样解题》对中国数学教育的影响,我们可以在中国中小数学课程标准(或教学大纲)中寻找其思想的痕迹。例如:

(1)1950年颁发的《小学算术课程暂行标准(草案)》的目标第三条“训练儿童善于运用思考、推理、分析、总合和钻研问题的方法和习惯。”[1]

(2)1948年颁布的《修订初级中学数学课程标准》的目标第四条“培养以简御繁以已知推未知能力。”[2]

(3)1948年颁布的《修订高级中学数学课程标准》的目标第二条“练习说理推证之方式,使学生切实熟习数学方式之性质。”[3]

(4)在1951年制定的《中学数学科课程标准草案》的目标之一“辩证思想——本科教学须相机指示因某数量(或形式)之变化所引起之量变质变,藉以启发学生之辩证思想。”[4]

这些或多或少都反映了波利亚所主张的数学教育的主要目的是发展学生的解决问题能力,教会学生思考这一思想。

---

[1] 课程教材研究所.20世纪中国中小学课程标准教学大纲汇编:数学卷[M].北京:人民教育出版社,2001:49.

[2] 课程教材研究所.20世纪中国中小学课程标准教学大纲汇编:数学卷[M].北京:人民教育出版社,2001:275.

[3] 课程教材研究所.20世纪中国中小学课程标准教学大纲汇编:数学卷[M].北京:人民教育出版社,2001:279.

[4] 课程教材研究所.20世纪中国中小学课程标准教学大纲汇编:数学卷[M].北京:人民教育出版社,2001:310.

波利亚是世界著名的数学教育家,他的数学教育思想从 20 世纪 40 年代到 80 年代期间对我国数学教育发展的积极影响无可非议,在继承和发展波利亚思想精髓的同时,也应当注意理论与实践相结合,将它应用于中国的课堂中,在数学的问题解决教学、课题学习、探究性学习、开放题教学等教学实践中有效地发挥它应有的作用。

四、 杂志中的数学教学研究

民国时期,关于数学教授法的研究文章,在《教育杂志》《东方杂志》《教育世界》等期刊上寥寥无几,民国后期由于时局的动荡,在教育杂志上刊登的数学教学研究方面的文章更是乏善可陈。在晚清、民国期刊全文数据库中,以"数学教育""数学教学"为关键词,检索 1937 年至 1949 年间的数学教育理论方面的论文如表 11 - 10 所示。

表 11 - 10　1937 年至 1949 年间刊登的数学教育研究相关文章

期　刊	刊　号	题　目	作者	时　间
《教育杂志》	第 27 卷第 6 期 113—114 页	《数学对于人格发展及适应的功用》	姚贤慧	1937 年
	第 27 卷第 8 期 126—127 页	《在数学教室中如何养成学生的良好习惯》	陈荩民	1937 年
	第 27 卷第 7 期 252—253 页	《中学生对于代数学遗忘与时间的关系》		1937 年
	第 27 卷第 2 期 129—132 页	《教授初中三年级代数学思虑算题的方法》		1937 年
	第 27 卷第 6 期 145 页	《埃及学校数学生数统计(附表)》	刘大佐	1937 年
《中等教育季刊》	第 1 卷第 2 期 45—48 页	《数学教学目的》	凌康源	1943 年
	第 1 卷第 2 期 96—108 页	《中学数学教学合理化运动》	汪桂荣	1940 年
	第 2 卷第 1 期 121—125 页	《现行中等数学教育之批评与改进》	陈伯琴	1942 年
	第 2 卷第 2 期 61—63 页	《师范学校数学教学之实际问题》		1942 年

续　表

期　刊	刊　号	题　目	作者	时　间
《中等教育季刊》	第 2 卷第 3 期 30—33 页	《数学教学上两个实际问题》	陈伯琴	1942 年
《科学教学季刊》	第 2 卷第 1 期 1—4 页	《三年来四川省中等数学教育之推进》		1942 年
	第 2 卷第 4 期 16—30 页	《个性差异与数学教学》	孙元琜	1942 年
	第 2 卷第 3 期 1—7 页	《六年一贯制中学之数学教学》	汪桂荣	1942 年
	第 2 卷第 4 期 65—73 页	《数学教学报告（中央大学艾伟教授主办学习心理实验）》	范冰心	1942 年
《教育心理研究》	第 1 卷第 4 期 100—107 页	《数学教学报告》		1942 年
《新江苏教育》	第 9 期 72—77 页	《算学教学如何贯注到个个中学生》	民新	1940 年
	第 5—6 期 63—68 页	《中学数学教学谈》	李光黄	1940 年
	第 9 期 52—60 页	《心理学在算术教学法上的应用》	王君石	1940 年
《中华教育界》	复刊 1 第 11 期 16—17 页	《中学数学教学的几种重要技术》		1947 年
《教育通讯（汉口）》	复刊 3 第 4 期 5—7 页	《教中学数学的几个基本原则》		1947 年
《青年月刊（南京）》	第 15 卷第 2/3 期 22—29 页	《怎样学习中等数学》	刘开达	1943 年
	第 9 卷第 1 期 31—34 页	《各科研究方法：中等算学学习指导》		1940 年
	第 8 卷第 3 期 28—31 页	《高初中各科参考书目选集（一）：中学算学书目》		1939 年

续　表

期　刊	刊　号	题　目	作者	时　间
《青年月刊（南京）》	第 9 卷第 3 期 15—18 页	《各科参考治疗：中学算学学习的指导（算术科）》（续）	刘开达	1940 年
	第 9 卷第 4 期 28—32 页	《各科参考资料：中学算学指导（算术科）》（续）		1940 年
	第 8 卷第 5 期 10—11 页	中学各科研习法（上）：中学算学学习法		1939 年
《国立四川大学师范学院院刊》	第 2 期 1—14 页	《我国中等数学教育的最近与将来》	余介石	1945 年
《河北省立工学院半月刊》	第 12 期 3—4 页 第 13 期 1—3 页 第 14 期 2—3 页 第 15 期 1—2 页	《现代数学教育及其改良运动》（连载四期）	明译	1947 年
《现代教学丛刊》	第 2 卷第 1 期 32—36 页	《漫谈数学教学》	费华	1949 年
《十一中期刊》	2—3 页	《中等学校的数学教育》	李澹村	1947 年

　　1939 年 4 月，我国举行第三次全国教育会议，为"适合抗战建国之需要"，提出重新修订各科课程标准。至 1941 年 5 月初，高中数学科课程标准修订完成，并由当时的教育部公布施行，一直用到 1949 年。余介石的《我国中等数学教育的最近与将来》就发表在此背景下。下面以该文章为例简单阐述民国后期我国中等数学教育研究的情况。

　　当时按教育部的规定执行六年一贯制课程标准，设立要旨有四：（1）定单纯目标，专为升学准备从严甄选学生；（2）各学科求其平均发展，不予分组，以期为高等教育培植良好基础；（3）课程采直径一贯之编配，不应为二重圆周；（4）提高国文、数学、外国语三基本科目程度。[①]

　　余介石对现行的三三制提出质疑：各学科平均发展，是不是中学生智力所能胜任？高等教育科别甚多，预备课目侧重敧轻，是不是应当区别重轻？一贯编配的主旨

---

① 余介石.我国中等数学教育的最近与将来[J].国立四川大学学院院刊，1945(2)：1-18.

在避免重复,但在学习过程上,重复是不是有其效用? 而心理顺序怎样才可顾到,于浅深简繁之问,定适宜的次第? 凡此种种,都是课程取材编制的先决问题,不能不加以注意。[①] 体现了数学教育工作者对于当时数学课程改革的深度思考。

余介石对一贯制课程分为时间支配和教材大纲两方面讨论。余介石高度评价数学作为基础学科的作用与意义,指出[②]:在今日抗战建国迈进的历程中,国防以工业为基础,以科学为基础,而科学以数学为基础,此后中等数学教育含有更重大的意义,负有更重大的责任。最后,对中学数学教育的前途展望,对将来中国的数学教育提出四点发展方向[③]:(1)国防化;(2)时代化;(3)师资的培养;(4)教学问题的研究。

五、 南中国数学会《数学教育》杂志创办及其研究

1947 年"南中国数学会"在广州中山大学成立,创办《数学教育》杂志,旨在推动我国数学与初等数学教育研究,由于时局动荡,两年后杂志停刊。1952 年,中山大学原师范学院独立成为华南师范学院时,叶述武任数学系主任,创办了《中学数学》杂志,可以说该杂志是《数学教育》的复刊。刘俊贤、胡金昌、叶述武、陈作钧、周绍棠等数学研究者为《数学教育》的正常运转,克服困难,慷慨解囊,为中国数学教育的发展和壮大做出了积极的贡献。

(一)《数学教育》杂志创办经过

1. "南中国数学会"

1947 年 2 月 16 日,广州数学界为联络从事数学教育的人士互相切磋,推动教学以及学生学习数学的兴趣,为促进战后数学教育和研究的发展,在中山大学数学天文系主任刘俊贤教授的倡议下,于中山大学成立了"南中国数学会",中华人民共和国成立后该会合入中国数学会,改称中国数学会广东分会,即"南中国数学会"是中国数学会广东分会的前身。南中国数学会成立后,于 1947 年 3 月创办《数学教育》杂志。《数学教育》杂志"南中国数学会消息"中简要地介绍了"南中国数学会"成立的经过及成员[④]:

近来广州数学界,鉴于战后国内教育之发展及数学刊物之缺乏,爰有组织南中国

---

① 余介石.我国中等数学教育的最近与将来[J].国立四川大学学院刊,1945(2):1-18.
② 余介石.我国中等数学教育的最近与将来[J].国立四川大学学院刊,1945(2):1-18.
③ 余介石.我国中等数学教育的最近与将来[J].国立四川大学学院刊,1945(2):1-18.
④ 南中国数学会.南中国数学会消息[J].数学教育,1947,1(1):消息.

数学会之发起,盖为推进数学之研究,及刊行数学杂志,以为教学之补助也。发起以后,赞成者纷纷加入,遂于二月十六日下午一时,假座中山大学先修班课室,开成立大会,公推中山大学数天系主任刘俊贤为主席,当即讨论章程,选举理监事,结果选出刘俊贤、胡金昌、叶述武、苗文绥、李铭槃、张兆驷、陈湛銮七人为理事,陈作钧、卢文、周绍棠三人为监事,理监事并经于二月廿三日举行第一次会议,讨论会务进行,及分配工作,即席推定刘俊贤任常务,李铭槃任文书,叶述武、陈湛銮任财务,苗文绥任出版,胡金昌、张兆驷任交际。并组织编辑委员会,推定刘俊贤、胡金昌、叶述武、陈作钧、周绍棠为委员云。

2.《数学教育》杂志

1947 年 3 月,"南中国数学会"创办《数学教育》,创刊号如图 11-28。该杂志没有设主编,只设编辑委员会委员,其成员为:刘俊贤、胡金昌、叶述武、陈作钧、周绍棠。刊名由著名科学家、哲学家、教育家时任中山大学校长王星拱题写,刊名、卷期名、主办单位均有英文名。杂志通讯处为国立中山大学数学天文系。设置的栏目有:论述、解题、书评、消息和教科书广告。杂志从第一卷第一期开始每卷每期的页数为连续排版,共 104 页。该杂志 1947 年出第一卷第一、二期,1948 年出第一卷第三、四期,在"若只以会员之力,长此独自维持,至为困难"①的情况下,夭折了。杂志发刊词中简明扼要地阐述了创办杂志的宗旨和经过,具体如下②:

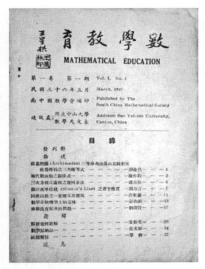

图 11-28 《数学教育》创刊号

复员后建国之二年春,南国数学同人旧雨咸集广州,百端草创就绪;乃团结其精神,广播其风气,此本会《数学教育》杂志所由刊。揆其用意有三:大学数学教育,或为高深研究,或作师资准备,回望中等数学,从广泛而推特端,登高俯远,辄有所得,堪为中学数学之润色,一也。然中等数学教育,实为基层,前瞻大学,有如拾级而升高,举一隅而反求,其则不远;辄有中学良师,能由浅见深,能引童入胜,于大学教育之影响尤巨,二也。揽观古今中外,不从事于数学教育,而具数学天机者,辄有奇材,他山之石,可以攻玉,三也。

---

① 南中国数学会.南中国数学会消息[J].数学教育,1947,1(2):消息.
② 南中国数学会.发刊辞[J].数学教育,1947,1(1):发刊辞.

兹斯三者，关联密迩，声气应求，能无斯刊，以摅雅怀者乎。且中上学生，辄有特僻资才，理智探讨，茫茫烟海，漠漠江天，得斯读品，若对良师之问难，若逢良友之切磋；未或先知觉后知，未或前贤畏后生耳。是以兹刊取材，约别为论述，解题，书评，消息等，错杂成章；比美云山珠海，高低万象浑涵，以观南国之光，维作者读者共勉焉。

《数学教育》的目的为为：（1）为有效进行大学数学教学与研究以及教师教育；（2）为中学数学教师提供学习研究的参考；（3）为中等水平以上的中学生学习数学提供辅助材料，即为英才（特僻资才）提供辅助教材。

3.《数学教育》杂志刊登的文章

受国内政治形势的影响，《数学教育》杂志存在的时间只有一年多。刊登的文章并不多，下面列出作者及论文题目。

第一卷第一期目录：

胡金昌《亚基默德（Archimedes）三等分角法及由其图形所直觉推得之三角恒等式》

陈作钧《两代数函数之关系式》

潘海红《三次方程及虚根之几何求法》

周功言《关于西摩松线（Simson's Line）之若干性质》

许淞庆《同权函数之一定理及其应用》

彭海祥《数学在物理学上的意味》

刘俊贤《两个没有解决的问题》

叶伯文《解析几何解题》

苗文绥《数学归纳法》

翠　耕《试题解答》

第一卷第二期目录：

刘俊贤《生存竞技之数理》

彭海祥《初等解析几何》

潘海红《方程式之有理根》

许淞庆《论圆形排列》

周功言《关于西摩松线（Simson's Line）之若干性质》

锦　年《北大清华南开三校入学试题》

李靖轩《力学解题》

郭焕庭《数学分析解题二则》

伯　厚《来函解答》

第一卷第三期刊登的均为 1947 年部分大学入学考试题的解答,依次为:北京大学试题、中山大学京沪区招生试题、重庆大学试题、中山大学部分华侨生及续招体育系新生试题、中央大学试题、武汉大学试题、广东省立文理学院试题的解答。

第一卷第四期目录:

黄用《论基本数学之一种教授法》

刘俊贤《生存竞争之数理(续第一卷第二期)》

另有续第一卷第三期刊登的广东省立文理学院试题、国立中山大学试题、海军留美军官考试题、金陵女大试题、复旦大学试题、岭南大学试题及解答。

由上述可见,《数学教育》杂志中的文章主要内容有大学数学、中学数学、数学在其他学科中的应用、数学教学法、数学史和大学入学考试题与解答等内容。从文章的内容看,《数学教育》倾向于中学数学教育,作者大多为大学教师。

4.《数学教育》杂志经费来源

《数学教育》杂志是民间组织"南中国数学会"创办的,它的创办经费来自民间,即来自对数学及数学教育具有执着追求的数学教育工作者的会员费、捐款和捐物等。《数学教育》第一卷第二期"消息"中刊登了印刷出版第一期和第二期的费用来源和当时的困境。"消息"说①:

本会成立后,即从事数学教育之创刊,幸赖各会友热诚襄助,踊跃捐输,第一、二期业既出版,稍堪告慰。惟查第一期之销售,截止现在,为数不多;且因物价飞腾,币值日贬,而訂销价目,又不能瞬息变更,销售所得,更属有限;求能自给自足,殊感匪易。若只以会员之力,长此独自维持,至为困难。然则欲斯刊继续而弗替,尚有赖于社会人士之协力耳。

"消息"中"南中国数学会会员通讯处及收支一览表"列出了捐款人的姓名、单位、捐款捐书的详细清单,由于篇幅所限,只列出捐款捐书人数、钱数和书数,具体如下:

机关会员捐款者有五名,每人交 5 万元国币;普通会员捐款者有 63 名,每人最少交 2.5 万元国币、最多交 8 万元国币。除此之外,还有特别捐款者:刘俊贤 2 万元、胡金昌 3 万元、叶述武 2 万元、容日光 5 万元、陈作钧 2 万元、熊一奇 1 万元。捐书者有周绍棠 150 本、售 15.75 万元;彭海祥 60 本、售 6.30 万元;苗文绥 32 本、售 3.26 万元;数天系 42 本、售 4.15 万元;李铭槃 10 本、售 1.05 万元。清华印书馆 10 万元。以上款项总计 214.27 万元,截至 1947 年 6 月 20 日,总支出 209.15 万元,剩余 5.12 万元。

除《数学教育》编委刘俊贤、胡金昌、叶述武、陈作钧、周绍棠五人捐基金 1.5 万、第

---

① 南中国数学会.南中国数学会消息[J].数学教育,1947,1(2):消息.

一卷和第二卷分别 0.75 万元以外，还捐了特别款项。特别是作为年轻教授，周绍棠捐出 150 本书，割爱见遗，实属可敬之举。

在那时局动荡、民不聊生的年代，"南国数学同人旧雨咸集广州，百端草创就绪，乃团结其精神，广播其风气"，为中华民族的数学教育之发展，在自己捉襟见肘的情况下慷慨解囊，创办《数学教育》杂志，其精神可贵，可敬可佩。

（二）《数学教育》杂志的启示

在 70 多年前创刊并停刊的《数学教育》杂志，鲜为人知，也许中国近现代期刊目录的编者们视而不见或许认为屈屈小杂志不足为奇，把《数学教育》作为"期刊目录"补集的元素处理了。《数学教育》虽然存在时间暂短，但我们不能小觑她，因为她背后有着说不完道不尽的精彩故事，她作为精神诉求和智慧欲望的载体，将永远存在，成为后来者的宝贵财富。南中国数学会的同仁们为国家和民族的数学教育的发展而不计个人得失，慷慨输将、锐意创新、勇于践行的精神境界，令后人景仰。

1937 年至 1949 年，我国战火纷飞，硝云弹雨，经历了艰苦卓绝的抗日战争和摧枯拉朽的解放战争，最终取得了凤凰涅槃、浴火重生的胜利。中国的数学教育在这样的历史背景下，如在黑暗中寻找光明，在曲折中奋力前进。当时的数学教育理论主要有如下特征：1. 由于当时政治时局不定、经济发展落后等原因，在教育教学中将国防思想、民族精神的渗透作为不可缺少的重要内容，具有比较显著的时代特征。2. 国人自编的教学法书籍大多借鉴外国教学理论及数据加以分析总结并融合本国情况编纂而成，缺少更适合本国国情的问卷调查分析和数据统计，缺少实证性的研究方法。如钟鲁斋的《中学各科教学法》中教学原则第 9 条，宜排列适当的练习时间，据桑代克（Edward Lee Thorndike，1874—1949）实验一次练习以十分至二十分为时限，从任何方面看来，总比其他一切时限为优。间距二十四小时至四十八小时总比其他一切时限为优。我们教算学最好每天进行一次二十分钟左右的练习。若习题太多，可分一天两次练习。[①] 该时期的数学教育研究有一定的时代性，但教育工作者关于中小学数学教学法的部分观点，在今天的数学教学与研究中仍有一定的参考价值。

参考文献

1. 教科书

［1］程宽沼.国防算术（上册）[M].上海：商务印书馆，1937.

① 钟鲁斋.中学各科教学法[M].上海：商务印书馆，1939：206.

［2］汪桂荣. 初级中学实验几何学［M］. 南京：正中书局，1935.

［3］张幼虹. 修正新课程标准适用实验初中算术（上、下册）［M］. 上海：建国书局，1941.

［4］俞鹏，石超. 修正课程标准适用初中新几何（上册）［M］. 上海：世界书局，1948.

［5］尹国均. 建国教科书　高级中学代数学（甲组用）［M］. 上海：正中书局，1945.

［6］余介石. 新编高中平面几何学（上册）［M］. 上海：中华书局，1941.

［7］余介石. 新课程标准适用高中三角学（全一册）［M］. 上海：中华书局，1947.

［8］［美］P. F. Smith，A. Gale，J. H. Neelley. 斯盖尼三氏新解析几何学［M］. 程凯丞，译. 上海：商务印书馆，1934.

［9］钟鲁斋. 小学各科新教学法之研究［M］. 上海：商务印书馆，1934.

［10］钟鲁斋. 中学各科教学法［M］. 上海：商务印书馆，1939.

［11］刘开达. 中学数学教学法［M］. 上海：商务印书馆，1949.

［12］赵侣青. 新课程标准适用小学算术课本［M］. 上海：中华书局，1933.

［13］［美］Henry Burchard Fine. 汉译范氏大代数［M］. 田长和，译. 北平：华盛书局，1935.

［14］［美］Schultze，Sevenoak，Schuyler. 三S几何学［M］. 北平：国立北平大学附属中学校算学丛刻社，1930.

［15］［美］Granville. 葛蓝威尔平面三角法教科书［M］. 北平：国立北平大学附属中学校算学丛刻社，1933.

［16］［美］Schultze-Sevenoak-Stone. 新三S平面几何学［M］. 周文，译. 上海：上海科学社，1946.

2. 著作与期刊论文

［1］教育部教育年鉴编纂委员会. 第二次中国教育年鉴（一）［M］. 上海：商务印书馆，1948.

［2］王权. 中国小学数学教学史［M］. 济南：山东教育出版社，1996.

［3］课程教材研究所. 20世纪中国中小学课程标准·教学大纲汇编：数学卷［M］. 北京：人民教育出版社，2001.

［4］吴永贵. 民国出版史［M］. 福州：福建人民出版社，2011.

［5］李春兰. 清末民国时期的数学教科书［M］//丘成桐，杨乐，季理真. 数学与教育：数学与人文·第五辑. 北京：高等教育出版社，2011.

［6］张定华，苏朝纲，邹光海，等. 中国抗日战争时期大后方出版史［M］. 重庆：重庆出版社，1999.

［7］汪家熔. 民族魂——教科书变迁［M］. 北京：商务印书馆，2008.

［8］［美］莫里兹. 数学家言行录［M］. 朱剑英，译. 南京：江苏教育出版社，1990.

［9］常跃进，等. 百年开高：1902—2002［M］. 北京：中国档案出版社，2002.

［10］李文海. 民国时期社会调查丛编：文教事业卷（二编）［M］. 福州：福建教育出版社，2014.

［11］［美］George Polya. 怎样解题［M］. 周佐严，译. 上海：中华书局，1948.

［12］［美］乔治·波利亚. 数学的发现——对解题的理解、研究和讲授［M］. 刘景麟，曹之江，

邹清莲,译.北京:科学出版社,2006.

[13] 胡佳军.汪桂荣中学数学教学之研究[D].呼和浩特:内蒙古师范大学,2016.

[14] 汪家正.抗战期间教育设施的总清算[J].东方杂志,1946,42(17):17-26.

[15] 陈部长谈今后教育方针[J].教育通讯,1938,创刊号:2-3.

[16] 中国国民党抗战建国纲领[J].解放,1938,(37):1-2.

[17] 战时各级教育实施方案纲要[J].教育通讯,1938(4):8-10.

[18] 陈伯琴.谈谈六年制中学数学课程[J].科学教学,1942,2(3):8-11.

[19] 代钦.民国时期实验几何教科书的发展及其特点[J].数学教育学报,2016,25(1):15-20.

[20] 教育部公报[N].1944,16(10):6.

[21] 余介石.我国中等数学教育的最近与将来[J].国立四川大学学院院刊,1945(2):1-18.

[22] 南中国数学会.数学教育(第一卷1—4期)[J].1947-1948.

[23] 张奠宙.中国近现代数学的发展[M].石家庄:河北科学技术出版社,2010.

[24] 程民德.中国现代数学家传(第二卷)[M].南京:江苏教育出版社,1995.

[25] 程民德.中国现代数学家传(第五卷)[M].南京:江苏教育出版社,2002.

[26] 易汉文.中山大学专家小传[M].广州:中山大学出版社,2004.

[27] 钱伟长.20世纪中国知名科学家学术成就概览(天文学卷)[M].北京:科学出版社,2014.

第十二章　　　革命根据地的数学教育

　　中国革命根据地的中小学数学教育经历了土地革命战争时期、全面抗日战争时期和人民解放战争时期三个阶段，在中国共产党的领导下，小学数学课程制度、教科书建设和教学思想方法的改进等诸方面以"星星之火，可以燎原"之势逐渐地发展壮大，及时地满足了革命发展之需，而且积累了丰富的经验，凝练了数学教学思想，为新中国的数学教育奠定了坚实基础。革命根据地中小学数学教育在不同的发展阶段呈现出不同特色：土地革命战争时期使用根据地自己编写的教科书，同时也适当地使用国民党统治区的数学教科书，但是很难满足实际需要；全面抗日战争时期根据地编写的小学数学教科书基本满足了教学需要，但是版本种类并不多，中学数学教科书不能满足实际需要；人民解放战争时期中小学数学教科书出现种类多、水平参差不齐之现象，基本满足实际需要。革命根据地的三个发展阶段，也积极地开展了数学教师教育工作，包括师范学校的职前教育和在职教育。

　　中国革命根据地的发展经历了三个时期。第一时期为土地革命战争时期（1927—1937），即苏维埃区域，简称"苏区"。苏区包括湘赣根据地、赣西南和闽西根据地等。第二时期为全面抗日战争时期（1937—1945），即抗日根据地。抗日根据地包括陕甘宁边区和华北、华中敌后抗日根据地，以及华南敌后抗日游击区。第三时期为人民解放战争时期（1945—1949），当时的根据地称为"解放区"。"解放区"是1944年秋形成的概念，人民解放战争时期解放区包括西北解放区、华北解放区、东北解放区、华东解放区与中原解放区等。革命根据地教育是在极其艰难的条件下诞生和发展起来的。革命根据地教育"从南方到北方，再从北方到南方，在中国大地的四面八方遍地播种、生根、发芽滋生，开出灿烂的鲜花，结出丰硕的果实，使人耳目一新，奠定了人民共和国教育的基础。"①革命根据地教育的发展与国统区教育完全不同,可以说是从零开始,根据地文化教育极为落后,老百姓受文化教育程度很低,一般来讲从识字教育开始,以便达到普及教育和宣传革命教育的目的。在革命根据地发展的三个阶段,党的教育方针政策始终坚持使广大群众最大程度地接受教育,使他们养成民族自尊、自信、自强和爱国主义的信念,但是这三个阶段也呈现不同的特点。学者们对革命根据地教育史的研究,主要聚焦于政治教育、一般教育、高等教育、国语教科书、美术与音乐教育方面,成果可观,但鲜见对数学教育的研究。即使是有革命根据地数学教育史的研究,那也是笼统的概述性研究。在少数著作中有人也提及根据地数学教育,但没有对课程、教材、实施过程等文献资料的梳理,有时还能见到一两篇相关论文,遗憾的是这些研究没有参考有说服力的第一手资料。由于相关文献资料的散失和稀少等原因,革命根据地数学教育资料的搜集、挖掘等方面的工作尚未全面展开。事实上,革命根据地也非常重视数学教育,因为这对革命根据地日常生活、生产实践和革命事业的顺利发展至关重要。笔者经过多年努力寻找革命根据地数学教育课程、教材、教学思想方法和实践经验等方面的文献资料,也发现了丰富而有价值的第一手资料。这些珍贵的文献资料在有力地支撑革命根据地数学教育发展史研究的同时,也使我们认识到研究革命根据地数学教育史的必要性。

---

① 陈桂生.中国革命根据地教育史(上)[M].上海:华东师范大学出版社,2015:序1.

第一节　土地革命战争时期的数学教育

苏维埃革命根据地时期的教育是在国民党的五次"围剿"的艰难条件下进行的。1934年1月,党中央在"中华苏维埃共和国中央执行委员会与人民委员会对第二次全国苏维埃代表大会的报告"中,提出苏维埃文化教育的总方针,指出:"在于以共产主义的精神来教育广大的劳苦民众,在于使文化教育为革命战争与阶级斗争服务,在于使教育与劳动联系起来,在于使广大中国民众都成为文明幸福的人。"[1]苏维埃文化建设的中心任务是"厉行全部的义务教育,是发展广泛的社会教育,是努力扫除文盲,是创造大批领导斗争的高级干部。"[2]1933年10月20日,中央文化教育建设大会通过的"目前教育工作的任务的决议案"中提出:"苏维埃教育制度的基本原则,是为着实现一切男女儿童(工农分子的男女儿童,红军子弟也有受教育的优先权)免费的义务教育到十七岁止。但是估计着我们在战争情况下,特别是实际的环境对于我们的需要,大会同意把义务教育暂时缩短为五年。为着补救在义务教育没有实现以前,以及超过义务教育年限的青年和成年,应当创造补习学校、职业学校、中等学校、专门学校等等。"[3]

由于土地革命战争时期特殊历史条件的限制,当时中国共产党在根据地从扫盲教育开始,只能集中精力实施小学教育,还没有达到开展中学教育的水平。因此,在这里仅对小学数学教育进行论述。

一、小学数学课程

中央教育人民委员部1933年10月发布的"小学课程与教则草案"中,有关数学教育的具体规定如下[4]:

① 陈元晖,璩鑫圭,邹光威.老解放区教育资料(一):土地革命战争时期[M].北京:教育科学出版社,1981:20.
② 陈元晖,璩鑫圭,邹光威.老解放区教育资料(一):土地革命战争时期[M].北京:教育科学出版社,1981:20.
③ 陈元晖,璩鑫圭,邹光威.老解放区教育资料(一):土地革命战争时期[M].北京:教育科学出版社,1981:60.
④ 陈元晖,璩鑫圭,邹光威.老解放区教育资料(一):土地革命战争时期[M].北京:教育科学出版社,1981:299-306.

第一学年：本学期从教基数开始，用事物计算为主，辅以心算来教基数的数法及混合教授加减乘除法。基数熟悉后，当然到十以外，二十以内的数法及加减乘除，十以外的数，是用心算为主，但是为着正确儿童数的观念，常要利用实物计算来证明，同时要学认数字和算式，但认字与认式要在第一学期末，不可太早。

第二学年：学习百以内的加减乘除计算法，以心算为主，但在教求积和尺度，还要利用实物或图来计算。最后一学期，应开始用笔演草，在乘除法用笔来演草时，位数只宜一位，而一位数的除法，之用短除法。第二学期，开始学习十进诸等数，并从十位诸等数学习小数，同时准备了百分数的基础，开始学测量长度和面积，在教室内，走廊中，运动场中的壁上和地上，画长度面积的实际图形，以中尺为标准。

第三学年：数位还是以二位为主，扩大到四位五位。心算和笔算并重，整数和小数并重，但仍是用十进诸等法来学习小数，小数读法有十分数和分厘毫丝忽微等两种读法。第一种读法，与百分数有关，因为它是以十分之几、百分之几来读数，第二种读法，与利息有关，因为利息是用几分或几厘的名称。只学第一种准备百分数的基础，第二种读法待四学年学习单利时教授。求积法同第二学年，只在数量上扩大。

第四学年：1. 数位的三位作基础，同时在笔算演草中，练习三位以上的数。2. 开始学习本国度量衡的计算法及日常的简单几何图形。3. 由百以内数的乘除法作基础，来学习简单的比例、分数、百分数。主要的是用心算来了解乘除法、比例、分数、百分法相互的关系，并用心算来代替珠算除法的歌诀。珠算主要的是练习加减法，开始要学习珠算的记数以做加减的基础，除法除学习通常的珠算歌诀外，还要学习不用珠算除法歌诀，用心算计算法，并从心底了解珠算歌诀的意义。4. 教材要取之于日常生活中，纯科学的题目不用。

1934年2月发布的"中华苏维埃共和国中央政府人民委员会命令第八号：中华苏维埃共和国小学校制度暂行条例"中规定小学修业年限为五年，前期为三年，后期为两年。前三年的科目为国语、算术、游艺（唱歌、运动、手工、图画）。要求游艺也必须与国语、算术及政治、劳动教育等有密切的联系。后两年的科学和政治科目须带系统性教授，其课程和教则另行规定[1]。

1934年4月教育人民委员部颁布的"小学课程教则大纲"课程中包含数学，具体如下：

---

① 陈元晖，璩鑫圭，邹光威.老解放区教育资料（一）：土地革命战争时期[M].北京：教育科学出版社，1981：309-310.

初级小学的算术应教完整数加减乘除四法及诸等数因数以及小数的最初阶段①。

高级小学的算术至少应学完百分数、小数、分数（命分）、开方及比例，并给以最浅显的几何学知识，且必须教授簿记（记账）、会计等实用科目的简单方法②。

规定初级小学算术每星期教两课（这里的课和课时不同，一课也许用一课时，也许用两课时），高级小学算术每星期教三课③。

这里需要说明的一点是，1933 年小学学制为 4 年，没有分初级和高级两个阶段；1934 年改为 5 年，并分为两个阶段，初级小学 3 年，高级小学 2 年。但是没有说明将 4 年制小学改为 5 年制小学的理由。

二、 小学数学教科书

关于土地革命战争时期数学教科书的文献资料很少，更不知道当时使用的数学教科书情况。1934 年 2 月发布的"中华苏维埃共和国中央政府人民委员会命令第八号：中华苏维埃共和国小学校制度暂行条例"第四章第十五条规定："小学教科书凡经教育人民委员部审查过的，教员可自由选用。并应随时采用带地方性的具体教材，以及儿童劳动所需要的教材来补充书中的教材，但不得违反教育人民委员部所颁布的课程教则的内容和程度。"④在这一方针指导下，教育工作者创造各种条件，编写算术教材，包括常识课本中的算术教材和算术课本。

首先，革命根据地文盲人数占人口的绝大多数，文盲同样也是"算盲"。所以扫盲教育过程中，需要编写适合革命实际需要的算术教材。算术的学习不一定用算术课本，有时候在国语或常识中学习算术。如 1933 年 7 月中央教育人民委员部编的《共产儿童读本》中安排度量衡计算、时日计算等算术内容，《共产儿童读本》第四册第三十三课"时日"的内容如下⑤：

---

① 陈元晖，璩鑫圭，邹光威.老解放区教育资料（一）：土地革命战争时期[M].北京：教育科学出版社，1981：312.
② 陈元晖，璩鑫圭，邹光威.老解放区教育资料（一）：土地革命战争时期[M].北京：教育科学出版社，1981：313.
③ 陈元晖，璩鑫圭，邹光威.老解放区教育资料（一）：土地革命战争时期[M].北京：教育科学出版社，1981：313-314.
④ 陈元晖，璩鑫圭，邹光威.老解放区教育资料（一）：土地革命战争时期[M].北京：教育科学出版社，1981：313-310.
⑤ 赣南师范学院，江西省教育科学研究所.江西苏区教育资料汇编：1927—1937（七）（七、教材）[G].南昌：江西省教育科学研究所，1985：23.

世界上大家通用的历,叫做公历。公历平年三百六十五日。闰年三百六十六日。每年有十二个月。每月三十日或三十一日。一日二十四小时,一小时六十分,一分六十秒。

又如《工农读本》第四册第一百七十课"一笔热烈慰劳红军的账",就是颇为有趣且具有思想教育意义的算术应用题[①]:

一笔热烈慰劳红军的账

火根在工农补习夜校读书,只读了半年就会看报,写信,记账,并学会了简单的笔算。

一天晚上,大家在俱乐部玩笑,忽有一人提出要火根把第六十期工农报上登载的"红军在闽北胜利回来,各县热烈慰劳红军的账"总算起来,火根答应了以后,用铅笔在纸上画了几下,就向大家宣布他算的总数。

"1. 弋阳、横峰、葛源区共送猪一百六十头,菜二万五千八百九十八斤,鸡七百七十三只,蛋六千八百五十二个,草鞋五千一百九十三双,布鞋一百三十九双。

2. 弋阳葛源区共送豆三石四斗四升半,花生一百三十六斤。

3. 弋阳另送粉干四百〇八斤,辣椒五十一斤。

4. 横峰另送糕二百八十八斤。

5. 葛源区另送葵花子二斗,饼十八同,柴七百十一担。"

大家又要求火根指教算法:"你是用什么方法算出来的? 为什么不用算盘呢?"火根答:"我刚才是用笔算算的,笔算很简便而易学,学会了只要用笔在纸上画几下,就什么数目都可算清楚了。"

(附)慰劳红军物品表

物品名 \ 县名	弋 阳	横 峰	葛 源	共 计
猪	67	70	23	160 头
鸡	677	52	44	773 只
菜	506	20 100	5 292	25 898 斤
蛋	2 619	3 700	533	6 852 个

---

① 赣南师范学院,江西省教育科学研究所.江西苏区教育资料汇编:1927—1937(七)(七、教材)[G].南昌:江西省教育科学研究所,1985:130 - 131.

续　表

物品名＼县名	弋　阳	横　峰	葛　源	共　计
草鞋	357	4 300	536	5 193 双
布鞋	103	23	13	139 双
豆子	311.4		33.5	344.9 升
花生	126		10	136 斤
另送项	粉干 408 斤	糕 288 斤	葵花子 2 斗	
	辣椒 51 斤		饼 18 同	
			柴 711 担	

算　　式

猪	鸡	菜	草鞋	布鞋
67	677	506	357	103
70	52	20100	4300	23
+23	+44	+5292	+536	+13
160	773	25898	5193	139

生字：账、玩、铅、峰、横、猪、蛋、鞋、豆、辣、椒、糕、葵、饼、柴、盘。

　　除上述各种读本外，中央教育人民委员部还编了《算术常识：供短期训练班失学青年和成年用》(1933 年)，这里不赘述。

　　其次，由于革命根据地教科书编写人员缺乏和其他客观条件的限制，不能及时地编写、出版各学科教科书。在这种艰难的条件下，只好使用国统区的教科书，正如"列宁初级小学校组织大纲"之第三项"教授"中指出："甲、教科书　国语算术[①]常识三种，用商务馆发行的新学制教科书。"[②]又如"列宁高级小学校组织大纲"之第三项"教授"中指出："甲、教科书　英文、算术、地理、自然均采用商务馆印行的新学制教科书。"[③]由

---

① 新学制算术教科书应该是：骆师曾编纂《新学制算术教科书》(八册)，商务印书馆，1923 年。
② 赣南师范学院，江西省教育科学研究所.江西苏区教育资料汇编：1927—1937(五)(四、教育类型和办学形式(下))[G].南昌：江西省教育科学研究所，1985：19.
③ 赣南师范学院，江西省教育科学研究所.江西苏区教育资料汇编：1927—1937(五)(四、教育类型和办学形式(下))[G].南昌：江西省教育科学研究所，1985：22.

于当时国民党的围剿,革命根据地的教育开展十分艰难,教科书的发行和使用受到极大的限制,很难达到每个学生人手一本教科书,大多是几个学生一本或只有教师才有一本教科书。

三、 教学方法

土地革命战争时期的学校教育中提出了详细明确的教学方法,在方法的原则中蕴含着丰富而深刻的中华苏维埃的教育思想,有自己的显著特征,这对其后教学的实施奠定了理论基础。"中华苏维埃共和国中央政府人民委员会命令第八号:中华苏维埃共和国小学校制度暂行条例"中提出了三条小学教学方法的原则:小学教育与政治斗争的联系;小学教育和生产劳动的联系;小学教育及儿童创造性的发展。

从教学方法的原则之标题看,上述三条原则就是一般的教学原则;但是从它的具体内容看,它就是教育指导思想。各学科教师遵照这些原则开展自己的教学工作。

关于小学数学教学法的研究与实施方面,除苏维埃革命根据地整体情况外,个别地区的研究水平较高,实施情况也不错,如《教学法:永新县寒期教师讲习所教材》(湘赣省苏文化部制,永新县苏文化部翻印,永新县档案馆存)中详细阐述了算术课的教学法,具体如下①:

(一) 算术教学的目的

小学校算术教学的目的在使儿童熟悉日常的计算,增长生活必须的知识兼使儿童的思虑渐加精确。

(二) 算术教学的方法

算术教学应使儿童理会正确运算,能够应用自在,教学的方法须按步渐进,初步实物数图等就十以内之数行直观教授使儿童明了数的基本观念,次离实物而练习心算,然后进而扩充数的范围以行笔算珠算,最切于日用不可不兼行教学。兹将教学的方法分述于下:

A. 实物计算教学法

数为抽象的,所以非依据具体的直观则抽象的观念不能正确,教初入学儿童务应用实物,如小石贝壳等行施直观教授。兹将实物计算教学方法约略于下:

---

① 赣南师范学院,江西省教育科学研究所.江西苏区教育资料汇编:1927—1937(八)(八、教学法)[G].南昌:江西省教育科学研究所,1985:6-7.

1. 预备

（1）使复习已授的数以整理数的观念。

（2）目的指示。

2. 提示

（1）用实物数图等,使儿童直观而授以数法及计算法。

（2）分给儿童计数。

（3）使儿童自就实物练习计算。

（4）使离实物而行算数的练习。

3. 应用

（1）就日常切近事物使儿童用实物计算。

（2）教师口唱日用问题宣讲故事体,寓数于内,使儿童离开实物计算。

B. 心算教学法

心算为运用算法的基础,而想求心算的敏速非多多练习不可,初级一二年教以心算为主,三年级以上重笔算而每时教学之始也必须行心算数分钟为算术上的基本练习。教学心算时应注意的事项如下：

（1）数目：练习心算不必开过大的数目,只以简单的数多方变换使运算纯熟为主。

（2）方法：练习心算问题通常用口唱（宜讲故事体寓数以内）,有时也可写于黑板,心算的答案亦常用口答,有时亦可用笔答,心算教授无一定的阶段而要在于诱导得宜。

C. 笔算的教学法

初年级教学心算时同时应兼习数字的写法,及笔画熟悉端正渐进而授略计数法及读数法,至笔算教学仍以心算为基础。各种方法其初都由心算引导,使儿童理解其意义和计算。然后以笔算的形式,笔算有算式练习应用练习两项。

（1）算式练习：以使儿童理解其算法及练习计法为目的,应注意的事项如下：

① 数字的写法行列位置务求整齐明晰。

② 式题以求熟练为主,每次练习题宜逐渐增加。

③ 数的范围宜较应用题稍大。

（2）应用练习：以锻炼儿童数理上的思考养成算法活用的能力,且长生活必需的知识为目的,应注意的事项如下：

① 问题的解决务使明了正确。

② 构成应用题的文章务使明了正确。

③ 问题提出后当令先考其解法次构成算式然后依式题解法的次序一一运算。

笔算教学的普通阶段也是分预备提示应用三项亦不详述,注意:单级教学算术时教师实难巡视周到可利用优等儿童助教——即某班算得快的儿童可令其巡视某班,然后教师再在黑板上共同订正。总之教算术时,宜多变换方式引起学生的兴趣与竞赛心。兹不多举例子惟在教师运用得法而已。

D. 珠算教学法

我们日常应用的算术珠算范围较广,所以小学校对于珠算也应兼授。珠算教授所应注意的事项如下:

(1)珠算应该熟练敏捷。

(2)求运算敏速应利用歌诀,但教学歌诀必取证算务使儿童理解明白不可专用机械的诵习。

(3)对于算盘各部份的名称运珠的指法应首先说明而且把信定法呼唱法等逐一教学。

(4)珠算教学时间应占笔算四分之一。

(5)珠算也以心算为基础。

首先,从教学次序上看,当时小学算术教学内容包括物算、心算、笔算和珠算四个方面。其中物算、心算和珠算是中国传统算术内容,笔算从外国传入以后在小学阶段一般采用物算、心算和笔算的顺序教学。珠算的教学方法与前三者不同,采用单独教学。

其次,从教学方法的角度看,物算采用直观教学法,初步建立事物与数之间的联系,从而使学生初步认识自然数概念及一位数的加减法。在形成数的概念和掌握简单加减法的基础上,进入心算阶段。但是心算的心智活动仍然依赖学生记忆里的实物影像,如手指头或其他东西的影像。在此基础上进行笔算教学,使学生掌握数的写法和四则运算法则。在算术的教学过程中,解决不同程度的应用题的程序是不可缺少的。所以,当时的教学格外重视练习。除上述直观教学方法外,小学算术教学常用口诀或歌诀的方法,以便记忆运算法则等。另外,也注重变换算式的教学方法(即现在所谓的变式教学法),以便培养学生数学思维的灵活性。

最后,从培养目标上看,包括三个方面——锻炼儿童数理上的思考、养成算法活用的能力和增长生活必需的知识。就当时的情况来讲,"锻炼儿童数理上的思考"是比较先进的理念。

第二节　全面抗日战争时期的数学教育

抗日革命根据地教育的中心在红色革命根据地延安。延安精神带领全国人民走向了新中国。在日本帝国主义的狂轰滥炸下、在国民党反动派的包围下,中国共产党领导根据地人民克服种种困难,发展了各项事业,最终建立了新中国。1937 年抗日战争全面爆发以后,中国共产党制定了抗日新形势下的教育方针政策。1937 年 8 月 25 日,毛泽东在《为动员一切力量争取抗战胜利而奋斗》中明确指出:"改变教育的旧制度、旧课程,实行以抗日救国为目标的新制度、新课程。"[①]1938 年 11 月,毛泽东在文章《论新阶段》中又提出:"第一,改订学制,废除不急需与不必要的课程,改变管理制度,以教授战争所必须之课程及发扬学生的学习积极性为原则。第二,创设并扩大增强各种干部学校,培养大批的抗日干部。第三,广泛发展民众教育,组织各种补习学校、识字运动、戏剧运动、歌咏运动、体育运动,创办敌前敌后各种地方通俗报纸,提高人民的民族文化与民族觉醒。第四,办理义务的小学教育,以民族精神教育新后代。"[②]1939 年 1 月,林伯渠在《陕甘宁边区政府对边区第一届参议会的工作报告》之"创造与发展国防教育的模范"中指出:"边区实行国防教育的目的,在于提高人民文化政治水平,加强人民的民族自信心和自尊心,使人民自愿地积极地为抗战建国事业而奋斗,培养抗战干部,供给抗战各方面的需要,教育新后代使成为将来新中国优良建设者。"[③]在党中央的这种教育指导思想引领下,延安建立小学、中学、师范学校、民众学校和鲁迅艺术学院等学校,其中数学教育也受到了高度重视。在近一年半的时间里,教育发展迅速,就小学教育而言,未成边区前学校数为 120 所(学生数不详),1937 年春季时小学 320 所,学生数为 5 000 名,1938 年秋季时小学为 773 所,学生数为 16 725 名。1941 年冬季时小学为 1 341 所,学生数为 43 625 名。[④] 在延安革命精神的光辉照耀下,其他革命根据地数学教育也得到了不同程度的发展。

① 毛泽东.毛泽东选集(第二卷)[M].北京:人民出版社,1991:356.
② 山东老解放区教育史编写组.山东老解放区教育资料汇编(第一辑)[G].1985:2.
③ 陈元晖,璩鑫圭,邹光威.老解放区教育资料(二):抗日战争时期(上册)[M].北京:教育科学出版社,1986:4.
④ 陈元晖,璩鑫圭,邹光威.老解放区教育资料(二):抗日战争时期(上册)[M].北京:教育科学出版社,1986:4-18.

一、 小学数学教育

（一）小学数学课程

抗日战争时期数学教育以陕甘宁边区为中心展开论述。陕甘宁"边区教育的宗旨，是为争取抗战胜利，建设独立自由幸福的新中国，培养有民族觉悟、有民主作风、有现代生活知识技能、能担负抗战建国之任务的战士和建设者。"[①]在这一宗旨指导下，中小学以国防教育为中心展开各科教学。

边区教育厅于 1938 年 8 月 15 日公布的"陕甘宁边区小学法"第一条就指明了小学教育总目标："边区小学应依照边区国防教育宗旨及实施原则，以发展儿童的身心，培养他们的民族意识、革命精神及抗战建国所必须的基本知识技能。"[②]小学规定为五年，初级小学三年，高级小学两年，合称为完全小学。初级小学单独设立。小学教材须一律采用教育厅编辑或审定的课本及补充读物。小学国语课每学年每周 12 节课，每年总课时为 390 学时；初级小学算术课第一、二、三年周课时分别为三、四、五节课，年总课时分别为 120、150、180 学时；高级小学四年级、五年级算术课每周为五节课，年总学时为 180 学时[③]。在"陕甘宁边区小学规程"中没有规定算术科的具体教学内容，但是从陕甘宁边区各学校的算术教学实践看，"算术课从各种写法的数目字（简写、大写、商用码子、洋码子）教起，到认位数，与九九歌，又实地学了过秤、丈布、量粮食、识票子。"[④]当时的数学教师们认为算术课的"主要目的是学习实际应用上计算的能力，为了适应农村的条件，以心算珠算为中心"[⑤]。"小娃的算术课，开始也是学数目的名称，之后学数数，数数是随娃娃的具体情形来提高他们。再以后就学心算、笔算，自个位到十位的加减法来开始，一部分还学了度量衡，如识票子、丈布、过粮等。"[⑥]"算术，按教

[①] 陕西师范大学教育研究所.陕甘宁边区教育资料：小学教育部分（上册）[M].北京：教育科学出版社，1981：26.

[②] 陈元晖，璩鑫圭，邹光威.老解放区教育资料（二）：抗日战争时期（下册）[M].北京：教育科学出版社，1986：303.

[③] 陈元晖，璩鑫圭，邹光威.老解放区教育资料（二）：抗日战争时期（下册）[M].北京：教育科学出版社，1986：307.

[④] 陕西师范大学教育研究所.陕甘宁边区教育资料：小学教育部分（上册）[M].北京：教育科学出版社，1981：172.

[⑤] 陕西师范大学教育研究所.陕甘宁边区教育资料：小学教育部分（上册）[M].北京：教育科学出版社，1981：208.

[⑥] 陕西师范大学教育研究所.陕甘宁边区教育资料：小学教育部分（上册）[M].北京：教育科学出版社，1981：210.

育厅课本进行;珠算要会加减乘除及斤两互换。笔算与珠算多采实例教学,要能在实际中运用,会记账、算账,能考中学。"①小学数学教师对珠算格外重视,他们认为"在算术课上增加珠算,因为在一般的应用上,珠算还很普遍,初小学会加减,高小学会乘除,也是以实际实例为教材(如统计我们的战绩,去年八路军打死多少敌人,新四军打死多少敌人,一共打死多少敌人)"②。

另外,陕甘宁边区教育厅虽然制定了小学各科课程计划,但是在实际教学中并没有得到落实,原因是缺乏师资。陕甘宁边区教育厅指示信(第七十九号)"改进与扩大小学工作的初次检查(1938 年 11 月 16 日)"中写道:"就课程来说,大部分是只上国语、算术、唱歌、体育四种课。可是有些小学因为教员不会教唱歌和体育,只上国语和算术。"③

1941 年 2 月 1 日修正颁布的"陕甘宁边区小学规程"中规定:初级小学算术一年级 120 学时,二年级 150 学时,三年级 180 学时;高级小学一年级和二年级算术均为 180 学时。算术课时不及国语课时的一半,国语课时每年级均为 390学时。

(二)小学算术教科书

抗日战争时期边区小学数学教科书也经历了非常艰难的发展过程。下面在介绍教科书审定与出版过程的基础上,对教科书进行个案分析。

1. 教科书审定与出版

小学教科书审定制度方面,1938 年 8 月 15 日边区教育厅公布的"陕甘宁边区小学法"第九条中规定:"小学教材须一律采用教育厅编辑或审定的课本及补充读物。"④同时,要求中小学教材"须充实地方性"⑤。教科书编审方面,抗日战争时期小学算术教科书建设与土地革命时期相比有明显的提高。陕甘宁边区"1939 年边区教育的工作

---

① 陕西师范大学教育研究所.陕甘宁边区教育资料:小学教育部分(上册)[M].北京:教育科学出版社,1981:229.
② 陕西师范大学教育研究所.陕甘宁边区教育资料:小学教育部分(上册)[M].北京:教育科学出版社,1981:139.
③ 陈元晖,璩鑫圭,邹光威.老解放区教育资料(二):抗日战争时期(下册)[M].北京:教育科学出版社,1986:301.
④ 陈元晖,璩鑫圭,邹光威.老解放区教育资料(二):抗日战争时期(下册)[M].北京:教育科学出版社,1986:304.
⑤ 陈元晖,璩鑫圭,邹光威.老解放区教育资料(二):抗日战争时期(下册)[M].北京:教育科学出版社,1986:321.

方案与计划"之"七、统一教材,补充教材"中有"小学算术三册"①的计划说明。这也说明算术教材编写人员的短缺和算术教材的严重不足。计划从1940年秋季开始至1943年春季完成的"普及教育三年计划草案"中指出:"在编审方面,现在初小的国语、算术、常识都编好了,高小的政治、算术、地理、历史、自然,也都编好。……在印刷方面,除石印外,现在还增添了木刻,同时还在边区印刷厂印。因此过去和现在,出版了许多教材,供给各小学使用。虽然尚感缺乏,总算有了基础,这是普及教育的第五个重要条件。"②尚感缺乏教材,"这一困难,过去曾使教材工作受到相当大的影响,现在虽然有了基础,但普及教育这一大计划,需要更多的教材。就拿第一期来说,准备扩大16 000名学生,第一册国语、算术、常识,各需要8 000本(两人共一本),还有其他年级用书,共需要课本十万本左右。"③

此外,就小学数学教科书出版情况看,陕甘宁边区小学算术教科书的种类很少,罗列如下④:

(1) 陕甘宁边区教育厅审定,算术课本,初小6册,华北书店,1942年;

(2) 陕甘宁边区教育厅审定,算术课本,高小4册,华北书店,1942年;

(3) 陕甘宁边区教育厅审定,朱光编著,算术课本,初小3册,文化印刷局,1943年;

(4) 陕甘宁边区教育厅审定,算术课本,初小6册,新华书店,1946年;

(5) 陕甘宁边区教育厅审定,张养吾编,算术课本,高小4册,新华书店,1941—1946年。

陕甘宁边区算术教科书版次等没有详细说明,教科书封面上不写编者姓名,但在版权页上写编者姓名。虽然同一种算术教科书不同版次的内容相同,但是形式有所不同,如陕甘宁边区教育厅审定、张养吾编《算术课本》的1941年版和1944年版的版面形式不同(如图12-1)。

2. 教科书的个案分析

从整体上看,边区小学算术教科书的内容简单,编写水平一般。这里选择陕甘宁边区初级小学算术和高级小学算术进行个案分析。

---

① 陕西师范大学教育研究所.陕甘宁边区教育资料:小学教育部分(上册)[M].北京:教育科学出版社,1981:44.

② 陕西师范大学教育研究所.陕甘宁边区教育资料:小学教育部分(上册)[M].北京:教育科学出版社,1981:72.

③ 陕西师范大学教育研究所.陕甘宁边区教育资料:小学教育部分(上册)[M].北京:教育科学出版社,1981:74.

④ 邱月亮.百年小学数学教科书图史[M].嘉兴:吴越电子音像出版社,2020:34.

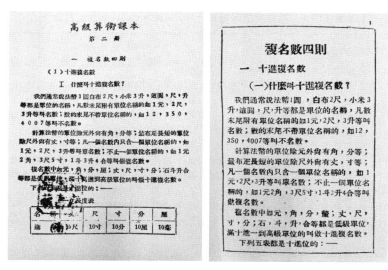

图 12-1　张养吾编《算术课本》的 1941 年版和 1944 年版版面形式

陕甘宁边区教育厅审定《算术课本》初级第六册（如图 12-2，以下简称"《算术课本》第六册"）内容及其特点如下：

首先，革命根据地各学科中小学教科书一般用毛头纸，很粗糙，印刷质量差，字迹也模糊。该教科书封面设计用红色，代表红色革命，外部边缘采用农作物和牲畜图案，右下角有两位革命战士，充分展现了当时政治文化历史背景。

其次，从《算术课本》第六册内容（如表 12-1）来看，与同一时期国统区小学三年级第二学期内容比较，内容不系统，少而简单。国统区三年级算术除有《算术课本》第六册的内容外，还有菱形、梯形、平行四边形的认识和应用；亩、分、厘、毫的认识和应用；日、星期、月、年的计算；元、角、分、厘的应用[1]。另外，该套《算术课本》内容并不是按章节或第几课的顺序设置，而是按周上课量设置的。

图 12-2　《算术课本》第六册书影

---

[1] 课程教材研究所.20 世纪中国中小学课程标准·教学大纲汇编：数学卷[M].北京：人民教育出版社，2001：22.

表 12－1　陕甘宁边区教育厅审定《算术课本》第六册目录

<table>
<tr><td>

目录
复习一・二
第一周：（1）万位数的认识・加减法应用；
（2）复习万位数的加减法
第二周：（1）加减法应用题（第一种）
第三周：（1）续前；（2）加法应用题（第二种）
第四周：（1）减法应用题（第一种）
第五周：（1）续前；（2）减法应用题（第二种）
第六周：（1）续前；（2）加减验算法；（3）讨论题一；（4）第一次测验题
第七周：（1）被乘数与乘数；（2）续前（进位与不进位）；（3）三位乘二位的乘法

</td><td>

第八周：（1）三位乘三位的乘法；（2）被除数与除数
第九周：（1）三位数除四位数的除法
第十周：（1）三位数除万位数的除法
第十一周：（1）续前；（2）心算与速算练习；（3）讨论题二；（4）第二次测验题
第十二周：（1）整数乘小数
第十三周：（1）续前；（2）整数除小数
第十四周：（1）加减混合题；（2）乘除混合题
第十五周：（1）四则混合题
第十六周：（1）续前
第十七周：（1）讨论题三；（2）总复习
第十八周：学期测验

</td></tr>
</table>

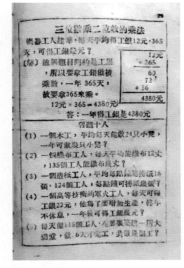

图 12－3　《算术课本》第六册
第 29 页

再次，该教科书例题和练习题数量适量且有机衔接，一般讲解一道例题之后安排 3～5 道习题，如图 12－3。应用题的例题和习题内容均与工农兵有关。

张养吾编陕甘宁边区教育厅审定《算术课本》高级第四册的内容体系及其特点如下：

首先，从《算术课本》第四册内容看，注重算术的应用和练习巩固。在"合作社"中安排了合作社分红、合作社使用的簿记、物价的调查与计算、简易统计图表等内容，占该教科书一半，即用半个学期进行教学。其中，简易统计就占 11 页之多，强调统计图表的重要性时写道："调查研究的材料，好些是有数目字的，把这些数目字用统计图表显示出来，使人看了，一目了然，便可以知道事物发展的趋势。"[①]继而介绍了三种统计图表：（1）线段表[②]，即把一群数目列表比较，表中用线段代替数字表示大小的叫线段表。（2）格栏幅线[③]，即联结线段表里各线段的顶点作一直线或曲线（有时是曲折线）就叫做格栏幅线，格栏幅线不独可以表示已知事

① 张养吾.算术课本（高级第四册）［M］.延安：新华书店，1944：51.
② 线段表：条形统计图.
③ 格栏幅线：graph 的音译，即函数图象，现在叫做折线统计图.

项鲜明清楚,并且就它可以推得未知事项发展的大概方向,在一张统计图表上有时可以就事实的情形画两条或两条以上的格栏幅线来表示。(3)百分比较图①,这是统计图表中常用的一种,图上可着彩色或添花纹,需更明显时圆内度数要分配准确。三种统计图表直观表示如图 12-4。

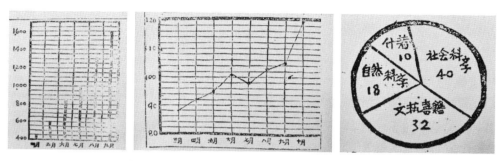

图 12-4 统计线段表、格栏幅线、百分比较图

其次,该教科书重视实验几何方法。从张养吾编《算术课本》第四册中"面积和地积"看,概念的引入、例题的安排都较详细,如推导三角形面积时,将三角形按直角三角形、锐角三角形和钝角三角形分类后,分别用直观法推导三角形面积公式——三角形的面积等于高乘底拿 2 除,如图 12-5。

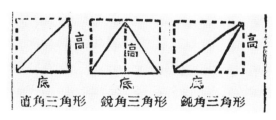

图 12-5 三角形面积的直观法推导

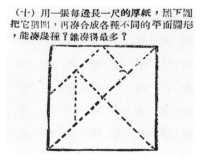

图 12-6 七巧板

直观法推导三角形面积,就是实验几何方法。该教科书中重视实验几何法的同时,也重视学生的动手操作。这对学生空间想象能力的培养具有很大的帮助。学习完四边形和三角形面积内容之后安排的习题中有中国传统数学内容——七巧板的习题,如图 12-6。该习题也是一道非常好的开放题。

———————————

① 百分比较图:扇形统计图。

最后,重视练习巩固。张养吾编《算术课本》中,每一概念或每一道例题之后均安排习题,而且习题数量一般为5～10道。

(三) 小学算术教学法

边区的儿童学习算术不是一件容易的事情,没有舒适的环境,甚至在室外上数学课(如图12-7[①]、图12-8[②])。图12-7中黑板挂在房屋外面墙上,有两个学生在黑板上做算术题,左下角三个学生、右侧五个学生正在讨论或者一起学习,正中间的一个人可能是乡村教师。画面上分三个组表现的是三个不同学习程度的学生小组在一个场所学习的情景,这相当于复式教学。从图中可以看到,老师和学生连桌椅板凳都没有,就地而坐,条件的艰苦可想而知,但是学生们的学习似乎热情高涨。但是,革命根据地各种教育特别重视教学法的科学性和创新性。教师们因地制宜,创造条件,探索有效的教学法。正如边区数学教师所说:"课程中算术一门是一般娃娃们最感头疼的。他们'宁可扫大便,不愿意学算术'。去冬因固守一定的顺序教,收效较难,娃娃们爱简怕繁,因此,教材是多用日常用品的数目字来教,学时兴趣大。"[③]

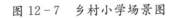

图 12-7　乡村小学场景图

图 12-8　边区小学场景图

当时的小学算术教学法概括起来有以下几种[④]:

---

① 黄乔生.中国新兴版画1931—1945:作品卷Ⅵ[M].郑州:河南大学出版社,2019:86.
② 张子康.第二届中国当代版画学术展:特邀展——古元延安版画作品展[M].香港:中国今日美术馆出版社有限公司,2011:148.
③ 陕西师范大学教育研究所.陕甘宁边区教育资料:小学教育部分(上册)[M].北京:教育科学出版社,1981:235.
④ 陈元晖,璩鑫圭,邹光威.老解放区教育资料(二):抗日战争时期(下册)[M].北京:教育科学出版社,1986:361-364.

第一，在一切课程中，尽量先从实际事物着手，从实际试验出发，然后再写再记。如教学生使用尺子、斗和秤，识度量衡的单位与计算，教法是拿布和尺子到讲堂来丈，丈的是"一丈零九寸布"，然后再写出这几个字；过秤称了"二斤五两七钱麻"以及用升子合量了"一斗七升五合小米"，都在过秤和量完以后，再将所称所量的实物名与计算数字写出。如算术课教"二"的九九歌诀时，每人发些豆子，以两个豆作一份，数了一份，说一句"二一得二"，数第二份时，教员问有几份？共有多少？得到正确答复后，再说出"二二得四"一句歌，这样类推一直数到九，最后才把"二"的九九歌诀完全写出，再让大家背诵并到实例中去应用。对小娃娃教认数目字，也采取先数豆子、高粱秆等实物，然后写出字来认、来读、来写。又如国语课的识字，也是先举刀、豆、米、尺、盐等实物，然后再将字写出；或是抓紧时机，如看了织布以后，就学棉花、纺线、织布等字。而国语课的联句，则是先引学生将要联写的那一句话说出来，然后再逐字写出等等。学习应用文也是先将目的引到内容，说出再写出。这样的方法，效果是较大的。

第二，采用讨论法。先由教员提出讲授题目，后由娃娃们发言讨论，在讨论中教员随时插问，予以启发，最后引出正确的结论。

第三，利用游戏，进行教学。

第四，是小先生制，即利用学生帮助学生的办法。为了怕妨碍小先生们的学习，采取临时制。

第五，在一般教学中，个别教学和全班教学相配合。

正如恩格斯曾经所说："回忆过去的运动对青年是有益的。否则他们会认为，一切都是应该归功于他们自己。"①当今学校教学中教师们经常采用所谓的讨论法、探究法、分组教学法等，从表面上看都是他们新近探索出来的东西，其实不然，这些教学法至少 80 年前就已普遍使用。80 年前的这些教学法与现在的教学法在本质上没有区别，只在表述和技术手段有所不同而已。

二、 中学数学教育

在全面抗日战争时期陕甘宁边区中学数学教育发展史的考察中，我们只论述中学数学课程设置与教材发展情况，由于小学数学和中学数学教学法思想和实施情况大致

---

① 中共中央马克思恩格斯列宁斯大林著作编译局.马克思恩格斯全集(第 34 卷)[M].北京：人民出版社，1972：239.

相同,因此不再单独讨论中学数学教学法。

自 1942 年开始实施的"陕甘宁边区暂行中学规程草案"(简称"规程草案")中规定中学分为初级中学及高级中学,修业年限为:初中三年,高中二年[①]。"规程草案"中提出了训练中学生的原则四条[②]:

提高民族觉悟,建立民主作风;

充实文化知识,培植科学基础;

增强生活智能,养成劳动习惯;

注意体格锻炼,启发艺术兴趣。

作为对照,这里列举 1942 年颁布的华中苏皖边区的"中学暂行规程"中规定中学生应接受下列各种训练[③]:

一、启发民族意识;二、培养民主精神;三、培植科学智能;四、养成劳动习惯;五、锻炼健康体魄;六、陶冶艺术兴趣;七、培养科学的世界观。

(一)中学数学课程

初级中学之教学科目,为公民知识、国文、外国语(英文或俄文)、历史、地理、数学、自然(动物、植物、物理、化学)、生理卫生、美术、音乐及军事训练(女生习军事看护);体育、劳作两科,于课外进行。初级中学数学课程每周教学时数如下[④]:第一学年每周 4 学时,第二年和第三年每周 5 学时。

高级中学之教学科目,为社会科学概论、国文、外国语、中外历史、中外地理、数学、生物学、物理、化学、哲学、美术、音乐及军事训练(女生习军事看护);体育、劳作两科于课外进行。高级中学数学课程每周教学时数如下[⑤]:第一年、第二年的周教学时数均为 4 学时。

从数学课程角度看,该课程设置过于简略,没有明确说明初高中算术、代数、几何、三角和解析几何的具体教学学期和教学时数。但是从侧面可以了解一些实际情

---

① 陕西师范大学教育研究所.陕甘宁边区教育资料:中等教育部分(上册)[M].北京:教育科学出版社,1981:18.

② 陕西师范大学教育研究所.陕甘宁边区教育资料:中等教育部分(上册)[M].北京:教育科学出版社,1981:18.

③ 江苏省教育科学研究所老解放区教育史编写组.华中苏皖边区教育资料选编(一)[G].南京:江苏省教育科学研究所,1986:199.

④ 陕西师范大学教育研究所.陕甘宁边区教育资料:中等教育部分(上册)[M].北京:教育科学出版社,1981:26.

⑤ 陕西师范大学教育研究所.陕甘宁边区教育资料:中等教育部分(上册)[M].北京:教育科学出版社,1981:27.

况,如在 1943 年初的"边区中学的历史叙述"中有简要介绍:"数学:低年级五节,高年级四节,一年级教完数学,二年级教浅近的代数、几何。"①又如,在《陕甘宁边区的中等教育概况》(《新华日报》第四版,1944 年 6 月 12、13 日)中说:"算学(包括基本四则、分数、比例及其应用,简易代数、几何及其应用)。"②再如,《三边公学中学部教育计划》(1945 年)中说:"(一年级)数学:讲完整、小数四则、复名数、整数性质、分数、简易求积法、家庭簿记、农户计划、乘方和开方。……(二年级)数学:讲完乘方和开方、变数与比例、百分比、利润与利息、税收、统计图表与统计指数的编制、会计等簿记(以提纲缩写)。……(三年级)数学:代数自正负数讲至二次方程式(前曾讲至联立一次方程式),会计与簿记,复习算术之统计与百分法、农业累进税计算法等,着重讲会计及其他实用部分。"③该文中介绍的应该是初级中学课程。《绥米两校战时教育座谈会综合意见书》中指出:"现有教材尽量精简压缩,开方不教。(乙)二年级代数教一学期。教到二次方程式。(丙)第四学期教代数、几何。(丁)第五学期教几何。"④

由上述情况看,陕甘宁边区中学数学课程没有统一的要求,各个地方根据自己的实际情况实施数学教育。但是有一个共同特点是,对数学知识的应用,如簿记、会计数学、统计等均有具体要求,这可能是当时的革命需要所决定的。

至于陕甘宁边区中学数学教科书或教材,"规程草案"第四十四条中指出:"中学教科书,由边区教育厅计划编辑之;学校自由采用或由教员自编教材,须适合中学课程标准,并须于每学期将全部教材汇送教育厅审查。"⑤

这里要指出的是,教材的选择须适合"中学课程标准"的说法,但是陕甘宁边区没有制定过所谓"中学课程标准",因此这里的须适合"中学课程标准"要求是要参考国统区的"中学课程标准"的意思。事实上,从当时陕甘宁边区数学教育发展水平看,尚未达到编写成套的中学数学教科书的水平。

---

① 陕西师范大学教育研究所.陕甘宁边区教育资料:中等教育部分(上册)[M].北京:教育科学出版社,1981:71.

② 陕西师范大学教育研究所.陕甘宁边区教育资料:中等教育部分(上册)[M].北京:教育科学出版社,1981:109.

③ 陕西师范大学教育研究所.陕甘宁边区教育资料:中等教育部分(上册)[M].北京:教育科学出版社,1981:144-146.

④ 陕西师范大学教育研究所.陕甘宁边区教育资料:中等教育部分(上册)[M].北京:教育科学出版社,1981:251.

⑤ 陕西师范大学教育研究所.陕甘宁边区教育资料:中等教育部分(上册)[M].北京:教育科学出版社,1981:28.

（二）中学数学教材

抗日战争时期，数学教育工作者克服困难，积极探索中学数学教材编写工作，并付诸实践。例如，胶东中等学校数学教材编审会编写了《中等学校适用初中算术》，其前言中说①：

1. 我们根据 1943 年五月算学教材编审会的讨论一年来试教的经验，以及 1944 年春所召集的几校数学教员讨论会，决定以开明算学教本为蓝本②，除了删去简易作图法和复利息两章还有一些万国度量衡表以外差不多算完全的翻印出来。

2. 各校采用时，我们的意见是，习题可选作，尽量增添些实用算题，例如丈量地亩、计算公粮等。

3. 本书的教授时间，我们认为：初中普通科，可以扼要的在一年内教完；师范科对于算术则需更详尽仔细的讲解，时间可以延长为一年半。

目前，笔者只搜集到《中等学校适用初中算术（上册）》与其开明书店原版书，如图 12-9。

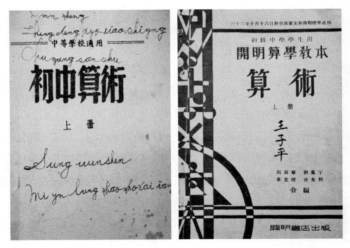

图 12-9 《中等学校适用初中算术》（上册）与其原版（右）封面

改编本《中等学校适用初中算术（上册）》及其原版本的目录比较如图 12-10。由此可知，由于边区文化教育发展水平低，学校教学内容相比城市学校少得多，教科书纸

---

① 胶东中等学校数学教材编审会.中等学校适用初中算术（上册）[M].青岛：胶东中等学校数学教材编审会，1944：前言.

② 这里是指周为群、刘薰宇、章克标、仲光然合编的《初级中学学生用开明算学教本初中算术》（上下），开明书店，1933 年版.

张和印刷质量的差距更大。

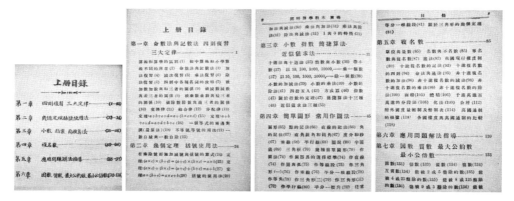

图 12-10 《中等学校适用初中算术(上册)》及其原版本的目录比较

　　抗日战争时期,革命根据地数学教育工作者在自编教材的同时,也翻印当时已有的水平较高的中学数学教科书,以便满足根据地的急需。当时商务印书馆出版的各学科"复兴教科书"是 1932 年"一·二八事变"国难后出版的一套具有重要影响的教科书,抗日战争革命根据地翻印了其中的一些教科书。如虞明礼编著、段育华校订的《复兴初级中学教科书　代数》被翻印使用,翻印书和原书封面如图 12-11,原书初版为 1937 年。

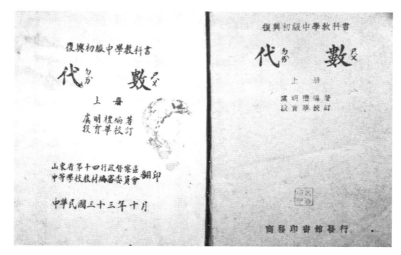

图 12-11 《复兴初级中学教科书　代数》翻印书(左)和原书(右)

　　笔者藏有翻印书上册,不知是否翻印了下册。上册翻印时只印了课本章节内容,删除了原书的"编辑大意",这是一件遗憾的事情。翻印书为油印的,纸张质量也一般,封面有毛泽东头像的红色版画,翻印单位为山东省第十四行政督察区、中等学校教材编审委员会。

该书有以下几个特点[1]:

(1) 注意逻辑次序外,兼顾学习心理,借以提高学习兴趣,增进教学效能。注重培养学生良好之心理习惯与态度;

(2) 教材以解方程式为主题,使各类方程式解法优先提出,盖以解方程式,以及解应用问题,最易引人入胜;

(3) 重计算。教材不取复杂繁重,一律从略形式训练的教材;

(4) 教材先提出问题,引起学生注意,树立学习目标,启其向前探讨之志趣,然后逐步解析归纳,加以论证;

(5) 教材中学生容易理解错或容易出错的地方,均给出提示,使学者寻求有无错误,以期纠正似是而非之思想,而立正确之观念。

第三节　人民解放战争时期的数学教育

人民解放战争时期的教育可以用遍地开花来形容。抗日战争时期,中国共产党奠定了整个新民主主义革命阶段文化教育工作的基础,形成新民主主义教育方针和一系列行之有效的教育政策。1945 年 4 月 24 日,毛泽东在《论联合政府》之"我们的具体纲领"第八条中指出:"一切奴化的、封建主义的和法西斯主义的文化和教育,应当采取适当的坚决的步骤,加以扫除。""中国国民文化和国民教育的宗旨,应当是新民主主义的;就是说,中国应当建立自己的民族的、科学的、人民大众的新文化和新教育。"[2] 1946 年 1 月 16 日,中国共产党代表团在国共合作谈判中的《和平建国纲领(草案)》中"文化教育改革"之第三条提出:"普及城乡小学教育,扶助民办学校,推广社会教育,有计划地消灭文盲,提倡卫生,改进中等教育,加强职业训练,扩充师范教育,并根据民主与科学精神,改革各级教学内容。"[3] 虽然《和平建国纲领(草案)》被国民党撕毁,但是它成为解放战争时期中国共产党的教育方针政策。

---

① 根据虞明礼编著、段育华校订的《复兴初级中学教科书代数》之"编辑大意"概括。

② 毛泽东.毛泽东选集(第三卷)[M].北京:人民出版社,1991:1083.

③ 陈桂生.中国革命根据地教育史(下)[M].上海:华东师范大学出版社,2016:8.

　　1945 年 8 月 15 日,抗日战争胜利后,进入人民解放战争时期,解放区的教育迈入一个新阶段。就小学而言,课程制度、教科书建设、教学法的改善等诸方面得到显著的提升,为新中国中小学教育奠定了良好基础。

一、 小学数学教育

（一）小学数学课程

　　小学数学课程方面,各个解放区的规定有所不同,但是在总体上趋于稳定和统一。因此,这里仅以关东公署教育厅制定的小学数学课程为例展开论述。1947 年12 月 20 日,"关东公署教育厅通知第六五号"中规定了小学教育方针和教育目标,具体如下[①]:

　　一、小学教育方针(草案)

　　小学教育为民国基础教育,其方针为打下作为优秀公民的基础,能积极参加建设独立、民主、自由、幸福的新中国。

　　二、教育目标(草案)

　　（一）教育儿童具有坚强正确的民族意识,热爱祖国,反对侵略者。

　　（二）教育儿童具有民主思想,有自己做主人的自觉性,反对专制压迫。

　　（三）教育儿童具有:群众观念、劳动观念。并获得实用的生活知识和能力,成为社会的生产者。

　　（四）教育儿童具有实事求是的科学态度,服从真理、追求真理、反对迷信盲从。

　　（五）教育儿童具有新民主主义的道德和正义的情感,以及强健的体魄和艺术的兴趣。

　　小学分初级小学和高级小学,学制分别为四年和两年,算术教学内容分别为笔算和珠算,课程纲要中只给出笔算的具体要求,没有交代珠算的教学要求。

　　初小笔算课程的目的和要求如下:

　　① 能运用加减乘除及度量衡等计算方法,计算日常生活中的简单计算问题,如能计算家庭收支账目及帮助家庭经营小商业等。

　　② 启发与培养思考能力,养成正确的数的观念及迅速正确的计算能力。

　　教学要点如下:

　　① 各年级各册分量分配如下:

---

① 郭书增,等.小学教育的理论与实践[M].香港:新民主出版社,1949:71.

年级	实际教学周数		每周节数	一学期数学节数		册次	各册页数	备 注
	上学期	下学期		上学期	下学期			
一、二年级	一六	一四	四	六四	五六	一·三	三二-三五	平均每两节教一页
						二·四	八-三〇	
三、四年级	一六	一四	五	八〇	七〇	五·七	四〇-四二	平均每两节教一页
						六·八	三五-三八	

② 取材力求城市、乡村都适用,低级多从家庭生活、学校生活中找材料,并以儿童生活最有关系又为儿童所喜悦的做标准。中级由家庭学校逐渐向社会方面扩展,凡公民应有的计算知能并为儿童智力所能接受的,均尽量采用。

③ 根据调查结果,儿童入学年龄较大(平均九岁),接受力较强,在数数和暗算这方面,已具有起码的知能,因此低级算术应将暗算(包括数数)笔算(包括认数写数)分成两种进度。暗算较快,笔算较慢。至二年级上学期(第三册)逐渐统一,下学期(第四册)完全统一。

④ 通过画图、故事、游戏、比赛等方法,引起儿童学习算术的兴趣。通过比较、复验、速算、比赛等方法使儿童易于了解,并培养其迅速正确的计算能力。

⑤ 为了整理儿童算术上的旧经验,便于新方法的学习,及补救插级生前后不衔接的缺陷,每册开始,应从复习前册的各种主要方法入手,为了使儿童对各种计算方法更熟练、更正确、更有条理,及给缺课儿童有补习的机会,应将重要的计算方法及在计算上容易发生错误的地方,多作反复练习。

⑥ 对于新方法及较难的计算,应多用例题、类题,在方法上加以详细说明,并做归纳,加深儿童的印象。

小学算术教学内容如下①:

初级小学第一学年上学期:1. 能数一～五〇各数,并能用暗算计算五〇以内的加减法;2. 能认能写一～二〇各数;3. 能认识"＋""－"号,并能用竖式计算九以内的加减法;4. 重点在数数,写数和暗算练习。

初级小学第一学年下学期:1. 能数五一～一〇〇各数,并用能暗算计算一〇〇以内的加减法;2. 能用暗算计算一～九的乘法九九;3. 能认能写二一～九九各数,并能

---

① 郭书增,等.小学教育的理论与实践[M].香港:新民主出版社,1949:71.

用横式和竖式计算九九以内的加减法;4. 重点在暗算练习和加减的竖式练习。

初级小学第二学年上学期:1. 能数能认五〇〇以内各数,并能用暗算和笔算做加减法的计数;2. 能用暗算计算〇～九的除法九九和笔算的乘除法九九;3. 重点在暗算和乘除法九九。

初级小学第二学年下学期:1. 学会五〇一～一〇〇〇的三位数加减法和乘除数一位的乘除法;2. 认识丈尺寸,石斗升,并能应用;3. 重点在于乘除法的练习。

初级小学第三学年上学期:1. 学会万以内加减乘除的计算方法;2. 认识斤两年月日的关系,并能应用;3. 重点是万以内的加减乘除法的计算。

初级小学第三学年下学期:1. 认识小数和小数加减乘除的计算方法;2. 重点在小数计算方法。

初级小学第四学年上学期:1. 学会十万以内的加减乘除计算方法;2. 进一步知道小数乘除法;3. 学会整小数四则及面积的运算。

初级小学第四学年下学期:1. 学会各种度量衡的计算方法;2. 学会家庭收支账的计算方法;3. 学会简单的调查统计方法;4. 复习过去各种方法,使认识深刻,计算熟练;5. 重点在一,二两项。

小学高级算术科课程纲要中的目标和要求如下[1]:

一、在初小已有的算术和知能上提高一步,使获得工商业方面的初步计算知能,在农村间,亦能担负家庭中一切有关计算问题,并能订立生产与家计划。协助计算征粮等。

二、具有初步思考、推论、分析、综合及寻求规律的习惯和能力。

小学高级算术内容如下:

第一学年上学期:读数和计数;整数四则;小数四则;度量衡和复名数。

第一学年下学期:数的性质;分数;简单百分法——意义百分比成;简单利息——单利;比及比例。

第二学年上学期:百分法;利息;求积。

第二学年下学期:合作营业;简单簿记;简易统计;总复习,每一单元有复习。

(二) 小学数学教科书

人民解放战争时期解放区的小学数学教科书出现多种版本或一种教科书在多家出版单位出版的情况,但是印量并不多,纸张和印刷质量等不尽如人意。另外,难以统

---

① 郭书增,等.小学教育的理论与实践[M].香港:新民主出版社,1949:71.

计小学数学教科书的具体种类和版本情况,目前掌握的情况如下①②(如图 12 - 12):

图 12 - 12　解放战争时期部分小学算术教科书书影

(1) 作者不详,晋察冀边区行政委员会教育厅审定,算术课本,初小 8 册,高小 4 册,珠算 1 册,新华书店晋察冀分点 1945—1947 年出版;

(2) 作者不详,晋察冀边区行政委员会教育厅审定,算术课本,初小四年级适用,8 册,晋中平原书店 1946 年初版,1947 年再版;

(3) 作者不详,晋察冀边区行政委员会教育厅审定,算术课本,高小 4 册,晋察冀华北新华书店 1947—1948 年出版;

(4) 作者不详,晋察冀边区行政委员会编,高等小学适用算术课本,4 册,察哈尔省

---

① 邱月亮.百年小学数学教科书图史[M].嘉兴:吴越电子音像出版社,2020:35 - 39.
② 第(7)、(8)是作者代钦藏书,图 12 - 12 展示的教科书为作者代钦藏书。

政府教育厅 1946 年 2 月出版,益民印刷局印刷发行;

(5)东北政委会编审委员会编,初小算术,8 册,高小算术,4 册,1947—1948 年出版。

(6)山东省胶东行政公署教育处审定,初级小学算术课本,8 册,高级小学算术课本,4 册,1947 年出版;

(7)华北人民政府教育部审定,高级小学适用算术课本,4 册,华北联合出版社印行,1948 年出版;

(8)华北人民政府教育部审定,初级小学适用算术课本,8 册,华北联合出版社印行,1949 年出版。

从整体上看,人民解放战争时期小学算术教科书呈现以下两个特征:承袭抗日战争时期的边区小学算术教科书;有些教科书的编写质量一般。

首先,解放战争时期虽然印行小学算术教科书的单位很多,但是多数算术教科书都没有注明编写者,这与承袭抗战时期小学算术教科书有关,因为当时把几种教科书互相翻印的现象很常见。如晋冀鲁豫边区政府教育厅编审委员会的《高级小学适用算术课本(第三册)》(裕民印刷厂,1947 年 1 月第一版)的“面积和地积”和陕甘宁边区的张养吾编《算术课本(第四册)》的“面积和地积”内容雷同,但是有所压缩,其结果是后者第四册内容变为前者第三册内容,前者第 50 页第 8 道习题和后者第 9 页第 10 道习题均为七巧板的操作。又如,圆面积的推导过程也相同,表述的语句也完全相同,如图 12－13。

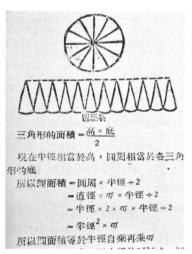

图 12－13 圆面积的推导

其次，解放战争时期有些教科书编写水平一般，对有些概念或公式的说明不清晰。如图 12 - 14，山东省胶东区行政公署教育处编《算术课本高小（第二册）》（1946 年 6 月）关于圆周长公式的介绍中没有说明为什么是这样，只给出“无论什么圆周的长，一定是直径的 3.141 6 倍”①。

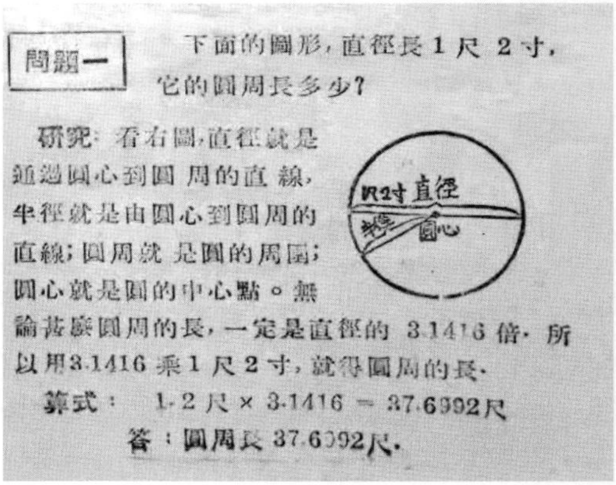
問題一　下面的圓形，直徑長1尺2寸，它的圓周長多少？

研究：看右圖，直徑就是通過圓心到圓周的直線，半徑就是由圓心到圓周的直線；圓周就是圓的周圍；圓心就是圓的中心點。無論甚麼圓周的長，一定是直徑的3.1416倍．所以用3.1416乘1尺2寸，就得圓周的長．

算式：1.2尺×3.1416＝37.6992尺

答：圓周長37.6992尺．

图 12 - 14　圆周长公式的直接说明

二、 中学数学教育

人民解放战争时期革命根据地的中学数学教育发展与土地革命战争和抗日战争时期的中学数学教育情况截然不同，情况相当复杂。因为解放区迅速地扩大，所以数学课程及其计划的制定跟不上政治形势的发展。基于这一情况，下面摭取其中一些有代表性的案例来论述中学数学课程、教科书和教法等事项。

（一）中学数学课程

1. 陕甘宁边区中学数学课程

1946 年《边区中等教育资料》第七期“数学课总结”中明确了中学数学教学目标：“第一，养成学生具有实际应用的计算的能力，以便将来工作中应用；第二，让学生获得一些基本知识，以便提高其计算能力，并打下将来进一步学习的基础。”②“数学课总结”规定了中学数学教学及教材内容的分配③：

第一年，算术，周教学时间 4 学时；

第二年，第一学期，算术簿记，第二学期，代数，周教学时数 4 学时；

第三年，第一学期，代数、几何，第二学期，几何，周教学时数 3 学时。

又规定在数学课程中的会计与簿记，在第三学年作为选学内容处理。另外，有些基础差的地方，将代数和几何作为第三学年选学内容处理。还有，将珠算作为选学内

① 山东省胶东区行政公署教育处．算术课本高小（第二册）[M]．青岛：胶东新华书店，1946：15.

② 陕西师范大学教育研究所．陕甘宁边区教育资料：中等教育部分（下册）[M]．北京：教育科学出版社，1981：159.

③ 陕西师范大学教育研究所．陕甘宁边区教育资料：中等教育部分（下册）[M]．北京：教育科学出版社，1981：160.

容在第一学年学习。

"数学课总结"给出的教材大纲如下[①]：

算术

第一章：总论；第二章：整小数四则；第三章：复名数；第四章：整数性质；第五章：分数；第六章：比例；第七章：百分法及其应用；第八章：求积法；第九章：乘方开方；第十章：简单簿记。

代数

第一章：序论；第二章：正负数；第三章：一元一次方程式；第四章：因数分解；第七章：二次方程（内附无理数及虚数）；第八章：分式及分式方程；第九章：级数。

几何

第一篇：基本图形及作图法；第二篇：理论几何引论；第三篇：直线形；第四篇：圆；第五篇：比例相似性；第六篇：几何计划；第七篇：三角函数及其应用。

人民解放战争时期，陕甘宁边区仍然比较落后，中学没有分初级中学和高级中学，年限只有三年，而且教学内容比较简单。

2. 华中苏皖边区中学数学课程

华中苏皖边区中学数学教育相对于陕甘宁边区发展得更好，有当时讨论的一些问题和课程标准等文献可以佐证。在《中等教育组总结》的第三部分"中等学校的课程：（一）关于课程问题的几个争论"中指出[②]：

关于初级中学的代数、几何应列为必修科抑选修科的问题：

1. 有的同志主张代数、几何应为初级中学的必修科，学生通过初级中学阶段学习了代数、几何等科，可以为将来继续深造打下基础，并且在应用上对数学原理的了解上可以补算术的不足。

2. 有部分同志不同意代数、几何列为必修科，他们主张在初级中学可作为选科。因为初级中学的学生大多数不能继续升学，代数、几何对不升学的学生，很少用处。同时初级中学的业务课与社会科加重，如数学又与旧型中学分量相等，学生负担将嫌繁重，而有些地区修业年限又需要缩短，势必影响课程不能授完。所以，最好将代数、几何与业务课同列为选科，准备升学的学生选代数、几何，不准备升学的选修业务课。

3. 讨论的结果：

---

① 陕西师范大学教育研究所.陕甘宁边区教育资料：中等教育部分（下册）[M].北京：教育科学出版社，1981：160-161.

② 江苏省教育科学研究所老解放区教育史编写组.华中苏皖边区教育资料选编[G].南京：江苏省教育科学研究所，1986：167-168.

（1）代数、几何并不是完全不切合实际需要的，同时为了打下学生继续深造的基础，代数、几何应成为必修科。但内容须加以精简，代数只教到联立方程式，几何只教一些基础常识。

（2）修业年限缩短的初级中学可不教几何。

在以上讨论基础上制定了课程标准，初级中学数学课程规定每周四小时，教学目的与要求、内容和进度如下[①]：

（1）目的与要求：初级中学的数学科的教学任务，在使学生能于日常生活及工作中运用基本的正确的计算和测绘能力，并准备继续深造以从事解放区的建设。其具体要求为：

甲、养成学生基本的计算和测绘能力，并能应用于实际，如会计和简单测量等。

乙、使学生获得初步的数学知识，打下继续深造从事专科学习的基础。

（2）内容与进度

第一阶段：算术、簿记、会计。

第二阶段：代数。

第三阶段：几何（二年制的初级中学可以不教）。

实验阶段对高级中学课程标准没有规定细目，只规定大概的科目[②]：

数学科：（每周四小时）第一学期继续讲授小代数学，将其全部讲完（与初级中学衔接）。第二、三学期讲完平面几何，第四学期讲授三角学。

在上述中学课程要求下，对于如何编写、编审和使用何种版本的数学教科书没有具体规定，但是从上述表述中可以看出，允许使用国统区的中学数学教科书，如史密斯的《小代数学》等。

（二）中学数学教科书

这一时期的根据地中学数学教科书发展及其使用情况颇为复杂，有解放区数学教育工作者自编的，还有翻印国统区的中学数学教科书的情况，因此这里无法列出详细清单，仅以现有的解放区中学数学教科书为例作简要介绍。

1. 史佐民、魏群编《中学师范适用算术》

史佐民、魏群编《中学师范适用算术（上下）》，太岳新华书店印行，上册于1948年

---

① 江苏省教育科学研究所老解放区教育史编写组.华中苏皖边区教育资料选编[G].南京：江苏省教育科学研究所，1986：168.

② 江苏省教育科学研究所老解放区教育史编写组.华中苏皖边区教育资料选编[G].南京：江苏省教育科学研究所，1986：170.

12 月初版,下册于 1949 年 3 月初版,如图 12 - 15。

图 12 - 15　史佐民、魏群编《中学师范适用算术》书影

　　该教科书是"以刘劲亦编的《中级简明算术课本》①为蓝本,加以适当补充而成。"②该教科书的编写理念和特点如下③:

　　1. 在日常事物计算中,整数小数十进复名数及加减乘除,均不能绝对分开,而是联系着应用的。因此,本书将以上问题,均由简而繁联系起来讲。

　　2. 百分数也可以说是一种特殊的分数,百分法的计算,实与分数四则相同。如二者机械分开,则既重复,又不便教学,因此本书将二者合为一章结合起来讲。

　　3. 于比例一章,增加常数与变数问题,目的在使学者不仅便于判断正反比例,且可作为学习理化公式的基础。

　　4. 本书增加统计图表指数意义与制法,且加以相详说明,以使学者学会调查分析社会问题的一种方法。

　　5. 本书讲解开方时,不只作方法上的说明,并利用浅显简明的图解法,来说明它的道理,使学者容易了解。

　　6. 一般的簿记常识,为日常生活所必须,故本书单设一章,进行教学。

---

① 徐特立,刘劲亦.中级简明算术课本(在职干部用)[M].北京:新华书店,1942.
② 史佐民,魏群.中学师范适用算术(上册)[M].长治:太岳新华书店,1949:编者的话.
③ 史佐民,魏群.中学师范适用算术(上册)[M].长治:太岳新华书店,1949:编者的话.

7. 本书习题亦多采用日常所习见的事情，以使学者便于领会与应用。

史佐民、魏群编《中学师范适用算术（上下册）》由十章组成：

第一章　绪论；第二章　整数和小数四则；第三章　非十进复名数；第四章　整数性质；第五章　分数四则；第六章　比及比例；第七章　指数和统计；第八章　求积；第九章　开方；第十章　簿记。

该套教科书像其"编者的话"中所说的那样，有很多独到的地方，概念的导入和内容的展示直观而清晰，别出心裁。如"球的体积计算法"中对球的表面积和体积的推导过程采用了实验几何方法。

固定半圆的直径来旋转所成的立体，叫做球（如图 12 - 16(1)）。圆的中心、半径、直径也就是球的中心、半径和直径；那半圆周旋转所构成的面，叫做球面。

两条细绳，一条绕满半个球面，一条绕满底上的平面，然后比较它们的长，便知半球的表面积，恰好二倍于球底面积，底面积即为圆的面积（如图 12 - 16(2)）。

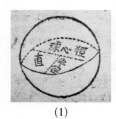
(1)
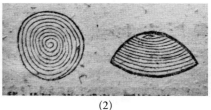
(2)
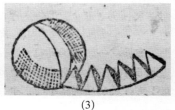
(3)

图 12 - 16

写成公式，即：

球面积＝2×2×（半径）^{2}×π，

即：球面积＝4×（半径）^{2}×π。

过球的直径做若干平面，直剖球成若干片；再过球心做许多平面，横切各片成许多份。分的很细时，各份可以当做锥体来看，其高即球半径，而各锥体的总和，即为球体积（如图 12 - 16(3)）。

所以：球体积＝（半径×球面积）÷3

　　　　　　＝（半径×4×（半径）^{2}×π）÷3，

即：球体积＝（4×（半径）^{3}×π）÷3。

2. 人民解放军华北军区政治部编印《初级算术》《中级算术》

1946 年 1 月 10 日中国共产党和国民党签署停战协议。由于教育的重要性且与政治关系的密切性，中共中央制定了教育方针。由人民解放军华北军区政治部编印的

《初级算术》和《中级算术》(如图 12 - 17)便是此阶段下的成果。

图 12 - 17　人民解放军华北军区政治部编印《初级算术》《中级算术》书影

下面通过《初级算术》的"几点说明"来了解其编写理念等内容,具体如下:

1. 初级算术全一册,供在职干部初级算术班教学之用。

2. 本书包括整数四则,小数四则,复名数四则,及面积和地积四大单元,凡没有学过笔算的干部,从这里可以学到最基本的算术常识及其应用。本书包括二十九节及习题三十四组,初级算术班平均每周可教学一至二节及演算习题一至二组,教学时间约为二十六周,即半年左右,教学中应多联系工作中的实际问题,以便达到学以致用的目的。本书学习完毕,即升入中级算术班继续学习。

3. 本书的再版,修正了某些错误之处,又增添了些内容,但仍嫌不够完善,望诸教学同志,多多提供意见,以便再加修正。

华北军区政治部
一九四九年十月再版

《初级算术》的具体内容如下:

整数四则

一、算术于人们日常生活的关系;二、数字的种类和通用数字;三、计数法和读数法;习题一;四、数、整数、单位;五、什么叫做四则;六、加法;习题二;七、减法;习题三;习题四;八、加减法的关系;习题五;九、乘法;习题六;十、乘法定律及速算法;习题七;十一、除法;习题八;十二、整除与余数;十三、除法定律与速算法;习题九;十四、乘除法的关系;习题十;十五、混合计算法;习题十一;十六、项与括号;习题十二;十七、整数四则的应用;习题十三。

小数四则

十八、什么叫小数;十九、小数的记法和读法;习题十四;二十、小数加减法;习题十五;二十一、小数乘法;习题十六;二十二、小数除法;二十三、四舍五入法与近似值;习题十七;二十四、小数四则混合法及应用;习题十八。

复名数四则

二十五、十进复名数;习题十九;习题二十;习题二十一;习题二十二;二十六、非十进复名数;习题二十三;习题二十四;习题二十五;习题二十六;二十七、市用制和万国公制;习题二十七。

面积和地积

二十八、什么叫面积;习题二十八;习题二十九;习题三十;习题三十一;二十九、地积的认识和计算;习题三十二;习题三十三;习题三十四。

该书内容较为简单,且含有大量与生活相关的内容,这对于学习者来讲较为容易理解和接受;从目录可知,该书含有大量习题供学习者练习,且习题背景也多与军事活动有关,如图 12 - 18。

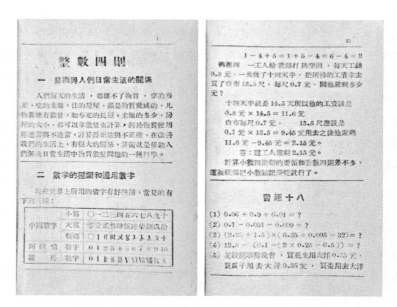

图 12 - 18 《初级算术》(1949 年)第 1、63 页

《中级算术》由人民解放军华北军区政治部编印,1948 年初版,1949 年再版。《中级算术》上册的"几点说明"和"目录"如下:

几点说明

1. 中级算术上册供在职干部中级算术班教学之用。

2. 本书包括整数的因数和倍数,及分数两大单元,凡学过初级算术的可以学习。

1.①本书包括四十八个小节及习题二十三组,中级算术班平均每周可教学二小节及验算习题一组,教学时间约为半年左右。教学中应多联系工作中的实际问题,以便达到学以致用的目的。本书学习完毕,即开始学习下册。

4. 本书系采用抗大所编中学算术课本第三册,将章节改定而成,其深浅程度是否适用? 望教学诸同志多多提供意见,以便再版时加以修改。

华北军区政治部

一九四八年十月

目录

---

① 应为序号3,原书错排为1。

的算法　习题14　38.以整数乘分数　39.以分数乘分数　习题15　30.①乘法的应用　习题16　41.以整数除分数　42.以分数除分数　习题17　43.除法的应用　习题18　44.兼含乘除的算式　45.分数的四则算式　习题19　46.繁分数　习题0②　47.温度计算　习题23③　48.应用问题杂例　习题22

复习题

附：分数的最大公因数与最小公倍数

习题23

《中级算术》下册的"几点说明"和"目录"如下：

几点说明

1. 中级算术下册,供在职干部中级算术班教学之用。

2. 本书包括比和比例,与百分法及其应用两大单元,学完上册后即学本书。

3. 本书包括53个小节及习题三十三组,平均每周可教学二至三个小节及演算习题一至二组,教学时间约为二十六周,即半年左右。教学中应多联系工作中的实际问题,以便达到学以致用的目的。由初级算术班循序渐进,以至在中级算术班学完本书,则数学的基础知识——算术的教学,即已基本完成。

4. 本书系采用抗大所编中学算术课本第四册,略加增删而成,其内容深浅是否适用？望教学诸同志多多提供意见,以便再版时予以修改。

华北军区政治部

一九四九年九月再版

目录

第三章　比和比例

49.除法和比　50.比的性质　51.比重　习题1　52.比和比例　53.比例的性质　54.比例式的解法　习题2　55.比例尺　56.比例尺的应用　习题3　57.正比反比　58.正比例和反比例　59.定比例的正反　习题4　60.三角形,相似三角形　61.腕测　习题5　62.复比　63.复比例　64.复比例的应用　习题6　65.连锁比例　习题7　66.连比　67.配分比例　习题8　68.混合法　习题9　复习题

第四章　百分法及其应用

第一节　百分法

69.百分率,子数,母数　70.百分率与分数　71.百分率与小数　72.子数,母数与百分率的关系　73.求百分率　习题10　74.求子数　75.求母数　习题11

---

① 应为40,② 应为20,③ 应为21,原书三处均错排。

76．母子和与母子差 77．求母子和 78．求母子差 习题12

第二节 百分法的应用

79．赚赔 80．佣钱 习题13 81．折扣 82．保险 习题14 83．汇兑 习题15 84．二五减租 习题16 85．捐税 86．关税 习题17 87．营业税 88．财产税 89．所得税 习题18 90．统计表 91．统计图 习题19

第三节 利息

92．利息 93．年利率，月利率，日利率 94．单利法 习题20 95．本利和 习题21 96．股票 97．合作社 习题22 一、合作社分红 习题23 二、合作社使用的簿记 习题24 习题25 习题26 习题27 习题28 三、物价的调查和计算 习题29 习题30 98．公债 习题31 99．复利法 100．复利表 习题32 101．银行计算 习题33 复习题

从《中级算术（上下册）》中的"几点说明"可知，该教科书根据抗大所编的中学算术课本第三册和第四册改编而成，供在职干部中级算术班使用。《中级算术》上册内容包括"整数的因数和倍数""分数"两大单元，包括48个知识点、23组习题。建议每周授课2个小知识点附加1组习题，教学时间半年左右。《中级算术》下册内容包括"比和比例""百分法及其应用"两大单元，共53个知识点、33组习题，建议平均每周教学2～3个知识点，习题1～2组，26周左右完成教学任务。上下册知识点连续编号，习题独立编号。该教科书呈现以下特点：

首先，从排版上看，板块清晰，知识点呈现具体详细。每一个知识点用放大加粗字体突出表示，以描述性的文字叙述基本概念并举例进行解释说明，需要注意的地方用"注一""注二"的形式特别标注。知识点后附加1～2道例题，附有详细解答。

其次，从形式上看，编排较为粗糙，字体印刷不清。出现明显的序号排列错误，如上册"几点说明"中有四点说明，排序为应该是1、2、3、4，但书中按1、2、1、4的顺序排列，这是明显的排版错误。再如，上册目录习题20写为习题0，习题21写为习题23等。《中级算术》下册未见该类错误。

再次，从内容上看，图文并茂，数学符号中西结合。如，度量衡采用中国传统的尺、寸，用甲乙丙表示点，用"∴"表示所以，如图12-19所示。

最后，从题目编排上看，注重数学与实

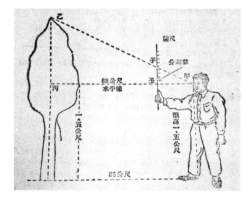

图12-19 《中级算术》下册第12页

际生活的密切联系,应用题紧密贴合时代背景。如在《中等算术》下册第 25 页学习比例后的复习题中"用马 15 匹,8 天内运弹药若干箱到东库,设马和牛速度的比为 4∶3,力的比为 3∶5,由出发点到东库和到西库距离的比为 6∶9,问:用牛 18 匹,运同样多的弹药到西库,要费几天?"该题用马、牛作为运载工具,体现了当时社会生产力的发展情况,同时运送的货物弹药体现了在局势动荡情况下,军民团结一心共同克服困难的时代背景。

第四节　个案研究——陕甘宁革命根据地数学教师教育

陕甘宁边区的小学数学教师不仅承担着传播知识、扫除文盲的责任,还肩负着教化民众、促进地区发展的使命。但小学数学教师的数量与质量不能满足边区学校与教育发展的需要。因此,为大力培养师资力量,开办中等师范教育六所;为促进在职教师的教与学,开展教学研讨、举行教师联合会、开办暑期讲习班等;为鼓励教师积极自修,建立流动图书馆、提供丰富教学资料等,旨在提升教师素养。陕甘宁边区的小学数学教师教育是中国数学教师教育史中一笔珍贵史料,不仅促进了陕甘宁边区教育的发展,也为其他革命根据地的数学教师培养与培训提供了借鉴与参考,还对当今小学数学教师的成长具有现实的指导意义。

教育是一个地区发展的催化剂。中国著名革命家、教育家徐特立(1877—1968)先生认为"边区是中国本土文化教育最落后的一个区域"[1]。其中陕甘宁边区被称为"文化教育的荒地",但中国共产党始终未放弃这一片"荒地",兴办中等师范学校,大力培养小学教师;开展在职进修,轮训小学教师。在提升陕甘宁边区教师教学水平、提高小学教育质量的同时,将之前的"教育荒地"发展为如今人才辈出的"教育沃土",如此珍贵的文化硕果离不开 90 年前文化教育的拓荒者之一——小学教师。其中数学是促进生产发展,提高国民文化水平的基础需求,小学数学教师承担着小学数学教育的主要任务。因此下面以陕甘宁边区的小学数学教师为中心,考察陕甘宁边区小学教师教育的发展。

---

[1] 徐特立.读《教育通讯》创刊号的我见[N].边区教育通讯,1945,11(1):创刊号.

一、 小学数学教师概况

　　小学教育是国民教育的奠基性工作,小学教师是进行小学教育的主力军。为大力扫除边区文盲,提高文化生产力,1938 年陕甘宁边区已建立初小 705 所,高小 53 所。但陕甘宁边区的小学教师质量却不尽如人意,正如西方哲人有言道:"枪已制好就位,缺的就是枪手。"①据 1938 年边区小学教师学历统计,其中高小毕业的小学教师占 58％,初小毕业或受过私塾教育的占 23％,具有中等教育学历的占 19％,其中师范毕业生占 8％,如图 12 - 20。以小学数学教师为例,小学数学教师中有不会加减法、不会教算术、不会讲课等现象。因此,边区教育厅、县(区)、教员自身从师范教育、在职培训、教师自修等方面做出不懈努力,旨在提高小学数学教师知识水平,改善数学教学方法,提升教育成效。

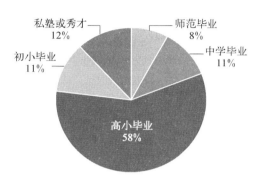

图 12 - 20　1938 年陕甘宁边区小学教师学历统计

二、 发展中等师范教育,提升小学教员质量

　　中等师范教育是培养小学教员的主要阵地。边区先后成立绥德师范、延安师范、关中师范、定边师范、鄜县(今富县)师范、陇东中学(中学师范部)六所师范学校。这六所师范学校以培养新民主主义的地方小学教育师资为宗旨②。分别从制定课程方案、开设课外学习、实施弹性学制、组织教师轮训四方面实施中等师范教育。

(一) 制定课程方案

　　师范学校课程是最系统培养师范生的途径。1940 年,陕甘宁边区教育厅颁发《陕甘宁边区师范学校暂行规程》,从学制、课程等方面做出详细的规定与设置。规定师范

---

① 郭秉文.中国教育制度沿革史[M].北京:商务印书馆,2014:157.
② 陕西师范大学教育研究所.陕甘宁边区教育资料:中等教育部分(中册)[M].北京:教育科学出版社,1981:18.

学校初级部和高级部修业年限为两年,速成科修业年限为一年,预备班修业年限为半年,毕业后升入速成科或初级部。以数学学科师范生的培养为例,数学课程的周学时、学年总时数的安排见表 12 - 2。

表 12 - 2 《陕甘宁边区师范学校暂行规程》中的数学课程设置

	第 一 学 年						第 二 学 年					
	第一学期			第二学期			第一学期			第二学期		
师范学校初级部	周学时	上课时数	内容	周学时	上课时数	内容	周学时	上课时数	内容	周学时	上课时数	内容
	4	80	数学附带教算术	4	80	数学附带教算术	4	80	数学	3	42	数学

	第 一 学 年							第 一 学 年		
	第一学期			第二学期				第一学期		
师范学校速成科	周学时	上课时数	内容	周学时	上课时数	内容	师范学校预备班	周学时	上课时数	内容
	4	80	数学	3	42	数学		4	80	数学

1942 年陕甘宁边区教育厅根据教育部公布的师范学校规程,并结合边区实际情形修订规程,颁布《陕甘宁边区暂行师范学校规程草案》,根据各县区面积和人口密度,将边区划分为若干师范区,每一师范区设师范学校一所。为提高师范生质量,取消预备班和速成科,只设初级师范和高级师范,其中规定初级师范修业年限为三学年,高级师范修业年限为两年。根据修业年限、学生程度的不同安排不同的课时、学时,其中数学课程见表 12 - 3。

表 12 - 3 《陕甘宁边区暂行师范学校规程草案》中的数学课程设置

学校 \ 学期设置	第一学年		第二学年		第三学年	
	第一学期(每周)	第二学期(每周)	第一学期(每周)	第二学期(每周)	第一学期(每周)	第二学期(每周)
初级师范学校	4	4	5	5	5	5
高级师范学校	5	5	4	4		

但陕甘宁边区物资极其匮乏,有的师范学校甚至没有一本算术教科书。因此,师范学校教师自编提纲,采取教师讲,学生记笔记的方法。并要求师范学校教师以身示范,进而诱发师范生做教师的兴趣,指导师范生具备教育的理想,端正做教师的态度。

(二)开设课外学习

除课堂讲授外,陕甘宁边区还开展了多样化的课外学习方式。主要有以下几种:(1)开展学习讨论会,每周至少进行三次学习讨论会,交流学习经验;(2)设置墙报问答栏,帮助师范生答疑解惑;(3)举行学习问答游戏,晚上师生坐在一起举行学习问答的游戏;(4)成立各科研究小组,由各科教员带领学生成立各科研究小组。例如,第二师范算术教员成立算术研究小组,历史教员成立历史研究小组等。第三师范也成立算术小组等。算术小组主要讨论如何学习,如何读书阅报,以及解答师范生平日的各种疑问等。

课内学习与课外学习互相作用、互为表里,课内学习是课外学习的重要支柱,课外学习是课内学习的重要补充。学习过程中,交流与讨论是必不可少的。紧张的革命战争背景下,在革命根据地大后方开展课外学习,师范生之间相互交流学习经验,共同探讨疑难问题,促进共同学习、共同进步。这有利于激发师范生学习兴趣,构建民主的师生关系,巩固师范生接受教育的信念。

(三)实施弹性学制

陕甘宁边区小学教师不仅数量不能满足教育的需要,且教师的水平参差不齐。因此,为解决陕甘宁边区小学教师量与质的问题,一方面需扩大师资数量,缓解师资短缺;另一方面需延长师范生毕业年限,提升师资质量。

1942年边区师范教师汤般若(1908—1991)在《解放日报》发表文章《边区师范教育改革刍议》,倡议采取"弹性学制",即保留原有的三年制,另附设一年制或两年制师范班①。1942年第三师范学校根据师范生的学习程度合理编排班级,设有师范一班、师范二班、预备班和地干班。按照不同班级掌握知识的水平设置不同教学内容,计划不同周学时(见表12-4),使师范生得到最大限度的提升。

---

① 陕西师范大学教育研究所.陕甘宁边区教育资料:中等教育部分(中册)[M].北京:教育科学出版社,1981:53.

表 12－4　1942 年第三师范学校数学课程设置①

班　级		课　程　设　置		
		主　要　内　容	每周课时	学期总课时
师范一班		正负数、代数四则、一次方程式、一次联立方程式	4（共 21 周）	84
师范二班	第一学期	整小数四则、复名数、整数性质	5（共 18 周）	90
	第二学期	结束刘薰宇编算术全本,加授简单利息及开方	5（共 13 周）	65
预备班	第一学期	讲解数和记数法、整小数四则、简单复名数	6（共 18 周）	108
	第二学期	小数四则、简单复名数、约数及倍数	6（共 13 周）	78
地干班	第一学期	数的认识及正小数四则、在课外练习算	4（共 13 周）	52
	第二学期	调查统计法、应用百分法	4（共 13 周）	52

（四）组织教师轮训

采取弹性学制只是缓兵之策,师资质量还亟待提高。于是边区教育采取师范生实习和在职教师培训"两条腿走路",轮训所有在职教师。将师范生的修业年限(三年)分为两个阶段,在校学习一年或一年半后,分配到小学进行教育实习,顶替原教师完成教学任务,原任小学教师回到师范学校进行学习,学习一定时间后进行对调。通过这样的方法,一方面,方便师范生进行实习,促进师范生的教育实习落到实处,师范生也能做到教与学合一、学与用并进。另一方面,促进在职小学教师参与培训。通过这种先教后学,在职教师在学习过程中更有针对性地听课,有利于把握知识的重难点,而不至于对课堂平均使力,抓不到重点,有助于教师在学习中联系学生的学习特点和实际情

① 该表由《陕甘宁边区教育资料：中等教育部分(中册)》第 155—161 页内容汇总所得。

况,进行反思性学习。

三、 切身体会教学,共促教学相长

教师的成长与学生的学习并不是孤立的,教师的进步离不开对学生的指导。教师在教学中体会教学内容来源于生活,应用于生活;在教学中体会教学顺序联系实际,适应学生;在教学中体会教学过程以学生为主体,教师为辅导作用,无不促进着教师的成长和学生的学习。

（一）教学内容: 来源于生活，服务于生活

陕甘宁边区人民不愿将孩子送到学校有很大一部分原因是教育脱离实际生活,孩子放学回家后,不愿照顾门户,完小毕业后,出现轻视劳动,不愿务农等心理①。边区政府逐渐认识到这一问题,就算术科提出教学算术的目的就在应用算术来解决实际生活和工作中的计算问题②。例如,在面积计算中,教员只注意教学生规则图形面积的计算公式,忽略了求不规则图形的面积方法,但在实际生活中,自然地形一般不规则,在陕甘宁边区更是以山地为主,故教员应将求不规则图形的面积作为主要部分进行讲解。例如求三角形面积时,不仅应交给学生公式法求面积,还应教给学生用割补法求面积。

但是有时教材编写不符合生活实际,例如,1942 年出版的算术课本及敌占区出版的算术课本中,有这样一些问题③:

"轮船一天走七十里""自行车一小时走十二点八公里""一斗小米三十二斤六两,一斗小麦三十七斤十两,米麦各一斗共重多少?"

数学教员出题不符合生活逻辑,引起学生起哄等现象时有发生。如一教员出题④:

"张同志背炭四十斤,李同志比张同志多背二十斤,赵同志比李同志少背十斤,问赵背多少?"学生提出建议:"没有这么回事,谁背了先称了,不要这样比就知道了,要比

---

① 郭书增,等.小学教育的理论与实践[M].香港:新民主出版社,1949:124.
② 陕西师范大学教育研究所.陕甘宁边区教育资料:中等教育部分(下册)[M].北京:教育科学出版社,1981:78.
③ 陕西师范大学教育研究所.陕甘宁边区教育资料:小学教育部分(下册)[M].北京:教育科学出版社,1981:168.
④ 陕西师范大学教育研究所.陕甘宁边区教育资料:中等教育部分(下册)[M].北京:教育科学出版社,1981:91.

只是问谁比谁多多少或少多少。"

学生的反应不得不推动着教员进步,不得不推动着教员根据实地取材,密切联系生产生活,符合"教育即生活""生活即教育"的实际情况,符合小学教育的目的。

（二）教学顺序: 联系实际,适应学生

1942年陕甘宁边区出版的高小算术课本中,分数部分占四分之一,整数、小数、百分数却仅占十几分之一。但整数、小数、百分数在我国社会日常生活里应用机会很多,分量应多一些,使用分数的机会很少,分量应少一些。小学数学教师在教学过程中根据陕甘宁边区的特殊情况,结合教育内容与实际相结合的情况,灵活调换教学顺序。例如[①]:

田干同志在教小数时,把"0.25读作百分之二十五,小数第二位是百分位"等内容强调了,以小数除法"$1\div4=0.25=25\%$,于是教会了百分数的算法。"

虽然教材的内容是先学分数再学百分数,但是百分数在生活中应用较多,故教师将百分数的学习放在分数之前,但是一定的说明与准备步骤需要指明。

教科书中加、减、乘、除的顺序一般都是按照加减乘除的顺序,但数学教师刘衡却在关中师范地干班中培训小学教师时,采取加、乘、减、除的顺序。因小学教师在生活中已掌握九九乘法表,故学乘法较为容易。但乘法是加法的简便运算,故学乘法前须学加法,不需要学习减法。若按照加、减、乘、除的顺序,学习完减法学习乘法,学生容易忘记加法,学完乘法学除法,学生又容易把减法忘记。因此,在不影响学生的接受能力和知识逻辑顺序的前提下,教师可根据学生的实际情况和生活内容灵活改变教学顺序。

可见教师在教学过程中不拘泥于教科书中内容的编排体系,不是机械地因袭教科书中的内容顺序,而是按照学生的基础和实际生活的需要进行适当的改变,做到活教书,教书活。但在调换教学顺序时,应使得教学内容在学生的最近发展区内,以免影响学生接受知识的速度与能力。

（三）教学过程: 学生主体,教师辅导

在教学过程中改进教学方法是促进教师成长的一种有效途径。陕甘宁边区小学教师从教学过程中逐步改善教学方法,提升自己的教学水平。具体方法有:(1)从学生的学习中找到错误的教学方法。例如,当有学员在计算应用题时,不会列式子,不知

---

① 陕西师范大学教育研究所.陕甘宁边区教育资料:中等教育部分(下册)[M].北京:教育科学出版社,1981:81.

用什么方法算,他们说:"过去教员都是告诉我们法子的,教员也有告诉我们式子的,这回教员着重引导学员分析实际情况。"①(2)善于突破重难点。例如,在珠算教学中,学生对"多位除法"里商数的定位感到困难,教员便根据当地情况编成秧歌调,让学生当作秧歌调似的去唱,学生便不再觉得非常困难,更愿意去记忆去学习。(3)在预习课中提升自己。预习不仅有助于学生了解本节课所学内容,上课听课更容易,同时预习有助于教师厘清本节课的重难点,了解学生的学习程度。陕甘宁边区教育中,为使学生听课效率更高,设有准备课,学生在准备课上预习下一节内容,教员会提前从课程内容中提出几个问题和重点布置给学生,学生自己学习,联系实际去研究,寻找本节课的重点,以便不使精力平均使用。教员在预习中去观察,研究同学们的困难、需要、思路等,作为自己讲课的重点,再来修正补充自己的教案。课上主要解决疑难杂症,并对简单问题进行讨论,当有学生向教员提出更简洁的计算方法时,教师虚心接受,从中学习解决问题的"窍门",并用"窍门"指导其他学生。

四、 组织在职培训,促进终身学习

在职培训是督促教师参与进修的一种方式。为促进在职培训工作的开展,陕甘宁边区教育分别从以下方面进行,促进教师终身学习。

(一)开展教学研讨,改进教学方法

为推动教学方法的改进,边区师范②在安塞曾做过国文、政治、数学、自然四门功课教学参观。四门课各选择一人授课,其他教员观摩讲课,课后由教务处召开研讨会,一起研究并改进授课教师的教学方法,作为改进教学法的开端。除此之外,陕甘宁边区开展示范教学,提高教师教学水平。每一乡镇建立一所中心小学,选择教学水平和政治水平较高的教师担任中心小学教师,定期召集其他小学教师到中心小学学习,观摩中心小学教师授课、研讨解决教学中遇到的问题,以改进教学方法。针对教员平时在教学中采用的教学方法改进如下。

1. 寓算术于游戏
平日里,算术是最令小学生头疼的一门课。归其原因,算术内容枯燥乏味,教员

---

① 陕西师范大学教育研究所.陕甘宁边区教育资料:中等教育部分(下册)[M].北京:教育科学出版社,1981:91.
② 边区师范由边区中学和鲁迅师范两校于1939年合并而成。

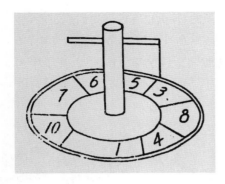

图 12-21 《陕甘宁边区教育资料：小学教育部分（下册）》第 15 页

授课呆板机械。教室里的场景如"教员一张嘴，学生两只耳，教员是播音机，学生是收音机"[1]。但小学生的天性是玩，若"寓算术于游戏"中，小学生便不会对算术敬而远之。例如，小学生认识数字时，可用"转数盘"的方法（图 12-21）教学生认识数字，用木板制成圆形，在圆盘的四周写数字，中竖圆木柱，木柱上横置木杆，可以旋转：一端垂一指针，恰好指示板上的数字，如图 12-21[2]。游戏规则为：把学生分成四人一组，四人轮流转动木杆，若其中一人转动木杆，则其他三人观察指针停在数字的位置，并读出数字

或者其他三人比赛读出数字的大小。这种教法可有效避免小学生机械地抄写数遍数字，却还是记不住的弊病。

逐渐地过渡到学习算术的计算，可以制作"双针旋转盘"[3]：

做一圆木盘，盘底画成若干方格，上注数目字，盘中竖立一木柱，上横置木杆，可以旋转，两端皆垂指针（图 12-22）。

同样以四人为一小组，四人轮流转动木杆，其中一个儿童旋转两指针，待停止后，其他儿童观察两指针所指的数字，计算相加相减、相乘相除均可，可采取抢答的方式，激发儿童的学习兴趣。但须注意应经常改变盘上数字。以前填鸭式、背死书的教学方式，使得小学生觉得"他们宁可扫大便，不愿学算术"[4]。通过寓教于乐的教学方法，不仅教员教学容易，学生学习亦更加

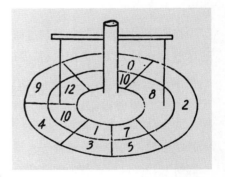

图 12-22 《陕甘宁边区教育资料：小学教育部分（下册）》第 18 页

① 陕西师范大学教育研究所.陕甘宁边区教育资料：中等教育部分（下册）[M].北京：教育科学出版社，1981：285.

② 陕西师范大学教育研究所.陕甘宁边区教育资料：小学教育部分（下册）[M].北京：教育科学出版社，1981：15.

③ 陕西师范大学教育研究所.陕甘宁边区教育资料：小学教育部分（下册）[M].北京：教育科学出版社，1981：17.

④ 郭书增，等.小学教育的理论与实践[M].香港：新民主出版社，1949：32.

轻松,且丝毫不影响学习效果。

2. 机动灵活,随机应变

差的教员教做题,用方法教;好的教员教思维,灵活地教。教学是一个动态的过程,教学方法的选择应根据学生学习活动见机行事、随机应变。例如,一小学教师在教解应用题时,先照题讲解列出算式,只有两三个人能听懂,后又采取图解的方法,更加直观地表示,但仍有学生提出疑问,最后便联系实际,在实际行动中引导学生思想活动,教师在课堂上表演起来,做一步问一步,学生都大喊"这回可懂了"。教学有法,教无定法。教学方法的选择应适于教学内容,适于学生的需要,因学生是不同的个体,个体与个体之间具有差异性,面对不同的个体,需要采用适合大多数学生的教学方法,授课过程中应根据学生的具体情况灵活改变教学方法,使其教育成效最大。

（二）建立升组制度，激发学习热情

为鼓励参加培训的教师认真学习,关中师范地干班采取"升组制"的方法培训教师。"升组制"是将培训的教师根据已有知识的程度分组,每组五到七人,组名根据每组所学内容而定,例如加法组、一位乘法组、除法组等。但组内成员并不是固定不变的,若某一位成员学懂了这组内容后,便可升入到较高的一组继续学习新的内容。这种"升组制"不仅提高了培训教师的效率,还提高了教师学习的积极性。同时有利于组内成员协作学习,互帮互助,每人学做组内"先生",促进共同学习。

（三）举办教师联合会，督促教员交流

教师联合会(简称"教联会")是教员进行学习的核心组织。教师联合会以县、区为单位,组织教师有计划、有组织地开展各种自修活动,督促教师提升自我,进行自动学习。根据各县的具体情况,划分为若干组[1]:

划分小组的方法有三种,在小学校较多的乡,以乡为单位组织小组,例如四区一乡五个小学,为一组;二乡六处小学,三乡六处小学,各为一组。第二种则是打破乡的范围,几个乡联合组织小组,比如三区四、五、六、七乡,八个小学合为一组。第三种是将学校距离近的联合组织一小组,例如五区五乡七个小学,与邻近其他乡的小学,联合为一组。

由县区教联会选出主任一人,定期巡视基层组织,并帮助教员答疑解难,研究改进

---

[1] 陕西师范大学教育研究所.陕甘宁边区教育资料:小学教育部分(上册)[M].北京:教育科学出版社,1981:228.

教学方法。为督促每一位教员学习,巡视时会进行临时测验或提前准备好试卷进行测验,由县教联会协同县三科批阅,并汇集教员的疑难问题,逐一进行解答。较难的问题由教联会召集的会议上商讨决定后,统一由校长或教联会书面答复。

有的小学教师抱着"闭门死教书,不问天下事"的态度,将教育和战争对立起来。但经过实践证明,教育独立论是行不通的,故政治学习是不可或缺的,在教师联合会中,教师以阅读《关中报》《群众报》《解放日报》为主学习政治知识。同时文化知识的学习是必不可少的,但限于师资力量的缺乏,各教联会只能以自学为主,辅以集体研究。教师按照自身最迫切需要的知识学习,例如,三区杨家教员蒙春秀,不会珠算,便自学珠算或向附近教员请教[1]。通过开展组织教联会,各小组的集体讨论由沉默转向热闹,个人自学由被动转向主动,小学教师开始每天读书看报,写日记,记感想,与其他教师进行通信交流,分享工作经验等。

(四) 开办暑期讲习班,促进集体学习

1938年,边区政府连续举办两届小学教师训练班,培训所有在职教师。1939年暑期,关中举办了小学教师训练班,约有270名教师参与培训。1941年,边区教育厅在延安、绥德、陇东、三边、关中等五个地方,分区举办暑期教师讲习班,鼓励边区所有小学教师积极参与。此后,小学教师暑期讲习班便逐渐开展起来,部分地区还举行寒暑假教师座谈会。"但在革命根据地的现实需求中,为教育而教育不得不让位于为现实而教育,教育的专业性不得不让位于其政治性。"[2]小学教师不仅学习先进的教育理论,还要学习革命理论。通过学习先进的教育理论,作为改进教学方法的指南,在教师与教师的共同研究中,随时总结教学经验,改进教学方法,提升教学质量。革命理论的学习不仅在于改造教师本身,还在于改造教育工作,提高教师的政治认识,确定正确的教育方向。

(五) 鼓励教师自学,提升知识水平

由于陕甘宁边区师资短缺,在集体学习的同时,提倡教师自学。教师自学便不受个体差异、群体差异、地区差异的限制,可有效弥补教师"缺啥补啥"的问题,缓解师资的流动性,促进教师高效率地提升自我。

① 陕西师范大学教育研究所.陕甘宁边区教育资料:小学教育部分(上册)[M].北京:教育科学出版社,1981:231.
② 王龙飞.战争与革命时空下的小学教员与学生——以陕甘宁边区为中心[J].南京大学学报(哲学·人文科学·社会科学),2014(5):101-112,159-160.

但有的小学教员认为"多学一点也升不到哪儿去,还不是一样当教员"。① 有的小学教员借口工作忙,几年不读一本书。针对教员的这些问题,边区政府积极鼓励教师提高对学习的认识,转变学习态度。针对教员急于求成,提出学习不是一曝十寒,应要向木匠的钻孔一样,一点一点地深入,不积跬步无以至千里。针对教员没时间学习,提出争取学习时间要像匠人钉钉子一样一点缝都没有,还要挤进去。② 针对自己难以解决的问题,要虚心请教,不耻下问,而非避而不谈。针对资源短缺,缺乏学习资料,边区政府建立流动图书馆,供教师学习借阅书籍,各初小订有《群众报》,完小订有《解放日报》《群众报》作为教师教学参考资料。"知之不若行之,学至于行之而止矣。行之,明也。"纸上得来终觉浅,绝知此事要躬行。教师在掌握理论知识的同时,还不忘在实际中体验理论,在实践中观察问题,总结经验。

五、 陕甘宁边区小学教员培养的现实启迪

著名教育史专家吴式颖认为:"研究教育史的目的就是为了指导我们当今的教育实践,使过去与现在成为一个连续的有机体。"③过去昭示着未来,未来反应着过去的某种现象。通过研究陕甘宁边区小学教师的发展与成长,启迪现在及未来的小学教师们,教师的发展不能脱离特定的时空背景。在特定的时空背景下,教师的发展还须进行教师教育,教师教育与教师教学应密切联系生活实际。

(一) 教师与教育

小学教师不仅承担着"传道、授业、解惑"的任务,还肩负着"进修与自修"的责任。陕甘宁边区的小学教师更是具有多重身份,正如周扬同志所说:"边区的小学教师,不但是一个学校的主脑,而且是一个乡村地方文化的支柱;不但是儿童的先生,而且也应当是民众的导师。"④在教育方针领导下,虽外面烽火漫天,但学校"弦歌未绝",才使得无人问津的陕甘宁边区教育逐渐得到普及,文盲逐渐被扫除。但教育是一个终身化的

---

① 陕西师范大学教育研究所.陕甘宁边区教育资料:小学教育部分(上册)[M].北京:教育科学出版社,1981:414.

② 陕西师范大学教育研究所.陕甘宁边区教育资料:小学教育部分(上册)[M].北京:教育科学出版社,1981:205.

③ 吴式颖,任钟印.外国教育思想通史(第九卷):20世纪的教育思想(上)[M].长沙:湖南教育出版社,2002:565.

④ 陕西师范大学教育研究所.陕甘宁边区教育资料:小学教育部分(下册)[M].北京:教育科学出版社,1981:286.

过程,小学教师除应受到师范教育外,还需接受在职培训与自我进修,源源不断地补充知识。

高质量教师是高质量教育发展的前提。要想有高质量的教师,教师教育是不可或缺的途径。职前培养是教师教育的主要环节,在职培训是职前培养的重要补充。作为数学教师,不仅需要学习数学学科知识,提高知识水平,还需要学习数学教学知识,提高教学水平。但由于教师个体差异性、培训群体差异性、地区差异性等原因,集体培训难以满足教师的个性需求,还需要教师利于课余时间,有针对性地补充欠缺知识,提升教师自身素养。总之,教师在教育学生的同时,还须不断进行教师教育,提升教师专业素养,提高教育成效。

（二）教师与政治

列宁曾说"我们不顾一切陈旧的谎言公开承认:教育不能不同政治联系"。[①] 政治是教育的上层建筑,教育为政治服务。但"文盲是站在政治之外的",欲求扫除文盲,提高人民文化素质,乃学习政治。小学教师不仅是"经师",还是"人师"[②],故政治素养是必不可少的。但一些教师持有"教育清高"的观点,认为教育与政治无关。为改变小学教师只知教书,不过问政治的做法,边区政府在小学教员暑期讲习班、教师联合会及教师自学的过程中,始终将政治学习放在和业务学习同等重要的位置,甚至超过业务学习的位置。进行政治学习是指导教师教学的基本方向,是进行新民主主义教育的前提,是批判旧教育改造新教育的重要武器。但抗日战争时期,出现过度"政治化"倾向,使教育沦为政治的附庸。

作为新时代的教师,"立德树人"是教育的根本任务。要求教师不仅须有精湛的教学技艺,广博的知识水平,还须不断提升政治素养。政治学习与教师教学是相互联系的,教师在学习政治的同时,可在学科教学中融入思政教育,拓宽学生学习政治的渠道。

（三）教学与生活

陶行知认为:"教育好比是菜蔬,文字好比是纤维,生活好比是维他命。以文字为中心而忽略生活的教科书,好比是有纤维而无维他命之菜蔬,吃了不能滋养体

---

① 上海师范大学教育系.列宁论教育[M].北京:人民教育出版社,1979:406.

② 陈桂生.徐特立教育思想研究[M].沈阳:辽宁教育出版社,1993:202.

力。"①在抗日战争的特定时空背景下,再次证明"在生活中教学,在教学中联系生活"更符合陕甘宁边区的实际情况。"在生活中教学,在教学中联系生活"同样符合当今教育发展理念。我国教育目的是培养适应社会生活的人,可见,接受教育最终是为了更好的生活。但是,就数学学科来说,教师上课教得累,学生课上课下学得累,教师上课只知高屋建瓴,不知居高临下,学生只知死记硬背套公式,在实际生活中却不知如何应用公式。虽学生摄入知识偏多,但仍出现"营养不足"现象,其实质是教学与生活的脱节。数学起源于人类生活的需要,教育教学又是生活的过程。因此,教师在数学教学中应做到教学内容选择具有生活性、教学方法应用具有灵活性、例习题编制具有现实性,最终达到学用一致。

由于革命形式的特殊性需要,陕甘宁边区对小学教师的培养自成体系,形成了独特的师范教育、在职培训、教师自修的一体化发展。小学教师质量的提升为陕甘宁边区小学教育质量的提高、文化生产的促进做出重要贡献,不失为中国教师教育发展中一笔珍贵遗产。

革命根据地数学教育在不同阶段和各根据地之间的发展水平有着较大的差距,小学数学教育的发展速度较快,范围也覆盖革命根据地,但是中学数学教育的发展速度和范围不及小学数学教育。原因在于小学数学内容简单,小学数学教育与革命根据地扫盲教育同步进行,也可以说是扫数盲的教育。小学笔算和珠算内容在革命根据地生产实践活动中可以直接使用,能够满足当时的需要。与此相比,中学数学教育是在小学数学教育基础上进行,革命根据地教育开始时,能够考上中学的学生人数不多,能够胜任中学数学教育的教师也严重缺乏。这些客观原因阻碍了革命根据地中学数学教育的发展。只有人民解放战争时期各解放区的中学数学教育发展迅速。

另一方面,由于各个革命根据地的客观条件不同,中小学数学教科书的编写、改编、翻印等诸方面都受到限制,所以出现各种各样的数学教科书。有些革命根据地虽然制定了数学课程,但是没有能够实施,如冀鲁豫边区抗日第四中学一分校(1945—1947)的数学课程设置情况说明中所指出:"数学课,未系统的开设中学数学课程,只为开展减租减息和征收公粮选学了四则、比例和代数部分的内容。"②所以,我们不能以现在的标准看待当时的教科书,应以历史的眼光审视革命根据地数学教育,用当时的语境去阐释数学课程、教科书(教材)、教学思想和方法等诸方面的发展经纬。在本节

---

① 陶行知.教学做合一下之教科书[M]//陶行知.陶行知全集(第二卷).成都:四川教育出版社,1991:656.
② 山东省聊城菏泽济宁三地市老解放区教育史编写协作领导小组.鲁西老解放区教育史资料(1)[M].1985:74.

中举例分析的教科书数量和品相有些"残缺不全"的感觉,从整体上也给人一种"以偏概全"的错觉,但是当时的情况的确如此。因此,今后搜集整理和保存红色革命根据地教育文献资料是非常必要的,而且任重道远。

最后要指出的是,各革命根据地数学教育都是在思想政治教育、民族自信和自尊教育的指导下发展起来的,这为新中国的数学教育奠定了思想基础。

参考文献

［1］陈桂生.中国革命根据地教育史(上)[M].上海:华东师范大学出版社,2015.

［2］陈桂生.中国革命根据地教育史(下)[M].上海:华东师范大学出版社,2016.

［3］陈桂生.徐特立教育思想研究[M].沈阳:辽宁教育出版社,1993.

［4］陈元晖,璩鑫圭,邹光威.老解放区教育资料(一):土地革命战争时期[M].北京:教育科学出版社,1981.

［5］陈元晖,璩鑫圭,邹光威.老解放区教育资料(二):抗日战争时期(下册)[M].北京:教育科学出版社,1986.

［6］陈元晖,璩鑫圭,邹光威.老解放区教育资料(二):抗日战争时期(上册)[M].北京:教育科学出版社,1986.

［7］赣南师范学院,江西省教育科学研究所.江西苏区教育资料汇编:1927—1937(五)(四、教育类型和办学形式(下))[G].南昌:江西省教育科学研究所,1985.

［8］赣南师范学院,江西省教育科学研究所.江西苏区教育资料汇编:1927—1937(七)(七、教材)[G].南昌:江西省教育科学研究所,1985.

［9］赣南师范学院,江西省教育科学研究所.江西苏区教育资料汇编:1927—1937(八)(八、教学法)[G].南昌:江西省教育科学研究所,1985.

［10］陕西师范大学教育研究所.陕甘宁边区教育资料:中等教育部分(上册)[M].北京:教育科学出版社,1981.

［11］陕西师范大学教育研究所.陕甘宁边区教育资料:中等教育部分(中册)[M].北京:教育科学出版社,1981.

［12］陕西师范大学教育研究所.陕甘宁边区教育资料:中等教育部分(下册)[M].北京:教育科学出版社,1981.

［13］陕西师范大学教育研究所.陕甘宁边区教育资料:小学教育部分(上册)[M].北京:教育科学出版社,1981.

［14］陕西师范大学教育研究所.陕甘宁边区教育资料:小学教育部分(下册)[M].北京:教育科学出版社,1981.

［15］山东省聊城菏泽济宁三地市老解放区教育史编写协作领导小组.鲁西老解放区教育史资料(1)[M].1985.

［16］山东老解放区教育史编写组.山东老解放区教育资料汇编(第一辑)[G].1985.

［17］山东省胶东区行政公署教育处.算术课本高小（第二册）［M］.青岛：胶东新华书店，1946.

［18］胶东中等学校数学教材编审会.中等学校适用初中算术（上册）［M］.青岛：胶东中等学校数学教材编审会，1944.

［19］江苏省教育科学研究所老解放区教育史编写组.华中苏皖边区教育资料选编［G］.南京：江苏省教育科学研究所，1986.

［20］课程教材研究所.20世纪中国中小学课程标准·教学大纲汇编：数学卷［M］.北京：人民教育出版社，2001.

［21］毛泽东.毛泽东选集（第二卷）［M］.北京：人民出版社，1991.

［22］毛泽东.毛泽东选集（第三卷）［M］.北京：人民出版社，1991.

［23］徐特立，刘劲亦.中级简明算术课本（在职干部用）［M］.北京：新华书店，1942.

［24］徐特立.读《教育通讯》创刊号的我见［N］.边区教育通讯，1945，11（1）：创刊号.

［25］郭书增，等.小学教育的理论与实践［M］.香港：新民主出版社，1949.

［26］中共中央马克思恩格斯列宁斯大林著作编译局.马克思恩格斯全集（第34卷）［M］.北京：人民出版社，1972.

［27］上海师范大学教育系.列宁论教育［M］.北京：人民教育出版社，1979.

［28］邱月亮.百年小学数学教科书图史［M］.嘉兴：吴越电子音像出版社，2020.

［29］黄乔生.中国新兴版画1931—1945：作品卷Ⅵ［M］.郑州：河南大学出版社，2019.

［30］虞明礼.复兴初级中学教科书代数（上下册）［M］.上海：商务印书馆，1935.

［31］史佐民，魏群.中学师范适用算术（上册）［M］.长治：太岳新华书店，1949.

［32］郭秉文.中国教育制度沿革史［M］.北京：商务印书馆，2014.

［33］王龙飞.战争与革命时空下的小学教员与学生——以陕甘宁边区为中心［J］.南京大学学报（哲学·人文科学·社会科学），2014（5）：101-112，159-160.

［34］吴式颖，任钟印.外国教育思想通史（第九卷）：20世纪的教育思想（上）［M］.长沙：湖南教育出版社，2002.

［35］张子康.第二届中国当代版画学术展：特邀展——古元延安版画作品展［M］.香港：中国今日美术馆出版社有限公司，2011.

［36］张养吾.算术课本（高级第四册）［M］.延安：新华书店，1944.

［37］周为群，刘薰宇，章克标，仲光然.初级中学学生用开明算学教本初中算术（上下）［M］.上海：开明书店，1933.

［38］陶行知.陶行知全集（第二卷）［M］.成都：四川教育出版社，1991.

后记

　　《中国数学教育通史》(以下简称"通史")付梓之际,回想在过去岁月里的写作犹如爬山一般,刚开始的时候不自量力地往上冲,但是后来越来越缓慢而艰辛,最终还是爬到了山顶。在山顶上瞭望远处,发现在云雾缭绕中又凸出更高的一座山、两座山······这使我不由自主地走进了一种梦幻般的世界,不知在远处还有多少座更高的山峰了。

　　1995 年,我涉足中国数学教育史研究,至今已经度过了 28 个春秋。1995 年 5 月 3 日至 8 日在北京师范大学举办第二届"横地清文库"①中日数学教育史国际讨论会(以下简称"文库讨论会")。参加文库讨论会的有以日本著名数学教育家横地清先生为代表的研究团队——横地清、铃木正彦、松宫哲夫、柳本哲、西谷泉和守屋诚司教授以及黑田恭史、渡边等年轻研究者;中国方面有北京师范大学的著名数学教育家钟善基先生、著名教育家顾明远先生(非全程参加)、著名数学教育家丁尔陞先生(非全程参加)、东北师范大学孙连举教授、内蒙古师范大学著名科学史家李迪先生和他的学生代钦。这样,一个中日数学教育史研究的国际合作团队形成了。自 1995 年开始,每年利用五一长假和国庆长假举办两次讨论会,每年的研究成果以《中日近现代数学教育史》为书名在日本大阪ハンカイ出版印刷株式会社正式出版。"文库讨论会"参加人员基本固定,人数一般为十几个人,每次五天的讨论会提供了充分学习交流的机会。尤其是每次聆听横地清、顾明远、钟善基、李迪、丁尔陞、松宫哲夫和铃木正彦等具有国际影响的著名专家的教诲,对我这样有备而来的人而言,可以说是千载难逢的良机。我从这里看到了数学教育史研究的广阔天地,从这里直觉地感悟到了中国数学教育史的深厚底蕴,从这里直接地领会到了国际交往的礼节,从这里开启了我对数学教育史研究的梦想!

　　唐代诗人刘禹锡在《陋室铭》中说:"山不在高,有仙则名。水不在深,有龙则灵。"内蒙古师范大学地处边疆地区,应该说是一所"小学校","山不高""水不深"。1956 年,为支援边疆,从东北师范大学来了一位风华正茂的年轻人,他就是 1980 年代以来闻名海内外科学史界的著名科学史家李迪先生。在 50 年的时间里,他以毕生精力营

---

① 横地清先生将 25 000 册图书赠送给北京师范大学后,北京师范大学于 1993 年在英东楼一楼建立了"横地清文库",1994 年举办第一届"横地清文库"国际讨论会。

造了内蒙古师范大学的科技史研究基地,在世人面前展现了数学史研究的"呼和浩特学派"(张奠宙著《我亲历的数学教育(1938—2008)》,江苏教育出版社 2009 年出版,第345 页)。李迪这个名字也自然地成为了内蒙古师范大学的一个符号,使"山不高""水不深"的"小学校"有了"名"和"灵",使之变成了海内外科技史界学者们向往的圣地。

1979 年读高中一年级时,我在蒙古文版《全日制十年制学校高中课本语文》(第一册)第 20 课"蒙古族及其古代科学"中"认识"了李迪先生。1981 年我考上内蒙古师范学院数学系后,发现李迪先生就是我们系里的一名老师,这使我更崇敬他。我留校任教后,每周至少见到李迪先生几次,他老人家时常鼓励我好好学习蒙古族科技史,说这个研究领域有广阔的前景。1995 年,我真正成为李迪先生的弟子,接受了科技史和数学教育史的良好教育。"通史"的完成,应该归功于李迪先生的关心和支持。首先,在李迪先生的指导下,我们合作完成论文《中国数学教育史纲》(横地清、钟善基、李迪主编《中日近现代数学教育史》第四卷,(大阪)ハンカイ出版印刷株式会社 2000 年出版),这篇论文相当于"通史"的写作提纲。其次,李迪先生的巨著《中国数学通史》(三卷本)的"上古到五代卷"出版后我即获赠一本。李迪先生说:"写一部《中国数学通史》是我多年的想法,终于出来了第一卷,以后陆续出版第二、第三卷。以前没有人写过中国数学通史。民国时期的暂时不写,涉及到很多现代数学内容和复杂的问题。"当我看到李迪先生在赠书上题写的"代钦同志指正。1997. 11. 18",欣喜若狂,心底萌生了我也要向"通史"方向努力的坚定决心。

内蒙古师范大学科学技术史研究院具有国内外一流的工作环境,让我的三万余册珍贵文献有了一个安身之地,为"通史"的写作提供了"足不出屋"的便利条件。2018年,我从行政工作退下来后,有了充足的时间和精力继续我的"通史"写作,终于梦想成真。

1987 年 5 月,有幸拜访华东师大著名数学教育家张奠宙先生,完成学校交代的送评审材料任务后回到学校。由于大学毕业不到一年,我没有和张先生交流的资历。1998 年 10 月,在华中师大召开的数学史会议期间,张先生和李迪先生住在一起,这为我提供了和张先生交流的机会。特别是从 2006 年以后,我和张先生交往较多,进行了几次长时间的访谈。张先生不仅赠送给我他的多部著作,还转送我日本友人赠予他的一些珍贵图书。张先生格外关注我研究中国数学教育史的工作,建议我从中国传统文化、教育思想和中国传统数学思想方法的视角考察中国数学教育史。这些事情,对我的"通史"写作起到了积极的指导作用。

松宫哲夫先生是日本著名的数学教育史家、俳句作家和藏书家。他多年搜集中国数学史和教育史资料,对中国数学教育史颇为了解。他为我的"通史"研究提供了丰富